中国饮食思想史

徐兴海　胡付照　著

东南大学出版社
·南京·

图书在版编目(CIP)数据

中国饮食思想史/徐兴海，胡付照 著. —南京：东南大学出版社，2015.12

ISBN 978-7-5641-6216-0

Ⅰ.①中… Ⅱ.①徐… ②胡… Ⅲ.①饮食—思想史—中国 Ⅳ.①TS971-02

中国版本图书馆CIP数据核字(2015)第304010号

中国饮食思想史

出版发行：东南大学出版社
社　　址：南京四牌楼2号　邮编：210096
出 版 人：江建中
网　　址：http://www.seupress.com
经　　销：全国各地新华书店
印　　刷：扬中市印刷有限公司
开　　本：787 mm×1 092 mm　1/16
印　　张：29
字　　数：720千字
版　　次：2015年12月第1版
印　　次：2015年12月第1次印刷
书　　号：ISBN 978-7-5641-6216-0
定　　价：75.00元

本社图书若有印装质量问题，请直接与营销部联系。电话：025-83791830

目 录

绪　论

什么是中国的饮食思想？中国的饮食思想到底想向人们传递什么样的思想，价值观，世界观？这种思想和中国人的政治观、历史观有什么样的关系？和中国的发展历史进程有没有关系？具体地说，与“大一统”“分久必合”的政治观念有没有关系？

饮食不只是饮和食，而且是哲学、人生、传统，关系国家、民族的前途与命运。

一、中国文化离不开“吃”

贾平凹有一首小诗，被同行们称为深刻之作，题目叫《题三中全会以前》，全诗只有十四个字：

在中国
每一个人遇着
都在问
吃了？

“吃了”是中国人习惯的问候语，为什么是这样的问候语而不是其他？为什么说这几句诗很深刻？因为它是几千年中国人生存状态的缩写。吃饭的问题对于中国人太重要了，是第一必须关注的问题，因此成为第一问候语。时而久之，成了习惯，“吃了？”就成为习惯性的问候语，倒不是说你一定没吃，也不是我马上招待你。这首诗的标题是“题三中全会以前”，显然有一个时间的定语，提示三中全会以后已经有了变化。确实的，城里人现在不这样问候了，农村人慢慢的也不这样问候了，是因为围绕着“吃”的问题，发生了翻天覆地的变化。“三中全会”指中共中央十一届三中全会，这是被历史学家称之为改革开放标志的时刻。表现在“吃”上，是粮票取消了，饮食市场供应繁花似锦，想吃什么就有什么，只要你带的钞票足够。

李波在《吃垮中国？——口腔文化的宿命》一书中对“吃”做过这样的表述：“迄今为止，我认为‘吃’是汉语里最复杂的一个字，‘吃’远远超过了食文化的范畴，它涵盖了中国文化中所有的秘密，在中国，‘民以食为天’这句话如雷贯耳，堪称天条，它把‘吃’从食文化的核心提升到了‘国教’的高度，它像一只看不见的铁手，操控着中国的政治、经济、文化的运行轨迹，捏造出中国人特有的个体人格和怪诞的国民性。”①

网上有一则故事虽然是捏造的，但是却借外国人之口总结中国饮食文化，十分生动地揭示了饮食在中国文化中的地位，说明了汉语言的丰富。《某国总统与中国国家领导人的对话》：

某国总统：主席先生，我观察到你们情侣过七夕，就是请对方吃饭。我看过你们《舌尖上的中国》节目，我发现中华文化虽然博大精深，但其实就是“吃”的文化。

中国国家主席：总统先生，何以见得？

某国总统：你看，你们那里工作岗位叫饭碗，谋生叫糊口，过日子叫混饭吃，混得好叫吃得开，受人羡慕叫吃得香，得到照顾叫吃小灶，花积蓄叫吃老本，女人漂亮叫秀色可餐，占女人便宜叫吃豆腐，靠长辈生活的人叫啃老族，男人老花女人的钱叫吃软饭，干活过多叫吃不消，被人伤害叫吃亏，吃亏不敢声张叫哑巴吃黄连，男女嫉妒叫吃醋，下定决心叫王八吃秤砣，不听劝告叫软硬不吃，办事不力叫吃干饭，办事收不了场叫吃不了兜着走……

中国领导人打断他说：我们应该从战略高度讨论我们两国关系，您怎么尽说这些无聊的事，是不是吃饱了撑的，没事干了？

某国总统一听，当即晕倒！醒来后中国领导人语重心长地说：总统先生，对我们两国新型大国关系的重要性，我们一定要吃深吃透。这方面我们两国都没有老本可吃。世界的游戏规则就是大鱼吃小鱼，但现在冷战思维已不吃香，合作共赢才能吃得开。只要我们两国强强联手，一定能赢者通吃。有些人喜好吃里扒外，吃破坏我们两国关系这碗饭，跟我们争风吃醋，让我们吃了不少苦头，建设战略伙伴关系更加吃力。我们一定要吃一堑长一智，不能再让他们吃着碗里看着锅里，也好让全世界吃颗定心丸。总统先生，对这些见解您还有什么吃不准的？如果没有，我很愿意跟您在这个庄园里共进晚餐！

某国总统目瞪口呆，半晌才说：中华文化果然深不可测！主席一席话只有最后一句没有‘吃’字！

某国驻中国大使在旁边忍俊不禁，提醒道：总统先生，中国领导人最后这句话是要您请他吃一顿！

这段对话虽然并不是真的，但是设计得很科学，很紧凑，很风趣。尽可能多

① 李波.吃垮中国？——口腔文化的宿命[M].北京：光明日报出版社，2005.

地将汉语词汇中有关饮食的词汇集中起来，非常形象地说明了中国饮食文化在中国人心中的地位。这段所设计的对话也很直白地揣测了外国人会怎样看待中国饮食文化，那是惊异、钦佩，又带着理解。

这段对话令人惊异地发现，原来汉字与饮食思想有着如此密切的关系，有的字看起来和饮食文化根本不着边，其实却极具深意。比如“秦”字，部首是“禾”，禾是粮食，于是当代学者左民安先生说“秦”是会意字，本义即“粮食”。兰州大学教授张自强认为，“秦”的本义是把粮食放进容器里，即酿酒。中国文化就是这样处处与饮食结缘，时时与吃喝不离不弃。这其中就透现着中国的饮食思想，时时提醒你，“食”的重要，它是第一。

离开了饮食，有些话不知该怎么说，有时候说不透，有的时候说得不动听。而只要与“吃”沾上了边，说的话容易被人理解，人与人之间的距离拉近，使得难解的题目好解了。

比如应罗马尼亚总理蓬塔邀请，国务院总理李克强于当地时间 2013 年 11 月 25 日下午乘专机抵达布加勒斯特广达国际机场，开始对罗马尼亚进行正式访问。外交难，开头更难，怎样给人们一个崭新而亲切的印象呢？李克强开场白是怎么说的呢？在与蓬塔共同会见记者时，李克强说：“罗马尼亚有一句谚语：酒越存越香，情越久越深。中国也有句古语：酒香不怕巷子深。双方务实合作的空间广阔，中罗友谊的美酒将飘香欧洲，飘香全世界，历久弥香。”把两个国家的谚语都用上了，都是关于酒的，体现了平等、对等。这两句谚语都很通俗易懂，所指都很明确，不需要解释，就显得亲近、亲切。是酒文化拉近了两国人民的距离。

比如用“菜单”来做比喻：十八届三中全会公报该怎样向普通老百姓作解读？吴稼祥将中央深化改革领导小组喻为“主食”：“三中全会只有三道主菜：市场化、民主化、法治化，其他都是冷盘或配菜。”这个解释一般的人都听得懂，理解得了，将很复杂的几十项改革之间的关系说清了。因为人们都知道菜单，都知道主食是什么，冷盘或配菜是什么。

在阎连科看来，政治是文学大餐中的一碟小菜，为了表达这个意思，他同样依托于“吃”。已故诺贝尔文学奖得主若泽·萨拉马戈的代表作《失明症漫记》，近日由新经典文化推出新版。2014 年 3 月 11 日，作家阎连科在该书首发式上说：“中国作家恰恰在这一点上有不成文的共识，每个作家面对政治时都认为那就不是文学，《复明症漫记》再次告诉我们，政治也是文学这盘大餐中的小菜一碟，你能否把它做成好菜，这也是一个作家的能力。我们中国作家，今天不具备这样的能力。”

借助于“酒”，人们似乎才能把复杂的意思表白透彻。冯小刚在 2003 年出版《我把青春献给你》，十年后，由长江文艺出版社出版冯小刚的新书《不省心》于 2013 年“十一”之际上市，圈内好友姜文以酒评电影，点出问题实质。冯小刚这样写道：“他说：电影应该是酒，哪怕只有一口，但它得是酒。你拍的东西是葡萄，很新鲜的葡萄，甚至还挂着霜，但你没有把它酿成酒，开始时是葡萄，到了还是葡萄。另外一些导演明白这个道理,他们知道电影得是酒,但没有酿造的过程。上来就是一口酒,结束时还是一口酒。更可怕的是,这酒既不是葡萄酿造的,也不是粮食酿成的,是化学兑出来的。他还说:小刚,你应该把葡萄酿成酒,不能仅仅满足于做一杯又一杯的鲜榨葡萄汁。对我的电影,我听到过很多批评,大多都是围绕着'商业'两个字进行的。但上面这位导演的批评却掠过了这些表面的现象,说出了问题的实质。这位导演名叫'姜文'。"

二、"吃"的重要性

"吃"对于中国人具有特殊的意义。

"吃"不能代表"饮食",《现代汉语词典》"饮食"的释义是:"吃喝。"既指吃,还指喝。

汉语词汇"饮食"最早出现在经书《周易》中,《周易·需卦》:"需;君子以饮食宴乐。"宋人程颐的解释说:"饮食以养其气体,宴乐以和其心志,所谓居易以俟命也。""饮食"的用法用意已经和现在的差不多。《周易·颐卦》的"象词"也有"饮食"一词:"象曰:君子以慎言语,节饮食。"谨慎于所言,节俭于饮食,是古代君子十分看重的事情,大概君子养尊处优,有这样的物质条件吧。"饮食"一词在子书中出现频率也极高,如《关尹子·三极》:"圣人之与众人,饮食衣服同也,屋宇舟车同也,富贵贫贱同也。"《管子·立政第四》:"右省官:度爵而制服,量禄而用财,饮食有量,衣服有制。"《韩非子·存韩》:"秦王饮食不甘,游观不乐,意专在图赵。"《老子·德经》:"厌饮食,财货有余,是谓盗夸。"这说明在先秦时期,"饮食"一词的含义就已明确,为大家所认同,并且使用广泛。

所谓饮食思想,是饮食以及饮食行为等反映在人的意识中经过思维活动而产生的结果,它指导着人们对待饮食的态度,以及参加饮食活动的精神生活。饮食思想,附着在饮食上,通过人们的饮食活动而改变或者不断加强。饮食对于动物和人是不同的,人在享用食物的时候,已经摆脱了对物欲的单纯追求,而实现饮食的美化、雅化,将饮食行为升华为一种精神享受。饮食思想,是通过人们吃什么、怎么吃、吃的目的、吃的效果、吃的观念、吃的情趣、吃的礼仪等等表现出来的。饮食是人类生存最基本的需要。饮食思想就是以饮食为物质基础所反映出来的人类精神文明,是人类文化发展的一种标志。因为饮食的重要性,所以饮食思想往往居于文化的核心地位。

环境与人类的取食方式,不同的国家、不同的民族、不同的地域就有不同的饮食。

要说明"吃"对于中国人的重要性,不能不提到的第一句名言是"民以食为天",无论是中国学者还是外国学者,只要是研究中国饮食思想,都会引用这句话,这是证明中国饮食思想独特性的一句名言。此语最早出自《管子》:"王者以民人为天,民人以食为天。"在管子这样的政治家看来,王、民、食三者之间的关系,食是基础,没有食便没有民,没有民又哪里会有王。食不仅仅是饮食,还有农业,粮食的生产。秦朝末年的谋士郦食其对这一思想予以发挥:"臣闻知天之天者，王事可成；不知天之天者，王事不可成。王者以民为天，而民以食为天。”郦食其的话记载在《史记·郦食其列传》中，是对楚汉相争的刘邦讲的。此时正当最紧张的荥阳大战之时，项羽有着明显的优势。郦食其献策刘邦应当攻占成皋的粮仓，没有粮食就不能取得天下。郦食其分析说，抓住了粮食就抓住了民众，抓住了民众，就有了称王的基础。刘邦听从了他的建议，刘邦赢得了机会。从此之后，历代的政治家无一不重复地论证着：“民以食为天，若衣食不给，转于沟壑，逃于四方，教将焉施？”

“民以食为天”是政治谋略，至理名言，它将“食”与政治密切地结合在一起，饮食思想因而带有极为浓重的政治色彩。历代重要的政治家无不通过发挥“民以食为天”这一经典论断来探寻治国良策。“食”与中国政治有着不解之缘，它是中国社会稳定的基石。

“民以食为天”这句话除了强调“人必须吃饭才能生存”的常识外，更重要的是反映了食品问题对于生产力低下的农业大国的极端重要性，以及解决该问题的特殊困难。

要说明“吃”对于中国人的重要性，不能不提到的第二句名言是“夫礼之初，始诸饮食。”《礼记·礼运》中的这句话是说礼仪的建立是从饮食开始的。中国之所以号称“礼仪之邦”，意思是说中国人最讲究礼仪，最服从礼仪，而且礼仪之数量最多（看看《周礼》《仪礼》《礼记》，即“三礼”，就知道中国古代的礼仪设计是多么繁杂了，无怪乎毕其一生也难以得其要领），更重要的是，礼仪对人们行动的约束力最强。但可能很少有人会知道礼仪与饮食的关系。奇怪道：这样重要的礼仪，关系到社会各阶层和谐共处的礼仪竟然是从每天都在进行着的饮食活动开始的。礼仪为什么要从饮食开始？又是怎样开始的？从饮食开始的礼仪都包括什么？这些礼仪有什么样的家庭伦理意义？有着什么样的政治意义？

对于中国古代来说，最重要的礼仪是祭祀上天的礼仪，这种礼仪后来在天坛举行。祭天所用的是祭品，祭品是食品，上天是否接受食品，直接关系到政权的合法性。中国古代的任何统治者都会将自己政权的合法性放在第一位。而是否获得了合法性，则取决于是否有祭天的资格，还有祭天的行为是否被天所接受。是否被天所接受的根据是贡品是否被天所享用。正因为这个原因，祭品是否洁净等等就是政治问题。

食物之所以成为祭品献神，其根源在于古代的人们把神与人进行类比，认为神和人一样有相似的食欲，对各种美味佳肴有着浓厚的兴趣，他们如同地上的人一样，第一位的基本需求就是饮食，因此祭祀中的食品是必不可少的。只有让神的各种食欲都得到充分的满足，它才可能对人有所回报，降福于人世。《诗经·小雅》中“苾芬孝祀，神嗜饮食。卜尔百福，如几如式”就是指的这个意思。

国家虽然掌握着强大的官僚组织以及军队等武装力量，但是其统治的有效性仍必须依赖于国家政权在大众心目中的合法性。中国古代国家的领导人是通过一个被大多数人所认可的程序而产生的，这一国家的统治则基于程序合法性。

汉代的司马迁对此问题做了深入的思考，他对此做出了回答。在《史记·五帝本纪》中，出现在中国历史上第一位的政治统治者是黄帝。通观全篇，黄帝的主要活动是祭祀，有各种各样的祭祀，有柴祭、燔祭等。祭祀的对象是“天”。祭祀的目的是什么，就是为了从“天”那里得到承认。“君权神授”，神是什么，神就是“天”，或者叫作“上天”。怎么样就算是得到上天的承认了呢？那就是歆享，即上天将贡献的食品愉快地吃掉了。这个食物必须是洁净的，还有数量上的要求（比如后来的太牢、少牢）。祭祀者必须洗沐斋戒等等。而实际上，只要祭祀了，上天没有不接受的，要害在是否有祭祀权上。《史记·夏本纪》记述尧、舜、禹如何获得权力，同样的是上天赐予了权力，同样的是祈求上天同意转让权力，而这个过程都有祭品作为见证物。这些说明了祭品食物的重要性。

“夫礼之初，始诸饮食”是说中国人的第一节礼仪课是在饭桌上进行的。在饭桌上进行礼仪教育的好处是：每个人都参与；为得到属于自己的饮食必须听从这种教育；这种教育每天进行，并且是多次。饭桌上的礼仪教育，总是由长者、尊者主导的。餐桌上的教育，是从座位开始的，每一个座位都有特定的含义；然后是每一个人用餐的顺序，等等。餐桌上将中国古代君臣、父子、夫妇、兄弟、朋友的五伦关系都体现了出来，各人都依礼而行。

“食”与中国政治结下不解之缘的纽带是家庭。家庭是饮食的基本单位，每一个家庭都承担着养活这一家人的社会责任，管吃管喝是天经地义的。更重要的是，中国古代社会的结构特点是“家国同构”，家庭与国家同一个结构，遵从了家庭中的教育，接受了父家长制，到社会上自然遵从礼数，“不逾矩”，推而广之，自然认同了“天子”。开始于饮食活动的礼仪、道德、行为规范，规范着人们的行为，说到底，礼仪是政治行为。“吃”的问题说到底就是政治，是解决社会的秩序问题，是否归顺，是否和谐，基础在于家庭的教育，家庭教育的基础在于是否将礼仪贯穿于“吃”的过程。

“家国同构”，家庭的团结和谐，扩展到国家的团结和谐，就是国家的大一统，更强调同舟共济的集体互惠，地方对中央的服从。家长不是由儿子决定的，同样的，大一统国家不需要地方的认可，不需要民众的推举，不需要契约，他的权力来自上天，所以不需要民众的授权，也并非基于法律，朕即是法，法律是自上而下的，国家成为人民融合一体的有机命运共同体，同心一气，不可拆分。这一政治结构决定了中国的国家发展路程区别于西方，而西方的国家系由公民通过签订大契约让渡一部分自己的权力而形成的。中国的户籍制度与饮食供给制，施政者通过对民众身体的控制与饮食的控制，消减了个人独立意识，提高了人们对集体的依附度，进而提升了政府的集权控制力。

《礼记·礼运》对于中国的饮食思想很重要，它不但提出“夫礼之初，始诸饮食”的理念，而且论证到“饮食男女，人之大欲存焉”：“饮食男女，人之大欲存焉；死亡贫苦，人之大恶存焉。故欲恶者，心之大端也。人藏其心，不可测度也。美恶皆在其心，不见其色也。欲以一穷之，舍礼何以哉？”这里面已经包含了一种深刻的具有心理分析意义的工作，它肯定了饮食不仅是人性本源，而且也是我们每个人每一天的必然日常行为。

中国的饮食文化是差异文化与和合文化的交叉。或者说用和合的途径去实现差异。说它是差异文化，是因为它追求差异，把实现差异作为目标，在差异中形成社会的均衡。这主要是与礼仪相关。所谓“礼始诸饮食”，即是通过饮食来体现礼仪，学习礼仪，实现礼仪。而礼仪的根本是阶级、等级。《礼记》对此有相当细密的描述。

“夫礼之初，始诸饮食”是以尊者、长者为中心的，强调秩序和服从，这种礼仪所培养起来的精神到了近代，必然与契约精神、权利意识和对民主政治及个人自由的理解发生矛盾，于是中国人开始对历来的饮食思想重新思考。

“餐饮之礼”是新时期教化青少年学子德行的重要内容之一。2014 年，为在未成年人中培育和践行社会主义核心价值观，从春季学期开始，江苏在全省开展文明礼仪养成教育，这在全国尚属首次。1700 万未成年人，经“八礼四仪”教育，力求从小做一个文明有德之人。“八礼”为仪表之礼、餐饮之礼、言谈之礼、待人之礼、行走之礼、观赏之礼、游览之礼、仪式之礼。餐饮之礼的具体内容，包括讲究卫生、爱惜粮食、节俭用餐、食相文雅。

三、饮食思想对于中国思想的重要性

饮食思想研究应该揭示人们在饮食的享用过程中所体现的价值观、审美情趣、思维方式，说明为什么在吃什么和怎样吃的时候会有所不同，这其中又表现了怎样的生活情趣、人生态度、思维方式，以及所反映的人与人之间的关系，等等。

饮食对于人类而言，具有特别的意义，中国人注重开门七件事，“柴米油盐酱醋茶”，全是有关吃喝的，雅称为“饮食”。悠悠万事，唯此为大，不可须臾离也。费尔巴哈说：“心中有情，脑中有思，必先腹中有物。”同时，饮食往往影响一个民族的思维模式、思想感情，甚而是命运。或者说，饮食思想的不同，是不同民族的根本区别，而且是最容易观察的表面层次的区别。从这个意义上说，饮食思想的研究具有十分巨大的意义。张光直说：“达到一个文化核心的最佳途径之一就是通过它的肚子。”这句话形象地说明了饮食思想对于文化研究的重要意义。

中国饮食思想源远流长，成为中国思想的一个有机组成部分。自从中华大地上有了人，便没有一天离开过饮食，在饮食的获得和享受过程中便已经有了人与自然的相互交流，便已经有了饮食思想。中国人吃什么，不吃什么，为什么吃，又为什么不吃；为什么这样吃而不那样吃；为什么这个地方的人这样吃，而那个地方的人那样吃，这些问题的背后隐藏着异常深奥的文化道理。

丰富多彩的中国饮食思想，包含有深刻的哲学、诗文、科技、艺术乃至于安邦治国的道理。饮食思想是中国文化的重要组成部分，甚而有人说，中国饮食思想是中国文化的代表，认为不了解中国饮食思想就不能了解中国文化。钱钟书说：“吃饭有时候很像结婚，名义上最主要的东西，其实往往是附属品。吃讲究的饭

事实上只是吃菜，正如讨小姐的阔佬，宗旨倒并不在女人。”他的概括说明中国饮食思想的特点是：吃饭不是吃菜，而是吃一种文化，看一种文化，在文化的沐浴中，感受味觉和视觉双重满足后的个人价值和社会意义。中国人从来不怀疑吃的重要——从人皆熟知的“民以食为天”，到告子的“食色，性也”；从李渔以“蟹奴”自居，到苏轼的“黄州好猪肉，价贱如粪土，富者不肯吃，贫者不会煮。慢着火，少着水，火候足时它自美。每日起来打一碗，饱得自家君莫管……”中国文化之博大精深，可谓浓缩在一个“吃”字上。

饮食决定了民族、国家的个性。中国的饮食决定了中国人的民族性、国家的个性。

人类学的观点：第一，环境的制约；第二，取食方式。建立饮食人类学。

中国的根本之道，道生一，一是太极；一生二，二是天和地；二生三，三是人，人是天地所生，人是天地的儿子，人通过空气、水，还有饮食与天地进行交换。这是中国饮食思想的灵魂。

饮食的哲学思考：钱穆在《现代中国学术论衡》一书中提到有关的思想：文化异，斯学术也异。中国重和合，西方重分别。这一文化特征也体现在中西饮食文化中。

元申、王金国、殷昌利等以“五味调和之美”为标题在《中国烹饪研究》1999年第1期发表论文，认为“五味调和是中国饮食的根本所在。五味调和之美在于中和，在于和而不同，在于能顺天生民，在于美善合一。它反映和体现了我们祖先对于人的饮食需求的科学认识和对于生存、自然等问题的某些哲学性思考”。在饮食习惯等诸方面，中国饮食文化中重视“和合”的特点是十分显著的。钱穆在《现代中国学术论衡》一书中提到有关的思想：文化异，斯学术也异。中国重和合，西方重分别。这一文化特征也体现在中西饮食文化中。在中医理论中，《内经》汲取了“和合”思想的精华，认为“和合是生命活动的最佳状态，失和是疾病的根本原因；求和是治病与养生的最高法度”。这在某个角度也反映了中国饮食文化中重视和合所代表的心理意义。

图0-1 “道”字书法

中国人重视“五味调和”，而在中国文化中，五味与五情相对应。因此，中医也从情绪的角度来解释厌食症。中医认为：厌食症的主要病位在脾胃，外感六淫，内伤七情，饮食劳倦都可伤及脾胃，导致脾胃运化机能减弱而出现厌食。这些研究都提示中国饮食文化中对“味道”的调和与追求可能与平衡情绪有关。中国古代认定药食同性、药食同理，以及药食同效。这是中国饮食思想的独特视角。

由追求生活自由、饮食的自由，进而追求文

化自由是人类的天性。从历史来看，统治者是人类的天性。从历史上看，统治者实施“批判和压服”的文化规制必然导致日常生活政治化。尤其是若在较长时间内实施以强制和暴力为特征的压服型文化规制，必然会导致人们隐藏思想表达，实行言行不一的行为方式。长此以往，人们过着精神压抑和人格扭曲的文化精神分裂的痛苦生活。文化高压必然导致压抑和不满的情绪积聚，引向文化规制和秩序的失范，推动整个社会加速走向溃改。因此，尊重个性自由，追求和谐，必将赢得民众的政治拥护。和合因之具有政治上的意义。

中国饮食思想导致了中国人思维的不同。北京大学海归教授饶毅是自然科学家，但是却对中国文化有着犀利的看法，他在批评中国的教育是考试教育的时候指出：问题的核心，是一种将中国社会维系在一起的文化现象——“关系”。饶毅说：“你所做的一切都是为了让父母开心，让邻居开心，让上级开心。但要创新、要发现没人知道的秘密，你就必须忽略别人的看法。”创新的根本点是求异，寻找不同，而中国文化的求同妨碍了这种求异。而求同，恰恰是通过饮食之道实现的。比如，宴席，请客，那种氛围是不允许求异的。或者说宴席的举办目的就是为了求同，追求和谐。和谐的实现需要圈子，就是关系。中国的饮食之道是和谐之道。中国的饮食之道为制造中国人的思维模式提供了途径、模式。

中国思想史持续地关注着饮食思想，饮食思想是中国思想史的切入点。这当然因为饮食是幸福感的集中表现点，饮食是人与人差别的集中表现点，饮食是社会不公的集中表现点。杜甫“朱门酒肉臭，路有冻死骨”所表现的社会现实就是典型，杜甫只要有了这一句诗，就足以不朽。富贵者钟鸣鼎食、食前方丈。鼎的最初功用便是饮食，《说文解字》中释“鼎”字为“鼎，象折木以炊”。而“钟鸣鼎食”几乎就是中国饮食文化的代名词，但是在饮食中，以鼎为代表的炊饮器具却被赋予了神圣的文化使命，成为最重要的中国文化中的原型意象。“锄禾日当午，汗滴禾下土”，李绅只要有了这一句诗，就足以流传后世了，因为他关切到了人们的食，从粮食的生产到消费，而反对奢侈浪费是永恒的主题。通过饮食的差别揭示社会的不公，是千百年来知识分子的不懈努力，也是最为社会记忆的地方，最容易取得社会的肯定。

图0－2　建国方略书影

四、世界大背景下看中国饮食思想

中国人从来十分看重饮食文化的地位，积极从事饮食思想的创造。孙中山先生在其《建国方略》中说：“我中国近代文明进化，事事皆落人之后，惟饮食一道之进步，至今尚为各国所不及。”毛泽东曾对身边的工作人员说：“我看中国有两样东西对世界是有贡献的，一个是中医中药，一个是中国饭菜。饮食也是文化。”孙中山、毛泽东都是伟大的政治家，极推中国饮食文化，是在总结了中国文化之后得出的结论。

把中国的饮食思想放置于世界饮食思想的大背景之下会是怎样的一种情景？台湾张起钧教授《烹调原理》一书序言说：“古语说‘饮食男女，人之大欲存焉’。若以这个标准来论，西方文化（特别是近代美国式的文化）可说是男女文化，而中国则是一种饮食文化。”林语堂的《中国人的饮食》一文，对中外饮食思想做了对比研究。他的结论很有意思，他写道：

> 没有一个英国诗人或作家肯屈尊俯就，去写一本有关烹调的书，他们认为这种书不属于文学之列，只配让苏珊姨妈去尝试一下。然而，伟大的戏曲家和诗人李笠翁却并不以为写一本有关蘑菇或者其他荤素食物烹调方法的书，会有损于自己的尊严。另外一位伟大的诗人和学者袁枚写了厚厚的一本书，来论述烹饪方法，并写有一篇最为精彩的短文描写他的厨师。……法朗士则是袁枚这种类型的作家，他也许会在致密友的信中给我们留下炸牛排或炒蘑菇的菜谱，但我却怀疑他是否能把它当作自己文学遗产的一部分传给后人。

舒文在《中餐与西餐》中指出饮食所反映的其实是文化的不同：“说起来吃应该属于一种个人行为，吃的感觉怎样，只有自己知道。西餐尊重个人意志，而中餐更强调共性。说中国饮食高明，是指厨师烹饪技艺的高明，吃的思想观念却并不怎么先进。相比之下，西餐体现出的饮食思想观念要合理得多。这或许是国人纷纷选择火锅的缘由吧。因为在中餐里，似乎只有火锅可以让食者随意选菜料，自己掌握火候并随意调配作料。在火锅里，中国人找到了吃的自由。”这一结论更多的是从精神文化的层次上来把握，中国人更多的是把吃饭看作是一种社会活动，通过吃，使自己融入社会，成为社会的一员。一般来说，“西方人重视营养和吃饱，抱着比较实用的态度；中国人则不同，讲究色香味俱全。论起食文化的精细博大，中华民族恐怕要数全世界第一，这从舶来品的辣椒成为中国一种独特深沉的文化就可以看出。此外，从民族看，东西方的饮食不同还有个生物因素。比如，西方人认为人只有四个味觉：酸、甜、苦、咸，东方人则认为除此之外还有一觉：‘鲜’，这也更进一步造成烹饪上的东西方差异。”张光直的看法也许最有代表性①，他说道：“在世界各民族中，中国人可能是最专注于食物的了。……中国人之所以在这方面表现出创造性，原因也许很简单：食物和吃法，是中国人的生活方式的核心之一，也是中国人精神气质的组成部分。”

---

① 吃：以文化的名义．厦门晚报，2004年7月7日．

对于中国人来说，“吃”背后深藏着思想、政治、经济、文化，关涉着人际关系、社会交往。

图0-3　易书影

国学大师钱穆先生将自己一生对中国文化的研究归结于“天人关系”，认为这是打开中国文化大门的钥匙。饮食思想正好是天人关系的结合点。人乃天地之精气所生，人所食也是天地所能供给的最好食物，这些食物无一不是天地之精华，天地之精华造就了天地之间最具灵性的人。食物是天地所赐，不可暴殄天物；人仰给予食物，食物乃生命之源；食物的供给与否，直接决定政治局势的稳定与否，决定战争的胜负，因而，对于中国人而言，食物具有特殊的意义：“民以食为天。”人大地大天大，天最大，天盖过了一切，也因此饮食思想的研究成为最为重要的事情。

《周易》充分地揭示了天、地、人之间的关系，《周易》最重要的就是“天地养万物”的思想。天地养万物，而人在其中。

《周易》有一个颐卦，是讲吃饭的。“颐”是颊，是腮，和吃饭有关系，吃饭总得要鼓动腮帮子，于是“颐”就有了“保养”的含义。这个卦的《象辞》说，君子观察此卦象，思念到生养之不易，从而谨慎言语，避免灾祸。节制饮食，修身养性。《程传》的解释说：“夫物既畜聚，则必有以养之，无养则不能存息。”故《周易·颐卦·象词》曰：“山下有雷，颐，君子以慎言语，节饮食。”古人的解释强调圣人设卦，为的是推广保养之义，大而至于天地养育万物，圣人养贤能以及万民，与人之养生、养形、养德、养人，皆颐养之道也。动息节宣，以养生也；饮食衣服，以养形也；威仪行义，以养德也；推己及物，以养人也。于是，在“民以食为天”中，也包含了人与天地自然的内在联系，不仅仅涉及为我们每个人提供食物的人类母亲，同时包括了为人类提供食物的天地自然母性。《易经》中也有明示：“天地之大德曰生”，以及“生生之谓易”。张载从中又有阐发：“天地之大德曰生，则以生物为本者，乃天地之心也。”[①]同时提出了“天人合一”的命题与主张。

从先秦时期起，大多政治家都是饮食思想的研究专家，多拿食物说话，以烹调为例说明政治的道理。唐代杜佑《通典》、宋代郑樵《通志》、元代马端临《文献通考》被称为“三通”，被认为是中国政治学著作的典范，就因为这些书都紧紧地扣住粮食生产、土地制度、赋税制度等等和国计民生紧密相关的要素，抓住了中

① (宋)张子撰. 横渠易说·复卦.

国社会的命脉。说到底，就是把握住了食品的生产和分配。因之，中国文化研究的基础在饮食思想的研究，要了解中国文化的最好切入点是中国的饮食思想，它是天人关系的最好诠释物。也因为先秦政治家的影响，使得中国饮食思想一开始就与政治结下了不解之缘，敏感的政治话题不好说，便拿饮食来作引子，用做饭来引出话题。因为他们的影响，中国的饮食思想从一开始就成为礼仪的承载物，成为人际交往的工具，食品作为食物这一基本属性却往往被忽视了。

对中国饮食思想的研究，也应该紧紧把握住“天人关系”。具体而言，即是把握住一对矛盾，矛盾的一方面是天，天即是大自然；矛盾的另一方面是人。大自然所生的物质种类是无限的，人的欲望也是无限的。表现在对饮食的追求上是同样的，“食不厌精，脍不厌细”。人对饮食的需求是多层次的，渐进的。首先是吃饱。这一层次实现以后，就要求吃好。什么是好？好的标准无限，不断膨胀，最后也就成了奢侈。试看今日，上到九霄云外，下到大海深处，天上飞的，地上跑的，水里游的，树上长的，凡是能被人吃的，没有不被人享用的。甚至有人已经摆开了“黄金宴”，那可是真真正正用黄金做的。黄金都可以为原料做宴席，那世界上还有什么东西不会被人作为食物？人的欲望是无止境的，对于食物的追求也是同样的。欲望是一种推动力，推动着人们去向大自然索取。大自然是无私的，袒露胸怀，所能够提供于人的，全不隐藏。人也在不断地发掘，不断地探索，总是有新的可食的东西被发现。但是对于某个人而言，对于某个时代而言，大自然对人的满足又总是有限的。这是一对矛盾。因此，中国饮食思想史就是这一对矛盾不断展开的过程，对于人而言，是一个不断探索、不断发现的过程；对于大自然而言，就是一个不断地满足人的需要的过程。今天人们所认识的世界，人们所享受的食品之丰富绝非古代或者上古时代的人们所能够想象的。

中国饮食思想史同样是沿着“天人关系”这一对矛盾的展开而不断丰富发展。首先是祖国疆域的不断开拓，生态环境更富层次感，还有江河湖海等地理环境的变迁，都使得生物品种不断增加，提供了更加丰富的食物。其次，无论是战争、种族冲突、外族侵入还是国家与民族之间的友好交往等等，都促进了人际的交流，无论是国家的分裂还是统一，都打破了原来的社会结构，形成新的交往形式，这些都使得原来的食品结构、饮食方法、饮食习惯等等发生变化，相互作用，互为因果，新的思想观念形成，推动饮食思想的不断丰富发展。

现在，人们观念的改变，使得传统的饮食思想发生了深刻的转变。从上个世纪 70 年代以来 30 多年改革开放和市场经济的发展，中国越来越融入世界，每年几千万中国人走遍全球，同时，随着西方餐饮流入而受到年轻人的喜爱，更多的民主自由观念输入，以互联网为代表的自媒体技术的发展，这一切促进了中国人主体意识的觉醒和新观念的萌发。

逯耀东在《北魏崔氏食经的历史与文化意义》一文中提出，在对饮食文化交流进行研究之后发现：“在两种不同文化接触过程中，首先相互影响的是生活方式。在生活方式中最具体的是饮食习惯。饮食习惯是一种文化的特质。所谓文化特质，是一种附着文化类型枝丫上的文化丛中，最小但却是最强固的基本单位，而且是不易被同化或融合的。即使强制两种不同类型文化接触之初，最先模仿的是饮食习惯，不过，经过互相模仿与杂糅后，吸收彼此的优点作某程度的改变，但仍然保持其原来的本质。”

尽管中国发生了翻天覆地的变化，但是“民以食为天”没有改变，没有比人们的吃饭更大的事情。尽管中国存在的问题很多，比如政治难题、经济危机、信仰危机、领土危机、社会危机等等，但只要老百姓还有饭吃，任何危机都可以克服。但吃饭的危机是个例外。如果老百姓没有饭吃了，或者食物短缺了，那么就天下大乱了，政治也好、道德也好、经济也好、良心也好，所有的一切，包括政府，都会在食物危机面前轰然倒塌，不足挂齿。设若十三亿人出国讨饭，哪个国家敢于承受？世界还不乱了？

第一章 史前社会、夏商周时期

周人对饮食是非常重视的，《尚书·洪范》说："八政：一曰食，二曰货，三曰祀，四曰司空，五曰司徒，六曰司寇，七曰宾，八曰师。"以"食"为首，说明周代的统治者在安国治民的法规中，将农业生产和粮食保障，以及饮食都列入第一位，非常的重视了。

《礼记·射义》："乡饮酒之礼者，所以明长幼之序也。"说明起源于上古氏族社会之集体活动的宴饮风俗已经和礼仪结合在一起了。《论语·尧曰》记述孔子的话说周代所重视的是"民、食、丧、祭"，食应当是有关民食的农业、饮食等。烹饪用具——鼎，被作为国家与王权的象征，也是周代实现的。这些都足以说明，周人十分注重饮食。周人已经将五行的概念引入到饮食之中，《尚书·洪范》将五种滋味归属于五行："一曰水，二曰火，三曰木，四曰金，五曰土。水曰润下，火曰炎上，木曰曲直，金曰从革，土爰稼穑。润下作咸，炎上作苦，曲直作酸，从革作辛，稼穑作甘。"张光直指出，中国古代是将"饮食"分为"饮"和"食"，"饮"包括酒、醴、水等，属于五行的"水"，而"食"则包括食和饭，属于五行的"土"，"食"中的膳、羹则属于五行的"火"。①

第一节 史前社会：神话说解

中国古代有许多关于天地开辟的神话、自然神话和英雄神话。其中主要的都与先民们的生存、生命相关，同时，也是他们某种劳动经验的概括总结。这时候，先民已经不再对自然界产生极端的恐惧心理，有了一定的信心，开始把本部落里具有发明创造才能的人才或做出重要贡献的人物，加以夸大想象，被塑造成具有超人力量的英雄形象。

---

① 张光直．中国古代的饮食与饮食具[J]．载中国青铜时代[M]．上海：生活·读书·新知三联书店，1983：220-250.

先民借助于幻想而企图征服自然，神话中所塑造的神的形象大多具有超人的力量，是原始人类的认识和愿望的理想化。

中华民族的原始社会的历史，是从神话故事开头的。神话中的人物大多来自原始先民的自身形象，所创造的神话人物多与农业有关。神话中的英雄主要任务是解决饮食、食品安全等问题。从神话中，可以看到先民的一些事迹，可以看出先民的价值取向，那就是求实、现实，表现了对自己生存问题的首要关切。

“伏羲”“神农”等都是汉族神话中的人物，他们出现的时代都在战国以后。说明这些神话人物都是一代一代人的记忆的积存、加工，不断的模糊之后的清晰化。

比如，火的取得或用火，是人类饮食文化形成的一个重要开端；陶器的发明与使用，是史前饮食文化的又一个重要成就。在中国的上古史中，一向有燧人氏、伏羲氏和神农氏的三皇传说，其中都包含着与饮食有关的原型意象。他们所代表的都是叙述生活在中国这块大地上的原始时代或演化初期的单一事件或故事。它世世代代相传，每一代人都从其中体认着祖先的生存状态，都承认这是真实发生过的，而且怀着深深的敬仰。

范文澜《中国通史》第一编：“古书籍里记载着不少有关远古的神话和传说。如《韩非子·五蠹篇》有所谓‘构木为巢，以避群害’的有巢氏时代，有所谓‘钻燧取火，以化腥臊’的燧人氏时代，《周易·系辞传》有所谓‘作结绳而为网罟（音gǔ），以佃以渔’的伏羲氏时代，有所谓‘斲（zhuó）木为耜，揉木为耒’‘日中为市’的神农氏时代。”

一、燧人氏

传说中的燧人氏的贡献有两条：第一，钻木取火，为“火”之发明。第二，燧人氏教人熟食，“火”初用于饮食。火的发明是伟大的，正如李四光在《人类的出现》一文中所指出的：“像我国关于远古的传说那样，‘钻燧取火，以化腥臊’，就会扩大食物的范围……”

“燧”字表示取火工具，现代一般指燧石，互相摩擦可以击出火星。在先秦时代主要指的是钻燧取火，也就是用一个木棒快速研钻另一木块生热最终而成火的行动。其实遂、隧、燧、邃四个字同音，都与“贯通黑暗”意义相关：遂表示完成，其本义是从黑暗的隧道中走出来，有豁然开朗的意味，如遂心、遂愿等；隧就是开掘隧洞，隧道中当然黑暗；燧是在木块上钻洞，目的在于取火；邃指空间或时间的深远，如同在隧洞中一样，难以辨明前景。从这些同音字中可以看出，极有可能远在没有文字的时代就已经有了燧人氏的传说故事。“燧人

图1-1　燧人氏

氏”这个名字本身恰恰自述了钻木取火这一伟大发明。

打雷闪电、森林的自然灾害等不可抗拒，先民们时常遭遇生命威胁，怎么可能不怕火。从惧怕自然界的火，畏惧它、疏远它，到了解它、掌握它，是一个漫长的过程。在燧人氏的身上，这一过程被集中了。他成为带领先民从愚昧到自觉的先知先觉者，所以是神。

原始社会的远古先民，其所饮所食是一切可以得到的东西，原始森林中的瓜果根茎叶蔓，江河湖海里的蚌蛤鱼虫鸟兽，活饮兽血，不拒泥塘河泉。这是“古者未有火化”的生食状态，有一个词称之为“茹毛饮血”，描绘原始人不会用火，不得不连毛带血地生吃禽兽。那是一种为了生存而不得不采取的生存方式，求生的本能和自身的认识及能力，使得他们只能这样。这时需要智者能者的出现。《韩非子·五蠹》表述说：“古之世，人民少而禽兽众，人民不胜禽兽虫蛇。有圣人作，构木为巢以避群害，而民悦之，使王天下，号曰有巢氏。民食果蓏蚌蛤，腥臊恶臭而伤害腹胃，民多疾病。有圣人作，钻燧取火以化腥臊，而民说之，使王天下，号之曰燧人氏。”这里提到了两个人物：一个是有巢氏，一个是燧人氏。韩非子对这两位的描述是：上古时代，人民少，但是禽兽却很多，人类受不了禽兽虫蛇的侵害。有位圣人出现了，在树上架木做巢居住来避免兽群的侵袭，人民很爱戴他，便推举他做帝王，称他为有巢氏。当时人民吃野生植物的果实和蚌肉蛤蜊，有腥臊难闻的气味，伤害肠胃，人民疾病很多。有位圣人出现了，钻木取火来消除食物的腥臊，人民很爱戴他，便推举他做帝王，称他为燧人氏。

关于有巢氏，《三坟书》另有这样的记载：“有巢氏生，俾人居巢居，积鸟兽之肉，聚草木之实。”对于这一记载，姚淦铭有一个很好的解释：

> 这一传闻中又加入了有巢氏另一功劳，即教远古人类学会聚积鸟兽之肉、草木之实。我们思考此说可能包括两方面内容：一是教先民怎样辨别、选择、猎取鸟兽，怎样辨别、选择、采集果实；二是又进一步教先民怎样保存、储放鸟兽之肉与瓜果之实。鸟兽之肉有可食有不可食者，瓜果之实有无毒有毒者，传说有巢氏教而授之，实是一种经验的传授。天有不测风云，时有四时之变，鸟兽之肉与草木之实也并不是随时随地随心所欲所能获取的。为备不虞之测不时之需，有巢氏又智慧地教先民学会聚积。这位传说中的第一位“哲人”在解决先民居住问题时，又开始解决先民的食物问题，虽是极其原始，但无疑是揖别动物的一大进步，无怪乎后来的人们如此热忱地在神话传说将有巢氏礼赞。①

为什么会有一个燧人氏？《古史考》的解释是这样的：“太古之初，人吮露精，食草木实，山居则食鸟兽，衣其羽皮，近水则食鱼鳖蚌蛤，未有火化，腥臊多，害肠

① 姚淦铭.先秦饮食思想研究[M].贵阳：贵州人民出版社，2005.22.

胃。于使(是)有圣人出，以火德王，造作钻燧出火，教人熟食，铸金作刃，民人大悦，号曰燧人。”《古史考》对上古历史的复原是：太古之初，人们吸吮露珠的精华，以草木为食，居住在山野，则以鸟兽为食，以兽皮为衣，居于近水之处，则以鱼鳖蚌蛤为食物。《古史考》认为燧人氏的出现顺应了人们的需要：这些水生之物未经火烤，多腥臊，对肠胃有害。于是有圣人出现，他因为会使用火有德行而称王，创造并作出钻燧来引出火苗，教人制作熟食，铸造冶炼金属来做兵器刀刃，人民因此十分高兴，称他为燧人。《尸子》的解释是：“燧人上观星辰，下察五木，以为火。”认为燧人是观干象，察辰心，从天象中得到启示，从而出火，作钻燧。

《拾遗记》则说：“遂明国有大树名遂，屈盘万顷。后有圣人，游至其国，有鸟啄树，粲然火出，圣人感焉，因用小枝钻火，号燧人氏。”《三坟》说：“燧人氏教人炮食，钻木取火，有传教之台，有结绳之政。”《汉书》亦有“教民熟食，养人利性，避臭去毒”的记载。

清末尚秉和总结说，燧人氏不仅发明了人工取火，而且最早教人熟食：“火自无而有者也，其发明至为难能。燧皇感森林自焚，知木实藏火，不知几经攻治，几经试验，始钻木得之。其功又进于有巢，而即以是为帝号，可见当时之诧为神圣，而利赖之深矣。”又说：“或谓火化而食始于庖羲，故以为号，岂知燧人既发明出火，其智慧岂尚不知炮食？况炮者裹肉而烧之，燎其毛使熟耳。在熟食中，燧人氏不仅发明了人工取火，而且最早教人熟食。”尚先生在《历代社会风俗事物考》中还说：“由今追想未有火之先，凡肉皆生食，其有害于人而夭折者，不知凡几，且不知味。及得熟食，肉之腥臊者忽馨香矣，草木实之淡泊寡味者忽甘腴脆美矣，水之冰者可燠饮，居之寒者可取温矣。至黑夜燔柴以御虎豹，犹后也。当夫登台传教，广播为用之时，万民之感为至粗之法。燧人去伏羲近，伏羲益发达美备耳。其创于燧人，无疑也。”尚秉和认为，这真乃惊天动地之伟业矣，使原始先民离别石器时代，开启了可冶金作刃及其他器用的新时代。

还有一种说法，有巢氏使人“积鸟兽之肉，聚草木之实”，反映了农业发明之前的采集与渔猎的饮食文化。然而他仅仅教人们聚集食物，以备可能的灾害。对于燧人氏，还有传说，是他发明了“炮”的方法，“始裹肉而燔之”。(炮，一种烹食的方法，指用烂泥涂裹食物置火中煨烤。《诗·小雅·瓠叶》：“有兔斯首，炮之燔之。”孔颖达疏：“并毛而炮之。”《礼记·礼运》：“以炮以燔，以亨以炙。”郑玄注释说：“炮，裹烧之也。”)这也是原始农业之前的肉食技术与食用情况。燧人氏比有巢氏则进了一大步，告别了生食的茹毛饮血，解除了因为不洁而引起的肠胃疾病的问题。

燧人氏的神话传说与当代的考古发掘一一对应。蓝田猿人的用火史迹的发现就可以作例证。蓝田猿人 1964 年发现于陕西省蓝田县东几十公里的公王岭，命名为“蓝田人”。蓝田人的生活年代，是距今 110 万年前到 115 万年前。在蓝田县东南公王岭的第二次发掘中，于蓝田猿人头盖骨出土层中就发现三四处粉末状的黑色物质，其中夹有少数肉眼可见的炭粒，粉末状的黑色物质经化验为炭屑。这些炭屑表明蓝田人已在用火，其年代是距今约 100 万年前。

蓝田猿人的考古发掘也证明了古籍中关于先民饮食状况的描述。他们的饮食是简单的、艰苦的，大体上是随遇而安，被动地接受大自然的赐予。当时蓝田人的生活地区，草木茂盛，很多种远古动物栖息，包括大熊猫、东方剑齿象、葛氏斑鹿等素食动物，更有凶猛的剑齿虎，还有华南巨貘、中国貘、毛冠鹿和秦岭苏门羚等，都是华南及南亚更新世动物群的主要成员。蓝田人用简单而粗糙的方法打制石器，包括大尖状器、砍砸器、刮削器和石球等，在自然环境中挣扎求存。他们捕猎野兽，采集果实、种子和块茎等为食物。

最著名的当属北京猿人的用火，距今不少于 69 万年前的北京猿人，也属旧石器初期，地质年代属中更新世。1927 年在北京周口店龙骨山的考古发现，北京猿人已经知道使用火。1933 年在周口店龙骨山山顶洞发现，属"新人"阶段，从事采集渔猎，已能人工取火。

北京猿人的堆积中，发现了紫荆木炭、炭烬层，烧过的土块、石块、骨头和朴树籽等，这说明北京猿人已懂得用火。北京猿人遗址中的灰烬和被烧过的东西不是普遍地散布在整个地层中，而是一堆堆地限定于一定的地区。这些都说明，北京猿人不但会用火，而且具有一定控制火、管理火的能力。北京猿人用火的证据的发现是当时所知道的人类最早的用火记录。另一方面，北京猿人所拥有的管理控制火的能力，说明北京猿人也不是最早用火的人类群体，人类最初开始用火的时间还应该提前。后来，其他国家的人类学家也在非洲等地更为古老的直立人遗址中发现了许多用火的遗迹。比如，在安哥拉发现的原始人旧石器文化中就有用火的迹象。从各种迹象来看，人类用火的历史应该在 100 万年以上。

张光直指出，"火"的使用是世界人类史上共同的成就，并非中国人类史独特的成就，旧石器时代古代人类进化史是世界性的发展，并没有中国独自的发展。全世界直立猿人的遗址都有用火的痕迹，因此北京猿人懂得用火并不是中国饮食史上独特的成就，但是火的使用让直立猿人可以熟食肉类食物，熟食的结果让直立猿人的牙齿和上下颚变小，脸型也跟着改变，相对的脑容量增加，人也变得比较聪明。可以说，火的发明对于中国饮食史是一项重大的突破。火的利用加速使直立猿人进化成现代人。①

二、伏羲氏

伏羲，风姓，又称宓羲、庖牺、包牺、伏戏，宓牺、炮牺、包羲、庖羲，亦称牺皇、皇羲、太昊。《史记》中称其生于陇西成纪。所处时代约为旧石器时代中晚期。伏羲是古代传说中中华民族人文始祖，是中国古籍中记载的最早的王，是中国医药鼻祖之一。相传伏羲人首蛇身，与女娲兄妹相婚，生儿育女，他根据天地万物的变化，发明创造了占卜八卦，创造文字结束了"结绳记事"的历史。他又结绳为网，用来捕鸟打猎，并教会了人们渔猎的方法，发明了瑟，创作了曲子。伏羲称王

① 张光直. 中国饮食史上的几次突破[J]. 民俗研究，2000(2).

一百一十一年以后去世，留下了大量关于伏羲的神话传说。在这诸多称呼中，亦然反映出其与中国史前饮食文化的关系。《礼记·月令疏》引皇甫谧《帝王世纪》对此有专门的解释："取牺牲以供庖厨，食天下，故号庖牺氏。"他猎取动物供应厨房，供养天下，这一说法突出了古人心中圣贤与庖厨饮食之间的关系。

图 1-2　伏羲氏

尸佼，战国时期著名的政治家、道家、思想家，先秦诸子百家之一，在其著作《尸子》中对伏羲的功绩这样记载说："伏羲氏之世，天下多兽，故教民以猎。"也承认伏羲氏猎取野兽的功绩。在《易经·系辞》中，除了记叙伏羲仰观天象，俯察地理，近取诸身，远取诸物而作八卦，以通神明之德，以类万物之情之外，还特意说明了伏羲"作结绳而为网罟，以佃以渔，盖取诸离"的猎取食物和饮食活动方面贡献。如果仅仅是捕鱼网鸟，村夫童子都会，何必伏羲来教呢？大概洪荒之世，鸟兽繁殖，成群结队，势力超过了人类，不加以提防，人将无法生存。伏羲教民防御，指整体上，群众性的防御。

《白虎通义·号篇》指出伏羲的另一贡献，就是制定社会秩序："古之时未有三纲六纪，民人但知其母，不知其父……饥即求食，饱即弃余。茹毛饮血，而衣皮苇，于是伏羲……因夫妇，正五行，始定人道。"

伏羲作八卦，有乾、坤、震、巽、坎、离、艮、兑，可表示天、地、雷、风、水、火、山、泽，其中"火"列入其间，或可表明对"火"的一种远古文化意蕴的较深层认识。

伏羲"取牺牲以供庖厨"，表明"火"进一步使用于肉类的食品制作。

三、神农氏

相传伏羲之后，便是神农氏。他是农业生产的发明者，其主要贡献是解决吃饭的问题。战国以后产生的古文献中有许多关于神农氏的记载。

约形成于周代的《周易·系辞》说："包牺氏没，神农氏作，斫木为耜，揉木为耒，耒耨之利，以教天下，盖取诸《益》。日中为市，致天下之民，聚天下之货，交易而退，各得其所，盖取诸《噬嗑》。"耒和耜，都是上古时代的农耕工具。耒为木制的双齿掘土工具，起源甚早。耜为曲柄起土的农器，即手犁。

清代马骕《绎史》卷四引《周书》云："神农之时，天雨粟（天上落下粟，古人传说天下将发生饥荒的时候，就会有这样的征兆）。神农遂耕而种之，作陶冶斧斤，为耒耜锄耨，以垦草莽。然后五谷兴助，百果藏实。"

汉代《淮南子·修务训》："神农乃始教民播种百谷，相土地，宜燥湿肥高下，尝百草之滋味，水泉之甘苦，令民知所辟就。当此之时，一日而遇七十毒。"

图 1-3　神农氏

汉代刘向《新语·道基》:“至于神农,以为行虫走兽,难以养民,乃求可食之物,尝百草之实,察酸苦之味,教民食五谷。”

东汉班固《白虎通德论·号》:“古之人民皆食禽兽肉,至于神农,人民众多,禽兽不足,于是神农因天之时,分地之利,制耒耜,教民农耕。”

晋代干宝《搜神记》:神农“斫木为耜,揉木为耒。耒耜之用,以教万民,始耕稼,故号神农氏”。“神农以赭鞭鞭百草,尽知其平、毒、寒、温之性,臭味所主……”

晋王嘉《拾遗记》卷一亦云:“炎帝时有丹雀衔九穗禾,其坠地者,帝乃拾之,以植于田,食者老而不死。”

《后汉书·郡国志》刘韶注引南朝宋盛弘之《荆州记》有关于水利的记载:“神农既育,九井自穿,汲一井则众井动。”

唐朝司马贞《三家注史记·三皇本纪》:“神农氏以赭鞭鞭草木,始尝百草,始有医药。”

宋代郑樵的《通志》讲:神农尝百药之时,“……皆口尝而身试之,一日之间而遇七十毒……其所得三百六十物……后世承传为书,谓之《神农本草》”。

宋代罗泌《路史》云:炎帝神农氏“磨唇鞭芨,察色嗅,尝草木而正名之。审其平毒,旌其燥寒,察其畏恶,辨其臣使……一日之间而七十毒,极含气也……药正三百六十有五”。

以上关于神农的传说中,最有名的是他尝百草的故事,他通过亲口尝试来断定草木是否有毒,当然这是十分危险的,甚而一天之内遇到七十多次毒害。这当然是神奇,不是一般人所能够达到的。他的这种献身精神代表着先民的勇于探索与进取。诸如此类的材料给我们这样的启示:神农时代的时代特征是农业的兴起。

从这些传说可以看到,神农在解决吃饭问题上的贡献是巨大的。第一,他通过亲口尝试,知道了哪些可以吃,哪些有毒不能吃。这是在直接向大自然索取的过程中的自省。第二,教民生产粮食:之一是发明农耕的工具;之二是用耒耜等工具教民耕作。第三是为农耕生产粮食而关注到水利。与此同时,神农氏由尝百草而审定其药性的平毒寒温,因而成为中草药的发明者。正因为与农耕发明如此息息相关,因此被号为“神农”,也因此被描绘成有着“牛首”(《三家注史记·三皇本纪》说神农是“人身牛首”)的“人”与“神”。

先民不会有“牛”的概念,因为那个时候牛还没有被驯化,也还不需要牛来做什么。人自己的吃喝还都解决不了呢。神农具有牛的形象自然是后来人的想象。后来有了牛耕之后的人，了解了牛，方才赋予神农“牛首”的外形。牛首先代表着农业，农业生产；其次是力量，超人的力量；还有坚忍，耐力，非常人的能力。

神农的解毒能力是超人的，是神奇的。不是神，怎么能做得到？对于有人说神农最后死于毒害，人们万不能够理解，明周游《开辟衍绎》第十八回记载王子承就此辩驳道：“后世传言神农乃玲珑玉体，能见其肺肝五脏，此实事也。若非玲珑玉体，尝药一日遇十二毒，何以解之？但传炎帝尝诸药，中毒者能解，至尝百足虫入腹，一足成一虫，遂致千变万化，炎帝不能解其毒而致死，万无是理，此讹传耳。”

《白虎通义》说：“古之人皆食禽兽肉，至于神农，人民众多，禽兽不足，至是神农因天之时，分地之利，制耒耜，教民农耕。”远古的人都靠食用捕猎的飞鸟走兽的肉生活，到了神农氏生活的时代，人口很多，飞鸟野兽不足以供人捕猎食用，到这时神农氏依据气候时节，土地情况，制作耒耜等农具，教导人们务农耕田。神农氏的贡献有三：第一知天时地利；第二创制了耒耜等农具，大大地提高了农作的效率；第三教民耕作，使人民获得很大的好处，故号神农。《世本·帝系篇》则首把炎帝和神农氏扯在一起称“炎帝神农氏”，谓炎帝即神农氏，炎帝身号，神农代号。汉高诱注《淮南子·时则训》，提到赤帝时又把赤帝与神农氏合起来，说赤帝即炎帝，少典之子，号为神农，南方火德之帝。《左传》《国语》和《礼记》曾提到烈山氏能够播植百谷百蔬。东汉郑玄注《礼记》和三国韦昭注《国语》，都说烈山氏为炎帝。《水经注》卷三十二又把烈山氏和神农氏相并，说谬水西南经过厉乡南，水南有重山，就是烈山，山下有一个洞穴，相传是神农氏的诞生处，所以《礼记》称神农氏为烈山氏。而有关烈山氏称号的缘起，又有二说。《路史》认为，烈山原字当作列山或厉山，因神农氏“肇迹”于列山，故以列山、厉山为氏。

《史记·五帝本纪》则隐喻炎帝与神农氏并非一人，说黄帝时，神农氏的时代已经衰落，诸侯之间互相侵伐，暴虐百姓，神农氏不能征讨，于是黄帝“修德振兵”，讨伐危害最大的炎帝和蚩尤，把他俩伐灭后威望大振，于是代神农氏而有天下。神农氏不事征伐，这与《庄子·盗跖》说神农氏“无有相害之心”、《商君书·画策》说神农“刑政不用而治，甲兵不起而王”相符合，怎么会变成炎帝这样“侵伐诸侯，暴虐百姓”的人呢？英勇善战的黄帝，竟然要与他“三战，然后得其志”。此外，《史记·封禅书》分列炎帝和神农氏为二人，徐旭生《中国古史的传说时代》也主张炎帝、神农氏为二人。

神农氏为五氏出现以来的最后一位神祇，中国诸神创世造人，建屋取火、部落婚嫁、百草五谷、豢养家畜、种地稼穑等等一切为人民生活所做的准备全部完成了，中国神话时代结束，传说时代到来。神农氏本为姜水流域姜姓部落首领，后发明农具以木制耒耜，教民稼穑饲养、制陶纺织及使用火，以功绩显赫，以火德称氏，故为炎帝，尊号神农，并被后世尊为中国农业之神。炎帝率领众先民战胜饥荒、疾病。经过长期尝百草发明了药草疗疾，炎帝神农悟出了草木味苦的凉，辣的热，甜的补，酸的开胃。他教民食用不同的草药治不同的病，先民因病死亡的也少多了。为"宣药疗疾"还刻了"味尝草木作方书"。这便是人类医学科学的发端。神农亲验本草药性，是中药的重要起源。这一过程经历了漫长的历史时期、无数次的反复实践，积累下来许多药物知识，被篆刻记载下来。随着岁月的推移，积累的药物知识越来越丰富，并不断得到后人的验证，逐步以书籍的形式固定下来，这就是《神农本草经》。《神农本草经》成为中国最早的中草药学的经典之作，后世本草著作莫不以此为宗，对中医药的发展一直产生着积极的影响，并逐步发展丰富，形成了如今世界闻名的中医药宝库。

《神农本草经》阐述了药物的三品分类及其性能意义，药物的君臣佐使及在方剂配伍中的地位和作用，药物的阴阳配合、七情合和、四气(寒热温凉)五味(辛甘酸苦咸)、有毒无毒，药物的采造，药物的煎煮法，药物与病证的关系等等，至今仍是临床用药的法规准则。它所记载的365味中药，每味都按药名、异名、性味、主治病证、生长环境等分别阐述，大多数为临床常用药物，朴实有验，至今仍在习用。千百年来，它作为药典性著作，指导着海内外炎黄子孙应用药物治疗疾病，保健强身。

关于神农尝百草、辨药性的事，古籍中有些记载：

《白虎通义·号篇》说，神农氏能够根据天时之宜、分地之利，创造出农具，教民耕作，使人民获得极大的好处，因此叫作神农。传说他还遍尝百草，探寻药材的性味，又教会人们医治疾病。《淮南子·修务训》："神农乃教民播种五谷……尝百草之滋味……当此之时，一日而遇七十毒"；《史记补三皇本纪》："神农氏以赭鞭鞭草木，始尝百草，始有医药"。据传神农架就是神农曾经搭架采药、疗民疾矢的地方。

从这些描述看出，神农氏应该是尝药物的"气"和"味"，以及身、口的感受，来辨别药性。

所以，《神农本草经》有这样的论述："药有酸、咸、甘、苦、辛五味，又有寒、热、温、凉四气，及有毒、无毒……采治时月生熟，土地所出，真伪陈新，并各有法。"

也许，神农氏是洪荒时代的特殊智者，有现代人无法理解的辨别能力，但是现代基因研究从另一个角度证明了神农尝百草的真实性。复旦大学现代人类学实验室负责人李辉等人发现，中国人体内有一种苦味基因，称为TAS2R16，它能辨识出哪些苦味的植物是有毒的。而苦味基因也正是中国先民许多人和一代又一代人在尝百草的过程中生存下来并遗传下去。

第二节　尧舜禹时期

黄帝之后，我国黄河流域又先后出现几位杰出的部落联盟首领，他们就是尧、舜、禹。他们是真真切切的人，不再有神话的色彩。但是，他们同样的有传奇的故事，后来的儒家经典里，尧、舜、禹都是圣贤，是一般的人可望而不可及的人物。他们对于中国的饮食文化有着巨大的贡献，他们有丰富的饮食思想可供继承。

一、尧

尧，陶唐氏，名放勋，是父系氏族社会后期的部落联盟首领。他曾建都于唐(今天的山西临汾)，史称唐尧。尧的时代，不是太平的时代，特大的水灾，洪水横流，泛滥于天下，五谷不登，水害使得人们无法得到食物了，治水成为社会的头等大事。《孟子·滕文公上》这样记载说："当尧之时，天下犹未平。洪水横流，泛滥于天下。草木畅茂，禽兽繁殖，五谷不登，禽兽逼人。兽蹄鸟迹之道，交于中国。尧独忧之，举舜而敷治焉。舜使益掌火，益烈山泽而焚之，禽兽逃匿。禹疏九河，瀹济漯，而注诸海；决汝汉，排淮泗，而注之江；然后中国可得而食也。"《孟子·滕文公下》又说："当尧之时，水逆行，泛滥于中国，蛇龙居之，民无所定；下者为巢，上者为营窟。"尧识才用人，举用了大禹去治水，于是疏浚了河流，中国大地上的人才有了食物，有了安定的生活。

尧的形象是非常高大的，为了治水，安定天下，汉代文献《淮南子·修务训》说"尧瘦臞"(qú，十分消瘦)，《论衡·道虚》"形若腊(xī，干肉)"，身形如同干肉一样，失去了人形。

另外传说中，尧又是射日的英雄。《论衡·说日》："尧时十日并出，万物焦枯。尧上射十日。"今本《淮南子·本经训》云："尧乃使羿上射十日。"

尧作为政治人物，在饮食上实行节俭之道，因而站在了制高点上，为后来者树立了典范。据《韩非子·五蠹》说："尧之王天下也，茅茨不翦(茨，茅草。翦：同'剪')，采椽(承屋瓦的圆木)不斫；粝粢(lì，粗粮、糙米。粝粢，粗劣的饭食)之食，藿(huò或，豆叶之羹)冬日麑裘，夏日葛衣；虽监门之服养，不亏于此矣。禹之王天下也，身执耒臿以为民先，股无胈，胫不生毛，虽臣虏之劳，不苦于此矣。"作为领袖人物的尧虽然已经称王天下，但是他茅草盖的屋顶也不加修剪，采集来的椽木也不砍削；吃的是粗糙的饭食、野菜豆叶的羹汁；冬天穿小鹿皮衣，夏天穿葛布的衣衫，即使看门人的衣物给养，也不会比这更少了。大禹统治天下的时候，亲自拿着木锹铲作民众的带头人，累得大腿上没有肥肉，小腿上不长汗毛，即便是奴隶们的劳动，也不至于这样苦。

图1-4　尧

尧在饮食上没有任何的特殊化，甚或是比别人更差一些，起到了模范带头的作用。一个领导者，他对饮食的态度，自然的会延伸到日常的行为规范中，如果他节衣缩食，那么他在事业的追求上同样的身先士卒。饮食上的追求是和政治上的追求一致的，没有听说在生活上奢侈腐化而在事业上却艰苦奋斗的。尧是一个政治家，他的饮食观引领着一个时代的风气。

尧的饮食思想和他的政治思想相通，尧明白一个简单的道理：天下常以俭得之，以奢失之。尧认为天下的人往往从领袖对待饮食的态度来判断他，从而决定是否跟从他，一个政治人物的号召力是和他饮食的节俭与否直接相关的。

春秋时期有一个伟大的思想家由余（亦称繇余），他将尧的饮食思想予以总结，并且推广到尧的继承者，将他们加以比较，他总结出政治人物饮食上的节俭关涉到他的政治前途，关涉到国家的前途命运，归结为一句话，那就是：天下常以俭得之，以奢失之。《韩非子·十过》记载了由余的故事，评价了尧的饮食思想，并且将尧与他的继承者舜、禹以及殷人做了比较，从中归纳出治理天下的道理。总之一句话，饮食的节俭与否直接决定了他所建立的王朝的寿命长短：

> 昔者戎王使由余聘于秦，穆公问之曰："寡人尝闻道而未得目见之也，原闻古之明主得国失国常何以？"由余对曰："臣尝得闻之矣，常以俭得之，以奢失之。"穆公曰："寡人不辱而问道于子，子以俭对寡人何也？"由余对曰："臣闻昔者尧有天下，饭于土簋（guǐ，古代用于盛放煮熟饭食的器皿。土簋，简陋的陶器），饮于土铏（xíng，古代盛羹的鼎，两耳三足，有盖，常用于祭祀。土铏，陶制的饮水器）。其地南至交趾，北至幽都，东西至日月所出入者，莫不宾服。尧禅天下，虞舜受之，作为食器，斩山木而财之，削锯修其迹，流漆墨其上，输之于宫，以为食器。诸侯以为益侈，国之不服者十三。舜禅天下而传之于禹，禹作为祭器，墨染其外，而朱画其内，缦帛为茵，蒋席（草席）颇缘（加上了边缘），觞酌有采，而樽俎有饰。此弥侈矣，而国之不服者三十三。夏后氏没，殷人受之，作为大辂（大辂，天子所乘坐的豪华车），而建旒九，食器雕琢，觞酌刻镂，白壁垩墀，茵席雕文。此弥侈矣，而国之不服者五十三。君子皆知文章矣，而欲服者弥少。臣故曰：'俭其道也。'"

尧的政治品德表现在饮食上，而饮食表现在餐具上，餐具的简陋表明了尧的追求十分高远，他的兴趣不再满足口欲上。拥有天下的尧，用陶器吃饭，用陶器喝水。他的领土南到交趾，北到幽都，东西到达日月升落的地方，没有不臣服的。尧禅让天下，虞舜接受下来，所做的餐具，都是砍伐山上树木制作成的，削锯成器，修整痕迹，在上面涂上漆和墨，送到宫里作为食器。舜的餐具也是简单的，比起尧来，也就这么稍微的装饰了一下，但是诸侯认为太奢侈了，因此而不臣服的方国有 13 个。虞舜禅让天下，传给夏禹，夏禹所做的祭器，在外面染墨，里面绘上红色，缦帛做车垫，草席饰有斜纹边缘，杯勺有花纹，酒器有装饰。这就更加奢侈了，而不臣服的方国有33个。夏王朝灭亡，殷商接受天下，所做的大辂，旗子上装有九条飘带，食器雕琢，杯勺刻镂，白色的墙壁和台阶，垫席织成花纹。这就更加奢侈了，而不臣服的方国有53个。君主都注重文采华丽了，而愿意服从的越来越少。

由余具有超强的政治敏感性，见微知著，他从天下首领所用的餐具入手进行分析，结论是：餐具的丰简与天下拥护的程度成正比，尧的政治知名度最高。无怪乎《史记·五帝本纪》称颂帝尧道："其仁如天，其知如神。就之如日，望之如云。富而不骄，贵而不舒。黄收纯衣，彤车乘白马。能明驯德，以亲九族。九族既睦，便章百姓。百姓昭明，令和万国。"尧被歌颂为红太阳，他的仁德如天，智慧如神。接近他，就像太阳一样温暖人心；仰望他，就像云彩一般覆润大地。他富有却不骄傲，尊贵却不放纵。他能尊敬有善德的人，使同族九代相亲相爱。同族的人既已和睦，又去考察百官。百官政绩昭著，各方诸侯邦国都能和睦相处。

二、舜

虽然由余对虞舜的评价不如尧，但并不排斥舜还是一代圣贤。舜姓姚，名重华，字都君，生于姚墟。尧将帝位禅让于舜，所以人们称他为帝舜、大舜、虞帝舜，国号为"有虞"。

《韩非子·难一》记述了舜的事迹，主要的是对农业的贡献，而且他以仁德感染教育天下人，深得人心："历山之农者侵畔，舜往耕焉，朞(jī，朞年，一年)年甽(quǎn)亩正。河滨之渔者争坻(chí，地界)，舜往渔焉，朞年而让长(zhǎng)。东夷之陶者器苦窳(gǔ yǔ)，舜往陶焉，朞年而器牢。仲尼叹曰：'耕、渔与陶，非舜官也，而舜往为之者，所以救败也。舜其信仁乎！乃躬藉(jí)处苦而民从之。'故曰：圣人之德化乎！"舜的做法受到了孔子的赞赏，说他的仁德伟大，他不是靠说教，而是身先垂范，以身作则，只用了一年的时间，历山这个地方的人不再侵占别人的耕地，河边打鱼的人都让年长的人占水中高地，东夷那里的陶器便也制得很牢固。

《史记·五帝本纪》记述说舜在调解人际关系方面的特殊才能征服了天下人，人们从四面八方聚集过来，使得他所居住的地方自然的成为聚落，都市："舜耕历山，历山之人皆让畔；渔雷泽，雷泽上人皆让居；陶河滨，河滨器皆不苦窳。一年而所居成聚，二年成邑，三年成都。"一个圣明的时代开启了，"四海之内咸戴帝舜之功。……天下明德皆自虞帝始。"

图1-5　舜

舜在自己年纪大的时候就考虑到接班人的问题，"舜子商均亦不肖，舜乃预荐禹于天。"舜祈求上天的同意，将权力转让给

图1-6　禹

禹。禹接受禅让其实是顺理成章的事，这由于他的贡献。大禹治洪水十三年，三过家门而不入的事迹已经尽人皆知。他治水有功，解决了天下第一难题，使得人们不再受洪水的威胁，生命得到保护。

三、禹

禹的名字叫文命，父亲是鲧，鲧的父亲是帝颛顼，这样算来，禹是轩辕黄帝的玄孙，帝颛顼的孙子。

大禹治水是继承了父亲的事业，其父鲧治水的方法不对，不是疏导而是堰塞、堵截，结果失败，被杀。“鲧复（腹）生禹。帝乃命禹卒布土以定九州岛”①。

禹吸取父亲失败的教训，变堵为“疏”“瀹”“注”“决”“排”等方法，目的是泄洪，禹取得了成功。

禹的功绩不只是治水，还有治理农田，培育并且分发粮食的种子。禹花了很大的气力解决天下人的吃饭问题。

《尚书·禹贡》记载说：“禹敷土，随山刊木，奠高山大川。”《尚书·益稷》：“禹曰：予决九州岛，距四海；浚畎浍，距川。”《诗·长发》：“洪水芒芒，禹敷下土方。”说明禹在治水的过程中就已经注意到整治田亩土地，并且变水害为水利，疏浚沟渠，以便灌溉。

《尚书·序》说：“禹别九州岛，随山浚川，任土作贡。”《史记·五帝本纪》说：“（禹）乃行相地宜所有以贡，及山川之便利。”这些记载说明三点：第一，“别九州岛”是禹对中国文化的重大贡献，禹根据山川形势划定了九州岛，有利于分区治理，根据各地不同的特色进行治理，增加了治理的科学性、有效性，同时，增加了中央的总体的控制力。第二，禹在巡视天下时“相地宜”，仔细观察各地土壤物产的不同，从而确定各地所能进贡的物产。这些记载，说明禹已经注意到各地“地宜”，即各地因不同的地理环境而出产的不同的物产，包括农作物不同、食品的不同、制作方法的不同，等等。第三，选择并确定各地的贡品，哪些是有特色的土产、特产去进贡，其中当然也会有食品。第四，“进贡”道路的规划。这涉及交通，有陆地，有水路；涉及路程远近合理性等等。路通了，全国各地物产的大交流、大流通就实现了，其中有关的食品的流转也必然促使各地风俗习惯的大碰撞，大交流，大流通。流动实现了活力。

由于禹的历史地位的重要性，司马迁特地为他设立了《史记·夏本纪》。司

① 山海经·海内经.

马迁注意到禹的一个特殊贡献，那就是：禹又“令益予众庶稻，可种卑湿”。这是说，禹命令益这位大臣把稻种分发给民众，让他们可以在卑湿的低地耕种。这条记录，使人们认为禹时已培育稻种。河姆渡考古发掘有6000年以前的稻种，或许可以为此佐证。

《史记·夏本纪》还有一条记载与饮食有关：禹“与益予众庶稻鲜食”。与前一条资料不同的是，益给予民众的东西中除水稻之外多出了“鲜食”。“鲜食”是什么？裴骃《史记集解》引用汉代孔安国的解释，说“鸟兽新杀曰鲜”。“鲜”就是新杀的鸟兽。说明禹在饮食上对于民众十分关怀，不仅给他们送粮食，而且还给他们送去新鲜的肉食。

禹对于民众饮食在非常时期的关怀及其措施还表现在《史记》另一条记载中：禹又“命后稷予众庶难得之食。食少，调有余相给，以均诸侯”。后稷是一位主管农业的官吏，禹命令后稷分发给民众非常缺乏的食品。当一个地方的食品量少的时候，就从有多余的地方调剂来救助补给，以便让各诸侯国在食品方面能达到均衡。这充分说明禹的国家管理能力，然而这一点基于他对食品的重视，灾民是否有保障生存的食品是政治，是重中之重。禹明白，食品即是政治，而能否让民众大体平均的得到食物则是天下是否太平的关键。

前面介绍尧舜的时候，都特别提到他们生活上的节俭，他们吃得很差，他们并不追求美食豪饮。禹的饮食菲薄到常人难以理解，这使孔子感到十分惊异，但是他给予赞颂。《论语·泰伯篇》中曾有载孔子之评说：子曰：“禹，吾无间然矣。菲饮食而致孝乎鬼神，恶衣服而致美乎黻冕，卑宫室而尽力乎沟洫。禹，吾无间然矣。”菲，菲薄，简单。禹的食品是菲薄的，穿的是破烂的，但是他所全力以赴的是治水。孔子称颂禹是自己的榜样，他是第一流的政治家。孔子心目中的政治家就应该是这样的。

禹对后来的饮食文化影响深远，还与他铸造了鼎的传说有关。

《左传·宣公三年》记载了禹铸九鼎的传说：“昔夏之方有德也，远方图物，贡金九牧，铸鼎象物，百物而为之备，使民知神奸。故民入川泽山林，不逢不若。螭(chī)魅罔(wǎng)两(liǎng)，莫能逢之。用能协于上下，以承天休。”禹取像于远方的神物，用九州岛方牧所贡献的金子铸造了鼎，鼎上的图画如同百科全书，民众学习了就能辨别什么是好的，什么是奸诈。鼎成为禹治理天下的重要帮手。

鼎本来是煮肉的大锅，不成想这一个饮食器具成为艺术品，还衍生出政治、宗教、文化多方面的意义，推动了社会的和谐与进步。禹赋予九鼎新的意义，饮食器具的意义退后了，有了国家政权象征的意义，鼎成为神物。进而一步，九鼎被视为传国秘宝，鼎在何处，民心就在何处，天下的中心就在那里，于是“桀有昏德，鼎迁于商”，“商纣暴虐，鼎迁于周”，政治衰落了，鼎也就被迁徙了，鼎在方显示着王权在。所以春秋战国时代，当周王朝式微，不少诸侯王顿生觊觎之心，于是就有了楚庄王的问鼎，梁惠王的谋鼎，秦孝公的求鼎。于是，窥视王权被称之为“问鼎”，朝代的更迭，被称之为“鼎革”，鼎成为国之重器。禹的开创之功大矣哉！

四、仪狄

仪狄与酒的发明是这一时期的重大事件。

禹的一位部下在中国饮食史上有极大的名气，他就是酒的发明者仪狄。酒的发明是一件翻天覆地的大事，改变了人生，改变了人际关系，改变了政治法则，改变了社会，不可不记上一笔。

《世本》《吕氏春秋》《战国策》等先秦典籍都记载了仪狄造酒的传说。

相传由战国史官辑录、西汉末年刘向编撰的《战国策》中记载："昔者，帝女令仪狄作酒而美。进之禹，禹饮而甘之，遂疏仪狄，绝旨酒。"仪狄是夏禹的大臣，他酿出美酒献给禹，禹觉得酒的味道十分醇美，于是疏远了仪狄。由这段史料传说可以看出，在夏禹时代已经出现了酒，而仪狄就是一名会酿酒的大臣。大约与《战国策》同时代的《世本》中更有记载称："仪狄始作酒醪。"①其中"始作酒"就意味着仪狄不仅会酿酒，而且他就是酒的发明者。虽然《世本》原书在宋代时散佚，现只有清代的辑本，但后世有很多不同朝代的人都曾引用过《世本》"仪狄始作酒醪"的论述（如宋代李昉等撰的《太平御览》、明代陈耀文的《天中记》、明代彭大翼的《山堂肆考》等均如此记载）。毫无疑问，《世本》中的这种观点在中国古代是支持"仪狄酿酒说"的最有力的证据，也因此广为流传。汉代成书的《淮南子·泰族训》也记载仪狄造酒："仪狄作酒禹饮而甘之，遂疏仪狄而绝旨酒，所以遏流湎之行也。"又《说文》"酒"字下云："古者仪狄作酒醪，禹尝之而美，遂疏仪狄。"晋代陶渊明在《陶渊明集》中也称："（酒）仪狄造，杜康润色之。"②但是在《孔丛子》卷四中又有记载："平原君与子高饮，强子高酒曰，昔有遗谚，尧舜千钟，孔子百觚，子路嗑嗑，尚饮十榼，古之圣贤无不能饮也，吾子何辞焉？"③平原君劝子高饮酒，举例说到尧舜都可以饮到千钟酒，说明在夏禹以前的尧舜时代，人们就已经开始饮酒，而且酒量相当大。

《战国策·魏策二》的记载引起一个大疑问：仪狄发明了酒，这是特大的功劳，为什么大禹反而要疏远他呢？因为大禹尝了酒，酒太美了，太香了，太能吸引人了。大禹想得深了一些，美好的东西，具有吸引力的东西，恰恰是对人诱惑力最大、最难摆脱的。而一旦难以摆脱，酒就会害人，就会贻误政治，就会荒于政事，沉湎于其中的结果是可怕的。于是，大禹做出了推断：此后必有饮酒而误国者！不幸而言中，"酒池肉林"的商纣王便是一个反面典型。

酒一开始发明，就注定和政治有不解之缘。

---

① 秦嘉谟等. 世本八种[M]. 上海：商务印书馆，1957：40.

② [东晋]陶渊明. 陶渊明集.

③ [汉]孔鲋. 孔丛子[M]. 济南：山东友谊出版社，1989.

第三节　中国饮食文化思想形成于春秋之际

春秋战国时期是中国饮食文化形成的时期。第一，这一时期产生了许多对中国后来的文化发展方向具有重大影响的伟大人物，他们深刻地研究了中国的饮食文化。第二，他们的著作成为中华饮食文化的元典。第三，中国饮食文化的基本概念如“中和”发端于此，中国人社会生活中礼的设计已经完成。此一时期，中国的饮食由物质的层面完成了到精神层面的升华。

一、中国饮食思想的形成时期

春秋战国时期，“中国文化精神的各个侧面得到充分的展开和升华，中华民族的文化走向大致确定。有鉴于此，文化史专家借用德国学者雅斯贝尔斯的概念，将春秋战国看成为中国文化的‘轴心时代’。”①

这一时期产生的伟大人物，比如孔子、孟子、老子、庄子、墨子、管仲、子产、邹衍，他们所建立的学派深刻地体现于社会形态和思想的建构之中，他们的著作成为中华民族精神的基石，这些伟大的思想家都曾深刻地论述过饮食思想，都曾深入地思考过饮食思想与中国文化的关系，他们对于饮食文化的深入思考的成果成为元典。“中和”的饮食文化的基本概念发端于此，中国人社会生活中礼的设计，贯穿于饮食生活之中，饮食文化成为揭示天人关系的重要手段。

春秋战国时期的饮食文化深刻地影响中国文化，他们使中国人眼中的饮食由物质的层次上升到了文化的精神的层次。饮食原本只是解决人的生存问题，补充能量的问题，而在中国的饮食文化中，饮食成为次要的，而所承载的文化意义却成为主要的，这不得不说是与形成时期的饮食文化有关。饮食文化在中国文化中的特殊地位即奠定于此时期。这一时期的饮食文化导引着中国饮食文化后来的发展，人们不得不一次又一次的回头从中寻求根源，从中得到启发。

二、夏商时期

夏、商时期的饮食文化还处于低级的层次，因为这一时期还是果腹到丰富的过渡时期，还没有从理论上形成体系。

夏、商时期的饮食文化在很大程度上沿袭了原始社会饮食思想的特点，又在发展过程中形成了自己的时代特点。在这一时期，食品来源进一步扩大，烹调技术更加多样化，烹饪理论已形成体系，奠定了后世烹饪理论发展的基础。饮食距离单纯的果腹充饥的目的越来越远，其文化色彩越来越浓，人们普遍重视饮食给人际关系带来的亲和性，宴会、聚餐成为人们酬酢、交往的必要形式，饮食的社会性显得越来越明显。

---

① 张岱年，方克立. 中国文化概论[M]. 北京：北京师范大学出版社，2004(2)：67.

这一时期出现了许多烹饪理论家和烹饪名家，有些人就是因为善烹饪得到国君赏识而参政。谈到这一时期的烹饪，不能不提到两个人：伊尹和易牙。伊尹本是商汤之妻陪嫁的媵臣，烹调技艺高超，商汤向他询问天下大事，伊尹便从说味开始，伊尹和商汤的对话，记载在饮食思想史最早的文献《吕氏春秋·本味》中。另一位烹饪名家是易牙，他以擅长烹饪受宠于齐桓公。有一次，齐桓公半夜腹饥，易牙又煎又熬又燔又炙，甚至烹子进食，做成美味给齐桓公吃。虽然易牙的为人不可取，但是他的知味并擅调五味却是应该给予肯定的。

这一时期饮食思想的另一显著特点是"食政结合""食以体政"，即统治者将自己的政治原则、政治主张贯穿于饮食活动，特别是制度化的饮食活动当中。"食以体政"的首要表现是统治阶级把食品保障作为政治活动的头等大事。《尚书·洪范》中箕子提出了"食为政首"的理念。当时周武王向箕子请教治国之道，箕子便讲了"洪范九畴"。"洪范九畴"中第三类专讲"政"，共有八个方面，故又称"八政"。八政：一曰食，二曰货，三曰祀，四曰司空，五曰司徒，六曰司寇，七曰宾，八曰师。这八种政治中的"食"即指管理百姓的食物或者说食品。箕子把它放在政务之首，表现了明智的统治阶级"食以体政"的食品忧患意识，他们通常还通过高层享受的部分收敛或让步来满足低层社会有限需求的对策来维护社会的稳定。

"食以体政"的第二个表现是通过饮食来"别君臣，名贵贱"，饮食器具的用材、数量、种类，筵席座次的排列，献酒的先后，食用的差别，都表现了不同人在社会中的不同地位。这从周代的用鼎制度和食器的使用制度可见一斑。原本是单纯食器的鼎、豆等在越来越森严的等级制度中充当礼器的功能越来越被强化。周人列鼎而食，天子九鼎八簋，诸侯七鼎六簋，大夫五鼎三簋，元士三鼎一簋，一鼎无簋。除列鼎外，还有"天子之豆二十有六，诸侯之豆十有六，上大夫八，下大夫六""尊者献以爵，贱者献以散；尊者举觚，卑者举角"(《礼记·礼器》)。

三、轴心时代

春秋战国成为中国文化的"轴心时代"，是因为中国文化的大致走向确定。而春秋时期被称为中国饮食文化的形成时期，也正是因为饮食的生物学层次上的意义在此时期被淡化，而社会学意义上的价值凸现出来。

春秋战国时期，许多政治家、思想家在饮食思想理论方面也颇有建树。春秋战国是百家争鸣的时代，各种学派的代表人物都特别关注政治和人生问题。人生离不开食品，故先秦诸子都或多或少地接触到了饮食思想。

首先看儒家的经典。《周易》被称为中国文化之源，其对中国文化的影响是无形而巨大的，它既提供了一个思维的模式，又对具体的文化精神、价值理念作出了设计。其对饮食思想的探讨也是十分可贵的，不但反映了中国古代饮食烹饪名物制度，揭示其基本义理，而且其辩证思维的思维方式对于饮食有着指导意义，"一阴一阳之谓道"的"中和观"后来成为饮食文化的核心思想。

《周易》探讨了食对于民众的重要性、人体内的阴阳平衡与饮食、饮食有节、应时顺气、鼎中之变、五味调和、饮食礼仪等等。集中谈到饮食的有《颐卦》《井卦》《鼎卦》。《颐卦》之“颐”是“面颊”的意思，指口中正含着食物而鼓起的腮帮子。《颐卦》提出“节饮食”的观点，《象辞》说：“山下有雷，颐，君子以慎语言，节饮食。”《井卦》的“井”是水井，井水供人饮用，初六“井泥不食”，是说带有泥滓的井水不可食用，说明人们已经有了讲究饮水清洁的习惯。《鼎卦》的“鼎”是用来煮食的三足铜锅，只有王公贵族能够拥有，成为权力的象征。《象辞》说：“鼎，象也，以木巽火，亨饪也。圣人亨以享上帝，而大亨以养圣贤。”以木材投入鼎下，就可以煮熟食物，圣人用煮熟的食物享祀上帝，君王烹饪大量的食物来供养圣贤。前一句话是生活经验，后一句将饮食提到了治理国家的高度。从这几卦可以看出，《周易》是通过思辨的思维来看饮食文化的，除了具体的饮食记载与描绘之外，附着了深刻的哲学与人生道理。说食是引子，说治理天下的大道理才是目的。

《诗经》所收集的是西周初年至春秋中叶之间500多年的305篇诗歌，其中有许多关于“饮食宴乐”的诗篇，或记载宗教祭祀过后的宴饮，如《天保》《楚茨》《信南山》《行苇》《既醉》《丰年》(丰年多黍多稌，亦有高廪，万亿及秭。为酒为醴，烝畀祖妣)《载芟》《良耜》等。如《既醉》描述祭祀完毕后周王和诸侯尽情宴饮：“既醉以酒，既饱以德。君子万年，介尔景福。既醉以酒，尔肴既将。君子万年，介尔昭明。”这些“饮食宴乐”的诗篇或记述世俗性宴饮诗篇，如《召南·羔羊》《七月》《鹿鸣》《伐木》《鱼丽》《南有嘉鱼》《湛露》《桑启》《宾之初宴》《鱼藻》《瓠叶》(有兔斯首，炮之燔之，君子有酒，酌言献之)等。如《鹿鸣》诗句：“呦呦鹿鸣，食野之苹。我有嘉宾，鼓瑟吹笙。”轻松活泼的宴饮场面，还有音乐的伴奏。再如《宾之初筵》，款待宾客，既有酒，又有钟鼓，气氛和谐：“宾之初筵，左右秩秩，笾豆有楚，肴核维旅。酒既和旨，饮酒孔偕，钟鼓既设，举酬逸逸。”这些诗歌的主人公通过宴饮，与天地交通，和朋友交融，诱发出天性，如《诗经·唐风·有杕之杜》所吟诵：“彼君子兮，噬肯适我？中心好之，何饮食之？”

孔子是对中国文化影响最大的人物，其所创立的儒学成为中国思想文化的主导，渗透到中华民族生活的方方面面，可以说中国历史上没有任何一个思想家超过了孔子对中国文化的影响。孔子是思想家，同时又是美食家，虽然他的人生追求在于政治理想的实现，只能“食无求饱，居无求安”，但是他在饮食思想上有许多创见，他把这些饮食思想生动地贯穿于日常生活之中。孔子说：“士志于道而耻恶衣恶食者，未足与议也。”对于那些有志于追求真理，但又过于讲究吃喝的人，采取不予理睬的态度(《里仁》)。可是对苦学而不追求享受的人，则给予高度赞扬，他的大弟子颜回被他认为是第一贤人。他说：“贤哉回也！一箪食，一瓢饮，在陋巷。人不堪其忧，回也不改其乐。贤哉回也！”(《雍也》)孔子自己所追求的也是一种平凡的生活，他说：“饭蔬食饮水，曲肱而枕之，乐亦在其中矣。不义而富且贵，于我如浮云。”(《述而》)

孔子一生追求礼制的实现，他把礼的思想与具体的饮食礼仪相结合，因而对后世的影响更为深远。《论语》一书是孔子言行的记载，包括不少饮食文化的内容，尤其以《乡党》一篇最为精辟。如“食不厌精，脍不厌细”“斋必变食，居必迁坐”“食饐而餲，鱼馁而肉败，不食”“色恶，不食；臭恶，不食”“失饪，不食”“不时，不食”“割不正，不食”“不得其酱，不食”“肉虽多，不使胜食气”“唯酒无量，不及乱”“沽酒市脯，不食”“祭于公，不宿肉。祭肉不出三日，出三日不食之”；“食不语，寝不言”。

孔子在《论语·乡党》中写道：“食不厌精，脍不厌细。食饐而餲，鱼馁而肉败，不食。色恶，不食。臭恶，不食。失饪，不食。不时，不食。割不正，不食。不得其酱，不食。肉虽多，不使胜食气。唯酒无量，不及乱。沽酒市脯，不食。不撤姜食，不多食。”意思是食物做得越精细越好，食物陈旧变味了，鱼和肉腐败变质了，不吃。食物的颜色变坏了，不吃。色味不好，不吃。饪不当，即过熟或不熟，都不能吃。从市上买来的酒和熟肉，不吃；祭肉不出三日，超过三天就不吃。对肉的切割要符合一定的规格，不到吃饭时间不吃，在食物搭配上肉不能超过主食。每餐必须有姜，但也不多吃。喝酒要以不醉为度。孔子从刀工、火候、主副食搭配、食品卫生等方面阐述了他的饮食理念。

孟子是孔子以后儒家一大派，对后代的影响很大。孟子指明大自然给人类提供了无穷无尽的食物资源，关键在于统治者不违背自然规律：“不违农时，谷不可胜食也；数（cù，细密）罟（gǔ，渔网）不入洿（wū，深）池，鱼鳖不可胜食也；斧斤以时入山林，林木不可胜用也；谷与鱼鳖不可胜食，林木不可胜用，是使民养生丧死无憾也。养生丧死无憾，王道之始也。”孟子的天人关系说体现在人类的食物供应上，他认为只要不去违背农时，谷物是吃不完的；只要不去用细密的渔网捕捉小鱼，鱼鳖多得足以享用，人应该顺应自然而不是破坏环境，饮食问题自然可以解决。

孟子最有名的说法是：“鱼，我所欲也，熊掌，亦我所欲也，二者不可得兼，舍鱼而取熊掌也。生，亦我所欲也，义，亦我所欲也，二者不可得兼，舍生而取义者也。”在说明取舍之难时，用了鱼和熊掌难以割舍的比喻。比喻中的食物使得说理更为生动贴切。在同一节里他又说道：“一箪食，一豆羹，得之则生，弗得则死，嘑尔而与之，行道之人弗受；蹴尔而与之，乞人不屑也。”将对待食物的态度与人所应当具有的崇高气节相联系，成为警策之语。

《孟子·告子》：“告子曰：食、色，性也。”告子此一语实乃石破天惊之语，先秦思想家很少有人谈论到性的问题，对男女之间的事情中国人总是讳莫如深，而告子讨论了它，并且将它与食、与吃饭这一头等大事放在同一重要位置来谈，确实不能不让人感到意外。告子将人的追求概括为饮食之欲和男女之情两个方面，将食放在了第一的位置，从人的本性上说明了食品在人的本原的生存意义上的重要性。《孟子·离娄下》谓“禹恶旨酒而好善言”，是说明明智的统治阶级“食以体政”的食品忧患意识的具体言行。

四、老子

道家的老子，其饮食文化思想独成体系，其主旨是因应时世，清心寡欲，辩证地看待饮食之美。老子的饮食思想与其政治思想相通。

图 1-7　老子

老子的理想是“无为而治”和“小国寡民”:“甘其食,美其服,安其居,乐其俗。邻国相望,鸡犬之声相闻,民至老死不相往来。”使人民认为他们的饮食已很香美,衣服已很舒服,住宅已很安适,风俗已很安乐。邻国彼此可以互相望见,鸡犬之声互相可以听见,而两国人民至死不相往来。人民虽然不富足,但是所能够得到的食品便是最好的食品。老子以为发达的物质文明不会带来好结果,主张永远保持极低的物质生活水平:“五色令人目盲,五音令人耳聋,五味令人口爽;驰骋畋猎,令人心发狂;难得之货,令人行妨。是以圣人为腹不为目,故去彼取此。”老子认为丰美的饮食,使人味觉迟钝,强调过于追求滋味反倒会伤害人的胃口。老子这里还提出了一个十分重要的饮食原则,通俗地说即吃饭的目的:“为腹不为目。”老子是针对当时饮食的奢靡之风而提出批评的,认为不应当在饮食的形式上下工夫,不应求其外在的美,而应求其实际,吃饭是为了饱肚子,而不是为了好看。老子又有“为无为,事无事,味无味”的说法,“味无味”即以无味为味,于恬淡无味之中体味出最浓烈的味道来才是最高级的品味师,也算是一种独到的饮食理论。显然,老子的饮食观与其人生哲理密切相关,谈的是饮食,同时也是人生态度。老子还明确提到饮食对人的修养的重要意义,有“治身养性者,节寝处,适饮食”的议论。

老子将烹饪提高到政治的高度,认为烹饪不仅仅是做菜那样的雕虫小技,而是其中透现着深刻的统治之术。老子有一句总结治国的名言:“治大国若烹小鲜。”小鲜,小鱼。老子将治理大国比喻为煎烹小鱼,就是要统治者决策必须准确,政策要稳定,如果朝令夕改,就像用铲子乱铲乱翻,锅里的小鱼就会被铲烂。

五、阴阳家

阴阳五行学说形成于春秋时期,在中国文化史上的影响相当深远,对于饮食文化同样地给予极度的关注。“阴阳之说在先秦饮食文化中也广泛渗透,在一阴一阳中体现出饮食文化之‘道’,在饮食的负阴抱阳中体现出饮食文化之‘和’,在饮食的阴阳合德中体现出饮食文化之‘刚柔有体’。”[①]《礼记·郊特牲》中发挥阴阳之道与饮食文化的思想,指出:“凡饮,养阳气也。凡食,养阴之气也。”将饮食与阴阳之气相结合,不能不说是一次升华,将具体的食升华为抽象而无处不在的阴阳之气。

---

① 姚淦铭.先秦饮食文化研究[M].贵阳:贵州人民出版社,2005:757.

六、墨家

墨家从政治的角度看待饮食问题。《墨子·非乐》指出社会上有三大问题："民有三患：饥者不得食，寒者不得衣，劳者不得息，三者民之巨患也。"提出的解决办法是社会互助、积极生产，同时反对人们在物质生活上的过高追求。墨子攻击儒家"贪于饮食，惰于作务"。嘲笑孔子在饮食上多有虚伪之行，《非儒》说："孔某穷于蔡陈之闲，藜羹不糁，十日，子路为享豚，孔某不问肉之所由来而食；号人衣以酤酒，孔某不问酒之所由来而饮。哀公迎孔子，席不端弗坐，割不正弗食，子路进，请曰：'何其与陈、蔡反也？'孔某曰：'来！吾语女，曩与女为苟生，今与女为苟义。'夫饥约则不辞妄取，以活身，赢饱则伪行以自饰，污邪诈伪，孰大于此！"墨子认为国家大患有七，其中之一即是"畜种菽粟不足以食之"，已经看到了粮食对于国家的重要性，《节用》篇概括古代饮食之道。墨家的食品理念是基于解决当时社会动荡中个体农民和小手工业者要求最为迫切的衣食问题，认为粮食对百姓和国君同样重要。因有口腹的驱遣，人们才努力工作。可是由于沉重的剥削，使得"民财不足，冻饿死者，不可胜数也"。因此墨子主张"去无用之费"，节制过度奢侈的饮食。统治者"厚作敛于百姓，以为美食刍豢，蒸炙鱼鳖。大国累百器，小国累十器；美食方丈，目不能遍视，手不能遍操，口不能遍味，冬则冻冰，夏则饰饐。人君为饮食如此，故左右象之，是以富贵者奢侈，孤寡者冻馁，虽欲无乱，不可得也。君实欲天下治而恶其乱，当为食饮，不可不节。"（《墨子·辞过》）君主提倡奢侈，左右效法，以致造成极大的浪费，因为人的实际消费能力有限，"食前方丈"只是摆谱。他从实用的观点出发，强调饮食与身体健康的关系，反对追逐美味，认为只要做到"充虚继气，强肱股耳目聪明则止"（《墨子·节用》）。孔子和墨子都是以积极的入世态度来关注饮食思想，而道家的创始人老子则是以一种消极的出世态度主张消灭一切文化。对于食品，老子强调"本味"，他认为"五味令人口爽（败坏）"和"味无味"（味的最高境界是什么味都没有）。要人们"甘其食，美其服"，以最低生活水平为满足。主张回到太古时代，让人们再过"茹毛饮血"的生活，这实际上是行不通的。

七、"礼之初，始诸饮食"

中国饮食讲究"礼"，这与中国的传统文化有很大关系。生老病死、迎来送往、祭神敬祖都是礼。礼指一种秩序和规范。《礼记·礼运》说："夫礼之初，始诸饮食。"意即最原始的礼仪是从饮食开始的。基于饮宴中的礼仪，人与人的关系如中国古代君臣、父子、夫妇、兄弟、朋友的五伦关系都体现了出来，各人都得依礼而行。所以礼产生于饮食，又严格控制饮食行为。宴请宾客时，主客座位的安排，上菜肴、酒、饭的先后次序等，都体现着"礼数"。这种"礼数"不是简单的一种礼仪，而是一种精神，一种内在的伦理精神。这种精神，贯穿在饮食活动的全过程中，对人们的礼仪、道德、行为规范发生着深刻的影响。这种"礼数"在古代有古代的规矩，在今天有今天的礼仪，无论中餐还是西餐都有相应的礼数。

儒家所提倡的礼仪渗透在中国人的生活中，甚而融化在中国人的血液中。

以吃饭的形式而言，中国人的饭局讲究最多，这在世界上没有哪一个国家能够比肩。这种讲究就是礼仪，礼仪贯穿于用餐的整个过程之中，从座位的排放到上菜的顺序，从谁先动第一筷到什么时候可离席，都有明确的规定，把儒家的礼制观念诠释得淋漓尽致。在中国人的饭局上，靠里面正中间的位置要给最尊贵的人坐，上菜时依照先凉后热、先简后繁的顺序。吃饭时，须等坐正中间位置的人动第一筷后，众人才能跟着各动其筷。吃完饭后，人们并不是马上就散去，往往还要聊上一会儿，以增进感情。等坐中间位置的人流露出想走的意思后，众人才能随之散去。

八、中和

对味的追求，衍生出“中和”的理念，成为中国哲学的核心理念。

老子说：“为无为，事无事，味无味。”他将饮食中的“味”的概念引用到哲学中来，追求的是体味淡雅的意境，指出“味”的极致乃是味的本身，而非任何外加的东西。

“和”是中国文化重要的审美范畴，最初也是发源于饮食，从烹调需要调和多种味道的体验中紬绎上升而来。《说文解字》：“鼎，调合五味之宝器也。”可见“和”最初源于饮食的调配。《吕氏春秋·本味》记载了伊尹以“至味”说汤的故事，对“调和”有哲理性的发挥：“调合之事，必以甘、酸、苦、辛、咸。先后多少，其齐甚微，皆有自起。鼎中之变，精妙微纤，口弗能言，志不能喻。若射御之微，阴阳之化，四时之数。故久而不弊，熟而不烂，甘而不哝，酸而不酷，咸而不减，辛而不烈，淡而不薄，肥而不腠。”晏子则更为明确地将这种对食物的调和提升到治理国家的高度，在《晏子春秋》中记载道：“先王之济五味，和五声也，以平其心，成其政也。”

“饮食所以合欢也”，中国的饮食承载着社会的责任，中国人通过饮食之道与天地相通，与社会协和，使内心调理，饮食更成为政治，成为哲学。

据上可知，春秋战国时期许多原典式的著作和伟大人物使得中国文化的源头与饮食相接，使得饮食的重要性空前提高，具有了文化符号的作用。从此，中国饮食文化有了独立的理论体系，使得饮食这一维持生命的物质层面的行为完成了形而上的升华，具有了深刻的精神的价值和意义，许许多多伟大的思想家的思维成果被后来人继承下来，传递下去，后来各代的饮食文化研究者不得不一次又一次地从春秋战国时期的饮食文化中寻求源头。所以说中国饮食文化形成于春秋时期，深深地影响着后来的饮食思想的发展。

第四节　汤文化的理念

我国的汤文化源远流长，独成体系。其所以独成体系，源远流长，就因为汤文化的理念与中华文化的理念一脉相承，或者说汤文化的理念深得中国文化的真谛。汤文化的理念可以归结为一个字：和。而“和”这一概念就来自于《晏子春秋》。晏子对中国饮食文化的贡献功不可没。

和是调和，和谐。汤的烹制需要原料，第一是水，水自天上而来；其次是肉与菜肴，肉与菜肴为大地所生，汤的产品自然成为天地的精华所造。汤的烹制过程需要调和五味，思想家、政治家晏子由调和五味推而广之用来说明君臣之间的协调，比喻社会的和谐；进而推广到天人合一、阴阳燮理，汤的烹制成为中国古代哲理的最好比喻物。因此，汤便有了文化的意义，便有了汤文化。汤文化因为有了“和”这一理念因此成为中国饮食文化的核心，汤文化又通过“和”这一理念与中国文化的精髓相通，体现了中国哲学的最高境界。

一、汤与汤文化

汤是液体的菜肴。汤是菜肴，不过是液体的罢了。需要说明的是，中国饮食文化的一个特色就是“药食同源”，古代的养生学将食物当作药物，形成了食疗一门学问，食物做成的汤，又有药用，比如广东、福建一带就有“汤药”一说，几乎每顿饭都要煲汤，因此，汤也包括药膳。

文化是什么？文化是人与自然的交换过程产生的，人从自然中“脱离”出来，成为自然的对立物，人改造自然，使之适应人的生存，所以文化是自然界“人化”的过程，亦是人类所生活、所依赖的天地万物“人类化”的过程。人在改造自然，使其顺应人之生存的过程，自己也被改造。这个相互作用而产生的一切就是文化。

所谓汤文化，所研究的是附着在汤上的文化的意义。具体而言，即是研究人们在汤的制作和饮用时所体现的价值观、审美情趣、思维方式，或者说表现了怎样的生活情趣、人生态度，以及所反映的人与人之间的关系，甚而至于其对于一个国家一个民族生死存亡的关系，等等。它涉及物质文化、制度文化、行为文化和心态文化。汤文化研究以与汤相关的心态文化为中心，兼及物质文化及其他文化层次。主要是心态层次的文化。

具体而言，汤文化研究通过对于汤的生产、加工和进食过程中的社会分工及其组织形式、所实行的分配制度等的研究，以揭示其中所表现出来的价值观念、道德风貌、风俗习惯、审美情趣和心态、思维方式等等。研究中国人在长期的历史发展过程中所形成的独特的汤文化，中国人的心理、观念、思维方式、美学理念、民族心态等。

汤文化在中国饮食思想中处于一个核心的地位。主要因为先秦时期的思想家已经深入地研究它，还因为中国最早的有名的政治家就与汤文化结下不解之缘。商汤王的国家治理为什么搞得那么好，就因为从汤文化中得到启发。中国一系列礼仪、政治观念等等，都与汤文化有着更为直接而亲密的关系。丰富多彩的汤文化，包含有深刻的哲学、诗文、科技、艺术乃至于安邦治国的道理。

因此可以得出一个结论，汤文化的研究，是中国饮食思想研究的重要内容，是中国文化研究的一把钥匙。

二、汤的历史

中国古代的“羹”更接近于今天“汤”的含义。《辞源》谓：“羹，和味的汤。《诗·鲁颂·閟宫》：‘毛炰(páo，带着毛包上泥后燔烧)胾(zī，大块的肉)羹。’《左传·隐元年》：‘小人有母，皆尝小人之食矣，未尝君之羹。请以遗之。’”

清代文学家、美食家李渔对汤与羹的关系这一问题做了明确回答，指出古人所指的“羹”就是后来人所说的“汤”。他在所撰《闲情偶寄·饮馔部·蔬食第一》中专列“汤”部，对此做出解释：

> 汤即羹之别名也。羹之为名，雅而近古；不曰羹而曰汤者，虑人古雅其名，而即郑重其实，似专为宴客而设者。然不知羹之为物，与饭相俱者也。有饭即应有羹，无羹则饭不能下，设羹以下饭，乃图省俭之法，非尚奢靡之法也。古人饮酒，即有下酒之物；食饭，即有下饭之物。世俗改下饭为“厦饭”，谬矣。前人以读史为下酒物，岂下酒之“下”，亦从“厦”乎？“下饭”二字，人谓指肴馔而言，予曰：不然。肴馔乃滞饭之具，非下饭之具也。食饭之人见美馔在前，匕箸迟疑而不下，非滞饭之具而何？饭犹舟也，羹犹水也；舟之在滩，非水不下，与饭之在喉，非汤不下，其势一也。且养生之法，食贵能消；饭得羹而即消，其理易见。故善养生者，吃饭不可不羹；善作家者，吃饭亦不可无羹。宴客而为省馔计者，不可无羹；即宴客而欲其果腹始去，一馔不留者，亦不可无羹。何也？羹能下饭，亦能下馔故也。近来吴越张筵，每馔必注以汤，大得此法。吾谓家常自膳，亦莫妙于此。宁可食无馔，不可饭无汤。有汤下饭，即小菜不设，亦可使哺啜如流；无汤下饭，即美味盈前，亦有时食不下咽。予以一赤贫之士，而养半百口之家，有饥时而无馑日者，遵也道也。

李渔在这段话里所表达的意思有这样几层：第一，“汤”是羹的另外一个名称，原来一直叫“羹”。至少是清代以前，是把“汤”叫做“羹”的。第二，为什么把“汤”叫做“羹”？是因为这个叫法“雅而近古”。意思是说，这个叫法比较古雅，古人一开始就是这样叫的，而且显得典雅庄重。第三，后来为什么又把“羹”叫做“汤”呢？是因为担心追求古雅之意，因而求其实，产生误解，会认为“羹”仅仅是在庄重的场合，设宴招待宾客的时候才有。第四，其实，“汤”是一种普通的食物，是与饭一起享用的。有饭就会有“羹”，没有羹，饭就难以下咽。羹并不是只有在庄重的场合才有的，它其实只是一种省俭的食法。第五，为什么吃饭的时候一定要配以羹呢？原因有二，其一，饭到了喉咙，没有羹就无法下咽；其二，吃饭带上羹，有利于养生。为什么有利于养生？因为羹有利于消化。这一点似乎已经被现代科学所证明。第六，结论是，无论从养生还是勤俭持家，热情待客还是仅为着下饭，都离不了羹。

李渔对“羹”与“汤”的概念的一致性做了很好的论述，从中我们可以知道，古人所说的“羹”就是我们今天所说的“汤”。他并且对羹的价值做了非常好的说明。

古代的羹就是汤。但是严格地说起来，最早的羹仅仅指肉汤，后来才包括菜汤。例如《仪礼·乡饮酒礼》有这样一句话：“羹定。”什么是羹呢？东汉的大学问家郑玄注：“肉谓之羹。”意谓用肉做的汤叫做“羹”。

三、“和”的概念的引入

中国第一部字典，东汉许慎所撰写的《说文解字》说：“羹，五味盉羹也。”“羹”字是会意字，所谓会意，是指一个字是由几个字组合而成的，这个新组合而成的字的意义可以从这些基本成分间的某种联系中显现出来。具体的来说，“羹”这个字是由“羔”和“美”两个字组合而成的，所以它同时具有“羔”和“美”两个字的意义。这就是会意，会合几个字的意义而成为一个新字的意义。汉字中的“羔”和“美”两个字，都表达的是十分美好的意思。“羔”是什么，“羔，羊子也”，就是羊羔。用清代文字学家段玉裁的话说，羔就是美。翻译成现在的话即是：羊羔就是美，就是美一类的东西。美是每一个人都追求的，那羹自然也就是每一个人所追求的了。《说文解字》对“美”是如何解释的呢？它解释说“美”这个字是会意字，是由“大”和“羊”两个字组合而成的，它所表达的意思：“美，甘也。”甘是什么，甘就是甘甜。还有什么能比甘甜更美好的吗？没有比美更美好、更美满、更美观、更美妙、更美丽、更美气的了，为什么美和羊扯上了呢？古代传说时期，“茹毛饮血”，靠狩猎为生，物质缺乏，能够打到一只羊来犒劳犒劳，当然是美食了。人类的生存，食物是第一需要，能够吃饱当然是第一美事了。

《说文解字》所说的“盉”是什么意思呢？“盉”就是“和”，和是调和，用五味来调和羹汤，在鼎中调和五种味道，使之成为美味。“和”这一概念经常被思想家所引用，思想家往往用羹的调和说明政治道理，因此“和”又具有了和谐的意思，成为表达治理国家的政治学的概念，成为中国传统文化核心的概念之一，了解了“和”就把握住了中国文化的精髓。“和”的具体的意义是什么，思想家是如何使用这一概念的呢？这在下文再进一步探讨。

在这里，我们还说这个“羹”字，还说《说文解字》。古代没有雕版印刷术以前，书的流传很困难，主要是手抄，所以同一个字，在不同的版本中字体可能不同，就是写法不同。另一种《说文解字》的版本里，“羹”字归于“鬲”的部首，写法就与羹字不同。部首的含义，是说明一个字字义的归属，比如“水”旁，就说明这个字与水相关。“羹”的另外一种形体，同样是上下结构的字形，下为“鬲”，上部是两个“弓”字中间加一个“羔”字。这也是会意字。它表达的是什么意思呢？它的部首是“鬲”，“鬲”是鼎的一种，《说文解字》说：“鬲，鼎属也。”是说鬲是鼎的一种，是烹调用的器具。那么，鼎又是什么呢？《说文解字》对“鼎”的解释是：“三足两耳，和五味之宝器也。”而且还记载了一个神奇的故事，大禹治水平定了天下九州岛，把九州岛的兵器全部收缴上来，铸造了九口大鼎，它含蕴天地之精神，吸纳阴阳之灵气，是天地之间第一宝物。有了这九鼎神灵的佑助，大禹进入山林湖泊，那些魑魅魍魉神奇鬼怪都再也不敢兴妖作怪了。

这样我们就知道了“羹”的文化含义。羹就是用鼎这一神奇的宝器烹制的菜肴，仅仅从这一点就可以知道，“羹”在古人心目中该是多么尊贵的地位了。

清代段玉裁为《说文解字》“羹”字作注：“《内则》注曰：‘凡羹齐宜五味之和，米屑之糁。’晏子曰：‘和如羹焉，水、火、醯（xī，醋）、醢（hǎi，肉酱）、盐、梅，以烹鱼肉……宰夫和之，齐之以味；济其不及，以泄（减少）其过。’凡鱼肉，必用菜，菜谓之芼。《仪礼》：‘铏芼牛藿羊苦豕薇。’芼及醯醢盐梅，是之谓五味之和也。”段注所引《内则》的意思是说，羹在制作时，加五种味道的调料，以米屑粉和之，不需加蓼（一年生草本植物，生在水中，其味辛香，别名水蓼）。

段玉裁注中所引用的晏子的话出自《左传·昭公二十年》：“和如羹焉，水、火、醯、醢、盐、梅，以烹鱼肉，燀（chǎn，炊）之以薪。宰夫和之，齐之以味；济其不及，以泄其过。君子食之，以平其心。君臣亦然……以水济水，谁能食之？”鲁昭公二十年是公元前422年。这段话的意思是说：和协就好像做羹汤，用水、火、醋、肉、酱、梅来烹调鱼和肉，用柴禾烧煮，厨工加以调和，使味道适中，味道太淡就增加调料，味道太浓就加水冲淡。君子食用羹汤，内心平静。君臣之间也是这样……如同用清水去调制清水，谁能吃它呢？[①]

晏子的话明确地阐释了汤文化的理念就是“和”。“和”，是中国哲学的最高境界，中国社会最理想的状态就是“和”，和就是和谐。现在党中央提出构建和谐社会，就是要使社会达到“和”的境界。所以，晏子所提出的“和”的理念十分重要。更为重要的是，这一理念的提出是通过汤的制作而表达的，这就是汤文化的理念。汤文化的理念是和中国哲学联系在一起的，汤文化体现了中国哲学所要达到的最高境界，汤文化所要反映的就是中国社会和谐的最理想的状态。

四、汤文化的理念——和

晏婴（？—前500）即晏子。春秋时齐国大夫，字平仲，夷维（今山东高密）人。齐灵公二十六年（公元前556），以其父晏弱去世，继任齐卿，历灵公、庄公、景公朝俱在任。是有名的思想家、政治家。

上面所引晏子与齐景公的这段对话见《左传·昭公二十年》：

> 侯至自田，晏子待于遄台，子犹驰而造焉。公曰：“唯据与我和夫！”晏子对曰：“据亦同也，焉得为和？”公曰：“和与同异乎？”对曰：“异。和如羹焉，水、火、醯、醢、盐、梅，以烹鱼肉，燀之以薪。宰夫和之，齐之以味；济其不及，以泄其过。君子食之，以平其心。君臣亦然。君所谓可而有否焉，臣献其否以成其可；君所谓否而有可焉，臣献其可以去其否。是以政平而不干，民无争心。故《诗》曰：‘亦有和羹，既戒既平。鬷嘏无

① 沈玉成.左传译文.北京：中华书局，1981：471.

言。时靡有争。'先王之济五味，和五声也，以平其心，成其政也。"

这里有两个哲学概念，一个是"和"，就是我们现在说的"和谐"；一个是"同"，就是"相同"。晏子解释了这两个概念，认为臣子一味迎合君主，那就是"同"；君臣之间意见有不同，有争论，这就是"和谐"。这一结论的基础是人无完人，君主同样不是十全十美，臣子指出其中不可以的，就可以使得君主的方案更加完善；君主认为不可以的，并不是就一点都不可取了，臣子指出其中可以的部分，而去掉不可以的，这样就使得方案更加完备。晏子进一步指出"和"对于社会的重大意义，这样一来，国家大事处理得平稳，也不违背礼仪，百姓没有争夺之心。

对于汤文化的重要意义是，晏子用做汤为例说明"和"的概念。做汤的时候就要加以调和，使味道适中，味道太淡就增加调料，味道太浓就加水冲淡。有的时候要增加，有的时候要减少，这才叫和谐。从哲学上讲，这就是矛盾斗争的展开，最后实现和谐。更为重要的是，晏子指出享用了汤之后的社会效果，那就是君子享用了羹汤，内心平静，因此，政事平和而不违背礼仪，百姓没有争斗之心。这正是社会治理所能够达到的最高境界。

"和"与"同"的关系是一个重大的理论问题，要把它说清楚很不容易。晏子用做汤作例子，从人们熟知的音乐、事理等几个方面来讲，又联系了个人的做法，这样就好理解。他讲的和谐就是矛盾的展开和解决。晏子关于"和"的论述，是我国最早关于这一问题的论述之一。"和"是中华五千年文明最核心的价值观，它包括人与自然的和谐，国家之间的和平共处，国内各阶级、阶层的共存，家庭的和睦，以及个人的心态平和，一共五个层次的内容。古代的思想家，认为"和"是最高妙的境界，古代哲学上讲的"和"，就是矛盾充分展开之后所达到的对立统一；治理国家也要做到"和"，就是上下协调，社会的和谐。"和谐社会"的口号古已有之。那么，能不能说晏子是一名哲学家呢？完全可以。

晏子从汤的烹制出发，引申出治国平天下的大道理，看似抽象的哲理，实际从日常生活中来，因此生动贴切，有说服力。晏子所提出的"和"与"同"，很典型地代表了中国人的思维特点和方式。领导就像厨师一样，领导的责任就好比做汤，全国的人有不同层次，不同文化习惯，不同民族，这样一个幅员辽阔的大国，分布极为广泛，差异如此之大，如何用人，制定什么刑罚、政策，火候如何，如何变化，都是很重要的，这些就和熬汤一样，要适合所有人的口味。

做汤的配伍很重要，不是随便什么和什么都可以相配的，有的就不能和别的一样相配。另外，什么样的人喝什么样的汤也是有讲究的，各人的需要是不同的。同时，用人也是这样，有的人不能和一些人合作，那么，什么样的人在一起才能最大限度地发挥作用就是政治家所要解决的问题，和做汤是同样的道理。

和与同，表面上看起来很相似，它们的表现有一致性，但在实质上，它们完全不同。同，是绝对的一致，没有变动，没有多样性，因此，它代表了单调、沉闷、死寂，它也没有内在的活力和动力，不是一个具有生命力的东西，也不符合宇宙万事万物起源、构成、发展的规律性。

和，却是相对的一致性，是多中有一，一中有多，是各种相互不同、相互对立的因素通过相互调节而达到的一种统一态、平衡态。因此，它既不是相互抵消、溶解，也不是简单地排列组合，而是融合不同因素的积极方面结成和谐统一的新整体。它保留了各个因素的特点，又不让它们彼此抵消，因而是一个具有内在活力、生命力、再生力的整体。

和的观念，既是宇宙万物起源、构成、发展的规律之一，同时也是我们祖先对事物的独特理解。换句话说，和的内涵，既包括了自然规律，也包括了人的理智对秩序的追求，即人为的秩序。

和的观念被付诸实践，就形成了中国人独特的行为方式。国家兴盛的理想状态是和谐：君臣之间、官民之间、国与国之间、朝野之间，相互理解、支持、协调，利益趋于一致；文学艺术的最高境界也是和谐：有限和无限、虚与实、似与不似、刚与柔、抑与扬等等因素共存于一个统一体中，相互补充，相互调节；人们处理事务、人际关系也崇尚“和为贵”，用自我克制来消除矛盾、分歧，用相互切磋来发扬各自所长，通过寻找利益的一致之处，把各方的不同之处加以协调。

应该注意到，“和”的最终旨归，是人的内心的心性平和。也就是说，它的最后落脚点，还是人自身的生存状态。因此，它是内向的，而不是外向的；是人本的，而不是物质的。

“和”是中国古代思想家讨论的一个十分重要的命题。《论语》记：“有子曰：礼之用，和为贵。”《中庸》曰：“和也者，天下之达道也。致中和，天地位焉。”“和”的理念被扩展而充斥于宇宙之间，不和不足以为礼，不和不可以为达道。和的意义被升华，无大小，无内外，无边岸，无形色。天得之而四时顺，地得之而万物生，人得之而性命凝，这就是所谓的“达道”。和作为一个哲学理念，代表着通、顺、悦、从容、徐缓。达不到“和”这一个层次的人，就不可能使用“和”来待人待己。而善用和者，不惊俗，不骇众，不固执，不偏僻，随方就圆，内刚外柔，大智若愚，大巧若拙，潜修密炼，人莫能识。和被升华为人生哲理了。

和的尺度是什么？是“中”。中是什么？中是持中、用中，就是孔子所说的“过犹不及”。“过”是超过了，“不及”是没有达到。这两种状态都不好。“中”就是中国古代哲学的最基本的概念。就以汤的烹制而言，没有调料不好喝，但是如果调料下得重了，汤的颜色就会发红，喝起来只觉得满嘴都是调料味，调料下得轻，又不能够把汤的味道烘托起来。另外，汤的烹烧时间如何把握，也有一个“度”的概念。汤加热的时间不能太长，长了就会使汤变浓，味道变苦。端上来的汤应该是烫的，但是又不能沸腾。因为没有沸腾，香味就会完全保留在汤里，等到饮用的时候，才慢慢散发出来。

更重要的是，晏子将“汤”的饮用提高到了政治的高度。他指出，君子吃了这种肉汤，是用来平和心性的，因此，政事平和而不违背礼，百姓没有争斗之心。其实这种看法并不是晏子首先提出来的，《诗·商颂·烈祖》中就已经说：“还有调和的好羹汤，五味完备又适中。敬献神明来享用，上下和睦不相争。”诗中提到的商王朝的祖先就懂得汤的功用，在使五味相互调和，使五声和谐动听的过程中，使得心性平和，成就政事。那么，商王朝的时候已经重视汤的烹制就是不争的事实了，具体有没有真实事例呢？

五、汤与政治的结合

汤与政治有非常密切的关系，甚或可以说中国的政治学就发轫于汤文化。

《吕氏春秋》第十四卷《本味篇》，记述了伊尹以汤的“至味”劝说商汤王的故事：

> 汤得伊尹，祓(fú)之于庙，爝(jué)以爟(guàn)，衅以牺猳。明日设朝而见之，说汤以至味。汤曰：“可对而为乎？”对曰：“君之国小，不足以具之，为天子然后可具。夫三群之虫，水居者腥，肉玃(jué)者臊，草食者膻。恶臭犹美，皆有所以。凡味之本，水最为始。五味三材，九沸九变，火为之纪。时疾时徐，灭腥去臊除膻，必以其胜，无失其理。调合之事，必以甘、酸、苦、辛、咸。先后多少，其齐甚微，皆有自起。鼎中之变，精妙微纤，口弗能言，志不能喻。若射御之微，阴阳之化，四时之数。故久而不弊，熟而不烂，甘而不哝(nóng，甜)，酸而不酷，咸而不减，辛而不烈，淡而不薄，肥而不腻。”

伊尹只是讲如何做汤，并没有说如何治理国家，可是治理国家的道理全在里面了，这就是古代政治思想家的聪明睿智，当然也是因为汤的制作过程本身就是很复杂的变化过程，其中蕴涵着十分复杂的道理，可以借来发挥。

伊尹讲到了汤烹制的要素：第一，汤味道的根本在于水。第二，不仅仅是水，所用以调和的酸、甜、苦、辣、咸五味也决定了汤的味道。第三，汤的味道和木、火也都有关系，味道烧煮九次，变化了九次，火很关键。通过疾徐不同的火势可以灭腥去臊除膻，只有这样才能做好汤，不失去食物的品质。第四，还要考虑阴阳的转化和四季的影响。第五，汤的制作过程是一个十分复杂的过程，鼎中的变化非常精妙细微，不是三言两语能表达出来说得明白的，需要细心地体味。伊尹表面上没有说，但是却明显暗含着人的作用，人的决定性的作用。具体地说，是厨师决定着金、木、水、火、土的调节，是厨师把握着阴阳的调和，只有厨师具有高超的技艺，同时有着对于中国哲

图1-8 伊尹

学的深刻理解，才能够做出美味的汤。

伊尹的这段话就是中国历史上对于汤文化的最早论述，这其中将中国文化最基本的元素都涉及了，这些元素就是金、木、水、火、土五行，还有阴阳。伊尹论述的核心就是一个“和”字，调谐阴阳，调谐五行来说明任用贤才、推行仁义之道才可能取得天下的道理，主要说明得天下者才能享用人间所有美味佳肴。它记述了当时推崇的食品和味料，同时也提出了我国、也是世界上最古老的汤的烹饪理论——五味调和之法，直到现在一直被奉为烹饪界的金科玉律。《吕氏春秋》是研究我国古代烹饪史，尤其是汤文化的一份不可多得的重要资料。

图 1-9　五行

伊尹并没有说自己讲的就是治理天下的道理，可是聪明的商汤王已经体味到了，治理国家就和烹调汤一样，他重用了伊尹，同时把伊尹所说的烹制汤的道理运用到国家的治理中去，就取得了成功。商汤王的实力大了，就与夏桀决战，灭了夏朝，取得了天下，建立了商。商汤王就是商朝的建立者。

伊尹讲的汤的烹制的核心是把握恰到好处的“度”，无论是水、火、五味、阴阳，都有一个度的问题。度就是中国古代哲学中的持中、用中，这个原则也适用于政治学。商汤王这时还只是偏安一隅、对夏桀称臣的小人物，必须得要先取得人心才能获得发展的机会。如何才能取得人心呢？这个度的把握就十分重要。商汤王从伊尹烹制汤的讲述中得其实质，融会贯通了，所以成为圣明之主。

伊尹所讲的烹制汤的道理包含了中国哲学最基本的要素，比如阴阳、五行。中国古代哲学思维的特点是整体性、直观性，喜欢整体把握所要认识的对象，比如把整个宇宙划分为阴阳，天就是阳，地就是阴。汤就是阴阳交和的产物。汤离不了水，“天一为水”；汤的烹制所要的菜肴产自于地，地为阴；汤因之成为阴阳交和的产物。中国当代最为知名的历史学家、文化史家钱穆将中国文化的精髓归结为“天人合一”，指出认识中国文化的钥匙就是“天人合一”，中国人从来就将大自然与人的关系看作是同仁、一体。钱穆的这一观点被越来越多的人所接受。需要指出的是，汤就是“天人合一”的最好例证。

伊尹已经将自然界的构成元素抽象为五种元素，就是金、木、水、火、土，又称作五行。汤的烹制与这五行一一对应。做汤离不了水，加热离不了火，木燃烧生火。盛汤离不了鼎，鼎是金器，同时还有陶器，陶器是土。古人认为把握住了五行，就把握住了整个世界，所以在他们的眼里，世界就蕴含在汤里，汤要做得好了，整个世界的认识就可以由此及彼，由表及里，“近取诸身，远取诸物”，整个世界就可以明朗于心了。

汤文化的理念是“和”，中国文化的理念是“和”，中国文化的理念是从汤文化中吸收而来的，搞清了这一关系，汤文化在中国文化中的地位还会有人怀疑吗？汤文化的理念，“和”的理念，几千年来一直影响着中国人的思维模式和行为方式，影响着中国的政治，汤文化的重要性还会容人置喙吗？晏子的历史地位还会有人怀疑吗？

第五节　《黄帝内经》的饮食思想

一、医书而充盈饮食思想

《黄帝内经》属于包含重要饮食资料的中国传统医学文献。《黄帝内经》成书于战国时代，是我国现存最早的一部重要医学文献，包括《素问》《灵枢》两书，共18卷、162篇。《灵枢》论述针灸医学的基础理论，《素问》假托黄帝与岐伯的问答，除了系统阐述中医基础理论，从阴阳五行、脏腑（中医对人体内部器官的总称）、经络（人体内气血运行通路的主干和分支）、病因、病机（疾病发生和变化的机理）、预防、治则（治病的基本法则）等方面论述人体生理活动以及病理变化规律外，还从食养食治方面依据自然环境与健康的关系，提出了“六淫”（淫指渐浸、浸渍，中医指风、寒、暑、湿、燥、火六种气候太过，使人致病）“七情”（中医指喜、怒、忧、思、悲、恐、惊七种情志）、饮食不当、劳倦内伤等病因说，告诫人们注意饮膳和生理功能的自我调适。其中不少论述至今仍广泛指导中医学的理论与实践，是我国最早的中医理论著述。

图1-10　《黄帝内经》

《黄帝内经》系统地阐述了一套食补食疗理论，阐明了五味与保健的关系，奠定了中医营养医疗学的基础。指出“五味之美，不可胜极”，提供了食疗的几个具体方案。从它的思想体系分析，人们认为同战国时的道家和阴阳五行家有密切的关系。其五味健身的理论，经现代医学的检验是正确而可取的，它也是历代医家所奉的圭臬。所谓“五味调和”中的五味，是一种概略的指称。人们所享用的菜，一般都是具备两种以上滋味的复合味型，而且是多变的味型。现代食疗理论对五味与健身的关系，基本上继承了《内经》的学说，又有了丰富与发展，也更加科学化了。《黄帝内经》是战国时期医家对劳动人民同疾病作斗争的经验总结，是先秦时期烹饪理论的代表作。

《黄帝内经》全书的内容，是以黄帝同臣子岐伯、伯高、少俞、雷公等问答讨论的形式进行论述。为什么要假托黄帝等传说人物，《淮南子·修务训》的解释是为了使人们相信："世俗之人，多尊古而贱今，故为道者必托之神农、黄帝而后能入说。"

二、人与天地相参

本书是从探讨人之寿命的长短开始的，明确了饮食对于人的重要性，指出"食饮有节"方能尽其天年。而"食饮有节"的前提是"恬淡虚无"，只有这样才能做到"美其食，任其服，乐其俗，高下不相慕"。《上古天真论篇第一》说道：

> 昔在黄帝，生而神灵，弱而能言，幼而徇齐（反应敏捷），长而敦敏，成而登天。乃问于天师曰：余闻上古之人，春秋皆度百岁，而动作不衰；今时之人，年半百而动作皆衰者，时世异耶，人将失之耶。岐伯对曰：上古之人，其知道者，法于阴阳，和于术数，食饮有节，起居有常，不妄作劳，故能形与神俱，而尽终其天年，度百岁乃去。今时之人不然也，以酒为浆，以妄为常，醉以入房，以欲竭其精，以耗散其真，不知持满，不时御神，务快其心，逆于生乐，起居无节，故半百而衰也。
>
> 夫上古圣人之教下也，皆谓之虚邪贼风，避之有时，恬淡虚无，真气从之，精神内守，病安从来。是以志闲而少欲，心安而不惧，形劳而不倦，气从以顺，各从其欲，皆得所愿。故美其食，任其服，乐其俗，高下不相慕，其民故曰朴。是以嗜欲不能劳其目，淫邪不能惑其心，愚智贤不肖不惧于物，故合于道。所以能年皆度百岁，而动作不衰者，以其德全不危也。

对这段话的理解，胡道静为《黄帝内经》所作的《序》是很好的注脚："祖国传统文化有其独特的理论体系，认为人与天相参，人与天地相应，人为天地之一体；同时，人体自身又自成为一个小天地，其循环吐纳与大天地的周率密吻。祖国传统医学的根本理论，生动地体现着这一文化思想。"这段话以黄帝与天师的对话导入主题，指出长寿的秘密在于取法阴阳，饮食有节制。并且批判"以酒为浆，以妄为常，醉以入房"的纵欲的生活方式，不能将酒当做饮料，不能把随意妄行当成日常，不要酒醉之时行房事。认为"恬淡虚无"才能守住真气，才能"美其食"，必须明白"嗜欲不能劳其目，淫邪不能惑其心"方能活到百岁。

中国古代文化视天地人为一体，衍生的道德观念即为“识大局，顾大体”①。

《灵枢·岁露论》指出“人与天地相参”，《素问·咳论篇》认为“人与天地相参，故五脏各以治时”，“（人）与天地相应”（《灵枢·刺节真邪》），但是“天覆地载，万物悉备，莫贵于人”（《素问·宝命全角论》）。人与天的关系，人是最可珍贵的。《素问·宝命全角论》特别提出没有比人更加珍贵的了：“天覆地载，万物悉备，莫贵于人，人以天地之气生，四时之法成。”

本书发现人与自然界之间有着许多共同的现象，《素问·阴阳应象大论》说道：“故清阳为天，浊阴为地；地气上为云，天气下为雨；雨出地气，云出天气。故清阳出上窍，浊阴出下窍；清阳发腠理，浊阴走五藏；清阳实四支，浊阴归六府。……”

又说：“故天有精，地有形，天有八纪，地有五里，故能为万物之父母。清阳上天，浊阴归地，是故天地之动静，神明为之纲纪，故能以生长收藏，终而复始。惟贤人上配天以养头，下象地以养足，中傍人事以养五藏。……”

三、五谷为养的饮食结构

此书首创性地提出建构中国人的科学的饮食结构。《素问·藏气法时论篇》：“辛散，酸收，肝缓，苦坚，咸耎，毒药攻邪，五谷为养，五果为助，五畜为益，五菜为充，气味合而服之，以补精益气。”食物各有性味，各有利于与之相适应的脏器，或散，或收，或缓，或坚，或耎，必须根据五味的所宜来进行治疗和补养。食物各有层次，有主要者，便是五谷，即粳米、小豆、麦、大豆、黄黍；有辅助者，便是五果，即桃、李、杏、栗、枣；有补益者，便是五畜之肉，即牛、羊、豕、鸡、犬；有补充养者，便是五菜，即葵、霍、葱、韭、薤。

《内经》中提出的饮食结构，至今也被人们认为是非常科学的。众所周知，蛋白质是人体最需要的营养物质，古往今来，中国人民的营养摄取主要来源于植物蛋白。如今科学已经证实，植物蛋白恰恰具有动物蛋白所没有的优越性，它既可防病治病，又可益寿延年。如古代一些医书中，就认为稻米能补中养气，益气生津；高粱可补气养脾，治阳盛阴虚，夜不得寐；小麦也能补虚乏，实皮肤，厚肠胃，强筋力；大豆能补中解毒；荞麦能开胃宽肠，益气力，御风寒；芝麻能益气力，长肌肉，填髓脑。所以有“五谷为养”的说法。

由于肉类食物含有丰富的必需氨基酸，它是人体自身不能合成，但又是生长发育不可缺少的营养素，可以补植物蛋白质的不足，所以古人将此称之为“五畜为益”。

水果中有丰富的维生素、微量元素和食物纤维，还有一部分植物蛋白质，可以辅助五谷以养人之正气，所以名为“五果为助”。

谷物、肉色、水果固然重要，但在营养上还是不够完善的，只有加上谷类菜蔬，才能使体内各种台养素更完善、更充实，这就是“五菜为充”。

---

① 傅维康，吴鸿洲. 黄帝内经导读[M]. 成都：巴蜀书社，1988.

四、饮食有节

《黄帝内经》从阴阳的角度看待饮食，将饮食看作整个人体阴阳运转的部分，它同时又影响着全身。《素问·太阴阳明论》指出饮食应当节制，起居应当有时，否则阴气承受，就会伤及五脏，大便泄泻清稀，并有不消化的食物残渣，肠鸣腹痛，脉弦弛缓等，并有大便脓血，进而损害全身："阳者，天气也，主外；阴者，地气也，主内。故阳道实，阴道虚。故犯贼风虚邪者，阳受之；食饮不节，起居不时者，阴受之。阳受之，则入六府，阴受之，则入五藏。入六府，则身热不时卧，上为喘呼；入五藏，则䐜满闭塞，下为飧泄，久为肠澼（pì，痢疾）。故喉主天气，咽主地气。故阳受风气，阴受湿气。故阴气从足上行至头，而下行循臂至指端；阳气从手上行至头，而下行至足。故曰阳病者上行极而下，阴病者下行极而上。故伤于风者，上先受之；伤于湿者，下先受之。"指出饮食起居失调时，内在的阴则先受到影响，饮食劳伤易损阴经（里）而传入五脏。阴之外，还有阳，"阳者，天气也，主外，阴者，地气也，主内。故阳道实，阴道虚"。认为人体是一个阴阳的整体，饮食在阴阳调和中虽是被动的，但是也会反而使阳气受损，遂使之全身产生病变。这是从全身作为一个整体来看饮食，从阴阳互动来看饮食，具有明显的辩证法思想。

同一段还论述不同性属的人所适合的饮食有不同："肝色青，宜食甘，粳米牛肉枣葵皆甘。心包赤，直食酸，小豆犬向李韭皆酸。肺色白，宜食苦，麦羊肉杏蕹皆苦。脾色黄，宜食咸，大豆家肉粟警皆咸。肾色黑，宜食辛，黄黍鸡肉桃葱皆辛。辛散，酸收，甘缓，苦坚，威里。毒药攻邪，五谷为养，五果为助，五畜为益，五菜为充，气味合而服之，以补精益气。此五者，有辛酸甘苦咸，各有所利，或散或收，或缓或急，或坚或委，四时五藏，病随五味所宜也。"承认差异，是为了主动，提前注意，使饮食成为主动，以提高人的主观能动性。

《腹中论篇》对于节制饮食反复致意，指出不能节制饮食便会不时有病，只要有合适的条件就会诱发疾病："此饮食不节，故时有病也。虽然其病且已，时故当病，气聚于腹也。"

味的基本词义是舌头尝东西所得到的感觉、鼻子闻东西所得到的感觉，味的研究是《黄帝内经》所关注的，其给出的结论是：味是人的感受，不同的味道接受的脏腑不同，《素问》谓："五味所入：酸入肝，辛入肺，苦入心，咸入肾，甘入脾，是谓五入。"

《黄帝内经》从中医理论入手论述食养、食治，它所提出的饮膳理论和食补、食疗理论，对五味与保健关系的探讨，反对追求"五味之美"的思想都是难能可贵的。

第二章　秦　　汉

第一节　《韩非子》的饮食思想

韩非(约前280—前233),是战国末期韩国的贵族,“喜刑名法术之学”,后世称他为韩非子。著名的哲学家、法家学说集大成者、散文家。因其同学李斯的推荐,成为秦始皇嬴政的顾问。他创立法家学说,主张“以法治国”,为中国第一个统一专制的中央集权制国家的诞生提供了理论依据。后来的汉朝继承了秦朝的集权体制以及法律体制,也成为我国古代封建社会的政治与法制的主体。

韩非子是饮食思想家,他的研究,涉及上古时期的饮食状况,神话传说人物的饮食思想,当代的粮食政策,普通人的生活形态,酒文化,等等。韩非子有鲜明的法家思想,所以有独特的视角,往往对饮食现象的研究发前人之未发,独辟蹊径。韩非子善辩,辩论中往往设喻引譬,创设寓言,引征俗语,并且总是征引饮食的例子,亲切易懂而具有说服力。他的这些研究都保存在《韩非子》一书中。

图2-1　韩非子像

一、韩非子对远古饮食思想的研究

韩非子的远古饮食研究发前人所未发,对上古时代的饮食生活状况的描述是独特的、真实的,具有十分可贵的价值。

《韩非子・五蠹》追记远古时期先民的饮食状况:“上古之时,民食瓜果蚌蛤,腥臊恶臭,民多疾病,有圣人作,钻燧取火,以化腥臊。”这一记载是独特的,所反映的原始社会茹毛饮血的原始生活状态是真实的,与当代的考古研究所得出的结论是相符的。这说明他对历史传说的发掘下了很大的工夫，并且他有科学的解读，因而穿透历史迷雾，独具慧眼。他对火的运用功绩的评价是开先河的，指出其乃是人类进化史上一个重要的转折点，使人们的成活率大大提高，生活的质量有了提高。

韩非子主张厚今薄古，不循古法："圣人不期修古，不法常可，论世之事，因为之备。"话虽如此说，然而他举起例子来，总是说古代好，男子不用劳作，就有吃的，有穿的，同样的是在《五蠹》里说："古者丈夫不耕，草木之实足食也；妇人不织，禽兽之皮足衣也。不事力而养足，人民少而财有余，故民不争。是以厚赏不行，重罚不用，而民自治。"

韩非子是法家人物，但是却并不自设樊篱，和儒家一样，不忘夸赞尧舜时期好，在《五蠹》中说尧和大禹在饮食上从不讲究："尧之王天下也，茅茨不翦，采椽不斫，粝粢之食，藜藿之羹；冬日麑裘，夏日葛衣；虽监门之服养，不亏于此矣。禹之王天下也，身执耒锸，以为民先，股无胈，胫不生毛，虽臣虏之劳，不苦于此矣。以是言之，夫古之让天子者，是去监门之养，而离臣虏之劳也，故传天下而不足多也。"

韩非子认为尧、舜、禹是政治家的表率，他们饮食上的节俭更是值得称赞。他指出政治家的十种过失，第六种是耽于女乐，就是沉浸于女色音乐歌舞中的安乐享受，特别是饮食上的享受。韩非子特别举到尧、舜、禹饮食上节俭的例子，以作为政治家的榜样。《韩非子》所引用的故事说秦穆公希望听听古代君主得国失国常常因为什么？由余的回答是常常因为俭朴得国，因为奢侈失国。过去尧拥有天下，用陶器吃饭，用陶器喝水。他的领土南到交趾，北到幽都，东西到达日月升落的地方，没有不臣服的。尧禅让天下，虞舜接受下来，所做的餐具，都是砍伐山上树木制作成的，削锯成器，修整痕迹，在上面涂上漆和墨，送到宫里作为食器。诸侯认为太奢侈，不臣服的方国有 13 个。虞舜禅让天下，传给夏禹，夏禹所做的祭器，在外面染墨，里面绘上红色，缦帛做车垫，草席饰有斜纹边缘，杯勺有花纹，酒器有装饰。这就更加奢侈了，而不臣服的方国有 33 个。夏王朝灭亡，殷商接受天下，所做的大辂，旗子上装有九条飘带，食器雕琢，杯勺刻镂，白色的墙壁和台阶，垫席织成花纹。这就更加奢侈了，而不臣服的方国有 53 个。君主都注重文采华丽了，而愿意服从的越来越少。所以说，节俭是治国的原则。

韩非子赞颂尧舜禹的节俭，但是对于其后代的由简入丰也表示了批判，在《喻老》篇中标示了殷王纣酒池肉林的例子，说明奢华的饮食追求是政治堕落的开始，也称颂了箕子的见微知著。故事说当年纣王使用象牙筷子、大臣箕子见了觉得害怕。因为箕子认为，用了象牙筷子，必然会不用陶杯，改用犀角做的杯子；用了象牙筷子、玉杯，必然不会吃粗粮菜蔬，而是去吃山珍海味；山珍海味必然不能穿着粗布短衣，坐在茅屋中吃，一定要穿着华贵的衣服，坐在宽广的屋子、高高的亭台上吃。箕子怕那个结局，所以在看到开始的时候感到恐惧。过了 5 年，纣王造了酒池肉林，设了炮烙的酷刑，并因此而亡国。所以说箕子看见象牙筷子便知道天下将有大祸降临。韩非子评价说："能从小处看出以后的发展的人是可以称之为聪明的。”

对箕子的事，又在《说林上》提及，同样是揭示纣的饮酒无度和亡国之间的关系：“纣为长夜之饮，欢以失日，问其左右，尽不知也。乃使人问箕子。箕子谓其徒曰：‘为天下主而一国皆失日，天下其危矣。一国皆不知而我独知之，吾其危矣。’辞以醉而不知。”

二、韩非子的美食观

韩非子认为每个人都有对于美食的追求。《韩非子·外储说上》的故事中提到美好的饮食，美食常常被用来作为激励和奖赏：“挟夫相为则责望，自为则事行。故父子或怨谯，取庸作者进美羹。”是说怀着互相依赖的心理，就会责备和埋怨；怀着自己依靠自己的心理，事情就能办成。所以父子之间有时也会埋怨和责怪，而为了争取雇工多干活却给他们丰美的饭菜。美的饮食是奖励的东西，掌握在雇主的手中。

然而韩非子指出“香美脆味，厚酒肥肉，甘口而疾形”的美食是可怕的。韩非子喜欢以饮食作譬，比如说到如何高举权柄的时候，《扬权》篇说：“天有大命，人有大命。夫香美脆味，厚酒肥肉，甘口而疾形；曼理皓齿，说情而捐精。故去甚去泰，身乃无害。权不欲见，素无为也。”他所讲的道理是：天有大的运行趋势，人也有大的运行趋势。人应当顺从这一大势，而美食会干扰或断送运行的大势。那芳香甜美松脆的食物，醇厚之酒和肥嫩之肉，虽然可口但会损害身体；秀美肌肤牙齿洁白的美女，虽然使人心情愉悦但会耗费精力。所以去掉异常安乐，去掉过分享乐，身体就不会受到损害。权力不要想把它显现出来，诚心于无所作为。

这里韩非子提出了自己的美食观：“香美脆味，厚酒肥肉，甘口而疾形。”美食会转化成诱饵，使人耽于行乐，遭到腐蚀。这一点和老子的美食观相同，老子也认为美食会贻误人生：“五色令人目盲，五音令人耳聋，五味令人口爽；驰骋畋猎，令人心发狂；难得之货，令人行妨。是以圣人为腹不为目，故去被取此。”老子认为丰美的饮食，使人味觉迟钝，强调过于追求滋味反倒会伤害人的胃口。在这一点上，先秦思想家的观点几乎是一致的。

韩非子还在《解老》篇中进一步阐发自己的这一观点，指出衣食之美会生出骄堕之心，进而演成灾祸，所以好事变成坏事，二者互相转化：“人有福，则富贵至；富贵至，则衣食美；衣食美，则骄心生；骄心生，则行邪僻而动弃理。行邪僻，则身死夭；动弃理，则无成功。夫内有死夭之难而外无成功之名者，大祸也。而祸本生于有福。故曰：‘福兮祸之所伏。’”

韩非子通过阐释老子的思想，充分论述了自己的饮食思想，比如在解释老子“祸莫大于不知足”时，特别强调人“以肠胃为根本，不食则不能活”，吃饭是人的本能，人无法逃避。但是他同时指出由此而生的欲利之心却又是可怕的：“人无毛羽，不衣则犯寒；上不属天而下不着地，以肠胃为根本，不食则不能活；是以不免于欲利之心，欲利之心不除其身之忧也。故圣人衣足以犯寒，食足以充虚，则不忧矣。众人则不然，大为诸侯，小余千金之资，其欲得之忧不除也。胥靡有免，死罪时活，今不知足者之忧终身不解。故曰：‘祸莫大于不知足。’”

《韩非子·说林上》指出以酒为常便会失去天下：“桀以醉亡天下，而《康诰》曰：‘毋彝酒。彝酒者，常酒也。’常酒者，天子失天下，匹夫失其身。”

此处所说的“彝酒”谓经常饮酒。《尚书·酒诰》就提醒人们不能常酒：“文王诰教小子有正有事，无彝酒。”《孔传》解释：“无常饮酒。”宋代王禹偁有《官酝》诗：“彝酒《书》垂诫，群饮圣所戮。汉文(汉文帝)亦禁酒，患在糜人谷。”

韩非子提醒政治家特别要在醉饱之时提高警惕，这时是最容易被奸邪的人所俘虏的时候，尤其是提防身边的人会乘虚而入。《八奸》指出人臣所以成为奸恶的法术有八种，其中第一种就是身边的人：“凡人臣之所道成奸者有八术：一曰‘同床’。何谓‘同床’？曰：贵夫人，爱孺子，便僻好色，此人主之所惑也。托于燕处之虞，乘醉饱之时，而求其所欲，此必听之术也。为人臣者内事之以金玉，使惑其主，此之谓‘同床’。”

韩非子对酒文化有自己的认识，《饰邪》篇中他以楚国司马子反在战场上醉酒的小小故事，说明有小聪明的人不能让他谋划事情、有小忠诚的人不能让他掌管法令的大道理。楚恭王与晋厉公战于鄢陵，楚师失败，恭王受伤。战斗正激烈时，楚恭王部下司马官叫子反的口渴了，要水喝，他的亲信侍奉的仆人谷阳捧了一卮酒给他。子反说：“拿走，这是酒。”侍仆谷阳说：“这不是酒。”子反接过来喝了，子反喜欢喝酒，觉得酒味甘甜，不能停下来不喝，结果喝醉后睡着了。楚恭王想重新开战和他谋划战事，派人叫子反，子反借口心病而加以推辞。恭王乘车前去看他，进入帐中，闻到酒气而返回，说：“今天的战斗，我自个眼睛受了伤。我所依赖的是司马，司马又这般模样，这是不顾楚国的神灵，不关心我的民众。我不能和敌人重新开战了。”于是引兵离开郡陵，把司马子反处以极刑。所以韩非子得出结论说：侍仆谷阳进酒，并非本来就恨子反，而是真心地忠爱子反，但最终却恰好因此而害了他。这便是行小忠而害大忠，所以说：小忠是对大忠的祸害。如果让行小忠的人掌管法制，那就必然会赦免罪犯加以爱护，这样他同下面的人是相安了，但却妨害了治理民众。

酒本不是害人之物，可是饮的时间错了，在不该饮酒的时候饮了酒，而且酩酊大醉，就误了国家大事。

醉酒是坏事，但是在一定条件下会转化，反而有利于国民，《难二》就记载这样的事情：“齐桓公饮酒醉，遗其冠，耻之，三日不朝。管仲曰：‘此非有国之耻也，公胡其不雪之以政？’公曰：‘胡其善！’因发仓囷赐贫穷，论囹圄出薄罪。外三日而民歌之曰：‘公胡不复遗冠乎！’”齐桓公喝酒喝醉后，丢了帽子，也确实是一件丢人的事，是件坏事，他便三天不去上朝。管仲劝他用搞好政事来洗刷它，桓公照此去做。过了三天，民众就唱道：“桓公为什么不再丢失帽子呢！”看来是盼着他再次醉酒。是因为坏事变成了好事。

韩非子认为美食是一种诱惑，它会诱使人犯错误。韩非子也有“鱼我所欲者”章，但它的重点却是谈吃鱼的辩证法，说解公权与私欲的关系。《韩非子·外储说右下》记载：公孙仪做鲁国的宰相，并且特别喜欢吃鱼，全国的人都争相着买鱼来献给他，公孙仪先生却不接受。他的弟子劝他说："您喜欢吃鱼而不接受别人的鱼，这是为什么？"他回答说："我正因为爱吃鱼，所以我才不接受。假如收了别人献来的鱼，一定会有迁就他们的脸色；有迁就他们的脸色，就会歪曲和破坏法律；歪曲和破坏法律，我就会被罢免相位。虽然（我）爱吃鱼，这些人不一定再送给我鱼，我又不能自己供给自己鱼。如果不收别人给的鱼，就不会被罢免宰相，尽管（我）爱吃鱼，但别人不用送给我鱼，我能够长期自己供给自己鱼。"这是明白了依靠别人不如依靠自己的道理啊！那是告诉人们，依靠为自己办事的人不如自己去办事。

公孙仪懂得吃鱼的辩证法，贪于求鱼则最后没有鱼吃，节制欲望，不受贿赂则长久有鱼吃。公孙仪嗜鱼但拒鱼的故事，千百年来之所以被人们传为美谈，就是因为他能够清醒认识个人好恶与事业兴衰成败之间的关系，始终做到管住小节，抵御诱惑，慎其所好。要清白做人，堂正为官。

三、法家特色的饮食思想

节衣缩食本是美德，应该赞颂，但是在法家人物看来，如果是臣子这样做，那就未必，因为它使得臣子捞取了政治声誉，分解了君主的权威。《韩非子・外储说左下》有孟献伯的故事，节俭就得到了另外的解释：孟献伯做晋相，院子里生出野草，大门外长起荆棘，吃饭没有两样菜，坐时不垫两层席，内室没有穿丝织品的妾，居家不用小米喂马，外出没有副车随从。叔向听说后，把这件事告诉给苗责皇。苗责皇非议说："这是弃置君主的爵禄赏赐而讨好下人。"

韩非子认为：君主只是在饮食上求得公平还是不够的，用牛肉遍赐国民并不能调动百姓的积极性，还不能打仗。只有信赏必罚，方足以战。《韩非子・外储说右上》：晋文公问于狐偃曰："寡人甘肥周于堂，卮酒豆肉集于宫，壶酒不清，生肉不布，杀一牛遍于国中，一岁之功尽以衣士卒，其足以战民乎？"狐子曰："不足。"文公曰："吾弛关市之征而缓刑罚，其足以战民乎？"狐子曰："不足。"文公曰："吾民之有丧资者，寡人亲使郎中视事；有罪者赦之；贫穷不足者与之；其足以战民乎？"狐子对曰："不足。此皆所以慎产也。而战之者，杀之也。民之从公也，为慎产也，公因而迎杀之，失所以为从公矣。"曰："然则何如足以战民乎？"狐子对曰："令无得不战。"公曰："无得不战奈何？"狐子对曰："信赏必罚，其足以战。"

和儒家不同，法家人物不大注重礼仪一套的东西，韩非子说："故饥岁之春，幼弟不饷；穰岁之秋，疏客必食。非疏骨肉，爱过客也，多少之实异也。"就此看来，韩非子不大看重礼仪，而是注重实物，认为是否有粮食，是否真的有库存决定了人们对待别人的态度。没有粮食，饥寒之岁的春天，就是最亲近的弟弟也无法供他吃饭，丰收的时候，就算是不太熟悉的人也务必招待。然而这并不代表疏远弟弟喜欢不熟悉的人，是由粮食的多少来决定的。

人们总是用夏桀、殷纣王"酒池肉林"的故事说明君主不可荒淫无度，总是将国家覆灭与生活上的奢靡联系在一起，而韩非子却不这样看，他认为肥吃海喝、生活糜烂与亡国没有直接的关系。《韩非子·说疑》举了两个相反的例子，一个是赵敬侯，一个是燕君子哙，前者整日整夜的饮酒，却国运长久；后一个苦身忧民，生活简朴，却身死国亡："赵之先君敬侯，不修德行，而好纵欲，适身体之所安，耳目之所乐，冬日弋，夏浮淫，为长夜，数日不废御觞，不能饮者以筒灌其口，进退不肃、应对不恭者斩于前。故居处饮食如此其不节也。制刑杀戮如此其无度也，然敬侯享国数十年，兵不顿于敌国，地不亏于四邻，内无君臣百官之乱，外无诸侯邻国之患，明于所以任臣也。燕君子哙，邵公之后也，地方数千里，持戟数十万，不安子女之乐，不听钟石之声，内不堙污池台榭，外不弋田猎，又亲操耒耨以修畎亩。子哙之苦身以忧民如此其甚也，虽古之所谓圣王明君者，其勤身而忧世不甚于此矣。然而子哙身死国亡，夺于子之，而天下笑之。"

这是什么道理呢？韩非子的答案是：君主必须诚明于臣子的建议，听从他们的主张，如果是这样子，那美食便不是失败的源头。"为人主者，诚明于臣之所言，则虽弋驰骋，撞钟舞女，国犹且存也；不明臣之所言，虽节俭勤劳，布衣恶食，国犹自亡也。……此其何故也？不明乎所以任臣也。"

"仓廪实"是历代统治者的追求，因为它可以满足人们的基本需求，它可以成为赏罚的砝码。人都有需求，人们的行为就是受需求的驱使。肚子饿了，需求饮食，这是受饥饿的驱使；孤独了，需求仁爱，这是受渴望仁爱的驱使；人们有物质的需要、精神的需要、美的需要、道德需要等；需要是与人的活动联系着的，需要一旦被意识并驱使人去行动时，就以活动动机的形式表现出来，需要是个性积极性的动力，它激发人的活动朝着一定的方向、追求一定的对象以求得自身的满足。《韩非子·诡使》篇详细描述了统治者的需要，韩非子认为，治理国家与其依赖道德，不如依靠法律。"圣人之所以治道者：一曰利，二曰戒，三曰名。"是说君主搞政治有三个诀窍，利益、威势、名实相符。具体而言，粮食关涉到生命，本应该成为赏罚的利器。如果使用不当，就会适得其反。

韩非子强调政治家自己的力量、自己的明断，不依恃于不叛变而依仗于强势的不能叛变，依仗于自己的不可欺骗，而不是依靠别人。他同样用饮食的例子说明道理。《韩非子·外储说下》：晋文公出亡，箕郑挈壶餐而从，迷而失道，与公相失，饥而道泣，寝饿而不敢食。及文公反国，举兵攻原，克而拔之，文公曰："夫轻忍饥馁之患而必全壶餐，是将不以原叛。"乃举以为原令。大夫浑轩闻而非之曰："以不动壶餐之故，怙其不以原叛也，不亦无术乎！故明主者，不恃其不我叛也，恃吾不可叛也；不恃其不我欺也，恃吾不可欺也。"

韩非子用这个故事说明一个道理：有术的明君，不靠别人不背叛我，就靠自己的力量可以制止别人的背叛；不靠别人不欺骗我，就靠自己的力量可以制止别人的欺骗。

公事公办，早有先例，法家人物，法外无情。春秋政治家管仲的故事正好被韩非子拿来作了例证，恩情是恩情，不可混同于拿国家利益来交换。《韩非子·外储说左下》：管仲束缚，自鲁之齐，道而饥渴，过绮乌封人而乞食，乌封人跪而食之，甚敬，封人因窃谓仲曰："适幸及齐不死而用齐，将何报我？"曰："如子之言，我且贤之用，能之使，劳之论，我何以报子？"封人怨之。

韩非子的法家思想是以耕战为本，因而在《韩非子·诡使》中指出社会充斥颠倒的现象：粮仓得以充实，靠的是把农耕作为本业，但现在那些从事纺织、刺绣、雕刻之类末业的人反而富裕。名望得以树立，地域得以扩大，靠的是打仗的士兵；现在阵亡战士的孤儿却饥饿不堪，到处流浪乞讨，而那些优伶酒徒却高车大马穿锦衣绣。赏赐俸禄是用来换取民众为君主卖命的，现在有战功的人劳而无赏，而那些在君主跟前占卜、看手相、弄神作鬼、巧言奉承的人却经常得到赏赐等等。君主拿了这些反常现象作为教化，名声怎能不卑下，权位怎能不危险？

四、设喻引譬，离不了饮食

韩非子虽然口吃，但是善于论战，在论说激战中常常设喻引譬，假托寓言，增加说理性、生动性。在设喻引譬时，总离不了饮食的例子。

比如在论述政治家要善于区别事情的缓急时，以吃饭的事作比喻："故糟糠不饱者不务粱肉，短褐不完者不待文绣。夫治世之事，急者不得，则缓者非所务也。"吃饭的事是人人都懂得的，糟糠，是粗劣的饮食，当然不好；粱肉，高级的饮食，每个人的追求。但是超越了现实的追求只是梦想，无异于画饼充饥。在韩非子眼中，对于政治家来说，紧急的事是贞信，建立信誉，如果舍弃了这一点，那就无异于连糟糠都吃不饱却要追求粱肉，岂不是令人笑话。

诚信是韩非子反复强调的政治品格，并且往往以饮食故事说明之。猪肉对于平常人来说是美食，并且不易得，韩非子以曾子杀猪为例说明如何诚信，说明即使童子亦不可欺：曾子之妻之市，其子随之而泣。其母曰："汝还，顾反为汝杀彘。"妻适市来，曾子欲捕彘杀之，妻止之曰："特与婴儿戏耳。"曾子曰："婴儿非与戏耳。婴儿非有知也，待父母而学者也，听父母之教。今子欺之，是教子欺也。母欺子，子而不信其母，非所以成教也。"

韩非子通过这个故事点明诚信的政治意义："小信成则大信立，故明主积于信。赏罚不信，则禁令不行，说在文公之攻原与箕郑救饿也。是以吴起须故人而食，文侯会虞人而猎。故明主表信，如曾子杀彘也。患在厉王击警鼓，与李悝谩两和也。"

此处所说的厉王即楚厉王。楚厉王醉酒误事，误了国家大事，犯了错误，但是他改正了，重新取得了民众的信任。"楚厉王，有警为鼓，以与百姓为戍。饮酒醉，过而击之也，民大惊。使人止，曰：'吾醉而与左右戏，过击之也。'民皆罢。居数月，有警，击鼓而民不赴。乃更令明号而民信之。"

还有一件事，说明诚信对于政治家的重要，政治家十分珍视诚信的伟大力量。《韩非子·外储说左上》："吴起出遇故人而止之食。故人曰：'诺，今返而御。'吴子曰：'待公而食。'故人至暮不来，起不食待之。明日早，令人求故人。故人来，方与之食。"战国时名将吴起遇见故人，便要留他吃饭，故人和吴起另外约定时间返回来的时候再来吃饭。吴起答应了。但是一直到了晚上，故人也没有返回。对于普通人来说，这也算不了什么事，何况是故人的原因。但在吴起就不一样，他想的是，我答应了等他一起吃饭，他没有来，那我就不能吃饭，得要等着他。

以孩子玩家家作比喻。做饭是儿童习见的事情，他们往往模仿大人的行为来做游戏，但是游戏是游戏，用尘土做成的饭是吃不得的，这样简单的道理儿童都是知道的。《韩非子·外储说左上》："夫婴儿相与戏也，以尘为饭，以涂(泥)为羹，以木为胾(切肉)，然至日晚必归饷者，尘饭涂羹可以戏而不可食也。夫称上古之传颂，辩而不悫，道先王仁义而不能正国者，此亦可以戏而不可以为治也。夫慕仁义而弱乱者，三晋也；不慕而治强者，秦也，然而未帝者，治未毕也。"小孩在一起做游戏时，把尘土当饭食，用泥巴当肉汁，用木头当肉块。但他们到了晚上是一定要回家吃饭的，因为泥巴做的饭菜可以玩耍，却不能真吃。称说上古传颂的东西，动听却不真实；称道先王的仁义道德，却不能使国家走上正路，这样的情形也只能用来做游戏，而不能真的用来治国。因追求仁义而使国家衰弱混乱的，韩、赵、魏三国就是例子；不追求仁义而把国家治理得强盛的，秦国就是例子。然而秦国至今没有称帝，只是因为治理还不完善。

韩非子寓言中最为有名的大概算是"恶狗当道好酒酸掉"的故事了，宋人的酒最好了，可是即使酸掉了也没有人来买，为什么呢？是因为他家豢养的猛狗挡了道，吓得人不敢靠前。韩非子想要说明的道理是法家学说，谓奸臣蒙蔽了君主，使君王不能任用有道之士，这样，奸臣就是国家的猛狗了。此外，君的左右又像"社鼠"似的缠绕在君主身边。韩非子的主张是：君主不能大权旁落。他所申说的术与法的内容以及二者的关系，关键是，国家图治，就要求君主要善用权术，同时臣下必须遵法。韩非子的"术"主要"术以知奸"。他认为，国君对臣下，不能太信任，还要"审合刑名"。

韩非子讽刺拙劣的模仿，便以饮酒为例。《韩非子·外储说左上》："夫少者侍长者饮，长者饮，亦自饮也。一曰：鲁人有自喜者，见长年饮酒不能釂则唾之，亦效唾之。一曰：宋人有少者亦欲效善，见长者饮无余，非堪酒饮也，而欲尽之。"那个鲁国自以为高明的人，看见年纪大的人没能把杯中酒喝完就呕吐，也仿效着呕吐起来。宋国有个年轻人也想仿效高明的样子，看见年纪大的人喝酒一饮而尽，自己不会喝酒也想一饮而尽。这样的模仿岂不是很愚蠢吗？和亦步亦趋有什么两样呢？

韩非子还用药酒治病的道理说明"良药苦口利于病"。《韩非子·外储说左上》："夫药酒用言，明君圣主之以独知也。"谓药酒忠言，唯有智者明主独自知道啊。下文又有"良药苦于口，知者劝而饮之；忠言拂于耳，而明主听之。"又有"夫良药苦于口，而智者劝而饮之，知其人而已己疾也。忠言拂于耳，而明主听之，知其可以致功也"。《韩非子·六反》又对此反复致意，谓："夫弹(针灸)痤者痛，饮药者苦，为苦惫之故，不弹痤饮药，则身不活，病不已矣。"

对于政治家来说，保密是十分重要的，那么韩非子怎样说明其中的道理呢？

韩非子对酒器有深入的研究，不过他是为了说明自己的道理。《韩非子·外储说右上》记载堂溪公与楚昭侯的一段对话，意欲说明保密的重要性，便以酒器玉卮为例。堂溪公对昭侯说："如果有价值千金的玉卮，上下相通不切适用，可以用它来装水吗？"昭侯说："不能。"堂溪公又说："有瓦制容器，不泄漏，可以装酒吗？"昭侯说："可以。"堂溪公回答说："那瓦器是非常不值钱的东西，因为不漏就可以装酒。即使有价值千金的玉卮，非常贵重但不切实用，因为漏，却不能装水，那么，人们将用哪一个来装酒呢？现在，作为人主的人泄露群臣的话，这就像不切实用的玉卮。即使有绝顶的智慧，也不能尽显他的才干，因为他是漏的。"

韩非子所要得出的结论是君主要独断专行："独视者谓明，独听者谓聪。能独断者，故可以为天下主。"虽然是贵重的玉酒器，可是没有底，漏到连水也不装，那么，有谁把浆往那里灌注呢？楚昭侯得到启发，每有大事，总是独自一个人睡觉，害怕说了梦话泄露了机密。

五、引用饮食的俗语

韩非子记载当时饮食的俗语，并且引用来说理。如《韩非子·难势》："且夫百日不食以待粱肉，饿者不活；今待尧、舜之贤乃治当世之民，是犹待粱肉而救饿之说也。夫曰：'良马固车，臧获御之则为人笑，王良御之则日取乎千里，'吾不以为然。夫待越人之善海游者以救中国之溺人，越人善游矣，而溺者不济矣。夫待古之王良以驭今之马，亦犹越人救溺之说也，不可亦明矣。夫良马固车，五十里而一置，使中手御之，追速致远，可以及也，而千里可日至也，何必待古之王良乎？且御，非使王良也，则必使臧获败之；治，非使尧、舜也，则必使桀、纣乱之。此味非饴蜜也，必苦莱、亭历（苦菜名）也。此则积辩累辞，离理失术，两未之议也，奚可以难夫道理之言乎哉？客议未及此论也。"

这段话说一百天不吃食物去等待好饭菜，挨饿的人就活不成，这本是简单的道理，但是现在要等待尧、舜这样的贤人来治理当代的民众却不一定能被理解。可见当时就有"百日不食以待粱肉，饿者不活"这样的说法。《韩非子》紧接着在后面说了两个极端的例子，王良是古代著名的驭手，但是如果有人说驾车，要是不用王良，就一定要让奴仆们把事办糟；治理国家，要是不用尧、舜，就一定要让桀、纣把国家搞乱。这样的说法貌似有理，却是经不起推敲的。韩非子用品味来比喻客人所提出的两种极端之说，不是蜜糖，就一定是苦菜。这也就是堆砌言辞，违背常理，而趋于极端化的理论，怎能用来责难那种合乎道理的言论呢？韩非子用了这样浅显的例子就将深奥的道理说清了。

衣和食，两者对于人来说缺一不可，但是有的人却硬是将两者对立起来。韩非子就在《韩非子·定法》中引用俗语，将食物的重要性与衣服的重要性两者统一起来，"人不食十日则死，大寒之隆，不衣亦死。谓之'衣食孰急于人'，则是不可一无也，皆养生之具也。"韩非子指出：如果要评论衣和食哪一样对于人比较急需，那是二者不能缺一的东西，因为它们都是人们的生活资料。此处的"人不食十日则死，大寒之隆，不衣亦死"，应当也是当时的俗语。

韩非子在《韩非子·八说》中引用俗语:“不能具美食而劝饿人饭,不为能活饿者也;不能辟草生粟而劝贷施赏赐,不能为富民者也。今学者之言也,不务本作而好末事,知道虚圣以说民,此劝饭之说。劝饭之说,明主不受也……酸甘咸淡,不以口断而决于宰尹,则厨人轻君而重于宰尹矣。上下清浊,不以耳断而决于乐正,则瞽工轻君而重于乐正矣。治国是非,不以术断而决于宠人,则臣下轻君而重于宠人矣。人主不亲观听,而制断在下,托食于国者也。使人不衣不食而不饥不寒,又不恶死,则无事上之意。意欲不宰于君,则不可使也。”

这段话中“不能具美食而劝饿人饭,不为能活饿者也;不能辟草生粟而劝贷施赏赐,不能为富民者也”的意思是:不能提供丰盛食品而去劝饿人吃饭,不算是能救活饿人的人;不能开荒种地生产粮食而去劝君主施舍赏赐,不能算作造福民众的人。当今学者高谈阔论,其主张不是要致力于耕作而是要追求仁政,只知道称引虚假的圣人来取悦民众,这就等于是凭空劝人吃饭之类的说教了。凭空劝人吃饭的说教,明君是不接受的。

在这一段中,韩非子接着仍然用饮食的道理论述自己的政治主张,说酸甜咸淡究竟如何,如果不亲自用嘴品尝而取决于主管饭食的官员,厨师们就会轻视君主而尊重小官了。音乐的高低清浊,如果不亲自去听作出判断而取决于主管乐队的官吏,奏乐的盲人们就会轻视君主而尊重乐官了。治国的是非得失,如果不通过政治手段来判断而取决于宠臣,臣下就会轻视君主而尊重宠臣了。君主不亲自了解政事,而让臣下来决断一切,自己就会变成寄食在国内的客人了。

接下来还是以吃饭作比喻:假使人们不吃不穿而不饿不冷,又不怕死,就没有侍奉君主的愿望了。意愿不受君主控制,君主就无法加以支使。

韩非子的饮食思想丰富而独特,是法家思想家对饮食思想的深入思考,是一份重要的遗产。在当今形势下,他的思想仍然具有现实意义,值得批判地继承。

第二节 《礼记·曲礼》的饮食思想

从饮食思想的角度看,《礼记·曲礼》是一篇值得认真研究的文章,首先,它对礼仪的重要性做了阐述,对于礼仪与政治、经济、文化的关系做了说明;其次,它所描述的琐细的日常礼节,尤其是饮食礼仪、餐桌上的文明,传经上千年,现在仍然被引用、被遵从;其三,它直接明白地解释了饮食如何与礼仪发生了联系,饮食在礼仪中又发挥着怎样的重要作用。

《礼记》是中国古代一部重要的典章制度书籍。该书编定是西汉礼学家戴德和他的侄子戴圣。戴德选编的85篇本叫《大戴礼记》,在后来的流传过程中若断若续,到唐代只剩下了39篇。戴圣选编的49篇本叫《小戴礼记》,即我们今天见到的《礼记》。这两种书各有侧重和取舍，各有特色。东汉末年，著名学者郑玄为《小戴礼记》做了出色的注解，后来这个本子便盛行不衰，并由解说经文的著作逐渐成为经典，到唐代被列为“九经”之一，到宋代被列入“十三经”之中，为士者必读之书。

《曲礼》是戴礼所选49篇中的一篇。“曲礼”的意思是说委屈说礼，“曲”指详尽、细致，细小的杂事。“曲礼”是指具体细小的礼仪规范。

一、对礼的规定

《礼记·曲礼》首先对礼的意义做了一个阐述：“夫礼者，所以定亲疏，决嫌疑，别同异，明是非也。”即是说礼节的制定是为了审定亲疏、裁决嫌疑，分别同与异，明白是与非的尺度。这里头一条很重要，是基础，就是很明确地说明礼仪是为了审定关系的亲疏的。什么是“亲疏”，就是亲近和疏远，是说血缘关系的远近。血缘关系的亲疏，古代有“五服”制度。“服”是服饰，特指治丧期间的丧服，根据与逝者的关系，古代以亲疏为差等的五种丧服。亲者服重，疏者服轻，由所穿的孝服等级表示亲疏关系，就体现了某个人在家庭中的地位，也说明了他在政治经济各方面的地位。

那么，礼是干什么的？它的任务就是审定亲疏关系，审定是否有五服的关系，又是属于哪一服的。这还不够，进一步的，亲疏关系确定之后，就按照不同的亲疏关系，执行不同的礼仪要求。不同的亲疏关系决定了一个人的家庭地位、社会地位。这种制度支撑着宗法制度。产生于商代后期的宗法制度绵延数千年，成为中国政治生活中的核心制度，通过血缘关系建立“家天下”，实行分封制，使得几千年的中国社会呈现出空前的稳定。这就是“礼”的重要性。

“礼”是如何贯彻执行的，是如何渗透到每一个人的日常生活中去的呢？《礼记·曲礼》作了详尽的描述，尤其是在饮食活动中有哪些礼仪的规定，如何体现礼，执行礼，都有不厌其烦的教导。《礼记·曲礼》为什么这样关注饮食中的礼仪呢？同样是在《礼记》中，《礼记·礼运》回答了这个问题：“夫礼之初，始诸饮食。”礼是很郑重的精神层面东西，而饮食是日常活动，二者之间似乎很难发生联系，为什么礼和饮食搭界？为什么礼的开初在于饮食呢？礼仪又是怎样体现于饮食之中的呢？礼仪又是怎样影响着饮食的呢？

二、饮食与礼

中国人最基本的社会单位是家庭，下一代所受到的第一教育是在家庭中进行的，家庭对孩子教育的第一堂课是在餐桌上进行的。吃饭是最重要的事，对于孩子来说也是如此，饥饿中的孩子对食物的要求是迫切的，也因此，这时候的教育是最能发挥作用的，最见效果的。这也就是为什么最开始的教育是家庭教育，最原始的礼仪是从饮食开始的。餐桌上的教育，是从座位开始的，每一个座位都有特定的含义；然后是每一个人用餐的顺序，等等。一日三餐，天天如此，年年如此，周而复始，餐桌上的教育不断巩固加强，就自觉不自觉地体现在行动上，融化在血液中，这就是“礼之初，始诸饮食”。于是人与人的关系如中国古代君臣、父子、夫妇、兄弟、朋友的五伦关系都体现了出来，各人都依礼而行。“家国同构”，家庭与国家同一个结构，遵从了家庭中的教育，接受了父家长制，到社会上自然遵从礼数，“不逾矩”，饮食礼仪中反映出的严格的社会等级区分和贫富悬殊的区别便被认同，自然认同了大家长“天子”与生俱来的权威，自然而然的，“家天下”便延续下来。餐桌上的“礼数”不再是简单的一种礼仪，而是一种精神，一种内在的伦理精神。这种精神，贯穿在饮食活动的全过程中，对人们的礼仪、道德、行为规范发生着深刻的影响，约束着人们的行为，并且被推广到社会上。“礼”的最终功用，是规范人际关系的仪矩，是调整矛盾的润滑剂，是社会的稳定器，也因此，饮食的地位空前提高。由家庭推广到国家的层面，就有了“大一统”的影子。

明白了“礼之初，始诸饮食”的缘由，便不难理解《曲礼》所反复强调的“礼”的重要性：“道德仁义，非礼不成，教训正俗，非礼不备。分争辨讼，非礼不决。君臣上下，父子兄弟，非礼不定。宦学事师，非礼不亲。班朝治军，莅官行法，非礼威严不行。祷祠祭祀，供给鬼神，非礼不诚不庄。是以君子恭敬撙节退让以明礼。”它是在强调道德仁义，非礼不成，而要成就于道德仁义，就必须先从规规矩矩的做人入手，没有第二条路。不可能有哪个放荡不羁的狂徒不守规矩而修成道德仁义之正果的。不以礼节就无法分出尊卑上下。进仕为官、先师导引、学事习业、求师传授，没有礼节就不亲热了。班朝议事、训练军队、委任官员、行施法令、不依礼仪程序，就没有威严而行使不了职权。所以君子形恭态敬、节制、谦让以表明礼体。

对“礼”的重要性，《曲礼》反复强调：“教训正俗，非礼不备。”设教以正风俗，总是教人以礼貌文明，而礼节则包括了文明礼貌的一切。甚而至于“礼”成为人与动物的区别：“鹦鹉能言，不离飞鸟。猩猩能言，不离禽兽。今人而无礼，虽能言，不亦禽兽之心乎？夫唯禽兽无礼，故父子聚麀。是故圣人作，为礼以教人，使人以有礼，知自别于禽兽。……人有礼则安，无礼则危，故曰礼者不可不学也。夫礼者，自卑而尊人。虽负贩者，必有尊也，而况富贵乎？富贵而知好礼，则不骄不淫；贫贱而知好礼，则志不慑。”

三、饮食的礼仪

饮食之礼是《曲礼》阐述的重点。比如关于如何设置席位的事情，必须请示尊者席应该怎样摆放，什么方向，请示衽席如何摆放，一切以尊者感觉合适为衡量标准。当坐席南向北向的时候，以西方为上位尊位；东向西向的时候，以南方为上位尊位。如果不是饮食之客，则布设席位，席间距离一丈。

《曲礼》指出坐席有坐席的规矩，比如姑姊妹的女子，已出嫁而返回，兄弟不能与她同席而坐，不能用同一食器饮食。这是古人避嫌之道。虽是骨肉之间，也必须如此讲究。再比如，父子不同席，是为了表明尊卑有等差。

《曲礼》注意餐桌上的细节，宴席上进献食物有详细的礼仪，甚至于食品的摆放都有严格的规定。比如左边是带骨的殽，右边是纯肉切的胾（zì，大脔，大肉块）。食物在人的左边，羹汤在人的右边，这是为了分别燥湿。脍炙等肉食处于外，醯酱等调味品处于内，葱渫处于末，酒浆处于右。左朐右末（朐：屈曲的干肉。末：脯修的右边。以脯修置者）。干肉处于酒的左边，这是以燥为阳位，其末在右位，为的是便于食用。

为什么把食品摆放这样的细碎事物也规定得如此详细呢？古人的解释是：饮食虽然是细小的事情，然而人世的小忿微嫌，多起于此种情况，所以郑重言之。

关于进食礼仪的规定是《曲礼》表述的另一个重点内容，叙说十分详尽。比如宴饮开始，馔品端上来时，作客人的要起立；在有贵客到来时，其他客人都要起立，以示恭敬。主人让食，要热情取用，不可置之不理。客人要坐得比尊者长者靠后一些，以示谦恭；"食坐尽前"，是指进食时要尽量坐得靠前一些，靠近摆放馔品的食案，以免不慎掉落的食物弄脏了坐席。客人如果官爵年齿卑于主人，不敢承当主宾之礼的时候，就在食物端上来时执之以起，而致辞于主人，主人见客人起辞，也起来致辞于客人，客人才重新就座。进食之前，等馔品摆好之后，主人引导客人行祭。食祭于案，酒祭于地，先吃什么就先用什么行祭，按进食的顺序遍祭。一般的客人吃三小碗饭后便说饱了，须主人劝让才开始吃肉。宴饮将近结束，主人不能先吃完而撇下客人，要等客人食毕才停止进食。如果主人进食未毕，客人不可以酒浆荡口，使清洁安食。主人尚在进食而客自虚口，便是不恭。宴饮完毕，客人自己须跪立在食案前，整理好自己所用的餐具及剩下的食物，交给主人的仆从。待主人说不必客人亲自动手，客人才住手，复又坐下。

《曲礼》对出席宴会的许多细节做出了要求，十分实用，历来受到重视，直至今日仍然有其价值。具体而言，如咀嚼时不要让舌在口中作出响声，因为这可能使主人觉得你是对他的饭食表现不满意。再如客人自己不要啃骨头，也不能把骨头扔给狗去啃。再如客人不能自己动手重新调和羹味，否则会给人留下自我表现的印象，好像自己更精于烹调。再如同别人一起进食，不能吃得过饱，要注意谦让。又如同用一个食器吃饭时，不可用手抓饭食。又如吃饭时不可抟饭成大团，大口大口地吃，这样有争饱之嫌。又如要入口的饭，不能再放回共同的饭器中，因为这样做别人会感到不卫生。又如不要长饮大嚼，让人觉得是想快吃多吃，好像没吃够似的。又如不要专意去啃骨头，这样容易发出不好听的声响，使人有不雅不敬的感觉。又如自己吃过的鱼肉，不要再放回去，应当接着吃完。又如不要喜欢吃某一味肴馔便独取那一味，或者争着去吃，有贪吃之嫌。又如不要为了能吃得快些，就用餐具扬起饭菜以散去热气。又如进食时不要随意不加掩饰地大剔牙齿，如齿塞，一定要等到饭后再剔。其他如不要直接端起调味酱便喝，醢是比较咸的，用于调味，不是直接饮用的；如大块的烤肉和烤肉串，不要一口吃下去，如此塞满口腔，不及细嚼，狼吞虎咽，仪态不佳；如吃饭时不要唉声叹气，"唯食忘忧"，不可哀叹。这些要求虽然细碎，但是很实用，使出席者注意到礼数风度，照顾到别人、主人的感受。

《曲礼》对餐具的使用也有详细的规定，如吃黍饭不要用筷子，但也不是提倡直接用手抓。食饭必得用匙。筷子是专用于食羹中之菜的，不能混用。如羹中有菜，用筷子取食。如果无菜，筷子派不上用场，直饮即可。如饮用肉羹，不可过快，不能出大声。有菜必须用筷子夹取，不可直接用嘴吸取。如湿软的烧肉炖肉，可直接用牙齿咬断，不必用手去擘；而干肉则不能直接用牙去咬断，须用刀匕帮忙。

中国的礼开始于饮食，饮食之中讲究“礼”，礼成为一种秩序和规范。儒家所提倡的礼仪渗透在中国人的生活中，甚而融化在中国人的血液中。《曲礼》详解吃饭的内容与形式，其中看出中国人的饭局讲究最多，这在世界上没有哪一个国家能够比肩。这种讲究就是礼仪，礼仪贯穿在用餐的整个过程之中，从座位的排放到上菜的顺序，从谁先动第一筷到什么时候可离席，都有明确的规定，把儒家的礼制观念诠释得淋漓尽致。

当代人的政治观念、道德观念、价值观念与古人截然不同，其礼其仪自然有所差异甚或废弃，但是，其具体的礼貌倒是有用的，比如餐桌上的礼仪，现在的孩子很少有这样的教育了。

第三节　从《史记》看秦汉饮食思想

司马迁的饮食文化思想在《史记》中得到了充分展现，他的饮食文化思想的形成与西汉时期“道”与“礼”相结合的社会背景及其士大夫出身的个人价值观有着密切的联系。西汉时期的饮食文化思想特色鲜明，建构了中华民族的饮食思想最为核心的部分。司马迁的饮食文化思想在中国古代饮食文化思想史上具有承前启后的重要作用。

一、司马迁饮食文化思想形成的原因①

司马迁所生活的西汉前中期，社会文化的发展蓬勃向上并且达于鼎盛，饮食文化也得到充分发育。饮食生活不仅仅只是人们自身生存的需要，更是社会生活的缩影，它受制于社会又对社会产生影响。司马迁饮食文化思想的形成主要是基于两个方面的原因：既与其本身所接受的教育和生活经历有关，又脱离不了他所处的那个时代的社会环境。

1. 西汉时期的社会背景

西汉物质生产力的高度发展和开阔宏大的汉代精神是司马迁饮食思想形成的时代背景。

从时间上看，汉代的饮食经历了一个由恢复到逐步提高的过程，饮食文化思想也在延续的过程中有所变化：以“民以食为天”的思想为基础，随着社会发展的变化不断被赋予新的内涵。一方面说饮食是人的本性，应当得到满足；另一方

① 本文曾以丁晶、徐兴海的署名发表于《渭南师范学院学报》2009 年第 6 期，第 6-9 页。

图 2-2　司马迁像

面，只有满足人民的饮食需求才能稳定统治。如何解决饮食这个头等大事呢？首先是发展生产，以民为本；其次是在生产力达到一定水平以后，统治者仍然不可过度剥削人民，要“取下有节，自养有度”。从“自养有度”来看，它要求统治者不要过分追求口腹之欲而不顾人民的死活。

西汉前期，由于战乱结束不久，社会经济凋敝，普遍的饮食水平较低，无论是统治阶级还是平民百姓，都以“无为”的观念看待饮食，顺应天时，清静恭俭。随着汉初七十余年的休养生息，更重要的是随着以农业技术和生产工具为主要标志的生产力水平的提高，到西汉中期，情况发生了重要变化，粮食充足，饮食生活内容日趋丰富，人们的饮食文化思想也有了重大转变，层次日益丰富。上层统治阶级的饮食思想开始转向穷奢极欲，贪婪的本性一览无余，而平民的饮食生活则提高不多，但饮酒活动却也带有任气豪侠的一面。面对这种对比，司马迁还是极力提倡清静恭俭的饮食态度，并主张要贵本亲用。

西汉中期在中国古代饮食史上是一个值得大书一笔的时代，在这个时期，形成了食物丰富的局面，出现了部分原有的奢侈食物向日常食物的转化，全民性饮食水平提高的局面。通过表 1，我们可以从饮食内容的丰富、饮食次数的增多以及饮食器具档次的提升明显看出饮食水平的提高。

表 1　西汉时期饮食水平的变化①

类别	时期	
	西汉前期	西汉中期
节日及喜事食物	宾婚相召，豆羹白饭，佐以熟肉	民间宾婚酒食
日常饮食	无故不杀犬豕	无故不烹杀，相聚野外
饮食设施	商肆商贩卖肉脯、鱼、盐	熟食成列，有猪、羊、犬、马、鱼、鸡、鸡蛋、雁等菜肴和主食
餐具	普通百姓使用竹、柳和粗陶制编成的餐具	富者使用金、银和玉制成的器皿；普通人使用错金的餐具

生活水平的提高是社会经济得到发展后的必然和合理的趋势。在商周时

① 徐海荣主编. 中国饮食史 · 卷二[M]. 华夏出版社，1999：639.

期，饮食受到理智的制约，只有特定阶层的成员才能享有相应的食物。春秋战国时期的礼崩乐坏摧毁了宗法血缘等级，并引起政治领域、社会领域的巨大变革。但由于战乱频繁对社会经济的破坏，在饮食生活中，虽然等级的约束越来越少，饮食水平仍不可能有较大的提高。这种情形在社会稳定、生产力水平提高及农业、商业和手工业发展等一系列因素的促使下，终于在西汉中期得到改变。一些属于先秦时期贵族饮食内容的食物成为大众化的食品，食物制作方法和种类也明显增多。

物质生活水平的提高在一定程度上会带来社会生活的奢侈之风，但并不能只看到奢侈之风对社会风气造成的破坏，从根本上说，这是生活质量提高的标志。司马迁认为从大的方面讲，全民性的生活水平的提高是好的，饮食贸易活动"上可富国，下可富家"，符合经济发展的规律，也能促进国家安定的政治局面，所谓"仓廪实而知礼节，衣食足而知荣辱"，是正确的。在物质水平得到满足的基础之上人们追求更高层次的精神需求，形成了"以乐侑食"这一饮食活动的审美观念，体现了严谨有序的"礼"和乐观豁达的"道"相结合的汉代精神。

司马迁所处的西汉时期处于上升时期，积极有为的统治者创造着伟大的业绩，洋溢着一种宏阔明朗的信心和力量，充满着一种对认识、掌握和占有外部世界的强烈渴望，以及从中体验到的欢乐感、自豪感。汉代精神高扬的"阳刚之气"含有对人的身体享乐的特殊喜好。在汉画像石的画面上，常常可以看到众人聚集宴饮乐舞的欢乐场面，人们以此得到生理快感和身体享受，汉代人的人生主题就是养生长寿、得道升仙，这也证实了孙隆基所说的中国人"将整个生活的意向都导向满足身之需要"①，所以司马迁的饮食思想都是基于这个社会现实。

2. 司马迁的价值观

司马迁是太史令司马谈的儿子。司马谈曾著文《论六家要旨》，推崇道家，认为其他五家（阴阳、儒、墨、名、法）也各有可取的地方。司马谈的这种看法，同体现在《淮南鸿烈》中的思想是基本一致的，符合汉代前期思想的一般潮流。继承父业的司马迁，在《太史公自序》中全文引述了司马谈的论六家要旨，无疑受到深刻影响。司马迁的道家思想是很明显的。但是，司马迁所生活的时代是董仲舒提出"罢黜百家，独尊儒术"的时代，司马迁从青年时代开始就已经大受儒家思想的影响。

从《史记》全书来看，司马迁对于儒家很为推崇。整体看来，我们认为司马迁虽也深受道家思想影响，但已经开始脱离了汉初以来推崇道家的传统。他的饮食思想中也是如此，儒家思想是重要的方面，而道家思想则是对儒家思想的一种补充。同时，汉武帝时期的儒家思想是一种兼容并包的学术思想，其在建立之初

---

① 孙隆基. 中国文化对"人"的设计[A]. 刘志琴. 文化危机与展望——台港学者论中国文化(上册)[M]. 北京：中国青年出版社，1989：467-478.

也深受阴阳五行学说的影响[①]，这在司马迁的饮食文化思想中也有反映。

“迁生龙门，耕牧于河山之阳”，出生于农家的经历使他更为现实地看待农业、农民与社会现实，加之二十壮游，游历了名山大川，继任太史令以后又跟随皇帝出游，无论对上层社会还是下层社会都有最直接的接触，这使得他能站在一个比较客观的角度，从时代、国家、人民的角度更为直接地感觉到“食”的重要性，思考饮食问题。这一思想突出体现在他对汉初统治者贯彻实施“民以食为天”思想的褒扬，其中既有对人民的现实的重视，又有对统治阶级的维护，希望通过统治者实施正确的方针政策来保证人民的生活和国家的安定。

如在《吕后本纪》里司马迁热情赞誉道：“孝惠皇帝高后之时，黎民得离战国之苦，君臣俱欲休息乎无为，故惠帝垂拱，高后女主称制，政不出房户，天下晏然。刑罚罕用，罪人是稀。民务稼穑，衣食滋殖。”萧何、曹参相继任相国，遵行与民休息的政策。《曹相国世家》中引用民歌称赞道：“萧何为法，靓若画一。曹参代之，守而勿失。载其清静，民以宁一。”汉文帝即位后，继续执行汉初政策，宽刑减政。《孝文本纪》中记述他“以示敦朴，为天下先。……专务以德化民，是以海内殷富，兴于礼义”。到汉景帝时，虽有七国之乱，但平乱之后，仍然出现了“天下晏然，大安殷富”(《太史公自序》)的局面。“文景之治”的结果，产生了我国封建时代的第一个盛世。司马迁不仅真实地反映了当时的社会现状，还对谦退俭朴的文帝给予很高的评价，称他为德之至盛的仁君，反映了他对“民以食为天”内涵的深刻理解，是儒道并举的思想内涵的体现。

司马谈是天文学家，司马迁承父业而继任太史令，对天文知识十分精通。太史令这个官职的主要职责之一就是观察天象，根据天象变化及时禀报天子，是天子从上天获取信息的重要渠道。在注重天人相交的西汉时期，对天意的揣摩是一个时代的最为重要的工作之一，因而这个职位尤其重要。封建社会的经济基础是农业，在生产力和科学技术不是十分发达的古代，农业是“靠天吃饭”，所以对天象的关注也是对农业的关注。由此司马迁对农业十分关注，注重对“天时”的遵从，进而推及到社会生活方面，主张既要遵从自然发展规律，但又不是消极顺从，而是发挥人的主观能动性去主动适应历史、社会发展规律，提倡“适度”和“和谐”，将礼和饮食很好地结合。此外，统治者对口腹之欲的过分追求是政治腐败的根源，历史的教训数不胜数，从个人的角度来讲也不利于养生。所以从政治长治久安的角度出发，应该采取“清静恭俭”的饮食思想。

二、司马迁饮食文化思想的历史地位

司马迁在《史记》中体现的饮食文化思想涵盖了社会政治、经济、文化心理各个方面，具有一定的代表性，代表了他所处时代的饮食文化思想。这是由于司马迁在《史记》中对西汉上升时期的社会面貌进行了真实客观的反映，对各个阶层的饮食文化都有最直接真实的接触，尤其是统治者和贵族阶层；同时，还因为他

① 张强. 司马迁与西汉学术思想[J]. 学海，2004(6).

具有独立的人格精神，充满儒家积极进取的精神，同时还吸取了儒家以外其他各家的许多思想，具有强烈的人民性，对社会现象能做出客观公正的评价。他的饮食文化思想既是对西周和春秋战国时代饮食文化思想的继承，又对随后东汉和魏晋南北朝时期的饮食文化思想具有重要的借鉴意义，在中国古代饮食文化思想史上具有承前启后的重要作用。

1. 对前代饮食文化思想的继承

春秋战国时代诸子百家的论述中对饮食文化思想有很多，这些都成为司马迁饮食文化思想的直接来源。司马迁的饮食文化思想是对前代诸多饮食文化思想的继承，同时在西汉的时代背景之下形成了其自身的特点。

西周时期的饮食观念熔铸于“三礼”等儒家经典著作中。从一定意义上来讲，儒学就是礼学，“三礼”中所体现出的饮食思想观念，可以说是中国古代饮食观念的核心，它对指导和规范中国古代人们的饮食发挥过重要作用。概括起来讲主要是“以食为重”“和而不同”“五味调和”和“俭食”的思想。[①] 司马迁的饮食文化思想与之一脉相承。

首先是“以食为重”。司马迁“民以食为天”的思想就直接脱胎于此，源于“食为八政之首”的观念，将饮食尤其是粮食与政治直接挂钩。同时，司马迁还把日常生活中的饮食活动与国家的兴亡和人的政治才能联系起来，进一步扩大了饮食与政治的联系，更加贴近生活。统治者对“食”的重视在不同的历史背景之下呈现出不同的价值取向。西汉时期丰富的物质生活水平使得汉代饮食活动倾向于饮食并重，不同于商代重饮，周代重食。《周礼》将“食官”统归“天官”之列，与“民以食为天”的观念正相吻合，西汉时期则进一步发挥，饮食机构和管理人员的数目比西周时期更为庞大。从另一个侧面看，西汉时期统治者对美食的追求已经达到了穷奢极欲的程度，这使得富有人民性的司马迁尖锐地告诫统治者饮食要“与时俯仰，清静恭俭”。

从西周时期开始，饮食活动就与礼仪制度不可分割，到春秋战国时代，儒家提倡要严格遵循饮食上的礼仪要求，其代表以孔子为最。孔子论饮食，多与礼仪和祭祀有关。司马迁的饮食思想也是以儒家为主体的，“贵本亲用”“以乐侑食”的思想就是对古代礼制的遵循。但是，司马迁的饮食思想又不仅仅局限于礼仪的框架之内，他还吸纳了法家的思想，尤其是管仲对于粮食的重要性的认识，以发展生产力作为运用礼仪进行教化的先决条件，认识到“仓廪实、衣食足”方能“知礼节、知荣辱”，饮食首先是“礼”的物质基础，然后才是“礼”的载体。所以司马迁对儒家所认为的“末流”即从事饮食贸易的人予以了肯定，认识到饮食贸易可以使得经济繁荣，“上可富国，下可富家”。另外，司马迁饮食思想中的“清静恭俭”当是源于道家思想中的“清静无为”，提倡饮食上的节欲、适度和顺应天时，同时这种“无为”却又融入了儒家积极入世的精神，是为了国家的昌盛“有为”。

---

① 徐海荣主编. 中国饮食史·卷二[M]. 北京：华夏出版社，1999：136-149.

所以，司马迁的饮食思想与西周确立的以“礼”为核心的饮食思想和春秋战国时期诸子百家的饮食思想是一脉相承的，但又不囿于某一家一派，而是通过自己的独立思考和辨别，融合了各家之长而形成的符合客观规律而又积极向上的饮食观念，所谓“成一家之言”。司马迁的饮食思想具有开阔宏大的眼界和气魄，体现了汉代的时代精神。他的饮食思想对后世也产生了重大影响。

2. 对后代饮食文化思想的影响

司马迁饮食思想中最具影响的当属粮食观，历代有作为的统治者都切实贯彻着“民以食为天”的思想。鼎盛的“贞观之治”的开创者唐太宗在《贞观政要》中说：“凡事皆须务本，国以人为本，人以食为本。”在《务农篇》中说：“夫食为人大，农为政本。”清代乾隆帝治国之道的核心也是“国以民为本”“民以食为天”(《中国历代帝王诗词》)，故而其在清史中也是个了不起的“真龙天子”。所有的这些话都是从“民以食为天”中衍化而来，可见这一思想影响之深远。粮食生产永远是国家政策的核心。

司马迁的饮食文化思想以儒家思想为主体，兼收并蓄融合了其他各家之长，十分客观而又深刻，充满了反抗性和批判性。他鲜明地继承和发扬了先秦儒家思想中一个重要的优良传统，那就是高度肯定个体人格的独立性、主动性，把个体对社会所应承担的责任放在极其崇高的地位，充满着积极进取的精神。所以对待饮食，他既主张要遵循古制，“以农为本”“贵本亲用”，又突破了儒家“君子远庖厨”的观点，以利国利民为评判宗旨，肯定了饮食贸易“上可富国，下可富家”的积极历史作用。这对我国封建社会中商品经济的发展是具有积极意义的，在这种思想影响下，到了唐代宋代，饮食贸易异常繁荣，形成了专门的市场，饮食文化融入了有中国特色的“市民文化”中去了，成为国家和人民生活中必不可少的组成部分。

同时，这种独立的、充满反抗性和批判性的精神又影响了魏晋南北朝时期士人高扬的“个性主义”的旗帜。儒家希望通过饮食活动作为“礼”的载体来维护等级尊卑的社会秩序，来宣扬“礼”的教化；而魏晋时期有抱负而不得施展的士人则也相应地通过饮食行为来表达对“礼”的不满和愤懑。如竹林七贤就是以酒为武器和旗帜，将身居庙堂之高的酒的神圣性击得粉碎，将酒作为个人放纵行为的借口，寄托自身的信仰，表明不与世同俗；陶渊明隐居田园粗衣蔬食，“不为五斗米折腰”。这些和司马迁的饮食思想在精神旨趣上是异曲同工的，即用一种自由气魄来实行儒家的仁义之道，乱世用道，治世用儒，可进可退，无论哪一种都是为了“遂其志之思”，寄希望于未来(“思来者”)，执著于对理想的追求。这是儒道两家思想精华的一种很为理想的结合，是司马迁的饮食思想给后人的深刻启示。

3. 在中国饮食文化思想发展史上的地位

夏曾佑曾这样评价汉代：“中国之教，得孔子而后立。中国之政，得秦皇而后行。中国之境，得汉武而后定。三者皆中国之所以为中国也。自秦以来，垂二千年，虽百王代兴，时有改革，然观其大义，不甚悬殊。譬如建屋，孔子奠其基，秦汉二君营其室，后之王者，不过随时补苴，以求适一时之用耳，不能动其深根宁极之理也。”

汉代尤其是西汉时期是中华民族主体精神形成和发扬的时代，是“中国之所以为中国也”的时代，汉代上承三代和秦代而来，奠定了中国传统文化发展的基础，后代的文化思想的发展都是以汉代思想为“深根宁极之理”。所以西汉时期的饮食文化思想建构了中华民族的饮食思想最为核心的部分。作为这一时期饮食文化思想的代表人物之一，司马迁的饮食文化思想在中国饮食文化思想史上也是有重要的历史意义的。他站在时代之中又超然于时代之上，客观理性地评判着饮食思想的发展。

引用张光直先生的看法，中国饮食史上有至少三个转折点，而司马迁所处的这个时代就是第二个转折时期中的重要阶段(《Food in Chinese Culture》)。

第一个这样的转折点，是农耕的开始——北方栽种小米等谷物和南方栽种水稻等植物的开始，很可能就是这一变化确立了中式烹饪的饭—菜原则。……我认识到的第二个转折点，是一个高度层化的社会的开始，这也许发生在夏王朝时期，但肯定不迟于公元前18世纪的商代。新的社会重组基本上是以食物资源的分配为基础的。一方面是食物的生产者，他们耕种土地，但必须把他们生产出来的大部分交给国家；另一方面是食物的消费者，他们从事的是统治而不是劳作，这给他们以闲暇和刺激，去雕琢一种精致的烹饪风格。……正是这一事件——中国人按食物的界限而分裂——造成了从经济上对中国饮食文化的进一步分割。伟大的中国烹饪法是以许多代人的智慧和许多地区为基础的，但主要却是通过富有的、有闲的美食家们的努力，并借助于那种适合于复杂的多层化的社会关系模式的繁琐而严格的饮食礼仪，才得以成为可能的。第三个这样的转折点——如果信息证明是准确的——就发生在我们自己的时代。在中华人民共和国，以饮食为基础的社会极化，已明显让位于一种真正的食物资源国家分配系统……①

如果以饮食作为一个诸多变量的集合体，那么饮食思想就是那些显著地影响了即使不是全部也是大多数的其他饮食变量的组合或重组的变化的原因。司马迁的饮食思想的实质就是对如何协调食物资源的分配，使得食物生产者和消费者在饮食社会中达到一种平衡。在中国这样一个以饮食为导向的国度里，“民以食为天”就是对如何平衡最经典的概括，是社会存在和发展的真理，行之则生，弗行则亡。

司马迁首先是从“存人欲”的角度提出饮食对于人生存本原意义上的重要，所以“食为天”；其次，没有人民也就不存在统治者，一切政治都是以民为本的，所

---

① 张光直. 中国文化中的饮食——人类学与历史学的透视[J].《Food in Chinese Culture》导论，转引自[美]尤金·N. 安德森. 中国食物[M]. 马孆，刘东，译. 南京：江苏人民出版社，2003.11.

以就要以食为本，才能有其他的发展；再则，要达到社会的安定还需要礼仪来规范，通过饮食来对人们行礼仪教化是最好的方式，饮食活动对于形成良好的社会秩序也是很重要的，所以要“以食为天”；第四，以食为天就要顺应天时，遵循自然界发展的规律，形成生态可持续的良性发展才是“天人合一”的精髓所在，所谓“和合”是也。这些都是司马迁在分析辨别了大量的历史事实的基础上对“食”与“天”关系的独立思考，后代饮食思想也都是本于这些思考而生的。司马迁客观的实录精神，理性的批判精神，独立的人格精神，开阔的人文精神，使得他的“民以食为天”的饮食思想具有了独特的深度和广度，不仅是西汉时期的饮食文化思想，更是具有中国特色的饮食文化思想。

第四节　酒与汉代社会生活

酒与文化的结缘自其产生之时起，到了汉代的时候，已经有极大的发展。具体而言，酒不仅是一种极为普遍的饮料，而且人们借助于酒，传达着更为丰富复杂的感情，酒深深的渗入到社会生活的方方面面。本节从酒与国家政治、酒与礼、酒与社会风俗等等方面来探讨汉代的酒文化。从酒文化的角度看，西汉时期是一个承上启下的重要时期。

公元前202年，刘邦建立汉帝国。汉王朝汲取秦失败的教训，采取了与民休息的政策，农业迅速发展，社会呈现一派繁荣景象，酿酒业自然也就兴旺起来，这就为酒文化的发展提供了物质基础。

酒在中国最早出现时，并不是用作社会大多数成员的普通饮料的，它首先是和“礼”关联在一起的，是国家祭祀典礼之必用。如魏晋时的王粲在其《酒赋》中所称：酒能“章文德于庙堂，协武义于三军，致子弟之存养，纠骨肉之睦亲，成朋友之欢好，赞交往之主宾”。在这里，酒首先是社会秩序的象征。身居高堂庙会的酒有颐神定人等维持天道和社会伦理秩序的巨大作用。共有一百多卷的《仪礼》和《礼记》是两部详详细细的礼仪制度章程，其中大多数礼仪都与酒有关或都需要用酒，除去祭祀用酒外，普通人生活的许多场面仪式都要用酒，形成了种种的酒礼。到了汉代，酒已经是一种极为普遍的饮料，而且人们借助于酒，传达着更为丰富复杂的感情，酒深深地渗入到社会生活的方方面面，围绕着酒而展开的社会生活画卷是丰富多彩的。

一、酒的社会功能

酒有什么社会功能？西汉王莽时的羲和（官职名）鲁匡有一个十分精彩的论述，他说：“酒者，天之美禄，帝王所以颐养天下，享祀祈福，扶衰养疾。百礼之会，非酒不行。故《诗》曰‘无酒酤我’，而《论语》曰‘酤酒不食’，二者非相反也。夫《诗》据承平之世，酒酤在官，和旨便人，可以相御也。《论语》孔子当周衰乱，酒酤在民，薄恶不诚，是以疑而弗食。今绝天下之酒，则无以行礼相养；放而亡限，则费财伤民。”①。

鲁匡将酒比喻为上天所赏赐给人的最美的俸禄，这个定位是非常高的。其功能，第一，酒是被帝王用来“颐养天下”的。其二，“扶衰养疾”，扶助衰老，休养疾病。酒有一定的营养，又有兴奋精神的作用，所以皇帝为收养万民，以表关心子民，借喜庆大典“赐民共饮”，或遇到节令赏给七八十岁的老年百姓饮酒，表示关心他们的健康，以示“皇恩浩荡”。其三，礼之用，酒是祭祀所必需的要件。百礼的会聚，非酒不可施行。“享祀祈福”，祭祀天地、宗庙，献酒、酹酒是王朝大事，没有酒不行，没有高贵新奇的酒器，也不行。其实不仅仅此三条，酒已经渗透到汉代社会生活的方方面面。

农业的空前发展，社会财富的积聚，为酒文化的发展准备了条件。《汉书·食货志》将汉高祖与后来的汉武帝、汉昭帝、汉成帝时期的社会经济的发展有一个比较，从中可见粮食增产，粮价不断下降；财政盈余，积累增加：“至武帝之初七十年间，国家亡事，非遇水旱，则民人给家足，都鄙廪庾尽满，而府库余财。京师之钱累百巨万，贯朽而不可校。太仓之粟陈陈相因，充溢露积于外，腐败不可食。众庶街巷有马，阡陌之间成群，乘牸牝（zi pìng，母马）者傧而不得会聚。守闾阎者食粱肉，为吏者长子孙；居官者以为姓号。……至昭帝时，流民稍还，田野益辟，颇有蓄积。宣帝即位，用吏多选贤良，百姓安土，岁数丰穰，谷至石五钱……成帝时，天下亡兵革之事，号为安乐，然俗奢侈，不以蓄聚为意。”

这段文字所反映的是一个农业生产空前发展的时期。以最有标志性质的粮食价格而言，一石米的价格由西汉初年的五千钱一路跌到宣帝时候的五钱，差不多降到了原来的千分之一，这简直是天壤之别，是中国历史上的奇迹，所反映的是粮食生产的空前发展。粮食生产的空前发展使得酿酒事业有了雄厚的物质基础，获得了极大的生存空间。也因此，酒文化在西汉时期得到了很大的发展。

二、酒是政府政策的体现者

酒是最好的赏赐物，酒是心意的最好承载物。汉文帝下诏曰：“今岁首，不时使人存问长老，又无布帛酒肉之赐，将何以佐天下子孙孝养其亲？今闻吏禀当受鬻者，或以陈粟，岂称养老之意哉！具为令。”②于是下令：“年八十已上，赐米人月一石，肉二十斤，酒五斗。”从政府行为而言，将赐酒作为“存问长老”“佐天下子孙孝养其亲”“养老”的重要措施。而且确立为法令，有数量的规定。

不只是汉廷，匈奴也一样重视酒，酒有政治经济的意义。《汉书·匈奴传》记匈奴习俗：“其攻战，斩首虏赐一卮酒，而所得虏获因以予之。”从此条可知，匈奴中酒少，因之一卮酒得以成为重赏，激励人人勇敢作战。同一传中称汉高祖时，即向匈奴进奉酒食：“使刘敬奉宗室女翁主为单于阏氏，岁奉匈奴絮缯酒食物各

---

① 汉书·食货志下.

② 汉书·文帝纪.

有数，约为兄弟以和亲，冒顿乃少止。”从此条可知匈奴不会制酒，有赖于汉朝赐予。还有一例可以证明。《匈奴传》记汉武帝时，匈奴单于致信汉朝求酒，给了酒和其他杂物便不再侵犯边境：“单于遣使遗汉书云：‘……今欲与汉闿（开）大关，取汉女为妻，岁给遗我糵酒万石，稷米五千斛，杂缯万匹，它如故约，则边不相盗矣。’”

赐酒的数量有与上文规定不同者。汉哀帝赐平当：“使尚书令谭赐君养牛一，上尊酒十石。”①又有赐酒二斛者。汉昭帝时，涿郡韩福以德行征至京城，后遣归时，汉昭帝下令：“行道舍传舍，县次具酒肉，食从者及马。长吏以时存问，常以岁八月赐羊一头，酒二斛。”王莽主政时，以清行征用的邴汉与龚胜均请告老还乡，王莽“依故事”，二人“赐帛及行道舍宿，岁时羊酒衣衾，皆如韩福故事”。后来，“莽既篡国，遣五威将帅行天下风俗，将帅亲奉羊酒存问胜。明年，莽遣使者即拜胜为讲学祭酒”。“后二年，莽复遣使者奉玺书，太子师友祭酒印绶，安车驷马迎胜”。

行功庆赏时离不了酒。“举功行赏，诸民里赐牛酒。”②

前有政府赐牛酒，又有吏民献牛酒者：汉昭帝元凤二年夏四月“吏民献牛酒者赐帛，人一匹”。

又有赏赐羊酒者。汉昭帝元凤元年“三月，赐郡国所选有行义者涿郡韩福等五人帛，人五十匹，遣归。诏曰：‘……令郡县常以正月赐羊酒’”③。指给那些有行义者每年有赏赐。

赏赐酒并不是常例。汉武帝元狩元年立太子，赏赐天下，就没有酒。

平时是不许饮酒的，允许饮酒则是一种赏赐，是皇帝初即位时的一项恩德。汉文帝初即位时即下诏书允许聚众饮酒。“朕初即位，其赦天下，赐民爵一级，女子百户牛酒，酺五日。”

酒是政治赏罚的体现物。淮南王刘长“不用汉法，出入称警跸，称制，自作法令，数上书不逊顺”，群臣议“当弃市”。孝文帝只同意废止其王位，生活上仍给予优厚待遇，制曰：“食长，给肉日五斤，酒二斗。”④

酒是赏赐之物。《杜延年传》记杜延年年老请求退休，汉宣帝“优之，使光禄大夫持节赐延年黄金百斤、酒，加致医药”。

三、酒与礼

酒与礼相联系：“绝天下之酒，则天下无以行礼相养。”

酒食之间的聚会，是非常必要的，是推行礼乐制度的基础：“酒食之会，所以行礼乐也。”汉宣帝五凤二年“秋八月，诏曰：‘夫婚姻之礼，人伦之大者也；酒食之

---

① 汉书·平当传.
② 汉书·文帝纪.
③ 汉书·昭帝纪.
④ 汉书·淮南王传.

会，所以行礼乐也。今郡国二千石或擅为苛禁，禁民嫁娶不得具酒食相贺召。由是废乡党之礼，令民亡所乐。非所以导民也。《诗》不云乎？'乾民之失德，糇(hóu，干粮)以愆(qiān，过失)'。勿行苛政。"[①]汉宣帝的这道诏令批评地方政府实行严苛的政令，禁止民众在婚姻嫁娶的时候以酒食招待，认为这与引导民众是背道而驰的。将禁止民众酒食作为苛政的一种，不可谓不严厉。这里引用的《诗》出自《伐木》，是一首饮酒的诗，谓有的人失去美德，仅只因为一口干粮而招致过失。

酒有酒礼。叔孙通为汉高祖设计了朝廷礼仪，其中就有酒礼。"至礼毕，尽伏，置法酒。诸侍坐殿上皆伏抑首，以尊卑次起上寿。觞九行，谒者言'罢酒'。御史执法举不如仪者辄引去。竟朝置酒，无敢喧哗失礼者。"[②]

乡饮酒之礼不可用于军中。"欲以承平之法治暴秦之绪，犹以乡饮酒之礼理军市也。"[③]

酒席座位，各个时代有所不同，汉代时东向坐为上座。《盖宽饶传》记皇太子外祖父平恩侯许伯建成新居，邀请众大臣前往，独盖宽饶不行。许伯坚持请他，"乃往，从西阶上，东向特坐"。

丧礼时对于饮酒有特别的要求。"古之贤君于其臣也……死则往吊哭之……未敛，不饮酒食肉。"[④]不遵守者亦大有人在，东平王刘宇即是。当汉元帝去世的消息传来时，"宇凡三哭，饮酒食肉，妻妾不离侧"。[⑤]

祭祀不可无酒。酒是祭祀物品。《汉书·郊祀志上》："春以脯酒为岁祷，因泮冻；秋涸冻；冬塞祷祠。"汉武帝时祭祀用牛、鹿、彘、酒，"其牛色白，白鹿居其中，彘在鹿中，鹿中水而酒之"。据服虔注："水，玄酒；酒，真酒也。"晋灼注："此言合牲而燎之也。"颜师古注："言以白鹿内牛中，以彘内鹿中，又以水及酒合内鹿中。"同传记汉平帝时王莽颇改祭祀之礼，"牲用茧栗，玄酒陶匏"。

饮酒礼仪。《礼乐志》记汉高祖时宗庙音乐与礼仪："皇帝就酒东厢，坐定，奏《永安》之乐，美礼已成也。"

以酒席之规格设置等而知礼仪。酒席有酒席的规矩，知识分子见微知著，以接待之规格窥见主人之心态，从而决定该如何做。《楚元王传》记载楚元王当初十分礼敬申公、穆生等人，每次设酒宴时，因为穆生不能饮酒，特地为他设置酒味淡一些的醴。醴者为何？颜师古注释道："醴，甘酒也。少曲多米，一宿而熟，不齐之。"后来继任之王礼仪疏忽，"及王戊即位，常设，后忘设焉。穆生退曰：'可以逝矣！醴酒不设，王之意怠，不去，楚人将钳我于市。'"从这一记载可见，当时的

---

① 汉书·宣帝纪.
② 汉书·郦食其传.
③ 汉书·梅福传.
④ 汉书·贾山传.
⑤ 汉书·宣元六王传.

酒的酿制有各种规格，浓淡又不同。

汉代的饮酒方式，比如有“纵酒”，即放纵饮酒，在礼仪上不加限制。如《郦食其传》记载：“田广以为然，乃听食其，罢历下兵守战备，与食其日纵酒。”《蒯通传》：“齐已听郦生，即留之纵酒，罢备汉守御。”

关于酒席酒宴的记载，规定有喝酒的规则、座位的规矩，其中辈分低的人不可坐于上座。据记载，齐王就差点为此送命：“帝与齐王宴饮太后前，置齐王上座，如家人礼。太后怒，乃令人酌两卮鸩酒置前，令齐王为寿。”①太后显然主张以君臣之礼，孝惠帝当坐上座，齐王为陪坐。

四、酒与社会风俗

何谓“风俗”？《汉书·地理志》有精辟的论述：“凡民含五常之性，而其刚柔缓急，音声不同，系水土之风气，故谓之风；好恶取舍，动静亡常，随君上之情欲，故谓之俗。”“酒礼之会，上下通焉。”《汉书·志·地理志下》分析武威以西四郡的社会风俗时说：“保边塞，二千石治之，咸以兵马为务；酒礼之会，上下通焉，吏民相亲。是以其俗风雨时节，谷籴常贱，少盗贼，有和气之应，贤于内郡。此政宽厚，吏不苛刻之所致也。”

农民一年劳苦，有斗酒亦可聊以自慰。司马迁外孙杨恽《报孙会宗书》认为“夫人情所不能止者，圣人弗禁”，总结农民一年的生活道：“田家作苦，岁时伏腊，烹羊炰羔，斗酒自劳。……酒后耳热，仰天拊缶而呼乌乌。”称此种生活的享受乃是最基本的。可见当时的农民再贫穷，到了年终的时候总要有一斗酒喝。

汉文帝遗诏命令：“无禁取妇嫁女祠祀饮酒食肉。”②是不要因为自己的丧事影响了百姓的日常生活。可见在正常情况之下，包括饮酒在内的这些活动是明令禁止的。

饮酒是人际交往的最基本物质联系。司马迁为了说明自己和李陵素无交往，所举例证即是从未在一起饮酒：“夫仆与李陵具居门下，素非相善也，趣舍异路，未尝衔杯酒接殷勤之欢。”这是自我举证。既然从未在一起饮过酒，就可以说明二人的关系十分生疏，说明饮酒聚会是交往的基本机会。

饮酒是一种公众聚会，是欢乐的场合。《汉书·刑法志》：“古人有言：‘满堂而饮酒，有一人向隅而悲泣，则一堂皆为之不乐。’”

饮酒时有一种气氛，最高潮时是为“酒酣”。此时最适合人际交往，或者化解矛盾。《汉书·荆燕吴传》记田生劝说张卿就是借“酒酣”：“酒酣，（田生）乃屏人说张卿。”又有“中酒”之说：“项羽既飨军士，中酒，亚父谋欲杀沛公，令项庄拔剑舞坐中。”③“中酒”者，颜师古注释道：“饮酒之中也。不醉不醒，故谓之中。”

人们常常借着酒性说出平时不愿说或者不敢说的话，帝王亦如此。汉哀帝

---

① 汉书·高五王传.

② 汉书·文帝纪.

③ 汉书·樊哙传.

喜欢庶出的弟弟，想要禅位于他，这一天设置了酒宴，酒酣，借着酒席说出了禅让的话："上有酒所，从容视贤笑，曰：'吾欲法尧禅舜，何如？'"但是遭到了反对。[①]

但是酒酣时又最容易出错。梁孝王为孝景帝的弟弟，母亲窦太后十分喜欢他。"孝王朝，因宴昆弟饮。是时上未立太子，酒酣，上从容曰：'千秋万岁后传王。'"孝景帝这样说，违背了刘家家法，乃酒后失言。窦婴立即反驳说："天下者，高祖天下，父子相传，汉之约也，上何以得传梁王！"《高五王传》中所记刘章其所以能够为刘氏报仇，也是因为"酒酣"，吕太后轻易答应了他在酒席宴上以军法从事。

《匈奴传》记匈奴右贤王酒醉误事："右贤王以为汉兵不能至，饮酒醉。汉兵出塞六七百里，夜围右贤王。右贤王大警，脱身逃走。"

《汉书》所记与酒相关的社会习俗。民间相互祝贺时以酒为赠送之物。《卢绾传》："卢绾，丰人也，与高祖同里。绾亲与高祖太上皇相爱，及生男，高祖、绾同日生，里中持羊酒贺两家。及高祖、绾壮学书，又相爱也。里中嘉两家亲相爱，生子同日，壮又相爱，复贺羊酒。"

匈奴人同样喜欢饮酒，习俗大有不同。一是置入金屑，二是以人头为酒器。《匈奴传下》："(韩)昌、(张)猛与单于及大臣具登匈奴诸水东山，刑白马，单于以径路刀金留犁挠酒，以老上单于所破月氏王头为饮器者共饮血盟。"酒中置金或是测酒是否有毒，以人头为酒器则完全是野蛮。

汉代侍奉酒的习俗很讲究。作为晚辈，要下跪而奉上酒杯，神态要恭敬。《窦婴传》记田蚡侍奉窦婴饮酒就是如此："窦婴已为大将军，方盛，蚡为诸曹郎，未贵，往来侍酒婴所，跪起如子侄。"

饮酒习俗有"举白"之说，就是今天所说的"干杯"。《汉书·叙传》："设宴饮之会，及赵李诸侍中皆饮满举白，谈笑大噱。""举白"者何？服虔注曰："举满杯，有余白沥者，伐之也。"孟康曰："举白，见验饮酒尽不也。"颜师古之注释总结道："谓引取满觞而饮，饮讫，举觞告白尽不也。一说，白者，罚爵之名也。饮有不尽者，则以此爵罚之。"总上可知，喝酒是要满觞并且尽饮，端起酒杯底朝上以示无有残留。

酒席之中有酒吏以监酒。刘章就曾经任酒吏，借此职任发泄自己对"非刘氏而王"的义愤。"尝入侍宴饮，高后令章为酒吏。章自请曰：'臣，将种也，请得以军法行酒。'高后曰：'可。'酒酣，章进歌舞，已而曰：'请为太后言耕田。'"于是借歌谣讥讽刘家的人被一一除去，"太后默然"。"顷之，诸吕有一人醉，亡酒，章追拔剑斩之，而还报曰：'有亡酒一人，臣谨行军法斩之。'太后左右皆大惊。业已许其军法亡以罪也。因罢酒。"[②]

"销忧者莫若酒。"《汉书·东方朔传》记汉武帝因为昭平君之死而十分悲哀，

---

① 汉书·佞幸传.

② 汉书·高五王传.

此时东方朔上寿，汉武帝责问他太不知时机，东方朔回答一段十分精辟的话，说明酒的社会功能："臣闻乐太甚则阳溢，哀太甚则阴损，阴阳变则心气动，心气动则精神散，精神散而邪气及。销忧者莫若酒，臣朔所以上寿者，明陛下正而不阿，因以止哀也。"

五、酒与汉代人物

酒与一个人的个性相关。酒使一个人成为一个伟大的人是有历史条件的。酒总是与性格豪爽相联系的。

刘邦是汉代初始时期的核心人物，是秦代末年农民起义的代表人物，又是西汉的创建者。而与之争夺天下的项羽更是因为乌江自刎而名垂千古。而正是酒，使这两个人物栩栩如生，酒使得这两个人物超凡脱俗，酒使得这两个人物更加富于英雄气概。

刘邦的"为人"，"好酒及色"："宽仁爱人，意豁如也。常有大度，不事家人生产。及壮，试吏，为泗上亭长，亭中吏无不狎侮。好酒及色。常从王媪、武负贳酒，时饮醉卧，武负王媪见其上常有怪。高祖每酤留饮，酒雠数倍。及见怪，岁竟，此两家常折券弃责。"

刘邦于天下风云将起的时候能够拉起一支队伍也与酒有关。作为亭长，他曾押解服劳役的人前往骊山，这些人半道上大多逃跑了。刘邦请大家吃酒，说道你们各奔东西吧，我从这里也跑掉了！见他如此义气，便有十多个人愿意跟从于他。借着酒性，刘邦带领一群人前行，斩断了拦路的白蛇。这白蛇竟然是天上白帝的儿子。从此，刘邦的头顶上又多了一层神秘的色彩。如果没有酒性做伴，刘邦绝不会做出这样出格的事情，大家也不会对他有如此的敬仰。

酒总是与刘邦一生最为关键的事件相关联。刘邦取得民心的时候，民献牛酒。"秦失其鹿，天下共逐之"，楚怀王与天下共起的诸侯约定：谁先进入关中，谁就在关中称王。刘邦首先进入关中，于民无扰，仅与关中百姓约法三章，深得民心，"秦民大喜，争持牛羊酒食献享军士"，"唯恐沛公不为秦王"。可以说得民酒食者得民心，得民心者得天下，刘邦的得天下只是迟早的事情。

"鸿门宴"的故事惊心动魄而又曲折离奇，这一场酒可说是项羽与刘邦命运的分水岭。鸿门宴本是项羽设了酒宴，项羽掌握着主动权。可是由于他的妇人之仁，授人以柄，平白地把主动权让给了刘邦。而刘邦就不同，本为喜好酒色之徒，但是进入函谷关之后"珍宝无所取，妇女无所幸，此其志不小"。能屈能伸，终得虎口脱身，而项羽从此走上了下坡路。

刘邦乃一文盲，取得天下以后稍稍学得一字半词，然而在荣归故里的酒宴上竟然唱出了千古传颂的名句："大风起兮云飞扬，威加海内兮归故乡，安得猛士兮守四方！"高祖刘邦十分动情，"上乃起舞，忼慨伤怀，泣数行下。"酒可助兴，感从心来。酒能渲染气氛，酒是酵母，可以使一个人的才能发酵；酒是导线，可以在一瞬间将一个人的聪明才智击发出来。此乃《礼乐志》所说的"初，高祖既定天下，过沛，与故人父老相乐，醉酒歌哀，作'风起'之诗"。

“使酒”者，撒酒疯也，这样的人往往成事不足败事有余，汉代英雄中就有人因酒坏事，灌夫就是最好的例子。“夫为人刚直，使酒，不好面谀。”因为这个脾气差点招来大祸。田蚡任丞相，一时高兴，说了请灌夫一起前往窦婴家做客，窦婴夫妇十分重视，“婴与夫人益市牛酒，夜洒扫张具至旦。平明令门下候司。至日中，蚡不来。”田蚡早已将此事丢到了脑后。灌夫十分气恼，前往迎请，“及饮酒酣”，灌夫以语言冒犯田蚡，“蚡卒饮至夜，极欢而去”。如果说这一次有惊无险的话，那后来的事就完全与“使酒”有关，就不是那么轻松了，而是招来了杀身之祸。灌夫亦自知“数以酒失过丞相”，但耐不得窦婴勉强，一起前往田蚡处饮酒。“酒酣”时灌夫气愤众人讨好田蚡，而对自己不恭敬，乘着酒兴，大闹筵席，被田蚡扣下，最终“悉论灌夫支属”，落得灭族之罪。通过这场酒宴，可以窥见上层社会的种种矛盾与丑态。

尚有一例，赵充国言辛汤使酒不可用，用必坏事，果不其然。《赵充国传》：“诏举可护羌校尉者，时充国病，四府举辛武贤小弟汤。充国遽起奏：‘汤使酒，不可典蛮夷。不如汤兄临众。’时汤已拜受节，有诏更用临众。后临众病免，五府复举汤，汤数醉酗羌人，羌人反叛，卒如充国之言。”可见当时对于酗酒的人不能委以重任是有共识的。

“嗜酒”往往与过失相连。《于定国传》记于定国之子于永“少时嗜酒多过失，年且三十，乃折节修行”。

王莽时，有好酒之扬雄：“家素贫，嗜酒，人希至其门，时有好事者载酒肴从游学。”[①]扬雄曾作《酒箴》以劝诫汉成帝，此中以酒客的口吻嘲弄法度之士，将之比喻为打水的瓶子，说它远远比不得盛酒的袋子：“子犹瓶矣，观瓶之居，居井之眉，处高临深，动常近危。酒醪不入口，臧水满怀，不得左右，牵于纆徽（系瓶子的绳子）。一旦叀碍（被绳子挂住），为瓽（dàng，井壁上的砖）所轠（léi，碰撞），身提黄泉，骨肉为泥。自用如此，不如鸱夷。鸱夷（chī yí，装酒的皮袋）滑稽，腹如大壶，尽日盛酒，人复借酤。常为国器，托于属车，出入两宫，经营公家。由是言之，酒何过乎！”

六、以酒性观人

以一个人的酒性如何观察人，乃当时社会通则。从饮食时的神态观察一个人的志向，甚而至于可以预测其生命事业的长短。

《汉书·五行志（中之上）》中讲了许多故事，都是从一个人的举止神态预测其事业与人生祸福的。其中有这样一则：“（鲁）成公十四年，魏定公享苦成叔，宁惠子相。苦成叔敖，宁子曰：‘苦成家其亡虖！古之为享食也，以观威仪省祸福也。故《诗》曰：‘兕觥其觩，旨酒思柔，匪儌匪傲，万福来求。’今夫子傲，取祸之道也。后三年，苦成家亡。”颜师古注：“谓饮酒者不儌幸，不傲慢，则福禄就而求之也。”

---

① 汉书·扬雄传.

“以醉酒失臣礼者”不当留用，似乎是汉代政治中不成文的规定。谷永上书成帝：“内则为深宫后庭将有骄臣悍妾醉酒狂悖卒起之祸。……祸起细微，奸生所易。愿陛下正君臣之义，无复与群小媟黩燕饮；中黄门后庭素骄慢不谨尝以醉酒失臣礼者，悉出毋留。”

在汉代，酒德如何是评价一个人的重要条件。所谓酒德，即饮酒时的风度，是否遵守饮酒的规矩。又包括买酒时是否诚信。还包括是否仗着酒性胡作非为。《荆燕吴传》记吴王选拔人才就十分看重酒德。“王专并将其兵，未渡淮，诸宾客皆得为将、校尉、行间侯、司马，独周丘不用。周丘者，下邳人，亡命吴，酤酒无行，王薄之，不任。”周丘大概买酒时不够诚信是也，或不付钱或不能按时付钱，因此信誉不好。

季布因为“使酒难近”而被汉文帝以为难以任用。《季布传》：“布为河东守。孝文时，人有言其贤，召欲以为御史大夫。人又言其勇，使酒难近。至，留邸一月，见罢。”季布留于招待所一月时间，有人提出他不能控制饮酒，会误事。

由此可见当时的人对酒德十分看重。

七、酒与政治

汉代的人仍然认为酒是政治腐败的源头：“湛缅于酒，君臣不别，祸在内也。”

《汉书·五行志（中之下）》记秦始皇统一中国，建都于咸阳，“渭水数赤”，以为这是“瑞异应德之效也”，此处引用京房《易传》：“君湎于酒，淫于色，贤人潜，国家危，厥异流水赤也。”旨在说明，国家的君主如果沉湎于酒色，国家就要完蛋了。

在汉代政治家的眼里，《诗》《书》都是政治书，其所发明的根本道理便是“戒酒”。《汉书·叙传》班固介绍祖父班伯时特别提到一件讽谏的事情。汉成帝与富平侯张放、定陵侯淳于长“出则同舆执辔，入侍禁中，设宴饮之会”。张放与淳于长在皇帝面前如此放肆，引起了班伯的不满。成帝指着一副“纣醉踞妲己作长夜之饮”图问班伯：“纣为无道，至于是乎？”班伯答道：“众恶归之，不如是之甚也。”又问：“苟不若此，此图何戒？”班伯这时找到了机会进谏：“‘沉湎于酒’，微子所以告去也；‘式号式謼’，《大雅》所以流连也。《诗》《书》淫乱之戒，其源皆在于酒”。《谷永传》劝谏汉成帝时亦举《尚书·无逸》之辞：“其毋淫于酒，毋逸于游田，惟正之共。”谷永对于历史的总结也强调酒的副作用，他在一次上奏中说道：“臣闻三代所以陨社稷丧宗庙者，皆由妇人与群恶沉湎于酒。”

被指责的人差不多都有一条罪名，那就是“沉湎于酒”。以昌邑王被废事为例，霍光及群臣联名上奏，数落昌邑王罪过时即有此一条，其奏称“与从官、官奴夜饮，湛沔于酒”。元帝时，“太子颇有酒色之失”，而史丹“内奢淫，好饮酒，极滋味声色之乐”。[1]

很有意思的是，不好酒色常常是衡量一个人是否是一个成熟的政治家的重要标准。汉哀帝时的朱博即是一个很好的例子：“博为人廉俭，不好酒色游宴。

---

① 汉书·史丹传.

自微贱至富贵，食不重味，案上不过三杯。”①

曹参正是借酒以明“萧规曹随”的道理。《曹参传》记载曹参为丞相后“日夜饮酒。卿大夫以下吏及宾客见参不事事，来者皆欲有言，至者，参辄饮以醇酒，醉而后去，终莫得开说，以为常。相舍后园近吏舍，吏舍日夜歌呼。从吏患之，乃请参游后园。闻吏醉歌呼，从吏幸相国召按之。乃反取酒张坐饮，大歌呼与相和。”

在汉代，酒常常是上下沟通的重要工具：“酒礼之会，上下通焉。”

朝廷举行宴会总是与重大事项相联系。汉昭帝元凤“二年夏四月，上自建章宫徙未央宫，大置酒。赐郎从官帛，及宗室子钱，人二十万。吏民献牛酒者赐帛，人一匹”。此处是献酒，值得注意。

酒席可化解矛盾。薛宣为陈留太守，治下之高陵令杨湛、栎阳令谢游一直不与前太守合作，“持郡短长”。薛宣到任后，“设酒饭与相对，接待甚备”，终于解决了多年未能解决的问题。②

家中置酒相乐亦为快事。薛宣为地方官吏，属下的官吏张扶不肯休息，薛宣劝解他时就督促他回家与家人以酒相乐：“曹虽有公职事，家亦望私恩义。掾宜从众，归对妻子，设酒肴，请邻里，壹笑相乐，斯亦可矣！”这位掾属听从了他的建议。薛宣的出发点乃是人性化的管理。

朋友之间聚会亦有带酒前往者。《翟方进传》：“（宛令刘）立持酒肴谒丞相史，对饮未讫，会（翟）义亦往。”

重大政治决定往往与酒宴有关。《沟洫志》记魏襄王时邺郡的水利开发，就与酒宴上的一次偶然的对话有关。“魏文侯时，西门豹为邺令，有令名。”文侯的孙子襄王“与群臣饮酒”时称颂西门豹，希望大家都能够像他那样。但是史进提出了反对意见，襄王一听有理，就派他去治理邺，他去后兴修水利，果然使得邺地富足起来。

设置酒宴要讲时机，时机不当也会出问题。《项羽传》记宋义称卿子冠军之后，不带领诸侯兵前往救赵，逗留不进，“遣其子襄相齐，身送之无盐，饮酒高会”。这时“天寒大雨士卒冻饥”，群情激愤，项羽以此为由，“晨朝上将军宋义，即其帐中斩义头”，遂得为假上将军。

以上从酒与汉代社会生活的诸多方面作了探讨，试图说明酒文化发展到了西汉时期已经是一个充分发展的时期，酒已经渗入到社会生活的方方面面，影响到政治、经济和文化。

---

① 汉书·朱博传.

② 汉书·薛宣传.

第五节　汉魏之间的酒文化交流

一、汉代中原与西域的酒文化交流

汉代酒文化交流始于汉武帝时期(前140—前88)。这一时期主要是中土与西域的交流。张骞出使西域后,葡萄作为酿制葡萄酒的原料被引进而大量种植,葡萄酒开始成为中国酒的重要品种。

我国最早的关于葡萄的文字记载见于《诗经》。《诗·豳风·七月》:“六月食郁及薁,七月亨葵及菽。八月剥枣,十月获稻,为此春酒,以介眉寿。”(六月吃郁李和薁(yù,一种野葡萄),七月蒸冬葵(蔬菜名)和豆叶。八月打枣,十月收获稻谷。以此做冬天酝酿,经春始成的酒,以此祈求长寿)反映了殷商时代(公元前17世纪初—约前11世纪),人们就已经知道采集并食用各种野葡萄了,并认为葡萄为延年益寿的珍品。

我国原生的山葡萄,也叫野葡萄,有20多种。从东北到西北,从南方到北方,野生葡萄在我国分布范围很广。人工栽培的家葡萄,在我国自古有之。周朝的时候就有了人工栽培的葡萄和葡萄园。《周礼》一书的“地官篇”中,就有记载,并把葡萄列为珍果之属。

但是,中国葡萄和葡萄酒业开始,还是在汉武帝时期。

据考证,我国在汉代(前206)以前就已开始种植葡萄并有葡萄酒的生产了。史书中关于葡萄酒的最早记载是《史记·大宛列传》,有汉朝大使张骞出使西域见闻。公元前138年,外交家张骞奉汉武帝之命出使西域,看到大宛一带的国家都以蒲陶(葡萄)酿造酒,富人藏酒多的有一万余石(一石120斤),存放久的数十岁不败坏。当地风俗嗜爱饮酒,马嗜爱吃苜蓿。汉朝的使节张骞取葡萄和苜蓿的种子来,汉朝天子始种苜蓿、蒲陶在肥饶的地方。得到蓄养的天马(大宛马)多了,外国使节来朝拜的众多了,则皇家的离宫别馆旁全种葡萄、苜蓿,一眼望不到边。“宛左右以蒲陶为酒,富人藏酒至万余石,久者数十岁不败。俗嗜酒,马嗜苜蓿。汉使取其实来,于是天子始种苜蓿,蒲陶肥饶地。及天马多,外国使来众,则离宫别馆旁尽种蒲陶,苜蓿极望。”大宛是古西域的一个国家,在中亚费尔干纳盆地。这一则史料充分说明我国在西汉时期,已从邻国学习并掌握了葡萄种植和葡萄酿酒技术。西域自古以来一直是我国葡萄酒的主要产地。《吐鲁番出土文书》(现代根据出土文书汇编而成的)中有不少史料记载了公元4—8世纪期间吐鲁番地区葡萄园种植、经营、租让及葡萄酒买卖的情况。从这些史料可以看出在那一历史时期葡萄酒生产的规模是较大的。张骞出使西域,带回葡萄,引进酿酒艺人,将西域的葡萄及葡萄酒酿造技术引进中原,促进了中原地区葡萄栽培和葡萄酒酿造技术的发展。张骞出使西域后,中土开始有了葡萄酒,葡萄酒的酿造过程比黄酒酿造要简单，但是由于葡萄原料的生产有季节性，终究不如谷物原料那么方便，因此葡萄酒的酿造技术并未大面积推广。所以东汉以至盛唐，葡萄酒一直为达官贵人的奢侈品。

据《太平御览》卷九七二引《续汉书》记载：扶风孟佗以葡萄酒一斗赠送给张让，就被任命为凉州刺史。以至于苏轼对这件事感慨李广这样身经百战的将军竟不得封侯，而孟佗仅仅用一斛酒巴结了朝中有权势的张让就得到高官："将军百战竟不侯，伯良一斛得凉州。"从一个侧面也可以看出葡萄酒的珍贵。

汉代虽然曾引入了葡萄及葡萄酒生产技术，但却未使之传播开来。汉代之后，中原地区大概就不再种植葡萄。一些边远地区时常以贡酒的方式向后来的历代皇室进贡葡萄酒。

汉代以后，仍然有关于葡萄酒的记载。《后汉书·栗弋国传》记载西域"栗戈国，出马牛羊葡萄众果，其土水美，故葡萄酒特有名焉"。晋张华曾记述当时对葡萄酒的传说："西域有蒲桃（葡萄）酒，积年不败。彼俗传云，可至十年。欲饮之，弥日乃解。"三国曹丕（220—226 年在位）的酒诗甚多，不少谈论到葡萄。

汉代已经有胡人开设的酒店，国外的饮食也传入京城。汉乐府《羽林郎》："昔有霍家奴，姓冯名子都。倚仗将军势，调笑酒家胡。胡姬年十五，春日独当垆。""就我求清酒，丝绳提立壶。就我求珍肴，金盘鲙鲤鱼。"这里记载了汉代长安城胡人经营的酒店，年方十五的胡姬当垆卖酒的情景，客人向她要清酒，就用丝绳提着酒壶为他倒酒；客人要珍奇的佳肴，就用金盘端上鲤鱼。胡人，中国古代对北方边地及西域各民族人民的称呼。根据有关记载，此时胡人的一些饮食制作方法已传入中国，比如胡羹、胡饭、胡炮、外国豉法，而有关酒的制作，也有外国苦酒法，《齐民要术》就记载着这种外国酒的制作方法。

确实，汉以来随着丝绸之路的开拓，一方面是中国饮食文化走向世界，而外来的饮食文化也输入并融合到中国饮食文化中来。据《太平广记》卷二三三所引《古今注》："乌孙国有青田酒核，莫知其树与实，而核大如五六升瓠。空之盛水，俄而成酒。刘章曾得二枚，集宾设之，可供二十人。""因名其核曰青田壶，酒曰青田酒。"这里记录的是乌孙国（后归并哈萨克）的青田酒在汉时传入了中国。

汉时还有一种"瑶琨碧酒"来自远域，汉郭宪《别国洞冥记》："瑶琨去玉门九万里，有碧草如麦，割之酿酒，味如醇酎。"又"汉武帝坐神明台，酌瑶琨碧酒"。用这种如麦的"碧草"酿成美酒，或推测是一种粮食酒，汉武帝品尝之，说明已以珍贵的佳酿身份跻身于帝王的食谱中了。

同时，应该关注的是，汉朝与北方少数民族所建立国家的酒文化交流。

匈奴是长期活动于中国北方的劲敌，据司马迁《史记》记载，他是夏后氏的后裔，属于游牧民族，无城郭，逐水草而居。当秋天草高马肥的时候，就会呼啸南下，席卷山岗，攻城略地。从商高宗的时候起，就不断有中原国家与匈奴交战的记载。匈奴的酒主要是马乳酒，酿制手法处于低级阶段。因此匈奴对汉族的食品十分欣赏，对中原所酿制的酒更是十分羡慕。为了满足匈奴的这一要求，汉高祖刘邦派刘敬出使匈奴，送去用酒曲制酒的方法，从此以后每年奉送酒米食物等。《史记·匈奴列传》载："于是汉患之，高祖乃派刘敬送上宗室女公主为单于阏氏(妻子)，每年送上匈奴絮缯酒米食物许多，约为昆弟以和亲，匈奴的侵犯才稍微有所收敛乃少止。"

二、魏晋南北朝时期的酒文化交流

魏晋南北朝时期，丝路畅达，胡风东渐，葡萄纹样在此时传入了中原，甘肃靖远出土的北魏酒神骑豹葡萄纹银盘，和大同平城出土的北魏童子葡萄纹鎏金青铜杯，都是由西方制作而传入中国的，是魏晋南北朝时期东西方交流的明证。399年，东晋僧人法显西行取经，历时十四年，广游西土，留学印度，携经归来扩大了中西交流。此前384年，十六国的吕光征龟兹(今新疆库车)，发现其地富产葡萄，"胡人奢侈，厚于养生，家有蒲桃酒，或至千斛，经十年不败，士卒沦没酒藏者相继矣"。南朝梁才子庾信(513—581)，因为出使而羁留于北朝为官，与魏之来使尉瑾有这样一段对话：

信曰：我在邺，遂得大葡萄，奇有滋味。

瑾曰：在汉西京(长安)，似亦不少，杜陵田五十亩，中有葡萄百树。今在京兆(洛阳)，非直此禁林也。

信曰：乃园种户植，接荫连架。

邺，即古代河南安阳，曾是鲜卑统治下北齐的邺都。安阳出土过北齐(550—577)石雕屏风，描绘了茂密的葡萄荫下，有十余人围坐宴饮，观看歌舞。中心人物身着胡服，手擎角状来通(来通，象牙角形杯，酒器)饮酒正酣。从这个北齐人的帽子、饰有联珠纹的胡服、来通的形状，从持来通饮酒的姿势来看，与中亚片治肯特第24室壁画，年代稍晚的7世纪粟特贵族饮酒的细节非常相似。这些都说明了这一时期内地已经普遍种植葡萄，主要用途就是酿酒。

晋时开始，今越南中南部古称为林邑的杨梅酒已输入。晋嵇含《南方草木状》："林邑山杨梅其大如杯碗，青时极酸，既红，味如崖蜜，以酝酿，号梅花酎，非贵人重客不得饮之。"其书中还记载了诃梨勒果酒，"诃梨勒，树似木梡，花白，子形如橄榄，六路，皮肉相着，可作饮"。这是南亚酒品输入的一些概况。

第三章　魏晋南北朝

魏晋南北朝，又称三国两晋南北朝。指公元220—公元589年中国版图分裂最厉害、政权更迭最频繁的历史时期。先是曹魏与蜀汉、孙吴并立，后由晋朝统一，建都洛阳。而北方因为成汉与刘渊的立国，则进入五胡十六国时期。316年西晋亡于匈奴的刘曜后，司马睿南迁建立东晋，南北再度分立。东晋最后于420年被刘裕篡夺，建立南朝宋，南朝开始，历经宋、齐、梁、陈，中国进入南北朝时期。然而北朝直到439年北魏统一北方后，才开始正式与南朝宋形成南北两朝对峙。581年，北周隋国公杨坚建立隋，589年，灭南朝陈，中国重归统一。

长期的封建割据和连绵不断的战争是这一时期的主调，灾难、流亡、迁徙，逼迫着成千上万的人流离失所，人们无法把握自己的命运，不知是否还有明天。正如曹操《蒿里行》所说："铠甲生虮虱，万姓以死亡。白骨露于野，千里无鸡鸣。生民百遗一，念之断人肠。"

但是，战乱之中也有少许的安静，饮食原料市场随之顽强地发展，伴着政治环境的稍许安定，农业和林、牧、副、渔各业有了不同程度的提高，比如西晋短暂统一时期，首都洛阳有"五谷市"，南方的建康城则有"谷市"，边淮列肆而买卖粮食。据《宋书·周朗传》记载："凡自淮以北，万匹为市；从江以南，千斛为货。亦不患其难也。"南方的粮食贸易以千斛、万斛为计，也是一番兴旺景象。

屠宰市场相当发达。如洛阳东石桥南"有魏时牛马市"，城西西阳门外有"大市"，"市东有通商、达货二里。里内之人，尽皆工巧，屠贩为生，资财巨万"①。西晋时又增设了"羊市"。南方的屠贩业也有不同程度的发展，建康（今南京）城中就有牲畜市场，《景定建康志》中记载："又有小市、牛马市、谷市、蚬市、纱市等十所，皆边淮列肆贩卖焉。"魏晋南北朝时期，人们饮食水平逐步提高，蔬菜日益成为日常膳食所需，促使蔬菜商品化有了较大的发展，全国各地都出现了一些种植蔬菜的专业户。

魏晋南北朝时期果品市场继续发展。左思《魏都赋》反映到魏都邺城市场上就聚集着来自中原地区及河北平原的各种果品："至于山川之倬诡，物产之魁殊。

---

① （北魏）杨炫之. 洛阳伽蓝记.

或名奇而见称，或实异而可书。生生之所常厚，洵美之所不渝。其中则有……真定之梨，故安之栗。醇酎中山，流湎千日。淇洹之笋，信都之枣。”吴都建业市场上，果品交易也很兴盛，故左思《吴都赋》说：“其果则丹橘馀甘，荔枝之林。槟榔无柯，椰叶无阴。龙眼橄榄，榴御霜。结根比景之阴，列挺衡山之阳。”这是果品市场发展的最好见证。《世说新语》记载王戎“性好兴利……家有好李，常出售之，恐人得种，恒钻其核”。王戎钻核毁种，当然十分鄙吝，但是也说明他意在保护自己的优质品种，反映当时果品市场的竞争已相当激烈。

魏晋南北朝时期的饮食已十分丰富。以面食为例，其制作技艺就有进一步的提高。中国食面的习俗是在秦汉时形成的，三国魏晋南北朝时逐渐扩大和推广。因为在这一时期，面食的发酵技术更加成熟。《齐民要术》中记载的发酵方法为：“面一石，白米七八升，作粥；以白酒六七升酵中。着火上，酒鱼眼沸，绞去滓。以和面，面起可作。”这是一种酒酵发酵法，十分符合现代科学原理。由于掌握了发酵技术，这时期面食的种类也日益丰富，其品种主要有白饼、胡饼、面片、包子、髓饼、煎饼、膏饼、饺子、馄饨、馒头等等，但多以饼称之。所以，刘熙《释名》中说：“饼，并也。溲面使合并也。”饼在不同地区也有不同名称。扬雄《方言》说“饼渭之饦，或谓之馀，或谓之馄”等等。据文献记载，三国魏晋南北朝时较为著名的面点品种在50种以上。

关于馒头创始的趣闻则说明了不同文化的交流，智慧人物在其中所发挥的重要作用。据宋人宋高承《事物纪原·酒醴饮食·馒头》载：“稗官小说云：诸葛武侯之征孟获，人曰‘蛮地多邪术，须祷于神，假阴兵一以助之。然蛮俗必杀人，以其首祭之，神则向之，为出兵也。’武侯不从，因杂用羊豕之肉，而包之以面，像人头，以祠。神亦向焉，而为出兵。后人由此为馒头。”由此可以看出，诸葛亮与馒头竟然有不解之缘，他将“人首祭”改为用馒头（包子）祭祀，由血淋淋的杀人改为面食做祭品，是文明和进步。而且三国时的馒头与现在的馒头是有区别的。那时的馒头不但夹有牛、羊、猪肉馅，而且个头很大，与头相似。

分裂与动乱，人民的非正常大规模流动，使这一时期中国文化的发展受到特别严重的影响。其突出表现则是玄学的兴起、道教的勃兴及波斯、希腊文化的羼入。在从魏至隋的300余年间，以及在30余个大小王朝交替兴灭过程中，上述诸多新的文化因素互相影响，交相渗透的结果，“儒墨之迹见鄙，道家之言遂盛”，使这一时期儒学的发展及孔子的形象和历史地位等问题也趋于复杂化。自汉代已经传入的佛教，在此一时期得到了广泛的传播；道教也在这一时期发展起来，同时逐渐脱离了原始的形态，成为较为成熟的宗教。佛教和道教都对当时的饮食思想发生了重大的影响，各自形成特色。

魏晋南北朝时期的饮食文化面对的最大挑战是南北大交流中各自形态的饮食思想如何在坚守中发展。据《三国志》《晋书》等文献记载，魏晋南北朝时期，我国经济比较发达的地区除黄河下游地区外，还出现了东北的辽河流域、西北的凉州地区，以及东南的江南地区。特别是江南地区，已开始成为全国经济的一个中心。这就为三国魏晋南北朝时的饮食文化发展奠定了坚实的基础。在饮食烹饪方面，各民族把自己的饮食习惯和烹饪方法都带到了中原腹地。从西域地区来的人民，传入了胡羹、胡饭、胡炮、烤肉、涮肉等制法；从东南来的人民，传入了叉烤、腊味等制法；从南方沿海地区来的人民，传入了烤鹅、鱼生等制法；从西南滇蜀来的人民，传入了红油鱼香等饮食珍品。这些极大地丰富了中国饮食文化的内容。至北魏时，西北少数民族拓跋氏入主中原后，又将胡食及西北地区的风味饮食大量传入内地，使饮食也出现了胡汉交融的特点。

三国两晋南北朝时期，中外文化的交流，比秦汉时期有显著的发展。西方的大秦（罗马帝国和拜占庭帝国）、西亚的波斯（萨珊王朝）、中亚的大月氏（贵霜王朝）和昭武九姓诸国、南亚的五天竺诸国（包括有名的笈多王朝）、师子国（斯里兰卡），都通过陆路或海路与当时的中国发生关系。它们的使者、商人、僧侣和求法者不断前来，从而各地的物资包括食物得到交换，科学技术和艺术、宗教也得以交流。中外文化交流、饮食习俗与思想的交流，无论对中国还是其他各国，都具有深远的影响。[①]

逯耀东《北魏崔氏食经的历史与文化意义》论及北魏时期拓跋族与中原及南方饮食文化的交流，认为这种交流表现为草原文化与农业文化的冲撞，又通过文化成分中最为强固的饮食部分而实现。精辟地指出，饮食习惯是文化丛中最小但却是最强固的基本单位，是不易被同化或融合的。即两种不同类型文化接触之初，最先模仿的是饮食习惯，也仅仅作某种程度的改变，却仍然保持其原来的本质：

> 虽然，拓跋氏统治者坚持自己的饮食传统，但在宫廷之内，应是百味杂陈，也有中原甚至是南方的饮食存在。这些中原或南方的饮食技术，则由因罪没入宫的妇女，带进拓跋氏的宫廷。……不过这些中原或江南的饮食，并不能影响或转变拓跋氏宫廷原有的传统饮食习惯。
>
> 在孝文帝迁都洛阳厉行华化后，这批追随孝文帝从平城到洛阳的拓跋氏部民，远离了他们北方的文化中心，受到更多中原农业文化与生活习惯的影响，逐渐转变了他们的饮食习惯。另一方面，孝文帝强制中原士族和代北大族通婚，企图以政治力量突破魏晋以来世家大族累世婚姻的锁链，藉此提高代北大族的社会地位。这些中原士族之女下嫁代北家族之后，不仅将中原文化带进拓跋部民的家族之中，同时也将中原的饮食习惯与烹饪技术传入这些家族之中，仅仅改变了他们的生活与饮食习惯。
>
> 农业和草原文化是不同的类型，基本表现在衣食方面。所谓“人食畜肉、饮其汁、衣其皮”，表现了草原文化的特质，“力耕农桑以求衣食”，

① 白寿彝. 中国通史[M]. 上海：上海人民出版社；南昌：江西教育出版社，2013.

是农业文化的生活习惯。在两种不同文化接触过程中，首先相互影响的是生活方式。在生活方式中最具体的是饮食习惯。饮食习惯是一种文化的特质。所谓文化特质，是一种附着文化类型枝桠上的文化丛中，最小但却是最强固的基本单位，而且是不易被同化或融合的。即使强制两种不同类型文化接触之初，最先模仿的是饮食习惯。不过，经过互相模仿与杂糅后，吸收彼此的优点作某种程度的改变，但仍然保持其原来的本质。这也是孝文帝拓跋宏迁都洛阳以后，虽然鼓励他的部民弃原有的文化传统，融于汉文化之中，但自己却坚持原有的饮食习惯，其原因在此。

这一时期，领袖人物的生活态度对饮食思想发生了十分重大的影响。比如曹操、竹林七贤、陶渊明。“曹操征求人才时也是这样说，不忠不孝不要紧，只要有才便可以。这又是别人所不敢说的。曹操做诗，竟说是‘郑康成行酒伏地气绝’。”“曹操要禁酒，说酒可以亡国，非禁不可，孔融又反对他，说也有以女人亡国的，何以不禁婚姻？其实曹操也是喝酒的。我们看他的‘何以解忧？惟有杜康’的诗句就可以知道。为什么他的行为会和议论矛盾呢？此无他，因曹操是个办事人，所以不得不这样做；孔融是旁观的人，所以容易说些自由话。”①横槊赋诗的曹操是一代枭雄，他的慷慨悲壮的诗风、纵横捭阖的事业还有对酒的钟情，都深刻地影响了这一时代的风气与文学的走向。

第一节　养生学的发展

养生是中国独特的一门学问，根基于中国人对于天地人关系的独特认识，认为人可以通过与天地之沟通、交换，来保养、调养、颐养生命。在遵从天地阴阳的条件下，调节人体内的阴阳，主动地和气血、保精神，通过调神、导引吐纳、四时调摄、食养、药养、节欲、辟谷等多种方法，以期达到健康、长寿的目的。

《素问·上古天真论》中说上古的真人善于养生，所以与天地同寿：“余闻上古有真人者，提挈天地，把握阴阳，呼吸精气，独立守神，肌肉若一，故能寿蔽天地，无有终时。”汉末张仲景把养生与中医联系起来，在《伤寒杂病论》序中说：“怪当今居世之士，曾不留神医药，精究方术。上以疗君亲之疾，下以救贫贱之厄，中以保身长全，以养其生。”明确提出运用医药的办法进行养生的观点。三国时名医华佗把导引术式归纳总结为五种方法，名为“五禽戏”，即虎戏、鹿戏、熊戏、猿戏、鸟戏，比较全面地概括了导引疗法的特点，且简便易行。五禽戏是导引练形

① 鲁迅.魏晋风度及文章与药及酒之关系，而已集.

以养生的早期记载，华佗授其另一弟子的漆叶青黏散则是延年益寿方剂的早期记载，可知华佗在养生的研究上确有相当的造诣。以恬淡虚无为主导的精神养生或精神调养，源于老庄之学，后来主要发展于佛、道两家，它与两家倡导修炼和清静无为的主张分不开，而这也正是气功修炼的重要前提。

养生与饮食相关，常常通过饮食调节体内，调整体力，抗御疾病，防治疾病，达到长寿的目的。养生思想是中华饮食思想的重要部分。

一、嵇康

嵇康有《养生论》，开宗明义，认为神仙是会有的，但那是禀受了特殊的精气，得之于自然，并不是通过学习可以达到的："夫神仙虽不目见，然记籍所载，前史所传，较而论之，其有必矣。似特受异气，禀之自然，非积学所能致也。"嵇康相信通过"导养"，即是养生，可以"尽性命"："至于导养得理，以尽性命，上获千馀岁，下可数百年，可有之耳。而世皆不精，故莫能得之。"他认为精神的力量绝对不可忽视："精神之于形骸，犹国之有君也。神躁于中，而形丧于外，犹君昏于上，国乱于下也。"

养生之中，嵇康特别强调控制情绪的重要性，他用了一个比喻：在商汤那样的盛世种庄稼也有七年大旱的时候，常常习惯一次灌溉禾苗等着收成的，虽然最终免不了枯死的结局，但必定也是得灌溉之后的枯死。但是人们虽然明白这个道理，却往往控制不住自己，因而不能达到养生的目的："而世常谓一怒不足以侵性，一哀不足以伤身，轻而肆之，是犹不识一溉之益，而望嘉谷于旱苗者也。是以君子知形恃神以立，神须形以存，悟生理之易失，知一过之害生。故修性以保神，安心以全身，爱憎不栖于情，忧喜不留于意，泊然无感，而体气和平。又呼吸吐纳，服食养身，使形神相亲，表里俱济也。"

嵇康引用了当时人对食物品性的认识，指出食物以及环境与健康之间的关系：吃黑豆多能使人重滞（黑豆久服令人身重，见《神农本草经》），吃白榆令人贪睡，合欢解除忿怒，萱草令人忘忧，这是愚智都知道的常识。熏辛之气的大蒜等能伤人眼睛，有毒的河豚没有人养，也是世间的常识。生在头部的虱子会渐黑（见《抱朴子》长在身上的虱子渐白），麝吃柏叶就产生麝香（陶弘景言麝"常食柏叶"）。生活在崎岖的山石地区的人颈部容易生瘿，而生活在山西一带人的牙齿就容易发黄。据此推断，人所食入的东西，熏陶情志，沾染形体，没有不产生彼此相应的结果。嵇康进而指出，饮食同任何事物一样，都有一定的限度，超过这个限度就会走向反面。滋味太美、太厚，反而会伤

图 3-1　嵇康

害肠胃使人短寿:“故神农曰‘上药养命,中药养性’者,诚知性命之理,因辅养以通也。而世人不察,惟五谷是见,声色是耽。目惑玄黄,耳务淫哇。滋味煎其府藏,醴醪鬻其肠胃。香芳腐其骨髓,喜怒悖其正气。思虑销其精神,哀乐殃其平粹。夫以蕞尔之躯,攻之者非一涂;易竭之身,而外内受敌。身非木石,其能久乎?”嵇康提醒人们:声色犬马只会侵蚀人的健康,沉溺于歌舞和声色之中,眼睛迷恋于炫目的色彩,耳朵专注于靡靡之音,厚味煎熏其脏腑,醇酒伤害其肠胃,淫色腐蚀其骨髓,喜怒悖乱其正气,思虑耗散其心神,哀乐毁坏其宁静纯粹的情绪。以如此渺小的躯体,而攻击它的不止一途;如此容易衰弱的身体,内外受敌。身体又不像是木块、石头,怎么能坚持长久呢?

嵇康批评那些过于自以为是的人,饮食无节制,以至于体生百病;乐此不疲地贪恋女色,以致精气亏绝;受风寒侵袭,百毒损伤,都在半途中灾难缠身,甚至丧失了生命:“其自用甚者,饮食不节,以生百病;好色不倦,以致乏绝;风寒所灾,百毒所伤,中道夭于众难。世皆知笑悼,谓之不善持生也。至于措身失理,亡之于微,积微成损,积损成衰,从衰得白,从白得老,从老得终,闷若无端。中智以下,谓之自然。纵少觉悟,咸叹恨于所遇之初,而不知慎众险于未兆。是由桓侯抱将死之疾,而怒扁鹊之先见,以觉痛之日,为受病之始也。害成于微,而救之于著,故有无功之治;驰骋常人之域,故有一切之寿。仰观俯察,莫不皆然。以多自证,以同自慰,谓天地之理尽此而已矣。”

嵇康认为善养生者的关键是保持身心清虚通泰,少私寡欲:“知名位之伤德,故忽而不营,非欲而强禁也。识厚味之害性,故弃而弗顾,非贪而后抑也。外物以累心不存,神气以醇白独著,旷然无忧患,寂然无思虑。又守之以一,养之以和,和理日济,同乎大顺。然后蒸以灵芝,润以醴泉,晞以朝阳,绥以五弦,无为自得,体妙心玄,忘欢而后乐足,遗生而后身存。若此以往,恕可与羡门比寿,王乔争年,何为其无有哉!”懂得养生的人认识到厚味的美食会伤害性命,所以抛弃它而毫不顾惜,不是先动吃念而后克制。身外事物能使人劳心费神所以不留念想在心里,这样神气就会变得淳朴恬静。豁达开朗而没有忧虑,心神安宁而没有杂念。守住如天地般的安宁,以平和之气来调养身心,身心日益协调,就能与天地的安定境界相同。然后用丹田之气熏蒸五脏六腑,用养生功引得舌下腺分泌的金津玉液来滋润五脏六腑,沐浴于朝阳,安抚以古琴,清静无为,深沉静默,体会呼吸的玄妙。不去寻眼前欢乐从而留下更多的欢乐,留下足够的生机从而得以长寿。

二、葛洪

东晋的葛洪在中国养生史上占有十分重要的地位。葛洪(284—363),字稚川,自号抱朴子,丹阳句容(今属镇江)人。16岁开始读《孝经》《论语》《诗》《易》等儒家经典,尤其喜爱“神仙导养之法”。自称:“少好方术,负步请问,不惮险远。每以异闻,则以为喜。虽见毁笑,不以为戚。”后来跟从郑隐学炼丹秘术,颇受器重。葛洪也很自负,谓“弟子五十余人,唯余见受金丹之经及《三皇内文》《枕中五行记》，其余人乃有不得一观此书之首题者”。于是绝弃世务，锐意于松乔神仙之道，服食养性，修习玄静。自号“抱朴子”，取义信守原生的“朴素”，并拿来命名所著的书。

图 3-2 葛洪像

《抱朴子·自序》说明本书是为了养生：“道士弘博洽闻者寡，而意断妄说者众。至于时有好事者，欲有所修为，仓卒不知所从，而意之所疑又无足谘。今为此书，粗举长生之理。其至妙者不得宣之于翰墨，盖粗言较略以示一隅，冀悱愤之徒省之可以思过半矣。岂谓暗塞必能穷微畅远乎，聊论其所先觉者耳。世儒徒知服膺周孔，莫信神仙之书，不但大而笑之，又将谤毁真正。故予所著子言黄白之事，名曰《内篇》，其余驳难通释，名曰《外篇》，大凡内外一百一十六篇。虽不足藏诸名山，且欲缄之金匮，以示识者。”葛洪自言其内篇言神仙方药、鬼怪变化、养生延年、禳邪却祸之事。养生思想及其方术是《抱朴子·内篇》的重要内容。

《抱朴子·内篇》标志着道教从初期的鬼神方术与符箓信仰向理论化的贵族道教转化，该书涵盖道教的宇宙观、人生哲学、宗教观念和炼丹养生学说，论述了道教神仙和修道养生思想，对魏晋时期神仙道教及宋元内丹学的理论和实践方术产生了重要影响。

《内篇》指出保全生命是第一位，否则一切无从谈起：“天地之德曰生生，好物者也。苟我身之不全，虽高官重权，金玉成山，娇艳万计，非我所有也。”在“天”的面前，他提出“我命在我不在天”的积极养生原则，认为人的生命掌握在自己手中。认为人人皆可成仙，“知长生之可得，仙人之无种耳”。

而保全生命的基础是饮食。《内篇》第一章认为玄是宇宙的本源。玄者，自然之始祖，而万殊之大宗，宇宙间所有层次和性质的存在物包括人本身都是玄所产生和决定的。人与大自然交换的过程即是饮食。葛洪提出饮食之道的原则是：“不欲极饥而食，食不过饱，不欲极渴而饮，饮不过多，凡食过则结积聚，饮过则成痰癖。”《养生论》则进一步明确饮食的原则，有饥饿感之后再饮食：“不饥勿强食，不渴勿强饮。不饥强食则脾劳，不渴强饮则胃胀。体欲常劳，食欲常少。劳勿过极，少勿至饥。冬朝勿空心，夏夜勿饱食。”

对仙人的饮食作了畅想，说仙人者，或竦身入云，无翅而飞，或驾龙乘云，上造天阶，或化为鸟兽，游浮青云，或潜行江海，翱翔名山，或食元气，或如芝草，或出入人间而人不识，或隐其身而莫之见。仙人境界超脱了生死界域，他们食的是元气，吃的是灵芝。普通人通过对个人的修炼养生也能成仙。

葛洪还提出了养生方术，主要的养生之术有炼制服食还丹金液、行气、守一和服食药饵等。

所谓行气导引是一种体内元气的新陈代谢，这本来是生而俱来的，婴儿都会胎息，能不以鼻口嘘吸，这是在胞胎之中已道成矣。初学行气时鼻中引气而闭之，阴以心数至一百二十，乃以口微吐之，及引之皆不欲令己耳闻其气出入之声，常令入多出少，以鸿毛著鼻口之上，吐气而鸿毛不动为候也。渐习转增其心数，久久可以至千，至千则老者更少，日还一日。

葛洪特别强调精神的作用，提倡守一思神。“守一”的思想源远流长，老子讲“载营魄抱一，能无离乎？”“是以圣人抱一为天下式”。《庄子·刻意》也言“纯素之道，唯神是守，守而勿失，与神为一，一之精通，合于天伦”。葛洪的“守一”就是思见身中诸神，或将全部意念灌注到身上的三丹田，从而使精、气、神融合为一，达到健康长寿，成就神仙的目的。

葛洪指明实现的途径，乃是服食药饵。《仙药》所提供的药物有的是道家所开发，有的却有点吓人，是重金属：“五芝及饵丹砂、玉札、曾青、雄黄、雌黄、云母、太乙禹馀粮，各可单服之，皆令人飞行长生。”葛洪所列举的可食的“仙药之上者丹砂，次则黄金，次则白银，次则诸芝，次则五玉，次则云母，次则明珠，次则雄黄，次则太乙禹馀粮，次则石中黄子，次则石桂，次则石英，次则石脑，次则石硫黄，次则石台，次则曾青，次则松柏脂、茯苓、地黄、麦门冬、木巨胜、重楼、黄连、石韦、楮实、象柴，一名托卢是也”等等金石草木药物。认为服之滋阴、补气、安神、调理血气等等，可出病养性、身安延命、役使万物、飞行长生。唐代诗人白居易有《早服云母散》诗：“晓服云英漱井华，寥然身若在烟霞。药销日晏三匙饭，酒喝春申一碗茶。”可见直到唐代的人还迷信云母，白居易是吃云母的，自以为效果不错。

葛洪食玉，将玉石作为食物。真有点走火入魔了。然而道教提倡“食玉”以延寿永生。葛洪认为服食“玉札”能“令人身飞轻举，不但地仙而已”。他在《抱朴子·仙药》中介绍了食玉之法：“玉可以乌米酒及地榆酒化之为水，亦可以葱浆消之为饴，亦可饵以为丸，亦可烧以为粉。”且“服玉屑者，宜十日辄一服雄黄丹砂各一盗圭，散发沐浴寒水，迎风而行。”食玉亦有“节度禁忌”：“不可用已成之器”，“当得璞玉，乃可用也”，不然，仙药不起作用。

《内篇》强调预防和节制在养生中的作用，认为养生之道在于“以不伤为本”。指出不利于养生的各种衣食住行、视听言思方面的伤害，相应地提出了许多养生方法。比如《杂应》提倡辟谷，有服药饵辟谷、服气辟谷、服(符)水辟谷、服石辟谷共四种方法。其中服药饵辟谷是服食高营养、难消化的药物或食物以代替谷物。这是辟谷术最主要的做法。可见，辟谷并不是什么都不吃，是慢慢节食、少食；不吃通常之食物。

葛洪把儒家的忠孝仁信思想和神仙道教的养生理论结合起来，指出欲求仙者，当以忠孝和顺仁信为本，德行不修而得方术，皆不及长生也。

三、《颜氏家训》的养生学思想

颜之推(531—约595)，字介，汉族，琅邪临沂(今山东临沂)人。生活年代在南北朝至隋朝期间。著有《颜氏家训》，在家庭教育发展史上有重要的影响，其中有《养生篇》。《北齐书》本传还收录《观我生赋》，是赋作名篇。

颜之推的养生学思想就不像葛洪那样云里雾里的，而要现实得多，稳妥得多，实用得多，而且注重养生之上更重要的人生观、价值观。

养生体现的是对生命的重视，颜之推提出一个前提，“夫养生者先须虑祸，全身保性，有此生然后养之，勿徒养其无生也”。比养生更高一个层次的是：养生的人首先应该考虑避免祸患，先要保住身家性命。有了这个生命，然后才得以保养它；不要白费心思地去保养不存在的所谓长生不老的生命。颜之推列举了四个人的事例说明自己的观点：一是单豹这人很重视养生，但不去防备外界的饿虎伤害他，结果被饿虎吃掉；二是张毅这人很重视防备外来侵害，但死于内热病，这些都是前人留下的教训；三是嵇康写了《养生》的论著，但是由于傲慢无礼而遭杀头；四是石崇希望服药延年益寿，却因积财贪得无厌而遭杀害。这都是前代人的糊涂。

因此他在《养生篇》中说：“神仙之事，未可全诬；但性命在天，或难钟值。”看来他对神仙的事不感兴趣，也不评价成仙的事，认为那样的事可望而不可即，人必须现实一点。

对于食松饵的事，他是不赞成的，他所坚持的原则是“但须精审，不可轻脱”：“凡欲饵药，陶隐居《太清方》中总录甚备，但须精审，不可轻脱。”颜之推举了两个失败的例子，一个是王爱州，当代人的例子；一个是石崇，前代人的例子：“近有王爱州在邺学服松脂不得节度，肠塞而死，为药所误者其多。”“石崇冀服饵之征，而以贪溺取祸，往事之所迷也。”对于《抱朴子》他并不是完全排斥，比如治愈自己的牙病，《抱朴子》牢齿之法就很管用，不妨学习：“吾尝患齿，摇动欲落，饮食热冷，皆苦疼痛。见《抱朴子》牢齿之法，早朝叩齿三百下为良；行之数日，即便平愈，今恒持之。此辈小术，无损于事，亦可修也。”

颜之推希望子孙出世，就是投入社会，做社会中的人，而不是山林中的神仙。即使服食药饵，也应当有一个前提，那就是“不废世务”：

> 人生居世，触途牵絷；幼少之日，既有供养之勤；成立之年，便增妻孥之累。衣食资须，公私驱役；而望遁迹山林，超然尘滓，千万不遇一尔。加以金玉之费，炉器所须，益非贫士所办。学如牛毛，成如麟角。华山之下，白骨如莽，何有可遂之理？考之内教，纵使得仙，终当有死，不能出世，不愿汝曹专精于此。若其爱养神明，调护气息，慎节起卧，均适寒暄，禁忌食饮，将饵药物，遂其所禀，不为夭折者，吾无间然。诸药饵法，不废世务也。庾肩吾常服槐实，年七十余，目看细字，须发犹黑。邺中朝士，有单服杏仁、枸杞、黄精、白术、车前得益者甚多，不能一一说尔。

颜之推进一步指出人生价值观高出于养生论，作为一个士人，不能因为养生而放弃了追求，不能将贪生怕死当作养生。生命不能不珍惜，也不能苟且偷生。走上邪恶危险的道路，卷入祸难的事情，追求欲望的满足而丧生，进谗言，藏恶念而致死，君子应该珍惜生命，不应该做这些事：

> 夫生不可不惜，不可苟惜。涉险畏之途，干祸难之事，贪欲以伤生，谗慝而致死，此君子之所惜哉！行诚孝而见贼，履仁义而得罪，丧身以全家，泯躯而济国，君子不咎也。自乱离已来，吾见名臣贤士，临难求生，终为不救，徒取窘辱，令人愤懑。

四、杨泉的养生思想

杨泉，西晋哲学家，生卒年不详，字德渊，梁（治今安徽砀山）人，会稽郡（今浙江绍兴）处士。太康六年(280)晋灭吴后，被征出仕，不久隐居著述，仿照扬雄著《太玄经》14卷，又著《物理论》16卷，有文集2卷。

杨泉《物理论》篇幅不长，首先阐述人生与死亡的关系，因为这是谈论养生的基础，养生并不是为了长生不老。在这一点上，他就自觉地把自己和道家区别开来。杨泉说："人含气而生，精尽而死。死犹澌也，灭也。譬如火焉，薪尽而火灭，则无光矣。故灭火之余，无遗焰矣；人死之后，无遗魂矣。"就是说：身体和精神的关系，就如燃料与火的关系。燃料烧完以后，不会有余光；身体死了以后，也不会有余魂。这也是继承东汉桓谭的形死神灭的唯物主义的理论。

杨泉还著有《织机赋》称赞织布机，最后几句是："事物之宜，法天之常。既合利用，得道之方。"这几句话正好可以移用来表达他所认识的人与自然的关系，人的养生目的还是取法天地之常，顺应自然，而不能违背常理。

具体到养生，杨泉说："谷气胜元气，其人肥而不寿；元气胜谷气，其人瘦而寿。生之术，常使谷气少，则病不生矣。"杨泉强调天生的元气，也就是自然禀赋的生命本体很重要，是基础。后天的谷气，也就是饮食不可胜过元气。薄滋味，节饮食，是杨泉所提倡的，同时，还反对追求厚味和美味，认为那样就会胜过元气。

杨泉对医生的要求很高，认为必须三个条件齐备的人才可以担当此重任："夫医者，非仁爱之士，不可托也；非聪明达理，不可任也；非廉洁纯良，不可信也。"这三条之中，仁爱之心是基础；医术是第二位的；还要廉洁，有医德，不可乘人之危索要钱财，必须纯洁善良。

魏晋时"竹林七贤"之一的嵇康，在其撰写的《养生论》中说："滋味煎其腑脏，醴酸煮其肠胃，香芳腐其骨髓，喜怒悖其正气，思虑消其精神，哀乐殃共平粹。夫以总尔之躯，攻之右非一途，易竭之身而外内受敌，身非木石，其能久乎？其自用其者，饮食不节，以生百病；好色不倦，以致乏绝。风寒所灾，百毒所伤，中道夭于众难，世皆笑悼，谓之不善持生也。"这说明饮食同任何事物一样，都有一定的限度，超过这个限度就会走向反面。滋味太美、太厚，反而会伤害肠胃使人短寿。

第二节 分食与合食

分食发展到合食,魏晋南北朝是一个重要的转折时期。考古学家们在距今约4500年以前的山西襄汾陶寺遗址发现了一些用于饮食的木案,说明当时就已经出现了分餐制。而真正意义上的“会食制”是从宋代以后才开始,距今也只有1000多年,而分餐制的历史有3000多年。由分食到合食不仅仅是餐桌上各人吃各人的到众人合吃一盘形式上的变化,而是饮食制度的重大变化,其背后是物质条件、社会形态等的变化。

饮食制度是由社会生产的水平、人们的理念、关于人与人之间关系的认识等等决定的。饮食制度一旦确定下来,就规范着人们在饮食活动的行为方式、礼仪、习惯。至魏晋南北朝之前,中国传统的宴席方式是分食制,就是每人一席,每人一份,各自享用。可是到了魏晋南北朝时期,这一分食的习惯被打破了,改而成为合食制,就是共享一席,共同享用一份饭菜。引起这一巨大变化的原因,竟是因为席改为饭桌,因为有了高凳子,进而有了高桌子。饭桌高了,不可能再每人一桌,人们不得不坐在一起,享用同一份饭食。

这一变化不仅仅是饮食制度的改变,它深深地影响了人们的心态、人际关系。“礼始诸饮食”,合食制的礼仪潜移默化中改变了人们的价值取向,引导了集体意识。从根本上说,它符合“大一统”的政治理念,体现了“合”—“和”的理念,餐饮的外在形式引导了心理,激发人们的集体意识,增加向心力,所以这种饮食制度得到推崇,被不断加固,绵延千年。

一、分食制探源

分食制的历史可以追溯到远古时期,在财富稀缺的情况下,人们对财物共同占有,平均分配。在一些开化较晚的原始部族中,可以看到这样的事实,氏族内食物是公有的,食物烹调好了以后,按人数平分,没有厨房和饭厅,也没有饭桌,每个人分到饭食后都在席上跪坐着吃,这就是最原始的分食制。

什么是席呢?指古时铺在地上供人坐的垫底的竹席,古人席地而坐,设席每每不止一层。紧靠地面的一层称筵,筵上面的称席。《周礼·司几筵》郑玄注说:“铺陈曰筵,藉之曰席。”孔颖达疏解说:“设席之法,先设者皆曰筵,后加者为席,假令一席在地,或亦云席,所云筵席,唯据铺之先后为名。”可知筵与席的分别,在铺设时的先后罢了,先铺设的叫筵,后加上去的是席。后世的筵席、席位、酒席等名称都由此而来。周代专设“司几筵”一职,则是专门管理几桌和筵席的官职,专掌五几五席的名称种类,辨别其用处与陈设的位置。在宴会中摆设席,也是古代礼仪的重要方面。孔子曾说:“席不正,不坐。君赐食,必正席先尝之。”

《世说新语·德行第一》所记载的“管宁割席”的故事很有名,就提到了席这种坐具:“管宁、华歆共园中锄菜。见地有片金,管挥锄与瓦石不异,华捉而掷去之。又尝同席读书,有乘轩冕过门者,宁读书如故,歆废书出观。宁割席分坐,曰:‘子非吾友也。’”管宁觉得和华歆志不同道不合,就割断席子和华歆分开坐。

和席相关的还有“案”,古人称食案。案是放在席前的,与席相匹配。古代中国人分餐进食,一般都是席地而坐,面前摆着一张低矮的小食案,案上放着轻巧的餐具,重而大的器具直接放在席子外的地上。《周礼·考工记·玉人》说:“案十有二寸。”古时的一尺二寸要比现在短得多。食案,低矮狭长,现在北方农村里的炕桌与其相像。颜师古《急就篇》注说:“无足曰盘,有足曰案,所以陈举食也。”战国、两汉时的案多为木制、髹(xiū)漆,上面装饰彩纹。1972 年长沙马王堆一号汉墓出土云纹漆案,通高 5 厘米,长 78 厘米,宽 48 厘米。是摆在墓主人座前盛放食物的家具。这种轻便的小型食案在汉代墓葬中出土颇多,为陈举进食而用,类似托盘的作用,为了便于当时人们“席地而坐”进食器具低矮才适宜的习俗和便于“举案齐眉”,所以漆案具有案面较薄、造型轻巧、四沿高起,构成了“拦水线”,防止汤水外溢,墓葬中与餐具同出等特点。

《史记·田叔列传》:“赵王张敖自持案进食。”赵王自己端着食案吃饭。《汉书·外戚传》说:“许后朝皇太后,亲奉案上食。”许后亲自端着食案为皇太后上饭菜。《后汉书·梁鸿传》记载“举案齐眉”的故事,说“妻为具食,不敢于(梁)鸿前仰视,举案齐眉”。梁鸿妻子、张敖所端的也都是食案。因为食案不大不重,一般只限一人使用,所以妇人也能轻而易举。当时人们进食与烹饪都是坐在地上的,即是所谓的“席地而坐”。

又据考古发现的实物资料和绘画资料,可以看到古代分餐制的真实场景。在汉墓壁画、画像石和画像砖上,经常可以看到席地而坐、一人一案的宴饮场面,看不到许多人围坐在一起狼吞虎咽的场景。低矮的食案是适应席地而坐的习惯而设计的,从战国到汉代的墓葬中,出土了不少实物,以木料制成的为多,常常饰有漂亮的漆绘图案。汉代呈送食物还使用一种案盘,或圆或方,有实物出土,也有画像石描绘出的图像。承托食物的盘如果加上三足或四足,便是案。

以小食案进食的方式,至迟在龙山文化时期便已发明。考古已经发掘到公元前 2500 年时的木案实物,虽然木质已经腐朽,但形迹还相当清晰。在山西襄汾陶寺遗址发现了一些用于饮食的木案,木案平面多为长方形或圆角长方形,长约 1 米,宽约 30 厘米上下。案下三面有木条做成的支架,高仅 15 厘米左右。木案通涂红彩,有的还用白色绘出边框图案。木案出土时都放置在死者棺前,案上还放有酒具多种,有杯、觚和用于温酒的斝。稍小一些的墓,棺前放的不是木案,而是一块长 50 厘米的厚木板,板上照例也摆上酒器。陶寺还发现了与木案形状相近的木俎,略小于木案,俎上放有石刀、猪排或猪蹄、猪肘,这是我们今天所能见到的最早的一套厨房用具实物,可以想象当时长于烹调的主妇们,操作时一定也坐在地上,木俎最高不过 25 厘米。汉代厨人仍是以这个方式作业,出土的许多庖厨陶俑全是蹲坐地上,面前摆着低矮的俎案,俎上堆满了生鲜食料。

陶寺遗址的发现十分重要，它不仅将食案的历史提到了4500年以前，而且也指示了分餐制在古代中国出现的源头，古代分餐制的发展与这种小食案有不可分割的联系，小食案是礼制化的分餐制的产物。

二、分食制的传承

春秋战国及更早时期，尚无桌椅等物，人们席地而坐，吃的时候食物放在低矮食案或身边的地上，每人一份，各吃各的。如《艺文类聚》载，战国末期燕太子丹优待荆轲，与他等案而食。"等案而食"表明，虽然太子和荆轲的身份不同，但是两张食案小桌上放的是相同的饭菜，供两个人各自据案分食。又据《史记·孟尝君列传》，孟尝君养着三千"食客"，孟尝君对这些人毕恭毕敬。但是有一次发生了一件意外的事："孟尝君曾待客夜食，一人蔽火光。客怒，以饭不等，辍食辞去。孟尝君起，自持其饭比。客惭，自刎。"因为是晚上，又被人遮蔽了灯光，客人看不清楚，发生了误会，误认为自己受到了亏待。孟尝君连忙端着自己的食桌给客人看，看到的确和主人是一样的饭食，那位性情刚烈的客人惭愧得自杀了。显然，宴席上也是分食的，如果坐在一起合食的话，便不会发生"饭不等"的误会了。

西晋以后，居住在西北地区的匈奴、鲜卑、羌、氐等少数民族先后进入中原地区，出现了规模空前的民族大融合的局面，引起了饮食生活方面的一些新变化。在烹饪饮食上，各民族把自己的饮食习惯、特点都带到中原地区。从西北新疆来的人民，带来了他们的大烤肉、涮肉；从东南江浙来的人民，带来了他们的叉烧、腊味；从南方闽粤来的人民，带来了他们的烤鹅、鱼生；从西南滇蜀来的人民，带来了他们的红油鱼香等饮食珍品。所有这些，都大大丰富了宫廷的饮食，使宫廷饮食出现了新局面。如北魏时，西北少数民族拓跋氏入主中原后，又将胡食及西北地区饮食的风味特色传入内地，使宫廷饮食出现了胡汉交融的特点。

胡床就是东汉后期从西域传入中原地区的一种坐具，最早见于《后汉书·五行志》：汉灵帝"好胡服、胡帐、胡床、胡坐"。魏晋南北朝时，胡床作为一种坐具，在我国已普遍使用，如《晋书·五行志》说：北方"泰始(265—274年，西晋皇帝晋武帝司马炎的第一个年号)之后，中国相尚用胡床貊盘，及为羌煮貊炙，贵人宫室，必畜其器，吉享嘉会，皆以为先"。"胡床"的"床"并不是今天睡的床，当时又称"交床""交椅""绳床"，类似如今的马扎(折叠椅)而没有靠背。《世说新语·自新》："(戴)渊在岸上，据胡床指麾左右，皆得其宜。"戴渊坐在胡床上指挥手下的人。白居易《咏兴》："池上有小舟，舟中有胡床。床前有新酒，独酌还独尝。"此诗中"床"不是睡觉的床，而是"胡床"，简写为"床"。

胡床的引入改变了人们席地而坐的习惯，人们坐得高了，身板直了，更舒服了，对肠胃的消化功能有积极影响。人们坐姿由席地而坐改为垂足而坐是一种饮食制度的变化。到了隋唐五代，出现了更加方便舒适的大椅，高足、杯盘碗等餐具可以直接摆在桌上，终于逐渐形成多人围坐一起的合食方式，由坐具的改变而推动了饮食制度的变化。各人分食到众人合食，共享一器，拉近了人们的距离，加强了人们的亲近感，推进了和谐的关系。

南北朝时，分食制的习俗仍在传承，分食到合食是一个缓慢的过程。据《陈书·徐孝克传》中说：国子祭酒“（徐）孝克每侍宴，无所食噉，至席散，当其前膳羞损减。高宗密记以问中书舍人管斌，斌不能对。自是斌以意伺之，见孝克取珍果内绅带中，斌当时莫识其意，后更寻访，方知还以遗母。斌以实启，高宗嗟叹良久，乃勅所司，自今宴享，孝克前馔，并遣将还，以飨其母，时论美之”。徐孝克“每侍宴，无所食噉，取珍果内（纳）绅带中，以遗母”这个典故说明在南朝时，宴会还是维持着一人一案的分食制方式，如果共围一席，徐孝克就不能将食物悄悄藏在绅带中，带回家孝敬老母了。分食制在汉至初唐时期能够施行，使用食案进食是一个重要原因。这是中国古代由分食制向合食制转变的一个重要契机。

三、分食向合食的转变

在有“案”的时代，人们席地而坐，实行分食制，食物放在案上，由厨师或仆人“举案”放在食者前面。从壁画上看，唐五代时的敦煌，食桌已完全代替了案，人们围坐而食。从进餐图中，可以明显看出敦煌人已围坐在餐桌（一种低矮的长方形桌，像现在的茶几）周围进餐，但与今天的合食制有着本质的区别。这就是每个人的食品仍然分开，每人面前放盘碟，由厨师或专人将食品分给每位进餐者。

在一些饮食活动的记载中，常常按人头分碗、碟、酒杯等餐具。

在敦煌及嘉峪关魏晋墓中，可以看见敦煌人跪坐而食，继承着古老的传统。到了唐五代时，大部分已盘腿席地而坐，从壁画中可以看到人们或盘腿围坐在炕上，或在一种和食床一样高的宽长条凳上盘腿或跪坐。这种坐法的优点是避免了因久跪大腿血液不容易流通而发麻的弊端，有可能受了少数民族的影响。敦煌当时已出现了高凳，虽然没有坐在高凳上进食的画面，但不排除坐在上面用餐的可能。

另外，由于受众多少数民族进食习惯的影响，也有在铺的食毯上进食的习惯。因为在寺院的进食物品分配中，少不了“铺设”，而在寺院的物品账目上，也不止一次地出现了食毯、食氍毯、食单等。这很容易使我们想起一些少数民族的进食习惯。

在基本满足生理需求后，人们的饮食活动逐渐增加了社会意义。一些固定形式的饮食活动随之出现，这就是我们今天称作的“宴会”。

胡床的坐法，与中国传统的跪坐完全不同，它是臀部坐在胡床上，两腿垂下，双脚踏地。《梁书·侯景传》载，侯景“常设胡床及筌蹄，着靴垂脚坐”。这种坐法又称为“胡坐”。由于坐胡床必须两脚垂地，这就改变了传统跪坐的姿势，且这种华姿又比跪坐舒服，因此，中国传统席地而跪坐的饮食方式也受到了冲击。同时，建筑技术的进步，特别是斗拱的成熟和大量使用，增高和扩展了室内空间，这也对家具提出了新的需求。床榻、胡床、椅子、凳等坐具相继问世，逐渐取代铺在地上的席子。凡此种种，都不断冲击着传统席地而坐的饮食习俗。

魏晋南北朝开始的家具新变化，到隋唐时期走向高潮，一方面表现于传统的床塌几案的高度继续增高，常见的有四高足或下设壶门的大床，案足增高。另一方面是新式的高足家具品种增多，椅子、桌子都已经开始使用，目前所知纪年明确的椅子形象，发现于西安唐玄宗时高力士的哥哥高元珪墓的墓室壁画中，时间为唐天宝十五年(756)。四足直立的桌子，也出现在敦煌的唐代壁画中，人们在桌上切割食物。到五代时，这些新出现的家具日趋定型，《韩熙载夜宴图》中，可以看到各种桌、椅、屏风和大床等陈设室内，图中人物完全摆脱了席地而坐的旧俗。

桌椅出现以后，人们围坐一桌进餐也就是自然之事了，这在唐代壁画中也有不少反映。1987 年 6 月，考古工作者在陕西长安县南里王村发掘了一座唐代韦氏家族墓，墓室东壁绘有一幅宴饮图，图正中置一长方形大案桌，案桌上杯盘罗列，食物丰盛，有馒头、蒸饼、胡席饼、花色点心、肘子、酒等，案桌前有一荷叶形酒碗和勺子，供众人使用，周围有三条长凳，每条凳上坐三人，这幅图表明分食已过渡到合食了。此外，在敦煌第 473 号窟唐代壁画中也可看到类似围桌而食的情景，这些都充分说明唐人的饮食方式已发生了划时代的改变。

汉唐时期由分食制转变为合食制，并不是随着桌椅的出现而一次性地完成的，中间也还是有人坚持分食的，如南唐画家顾闳中的传世名作《韩熙载夜宴图》就透露了有关信息。图中的南唐名士韩熙载盘膝坐在床上，几位士大夫分坐在旁边的靠背大椅上，他们的面前分别摆着几个长方形的几案，每个几案上都放有一份完全相同的食物，是用八个盘盏盛着的果品和佳肴。碗边还放着包括汤匙和筷子在内的餐具，互不混杂，这种分食方式便是顾闳中据实画成的。这说明在唐代末年，合食制成为潮流之后，分食的方式也并未完全消除。此外，在有些场合，即使是围桌而食，但食物却还是一人一份，不是后世那种津液交流的合食制，而是有合食气氛的分食制。合食制的普及是在宋代，即使到了清代也还有分食的事情。比如《红楼梦》小说中在描写了大量围坐合食的场景后，在第四十回里写到贾宝玉关于分食的安排。当贾母等人商议给史湘云还席时，贾宝玉说："既没有外客，不必按桌席，每人跟前摆一张高几，各人爱吃的一两样，再一个十锦攒心盒子，自斟壶，岂不别致?"可见，在出现合食制千年后的清代，某些场合(如家宴)，依旧保持着分食习惯。

魏晋时期是中国饮食方式发生巨大变化的时期，这一变化是由于家具的革新而引起的，其中，桌椅的出现是这场变革的关键，没有这场家具变革的浪潮出现，显然是不可能完成内分食制向合食制的转变。分食也好，合食也好，都是与当时的社会文化发展相适应的。正如王仁湘在《饮食与中国文化》中所言："分餐制是历史的产物，合食制也是历史的产物，那种实质为分餐的合食制也是历史的产物。现在重新提倡分餐制，并不是历史的倒退，现代分餐制总会包纳许多现代的内容，古今不可等同视之。"

图3-3 《韩熙载夜宴图(局部)》

第三节　佛教的饮食思想

佛教的传入，据较为可靠的记载，是在东汉哀帝平帝之间。西晋时期佛教有了长足的发展，这一方面可能是因为佛教开始传布时较少社会批判而不至于引起统治者的注意，从而取得了较为宽松的传播机会，同时也与佛教般若学的一些概念（如"空"）与当时流行的玄学的一些概念（如"无"）相似，可以与玄学相呼应。东晋、十六国时期，由于得到一些统治者的支持，佛教得到迅速发展，名僧辈出，翻译的经典增多。南北朝时期，由于统治者的自觉扶持和大力提倡，佛教昌兴，建寺风气极盛，正是"南朝四百八十寺，多少楼台烟雨中"。据《魏书·释老志》所记，至魏太和元年（477），寺院就有 6800 余所，僧尼增至 77000 多人，佛教之盛，可见一斑。

佛教信仰不仅包含着深刻的哲理思辨、人生思想、艺术形式，而且深刻地影响人们的日常饮食生活。由佛教信仰而产生的食俗，已成为一种独特的文化现象，它所制作的素菜、素食、素席都闻名于世，这些素馔常以用料与烹制考究，做工精细，色、香、味、形独特而别具风味，深受民众的喜爱和赞赏，所以，人们认为佛教饮食已成为中国饮食文化园地中一朵新鲜而又素洁的花朵。

一、佛教吃素的起源

众所周知，佛教是主张吃素的，因此，探讨汉唐时期佛教信徒的饮食生活，人们都会联想到素菜。素菜是中国传统饮食文化中的一大流派，悠久的历史使它很早就成为中国菜的一个重要组成部分。特殊的用料，精湛的技艺，使这一流派绚丽多姿；清鲜的口味，丰富的营养，使它在中国菜系中独树一帜。

然而，素菜的起源本与佛教没有直接的联系。中国素菜的发展历史说明，早在东汉末年佛教传入中国之前，素菜就已出现，并得到了一定程度的发展。不过，随着佛教的传入，两者相互结合，素菜开始在寺院中流行起来，并不断有所改进，促进了素菜制作日趋精湛和食素的普及。

东汉佛教传入时，其戒律中并没有不许吃肉这一条。释迦牟尼在世时，僧团还没有建立什么寺院，更谈不上拥有田产。换言之，僧院领主制尚未开始发展。因此，僧人并不自行负责饮食问题，实际上也无能为力，食物来源主要还是得依赖乞食。僧侣既然必须依乞食为生，施主的家中却又不一定刚好都备有素食，乞食者若要坚持素食，挨饿的几率就不免要大上许多。这是佛陀并不坚持僧侣一定得素食的主要因素。但有一个要求，只要吃的是"三净肉"，都可以吃。

所谓"三净肉"，南传上座部佛教的解释说，佛陀对于素食此一要求的答复是：

愚昧的人啊，我不准僧侣吃三种不净的肉——见到、听到和起疑心。何谓见到？自己亲眼看到那畜牲确实是为我而杀；何谓听到？从可靠的人那里听到确实是因为我而杀那畜牲；何谓起疑心？附近没有肉铺，又没有自然死亡的牲畜，而那个施舍肉的人看来凶恶，的确有可能故意夺走畜牲的性命。愚昧的人啊，我不准僧侣吃这样的三种肉。愚昧的人啊，我准许僧侣吃三种净肉——没有见到、没有听到和不起疑心。何谓没有见到？没有亲眼看到那畜牲是为我而杀；何谓没有听到？没有从可靠的人那里听到是因为我而杀那畜牲；何谓不起疑心？附近有屠夫肉铺，那个施舍肉的人看来有慈悲心，不可能夺走畜牲的性命。我准许僧侣吃这样的三种净肉。

正如赵朴初先生云："比丘（指受过具足戒之僧男）戒律中并没有不许吃肉的规定。"

三国时，佛教寺院中也还没有律行素食，《三国志·吴志》卷四九中，笮融所作所为的史料可以看出这一点：

笮融者，丹杨人，初聚众数百，往依徐州牧陶谦。谦使督广陵、彭城运漕，遂放纵擅杀，坐断三郡委输以自入。乃大起浮图祠，以铜为人，黄金涂身，衣以锦采，垂铜盘九重，下为重楼阁道，可容三千余人，悉课读佛经，令界内及旁郡人有好佛者听受道，复其他役以招致之，由此远近前后至者五千余人户。每浴佛，多设酒饭，布席于路，经数十里，民人来观及就食且万人，费以巨亿计。

笮融"放纵擅杀"但是十分崇佛敬佛，于所控制的地方大造佛寺。每到浴佛的时候"多设酒饭，布席于路"。照情理而推论，笮融信佛。其所作所为必然全部依照佛教规矩，那就说明当时佛教并未实行素食。

魏晋南北朝时，佛教盛行。这时，汉族僧人主要是信奉大乘佛教，而大乘佛教经典中有反对食肉、反对饮酒的条文。他们认为，"酒为放逸之门""肉是断大慈之种"，饮酒吃肉将带来种种罪过，背逆佛家"五戒"。3世纪中叶左右出现的大乘经典明白揭示出"禁止肉食"的观念，这样的经典例如《大般涅盘经》（《大乘涅盘经》）、《楞伽阿跋多罗宝经》（《楞伽经》）、《央掘魔罗经》、《一切智光明仙人慈心因缘不食肉经》、《佛医经》、《佛说象腋经》、《正法念处经》、《杂藏经》、《大云经》与《宝云经》等等。大乘经典也提出了另外一些可视之为突破性的解释。它引入了轮回观念，也就是说，如果轮回确实存在，那么任何人食肉都有可能吃到自己的亲属，解决这一问题的唯一办法就是不吃肉："一切众生不分生死，生生轮转无非父母兄弟姊妹，犹如演艺者变易无常，自肉他肉都是同一块肉，因此诸佛都不吃肉。"

这一时期译出的佛教经文，都提倡“戒杀放生”“素食清净”等思想，这与中国儒家的“仁”“孝”等思想颇为契合，孟子也有“君子之于禽兽也，见其生，不忍见其死；闻其声，不忍食其肉。是以君子远庖厨也”的说法。

所谓“君子远庖厨”，不过说的是一种不忍杀生的心理状态罢了。也就是齐宣王“以羊易牛”的心理。说的是有一天，齐宣王坐在大殿上，有人牵着牛从殿下走过，他看到了，便问：“把牛牵到哪里去？”牵牛的人回答：“准备杀了取血祭钟。”齐宣王便说：“放了它吧！我不忍心看到它那害怕得发抖的样子，就像毫无罪过却被处死刑一样。”牵牛的人问：“那就不祭钟了吗？”他说：“怎么可以不祭钟呢？用羊来代替牛吧！”因为他亲眼看到了牛即将被杀的样子而没有亲眼看到羊即将被杀的样子，所以君子远离宰鸡杀鸭的厨房。

传统中国的丧礼仪式，也有一些有关饮食男女的基本规定，比如：斩衰（cuī，“五服”中最重的丧服）三日不食；齐衰（zī cuī，二等丧服）二日不食；大功三顿不食；小功、缌麻两顿；士人参与收敛者，则壹顿不食。故父母之丧，出殡之后食粥……齐衰之丧，素食饮水，不吃菜果；……这是守丧致哀表现在饮食方面的规定。如果严格按照中国古礼来实践，则守丧一年后才准食菜果，两年后才可食肉饮酒，比起《摩奴法论》的规定要严格多了。即使没有服丧义务的人或吊祭者，也要遵守类似的禁忌，只是期间较为短暂：大夫吊，当日不听音乐。吊祭之日，不饮酒食肉。

佛教为了愍护众生，倡导不断大悲种，包含了素食的精神意义。但佛教的流传，以人为本，因应各地风俗，对饮食并没有强烈的要求。佛教徒不一定要素食。譬如西藏、日本、泰国等佛教国家，囿于当地的风俗习惯及地理环境，有很多人并非素食者。然而素食合乎儒家的仁爱和佛教的慈悲，所以非佛教徒的神父、牧师也有素食的。

南北朝时佛教引入中国的八关斋，戒除酒肉。所谓八关斋是指每个月的若干日子（斋日），俗家信徒得在出家僧侣的指导下，一日一夜间遵行下列八项戒律：一、不杀生；二、不偷盗；三、不淫；四、不妄语；五、不饮酒；六、不以华美装饰自身，不歌舞观听；七、不坐卧高广华丽床座；八、不非时食（过午不食）。

二、梁武帝与禁断酒肉

中国佛教倡导素食是为了实践慈悲的精神，特别是南朝梁武帝萧衍，以帝王之尊，崇奉佛教，素食终生，为天下倡。所以，赵朴初说：“从历史来看，汉族佛教吃素的风气，是从梁武帝的提倡而普遍起来的。”

据记载，南朝梁武帝萧衍信奉佛教，曾四次舍身佛寺，大臣们花了大量钱财才把他赎出来。在他的极力倡导下，有梁一代佛教之盛，僧尼之多，达于空前，“都下佛寺五百余所，穷极宏丽；僧尼十余万，资产丰沃。所在郡县，不可胜言。道人又有白徒，尼则皆畜养女，皆不贯人籍。天下户口几亡其半。”[1]鉴于这种情

① 南史·循吏传.

况，当时便有人向朝廷建议"罢白徒养女，听畜奴婢。婢唯着青布衣，僧尼皆令蔬食"①。这表明南朝梁时几近天下人口之半的僧尼饮食并非严格的素食。

梁普通二年(521)，梁武帝萧衍首先在宫里受戒，自太子以下跟着受戒的达四万八千众人。他认真学习佛经，《断酒肉文》便是他的学习心得，文中引用《涅盘经》言："迦叶，我今日制诸弟子不得食一切肉。"经言："食肉者断大慈种。"他系统地阐述了佛教禁断酒肉的历史沿革，提示了其理论的发展轨迹，论述了为何不能食肉。遵从大乘佛教对此一问题的基本答案，其实也是最原则性的立场，跟数百年前自提婆达多以降，乃至耆那教、阿育王与《摩奴法论》里坚持素食的理由并无二致——肉食则必须杀生，有伤慈悲与不杀生的伦理要求即"伤大慈种"，其结论是认为断禁肉腥是佛家必须遵从的善良行为。这是一篇重要的关于佛教素食的文献，全文引述在这里：

经言："行十恶者，受于恶报。行十善者，受于善报。"此是经教大意。如是，若出家人犹嗜饮酒、啖食鱼肉，是则为行同于外道，而复不及。何谓同于外道？外道执断常见，无因无果，无施无报。今佛弟子甘酒嗜肉，不畏罪因，不畏苦果，即是不信因、不信果，与无施无报者复何以异？此事与外道见同，而有不及外道。是何？外道各信其师，师所言是，弟子言是；师所言非，弟子言非。《涅盘经》言："迦叶，我今日制诸弟子不得食一切肉。"而今出家人犹自啖肉。戒律言："饮酒犯波夜提。"犹自饮酒，无所疑难。

此事违于师教，一不及外道。又外道虽复邪僻，持牛狗戒，既受戒已，后必不犯。今出家人既受戒已，轻于毁犯，是二不及外道。又外道虽复五热炙身，投渊赴火，穷诸苦行，未必皆啖食众生。今出家人啖食鱼肉，是三不及外道。

又外道行其异学，虽不当理，各习师法，无有覆藏。今出家人啖食鱼肉，于所亲者，乃自和光；于所疏者，则有隐避。如是为行四不及外道。

又外道各宗所执，各重其法，乃自高声大唱云："不如我道真！"于诸异人无所忌惮。今出家人，或复年时已长，或复素为物宗，啖食鱼肉，极自艰难。或避弟子，或避同学，或避白衣，或避寺官。怀挟邪志，崎岖覆藏，然后方得一过啖食。如此为行五不及外道。

又复外道直情逕行，能长己徒众恶，不能长异部恶。今出家人啖食鱼肉，或为白衣弟子之所闻见。内无惭愧，方饰邪说，云："佛教为法，本存远因。在于即日，未皆悉断。以钱买肉，非己自杀，此亦非嫌。"白衣愚痴，闻是僧说，谓真实语，便复信受。自行不善，增广诸恶，是则六不

① 南史·循吏传.

及外道。

又外道虽复非法说法、法说非法，各信经书，死不违背。今出家人啖食鱼肉，或云："肉非己杀，犹自得啖；以钱买肉，亦复非嫌。"如是说者，是事不然。《涅盘经》云："一切肉悉断，及自死者。"自死者犹断，何况不自死者？《楞伽经》云："为利杀众生，以财网诸肉，二业俱不善，死堕叫呼狱。"何谓以财网肉？陆设罝罘，水设网罟，此是以网网肉；若于屠杀人间，以钱买肉，此是以财网肉。若令此人不以财网肉者。习恶律仪、捕害众生此人为当专自供口，亦复别有所拟？若别有所拟，向食肉者岂无杀分？何得云"我不杀生"？此是灼然违背经文，是七不及外道。

又复外道同其法者和合，异其法者苦治，令行禁止，莫不率从。今出家人，或为师长，或为寺官，自开酒禁，啖食鱼肉，不复能得施其教戒。才欲发言，他即讥刺云："师向亦尔，寺官亦尔。"心怀内热，默然低头，面赤汗出，不复得言。身既有瑕，不能伏物，便复摩何，直尔止住。所以在寺者乖违，受道者放逸，此是八不及外道。

又外道受人施与如己法。受乌戒人，受乌戒施。受鹿戒人，受鹿戒施。乌戒人终不覆戒，受鹿戒施。鹿戒人终不覆戒，受乌戒施。今出家人云："我能精进，我能苦行。"一时覆相，诳诸白衣。出即饮酒，开众恶门；入即啖肉，集众苦本。此是九不及外道。

又外道虽复颠倒，无如是众事。酒者是何臭气？水谷失其正性，成此别气。众生以罪业因缘故，受此恶触。此非正真道法，亦非甘露上味，云何出家僧尼犹生耽嗜？僧尼授白衣五戒，令不饮酒、令不妄语。云何翻自饮酒，违负约誓？七众戒、八戒斋、五篇七聚长短律仪，于何科中而出此文？其余众僧，故复可可，至学律者，弥不宜尔。且开放逸门，集众恶本。若白衣人，甘此狂药，出家人犹当诃止云："某甲，汝就我受五戒，不应如是。"若非受戒者，亦应云："檀越，酒是恶本，酒是魔事，檀越今日幸可不饮。"云何出家人而应自饮？尼罗浮陀地狱，身如段肉，无有识知。此是何人？皆饮酒者。出家僧尼，岂可不深信经教，自弃正法，行于邪道，长众恶根，造地狱苦，习行如此，岂不内愧？犹服如来衣，受人信施，居处塔寺，仰对尊像。若饮酒食肉，如是等事，出家之人，不及居家。何故如是？在家人虽饮酒啖肉，无犯戒罪。此一不及居家人。

在家人虽复饮酒啖肉，各有丘窟，终不以此仰触尊像。此是二不及居家人。在家人虽复饮酒啖肉，终不吐泄寺舍。此是三不及居家人。在家人虽复饮酒啖肉，无有讥嫌。出家人若饮酒啖肉，使人轻贱佛法。此是四不及居家人。在家人虽复饮酒啖肉，门行井灶，各安其鬼。出家人若饮酒啖肉，臭气熏蒸，一切善神皆悉远离，一切众魔皆悉欢喜。此是五不及居家人。在家人虽复饮酒啖肉，自破财产，不破他财。出家人饮酒啖肉，自破善法，破他福田。是则六不及居家人。在家人虽复饮酒啖肉，皆是自力所办。出家人若饮酒啖肉，皆他信施。是则七不及居家人。在家人虽复饮酒啖肉，是常业，更非异事。出家人若饮酒啖肉，众魔外道各得其便。是则八不及居家人。在家人虽复如此饮酒啖肉，犹故不失世业。大耽昏者，此则不得。出家人若饮酒啖肉，若多若少，皆断佛种。是则九不及居家人。不及外道，不及居家，略出所以，各有九事。欲论过患，条流甚多，可以例推，不复具言。

今日大德僧尼、今日义学僧尼、今日寺官，宜自警戒，严净徒众。若其懈怠，不遵佛教，犹是梁国编户一民，弟子今日力能治制。若犹不依佛法，是诸僧官宜依法问。京师顷年讲《大涅盘经》，法轮相续，便是不断，至于听受，动有千计。今日重令法云法师，为诸僧尼讲《四相品》四中少分。诸僧尼常听《涅盘经》，为当曾闻此说，为当不闻？若已曾闻，不应违背。若未曾闻，今宜忆持。

佛经中究竟说断一切肉，乃至自死者亦不许食，何况非自死者？诸僧尼出家，名佛弟子，云何今日不从师教？经言："食肉者断大慈种。"何谓断大慈种？凡大慈者，皆令一切众生同得安乐。

若食肉者，一切众生皆为怨怼，同不安乐。

若食肉者，是远离声闻法。

若食肉者，是远离辟支佛法。

若食肉者，是远离菩萨法。

若食肉者，是远离菩提道。

若食肉者，是远离佛果。

若食肉者，是远离大涅盘。

若食肉者，障生六欲天，何况涅盘果。

若食肉者，是障四禅法。

若食肉者，是障四空法。

若食肉者，是障戒法。

若食肉者，是障定法。

若食肉者，是障慧法。

若食肉者，是障信根。

若食肉者，是障进根。

若食肉者，是障念根。

若食肉者，是障定根。

若食肉者，是障慧根。

举要为言，障三十七道品。

若食肉者，是障四真谛。

若食肉者，是障十二因缘。

若食肉者，是障六波罗蜜。

若食肉者，是障四弘誓愿。

若食肉者，是障四摄法。

若食肉者，是障四无量心。

若食肉者，是障四无碍智。

若食肉者，是障三三昧。

若食肉者，是障八解脱。

若食肉者，是障九次第定。

若食肉者，是障六神通。

若食肉者，是障百八三昧。

若食肉者，是障一切三昧。

若食肉者，是障海印三昧。

若食肉者，是障首楞严三昧。

若食肉者，是障金刚三昧。

若食肉者，是障五眼。

若食肉者，是障十力。

若食肉者，是障四无所畏。

若食肉者，是障十八不共法。

若食肉者，是障一切种智。

若食肉者，是障无上菩提。

何以故？若食肉者，障菩提心，无有菩萨法。以食肉故，障不能得初地。以食肉故，障不能得二地。乃至障不能得十地，以无菩萨法。无菩萨法故，无四无量心。无四无量心故，无有大慈大悲。以是因缘，佛子不续。所以经言"食肉者断大慈种"。

诸出家人虽复不能行大慈大悲究竟菩萨行，成就无上菩提，何为不能忍此臭腥，修声闻、辟支佛道？鸱鸦嗜鼠，蝍蛆甘蟒，以此而推，何可嗜着？至于豺、犬、野犴，皆知嗜肉。人最有知，胜诸众生，近与此等同甘臭腥，岂直常怀杀心，断大慈种，凡食肉者，自是可鄙。诸大德僧、诸解义者讲《涅盘经》，何可不殷勤此句，令听受者心得悟解？又有一种愚痴之人云："我止啖鱼，实不食肉。"亦应开示：此处不殊，水陆众生，同名为肉。诸听讲者岂可不审谛受持，如说修行？

禁断酒肉是一件艰难的事情，所以梁武帝的文章中用了报应的说法，今世报、来世报，报在自己身上、报在子女身上，都是十分可怕的事情，这是警告也是诅咒，谁人敢不听从？但是问题不是这样容易，当时的佛教律典中，推行素食还找不到根据。于是《断酒肉文》推行的制断酒肉政策受到质疑。后来载有断肉戒条的《梵网经》菩萨戒传布开来，梁武帝便借其力，开始大力推广《梵网经》。经过梁武帝的积极努力，终于成功推行了佛教的全面素食。自此以后，素食就成为中国佛教的特色。

《断酒肉文》出现并不是偶然的，它体现了佛教与中国传统文化的交锋和融合，它的颁布使素食成为汉传佛教僧尼必须遵守的一种戒律，对汉传佛教的发展具有重要意义。当然，这项规定能否彻底执行，还要看具体情况。陈代释真观在《与徐仆射述役僧书》中说："如其禅诵知解、蔬素清虚，或宣唱有功、梵声可录，……仍上僧籍。"将是否蔬食作为保留僧籍的一项标准，可见当时没有蔬食的僧尼还是不少的。此后，僧传中也有僧人食肉的记载，如唐代释亡名等，但那只能是一种违反戒律的行为，会受到僧团内部的禁止和谴责，也会引起世俗社会的不满。故至少到唐时，汉传佛教中的素食已成为一种普遍的现象了。[①]

第四节　魏晋文学与酒

魏晋南北朝文学在乱世之中发展，文学在社会的政治动乱中脱胎换骨，文学的自觉和文学创作的个性化在痛苦中孕育而成。宗白华评价说："汉末魏晋六朝是中国政治上最混乱社会上最痛苦的时代，然而却是精神史上极自由极解放，最富于智慧最浓于热情的一个时代，由此，也就是最富有艺术精神的一个时代。"魏晋文学是中国文学史的重大转折点，是承接又是酝酿。而魏晋文学与酒结下了不解之缘，酒的香浓浸润着文学，使文学发酵、渲染。

曹操的一曲"短歌行"，高唱"对酒当歌，人生几何"，将酒在人生中的价值、在社会中的价值推至极致，是啊，千古英雄也无法逃避人生苦短，"树犹如此，人何以堪"，人生"譬如朝露，去日苦多。慨当以慷，忧思难忘。何以解忧？惟有杜康"。物质的转化为精神的，千古绝唱奏鸣酒之绝响。

酒从来没有像魏晋时期这样高调，酒从来没有像魏晋时期这样深入到社会生活中去。它渗透心田，使人们短暂地遗忘了现实，它从来没有这样格外的重要过。

一、竹林七贤

以酒避祸的做法，在封建社会里屡见不鲜，其中以魏晋时期最为突出。这是因为那个时代政治上斗争剧烈、云谲波诡，于是知识界人士纷纷借酒以避祸，阮籍就是其中的一个典型。《晋书·阮籍传》称"籍本有济世志，属魏、晋之际，天下多故，名士少有全者，籍由是不与世事，遂酣饮为常。"酒被用来处理微妙的政治和人际关系，特定时期有了避祸保身的独特作用。

再有以酒为诗眼，推动文学打开一扇通向生动之门的陶渊明。

说到魏晋文学不得不提到魏晋风度，魏晋风度的代表者就是竹林七贤。

---

① 夏德美.梁武帝《断酒肉文》与佛教中国化[J].烟台大学学报，2010.3.

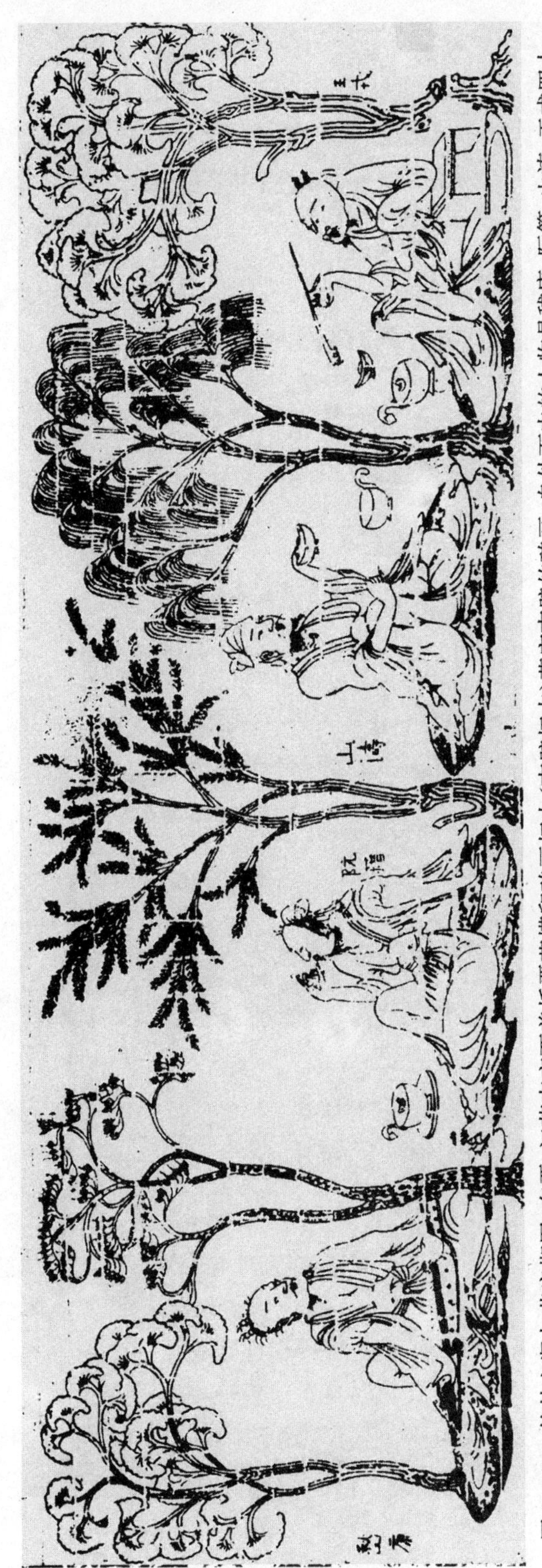

图3－4a 竹林七贤与荣启期图，东晋，江苏南京西善桥晋墓模印砖画拓本（南壁拓本）墓室南壁的砖画，自外而内的人物是嵇康、阮籍、山涛、王戎四人

图 3 - 4b 竹林七贤与荣启期图，东晋，江苏南京西善桥晋墓模印砖画拓本（北壁拓本），北壁自外而内的人物是向秀、刘伶、阮咸、荣启期四人

所谓“竹林七贤”，指魏正始年间(240—249)，嵇康、阮籍、山涛、向秀、刘伶、王戎及阮咸七人，虽非同一郡、同一里，却志趣相投，慕名相访，一见如故，遂结为自得之游，常在当时的山阳县(今河南焦作)竹林之下，喝酒、纵歌，肆意酣畅，世谓竹林七贤。“陈留阮籍、谯国嵇康、河内山涛，三人年皆相比，康年少亚之。预此契者：沛国刘伶、陈留阮咸、河内向秀、琅邪王戎。七人常集于竹林之下，肆意酣畅，故世谓竹林七贤。”竹林内有泉水由东南向东的转弯处，距故山阳城约二十里。

嵇康等竹林名士受玄学“任自然”精神的影响，声称“越名教而任自然”，阮籍则幻想建立“无君”“无臣”的社会。他们一面寄情药、酒，行为放达，甚至毁弃礼法，尽力追求个性自由，保持精神独立，如阮籍所说“礼岂为我辈设也”；另一面，他们又对社会、人生进行着深层的思考，既情怀高远，潇洒脱俗，又不乏人生情趣和理想追求，所谓“魏晋风度”，尽显于斯。魏晋“任自然”的倾向，到西晋元康之世，则进一步发展为鄙视名教、蔑视礼法，甚至竟走向纵欲主义，其最主要的表现就是纵酒。

《晋书·阮籍传》记载阮籍的一生完全以酒为线索，酒就是生命，酒就是一切，完全任性不羁：

> (阮籍)嗜酒能啸，善弹琴。
>
> 籍本有济世志，属魏、晋之际，天下多故，名士少有全者，籍由是不与世事，遂酣饮为常。文帝初欲为武帝求婚于籍，籍醉六十日，不得言而止。钟会数以时事问之，欲因其可否而致之罪，皆以酣醉获免。
>
> 籍闻步兵厨营人善酿，有贮酒三百斛，乃求为步兵校尉。遗落世事，虽去佐职，恒游府内，朝宴必与焉。
>
> 会帝让九锡，公卿将劝进，使籍为其辞。籍沈醉忘作，临诣府，使取之，见籍方据案醉眠。使者以告，籍便书案，使写之，无所改窜。辞甚清壮，为时所重。
>
> 性至孝，母终，正与人围棋，对者求止，籍留与决赌。既而饮酒二斗，举声一号，吐血数升。及将葬，食一蒸肫，饮二斗酒，然后临诀，直言穷矣，举声一号，因又吐血数升，毁瘠骨立，殆致灭性。裴楷往吊之，籍散发箕踞，醉而直视，楷吊唁毕便去。
>
> 邻家少妇有美色，当垆沽酒。籍尝诣饮，醉，便卧其侧。籍既不自嫌，其夫察之，亦不疑也。

王隐《晋书》记载阮籍“有才而嗜酒狂放，露头披发，裸袒箕踞垂两脚如同簸箕的形状，一种不拘礼仪的坐法，作二千石，不治官事，日与(刘)伶等共饮酒歌呼”，母亲去世的时候，乃“食一蒸肫，饮二斗酒，然后临诀，直言‘穷矣’”。阮籍在母丧期间纵酒，以致亲友来吊唁时仍醉态蒙眬，裴楷见此状况只好无奈地说：“阮方外之人，故不崇礼制。”

《三国志·阮籍传》裴松之注引《魏氏春秋》所记阮籍的事迹，仍然是有关酒的轶事：“籍以世多故，禄仕而已。闻步兵校尉缺，厨多美酒，营人善酿酒，求为校尉。遂纵酒昏酣，遗落世事。”就因为阮籍的这一轶事，便生出一个成语“兵厨”，后代专门以“兵厨”代称储存好酒的地方。

《世说新语·任诞》记载阮籍在为母亲服丧期间，在晋文王的宴席上喝酒吃肉，遭到何曾的谴责，然而阮籍吃喝不停，神色自若。阮籍遭母丧，在晋文王坐进酒肉。司隶何曾亦在座，曰：“明公方以孝治天下，而阮籍以重丧显于公坐饮酒食肉，宜流之海外，以正风教。”文王曰：“嗣宗毁顿如此，君不能共忧之，何谓！且有疾而饮酒食肉，固丧礼也！”籍饮啖不辍，神色自若。

《世说新语·任诞》王大评价说阮籍心怀不平，气愤或愁闷郁积在心中，故而经常饮酒浇愁：“阮籍胸中垒块（积砌成堆的土块），故须酒浇之。”

酒催生了诗，阮籍是建安以来第一个全力创作五言诗的人，其《咏怀诗》把82首五言诗连在一起，编成一部庞大的组诗，并塑造了一个悲愤诗人的艺术形象，这本身就是一个极有意义的创举，一个显著的成就，在五言诗的发展史上奠定了基础，开创了新的境界，做出了巨大的贡献，对后世作家产生了重大影响。

同为竹林七贤的阮咸，同样是“任达不拘”，同样是与酒为伴，不同的是他用大盘饮酒，甚而至于和猪一起争着饮酒，这就是千百年来的第一次了。《晋书·阮籍传》所附《阮咸传》说他“虽处世不交人事，惟共亲知弦歌酣宴而已。与从子修特相善，每以得意为欢。诸阮皆饮酒，咸至，宗人间共集，不复用杯觞斟酌，以大盆盛酒，圆坐相向，大酌更饮。时有群豕来饮其酒，咸直接去其上，便共饮之。群从昆弟莫不以放达为行”。

同为竹林七贤的刘伶性好酒，曾作《酒德颂》说：“惟酒是务，焉知其余。无思无虑，其乐陶陶。”刘伶经常不加节制地喝酒，任性放纵，有时在家里赤身露体，有人看见了就责备他。刘伶说：“我把天地当做我的房子，把屋子当做我的衣裤，诸位为什么跑进我裤子里来！”有一次，他生了重病，依然饮酒不辍，气得老婆砸了酒罐子，在此情况下，刘伶还骗酒喝，说只有喝上五斗酒才能解除醉酒。

> 刘伶病酒，渴甚，从妇求酒。妇捐酒毁器，涕泣谏曰：“君饮太过，非摄生之道，必宜断之！”伶曰：“甚善。我不能自禁，唯当祝鬼神自誓断之耳。便可具酒肉。”妇曰：“敬闻命。”供酒肉于神前，请伶祝誓。伶跪而祝曰：“天生刘伶，以酒为名；一饮一斛，五斗解酲。妇人之言，慎不可听。”便引酒进肉，隗然已醉矣。

西晋后期，许多士人祖尚玄虚，行为放荡，酣醉于饮宴，纵情于酒席。如王戎的从弟王衍，以及王衍之弟王澄就颇为狂放：“时王敦、谢鲲、庾敳、阮修皆为衍所亲善，号为四友，而亦与澄狎，又有光逸、胡毋辅之等亦豫焉。酣宴纵诞，穷欢极娱。”而王澄有过之而无不及，除了纵酒，就是投壶博戏，即使面临败局、生命攸关的时候依然如此：“惠帝末，衍白越以澄为荆州刺史、持节、都督，领南蛮校尉……澄既至镇，日夜纵酒，不亲庶事，虽寇戎急务，亦不以在怀。……巴蜀流人散在荆、湘者，与土人忿争，遂杀县令，屯聚乐乡。澄使成都内史王机讨之。贼请降，澄伪许之，既而袭之于宠洲，以其妻子为赏，沈八千余人于江中。于是益、梁流人四五万家一时俱反，推杜弢为主，南破零桂，东掠武昌，败王机于巴陵。澄亦无忧惧之意，但与机日夜纵酒，投壶博戏，数十局俱起。”

再如周伯仁，完全不分场合、不分时候地纵酒放荡，不管为官还是居家，都毫无节制地饮酒，经常喝醉，只有他姐姐死时醒酒三天，他姑姑死时，醒酒三天。《世说新语》则谓周伯仁喝酒“尝经三日不醒”。时人谓之“三日仆射”。

还有刘公荣，当和别人喝酒时，会和不同身份、地位的人在一起，杂乱不纯，有人因此指责他。他回答说：“胜过公荣的人，我不能不和他一起喝；不如公荣的人，我也不能不和他一起喝；和公荣同类的人，更不能不和他一起喝。”他有了这样的理由，于是整天都和别人共饮而醉倒。

再有阮宣子亦然好酒，常常步行，拿一百钱挂在手杖上，到酒店里，就独自开怀畅饮。即使是当时的显要人物，他也不肯登门拜访。

又有山简，字季伦，西晋末年，任都督荆、湘、交、广四州诸军事，镇守襄阳。当时战乱不断，他却悠闲度日，沉迷在酒中。山简经常径自到高阳池去游玩，一醉方休。高阳池，本名习家池，是汉侍中习郁的养鱼池，是一处游乐胜地。山简每到这里，常大醉而归，曾说：“此是我高阳池也。”由此改名高阳池。

鸿胪卿孔群的酒瘾也算得上数。丞相王导对他说：“你为什么经常喝酒？你难道没看见酒店盖酒坛的布，过不了多少时间就腐烂了吗？”孔群说：“不是这样。您难道没看见糟肉，反而更能耐久吗？”孔群曾经给亲友写信说：“今年田地里只收到七百石秫米，不够酿酒用的。”

卫君长任温峤的长史，温峤非常赞许他，经常随随便便提着酒肉到卫君长那里去，两人伸开腿对面坐着，一喝就是一整天。卫君长到温峤那里去时也是这样。

《世说新语·汰侈》记载一桩奇事，也与饮酒的社会风气有关。苏峻发动叛乱时，庾冰当时任吴郡内史，单身逃亡，百姓官吏都离开他跑了，只有郡衙里一个差役独自用只小船载着他逃到钱塘口，用席子遮掩着他，终于逃脱。后来平定了叛乱，庾冰想要报答那个差役，满足他的要求。差役说：“我是差役出身，不羡慕那些官爵器物，只是从小就苦于当奴仆，经常发愁不能痛快地喝酒；如果让我这后半辈子能有足够的酒喝，这就行了，不再需要什么了。”庾冰给他修了一所大房子，买来奴婢，让他家里经常有成百石的酒，就这样供养了他一辈子。当时的人认为这个差役不只有智谋，而且对人生也很达观。

魏晋时的酒鬼们经常语不惊人死不休，张翰，字季鹰，他的名言是“与其让我身后有名，还不如现在喝一杯酒”：“张季鹰纵任不拘，时人号为江东步兵。或谓之曰：'卿乃可纵适一时，独不为身后名邪？'答曰：'使我有身后名，不如即时一杯酒！'"毕卓，字茂世，曾任吏部郎，常常饮酒废职。他的名言是，能够在酒池里游泳，这就足以了结这一辈子："一手持蟹螯（áo，螃蟹前面的一对钳子），一手持酒杯，拍浮酒池中，便足了一生。"王忱，字佛大，也叫王大。性嗜酒，一饮连日不醒，结果因喝酒而死。他生前的名言是："三天不喝酒，就觉得身体和精神不再相依附了。"

王恭，字孝伯，曾任兖、青二州刺史，他对魏晋名士有一个最好的解释："名士不必须奇才，但使常得无事，痛饮酒，熟读《离骚》，便可称名士。"

崇尚玄虚，不遵礼法以致行为放荡之风亦影响到江左，《晋书》卷四九《光逸传》载光逸与朋友们（八达）饮酒不舍昼夜："光逸字孟祖，乐安人也。……后举孝廉，为州从事，弃官投辅之。……寻以世难，避乱渡江，复依辅之。初至，属辅之与谢鲲、阮放、毕卓、羊曼、桓彝、阮孚散发裸裎，闭室酣饮已累日。逸将排户入，守者不听，逸便于户外脱衣露头于狗窦中窥之而大叫。辅之惊曰：'他人决不能尔，必我孟祖也。'遽呼入，遂与饮，不舍昼夜。时人谓之八达。"

不是说当时所有的知识界饮起酒来都是这样放浪不羁，西晋人士向秀在思想史上有其重要位置，他的行径则与竹林七贤不同，"（向）秀与嵇康、吕安为友，趣舍不同"，他与嵇康的养生论也不同，他认为饮食不可放纵，而应该有所节制："嗜欲、好荣恶辱、好逸恶劳，皆生于自然"，故而养生应该"节哀乐、和喜怒、适饮食、调寒暑"。《世说新语·德行篇》所记载的殷仲堪就居官节俭，一反世俗："殷仲堪既为荆州；值水俭，食常五碗盘，外无馀肴；饭粒脱落盘席间，辄拾以啖之。虽欲率物，亦缘其性真素。每语子弟云：'勿以我受任方州，云我豁平昔时意，今吾处之不易。贫者士之常，焉得登枝而捐其本！尔曹其存之！'"殷仲堪官至荆州刺史，依然不以守贫节俭为羞，反对奢侈浪费、暴殄天物，并且教育子弟辈不得登枝而损其本。这是值得称道的。

图 3-5　陶渊明像

二、陶渊明

山水诗的创始者陶渊明也是酒中之人，鲁迅称他和李白"在中国文学史上都是头等人物"。而他的诗几乎是酒炮制出来的，无酒不成诗。

《晋书·隐逸·陶渊明传》这样介绍他："陶潜，字符亮，大司马侃之曾孙也。祖茂，武昌太守。潜少怀高尚，博学善属文，颖脱不羁，任真自得，为乡邻之所贵。尝着《五柳先生传》以自况曰：'先生不知何许人，不详姓字，宅边有五柳树，因以为号焉。闲静少言，不慕荣利。好读书，不求甚解，每有会意，欣然忘食。性嗜酒，而家贫不能恒得。亲旧知其如此，或置酒招之，造饮必尽，期在必醉。既醉而退，曾不吝情。环堵萧然，不蔽风日，短褐穿结，箪瓢屡空，晏如也。常著文章自娱，颇示己志，忘怀得失，以此自终。’”短短二百字的自传，竟被酒占去了一半，于是一个嗜酒而不能置酒，总是到亲友家蹭酒喝的穷酸形象油然而生。

陶渊明每逢酒熟时，就取下头上的葛巾过滤酒，过滤完毕，仍把葛巾戴在头上。

他生性嗜酒，凡饮必醉。朋友来访，无论贵贱，只要家中有酒，必与同饮。他先醉。便对客人说："我醉欲眠卿可去。"

陶渊明官居彭泽令的时候，"公田悉令吏种秫稻。妻子固请种粳（米），乃使二顷五十亩种秫，五十亩种粳"。分给他的公田，他本来想全种秫，也就是拿来酿酒。在他妻子的坚持之下，他才答应拿出五十亩来种粳米。

陶渊明写有专门的《饮酒》诗，《序言》说自己爱酒，偶尔有了名酒，没有一天不饮，没有一夕不醉，于是把它记载下来："余闲居寡欢，兼比夜已长，偶有名酒，无夕不饮。顾影独尽，忽焉复醉。既醉之后，辄题数句自娱。纸墨遂多，辞无诠次。聊命故人书之，以为欢笑尔。"诗中记述一位老农带着酒大清早上门来，邀他同饮，"忽与一樽酒，日夕欢相持。""一士常独醉，一夫终年醒，醒醉还相笑，发言各不领。"老农劝他出仕做官，他回答："深感老父言，禀气寡所谐。纡辔诚可学，违己讵非迷？且共欢此饮，吾驾不可回。"酒是可以一起喝的，但您的好意我无法领受。"故人赏我趣，挈壶相与至。班荆坐松下，数斟已复醉。父老杂乱言，觞酌失行次。不觉知有我，安知物为贵。悠悠迷所留，酒中有深味。""子云性嗜酒，家贫无由得。时赖好事人，载醪祛所惑。觞来为之尽，是谘无不塞。"

《饮酒》诗共 20 首，这组诗并不是酒后遣兴之作，而是诗人借酒为题，写出对现实的不满和对田园生活的喜爱，是为了在当时十分险恶的环境下借醉酒来逃避迫害。其中第五首最为有名："结庐在人境，而无车马喧。问君何能尔？心远地自偏。采菊东篱下，悠然见南山。山气日夕佳，飞鸟相与还。此中有真意，欲辩已忘言。"这首诗以情为主，融情入景，写出了诗人归隐田园后生活悠闲自得的心境。

老年的陶渊明穷困潦倒，更没有条件喝酒，老朋友颜延之，担任始安郡太守，经过陶渊明家乡浔阳，每天都带酒到陶渊明家来饮。临别时，留下两万钱，谁知陶渊明竟然全部送到酒家，以便天天有酒喝，真是今朝有酒今朝醉，哪怕明天喝凉水。贫苦晚年时，他为自己写的挽歌则是："但恨在世时，饮酒不得足。""在昔无酒饮，今但湛空觞。春醪生浮蚁，何时更能尝。"充满了对酒的怀念之情和深深的遗憾。

陶渊明的诗歌留到今天的有 125 首，大多为五言诗。内容上不少都是饮酒诗，其余才是咏怀诗和田园诗。在饮酒中，陶渊明更多地流露出一种逍遥自适的心境。酒帮助他达成逍遥自得的生命境界。

鲁迅先生说："但陶集里有《述酒》一篇，是说当时政治的，这样看来，可见他于世事也并没有遗忘和冷淡。”

鲁迅探讨魏晋文学的名篇《魏晋风度及文章与药及酒的关系》实在是一篇讨论魏晋知识分子与酒的关系的文章，其结论可以表述为：凡魏晋名士无不饮酒，无不因酒而风流：“晋礼居丧之时，也要瘦，不多吃饭，不准喝酒。但在吃药之后，为生命计，不能管得许多，只好大嚼，所以就变成‘居丧无礼’了。居丧之际，饮酒食肉，由阔人名流倡之，万民皆从之，因为这个缘故，社会上遂尊称这样的人叫作名士派。”“魏末，何晏他们之外，又有一个团体新起，叫做‘竹林名士’，也是七个，所以又称‘竹林七贤’。正始名士服药，竹林名士饮酒。竹林的代表是嵇康和阮籍。但究竟竹林名士不纯粹是喝酒，嵇康也兼服药，而阮籍则是专喝酒的代表。但嵇康也饮酒，刘伶也是这里面的一个。他们七人中差不多都反抗旧礼教的。……他们的态度，大抵是饮酒时衣服不穿，帽也不戴。若在平时，有这种状态，我们就说无礼，但他们就不同。居丧时不一定按例哭泣；子之于父，是不能提父的名，但在竹林名士一流人中，子都会叫父的名号。旧传下来的礼教，竹林名士是不承认的。即如刘伶，他曾做过一篇《酒德颂》，谁都知道他是不承认世界上从前规定的道理的，曾经有这样的事，有一次有客见他，他不穿衣服。人责问他；他答人说，天地是我的房屋，房屋就是我的衣服，你们为什么钻进我的裤子中来？至于阮籍，就更甚了，他连上下古今也不承认，在《大人先生传》里有说：‘天地解兮六合开，星辰陨兮日月颓，我腾而上将何怀？’他的意思是天地神仙，都是无意义，一切都不要，所以他觉得世上的道理不必争，神仙也不足信，既然一切都是虚无，所以他便沉湎于酒了。然而他还有一个原因，就是他的饮酒不独由于他的思想，大半倒在环境。其时司马氏已想篡位，而阮籍的名声很大，所以他讲话就极难，只好多饮酒，少讲话，而且即使讲话讲错了，也可以借醉得到人的原谅。只要看有一次司马懿求和阮籍结亲，而阮籍一醉就是两个月，没有提出的机会，就可以知道了。”“但魏晋也不全是这样的情形，宽袍大袖，大家饮酒，反对的也很多。在文章上我们还可以看见裴頠的《崇有论》、孙盛的《老子非大贤论》，这些都是反对王何们的。在史实上，则何曾劝司马懿杀阮籍有好几回，司马懿不听他的话，这是因为阮籍的饮酒，与时局的关系少些的缘故。”

“（嵇康）他在《家诫》中教他的儿子做人要小心，还有一条一条的教训。有一条是说长官处不可常去，亦不可住宿；长官送人们出来时，你不要在后面，因为恐怕将来官长惩办坏人时，你有暗中密告的嫌疑。又有一条是说宴饮时候有人争论，你可立刻走开，免得在旁批评，因为两者之间必有对与不对，不批评则不像样，一批评就总要是甲非乙，不免受一方见怪。还有人要你饮酒，即使不愿饮也不要坚决地推辞，必须和和气气地拿着杯子。我们就此看来，实在觉得很稀奇：嵇康是那样高傲的人，而他教子就要他这样庸碌。因此我们知道，嵇康自己对于他自己的举动也是不满足的。”

“到东晋，风气变了。社会思想平静得多，各处都夹入了佛教的思想。再至晋末，乱也看惯了，篡也看惯了，文章便更和平。代表平和的文章的人有陶潜。

他的态度是随便饮酒，乞食，高兴的时候就谈论和做文章，无尤无怨。所以现在有人称他为‘田园诗人’，是个非常和平的田园诗人。……陶潜之在晋末，是和孔融于汉末与嵇康于魏末略同，又是将近易代的时候。但他没有什么慷慨激昂的表示，于是便博得‘田园诗人’的名称。但《陶集》里有《述酒》一篇，是说当时政治的。这样看来，可见他于世事也并没有遗忘和冷淡，不过他的态度比嵇康阮籍自然得多，不至于招人注意罢了。还有一个原因，先已说过，是习惯。因为当时饮酒的风气相沿下来，人见了也不觉得奇怪，而且汉魏晋相沿，时代不远，变迁极多，既经见惯，就没有大感触，陶潜之比孔融嵇康和平，是当然的。”

三、魏晋名士

饮食场合中常见人之气节、肚量、见识、个性，谁知魏晋人竟有另外的风度。《世说新语·德行》有这样几例，很有代表性。

饥荒时代，求食不易，郗鉴以独特的方式保持食物，救活了两个孩子。郗鉴，以儒雅著名，过江后历任兖州刺史、司空、太尉。晋怀帝永嘉年间(307—312)，正当八王之乱以后，政治腐败，民不聊生。郗公正值永嘉丧乱，在乡里之间，甚是穷困饥饿。“乡人以公名德，传共饴之。公常携兄子迈及外甥周翼二小儿往食。乡人曰：‘各自饥困，以君之贤，欲共济君耳，恐不能兼有所存。’公于是独往食，辄含饭着两颊边，还吐与二儿。后并得存，同过江。郗公亡，翼为剡县，解职归，席苫于公灵床头，心丧终三年。”郗鉴有仁爱之心，亦有所不忍，单独去蹭饭吃后总是两个腮帮子含满了饭，回来便吐出给两个小孩吃。后来都活了下来，一起到了江南。这两个孩子都知恩图报，在郗鉴去世后为他守丧三年。郗鉴有仁爱之心，把它发挥到极致，但也说明当时的饥饿已经到了何等程度。

还是和饮食有关，有一位叫顾荣的，在洛阳，有一件好人得到好报的故事：顾荣“尝应人请，觉行炙人(传递菜肴的仆役)有欲炙之色。因辍己施焉。同坐嗤之，荣曰：‘岂有终日执之，而不知其味者乎！’后遭乱渡江，每经危急，常有一人左右己。问其所以，乃受炙人也。”顾荣不忍心端菜的人那种表情，怜悯他对美食的渴望，把自己的那一份肉菜让给了他，后来当遇到危难的时候，得到那位端菜人的回报。

这件事和春秋时候秦穆公的故事相似。《淮南子·泛论训》记载说：“秦穆公出游而车败，右服(居中两匹中靠右侧的那匹马)失马，野人得之。穆公追而及之岐山之阳，野人方屠而食之。穆公曰：‘夫食骏马之肉，而不还饮酒者，伤人。吾恐其伤汝等。’遍饮而去之。处一年，与晋惠公为韩之战，晋师围穆公之车，梁由靡扣穆公之骖，获之。食马肉者三百余人，皆出死为穆公战于车下，遂克晋，虏惠公以归。此用约而为德者也。”秦穆公心胸宽广，能体恤百姓，当看到山里人把自己的马杀了煮着吃的场面之后，不但没有动怒，而且还怕山里人吃骏马的肉会伤身，又供给他们酒喝。百姓感念他的恩德，这些山里人在秦晋之战中拼死保护遇到麻烦的秦穆公，最终帮助秦穆公取得了战争的胜利。

一个人的吃相如何，尤其是众目睽睽之下的吃相，直接反映出他的个性、追求、心理、修养等等，当然也与所处的时代背景息息相关，这是观察人的很好角度。《世说新语》有《忿狷》一篇，忿狷，指愤恨、急躁。本篇所述，多是因一小事而生气、仇视或性急的事例。描绘性情急躁者的表现，最生动的莫过于“王蓝田性急”一事，这里通过姓王的蓝田侯吃鸡蛋的小动作便把一个因性急而暴怒的人，绘影绘声地刻画了出来：

> 王蓝田性急，尝食鸡子，以筯刺之，不得，便大怒，举以掷地，鸡子于地圆转未止，仍下地以屐齿碾之，又不得，瞋甚，复于地取内口中，啮破即吐之。

吃鸡蛋是平常事，可是在王蓝田那里就与众不同，这一切都因为他的心急，急不可耐。蓝田侯王述吃鸡蛋时，先是用筷子去戳鸡蛋，鸡蛋是圆的，怎么戳得进去。没有戳进去，就大发脾气，拿起鸡蛋扔到了地上。鸡蛋在地上转个不停，他就更生气了，他就下地用木履齿去踩，很奇怪，竟然没有踩破。他气急败坏，再从地上捡起来放进口里，咬破就吐了。

《世说新语·俭啬》记述奢侈之外还有几例节俭的故事。丞相王导本性节俭，幕府中的美味水果堆得满满的，也不分给大家。到了春天就腐烂了，卫队长禀报王导，王导叫他扔掉，嘱咐说：“千万不要让大郎知道！”

苏峻叛乱时，太尉庾亮南逃去见陶侃，陶侃很赞赏并重视他。陶侃本性吝啬，到吃饭的时候，给他吃薤头，庾亮顺手留下薤白（小根蒜）。陶侃问他：“要这东西做什么？”庾亮说：“仍旧可以种。”于是陶侃极力赞叹庾亮不仅风雅，同时有治国的实际才能。

王戎家有良种李子，卖李子时，怕别人得到他家的良种，总是先把李核钻破再卖。

王戎青年时代去拜访阮籍，这时刘公荣也在座，阮籍对王戎说：“碰巧有两斗好酒，该和您一起喝，那个公荣不要参加进来。”两人频频举杯，互相敬酒，刘公荣始终得不到一杯；可是三个人言谈耍笑，和平常一样。有人问阮籍为什么这样做，阮籍回答说：“胜过公荣的人，我不能不和他一起喝酒；比不上公荣的人，又不可不和他一起喝酒；只有公荣这个人，可以不和他一起喝酒。”

魏晋南北朝的文人学士在“酒”的陶冶中，思考社会，品味人生，实现了思想解放和“文学自觉”，产生了浓盛的创作兴趣，创立了新的文体，为此后唐代的思想活跃、文学的绚丽多彩开拓了新的路径。

第五节 奢靡的社会生活

一、何不食肉糜

晋惠帝的“何不食肉糜”是一个极端的例子，老百姓没有吃的了，晋惠帝问为什么不喝肉粥（肉糜）呢？这一问实在是令人无言，也说明了一个皇帝会无知无耻无赖到何等地步。

《晋书》卷四《惠帝纪》记载晋惠帝（不堪政事）：“帝之为太子也，朝廷咸知不堪政事，武帝亦疑焉。”但就是这么一个不成器的人居然做了皇帝，国家一时大乱：“及居大位，政出群下，纲纪大坏，货赂公行，势位之家，以贵陵物，忠贤路绝，谗邪得志，更相荐举，天下谓之互市焉。高平王沈作《释时论》，南阳鲁褒作《钱神论》，庐江杜嵩作《任子春秋》，皆疾时之作也。”并且一连串荒诞的事都发生了：“帝尝在华林园，闻虾蟆声，谓左右曰：‘此鸣者为官乎，私乎？’或对曰：‘在官地为官，在私地为私。’及天下荒乱，百姓饿死，帝曰：‘何不食肉糜？’其蒙蔽皆此类也。后因食饼中毒而崩，或云司马越之鸩。”简直昏聩到无以复加的地步，但也说明社会腐败到何等地步了。

二、竞相奢靡

士族门阀地主在魏晋南北朝时期得到很大的发展，他们不仅有充裕的经济条件加工制作各种美味佳肴，而且这个阶级的人物在饮食上的精益求精和奢侈习性也是非常突出的，他们以奢侈为荣，竞事侈靡。其时公私宴集，莫不“食前方丈”“穷水陆之珍”。西晋太傅何曾“性奢豪，务在华侈。帷帐车服，穷极绮丽，厨膳滋味，过于王者。每燕见，不食太官所设，帝辄命取其食。蒸饼上不拆作十字不食。食日万钱，犹曰无下箸处”。他已经僭越到何等程度，每次去晋见皇帝，都不吃太官（管理皇帝膳食的机构）做的饭菜，皇帝就让他取自己的食物来。也可见皇帝对他的容忍，对他的无可奈何。何曾的子孙后代在他的影响下，也是奢侈豪华成性。他的儿子何劭，“骄奢简贵，有父风。衣裘服翫，新故巨积。食必尽四方珍异。一日之供，以钱二万为限。时论以为太常宜作大官。御膳，无以加之。”他的另一个儿子何遵，“性亦奢汰”，奢侈过度。何遵之子何绥，“自以继世名贵，奢侈过度”。何遵另一子何机，“性亦矜傲”。何遵之第四子何羡，“既骄且吝，陵驾人物，乡闾疾之如仇”。他们在政治上与皇权分庭抗礼，在饮食上也与宫廷一争高下，乃至凌驾于宫廷饮食之上，出现了“太官鼎味”反不及他们的情形。何曾就是一例。王济在家设宴款待晋武帝，“蒸豚肥美，异于常味。帝怪而问之，答曰：‘以人乳饮豚。’帝甚不平，食未毕，便去。”南朝士族官僚虞棕之厨膳亦远胜御厨，齐武帝曾“幸芳林园就棕求味，棕献栅及杂肴数十舆，太官鼎味不及也”。

三、《世说新语》所记

《世说新语·汰侈》记载几则事例进一步充分说明了当时的社会风气已经奢靡到何等程度。

其一，晋代曾任荆州刺史的石崇，他摆的是血淋淋的宴席，客人的酒不能干杯，就要杀劝酒的美人："石崇每要客燕集，常令美人行酒，客饮酒不尽者，使黄门交斩美人。王丞相与大将军尝共诣崇，丞相素不能饮，辄自勉强，至于沉醉。每至大将军，固不饮，以观其变。已斩三人，颜色如故，尚不肯饮。丞相让之，大将军曰：'自杀伊家人，何预卿事！'"王敦真是冷血动物，每当轮到他，美人劝说他，他坚持不喝，就为这个，石崇已经连续杀了三个美人，而王敦神色不变，还是不肯喝酒。王导责备他，王敦说："他自己杀他家里的人，干你什么事！"

其二，王武子用人乳喂小猪，连晋武帝都甚为不满："武帝尝降王武子家，武子供馔，并用琉璃器。婢子百馀人，皆绫罗裤褶，以手擎饮食。烝豚肥美，异于常味。帝怪而问之，答曰：'以人乳饮豚。'帝甚不平，食未毕，便去。王、石所未知作。"

其三，夸富炫富，甚是过分：王君夫以粭糒澳釜（谓以饧糖和饭擦锅子），石季伦用蜡烛作炊。君夫作紫丝布步障碧绫里四十里，石崇作锦步障五十里以敌之。石以椒为泥，王以赤石脂泥壁。

其四，为了争奇斗艳，无所不用其极。石崇有三件事超过王恺，这使得王恺愤愤不平。第一件事，石崇为客人做豆粥，呼唤答应之间便办妥；二是冬天有韭蓱齑（用韭菜、艾蒿等捣碎制成的腌菜）；还有，他家牛的形状气力不胜王恺家的牛，他与王恺出游，极晚出发，争相进入洛城，石崇家的牛数十步后迅若飞禽，王恺家的牛飞跑都不能及。每每因为此三事扼腕长叹，乃秘密收买崇帐下都督及御车人，问什么原因。都督解答说："豆至难煮，唯有预先作熟末，客人至，作白粥投放进去。韭蓱齑本是捣韭根，取其味，掺杂以麦苗混淆颜色罢了。"再问第三件事，牛为什么会突然之间跑那么快。驭手说："牛本来不迟，由于将车人来不及，控制了它。紧急时刻听任偏转辕头，便跑得快了。"王恺全部照办，遂争胜。石崇后来听闻，把告发的人都杀了。从这个事例可以看出他们之间的竞争是多么的激烈，为争胜不惜杀人。

魏晋时牛心是最为珍贵的食品，年幼的王羲之就曾得此美食。周顗曾任吏部尚书，名望很大。王羲之年幼时不善于说话，人们还看不出他的特异之处。13岁时去拜谒周顗，周顗看出他不比寻常。当时人们看重烤牛心这道好菜，吃饭时周顗特意先切一块烤牛心给王羲之吃，于是他才出名。"王右军（王羲之）少时，在周侯末坐，割牛心啖之。于此改观。"

其五，暴殄天物。王武子赢得王君夫的牛心，也仅仅尝了一块便离去，害得王君夫杀了一匹千里牛："王君夫有牛，名八百里驳，常莹其蹄角。王武子语君夫：'我射不如卿，今指赌卿牛，以千万对之。'君夫既恃手快，且谓骏物无有杀理，便相然可，令武子先射。武子一起便破的，却据胡床，叱左右速探牛心来。须臾，炙至，一脔便去。”

彭城王司马权有同样的遭遇，快牛被太尉王衍白白地杀了：“彭城王有快牛，至爱惜之。王太尉与射，赌得之。彭城王曰：‘君欲自乘，则不论；若欲啖者，当以二十肥者代之。既不废啖，又存所爱。’王遂杀啖。”彭城王向太尉王衍求情：“如果您想要用来驾车，我就不说什么了；如果想杀来吃，我就要用二十头肥牛来换下它。这既不妨碍您吃，又能留下我所喜爱的牛。”但终究未能劝说王衍同情，王衍终于把牛杀掉吃了。

四、陈寅恪对南朝腐败的研究

陈寅恪《魏晋南北朝史讲演录》对南朝梁的腐败有很深刻的揭示，他指出：

> 整个上层社会都为奢靡之风所笼罩。……梁时士族无论是文官还是武将，无论是建业集团还是江陵集团，都腐朽了。……南北士族至梁武帝时，无不趋向奢侈腐化。

他进一步举证说：

> 梁朝奢靡风气可从《梁书》三八《贺琛传》贺琛所说第二件事看出。其言略云：“其二事曰：今天下守宰，所以皆尚贪残，罕有廉白者，良由风俗侈靡，使之然也。淫奢之弊，其事多端，粗举二条，言其尤者。夫食方丈于前，所甘一味。今之燕喜，相竞夸豪，积果如山岳，列肴同绮绣，露台之产，不周一燕之资，而宾主之间，裁取满腹，未及下堂，已同臭腐。又歌姬舞女，本有品制，二八之锡，良待和戎。今虽复庶残微人，皆盛姬姜，务在贪污，争饰罗绮。故为吏牧民者竞为剥削。其余淫侈，着之凡百，习已成俗，日见滋甚。欲使人守廉隅，吏尚洁白，安可得邪？”

这一条反映了士族的贪婪腐朽。这是由梁武帝宽纵士族权贵，政刑谬乱造成的。贺琛所说的四事，表明梁时统治阶级已经走上败亡之路。

陈寅恪指出，梁朝太平五十年，士族贵人唯以侈靡为务。皇亲国戚是如此，新起的寒门官吏也是如此。其实那时已不是某某人的问题，而是整个上层社会都为奢靡之风所笼罩。……梁时士族无论是文官还是武将，无论是建业集团还是江陵集团，都腐朽了。……南北士族至梁武帝时，无不趋向奢侈腐化。武人已不能带兵，侯景戏弄武帝“非无菜但无酱”，有卒而无将才，以至不得不依靠新来的北方降将，在梁末，是不容否认的事实。在这种情况下，变乱一起，士族的末日在所难逃。

一南一北，一南是南朝，一北是北朝，竞相夸竞，彼此毫不逊色。史称北魏“于时国家殷富，库藏盈溢，钱绢露积於廊者，不可较数”。《洛阳伽蓝记》记载北魏的贵族同样的奢靡，卷四记载河间王元琛、章武王元融的腐败生活比起石崇有过之而无不及:元琛在秦州,并没有多少政绩,派遣使者向西域求名马,远至波斯国,得到千里马,号为“追风赤骥”。其次有七百里者十余匹,皆有名字。为了显摆,以银为马槽,金为锁环,连诸王都佩服其豪富。元琛有一句名言:“不恨我不见石崇,恨石崇不见我!”他说:“晋室石崇乃是庶姓,犹能雉头狐掖,画卵雕薪;况我大魏天王,不为华侈?”建造迎风馆于后花园,窗户之上,列钱青琐,玉凤衔铃,金龙吐佩,素柰朱李,枝条入檐,伎女坐在楼上,便可摘食果树上的水果。元琛常常聚会宗室,陈列各种宝器,金瓶银瓮一百余口,瓯檠盘盒也和这些差不多。其余的酒器,有水晶钵、玛瑙杯、琉璃碗、赤玉卮等数十枚,做工奇妙,中原从来没有见过,皆是从西域而来。

可是历史无情,经过河阴之役,北魏元氏诸王被歼灭净尽,王侯第宅,多改为寺庙。京师士女,寻访旧址,观其廊庑绮丽,无不叹息,以为蓬莱仙室,也不能超过。抚今追昔,感慨良多。这便是历史,奢华导致惩罚,朝代更迭,不由个人意志。

第六节　魏晋南北朝时期的饮食文献

一、饮食文献大量出现

魏晋南北朝时期,记载饮食文化的书籍大量出现。此时讲究饮食已成为社会风气,因而作为烹饪经验总结的各种食书大量出现,不仅数量多而且已自成体系,以记载食品加工、烹饪技艺为主的各种食经、食方、食谱等最为繁多和突出,它们已经从其他著述中独立出来,从饮食本身进行多方面、多层次的记载和论述,表现了在饮食问题上务实取向的时代精神,说明饮食水平和烹饪技艺的提高和人们对于美味佳肴的注重和追求,人们在注意吃好的同时,还讲究饮食的卫生营养以及文化意蕴。同时,这一时期,还出现了一批熟谙饮食问题的专家和研究者,如曹操、何曾、崔浩、刘休、虞悰、贾思勰等。

有关烹饪技艺和菜肴名目方面的著作,如《崔氏食经》四卷、《食经》十四卷、《崔浩食经》九卷;关于食制食法与饮食宜忌,卫生营养方面的著作,如曹操《四时食制》、无名氏《四时御食经》;关于食品加工酿造方面的著作,如《四时酒要方》《杂藏酿法》;关于地区或远方珍异食物方面的著作,如《南方草木状》《临海水土异物志》《荆楚岁时记》等;综合性的著述,最突出的就是《齐民要术》。该书全面系统地论述了食物原料,食品的生产、加工、烹饪和使用等,为南北朝饮食学著作之集大成者。

魏晋南北朝,食谱及相关著作明显增多,饮食著作大量涌现。因此可以说,已经形成了饮食学。

我国古代饮食学经过先秦两汉的酝酿和发展,在魏晋南北朝时期才得以形成和确立，并迅速成熟起来。一般来说，饮食学的形成必须具备四个方面的条件：(1)要有比较全面的、系统的而不是个别的、零星的记述饮食事项的著述；(2)要有一批关于饮食事项的专门的、独立的著述，而不是附属于其他著作，或是其他著作的一部分；(3)要建立起比较系统的、完整的学科体系，必须有从饮食原料到加工烹饪，从食物的食用到饮食的卫生保健、文化艺术底蕴，以及饮食思想理论等方面的记载和阐述，而不仅仅是只涉及饮食的某些方面和问题；(4)要有谙熟饮食问题的、研究有素的饮食问题专家和相关研究者。以这四个条件作标准，可以说在魏晋南北朝时期，饮食学已经作为独立的一门学科出现，已经建立起了饮食学科的体系。①

这一时期饮食的门类更加细致，所记述的范围有所扩大，既有烹饪技艺和菜肴名目方面的食经、食谱著作，又有卫生营养方面的饮食宜忌著作，而且出现了关于酒类的专门著作。除了《隋书·经籍志》所载书目外，还有不少著作也涉及饮食方面的内容，例如张华《博物志》卷四就专列《食忌》一章，专论饮食宜忌。“食忌：人啖豆三年，则身重，行止难。啖榆则眠，不欲觉。啖麦稼，令人有力健行。饮真茶，令人少眠。人常食小豆，令人肌肥粗燥。食燕麦，令人骨节断解。人食燕肉，不可入水，为蛟龙所吞。人食冬葵，为狗所啮，疮不差，或致死。马食谷，则足重不能行。雁食栗，则翼重不能飞。”又卷五有“服食”一节专论服食，“服食”者，道家养生法。认为通过调节饮食可以强身健体，甚而可以成仙。早在战国时期，神仙思想以及为神仙思想服务的服食习俗就已经在方士中宣传开来。所谓服食主要是通过服用特定的药物，以期达到祛病延年，长生不老，甚至羽化而登仙的效果。秦始皇以其非凡的才干统一了中国，然而对于死的恐惧似乎也强于一般人，他对方士的神仙说坚信不疑。到了东汉，战国、秦汉时期的神仙思想和方术被道教丹鼎派继承，长生不老、羽化登仙成为道教的核心教义。同时，在老庄的道家养生思想的催动下，道教养生服食进入全盛时期。

比如张华《博物志》所记载的服食方法、功效，就是历代及当时人的经验总结：“服食：左元放荒年法：择大豆粗细调匀，必煮熟，按之令有光焰，气彻豆心内。先不食一日，以冷水顿服讫，其鱼肉菜果不得复经口，渴即饮水，慎不可暖饮。初小困十数日，后体力壮健，不复思食。一法：服三升为剂，亦当随人，先食多少，增损之。丰年欲复食者，煮葵子及脂苏服肉羹，渐渐饮之，须豆下乃可食。豆未尽而以实物塞肠，则杀人矣。此未试，或可以然。《孔子家语》曰：‘食水者乃耐寒而善浮，食土者无心而不息，食木者多力而不治，食石者肥泽而不老，食草者善走而愚，食桑者有绪而蛾，食肉者勇毅而悍，食气者神明而寿，食谷者智慧而夭，不食者不死而神。’《仙传》曰：‘杂食者百病，妖邪之所钟焉。’西域有蒲萄酒，积年不败，彼俗云可十年，饮之，醉弥月乃解。所食逾少，心逾开；所食逾多，心逾塞年逾损焉。”

---

① 徐海荣. 中国饮食史[M]. 北京：华夏出版社，1999：256.

这个时期许多著作除了记述中原地区传统的饮食之外，对于远方珍异也多有记述。这些文献为专著及相关文献。这些著述一般著录在子部、农家、医家类。这一时期尚未有饮食文献专门的类目。

著录情况。据《隋书·经籍志》和《新唐书·艺文志》的记载，有：《崔氏食经》四卷，《食经》十四卷，《食馔次第法》一卷，《四时御食经》一卷，《卢仁宗食经》三卷，《崔浩食经》九卷，《竺暄食经》四卷、又十卷，等。此外，南北朝时期所有而隋代已亡佚的还有：齐代的《刘休食方》一卷，梁代的《食经》二卷，《食经》十九卷，《太官食经》五卷，《太官食法》二十卷，《黄帝杂饮食忌》二卷，《家政方叶》二卷，《食图》《饮食方》《鱼且及挡蟹方》《羹月霍法》《鱼且月娄月句法》等各一卷。

酒类的著作也已大量涌现，梁代所有而隋代已亡佚的有《仙人水玉酒经》一卷，《食法杂酒食要方白酒》并《作物法》十二卷，《四时酒要方》《白酒方》《七日面酒法》《杂酒食要法》《杂藏酿法》《酒》等各一卷。据《南齐书·虞悰传》记载尚有何曾《食疏》二卷，《老子禁食经》一卷，《崔氏食经》四卷，《食经》十四卷，《食经》十九卷，《刘休食方》一卷，《食馔次第法》一卷，《黄帝杂饮食忌》二卷，《四时御食经》一卷，《太官食经》五卷，《太官食法》二十卷，《羹臛法》一卷。此外，《新唐书·艺文志》也记述了这一时期几部饮食专著，有《淮南王食经》一百三十卷、《卢仁宗食经》三卷、《崔浩食经》九卷、《竺暄食经》十卷、《太官食方》十九卷。

《隋书·经籍志》著录饮食专著有20余部，几乎全部散佚，个别著作有辑本。以上著述几乎全都亡佚，只有部分内容和片段保留在其他相关著作中。

这个时期留传下来的饮食专著及重要相关文献计有：《四时食制》《南方草木状》《临海水土异物志》《食珍录》《荆楚岁时记》《食经》《齐民要术》等。

曹操所撰《四时食制》是现在仍然能见到的最早的一本专门的饮食学著作。从现存的内容来看，仅鱼类一项就十分丰富，表明这个时期人们已经从更加深入细致的方面去研究饮食了，而饮食学从广度和深度上都有了较大的发展。

与前一时期相比，魏晋南北朝时期是社会形态变革的时期。经济领域的大地主庄园经济占统治地位。思想领域中崇尚清谈，以及文风的追求华丽，是当时整个社会形态的特点。在生活上，上层贵族以追求豪华奢靡为能事，饮食上也是格外追求美味佳肴，讲求美食的制作和烹饪技艺的文献正是这一时期产生的。魏晋文人对酒的疯狂，也使得这一时期酒文献涌现。

这一时期的饮食著述或者出自宫廷，或者出自上层官宦人家，一般为家传的食谱菜单，当时文献流传本就不易。此类书流传范围极为有限，如《崔浩食经》，主要记述了本家日常所食及适宜菜品的制作，是家传的，早已亡佚。又如南齐时的著名烹调高手虞悰，撰有《食珍录》，也是一部珍贵的食经，但仅限他个人使用，不愿传授他人。如此，此类文献更容易散佚。

这类文献反映的饮食并非大众化的饮食，而是上层贵族的饮食，不能反映当时整体饮食水平，但却反映了魏晋时期饮食的最高水平，像这类宫廷食谱家传食谱无论从用料上还是烹饪技术上都是极为讲究的，可以说达到了极致，也把中国古代饮食思想推向了一个新的高度。这些文献在饮食思想史上仍具有重要的地位。部分内容及片段保存在其他文献中，后人也做了一些辑佚工作，使我们能了解一些概貌。对这些文献举要介绍，以充分显示其价值。

这时期反映整体饮食水平及大众化饮食的文献资料也有，数量不多。最重要且流传至今的是《齐民要术》的第八、九卷。它是现今所见隋唐以前最完整最有价值的烹饪著作。这部书反映了当时饮食生活的全貌，是一部十分珍贵的饮食史文献。作者为古代著名的农学家，曾任北魏高阳太守的贾思勰。

魏晋时期农业经济有了进一步发展，从饮食角度看食品资源进一步扩大，饮食水平的提高、饮食文化的发展就有了基础。在当时小农经济的条件下，食品加工是作为副业依附于农业的，各类饮食活动以农业为基础，饮食的地位也是至高的。所以贾思勰将饮食与农、林、牧、渔等有关国计民生的生产技术并列在一起，作为国计民生的重要方面。如果这些内容单独成书，也许很难流传下来，所幸保存在农书里而得以保留。

《齐民要术》饮食部分保存的资料极有价值。食品加工方面造曲酿酒、作酱造醋等，书中涉及各类菜肴食谱烹饪方法有 30 多种。《齐民要术》全面反映当时食品加工技术与水平、烹饪技术水平及饮食水平，是一部总结性著作，是宫廷及家传菜谱所不能相比的。《齐民要术》写作参考了当时的食经，客观上起到了保存饮食文献的作用，这也是价值所在。但是这不是一部饮食专著，是一部农书。此书之后的农书大都有关于食品加工及饮食烹饪方面的内容，形成饮食文化资料的一类重要的文献系列。

两汉魏晋南北朝时期，还没有全面、系统的茶学著作，只有一些记述茶事的零散篇章，这些茶事篇章散见于各类书籍和诗文之中。这些篇章都是一些零星的、片段的记述，还没有全面、系统的茶学著作出现，作为饮食思想的一大分支的茶文化还没有形成。这种状况与饮茶在这个时期饮食思想史上的地位是相适应的。

这些篇章魏晋时期最多。魏晋的清谈之风在一定程度上推动了饮茶风气的普及。从内容来看，有记述茶叶名称、品种、产地、性味、功用、制作、烹饮、买卖和饮用习尚等。其中以阐释名称，记述产地和功用的内容最多，说明当时人们对茶仍处于开发研究的初级阶段，很重视茶的药用价值。茶道还没有形成。饮茶主要还在长江流域及其以南地区，北方尚不普及，到了北朝时期才有所发展。

从这些记载可以看到，茶叶的发现与饮用，是由中草药的发现和应用所推动的，这又一次证明了药食同源这一中国饮食文化史上的重要特征。

二、饮食著作及思想

1.《四时食制》，三国魏曹操撰

作者不仅是一个杰出的政治家、军事家、文学家，而且还兼通六艺，于饮食学方面亦甚精通，其《奏上九酝酒法》详述九酝春酒的制作方法，而且他还亲手制作，“得法酿之，常善”[①]。他向部队发布《戒饮山水令》，认为“凡山水甚强寒，饮之皆令人痢”[②]，很注意军旅饮水卫生。据张华《博物志》说：曹操“好养性法，亦解方药。招引四方之术士，如左元放、华佗之徒，无不毕至”。本书已经散佚，现在仅存《太平御览》和《初学记》所引十四条。这十四条所记都是鱼类，记述它们的名称、性状、产地、食用、滋味等。从这些鱼类的产地来看，有中原的孟津（今河南孟津），西南的滇池、犍为（今四川彭山一带）等地，江南的豫章（今江西）等地。除淡水鱼外，还有鲸鱼、疏齿鱼等海鱼。从现存的内容看是关于水产资源的，可作为研究食品资源、水产资源的重要参考文献。从书名看又是讲饮食的，应当记载一年四季的食制，但是现在残存的文字中并没有这方面的内容，而且现存的内容只有鱼类，所以估计原书的内容要远为丰富。

2.《食次》，作者不详，约为魏晋南北朝时期或更前时的著作

《食次》原书不存，只有部分佚文或肴馔名称被其他古籍保留。如在《齐民要术》中，明确标明引自《食次》的肴馔有十几条。郑望《膳夫录》中有《食次》一节，共收7种菜肴制法全部被《齐民要术》收录。《膳夫录》中将《食次》与《食单》（韦巨源《烧尾宴食单》）并列。《食次》究竟为何书，尚不清楚。曾有学者认为《食次》是《隋书·经籍志》中所录书名为《食馔次第法》（一卷）的简称，这也可以作为一种说法。《食次》为古代重要的饮食著作之一，仅从该书现存的一些菜肴的制法分析，当时的饮食烹饪达到了相当高的水平。

3.《食珍录》，南朝齐虞悰撰

虞悰，余姚人，美食家，官至黄门郎、太子庶子、祠部尚书。本书是我国古代饮食专书之一。据《南齐书》本传记载虞悰“治家富殖，奴婢无游手，虽在南土，而会稽海味无不毕致焉”“善为滋味，和齐皆有方法”“太官鼎味不及也”。齐武帝曾向他“求诸饮食方，悰秘不肯出。上醉后体不快，悰乃献醒酒鲭鲊一方而已”。该书记载了六朝帝王名门家中高级食品，也包括了烹调技术。例如，“炀帝御厨用九丁牙盘食”“金陵寒具嚼着惊动十里人”“谢朓传有鲍臛汤法”“韩约能作樱桃，其色不变”等。又记“炙鸭”之名，实即民间的烤鸭。反映出我国古代饮食文化的高度成就。《隋书·经籍志》和两《唐书》志未曾著录该书。现存《食珍录》收于《说郛》，全文仅残存200余字，收11条饮食掌故。其中隋唐时期的达7条，其中还掺杂不少后人的东西，仍然是研究中国古代饮食思想的重要参考文献。

4.《食经》，被称为“见于中国目录书记载最古老食经”

作者北魏崔浩。浩字伯渊，清河东武城（今山东武城西）人。北魏太武帝初拜博士祭酒，赐爵武城子。历太常卿、侍中、特进抚军大将军、左光禄大夫、司徒。由于所主持修撰的国史触及拓跋氏的忌讳而于太平真君十一年（450）六月被诛杀。“这是一个由文化的冲突，转变为残酷政治斗争的悲剧”（逯耀东语）。据《隋

---

① 北堂书钞，卷148.

② 太平御览，卷743.

志》医方家记载:《崔氏食经》四卷。《旧唐书》载:《食经》九卷,崔浩撰。《新唐书》同。《通志》载《崔氏食经》四卷,崔浩撰。据《魏书·崔浩传》所收崔浩写的《食经叙》称,崔母卢氏及崔的其他女性长辈,“所修妇功,无不蕴习酒食。朝夕养舅姑,四时祭祀,虽有功力,不任僮使,常手自亲焉”。后来,崔母“虑久废志,后生无所见,而少不习业书,乃占授为九篇,文辞约举,婉而成章”,崔浩也就“故序遗文,垂示来世”。可见著名的崔浩《食经》,实际是崔母卢氏“口授”而成。此外,既然卢氏的“遗文”为“九篇”,而一些史书记为崔浩《食经》九卷,看来乃是改篇为卷。至于有些史书题为四卷,估计是做了合并。

这本书有很高的学术价值。逯耀东《北魏崔氏食经的历史与文化意义》一文对本书进行系统研究。其研究首先揭示本书通过饮食的描写,反映了当时家教家风。“一族之中,食口众多,这是《崔氏食经》食品制作数量多的原因。”由此看出当时“中原的世族则是同炊共食的”。“中原士族于动乱中流徙,形成危亡相携,患难相济的心理,因而出现了和江南不同的社会形态,那就是家族而居,更因同居共财,同爨同灶得以持久维系,另一个维持中原家族累世同居的原因,则是世代相传的家教。”《食经》“有些菜肴,则是祭祀时的供饷”,比如“纯脏鱼法”“鲤鱼臛”,这些“不仅有慎终追远,更是维系家族成员向心力的重要环节”。

逯耀东注意到:“《崔氏食经》主要的资料,来自崔浩母亲卢氏。但其中也有崔浩得自其他的材料。如安乐令徐肃藏瓜法、朗陵何公封清酒法、蜀中藏瓜法等等。因此,南方的饮食资料与烹调方法,也出现在《崔氏食经》之中。最使人感兴趣的,便是莼羹一味。”逯耀东的这一观点与先前一些学者的观点不同,他认为本书中也有崔浩得自其他的材料。

据此,逯耀东进一步揭示“《崔氏食经》与胡汉糅杂的文化形态”,指出崔浩撰写《食经》有两个目的:其一,保留家风;其二,“在胡汉杂糅的社会中,使代表农业文化特质的中原饮食传统得以持续”:

> 崔浩是一个从中国文化传统里熏陶出来的典型知识分子。不仅对中国文化有宗教的热识,而且对动乱中没落的门第社会,怀有浓厚的感情,更因门第形成的士族政治充满了怀念与憧憬。但我们却不能忽略他的一生,完全消磨在这种胡汉杂糅的社会中……
>
> 清河崔氏是北方第一流的世家大族,崔浩则是自东汉以来,经西晋末年五胡之乱,留居北方未能南渡的世家的代表。在动乱中维系世家持续的,则赖其家教,如前所述,家教由家学与家风二者构成。崔浩是北方的学术领袖,曾注易、诗、尚书、论语等儒家经典,又撰五行论、汉书音义及晋后书等著作,更工书法,这是他家学的表现。至于家风,崔浩有女仪、婚仪、祭仪之作。《崔氏食经》序说明他撰食经的目的,为了保存其家族中,妇女“朝夕奉舅姑、四时祭祀”的饮食资料。这正是魏晋以来世家大族家风的实践,也是他世族理想之所系。当然,他撰食经还有

另一个目的，那就是在胡汉杂糅的社会中，使代表农业文化特质的中原饮食传统，得以持续，这也是崔浩撰的意义所在。所以，《崔氏食经》不仅是中国最早的烹饪之作，同时也反映了当时历史与文化的实际情况。

逯耀东对《齐民要术》与本书的关系也有研究，指出："《齐民要术》所引用的《崔氏食经》，是最接近崔浩原著的饮食资料。这些饮食资料并非来自南方，实际反映了当时中原地区的饮食习惯与生活情况。""以(《齐民要术》)这些材料与《魏书·崔浩传》中的《食经序》结合起来，这部见于中国目录书记载最古老食经原来面目，似乎可以复原了。""《崔氏食经》里的饮食菜肴，却是当时中原地区市民日常的饮食，这是《齐民要术》引用《崔氏食经》的原因。"

逯耀东从《崔氏食经》的流传，考证出南北饮食文化的交流情况：

(唐代)《北堂书钞》所引《食经》的"悬肉法"与"交趾跳丸法"，都出自《崔氏食经》。由此可知隋唐以后，南北混同。《崔氏食经》流传的范围很广，甚至远至岭南交趾，其制作方法也因地域的不同有所改变。同时也反映了自东晋以后南北对峙，江左江右的饮食习惯，像当时的文化学术一样，虽偶有交流却各自发展。隋唐统一南北以后，南北的饮食习惯也有混同的倾向，发展到后来，甚至于不知其漂流了。所以段公路的《北户录》才将源于《崔氏食经》的交趾跳丸法，视为"南朝食品"。

《隋书·经籍志》子部医方类条下，有《崔氏食经》四卷，不著撰人。《唐书·经籍》《艺文志》，作《食经》九卷，崔浩撰。遗憾的是，由于历史的变迁，崔浩《食经》已佚。但是，在《齐民要术》《北堂书钞》《太平御览》及王祯《农书》等书中收录有未署作者姓名的《食经》，内容有 40 多条(少数重复)，涉及食物收藏及肴馔制作，如"藏梅法""藏干栗法""藏柿法""作白醪酒法""七月七日作法酒方""作麦酱法""作大豆千岁苦酒法""作豉法""作芥酱法""作蒲鲫法""作芋子酸臑法""莼羹""蒸熊法""贩鲜法""白菹""作跳丸炙法""作犬膑法""作饼酵法""作面饭法""作煸法"等等，内容相当丰富。有学者认为，这些《食经》之佚文，极可能源自崔浩的《食经》，对此尚有待于进一步证实。

5.《广志》，西晋郭义恭撰

《广志》一书，旧题西晋郭义恭撰，最近有学者认为其成书年代当在北魏前中期，此书见于《隋书·经籍志》《新唐书·艺文志》《通志·艺文略》著录。南宋时已佚失。清儒马国翰广采群籍，辑得 260 余条，厘为上下卷，收入《玉函山房辑佚书》。本书杂记各种生产生活资料，涉及食品方面的有食品资源的列举。《广志》登录了不少旱稻品种，主要是岭南和巴蜀地区的。《齐民要术·水稻第十一》引《广志》云："有虎掌稻、紫芒稻、赤芒稻、白米。南方有蝉鸣稻，七月熟……"《广志》曰："有辽东赤粱，魏武帝尝以作粥。""……在胡秫，早熟及麦。"记胡豆：《本草经》云："张骞出使外国，得胡豆。"《广志》曰："……胡豆，有青有黄者。"

6.《齐民要术》，北魏贾思勰撰

所谓"齐民"，是指平民。书名的意思是记载对于平民最为重要的技术。贾思勰，南北朝北魏(386—534)农学家，齐郡益都(今山东寿光)人。曾任北魏高阳郡(在今山东淄博市临淄西北)太守。本书约成于公元6世纪30年代。逯耀东考证"可能是作者任高阳太守时，教民务农桑，民得以免于饥寒的治民资料，而编撰成的一部书"。全书共十卷，92篇(章)，近11万字，记载当时山东一带，包括黄河流域中下游的农业技术与人民生活，是世界上最古老而又保存得最完整的农学巨著。

《齐民要术·序》对书的体例、材料取舍做了说明："今采捃轻传，爰及歌谣，询之老成，验之行事，起自耕农，终于醯、醢，资生之业，靡不毕书，号曰《齐民要术》。凡九十二篇，束为十卷。卷首皆有目录，于文虽烦，寻览差易。其有五谷、果、蓏非中国所殖者，存其名目而已；种莳之法，盖无闻焉。舍本逐末，贤哲所非，日富岁贫，饥寒之渐，故商贾之事，阙而不录。花草之流，可以悦目，徒有春花，而无秋实，匹诸浮伪，盖不足存。"所谓"起自耕农，终于醯、醢"，就是说，农耕是手段，最终把农产品制造成食品才是目的，方可以使"齐民"(平民)获得"资生"之术。对于那些"舍本逐末，贤哲所非，日富岁贫，饥寒之渐"的商贾之事，"阙而不录"。对于无补人民生计的"花草之流"，也不在编辑之列。可见本书完全以实用为目的，其思想基础是中国传统的民本思想，也就是以务农为本，为了解决人民的吃饭问题。

从饮食烹饪的角度看，本书堪称我国古代的烹饪百科全书，价值极高。虽说是一本农书，但其中的八、九两卷却像一部烹饪专著。两卷的92篇中涉及饮食烹饪的内容有26篇，包括造曲、酿酒、制盐、做酱、造醋、做豆豉、做齑、做鱼鲊、做脯腊、做奶酪、做菜肴和点心。列举的食品、菜点品种约达300种，堪称我国古代的烹饪百科全书，价值极高。在汉魏南北朝时期的饮食烹饪著作基本亡佚的情况下，本书中的这些食品、菜点资料就更加珍贵了。

本书在中国古代饮食文化上占有重要的地位，它是我国保存完整而分量最多、时代最早的饮食著作。贾思勰在写作此书时采摄经传，援及歌谣，询之老成，验之行事。因此所记载的饮食内容，一方面是当时实践经验的总结，反映了北魏时期在饮食文化方面的成就和已经达到的水平；另一方面征引公元6世纪以前古籍157种，包括已失传的一些食品专著。如征引《崔氏食经》有27条，《食次》有9条。此书为农学专著，范文澜《中国通史简编》评价说："凡是当时农业和手工业所已经获得的知识和技术，都叙述在书中，可谓集西周至北魏生产知识之大成。"从饮食文化角度看，《齐民要术》实际上是魏晋南北朝时期中国古代饮食文献的集大成。

其所记载的黄河中下游农业生产与技术的内容概括起来有以下特点：第六十四章至六十八章是酿酒专篇，记载了曲蘖的制作和各种酒类的加工酿造。详细介绍了曲的做法和用秫、黍、糯、粳、粱、粟、稻等粮食品种为原料的30多种酒的制作方法，以及一些药酒的炮制方法，在《造神曲并酒》部，记述了北魏及以前造酒曲的各种经验、粮药的配方，各种性味不同、功效不同的酒曲制作过程；不同时节不同的酿酒法，米、曲的比例，以及选米、蒸饭、投曲、候熟、下水、压液、封缸等整个工序。此外，他对酿酒的工序，如选米、淘米、蒸饭、摊凉、下曲、候熟、下水、容器、压液、封瓮等也进行了详细说明。记载了9种制酒用曲、分神曲、笨曲、白醪曲等，其中5种神曲和白醪曲是以蒸小麦、炒小麦和生小麦按不同比例配制而成的。两种笨曲是单用炒小麦制成。白堕曲则生、熟粟按1∶2的比例配制而成。这些酒因原料与配制方法不同，功效与用途各不相同，有的专用于春、夏季，有的则适用于秋、冬季。因为夏天造酒发酵快，成熟易，但不易久藏，必须有特别的酿造，冬天天冷，酒曲中的发酵菌药性慢，需加热，冬酒可保存时间较长。还记载了酒曲、谷物的比例，酒熟后下水的比例。酿酒法有"作颐酒法""落桑酒法""粱米酒法""白醪酒法"等多种。包括酃酒、鹤觞酒在内的许多当时较有名气和较为常见酒的制作方法，如河东颐白酒、九酝酒、秦州春酒、朗陵何公夏封清酒、桑落酒、夏鸡鸣酒、黍米酒、秫米酒、糯米酒、粱米酒、粟米酒、粟米炉酒、白醪、黍米法酒、秫米法酒、当粱法酒等，还有酿造时间长而酒精含量高的祭米酎、黍米酎，在酒中加入五加皮、干姜、安石榴、胡椒、荜拔、鸡舌香等药物，则制成功能各异的药酒。阐述了制蘖酿酒的发酵过程、曲的微生物培养和酒的发酵现象、条件、原料和产品关系的内在规律，集当时酿酒技术之大成。如书中记载由曹操所创的"九酝酒法"，其连续投料的酿造方法，开创了霉菌深层培养法之先河，它可以提高酒的酒精浓度，在我国酿酒史上具有重要的意义。该书反映了北魏时期酿酒技术的发展水平，是研究北魏前我国酿酒制曲技术的重要资料。总结性地记述了当时制曲酿酒的技术经验和原理，可谓世界上最早的酿酒工艺学著作。被认为是我国古代酿造工艺方面一部极为重要的典籍、世界第一部酿酒工艺学著作。

本书反映了我国广大地区，特别是黄河中下游地区的汉族、少数民族人民的饮食习惯，以及不同民族、不同地区之间饮食文化的交融。如黄河流域的人喜食鲤鱼，少数民族人喜食"胡炮肉"、胡羹、"羌煮"（一种煮鹿头肉）、烤全猪、"灌肠"，沿海地区的人喜食"炙蚶"，吴地人喜食腌鸭蛋、莼羹，四川人喜食腌芹菜，等等。较为完整地记述了胡饼、胡饭等烹饪方法。此外，记载夏至食粽已在长江中下游地区形成习俗，而素食也已独树一帜，对此在《齐民要术》中有专节记述。

还值得重视的是，书中记载了一种"水引饽饨法"，做成的面条就是"水引饼"，听起来叫"饼"，其实就是细如韭叶的面条"水引"。这是中国面条的鼻祖。本书记述了面条的详细制法，日本等国的学者认为，这"水引"正是全世界面条的肇始。

本书版本较多，常见的有《四库全书》本、《四部丛刊》本、《丛书集成初编》本、中华书局标点本、北京科学出版社石声汉《齐民要术今释》本、农业出版社缪启愉《齐民要术》校本等。

7.《荆楚岁时记》，南朝梁宗懔撰

宗懔世代居住江陵(今湖北江陵)，后来又长期在荆楚地区做官，对此地风俗非常熟悉。此书按照一年的时令节日记载荆楚地区的风土民俗，其中涉及不少饮食方面的内容：记载了岁时节日的饮食习俗。南朝时南中国人元日食俗，例如，正月一日“进椒柏酒，饮桃汤。进屠苏酒，胶牙饧。下五辛盎。进敷于散，服却鬼丸。各进一鸡子”。正月七日“以七种菜为羹”。正月十五日登屋食粥，元日至晦日“聚饮食”，泛舟宴乐。清明节前数日，古有寒食节。本书记载：“去冬至一百五日，即有疾风甚雨，谓之寒食。”这个节又称为“百五节”，或又称“冷节”。寒食“禁火三日，造大麦粥”。又夏至节食粽，伏日食汤饼，名辟恶饼。九月九日“四民并籍野炊宴”，岁前“留宿岁饭”等，野宴成为秋节一种重要的饮食活动。十月一日，食麻羹豆饭。又记载了许多食物品种。仅据现在辑佚所见就有60余种食物，粥类如大麦粥、场大麦粥、豆粥、白粥、膏粥；饭类如豆饭、干饭；羹类有七菜羹、菰菜羹、麻羹；饼类有汤饼、春饼、煎饼、薄饼；糜类有豆糜、麻糜、糕糜；酒类有柏酒、菊花酒、菊酒、屠苏酒、椒酒。此外还有各种粮食、豆类、蔬菜以及醴酪、饴场、汤汁、脯霍等。很多食品极具地方特色。本书对于研究六朝时期长江中游地区的饮食文化史有参考价值。今人姜彦稚对此书做了辑校，有岳麓书社1985年版。

8.《肘后备急方》，晋葛洪撰

葛洪字稚川，自号抱朴子，是丹阳句容(今江苏省句容县)人。“抱朴子”的名字，说明葛洪追求的是保持生来就有的纯真，通过修真养性以达到长生不老。本书名的意思是可以常常备在肘后(带在身边)的应急书，是应当随身常备的实用书籍。《肘后备急方》是我国古代早期医疗手册。书中收集了大量救急用的方子，对食物的治疗作用也很重视。如所记载的许多简、便、验方中，属于饮食调理性质的不少，对饮食卫生与禁忌的记载也较详细。现在流行的版本是以葛洪《肘后备急方》和陶弘景的《补阙肘后百一方》为主体，加上宋唐慎微《证类本草》之附方摘录合编而成。由金汴京国子监博士杨用道于皇统四年(1144)再次增补编成刊行。《正统道藏》正一部题名葛仙翁(葛玄)，有误。

前有序五篇。称葛洪《肘后备急方》(又名《肘后救卒方》)，共八十六首，三卷(或作四卷)。陶弘景加以补充，成《补阙肘后百一方》，共一百一首，三卷。杨用道加上《证类本草》之附方摘录以成此书，分为八卷，六十八篇。

9.《名医别录》，梁陶弘景撰

该书简称《别录》，约成书于汉末。该书是秦汉医家在《神农本草经》一书药物的药性、功用主治等内容有所补充之外，又补记365种新药物，分别记述其性味、有毒无毒、功效主治、七情忌宜、产地等。由于本书系历代医家陆续汇集，故称为《名医别录》。原书早佚。梁陶弘景撰注《本草经集注》时，在收载《神农本草经》365种药物的同时，又辑入本书的365种药物，使本书的基本内容保存下来。其佚文主要见《证类本草》《大观本草》《政和本草》《本草纲目》等书。陶弘景《本草经集注》的内容，365 种系陶弘景录自《名医别录》。《名医别录》原书的收药数目，应该在 730 种以上，从药物的分类方法来看，仍然是《本草经》那种三品分类法，即按药物的治疗作用粗分上、中、下三品，同时在每一品之下，又粗略地将植物、矿物、动物等类药大致做了归类。有较多的食疗内容，如糙米、鱼鳞等，其中将鳝鱼列为上品，说它有补五脏、疗虚损的功效。记载："葱可除肝中邪气，安中利五脏，杀百药毒。"乌贼不但营养丰富，是一种珍贵的海产，而且药用价值也极高。乌贼性味甘咸、平，且有补气血、滋肝肾的功能。记载："味酸，平。益气强志。"指出白菜有"通利肠胃，除胸中烦，解渴"之功用；所述茯神，为多孔菌植物茯苓，菌核中间松根的白色部分，性味与茯苓相同，味甘性平，擅长养心安神，专用于心神不宁、惊悸健忘之症。茯神"止惊悸、多恚怒、善忘，开心益智，安魂魄，养精神"。其水煎剂有镇静作用。指出记载蔗糖生产发展至南北朝时期始有新的突破："蔗出江东为胜，庐陵亦有好者，广东一种数年生者。皆大如竹，长丈余，取汁为沙糖，甚益人。"此处已明文为沙糖，似应与前代生产的蔗糖有别。假如这条材料确实能够反映当时的历史情况，那么，至少在南北朝时期的南方地区，已初步掌握了比较完整的甘蔗制糖生产工艺技术。唐宋时期不少医药方书，如唐孙思邈的《千金要方》，宋陈直《养老奉亲书》、王怀隐《太平圣惠方》等名医学著作，都大胆以蜂蜜糖与药物配伍为方，以行疗疾养生之道。食物疗法中的食材配药，蜜糖应推首位。这也是制糖史的一条重要史料。有尚志钧辑校本，人民卫生出版社 2004 年。

陶弘景注重养生的中医药著作还有《本草经集注》。陶弘景在本书《序》中首先阐明自己所论中医理论的哲学基础，那就是把人看做天地所生，故而应该顺应阴阳："天道仁育，故云应天。独用百廿种者，当谓寅、卯、辰、巳之月，法万物生荣时也。中品药性，治病之辞渐深，轻身之说稍薄，于服之者，祛患当速，而延龄为缓，人怀性情，故云应人。百廿种者，当谓午、未、申、酉之月，法万物熟成。下品药性，专主攻击，毒烈之气，倾损中和，不可恒服，疾愈则止，地体收煞，故云应地。独用一百廿五种者，当谓戌、亥、子、丑之月，兼以闰之，盈数加之，法万物枯藏时也。"

陶弘景又从现实政治中得到启发，谓虽然同一治疗，但用药不同，这是因为各味药物的配伍如君臣配隶，有主有次，有上有下，有多有少，地位有所不同："今合和之体，不必偏用，自随人患苦，参而共行。但君臣配隶，应依后所说，若单服之者，所不论耳。药有君臣佐使，以相宣摄。合和者，宜用一君、二臣、五佐，又可一君、三臣、九佐也。"

陶弘景指出治病的过程是一个调查研究的过程，首先查明源头，然后弄清征候："凡欲治病，先察其源，先候病机。"

本书是在《神农本草经》的基础上，增补汉魏时期名医所用药 365 种（共 730 种）而成。也是本时期本草发展史上的一项重大成就。

陶弘景还有《养性延命录》，对饮食与养生提出许多新的观点。比如对于饮食与疾病的关系，他认为饮食所带来的祸患超过声色："百病横夭，多由饮食。饮食之患，过于声色。声色可绝之踰年，饮食不可废之一日。为益亦多，为患亦切。多则切伤，少则增益。"主张饮食必须节制，以少为要："体欲常劳，食欲常少，劳勿过极，少无过虚，去肥浓，节咸酸，减思虑，损喜怒，除驰逐，慎房事。"陶弘景对养生与饮食的关系有系列的看法，比如中和才能长寿，其中一个要求就是莫要强食饮："养性之道，莫久行、久坐、久卧、久视、久听，莫强食饮，莫大沉醉，莫大愁忧，莫大哀思，此所谓能中和。能中和者，久必寿也。"他还指出养生有10个要点，其中第六即是饮食。

10.《洛阳伽蓝记》，北魏杨衒之（又作阳衒之）撰

洛阳，指北魏孝文帝494年迁都后的北魏首都。伽蓝，为僧伽蓝摩的简称，华译为众园，即僧众所居住的园庭，亦即寺院的通称。北魏迁都洛阳正是佛教在中国传播极盛的时候。仅洛阳城内外，就有佛寺1367所，侵占民居达三分之一以上。当时的情况，"于是昭提栉比，宝塔骈罗，争写天上之姿，竞摸山中之影。金刹与灵台比高，广殿共阿房等壮。岂直木衣绨绣，土被朱紫而已哉"。佛寺金碧辉煌，穷尽奢丽。可是532年"永熙之乱"以后，"皇舆迁邺，诸寺僧尼，亦与时徙。至武定五年，岁在丁卯，余因行役，重览洛阳。城郭崩毁，宫室倾覆，寺观灰烬，庙塔丘墟，墙被蒿艾，巷罗荆棘。野兽穴于荒阶，山鸟巢于庭树。游儿牧竖，踯躅于九逵；农夫耕稼，艺黍于双（阙）"。一片荒凉景象，寺庙仅存421所。杨衒之担心"后世无传"，于是追怀往迹，采拾旧闻，写成了此书。

全书五卷，虽然书中以佛寺为叙述中心，但实际着重记载当时的政治、经济、人物、风俗、地理和许多传闻故事。这样，佛寺就不仅仅是宗教景观，更是文化景观、社会景观；围绕佛寺所发生的一切，就不仅仅具有宗教意义，更有历史的、社会文化的丰富意蕴。全书在字里行间流露出浓浓的《黍离》之悲，对昔日的怀念的无限感伤。

根据卷三"城南"条的记载，可知北魏末期和东、西魏时，洛阳已经成为大都市，已经实现了大范围的文化交流："自葱岭以西，至于大秦，百国千城，莫不欢附，商胡贩客，日奔塞下，所谓尽天地之区已。乐中国土风，因而宅者，不可胜数。是以附化之民万有余家。门巷修整阊阖填列。青槐荫陌绿树垂庭。天下难得之货。咸悉在焉。"

洛阳大市出自《洛阳伽蓝记》卷四"法云寺"条，记述都市的西部有两个住宅小区，大多是酿酒的商户：

> 市西有延酤、治觞二里。里内之人多酝酒为业。河东人刘白堕善能酿酒。季夏六月，时暑赫晞，以甓贮酒，暴于日中，经一旬，其酒不动。饮之香美，醉而经月不醒。京师朝贵多出郡登藩，远相饷馈，踪于千里。以其远至，号曰鹤觞，亦名骑驴酒。永熙年中，南青州刺史毛鸿宾赍酒之藩，路逢贼盗，饮之即醉，皆被擒获，因此复名擒奸酒。游侠语曰："不

畏张弓拔刀,唯畏白堕春醪。”

这里的酒纯正香浓,远步千里。河东人刘白堕擅长酿酒,技法独特,喝醉了则经月不醒。京城里的中央机构的高官,派往外地做地方官时,这种酒当作赠品而带到远方,行程超过千里。因为它来自远方,所以叫“鹤觞”,像鹤一样远走他方;也叫“骑驴酒”,随着驴儿游遍天下。也因此发生了一件趣事,永熙年间(532—534),南青州刺史毛鸿宾携带这种酒赴任,路上遇到盗贼,盗贼喝了这种酒,随即醉倒,都被擒拿归案,因此这种酒又被叫做“擒奸酒”。当时在游侠中间流传着一句谚语:“不畏张弓使刀,唯畏白堕春醪。”这无疑是研究平民社会与普通市井百姓生活的极好素材,反映了当时的社会风气是轻松、乐观的。也介绍了当时酒的生产和销售十分畅旺。因之也是一则研究中古社会生活史、中古文化史的珍贵史料。

与此美酒可相匹配的酒器首推河间王元琛的“水晶钵、玛瑙杯、琉璃碗、赤玉卮数十枚”。这些酒器“作工奇妙,中土所无,皆从西域而来”。

从本书可见,北魏鲜卑拓跋氏迁都洛阳后,“胡食”之风渐播中原,饮食中肉乳类食品比重不断增加。洛阳居民肉食品以种类分,主要有北方少数民族传统的牛、羊肉,汉人喜食的猪肉,及很大程度上受到南方饮食习惯影响而渐至风行的鱼鳖类水产品。

《洛阳伽蓝记》卷三载王肃的故事,充分反映了南北饮食文化的交流:(王)肃初入国,不食羊肉及酪浆等物,常饭鲫鱼羹,渴饮茗汁。京师士子见肃一饮一斗,号为漏,经数年已后,肃与高祖殿会,食羊肉酪粥甚多。高祖怪之,谓肃曰:“卿中国之味也,羊肉何如鱼羹,茗饮何如酪浆?”肃对曰:“羊者是陆产之最,鱼者乃水族之长,所好不同,并各称珍。以味言之,是有优劣,羊比齐鲁大邦,鱼比邾莒小国,惟茗不中与酪作奴。”

王肃,字恭懿,琅邪(今山东临沂)人。曾在南朝齐任秘书丞。因父亲王奂被齐国所杀,便从建康(今江苏南京)投奔魏国(今山西大同,是其国都)。魏孝文帝随即授他为大将军长史,后来,王肃为魏立下战功,得“镇南将军”的称号。魏宣武帝时,官居宰辅,累封昌国县侯,官终扬州刺史。王肃的饮食习惯是中原人的习惯,原来在南齐时便极好喝茶,投靠北魏后,饮食上初时仍习惯于喝茶,吃饭菜偏爱鲫鱼羹,对羊肉和奶酪之物碰也不碰。也可能少数民族加工的羊肉和奶酪与汉族加工的不同,味道、口感、外形等都有所不同。几年以后,王肃耳濡目染,饮食习惯已经有所改变,对羊肉、奶酪之类已能接受了。魏孝文帝元宏奇怪地问他:“以你汉人的口味比较,羊肉和鲫鱼羹、茶和奶酪,究竟哪个味道好?”这个问题很不好回答,褒哪一个贬哪一个都不好,于是王肃回答说两种饮食习惯各有优势,他说:“羊是陆产之物中味道最鲜美的,鱼则是水产中的第一美味,两者各有至味,都可称得上是佳肴珍馐。如一定要比一下,那只能说羊肉好比是齐鲁这样的大邦,鱼则是像邾莒之类的小国。这里只有茶是最不中用的东西,它最多只能给奶酪当个奴仆。”王肃这番“狡猾”然而真实的回答引得孝文帝哈哈大笑。可见羊肉、酪粥已逐渐成为这一时期汉族官僚士人的普通食品。

当时在一旁的彭城王元勰对王肃说：“你不怎么看重‘齐鲁大邦’，而偏爱于‘邾莒小国’，这是为什么？”王肃仿佛乡情难忘似的说：“这是我们家乡最好的东西，我不得不偏好啊。”元勰又对他说：“那么你明天到我府上来，我专门为你摆一‘邾莒之食’，还有‘酪奴’。”“酪奴”作为茶的一个别称，因此而传开了。

这则故事既反映了南北肉食习俗的差异，又反映了洛阳居民饮食中肉食种类的比重大小，也反映出茶不但在南方已是日常饮品，而且在北方慢慢进入广大民众的饮食生活。自王肃称茶只能“与酪为奴”后，北魏举国“复号茗饮为酪奴”“自是朝贡宴会，虽设茗饮，皆耻不复食，唯江表残民远来降者好之”，说明饮茶之俗已开始浸染少数北方人的饮食习惯。

上面一例中说明在各类肉食中，鱼类数量最少，却已经成为洛阳士庶各阶层喜爱的食物。洛阳居民所食鱼类均出自本地，并且形成了由南方归附民众聚居的两大水产品专卖市场。有“吴人坊”之称的归正里，“孝义里东即是洛阳小寺，北有车骑将军张景仁宅。景仁会稽山阴人也，正光年初从萧宝夤归化，拜羽林监赐宅城南归正里，民间号为吴人坊。南来投化者多居其内。近伊洛二水任其习，御里三千余家，自立巷寺。市所卖口味多是水族，时人谓为鱼鳖寺也”。卷三“城南”记载还有位于洛水之南的四通市“伊洛之鱼，多于此卖”，由于紧俏，鱼肉的价格甚而高于牛羊肉：“别立市于乐水南，号曰四通市，民间谓永桥市。伊洛之鱼多于此卖，士庶须脍，皆诣取之，鱼味甚美。京师语曰：洛鲤伊鲂贵于牛羊。”

卷二记载洛阳城中的屠宰业也很发达：“孝义里东市北殖货里，里有太常民刘胡，兄弟四人，以屠为业。永安年中，胡煞猪，猪忽唱乞命，声及四邻。邻人谓胡兄弟相殴斗而来观之，乃猪也。即舍宅为归觉寺，合家人入道焉。”

《洛阳伽蓝记》记载洛阳城内广植果木，有枣、桃、李、梨、葡萄、桑葚、枳之属。引人注目者则是“多饶奇果”的寺观园林及王公贵族园宅。景阳山有“长五寸”的仙人枣，“把之两头俱出，核细如针。霜降乃熟，食之甚美”“又有仙人桃，其色赤，表里照彻，得霜即熟”。劝学里“有大谷含消梨，重十斤，从树着地，尽化为水”。里内承光寺“柰（nài，苹果的一种，通称‘柰子’，亦称‘花红’‘沙果’）味甚美，冠于京师”。白马寺之柰堪与之媲美，“柰林实重七斤，葡萄实伟于枣，味并殊美，冠于中京。有民谚形容白马寺之柰曰：‘白马甜榴，一实直牛。’”更奇者还有昭义尼寺出自南部沿海诸地的“酒树面木”。洛阳为王公贵族、富商大贾云集之地，加之城内园林皆“花果蔚茂，芳草蔓合，嘉木被庭”“斜峰入牖，曲沼环堂”，官僚文人游宴之风大兴。宝光寺即为一处胜地：“宝光寺，在西阳门外御道北，有三层浮图一所，以石为基，形制甚古，画工雕刻……当时园池平衍，果菜葱青，莫不叹息焉。园中有一海，号咸池，葭菼被岸，菱荷覆水，青松翠竹，罗生其旁。京邑士子，至于良辰美日，休沐告归，征友命朋，来游此寺，雷车接轸，羽盖成阴。或置酒林泉，题诗花圃，折藕浮瓜，以为兴适。”席上，各族文人雅士，身处美景之中，雅乐伴食，赋诗助酒，口吐玄言，其乐融融。

《洛阳伽蓝记》卷三还记载了这一时期粮食加工的先进方法，“碎硙舂簸，皆用水功”“比于陆碾，功利过倍”。加工谷物的一整套过程，脱壳、去糠、磨粉皆利用水力，效率大为提高，这就为饮食的大规模消费提供了物质基础，在主食供应充足的基础上，肉乳类食品、果蔬、酒、茶以及游宴使洛阳的饮食生活显得多姿多彩。

11.《颜氏家训》，颜之推撰

颜之推(531—591年以后)，字介。颜氏原籍琅邪临沂(今山东临沂北)，先世随东晋渡江，寓居建康。侯景之乱，梁元帝萧绎自立于江陵，之推任散骑侍郎。承圣三年(554)，西魏破江陵，之推被俘西去。他为回江南，乘黄河水涨，从弘农(今河南三门峡西南)偷渡，经砥柱之险，先逃奔北齐。但南方陈朝代替了梁朝，之推南归之愿未遂，即留居北齐，官至黄门侍郎。577年齐亡入周。隋代周后，又仕于隋。《颜氏家训》一书在隋灭陈(589)以后完成。颜之推是南北朝时期我国著名的思想家、教育家、诗人、文学家，他是当时最博通、最有思想的学者，经历南北两朝，深知南北政治、俗尚的弊病，洞悉南学北学的短长，当时所有大小学问，他几乎都钻研过，并且提出自己的见解。他的理论和实践对于后人颇有影响，《颜氏家训》是他对自己一生有关立身、处世、为学经验的总结，被后人誉为家教典范，影响很大。

颜之推认为老百姓生活最根本的事情，是要播收庄稼而食，种植桑麻而衣。所贮藏的蔬菜果品，是果园场圃之所出产；所食用的鸡猪，是鸡窝猪圈之所蓄养。还有那房屋器具，柴草蜡烛，没有不是靠种植的东西来制造的。那种能保守家业的，可以关上门而生活的必需品都够用，只是家里没有口盐井而已。如今北方的风俗，都能做到省俭节用，温饱就满意了。江南一带地方奢侈，多数比不上北方。

《治家篇》提倡节俭。首先引用孔子的话：“奢侈了就不恭顺，节俭了就固陋。与其不恭顺，宁可固陋。”对后辈的期望是，能够做到施舍而不奢侈，俭省而不吝啬，那就很好了。孔子曰：“奢则不孙，俭则固。与其不孙也，宁固。”又云：“如有周公之才之美，使骄且吝，其余不足观也已。”然则可俭而不可吝已。俭者，省奢，俭而不吝，可矣。生民之本，要当稼穑而食，桑麻以衣。蔬果之畜，园场之所产；鸡豚之善，树圈之所生。复及栋宇器械，樵苏脂烛，莫非种植之物也。至能守其业者，闭门而为生之具以足，但家无盐井耳。今北土风俗，率能躬俭节用，以赡衣食。江南奢侈，多不逮焉。

颜之推的治家名言，道理浅近，容易理解，大多用故事说理，娓娓道来，极易接受。比如《治家篇》的话翻译出来就是：

世上的名士，只求宽厚仁爱，却弄得待客馈送的饮食，被僮仆给减少，允诺资助的东西，被妻子给克扣，轻侮宾客，刻薄乡邻，这也是治家的大祸害。

裴子野有远亲故旧饥寒不能自救的，都收养下来。家里一向清贫，有时遇上水旱灾，用二石米煮成稀粥，勉强让大家都吃上，自己也亲自和大家一起吃，从没有厌倦。京城邺下有个大将军，贪欲积聚得实在够狠，家僮已有了八百人，还发誓凑满一千，早晚每人的饭菜，以十五文钱为标准，遇到客人来，也不增加一些。后来犯事处死，籍册没收家产，麻鞋有一屋子，旧衣藏几个库，其余的财宝，更多得说不完。

南阳地方有个人，深藏广蓄，性极吝啬，冬至后女婿来看他，他只给准备了一铜瓯的酒，还有几块獐子肉，女婿嫌太简单，一下子就吃尽喝光了。这个人很吃惊，只好勉强应付添上一点，这样添过几次，回头责怪女儿说："某郎太爱喝酒，才弄得你老是贫穷。"等到他死后，几个儿子为争夺遗产，因而发生了兄杀弟的事情。

妇女主持家中饮食之事，只从事酒食衣服并做得合礼而已，国不能让她过问大政，家不能让她干办正事。如果真有聪明才智，见识通达古今，也只应辅佐丈夫，对他达不到的做点帮助。一定不要母鸡晨鸣，招致祸殃。

《风操篇》记载江南的风俗处处与饮食相关，比如在孩子出生一周年的时候，要给缝制新衣，洗浴打扮，男孩就用弓箭纸笔，女孩就用刀尺针线，再加上饮食，还有珍宝和衣服玩具，放在孩子面前，看他动念头想拿什么，用来测试他是贪还是廉、是愚还是智，这叫做试儿，聚集亲属姑舅姨等表亲，招待宴请。

什么是孝道？不只是吃饱穿暖而已，《勉学篇》指出做儿子的应当以供养之责放在心上，做父亲的应当把子女的教育作为根本大事。吾命之曰："子当以养为心，父当以学为教。使汝弃学徇财，丰吾衣食，食之安得甘？衣之安得暖？若务先王之道，绍家世之业，藜羹褐，我自欲之。"

《涉务篇》强调农业的重要，古人深刻体验务农的艰辛，这是为了使人珍惜粮食，重视农业劳动。民以食为天，没有食物，人们就无法生存，三天不吃饭的话，父子之间就没有力气互相问候。粮食要经过耕种、锄草、收割、储存、舂打、扬场等好几道工序，才能放存粮仓，怎么可以轻视农业而重视商业呢？古人欲知稼穑之艰难，斯盖贵谷务本之道也。夫食为民天，民非食不生矣，三日不粒，父子不能相存。耕种之，休组之，对获之，载积之，打拂之，簸扬之，凡几涉手，而入仓廪，安可轻农事而贵末业哉？

《音辞篇》警告说：整天享用精美食物的人，很难有品行端正的。古人云："膏粱难整。"以其为骄奢自足，不能克励也。吾见王侯外戚，语多不正，亦由内染贱保傅，外无良师友故耳。

《诫兵篇》说：今世士大夫，但不读书，即称武夫儿，乃饭囊酒瓮也。

《省事篇》用日常饮食中的情形说明洗染的重要。王子晋云："佐饔得尝，佐斗得伤。"此言为善则预，为恶则去，不欲党人非义之事也。

第四章 隋唐五代

公元581年，杨坚灭北周，建立隋朝。处于南方与之对峙的南朝陈继而被隋所灭，全国一统。但是，隋炀帝不知顾惜民力，粮食浪费严重。大业二年(606)，隋炀帝巡行江都(扬州)，前后船队二百余里，共用挽船士卒八万多人，骑兵沿两岸行进保护，旌旗蔽野。所过州县五百里内皆令献食，地方官争宠，竞献佳肴，黎民百姓遭殃，食用不完，“多弃埋之”。

公元618年，唐朝建立，遂开启了三百年的辉煌，成为中国封建社会强盛的朝代之一。李世民登基后开创了“贞观之治”。《贞观政要》记述了唐太宗爱惜民力，时刻不忘“国以人为本，人以衣食为本”的史实，赞扬他不敢纵欲，“躬务俭约，必不辄为奢侈”，使社会风气为之一变。书中《论务农》第三十记载唐太宗以衣食为本的思想，及对粮食生产的重视：

> 贞观二年，太宗谓侍臣曰：“凡事皆须务本。国以人为本，人以衣食为本，凡营衣食，以不失时为本。夫不失时者，在人君简静乃可致耳。”……贞观十六年，太宗以天下粟价率计斗值五钱，其尤贱处，计斗值三钱，因谓侍臣曰：“国以民为本，人以食为命。若禾黍不登，则兆庶非国家所有。既属丰稔若斯，朕为亿兆人父母，唯欲躬务俭约，必不辄为奢侈。朕常欲赐天下之人，皆使富贵，今省徭赋，不夺其时，使比屋之人恣其耕稼，此则富矣。敦行礼让，使乡闾之间，少敬长，妻敬夫，此则贵矣。但令天下皆然，朕不听管弦，不从畋猎，乐在其中矣!”

唐太宗十分关心粮价，将“禾黍不登”和亡国联系在一起，时刻将民众是否吃得上饭的问题放在第一位。他的政治理想是使民众“富”且“贵”，所谓富，还是粮食的生产，“比屋之人恣其耕稼，此则富矣”。

唐玄宗李隆基即位后，政治清明，经济发达，军事强大，四夷宾服，万邦来朝，开创了全盛的“开元盛世”，远行千里，竟然不需自带口粮：“开元初，上励精理道，铲革讹弊，不六七年，天下大治，河清海晏，物殷俗阜。安西诸国，悉平为郡县。自开远门西行，亘地万余里，入河湟之赋税。左右藏库，财物山积，不可胜较。四方丰稔，百姓殷富，管户一千余万，米一斗三四文，丁壮之人，不识兵器。路不拾遗，行者不囊粮。”

唐代末年，南方的经济迅速发展，农田水利的兴修和生产工具的改进，使南方粮食生产有很大的提高。当时人说：“江淮田一善熟，则旁资数道，故天下大计，仰于东南。”又称说浙东一地的粮食就可以养活天下一半的人：“机杼耕稼，提封九州岛，其间茧税鱼盐，衣食半天下。”又说江西“土沃多稼，散粒荆扬”。

这时，“风俗贵茶，茶之名品益众”。据唐德宗时人封演《封氏闻见记》卷六《饮茶篇》记载：唐玄宗开元年间（713—741）饮茶渐成北方风俗，“自邹、齐、沧、棣、渐到京邑，城市多开店铺煎茶卖之，不问道俗，投钱取饮。”从南方运往北方的茶叶，“舟车相继，所在山积，色额甚多”。中唐时期，饮茶之风更普遍，“上自宫省，下至邑里，茶为食物，无异米盐”。周边少数民族也同饮茶结下了不解之缘，回纥族商人经常“大驱名马，市茶而归”，吐蕃地区也运入中原的名茶。茶已成为当时人们日常生活的必需品，也成为国内外市场上的重要商品。

唐朝国力强盛，经济发达，文化繁荣，对外交往频繁，宗教信仰自由，所以，唐朝的饮食文化十分兴盛。在扬州、长安、洛阳、广州等大城市里，“街店之内，百种饮食，异常珍满”。

唐朝是当时世界的强国之首，声誉远及海外，与南亚、西亚和欧洲国家均有往来。唐朝文化兼容并蓄，接纳各个民族与宗教，进行交流融合，成为开放的国际文化。唐诗、科技、文化艺术极其繁盛，具有多元化的特点。

大唐是开放的国家。它积极推行对外开放政策，将与东西方的交流推进到一个前所未有的崭新阶段。来唐的外国人络绎不绝，在他们将大唐帝国的文化带回本国的同时，也将本国的文化引进到大唐帝国。南亚的佛学、历法、医学、语言学、音乐、美术，中亚的音乐、舞蹈，西亚和西方世界的祆教、景教、摩尼教、伊斯兰教、建筑艺术等，源源不断地流入，为唐帝国所采借吸纳。唐朝是多民族共同发展的国家，汉民族和各少数民族之间也有着频繁的经济文化交流。

唐朝的开放还表现在对人们社会活动的开放，不再有那么多的限制，允许聚会，解除对聚众饮酒的禁令，也因此有了饮食业的繁荣。唐朝统治者无疑有了真正的自信，所以对于批评的容忍度增大了，因此有了诗人的自由，写诗的自由，诗歌内容的自由，可以在皇帝面前像李白那样“大不敬”而无恙，甚而引来皇帝的更加恭敬；可以像杜甫那样指斥社会的黑暗而自由创作，而不用被下狱；可以像白居易《长恨歌》那样揭露皇帝的隐私，或者可能被说成是声讨安史之乱的罪魁祸首，而安然无恙。士大夫有了人身的安全，感同身受的是国家与自己一体，也因此创作的热情被无限的激发，于是才开创了伟大的诗的国度，使“唐诗”成为后代无法逾越的高峰。这也说明仅仅有物质财富的极大繁荣，对于饮食事业的发展还是不够的，政治的清明、开放往往决定饮食思想的活跃与繁荣。

文明、自由、开放的唐朝带来了多元化的社会，激发了中国人伟大的创造精神和积极进取的人生态度，从而在思想、文化、科技、宗教、教育等各个方面，取得了空前伟大的成就。有唐一代，国家形成了大一统的局面，社会相对安定，政治稳定的时间也较长。

这一时期的饮食思想开阔容纳，活跃恢弘，出现了前所未有的新局面。

到了五代十国时期，北方处于封建王朝频繁更替，战乱不断的状态，社会生产遭到严重破坏。在关中、河南交界的地方，“田无麦禾，邑无烟火者，殆将十年”。关中地区，“累年废耕稼”。

后梁建国初年，河南府（今河南洛阳），自唐光启三年（887）张全义任河南尹时，“白骨蔽地，荆棘弥望”“四野俱无耕者”，张全义“招怀流散，劝之树艺”“无严刑，无租税，民归之者如市”，数年之后，河南府所属二十县“桑麻蔚然，野无旷土”。后梁建立后，张全义仍任河南尹，继续恢复与发展农业生产，成为后梁朝廷财政的重要基地。

这时，楚地的茶叶生产兴盛，并且有了与北方的交易：楚国不仅重视一般的农业生产，经济作物的生产与发展也具有特色。据史载：“湖南判官高郁，请听民自采茶卖于北客，收其征以赡军，楚王（马）殷从之。”

第一节　空前规模的中外饮食文化大交流

隋炀帝的时候，西域商贾很多人到达张掖，与隋朝贸易。裴矩考察西域诸国风情，山川险易，撰成《西域图记》3 卷，合 44 国。裴矩遂受隋炀帝之命再次前往张掖、敦煌等地，自此西域“相率而来朝者四十余国，帝因置西戎校尉，以应接之”。

唐朝与朝鲜、日本、泥婆罗（尼泊尔）、天竺（印度和巴基斯坦等南亚国家）、林邑（越南南部）、真腊（柬埔寨）、狮子国（斯里兰卡）、大食（阿拉伯）等许多国家都有密切的经济、文化方面的交流。

日本的遣唐使共十三批来华，最多的一次达 651 人，最少的也有 120 人。

唐朝首都长安成为国际化大都市，在长安西市居住有许多西域胡商，还有大食、波斯的商人。此外，洛阳、扬州、成都、广州、兰州、凉州及敦煌等，都是有大量外商活动的重要城市。

朝廷设置专门掌管中外贸易的机构，其中“互市监”专管海外贸易。贞观十七年前后，在广州设置了市舶司，可谓第一个海关总署。

史书对域外的饮食生活做了更多的记载，比如《新五代史・四夷附录第一》记其饮食乃追逐水草的游牧生活：“呜呼，夷狄居处饮食，随水草寒暑徙迁。”《新五代史・四夷附录三》记载奚人的习俗、饮食：“奚人常为契丹守界上，而苦其苛虐，奚王去诸怨叛，以别部西徙妫州，依北山射猎，常采北山麝香、仁参赂刘守光以自托。其族至数千帐，始分为东、西奚。去诸之族，颇知耕种，岁借边民荒地种穄，秋熟则来获，窖之山下，人莫知其处。爨以平底瓦鼎，煮穄为粥，以寒水解之而饮。”

一、《大唐西域记》所记载的外国饮食

唐代的人向西最远走到什么地方，《大唐西域记》可以提供一个答案，这本书的作者到达了今天的印度、尼泊尔、巴基斯坦、孟加拉国以及中亚等地。这本书的作者玄奘后来被神化，成为《西游记》中的西行和尚，经历九九八十一难，最后修成正果。然而现实中的玄奘却是一位苦行僧，是一位文化人，他西行的目的是为了求佛，学习佛教，取得佛教真经。

玄奘本姓陈，名祎。洛州缑氏（今河南偃师县缑氏镇）人。出家后遍访佛教名师，因为感觉到各派学说分歧，难得定论，便决心至天竺（古代的印度）学习佛教。唐太宗贞观三年（629 年，一说贞观元年），从凉州出玉门关西行，历经艰难抵达天竺。开初在那烂陀寺从戒贤受学。后又游学天竺各地，并与当地学者论辩，名震天竺。经十七年，贞观十九年（645）回到长安。组织译经，共译出经、论七十五部，凡一千三百三十五卷。

对于玄奘的西行，《旧唐书・释玄奘传》总结说：玄奘“在西域十七年，经百余国，悉解其国之语，仍采其山川谣俗，土地所有，撰《西域记》十二卷。”一是说玄奘西行的时间最长；二是经历最广；三是他是一位有心者，每到一地都要学习当地的语言，当然他知道不通过掌握当地语言是学不到真东西的，依靠翻译只是隔靴抓痒得到皮毛；四是了解当地地理山川，玄奘认为生活环境很重要，人是环境中的人，环境是根。玄奘通过收集当地的谣谚俗语来了解民众，更为重要的是，他注重考察民俗，最为关键的是饮食。

玄奘是从当时世界上最为强大的国家来的，他的任务是学习佛教，但是读了《大唐西域记》，我们明显地感觉到唐代中国崛起时并没有那种最明显的缺陷——智识与道德的不足。玄奘作为代表的中国人进入了世界很多地区，尽管他是从“大唐”来的，他仍将对当地文化的了解作为十分重要的具有政治意义的任务，他没有傲慢与偏见，他从一无所知中开始认真学习，试图理解他人的焦虑与痛苦，对此他总是充满兴趣。玄奘应该能够代表中国人，他能理解他人的焦虑与痛苦，他拥有自省的能力，因此他赢得广泛的尊敬。

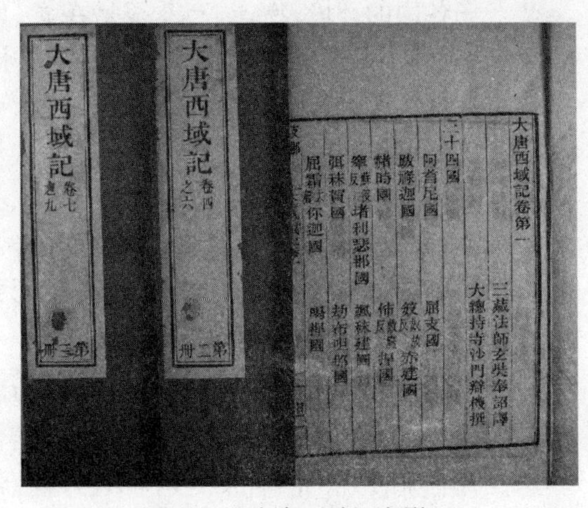

图 4-1　大唐西域记书影

对于饮食思想的研究者来说，最感兴趣的是：玄奘将民俗饮食作为了解一地一国家一民族的最为重要的切入点。他自己说明本书的写作宗旨时说：“具览遐方异俗。绝壤殊风。土著之宜。”风俗是他考察的重点，而饮食是风俗的重要部分。

比如对屈支国的记述：

> 屈支国，东西千余里，南北六百余里。国大都城周十七八里，宜黍、麦，有粳稻，出蒲萄、石榴，多梨、柰、桃、杏。土产黄金、铜、铁、铅、锡。气序和，风俗质。文字取则印度，粗有改变。管弦伎乐，特善诸国。服饰锦褐，断发巾帽。货用金钱、银钱、小铜钱。王屈支种也，智谋寡昧，迫于强臣。其俗生子以木押头，欲其匾匾也。伽蓝百余所，僧徒五千余人，习学小乘教说一切有部。经教律仪，取则印度，其习读者，即本文矣。尚拘渐教，食杂三净。洁清耽翫，人以功竞。

屈支，又作龟兹、鸠兹。其国境相当于今新疆库车县周近地区。玄奘所介绍的屈支国，就涉及国家地理，方圆，都城，适宜生长的粮食品种，水果，矿产资源，社会风气，国家政治，佛教的地位，寺院的多少，所信仰的佛教派系，饮食上指出兼食三种净肉。土壤情况与粮食生产密切相关，所以详加介绍，水果又是重要的食品，所以也具体说明：水果土质宜于种植黍子、麦子，出产粳稻、葡萄、石榴，盛产梨、花红、桃子、杏子。屈支国虽然是盛行佛教的国家，但是“食杂三净”，即允许吃三种净肉。所谓三净肉，是指三种情况下的肉：第一，眼不见杀，即没有亲眼看见动物临死的凄惨景象；第二，耳不闻杀，即没有亲耳听到动物被杀死的声音；第三，不为己所杀，即不是为了自己想吃才杀的。

玄奘记载可以食用三净肉的还有阿耆尼国：“东西六百余里。南北四百余里。……戒行律仪洁清勤励。然食杂三净。滞于渐教矣。”

再如所记载的跋禄迦国的饮食风俗：“诸国商胡杂居也。土宜糜、麦、蒲萄，林树稀疏。父子计利。财多为贵。良贱无差。虽富巨万服食粗弊。力田逐利者杂半矣。”虽然家财万贯，但是不会奢华，穿的吃的都是粗的、随意的。

对于各国的环境、物产，玄奘很是在意，如：“素叶城西行四百余里至千泉。千泉者，地方二百余里，南面雪山三陲平陆，水土沃润树扶疏。暮春之月杂花若绮。泉池千所故以名焉。”“恭御城，城周五六里。原隰膏腴，树林蓊郁。”“笯赤建国，周千余里，地沃壤备稼穑。草木郁茂华果繁盛，多蒲萄亦所贵也。”“怖捍国，周四千余里。山周四境，土地膏腴稼穑滋盛，多花果宜羊马。”“飒秣建国……土地沃壤稼穑备植，林树蓊郁花果滋茂，多出善马。”“揭职国……土地硗确陵阜连属，少花果多菽麦。”“迦毕试国……宜谷麦多果木。出善马、郁金香，异方奇货多聚此国。”

《大唐西域记》卷二对于印度的介绍更为详细一点。比如当地人更加讲究卫生，吃饭之前必须先洗手洗脸，吃完饭后要清洁口腔等等：“夫其洁清自守，非矫其志。凡有馔食，必先盥洗。残宿不再，食器不传。瓦木之器，经用必弃。金、银、铜、铁每加摩莹。馔食既讫嚼杨枝而为净。”再比如，注重养生：“其婆罗门学四吠陀论(旧曰毗陀讹也)。一曰寿,谓养生缮性。二曰祠,谓享祭祈祷。”

再如记叙印度饮食方面的社会风气:“口腹之资巡丐以济。有贵知道无耻匮财。娱游堕业偷食靡衣。”“丧祸之家,人莫就食。殡葬之后,复常无讳。量事招募悬赏待人。宰牧辅臣庶官僚佐。各有分地自食封邑。”

还有,玄奘认识到印度各地的“风壤既别地利亦殊。花草果木杂种异名,所谓庵没罗果、庵弭罗果、末杜迦果、跋达罗果、劫比他果、阿末罗果、镇杜迦果、乌昙跋罗果、茂遮果”。

玄奘的考察,是从地理环境到物产,从粮食到饮食,再从饮食到人的精神面貌、个性。很显然,玄奘意识到一个国家的饮食根基于地理,又反转来影响人们的行为方式、性情等。

二、饮食文化的胡化

所谓“胡化”,就是中原人的饮食习惯胡人化。所谓胡人,是对居住在北方和西方的少数民族的一种泛称。胡化的过程是一个学习、适应、吸收的过程,有时甚至是一个痛苦的过程。

唐朝贞观二年,“远方诸国来朝者甚众……户部奏:中国人自塞外归,及四夷前来降附者,男女一百二十余万口”。这样大数量的外国人进入中国,还是第一次。大量外来人口的拥入,不仅带来了胡人的音乐、舞蹈、服饰,同时带来了风格迥异的饮食文化。唐朝上流社会很快出现了一股“胡化”风潮,王公贵族争相穿胡服、学胡语、吃胡食,并以此为荣。上行下效,很快流行民间。开元年间,胡化风潮达到极点。据《旧唐书·舆服志》记载说胡风渐盛,甚至下了禁令依然无效:“武德、贞观之时,宫人骑马者,依齐、隋旧制,多着幂篱(头巾,亦可障蔽全身),虽发自戎夷,而全身障蔽,不欲途路窥之。王公之家,亦同此制。永徽之后,皆用帷帽,拖裙到颈,渐为浅露。寻下敕禁断,初虽暂息,旋又仍旧,咸亨二年又下敕曰:“百官家口,咸预士流,至于衢路之间,岂可全无障蔽。比来多着帷帽,遂弃幂篱,曾不乘车,别坐檐子。递相仿效,浸成风俗,过为轻率,深失礼容。前者已令渐改,如闻犹未止息。又命妇朝谒,或将驰驾车,既入禁门,有亏肃敬。此并乖于仪式,理须禁断,自今已后,勿使更然。”幂篱,女子外出遮蔽容颜的帽饰,这种装束来自少数民族,不欲外人看见妇女的容貌,可见即使装束开放的唐代女子外出时,亦需要蔽身掩颈。可是后来都戴帽子,“渐为浅露”“全无障蔽”,妇女解放的潮流汹汹。

《旧唐书·舆服志》又说道,开元初年胡帽、胡食、胡服已经风靡全国,由服饰而社会风气剧变:“开元初,从驾宫人骑马者,皆着胡帽,靓妆露面,无复障蔽。士庶之家,又相仿效,帷帽之制,绝不行用。俄又露髻驰骋,或有着丈夫衣服靴衫,而尊卑内外,斯一贯矣。奚车,契丹塞外用之,开元、天宝中渐至京城。兜笼,巴蜀妇人所用,今开元以来,番将多著勋于朝,兜笼易于担负,京城奚车、兜笼、代于车舆矣。武德来,妇人着履,规制亦重,又有线靴。开元来,妇人例着线鞋,取轻妙便于事,侍儿乃着履。臧获贱伍者皆服襕衫。太常乐尚胡曲,贵人御馔,尽供胡食，士女皆竞衣胡服，故有范阳羯胡之乱，兆于好尚远矣。”

“太常乐尚胡曲，贵人御馔，尽供胡食，士女皆竞衣胡服，故有范阳羯胡之乱，兆于好尚远矣”的结论是五代时刘昫的推论。五代后晋刘昫等著《旧唐书》，总结唐代灭亡的原因，归结到胡食风靡灭了唐，实在是牵强得很，无限地夸大了饮食对于改朝换代的作用。

“范阳羯胡之乱”指安禄山天宝十四载十一月初九（755 年 12 月 16 日），联合同罗、奚、契丹、室韦、突厥等民族组成共约 18.4 万士兵，号称 20 万，于范阳（今北京）起兵，开始“安史之乱”。安禄山是胡人，是个来自营州粟特部落的“杂种胡儿”，所动员的反叛军队也是胡人，因之被称为“羯胡”。刘昫推论的逻辑是这样的：胡食胡服胡帽风行，影响了社会风气，胡风弥漫，上下崇胡拜胡，所以胡人安禄山得宠。安禄山一旦掌得大权，窥探唐室，觊觎天下，于是有安史之乱，这是唐朝由盛而衰的转折点，所以，天下大乱肇始于胡食。《新唐书·列传第一百四十八上·奸臣传》的记载说明唐玄宗听信李林甫而任用安禄山，从此种下祸根，而与胡食无关：

> 贞观以来，任番将者如阿史那社尔、契苾何力皆以忠力奋，然犹不为上将，皆大臣总制之，故上有余权以制于下。先天宝、开元中，大臣若薛讷、郭元振、张嘉贞、王晙、张说、萧嵩、杜暹、李适之等，自节度使入相天子。林甫疾儒臣以方略积边劳，且大任，欲杜其本，以久己权，即说帝曰：“以陛下雄才，国家富强，而夷狄未灭者，繇文吏为将，惮矢石，不身先。不如用蕃将，彼生而雄，养马上，长行阵，天性然也。若陛下感而用之，使必死，夷狄不足图也。”帝然之，因以安思顺代林甫领节度，而擢安禄山、高仙芝、哥舒翰等专为大将。林甫利其虏也，无入相之资，故禄山得专三道劲兵，处十四年不徙，天子安林甫策，不疑也，卒称兵荡覆天下，王室遂微。

这一记载说明唐太宗的时候虽然任用胡人为将领，但不得做上将，军权在皇帝手中。到唐玄宗的时候，李林甫想夺取戍边大臣的军权，建议以番将顶替，唐玄宗同意了，重用安禄山等人。《新唐书》认为这才是祸根，导致“卒称兵荡覆天下”，而丝毫不提胡食的事。这种饮食历史观无疑是正确的。

如果说唐玄宗败于饮食尚且可以对话，说败于胡食就有点牵强。据史载，当时皇亲国戚竞相呈献食物。为此，唐玄宗专门任命饮食检查官。每次呈献的食物，出产的各种珍贵菜肴多达数千盘；每一盘的费用，就耗尽当时中产阶级十家以上财产。唐玄宗每当喝至酒酣兴浓，便让杨贵妃率领百余个宫妓，自己则亲自率领百余个宦官，两排列阵于庭院之中，名曰“风流阵”。两阵以霞被锦缎为旗帜，攻击相斗。失败一方每人罚酒一杯，当场喝下。唐玄宗宠幸杨贵妃，而杨贵妃喜欢吃鲜荔枝。每当荔枝成熟季节，唐玄宗便命人从岭南进贡荔枝，用驿马送往长安。驿马昼夜兼程，一匹马累死，另一匹马接着跑，三天三夜送到长安。打开后荔枝色泽如初，味道鲜美。诗人杜牧因此写道："长安回望绣成堆，山顶千门次弟开。一骑红尘妃子笑，无人知是荔枝来。"司马光《资治通鉴》认为是唐朝皇室的奢华招致失去人心，正好给安禄山留下机会："人君崇华靡以示人，适足为大盗之招也。"意思是：君王向人民展示他的豪华奢侈，最大的功用就是鼓励大盗动手。

唐代胡化、胡食之风，风靡朝野的胡饼就是一个典型的例子。《续汉书》有"（汉）灵帝好胡饼，京师贵戚皆竞食胡饼"的记载。《太平御览》说三国时的吕布率军到达乘氏城下，"李淑节作万枚胡饼先持劳客"，说明胡饼作为主食，自汉代以来就十分受欢迎。

胡饼来自何方？唐代僧人慧琳《一切经音义》第三十七卷"陀罗尼集"第十二说：此油饼本是胡食，中国效之，微有改变，所以近代亦有此名，诸儒随意制字，未知孰是。胡食者，即毕罗、烧饼、胡饼、搭纳等是。胡三省《资治通鉴注》说："胡饼，今之蒸饼。高似孙曰：胡饼，言以胡麻着之也。崔鸿《前赵录》：石虎讳胡，改胡饼曰麻饼。《缃素杂记》曰：有鬻胡饼者，不晓名之所谓，易其名曰炉饼。以为胡人所啖，故曰胡饼也。"这些注释，大意略同，一致认为胡饼来自西域，约在汉时传入我国。这从沈既济《任氏传》"（长安升平里）门旁有胡人鬻饼之舍，方张灯炽炉"也得到佐证。又，《唐语林》卷六对胡饼制作的介绍更详细一些，首先说它是富豪人家饮食的首选："时豪家食次，起羊肉一斤，层布于巨胡饼，隔中以椒、豉，润以酥，入炉迫之，候肉半熟食之，呼为'古楼子'。"这里介绍的是一种巨大的胡饼，中间夹有羊肉馅。一斤羊肉馅，一层一层的分布于胡饼之中，羊肉各层之间分别放上花椒、豆豉。放入特制的炉子烧烤，半生的时候就拿出来吃。这一处记载说明当时胡风颇盛，其一是吃胡饼，其二是食羊肉，其三是半生着就吃，说不定还带着血丝，这就是胡人的吃法。以上这两处记载也说明当时制作胡麻饼不用锅具，而用专门的烘炉，显然是制饼技术发展到相当高度以后的产物。

关于胡麻饼的形状特征，据《释名·释饮食》云："胡饼，作之大漫冱也，亦言以胡麻着上也。"所谓"漫冱"，毕沅疏证称"此（漫冱）当作两。案郑注《周礼·鳖人》云：'互物谓有甲，两胡龟鳖之属'，则两胡乃外甲两面周围蒙合之状。胡饼之形似之，古取名也。"所谓"胡麻"，《梦溪笔谈》云："胡麻直是今油麻（芝麻），汉使张骞始自大宛（西域）得油麻之种，古名胡麻。""胡麻着上"即是将芝麻撒在饼面之上。那么，胡饼就是芝麻饼了。

作为主食来讲，胡饼在唐朝极受欢迎，这个事实出自于日本人的记载更有意义，说明了文化交流，尤其是饮食对异域人的影响。日本和尚圆广《入唐求法巡礼行记》是他入唐求法巡礼过程当中用汉文（文言文）写的一部日记体著作。全书从唐文宗开成三年六月十三日（838 年 7 月 2 日）开始写起，从日本博德湾登船出发，一直写到唐宣宗大中元年十二月十四日（848 年 1 月 23 日）从中国回转日本博德，前后历时九年七个月。卷三记述："开成六年……立春节，赐胡饼、寺粥。时行胡饼，俗家皆然。”可见胡饼已经成为人们日常的食品，僧俗都喜食胡饼。

诗人白居易显然十分喜欢吃胡饼，他不但自己喜欢吃，而且还有“食友”，自己动手制作，彼此交流。白居易在升任忠州（今重庆市忠县）刺史时，曾亲手制作胡麻饼，派人送给他的朋友万州（今四川省万县市）刺史杨敬之。白居易就此事专门写有吟诵胡饼的诗——《寄胡麻饼与杨万州》：“胡麻饼样学京都，面脆油香新出炉，寄于饥馋杨大使，尝看得似辅兴无。”说明唐代长安的胡麻饼是很驰名的，尤以位于长安城西南角的辅兴坊制作的最佳，其特点是“面脆油香”，全国各地都学习模仿京城辅兴坊的胡饼。

《资治通鉴》中唐玄宗至德元年有记载，安史之乱，玄宗仓皇离京，向西逃窜：“食时，至咸阳望贤宫，洛卿与县令俱逃，中使征召，吏民莫有应者。日向中，上犹未食，杨国忠自市胡饼以献。于是民争献粝饭，杂以麦豆；皇孙辈争以手掬食之，须臾而尽，犹未能饱。”《肃宗实录》的记载说：“杨国忠自入市，衣袖中盛胡饼，献上皇。”

对于唐玄宗逃亡路上的饮食，其窘迫，《天宝乱杂记》有更为详细的记载：“六月十一日，大驾幸蜀，至望贤宫，官吏奔窜。迨曛黑，百姓有稍稍来者。上亲问之：‘卿家有饭否？不择精粗，但且将来。’老幼于是竞担挈壶浆，杂之以麦子饭，送至上前。先给兵士，六宫及皇孙已下，咸以手掬而食。顷时又尽，犹不能饱。既乏器用，又无釭烛，从驾者枕藉寝止，长幼莫之分别；赖月入户庭，上与六宫、皇孙等差异焉。上皆酬其直，慰劳之。众皆哭，上亦掩泣。”如镜头写实一般，堂堂天子，四海之尊，竟然亲口向民众讨要饭食，可见其狼狈。真是今非昔比啊！

除胡饼之外，还有一种食品“饆饠”也是由胡人传入，也写作“毕罗”。是一种包有馅心的面制点心。始于唐代，当时长安的长兴坊有胡人开的饆饠店。所经营品种，有蟹黄饆饠、樱桃饆饠、天花饆饠等，甚为著名。也是从少数民族地区传入。有关饆饠的解释最杂，或认为其是面食，或认为是米饭，或以为是一种包馅面食。唐刘恂《岭表录异》卷下有蟹黄饆饠的记载，看来是一种夹有蟹黄，用面包裹，并且浇淋五味的一种食物：“赤母蟹，壳内黄赤膏如鸡鸭子共同，肉白如豕膏，实其壳中。淋以五味，蒙以细面，为蟹黄饆饠，珍美可尚。”蒙，指用细面包裹。《太平广记》卷二三四“御厨”引《卢氏杂说》叙述了饆饠的形状粗大，滋味香美，是一种皇帝赏赐翰林学上的食物，可见其珍贵：“翰林学士每遇赐食，有物若毕罗，形粗大，滋味香美，呼为诸王修事。”唐段成式《酉阳杂俎·酒食》介绍一种用水果樱桃做的饆饠：“韩约能作樱桃饆饠，其色不变。”对于饆饠名称的起源，唐李匡乂《资暇集》的解释另辟蹊径，认为“饆饠”的起名乃是因为少数民族的毕家、罗家所发明，故而有此名：“毕罗者，蕃中毕氏、罗氏好食此味。今字从食，非也。”此外，唐韦巨源《烧尾宴食单》中记有“天花饆饠”，宋高似孙《蟹略·蟹馔》中记有“蟹饆饠”（即蟹黄饆饠）。

自汉代以后，我国不断引进外域蔬菜，比如胡芹、黄瓜、茄子，都是引入品种。

隋唐时期，外来蔬菜仍在增加。如《酉阳杂俎》卷一九记载茄子“有新罗种者，色稍白，形如鸡卵”，这是朝鲜人培育出的新式物种，唐时传入中国。《新唐书·西域传》记载菠菜的传入：“泥婆罗（贞观）二十年（647），一遣使人献波棱、酢菜、浑提葱。”泥婆罗即尼泊尔，波棱即菠菜，是由尼泊尔传入我国的。另外如莴苣，是隋朝时开始引入的蔬菜品种。宋代陶谷《清异录·蔬》记载：“呙国（西域国名）使者来汉，隋人求得菜种，酬之甚厚，故因名千金菜。今莴苣也。”明代李时珍《本草纲目·菜二·莴苣》：“莴菜，千金菜。”到唐朝时，人们已成批种植这种蔬菜。《全唐诗》卷二二一杜甫《种莴苣》序诉说种莴苣的经历：“既雨已秋，堂下理小畦，隔种一两席许莴苣，向二旬矣。而苣不甲拆，独野苋青青。伤时君子，或晚得微禄，轗轲不进，因作此诗。”诗中也说莴苣已经成为“蔬之常”：“堂下可以畦，呼童对经始。苣兮蔬之常，随事艺其子。”看来，外来莴苣已成为普通人的家常蔬菜了。外来蔬菜大多属于优良产品，因而备受人们的喜爱。

据《朝野佥载》记载：“（张）易之为大铁笼，置鹅鸭于其内，当中取起炭火，铜盆贮五味汁，鹅鸭绕火走，渴即饮汁，火炙痛即回，表里皆熟，毛落尽，肉赤烘烘乃死。昌宗活拦驴于小室内，起炭火，置五味汁如前法。昌仪取铁橛钉入地，缚狗四足于橛上，放鹰鹞活按其肉食，肉尽而狗未死，号叫酸楚，不复可听。易之曾过昌仪，忆马肠，取从骑破胁取肠，良久乃死。”张易之烤活鹅鸭，张昌宗、张昌仪在活马的肚子里取出肠子煎炒，这都是少数民族的习惯。

据《资治通鉴》卷一九六记载，唐太宗的太子承乾：“作八尺铜炉，六隔大鼎，募亡奴盗民间马牛，亲临烹煮，与所幸厮役共食之。又好突厥语及其服饰，选左右貌类突厥者五人为一落，辫发羊裘而牧羊，作五狼头纛及幡旗，设穹庐，太子自处其中，敛羊而烹之，抽佩刀割肉相啖。又尝谓左右曰：‘我试做可汗死，汝曹效其丧仪。’因僵卧于地，众悉号哭，跨马环走，临其身，剺面，良久，太欻起，曰：‘一朝有天下，当率数万骑猎于金城西，然后解发为突厥，委身思摩，若当一射，不为人后矣。’”身为一朝太子，如此疯狂地模仿突厥的生活习俗，除了与其自身性格豪放有关外，突厥习俗对于唐朝人的影响也可见一斑。

开元年间，大批胡人担任了唐朝的高级将领，为了笼络他们，唐玄宗经常把刚猎获的肥鲜送给胡人。《太平广记》卷二三四引唐代卢言《卢氏杂说·热洛河》：“玄宗命射生官射鲜鹿，取血煎鹿肠食之，谓之热洛河。赐安禄山及哥舒翰。”“热洛河”的吃法显然不是汉族所有，应该是胡人喜欢的饮食，带有血腥味和野性，展示的是粗犷豪放。

《唐语林》还有几则故事，说明唐代的饮食风气。一则是关于穆宁的，涉及胡化的美味：

> 贞元初，穆宁为和州刺史，其子故宛陵尚书及给事列侍宁前。时穆家法最峻，宁命诸子直馔，稍不如意，则杖之。诸子至直日，必探求珍异，罗列鼎俎，或不中意，未尝免笞棰。一日给事直馔，鼎前有熊白及鹿

修，曰："白肥而修瘠相滋，其宜乎？"遂试以白裹修改进，宁果再饭。宛陵诸季视之，喜形于色，曰："非惟免笞，兼当受赏。"宁饭讫，曰："今日谁直？可与杖俱来。有此佳味，奚进之晚？"

熊白，就是熊的里脊肉，又嫩又肥。鹿修，即风干的鹿肉，极干极韧。两者性质不同，炒蒸以后，却效果奇佳，鲜美异常。穆宁吃饭非常讲究，每顿食肉，食不好，就要打儿子的屁股，这次吃到了美味，当值的人还免不了挨打，却是因为将美味进献得晚了。

唐朝国势强盛，与海外交往日益频繁，许多外域水果输送到中国，引起唐人的高度兴趣。《唐会要》卷一〇〇记载贞观九年："康国献金桃，大如鸡卵，其色如金。"同书卷九九记载开元十八年，吐火罗"遣使献红颇梨、碧颇梨"。《册府元龟》卷九七一记载位于里海附近的陀拔斯单国向唐朝贡献了"千年枣"。当然，这些外来水果大多贡送于唐朝廷，普通百姓难以识见。但在一些通商口岸，外域水果则有机会被国人所品尝，如刘恂在《岭表录异》卷中就记述了他在广州吃过的进口波斯枣："恂曾于番酋家食本国将来者，色类沙糖，皮肉软烂。饵之，乃火烁水蒸之味也。"这种波斯枣即产于中亚一带的椰枣。在当时的条件下，人们能吃上外国水果，可真是太不容易的事情了。

"留学生"一词是从我国唐代开始出现的，大量留学生来到中国，受到中国文化的熏染，接受中国人的饮食习惯，又将之回传到本国，使得中国人的饮食思想扩散传布开来。

唐朝是个开放的时代，在国家强盛的社会背景和大有胡气的民族背景之下，唐朝人有着其他朝代人所难以匹敌的纳异胸襟。诚如鲁迅所说："汉唐虽然也有边患，但魄力究竟雄大，人民具有不至为异族奴隶的自信心，或者竟毫未想到，凡取用外来事物的时候，就如将彼俘来一样，自由驱使，绝不介怀。"

三、唐代的酒文化交流

1. 胡酒

唐代是中外酒文化交流异常活跃时期。在历史上，内地的葡萄酒，一直是断断续续维持下来的。

"葡萄美酒夜光杯，欲饮琵琶马上催。醉卧沙场君莫笑，古来征战几人回？"在唐代以夜光杯盛满葡萄美酒，说明葡萄酒的珍贵。对自然发酵的果酒记载，见于《隋书·赤土国传》：赤土国"以甘蔗作酒，杂以紫瓜根，酒色赤黄，味亦甘美。"至唐代就有了关于葡萄酒的明确记载，《新修本草》说："作酒醴以曲为，而蒲桃（葡萄）、蜜独不同曲。"在敦煌藏经洞发现的数万件文书中有相当一部分为唐五代时期当地的社会经济类文书，其中记载了许多与敦煌人的饮食相关的资料。据记载，敦煌因与西域接近，其栽培葡萄酿酒史要早于唐代，而且敦煌酿的葡萄酒质量很好。在《下女夫词》中说"千钱沽一斗"虽系夸张，但也说明了葡萄酒在当地的地位。另据记载，葡萄园中结葡萄时，人们还要举行赛神仪式。在唐五代敦煌壁画中有四十多幅婚宴图，这些图中婚礼宴饮多在帏帐中举行。一般每张食床(桌)坐 8—10 人。仪式中除新郎、新娘为客人敬酒外，可以看到客人列坐在食床旁。床上盘置蒸饼等食物，客人手持酒杯，作喝酒状。

唐代时，中原地区对葡萄酒是一无所知。唐太宗从西域引入葡萄，长安人才知道葡萄酒的滋味。《南部新书》丙卷记载："太宗破高昌，收马乳葡萄种于苑，并得酒法，仍自损益之，造酒成绿色，芳香酷烈，味兼醍醐，长安始识其味也。"同一件事，宋代类书《册府元龟》卷九七〇也有记载，说道高昌故址在今新疆吐鲁番东约二十公里，当时其归属一直不定。唐贞观十四年(641)，唐太宗派侯君集发兵："破高昌，收马乳葡萄实，于苑中种之。并得其(酿)酒法，帝自损益造酒，酒成，凡有八色，芳香酷烈，味兼醍醐，即颁赐群臣，京中始识其味。"大喜过望的太宗宣布长安"赐脯三日"。唐太宗在长安百亩禁苑中，辟有两个葡萄园。西城如大宛、龟兹诸国的葡萄酒，汉魏以来，中国就已经知道，而在中土用西域法仿制西域酒，却是开始于唐太宗。

著名园丁郭橐驼为种葡萄发明了"稻米液溉其根法"，记载在他的《种树书》里，一时汉地风行。长安原来有个皇家葡萄园，后来改作光宅寺，寺中有普贤堂，因尉迟乙僧所绘的于阗风格壁画而闻名。唐人段成式在《寺塔记·光宅坊光宅寺》里记载："本(武则天)天后梳洗堂，葡萄垂实则幸此堂。"此后葡萄酒在内地就有较大的影响力，从高昌学来的葡萄栽培法及葡萄酒酿法在唐代可能延续了较长的历史时期，出现许多吟诵葡萄酒的脍炙人口的诗句。刘禹锡(772—842)也曾作诗赞美葡萄酒，诗云："我本是晋人，种此如种玉，酿之成美酒，尽日饮不足。"这说明当时山西早已种植葡萄，并酿造葡萄酒。白居易、李白等都有吟葡萄酒的诗。唐朝是我国葡萄酒酿造史上很辉煌的时期，葡萄酒的酿造已经从宫廷走向民间。李白诗《对酒》中写道："葡萄酒，金叵罗，吴姬十五细马驮……"说明了葡萄酒已普及到民间，也说明了葡萄酒的珍贵，它像金叵罗一样，可以作为少女出嫁的嫁妆。

中国本是酒之国。然而区别于传统米酒的外来酒——高昌酿法的葡萄酒和波斯酿造的甜酒，使得唐人醒也美哉，醉也美哉，无论醉醒全是别样的滋味。唐太宗平定高昌时，宫中所饮庆功之酒，都是太宗李世民亲自监制的，看来酒也是外来的受宠。玄奘在《大唐西域记》卷二载，古印度风俗贵葡萄酒而轻米酒，"若其酒醴之差，滋味流别；蒲萄甘蔗，刹帝力饮也；醿檗醇谬，吠奢等饮也。"当时的印度婆罗门贵族戒酒，以饮葡萄果浆为风尚，西域各国也传为风俗。630 年玄奘自西域前往印度取经，一路上西域各国，如屈支(龟兹)国和突厥的素叶水城(碎叶)，都以葡萄浆款待法师。

唐代与西域饮食文化的交流异常活跃，西域酒在长安非常流行。唐初有高昌之蒲萄酒，其后有波斯之三勒浆，又有龙膏酒，大约亦出于波斯。西市及长安城东至曲江一带，有胡姬侍酒之酒肆，李白诸人也曾买醉其中。

唐朝中外文化交流发达，外国酒的输入也更加增多，如有"三勒浆"之称的诃梨勒、庵摩勒、毗梨勒，还有龙膏酒、煎澄明酒、无忧酒等等，唐苏鹗《杜阳杂编》就有有关记载。李肇《唐国史补》记当时名酒又有三勒浆类，酒法出波斯。三勒者，谓庵摩勒、毗梨勒、诃梨勒。

庵摩勒梵文作 āmalaka，波斯文作 amola；毗梨勒梵文作 vibhitaka，波斯文作 balila；诃梨勒梵文作 harītaki，波斯文作 halila。据《旧唐书·波斯传》，波斯产诃梨勒。三勒浆当即以此三者所酿成之酒耳。诃梨勒树，中国南部也有。鉴真和尚到了广州大云寺，曾看见诃梨勒树，谓："此寺有诃梨勒树二株，子如大枣。广州法性寺亦有此树，以水煎诃梨勒子，名诃子汤。"北宋钱易《南部新书》记载三勒浆这种饮料的制作方法，并且说明当时"士大夫争投饮之"，可见受到广泛的欢迎："诃子汤：广之山村皆有诃梨勒树。就中郭下法性寺佛殿前四五十株，子小而味不涩，皆是陆路。广州每岁进贡，只采兹寺者。西廊僧院内老树下有古井，树根蘸水，水味不咸。僧至诃子熟时，普煎此汤以延宾客。用诃子五颗，甘草一寸，并拍破，即汲树下水煎之。色若新茶，味如绿乳，服之消食疏气，诸汤难以比也。佛殿东有禅祖慧能受戒坛，坛畔有半生菩提树。礼祖师，啜乳汤者亦非俗客也。近李夷庚自广州来，能煎此味，士大夫争投饮之。"三勒酒中之诃梨勒酒，其酿法或煎法是否亦如诃子汤，今无可考。

2. 胡姬酒肆

唐代，胡人来我国经商开店，除做珠宝杂货生意外，经营酒肆也是主要行业。在都城长安，胡人酒肆主要开设在西市和春明门到曲江一代。胡姬酒肆里的酒大都是从西域传入的名酒，像高昌的"葡萄酒"，波斯的"三勒浆""龙膏酒"等。顺宗时，宫中还有古传乌弋山离(伊朗南路)所酿的龙膏酒。酒肆的服务员，即是西域的女子，被称为"胡姬"。她们是促使胡酒在唐代城市盛行的一个重要因素。在我国古代青年女子当垆不多的情况下，这些"胡姬酒肆"曾为唐代长安饮食市场开创了新的局面。

胡姬在正史中没有记载，但唐诗却全面反映了这方面的情况。初唐诗人王绩曾以隋代遗老身份待诏门下省，每日得酒一斗，被称为"斗酒学士"，他在《过酒家五首》中最先描写了唐代城市里酒肆中的胡姬"酒家胡"："洛阳无大宅，长安乏主人。黄金销未尽，只为酒家贫。此日常昏饮，非关养性灵。眼看人尽醉，何忍独为醒。竹叶连糟翠，葡萄带曲红。相逢不令尽，别后为谁空。对酒但知饮，逢人莫强牵。依垆便得睡，横瓮足堪眠。有客须教饮，无钱可别沽。来时常道贳，惭愧酒家胡。"去胡姬酒店饮酒，在唐代城市里是一种世风，张祜有一首《白鼻䯄》写得很清楚："为底胡姬酒，常来白鼻䯄。摘莲抛水上，郎意在浮花。""胡姬酒肆"常设在城门路边，人们送友远行，长在此饯行。岑参在《送宇文南金放后归太原郝主簿》中写道："送君系马青门口，胡姬垆头劝君酒。"酒肆中除了美酒，还有美味佳肴和音乐歌舞。贺朝《赠酒店胡姬》诗生动描写了"胡姬酒肆"里的情景："胡姬春酒店，弦管夜锵锵。红毾铺新月，貂裘坐薄霜。玉盘初鲙鲤，金鼎正烹羊。上客无劳散，听歌乐世娘。"

所有诗人中似乎是李白最爱与胡姬谈笑了，所以他的诗作中描写胡姬的地方甚多。他的《送裴十八图南归嵩山二首之一》指出胡姬常在酒店门口招揽顾客："何处可为别，长安青绮门。胡姬招素手，延客醉金樽。"胡姬能招揽到顾客，一凭异国情调的美貌，二凭高超的歌舞技巧。李白在《醉后赠王历阳》中写道："书秃千兔毫，诗裁两牛腰。笔纵起龙虎，舞曲指云霄。双歌二胡姬，更奏远清朝。举酒挑朔雪，从君不相饶。"他在另一首诗《前有一樽酒行二首之二》中又写道："琴奏龙门之绿桐，玉壶美酒清若空。催弦拂柱与君饮，看朱成碧颜始红。胡姬貌如花，当垆笑春风。笑春风，舞罗衣，君今不醉将安归？"可见当时长安以歌舞侍酒为生的胡姬为数不少。李白在《少年行之二》写道："五陵年少金市东，银鞍白马度春风。落马踏尽游何处？笑入胡姬酒肆中。"他在另一首《白鼻䯄》中也写道："银鞍白鼻䯄，绿地障泥锦。细雨春风花落时，按鞭直就胡姬饮。"胡姬来到中原，克服了大量旅途的艰辛。为此，她们在酒肆里强欢作笑时也在思念自己的家乡和亲人，如李贺《龙夜吟》所述："卷发胡儿眼睛绿，高楼夜静吹横竹。一声似向天上来，月下美人望乡哭。直排七点星藏指，暗合清风调宫徵。蜀道秋深云满林，湘江半夜龙惊起。玉堂美人边塞情，碧窗浩月愁中听。寒贴能捣百尺练，粉泪凝珠滴红线。胡儿莫作陇头吟，隔窗暗结愁人心。"

据可靠记载，胡女在中国做酒家招待，可追溯到汉代，汉辛延年《羽林郎》诗即云："昔有霍家奴，姓冯名子都，依倚将军势，调笑酒家胡。"说西汉大将军霍光的家奴冯子都，倚仗主子的权势在酒店里调戏胡人女招待。在我国古代的酒娱中，还有用"酒胡"劝酒娱乐的习俗。宋人张邦基在《墨庄漫录》中对此有较详细的记载。唐代的胡姬酒肆是唐代酒文化的重要特色，也反映初唐代酒文化交流的兴盛。

3. 中西酒文化交流之物证

这一物证就是鎏金胡人头像银执壶。该执壶 1983 年于宁夏固原出土，长颈，圆腹，高足，足下呈喇叭状，圈足边缘饰一周联珠纹。单錾，錾上有一胡人头像，深目高鼻，八字短胡，短发向后梳理，是西域"胡人"的典型形象。口上有敞流。更具特色的是，器腹部錾雕有三对浮雕人像，均男女相对，似在向对方表露爱意。皆深目高鼻，头发鬈曲，袒胸露腹，有的干脆全身裸露。每人均戴披肩。

图 4-2　鎏金胡人头像银执壶

据著名考古学家夏鼐先生研究，中国和萨珊王朝波斯（今伊朗）这两个文明古国，至迟从汉代即有来往，唐时关系更为密切。早在唐代以前，萨珊王朝的金银器便传入中国，中国的金银匠人也模仿制作。一般地说，国人制造的仿制品，器形和伊朗人所制大致相同，但是花纹的风格则往往是中国式的。宁夏出土的这件银壶，器形与萨珊王朝银壶无异，足缘的联珠纹也是萨珊式执壶的常用纹饰，那个胡人头像甚至与今天的伊朗人非常相像。因此，有人认为它可能是由古伊朗输入的萨珊王朝银器。

除宁夏的这件鎏金胡人头像银执壶外，在内蒙古李空营子村还出土了一件胡人头银执壶，两者形制极为相似。据学者研究，它们均为典型的西域银器。它们在中国的出土，是中西酒文化交流之物证。

第二节　唐人的饮食生活

一、唐代的饮食业

开元天宝时期，经济繁荣，粮食生产完全满足人们需要，饮食市场空前发展，当时的政治家元结（次山）说："开元天宝之中，耕者益力，四海之内，高山绝壑，耒耜亦满，人家粮储，皆及数岁，太仓委积，陈腐不可较量。"

据唐代中期的理财家杜佑说：开元时期"至十三年封泰山，米斗至十三文，青、齐谷斗至五文。自后天下无贵物，两京米斗不至二十文，面三十二文，绢一疋二百一十二文。东至宋、汴，西至岐州，夹路列店肆待客，酒馔丰溢。每店皆有驴赁客乘，倏忽数十里，谓之驿驴。南诣荆、襄，北至太原、范阳，西至蜀川、凉府，皆有店肆，以供商旅。远适数千里，不持寸刃"。开元时期的诗人杜甫《忆昔》印证了杜佑的说法："忆昔开元全盛日，小邑犹藏万家室。稻米流脂粟米白，公私仓廪俱丰实。九州道路无豺虎，远行不劳吉日出。齐纨鲁缟车班班，男耕女桑不相失。"经济的繁荣，社会的稳定，使得物价平稳，人们迈开双脚，走向更远的地方去寻求更多的机会。远行千里，不会为吃饭发愁，从今天的河南到陕西的宝鸡，向南到荆州、襄阳，向西到四川、甘肃凉州，道路四通八达，一路店肆林立，酒馔丰溢，想吃什么就有什么，只需要带上钱币就行。不用担心安全，用不着携带武器，天下通畅，四海升平。

随着商品经济的活跃，人们传统的饮食观念开始变动，许多人都不再满足于一家一户的自烹自食，而是更多地投身到饮食市场中，去购买省工省力已经加工好的食品，或者直接到食肆酒店中去追求高口味、新口味，由此而激发了饮食行业的迅速发展。

饮食业的规模极为广大，有的酒店可以将三五百人的饮馔立时办妥。《唐语林》卷六记述唐德宗时吴凑请客的故事："德宗非时召拜吴凑为京兆尹，便令赴上。疾驱，请客至府，已列筵矣。或问：'何速？'吏曰：'两市日有礼席，举铛釜而取之，故三、五百人之馔，常可立办。'"

饮食业蓬勃高涨，酒肆又为人们提供了良好的酒肴和娱乐的环境，再加上社会物质消费水平的提高，所以许多人都把酒肆当作饮食生活的固定去处，尤其是会客交友，必以酒肆为集散场所。《太平广记》卷三〇二引《集异记》记载卫庭训："游东市，遇友人饮于酒肆。"还有很多人把酒肆当作生活消遣的最佳归宿，他们整日泡在酒楼上，长醉不休。如《旧唐书·李白传》记载："李白……待沼翰林。白既嗜酒，日与饮徒醉于酒肆。玄宗度曲，欲造乐府新词，亟召白，白已卧于酒肆矣。"唐朝社会弥漫着讲排场、重交往、轻金钱的消费之风，众多的豪饮之士甚至不惜倾囊典物，也要到酒肆中博此一饮。

唐代饮食界发生着明显变化，食品原料大量进入市场，各种规模及不同类型的饮食店铺如雨后春笋，拔地而起，活跃在城乡各处，就连个体摊贩也侧重于饮食出售。凡有人群聚集的地方，就有饮食行业为之服务。尤其是城市居民，日常的食品采购和熟食供应，甚至饮宴聚餐，都很大程度上依赖于商品性质的饮食行业，这就把原本保守的饮食模式推向了一种全新的境界。

唐代饮食行业中兴起了食店饭馆，它们大多以店铺的形式展开经营，其中包括面食店以及综合性的食肆。这种店铺无论大小，都能引来众多的食客。有些人只是前来购买食物，有些人则要坐在店中吃饭喝酒。与门店经营相衬托，城乡各处还出现了大量的饮食摊贩，他们基本上都是小本个体经营者，通常有固定的地点，有时也会沿街叫卖，给低消费的过客提供饮食方便。在唐代饮食业高涨时期，新兴的茶肆异军突起，成为人们饮茶休闲的一个绝好去处。

在城乡夜市中，饮食业是最为火爆的行业。随着夜间营业的运作，人们开始选择酒楼食店作为聚会的最佳场所。诸如《全唐诗》卷四四七白居易《夜归》："逐胜移朝宴，留欢放晚衙。……皋桥夜估酒，灯火是谁家。"酒店到了晚上仍然营业，灯火通明。又《望亭驿酬别周判官》："何事出长洲，连宵饮不休。……灯火穿村市，望歇上驿楼。"长洲夜晚的景象也差不多。同书卷三〇〇载王建《寄汀州令孤相公》："水门向晚条商闹，桥市通宵酒客行。"卷三八五载张籍《寄元员外》："外郎直罢无余事……夜静坊中有酒沽。"诸诗都点示出酒店夜间营业的情况和人们宴移酒店的趋势。酒店售卖时间的延长也为居民的夜饮嗜好提供了诸多方便，因此，唐人夜赴酒肆买饮纵情的现象多有发生。《岭表录异》卷上就说："广州人多好酒，晚市散，男儿女人倒载者，日有二三十辈。"《云仙杂记》卷七也载："富人贾三折，夜以方囊盛钱于腰间，微行市中，买酒，呼秦声女置宴。"开放的夜间酒肆给许多人带来了最理想的去处。

唐代的酒肆在夜间为人们提供着多样化的饮食服务，人们可以在此预定宴席，由酒店侍女为之接待。很多酒肆还专门雇用妖娆浪漫的胡人女子献酒劝觞，借以招揽更多的顾客。美貌胡姬殷勤陪伴，并以精湛的音乐歌舞佐饮助兴，从而使偌多的少年公子日暮既往，买醉其间。《全唐诗》卷二三五载贾至《春思》云："红粉当垆弱柳垂，金花腊酒解酴醾。笙歌日暮能留客，醉杀长安轻薄儿。"卷一一七载贺朝《赠酒店胡姬》云："胡姬春酒店，弦管夜锵锵。红毾铺新月，貂裘坐薄霜。玉盘初鲙鲤，金鼎正烹羊。上客无劳散，听歌乐世娘。"当此之时，美酒使者、清乐妙歌交相映织，把入席者送进醉梦般的欢乐世界。唐人的夜宴生活又找到了一个最佳归宿。

社会治安情况常常影响着饮食行业的经营状况。段成式《酉阳杂俎》卷八《黥》记载，饮食街上也有恶少，作恶多端，侵扰酒店，破坏市场秩序，有京兆薛公严加整治，凡胡作非为者，全部杖杀："上都街肆恶少，率髡而肤札，备众物形状。持诸军张拳强劫（一曰'弓剑'），至有以蛇集酒家，捉羊脾击人者。今京兆薛公上言白，令里长潜部，三千余人，悉杖煞，尸于市。市人有点青者，皆炙灭之。时大宁坊力者张干，札左膊曰'生不怕京兆尹'，右膊曰'死不畏阎罗王'。又有王力奴，以钱五千，召札工可胸腹为山亭院，池榭、草木、鸟兽，无不悉具，细若设色。公悉杖杀之。"

二、饮食生活

唐代政治生活轻松自由的空气，使得饮食生活也纵逸潇洒，后人简直无法望其项背。单说皇帝和平民一起饮酒，平民可以任意所为，就是历代所没有的。据《新唐书·李白传》，李白在唐玄宗面前的作为简直就是放纵。李白还没有名气的时候，来到首都长安，去拜见贺知章，贺知章当时已经是社会名人了。贺知章见到他的诗文，感慨惊叹地说："您，是个天上贬下人间的仙人啊！"并且常在玄宗面前说起，玄宗就在金銮殿召见李白，谈论当代的大事，李白于是献上一篇赋颂。可见，唐玄宗没有什么架子，是一个很容易见到的皇帝，当然，与贺知章的引荐很有关系。玄宗皇帝赏赐李白吃的东西，并且亲自为他调羹，像这种事情在皇帝总是保持"天威"的情况下是很少有的。唐玄宗下诏命他为翰林供奉。李白和酒徒还在街市中醉酒，玄宗皇帝坐在沉香子亭，突然之间有些感慨，想要听演奏歌唱李白的歌词。于是召李白入宫，但是李白已经醉倒，左右侍从用水洗他的面，酒醉稍醒，拿笔给他，他提起笔一挥而就，下笔成文，辞章婉转华丽，意精旨切，一气呵成，不留馀思。玄宗爱他的才华，好几次召见并设宴招待他。李白曾陪玄宗皇帝饮酒，醉了，让高力士替他脱鞋。高力士平素为朝中显贵，还替李白脱鞋，把这深深地当作耻辱，于是他就挑剔李白诗中的病句硬伤，并加以附会，把杨贵妃激怒。玄宗皇帝想让李白当官，杨贵妃总是从中作梗加以阻止。李白不被玄宗亲近，愈加桀骜不驯，放荡不羁，和贺知章、李适之、汝阳王李琎、崔宗之、苏晋、张旭、焦遂并称为"酒中八仙人"。李白恳切请求引退还居山林，玄宗皇帝也就把金锦赏赐于他，让他回去。

朝廷本来是最讲求礼仪的地方，专门设有官吏纠正不轨行为，对皇帝不敬，称为"大不敬"，是要杀头的。可是，唐玄宗的面前竟有这样的事情发生。这样的故事还记载在《旧唐书》里，想来不会是杜撰。这说明了皇帝的度量，他容忍这样的事情发生，并且不以为然。这是对知识分子的另眼看待。在唐玄宗眼里，李白这样的人远在高力士那样的人之上，他也是要在朝廷上宣扬自己的评判标准，宣传自己的价值观。高力士那样的人，不过是个弄臣而已。这也说明了唐代的开放达到了怎样的程度，同时也解释了唐代的繁荣为什么会实现。时代造就了诗人，诗人反转来称扬升华了时代。

《唐语林》卷二记载了唐玄宗的另一件事，说明这个皇帝与历代的皇帝的确有所不同："开元二年春，上幸宁王第，叙家人体。乐奏前后，酒食沾赉，上不自专，皆令禀于宁王。上曰：'大哥好作主人，阿瞒但谨为上客。'"（原注：上禁中常自称阿瞒）唐玄宗到兄弟宁王的宅第去，喝什么酒，吃什么饭，一概不去做主，而是要宁王定夺。他很自敛，说大哥好好地做主人吧，我只要做个好客人就不错了。也无怪乎他对李白会有那样的态度了。

《唐语林》卷三有一条记载说明唐太宗对于奢华生活是抵制的，他同意江淮一带以后不再贡献海味，并且提拔了敢于提意见的人："孔葵为华州刺史，奏江淮进海味，道路扰人，并其类十数条。后上不记其名，问裴晋公，亦不能对，久之方省。乃拜葵岭南节度，有异政。南中士人死于流窜者，子女悉为嫁娶之。"

《唐语林》还记载唐太宗设酒宴巧妙解除怨隙，使平阳公主与驸马重归于好："薛万彻尚平阳公主。人谓太宗曰：'薛驸马无才气。'因此公主羞之，不同席者数月。帝闻之，大笑，置酒召诸婿尽往，独与薛欢语，屡称其美。因对握槊，睹所佩刀，帝佯为不胜，解刀以佩之。酒罢，悦甚。薛未及就马，主遽召同载而还，重之逾于旧日。"唐太宗的智慧在于：第一，设宴招待众公主和各位女婿，酒席宴上是最好的场合，能够在轻松之中解除旧怨。第二，平阳公主与驸马的不和，主因在平阳公主；平阳公主的根由在于瞧不起驸马，以为他真的没有本事。而驸马没有本事的话是别人说给唐太宗的，解扣子的责任在唐太宗。唐太宗的妙法是，佯装不知道二人不和，在稠人广众之中只热络驸马，只赞美驸马，把自己的佩刀赠与驸马，通过这种种的举动称誉驸马，使他鹤立鸡群，超卓群英。唐太宗眼里的英雄，难道还不是英雄？公主得了面子，识了女婿，赶紧拉着驸马回家去了。

然而对于李白的结局，《旧唐书》又有一句"永王谋乱，兵败。白坐，长流夜郎。后遇赦，得还，竟以饮酒过度，醉死于宣城。"真是奇人奇事。

唐代的诗人热情洋溢，才思敏捷，文思从酒中来："王勃凡欲作文，先令磨墨数升，饮酒数杯，以被覆面而寝。既寤，援笔而成，文不加点，时人谓为腹藁也。"

唐代人为了满足口腹之欲，实现食物上的猎奇，可说是无所不用其极，天上飞的，地上跑的，水里游的，凡是可以吃的都会极尽手法获得。在烹制上也无奇不有，穷尽所想，无所不能。这也为中国饮食史的长河掘就了一条支流。如《太平广记》卷第一三三所记："唐李詹，大中七年崔瑶下擢进士第。平生广求滋味，每食鳖，辄缄其足，暴于烈日。鳖既渴，即饮以酒而烹之，鳖方醉，已熟矣。复取驴絷于庭中，围之以火，驴渴即饮灰水，荡其肠胃，然后取酒，调以诸辛味，复饮之，驴未绝而为火所逼烁，外已熟矣。"他所开创的鳖和烤驴的烹制技法十分恐怖，恐怕古往今来无出其右者。

同卷的徐可范，同样的喜好吃鳖，炮制法既残酷又别出心裁："唐内侍徐可范，性好畋猎，杀害甚众。尝取活鳖，凿其甲，以热油注之，谓之鳖堆。又性嗜龙驴，以驴縻绊于一室内，盆盛五味汁于前，四面迫以烈火，待其渴饮五味汁尽，取其肠胃为馔。前后烹宰，不计其数。”

同卷记载的何泽每天宰杀鹅鸭，乐此不疲：“唐何泽者，容州人也，尝摄广州四会县令。性豪横，唯以饮啖为事，尤嗜鹅鸭。乡胥里正，恒令供纳，常豢养鹅鸭千万头，日加烹杀。”

同卷：“蜀民李绍好食犬，前后杀犬数百千头。”

《唐语林》卷五记载稀罕的木瓜：崔涓守杭州，湖上饮饯，客有献木瓜，所未尝有也。传以示客，有中使即袖归，曰：“禁中未曾有，宜进于上。”顷之，解舟而去。郡守惧得罪，不乐，欲撤饮。官妓作酒监者立白守曰：“请郎中尽饮，某度木瓜经宿必委中流也。”守从之。会送中使者还云：“果溃烂，弃之矣。”郡守异其言，召问之，曰：“使者既请进，必函贮以行。初因递观，则以手掐之。此物芳脆易损，必不能入献。”守命有司加给，取香锦面赍之。

同卷所记宇文士及的奢华使人愤慨，竟然连唐太宗的不满意也装作不知：(唐)太宗使宇文士及割肉，乃以饼拭手，帝屡目之。士及佯为不悟，更徐拭而后抵。

隋朝虽然短命，但是不乏有见识的官员。《唐语林》卷四记载主考官识人，对赏识的人表达尊敬也是请他吃饭：“隋吏部侍郎高孝基主选，见梁公房玄龄、蔡公杜如晦，愕然降阶，与之抗礼。延入内厅，食甚恭，曰：‘二贤当为王霸佐命，位极人臣，然杜年寿稍减于房耳。愿以子孙相托。’贞观初，杜薨于左仆射，房位至司徒，秉政二十余年。”

《唐语林》卷五记载生吃人肉的虬髯客，姓张氏，因他“赤发而虬髯”所以有这个雅号。此人生性豪爽坦诚，好直截了当。当时正是隋朝末年，天下即将大乱，在以下的故事中他邂逅李靖、刘文静，这两位后来成为唐高祖李渊起兵时的主要助手。而他们之所以一见如故就在于都能豪饮，不分彼此的一起吃肉，一样的不存芥蒂：

> 杨素家红拂妓张氏奔李靖，将归太原。行次灵桥驿，既设床，炉中煮肉，张氏以发长垂地，立梳床前，靖方刷马，忽虬髯客乘驴而来，投革囊于炉前，取枕欹卧，看张氏梳头。靖怒，未决。张氏熟视其面，一手映身摇示靖，令勿怒。急急梳头毕，敛衽前问其姓氏。卧客曰：“姓张。”张氏对曰：“妾亦姓张，合是妹。”遽拜之。问第几，曰：“第三。”亦问第几，曰：“最长。”遂喜曰：“今日幸逢一妹。”张氏遥呼曰：“李郎，且来拜三兄！”靖骤拜之，遂环坐。客曰：“煮者何肉？”曰：“羊肉，计已熟矣。”客曰：“饥。”靖出市胡饼，客抽腰间匕首切肉，共食之竟，以余肉乱切饲驴。客曰：“何之？”曰：“将避地太原。”客曰：“有酒乎？”曰：“主人西，则酒肆也。”靖取酒一斗。既巡，客曰：“吾有少下酒物，李郎能同食乎？”靖曰：“不敢。”遂开革囊，取出一人头，并心肝；却以头贮囊中，以匕首切心肝共食之。曰：“此天下负心者也。衔之二十年，今始获之，吾憾释矣！”

……文静素奇其人，方议匡辅，一旦闻客有知人者，其心可知，遽致酒延之。使回而到，不衫不履，裼裘而来，神气扬扬，貌与常异。虬髯默然，于坐末见之，心死。饮数杯而起，招靖曰："真天子也！吾见之，十得八九矣。然须道兄见之。李郎宜与一妹复入京。某日午时，访我于马行东酒楼下，有此驴及瘦骡，即我与道兄俱在其上矣。"又别而去之。靖与张氏及期访焉，宛见二乘，揽衣登楼，而虬髯与道士方对饮。……于是四人对坐，牢馔毕陈，女乐列奏。其饮食妓乐，若自天降，非人间之物。食毕行酒，而家人自堂来舁出两床，各以锦绣帕覆之。

虬髯客要求和李靖他们一起分享羊肉，李靖干脆地答应了，又拿出了胡饼，一起享用。李靖接着又买了酒，可惜没有下酒菜，这时虬髯客有惊人举动，"遂开革囊，取出一人头，并心肝；却以头贮囊中，以匕首切心肝共食之"。取出皮囊中的人头，还有心肝，用匕首切着生吃了。真是骇人听闻，生吃人肉的事情在中国历史上并不是没有，但大都是战乱，饥荒，官家已经管不了许多的时候。简直太恐怖了，太残忍了！李靖对此几乎是没有反应，他完全被虬髯客吸引住了，被他震惊了，他的震惊只是欣赏虬髯客，惊异天下竟有这样的人！反天下需要的正是这样的人，下得了手，铁得了心。

没有多久，血的一幕就发生了，李世民，未来的唐太宗，他与哥哥建成太子争夺皇位时，把哥哥的头砍下来，然后带着这个头就去见李渊。李渊正在洗澡，洗到一半，忽然看见儿子进来，拿着一把刀，血淋淋，还提了一颗人头，跪在地上说：父皇，对不起，我刚才跟哥哥比武，不小心把哥哥的头砍下来了，请您处罪。这个场面与李靖所看到的不是一样的血淋淋吗？

《唐语林》卷六记述唐人喜好饮茶的故事，中间提到当时富豪人家的饮食"古楼子"（徐兴海按：古楼二字连念急读，则成"轱辘"，是"圆"的形状）。

《容斋随笔》卷一记载白居易、刘禹锡等人饮酒作乐，好不潇洒：唐开成二年三月三日，河南尹李待价将禊于洛滨，前一日启留守裴令公。公明日召太子少傅白居易，太子宾客萧籍、李仍叔、刘禹锡、中书舍人郑居中等十五人合宴于舟中，自晨及暮，前水嬉而后妓乐，左笔砚而右壶觞，望之若仙，观者如堵。

《唐语林》记载仗酒使性者：皇甫魋气貌刚质，性褊直。为尚书郎，乘酒使气，忤同列；及醒，不自适，求分务洛都。值洛中仍岁乏食，正郎滞曹不迁，俸甚微，困悴甚。尝因积雪，门无辙迹，厨突无烟。裴晋公保厘洛宅，人有以为言者，由是辟为留府从事，公常优容之。

《唐语林》记载嗜茶者，讲究煎茶的时候先用慢火炙烤茶饼，以活火煎茶，喜欢到整日手中不离茶器：君初至金陵，于李修坐，屡赞招隐寺之美。一日，修宴于寺中，明日谓君曰："十郎常夸招隐寺，昨游宴细看，何殊州中？"君笑曰："某所赏者疏野耳！若远山将翠幕遮，古松用彩物裹，腥膻涴鹿跑泉，音乐乱山鸟声，此则实不如在叔父大厅也。"修大笑。性又嗜茶，能自煎，曰："茶须缓火炙，活火煎。"

活火，谓炭火之有焰者也。客至不限瓯数，竟日执茶器不倦。尝奉使行至陕州石硖县东，爱渠水，留旬日，忘发。

《唐语林》记载宰相段文昌穷苦时的故事，到寺院求食而被嫌弃，其事迹与汉代大将韩信低贱时的遭遇相仿。后来文昌发迹，感慨人生短暂，要尽量享受，以酬答昔日的穷苦：段相文昌，少寓江陵，甚贫窭。每听曾口寺斋钟动，诣寺求食，寺僧厌之，乃斋后扣钟，冀其来不逮食。后登台辅，出镇荆南，题诗曰："曾遇阇梨饭后钟。"文昌晚贵，以金莲花盆盛水濯足，徐相商以书规之。文昌曰："人生几何，要酬平生不足也！"

关于五代时的饮食生活，《韩熙载夜宴图》形象地再现了贵族的家宴场面，其排场，其用器，其坐具，其精神面貌，其人与人之间的关系，无不淋漓尽致。

《韩熙载夜宴图》是南唐画家顾闳中创作的，代表着中国古代人物画杰出成就。它描绘了政治上失意的官僚韩熙载尽情声色、颓唐放纵的夜宴生活。

南唐后主李煜听说韩熙载"荒纵，然欲见樽俎灯烛间觥筹交错之态度而不可得，乃命闳中夜至其第窃窥之，目识心记，图绘以上之"，于是就产生了《韩熙载夜宴图》这幅名画。这幅绢画共分五个场景，有众人听一人独奏琵琶的场面，也有一人听众人合奏筚篥和笛子的情景，还有歌妓跳舞、韩熙载击鼓等写照。画面上人物众多，栩栩如生，无一雷同之态。韩熙载的形象出现了五次，刻画十分传神，表现了人物的内心思想和情绪，生动地描述了韩熙载"好声伎，专为夜饮""宾客糅杂，欢呼狂逸，不复拘制"的放荡生活。也许正是这幅画向李煜证实了韩熙载的为人，"终以帷薄不修，责授右庶子，分司洪州"。韩熙载也一度尽斥诸妓，可是改授秘书监后他又故态复萌，李煜叹曰："'吾亦无如之何！'迁中书侍郎、光政殿学士承旨"，终于没有用他为相。据专家考证，现藏北京故宫博物院的《韩熙载夜宴图》已不是顾闳中原作，而是北宋人的临摹本。即使如此，我们仍可通过摹本想见真迹所画人物的生动形象和描染的细腻精工，它确乎代表了五代人物画的最高成就。

韩熙载坐在床上，案桌上置满了酒菜。饮食器具均为青瓷，为当时有名的越窑出产，越窑专门烧造供奉之器，庶民不得使用，故称"秘色"瓷。清人评论"其公似越器，而清亮过之"。该图中所绘的执壶和带托的酒杯，都是五代上层贵族使用的典型器具，它的釉色以黄为主，滋润有光，呈半透明状，但青釉也占有一定的比重。该图使我们了解到唐宋时期饮食器具发展的水平。

第三节　孙思邈的养生学思想

孙思邈(581—682)，是隋唐时代著名的医药学家和中国传统老年医学的奠基人之一。京兆华原(现陕西铜川市耀州区)人，为唐代医药学家、药物学家，被

图 4-3 孙思邈雕塑

后人誉为"药王",许多华人奉之为"医神"。公元 659 年完成了世界上第一部国家药典《唐新本草》。一生著书 80 多种,其中以《千金要方》《千金翼方》影响最大,两部巨著 60 卷,药方论 6500 首。《千金要方》和《千金翼方》合称为《千金方》,它是唐代以前医药学成就的系统总结,被誉为我国最早的一部临床医学百科全书,对后世医学的发展影响很深远。著《千金要方》30 卷,分 232 门,已接近现代临床医学的分类方法。全书合方、论 5300 首,集方广泛,内容丰富,是我国唐代医学发展中具有代表性的巨著,对后世医学特别是方剂学的发展有着明显的影响和贡献;并对日本、朝鲜医学之发展也有积极的作用。《千金翼方》30 卷,属其晚年作品,系对《千金要方》的全面补充。全书分 189 门,合方、论、法 2900 余首,记载药物 800 多种,尤以治疗伤寒、中风、杂病和疮痈最见疗效。《千金方》是《备急千金要方》和《千金翼方》二书的合称。作者孙思邈的养生学思想是创新型的,在继承前人的基础上有所创新。并且因为他是医学家,因而在医学实践的框架内建立了自己的体系。他的养生学思想集中在卷 27"养性序第一"中。

一、饮食文化的养生化

唐朝时期,儒、道、释三教并行,各种文化相互争鸣,共同发展,极富活力。李氏政权自称老子李聃之后,极力扶持道教实力,使道教借助皇权,迅速发展,基本上具备了与儒教、佛教并驾齐驱的实力。作为世界上唯一以养生为宗旨的宗教,它的勃兴极大地推动了养生文化的发展。由于李姓皇帝大多患有家族性"风疾",故李姓皇帝几乎人人热衷于养生。又由于养生不得法,乱服有毒的化学药品,唐太宗、宪宗、穆宗、敬宗、武宗、宣宗,又都死在养生上。

孙思邈将"养生"称之为"养性",即养其本性。所谓性,人生而所具有的能力,此处指生命力,寿命。他在自己的行文中或引用他人的文章时所提到的人的应该的寿命是一百岁,一百二十岁。庄子也曾认为人上寿百岁,中寿八十,下寿六十。孙思邈也因此指出养生的目的是"欲所习以成性,性自为善,不习无不利也",就是使自己的所习所行符合本性。能够使自己的行为自觉的遵循于天地所给与自己的原生态的东西,生性自然即是善,不要使自己所为所行存在不利于自己人生的东西。如果生性自我完善,就不会受外来的侵扰,祸乱灾害也没有缘由发作,这是养生最为根本的东西。最好的医生不是能够治好病,而是治病在未病之前,"善养性者则治未病之病,是其义也"。孙思邈引用老子的养生学,"善摄生者，陆行不遇虎兕”，善于摄生的人，本身没有招灾惹祸的根由，灾祸就不会降临到他自己身上。他在陆地上走，不至于碰到猛兽来伤害自己；他进入敌人军队中，不必要预备甲兵来保卫自己。果能如此，犀牛也没有地方投掷它的尖角，老虎也没有地方施展它的利爪，敌人的兵器也没有地方容受它的锋刃，所以说他没有自取死亡之道。孙思邈认为善于养生的人，就应该达到这样的境界，不依赖于药饵金丹，而是追求“兼于百行，百行周备”，使自己的德行充备。

这说明孙思邈十分注重人的生而具有的天性，认为维护它比后天的保养、医疗重要得多。他无限地提高了道德完善对人生的重要性，认为经过所习所为精心保护原生态的性，就能达到善。能保持心性善良的人，不容易生病，也不容易受到天灾人祸的侵害，所以道德修养才是养生的根本。而德行不好的人，即便服用金丹玉液也无法延长寿命。很明显的，孙思邈对社会上十分时兴的“药饵金丹”，即葛洪所实践的一套并不赞赏。《备急千金要方》指出：“圣人所以药饵者，以救过行之人也；故愚者抱病历年，而不修一行。缠痾没齿终无悔心。”孙思邈这一思想对于扭转社会风气，回归养生学正道，无疑具有十分重要的作用。

孙思邈对中国养生学的推进，就在于他回应了时代提出的问题，正确地回答了问题。

孙思邈对医生的要求，同样的是“安神定志，无欲无求”，医生应该成为道德上完善的人，有同情心的人，他必须经过所习所为精心保护原生态的天性，才能治病救人。这一点在今天仍然有启发作用。他在其所著的《大医精诚》一书中写道：“凡大医治病，必当安神定志，无欲无求，先发大慈恻隐之心，誓愿普救含灵之苦，若有疾厄来求救者，不得问其贵贱贫富，长幼妍蚩，怨亲善友，华夷愚智，普同一等，皆如至亲之想。亦不得瞻前顾后，自虑吉凶，护惜身命。见彼苦恼，若已有之，深心凄怆，勿避险恶，昼夜寒暑，饥渴疲劳，一心赴救，无作功夫形迹之心。如此可为苍生大医，反此则是含灵巨贼。”

孙思邈的养生学并不是纯粹的养生，而是哲学，探讨养生哲学。他的养生学建立在其宇宙观之上。他的哲学思想是中国传统的天人合一，他追求的是让人回归到大自然的世界中去，想要实现的是人生来即已具有的寿命，并不是另外的增加人的寿命。

孙思邈的养生学建立在继承上，对于一切他所涉猎到的养生学知识他都予以批判地吸收。除了上面提到的老子的养生学思想，嵇康的养生学同样的基于精神层面，同样的不是为了养生而养生，所以受到孙思邈的赞赏。他评价道：“嵇康曰：养生有五难，名利不去为一难，喜怒不除为二难，声色不去为三难，滋味不绝为四难，神虑精散为五难。五者必存，虽心希难老，口诵至言，咀嚼英华，呼吸太阳，不能不回其操，不夭其年也。五者无于胸中，则信顺日跻，道德日全，不祈善而有福，不求寿而自延，此养生之大旨也。然或有服膺仁义，无甚泰之累者，抑亦其亚欤。”嵇康的养生论以顺应自然、清心寡欲为要，他的养生五难论核心是精神层面的，反对的是追逐名利、狂欢暴怒、贪恋声色、嗜食肥甘、情志不稳等行为。

其要害是戒除五种病症，抛弃一切诱惑，提升信念，完善道德，这才是养生的“大旨”。

孙思邈进一步引用晋代仲长统的养生理论，以说明富人家所受到的诱惑更多，口腹之欲更容易得到满足，因而他们无法养生，受到了更大的威胁，以至于稍有疾患，便无药可治，“莫能自免”：

> 王侯之宫，美女兼千。卿士之家，侍外家数百。昼则以醇酒淋其骨髓，夜则房室输其血气，耳听淫声，目乐邪色，宴内不出，游外不返。王公得之于上，豪杰驰之于下，及至生产不时，字育太早，或童孺而擅气，或疾病而构精，精气薄恶，血脉不充，既出胞脏，养护无法，又蒸之以绵纩，烁之以五味，胎伤孩病而脆，未得坚刚，复纵情欲，重重相生，病病相孕，国无良医，医无审术，奸佐其间，过谬常有，会有一疾，莫能自免。当今少百岁之人者，岂非所习不纯正也。

孙思邈与仲长统的观点一致，指出人的养生与所习所为有因果关系，当今缺少百岁老人，就因为人们不能够使自己的行为自觉的遵循于天地所给予自己的原生态的东西。

孙思邈还引用了《黄帝内经》，又引用了葛洪的《抱朴子》，葛洪同样的强调节欲：“长生之要，其在房中，上士知之，可以延年除病，其次不以自伐。”葛洪同样的注意到饮食上的满足对人的伤害：“不欲极饥而食，食不可过饱。不欲极渴而饮；饮不欲过多。不欲啖生冷，不欲饮酒当风，不欲数数沐浴，不欲广志远愿，不欲规造异巧。冬不欲极温，夏不欲穷凉，不欲露卧星月，不欲眠中用扇，大寒大热、大风大雾皆不得冒之。五味不欲偏多，故酸多则伤脾，苦多则伤肺，辛多则伤肝，咸多则伤心，甘多则伤肾，此五味克五脏五行，自然之理也。”葛洪的结论同孙思邈无有二异，一样的强调遵从自然，顺应时令：“是以善摄生者，卧起有四时之早晚，兴居有至和之常制，调利筋骨有俯仰之方，祛疾闲邪有吐纳之术，流行营卫有补泻之法，节宣劳逸有与夺之要。”

孙思邈对魏武帝曹操与皇甫隆的对话十分感兴趣，记录在内。皇甫隆回答曹操之问时解释自己“年出百岁，而体力不衰，耳目聪明，颜色和悦”的原因时说“抑情养性以自保”是根本，但是可惜的是道理简单，却很少有人能够做到：“臣闻天地之性，唯人为贵。人之所贵，莫贵于生。唐荒无始，劫运无穷。人生其间，忽如电过，每一思此，罔然心热，生不再来，逝不可追，何不抑情养性以自保。惜今四海垂定，太平之际又当须展才布德当由万年。万年无穷，当由修道，道甚易知，但莫能行。”

那么，圣人是如何养生的呢？“圣人为无为之事，乐恬淡之味，能纵欲快志，得虚无之守，故寿命无穷，与天地终。此圣人之治身也。”这里强调的仍然是遵从自然，无为而为。这其中，饮食十分重要，快乐的享受恬淡之味。这一点如同老子所说的"味无味"，于无味之中体味出味道，从粗茶淡饭中咀嚼到人生的乐趣，体会到一种恬淡之中的安宁，在饮食的不甚满足之中品味人生的智慧。

孙思邈十分欣赏嵇康的养生哲学，嵇康说："穰岁多病，饥年少疾，信哉不虚。是以关中土地，俗好俭啬，厨膳肴馐，不过菹酱而已，其人少病而寿。江南岭表，其处饶足，海陆鲑肴，无所不备，土俗多疾而人早夭。"嵇康懂得辩证法，多会变成少，好能变成坏，事物无不在一定的条件下向对立面转化。丰收之年人们反而多病，饥荒之岁却很少疾病，讲究节俭的关中少病而长寿，丰腴之处的江南岭表反而多疾而早逝，为什么呢？难道不是人们的饮食上的贪欲是否容易得到满足在起作用吗？口腹之欲得到满足了，反而多病了。当代不就是最好的例子吗？1960年的三年粮食困难时期，哪里有什么富贵病？可是30年的改革开放，物质的极大满足之后，人们物欲横流，想吃什么有什么，吃遍了天上吃地下，吃遍了中国吃外国，于是，糖尿病、心血管病、肥胖症应运而生，岂不是应验了嵇康的话？

那么，如何才能遵从自然，顺应时令呢？孙思邈指出"据时摄养"，各有所运："春三月此为发陈，天地俱生，万物以荣，夜卧早起，广步于庭，被发缓形，以使志生，生而勿杀，与而勿夺，赏而勿罚，此春气之应，养生之道也。……夏三月此为蕃秀，天地气交，万物华实，夜卧早起，毋厌于日，使志无怒，使华英成秀，使气得泄，若所爱在外，此夏气之应，养长之道也。……秋三月此为容平，天气以急，地气以明，早卧早起，与鸡俱兴，使志安宁，以缓秋刑，收敛神气，使秋气平，毋外其志，使肺气清，此秋气之应，养收之道也。……冬三月此为闭藏，水冰地坼，无扰乎阳，早卧晚起，必待日光，使志若伏若匿，若有私意，若已有得，去寒就温，毋泄皮肤，使气亟夺。……人能根据时摄养，故得免其夭枉也。"孙思邈指出与遵从自然、顺应时令相反的是"喜怒不节，寒暑失度"，恶果是"生乃不固"。"是以至人消未起之患，治未病之疾。医之于无事之前，不追于既逝之后。夫人难养而易危也，气难清而易浊也，故能审威德所以保社稷，割嗜欲所以固血气，然后真一存焉，精神守焉，百病却焉，年寿延焉。"

如何养生，孙思邈在《千金方》卷二十一《道林养性》中有十分详尽的论述。比如调节神志，精神层面的，行此十二少，除此十二多：

> 虽常服饵而不知养性之术，亦难以长生也。养性之道，常欲小劳，但莫大疲及强所不能堪耳。且流水不腐，户枢不蠹，以其运动故也。养性之道，莫久行久立，久坐久卧，久视久听。盖以久视伤血，久卧伤气，久立伤骨，久坐伤肉，久行伤筋也。仍莫强食，莫强酒，莫强举重，莫忧思，莫大怒，莫悲愁，莫大惧，莫跳踉，莫多言，莫大笑。勿汲汲于所欲，勿怀忿恨，皆损寿命。若能不犯者，则得长生也。故善摄生者，常少思少念，少欲少事，少语少笑，少愁少乐，少喜少怒，少好少恶，行此十二少者，养性之都契也。多思则神殆，多念则志散，多欲则志昏，多事则形劳，多语则气乏，多笑则脏伤，多愁则心慑，多乐则意溢，多喜则忘错昏

乱，多怒则百脉不定，多好则专迷不理，多恶则憔悴无欢。此十二多不除，则营卫失度，血气妄行，丧生之本也。唯无多无少者，得几于道矣。

比如怎样提高道德修养，注意心理健康，也有详尽的论述：

凡心有所爱，不用深爱，心有所憎，不用深憎，并皆损性伤神，亦不可用深赞，亦不可用深毁，常须运心于物平等，如觉偏颇，寻改正之。居贫勿谓常贫，居富勿谓常富，居贫富之中，常须守道，勿以贫富易志改性，识达道理，似不能言。有大功德，勿自矜伐。美药勿离手，善言勿离口，乱想勿经心，常以深心至诚，恭敬于物。慎勿诈善，以悦于人。终身为善，为人所嫌。勿得起恨，事君尽礼。人以为谄，当以道自平其心，道之所在，其德不孤。勿言行善不得善报，以自怨仇。居处勿令心有不足，若有不足，则自抑之。勿令得起，人知止足。天遗其禄，所至之处，勿得多求，多求则心自疲而志苦，若夫人之所以多病，当由不能养性。平康之日，谓言常然，纵情恣欲，心所欲得，则便为之，不拘禁忌，欺罔幽明，无所不作，自言适性，不知过后一一皆为病本，及两手摸空，白汗流出，口唱皇天，无所逮及，皆以生平粗心不能自察，一致于此。

修心既平，又须慎言语。凡言语诵读常想声在气海中（脐下也）。每日初入后，勿言语诵读，宁待平旦也。旦起当专言善事，不当先计较钱财。又食上不得语，语而食者，常患胸背痛。亦不用寝卧多言笑，寝不得语言者，言五脏如钟磬，不悬则不可发声。行不得语，若欲语须住脚乃语，行语则令人失气。冬至日，只可语不可言。自言曰言，答人曰语。言有人来问，不可不答，自不可发言也，仍勿触冷开口大语为佳。

饮食养生是中国人的一大发明，孙思邈对此做了可贵的探索，首先指出人人都可做到，关节点乃是“先饥而食，先渴而饮”，关键乃是抑制贪欲而已。饮食养生也有精神层面的节点，“人之当食，须去烦恼”，吃饭时的精神状态直接关系到生命健康。对于如何通过饮食养生，孙思邈有精深的研究，什么可以吃，什么情况下吃，吃多少，吃后怎么样做，孙思邈都有详尽的交代。对于饮酒，孙思邈也有研究，不能饮什么样的酒，怎样饮酒都有讲究，而“饮酒不欲使多，多则速吐之为佳，勿令至醉”则是原则。醉酒之后不可做的事情也一一提醒。对于饮食和健康的关系，孙思邈有哲理性的思考，高屋建瓴，其叮嘱也细致细微，比如口腔卫生知识的普及，等等：

言语既慎，仍节饮食。是以善养性者，先饥而食，先渴而饮。食欲数而少，不欲顿而多，则难消也。当欲令如饱中饥，饥中饱耳。盖饱则伤肺，饥则伤气，咸则伤筋，酸则伤骨，故每学淡食，食当熟嚼，使米脂入腹，勿使酒脂入肠。人之当食，须去烦恼（暴数为烦，侵触为恼）。如食五味必不得暴嗔，多令神气惊，夜梦飞扬。每食不用重肉，喜生百病，常须少食肉，多食饭及少菹菜，并勿食生菜、生米、小豆、陈臭之物。勿饮浊酒、食面，使塞气孔。勿食生肉伤胃，一切肉须煮烂停冷食之，食毕当漱口数过，令人牙齿不败口香。热食讫，以冷酢浆漱口者，令人口气常臭，作齿病。又诸热食咸物后，不得饮冷酢浆水，喜失声成尸咽。凡热食汗出，勿当风，发痓头痛，令人目涩多睡。每食讫，以手摩面及腹，令津液通流。食毕当行步踌躇，计使中数里来，行毕使人以粉摩腹上数百遍，则食易消，大益人，令人能饮食无百病，然后有所修为为快也。饱食即卧，乃生百病，不消成积聚。饱食仰卧成气痞，作头风。触寒来者，寒未解食热，成刺风。人不得夜食，又云夜勿过醉饱。食勿精思。为劳苦事，有损余，虚损人，常须日在巳时食讫，则不须饮酒，终身无干呕。勿食父母本命所属肉，令人命不长。勿食自己本命所属肉，令人魂魄飞扬。勿食一切脑，大损人。茅屋漏水堕诸脯肉上，食之成瘕病。暴肉作脯不肯干者。食之害人。祭神肉无故自动，食之害人。饮食上蜂行住，食之必有毒，害人。腹内有宿病勿食鲮鲤鱼肉，害人。湿食及酒浆临上看视不见人物影者，勿食之，成卒注。若已食腹胀者，急以药下之。每十日一食葵，葵滑，所以通五脏壅气，又是菜之主，不用合心食之。又饮酒不欲使多，多则速吐之为佳，勿令至醉，即终身百病不除。久饮酒者，腐烂肠胃，渍髓蒸筋，伤神损寿。醉不可以当风，向阳令人发狂，又不可当风卧，不可令人扇凉，皆得病也。醉不可露卧及卧黍穰中，发癞疮。醉不可强食，或发痈疽，或发喑，或生疮。醉饱不可以走车马及跳踯。醉不可以接房，醉饱交接，小者面黯咳嗽，大者伤绝脏脉损命。凡人饥欲坐小便，饱则立小便，慎之无病。又忍尿不便，膝冷成痹，忍大便不出，成气痔。小便勿努，令两足及膝冷。大便不用呼气及强努，令人腰痛目涩，宜任之佳。凡遇山水坞中出泉者，不可久居，常食作瘿病。又深阴地冷水不可饮，必作痎疟。饮食以调，时慎脱着。湿衣及汗衣皆不可久着，令人发疮及风瘙。大汗能易衣佳，不易者急寒霍乱，食不消头痛。

孙思邈在《大医精诚》中对于饮食上需要注意事项也有明确的交代，虽然是要求医生的，但普通人应该同样适用："珍馐迭荐，食如无味；醽禄兼陈，看有若无。……饮酒勿大醉，诸疾自不生。食了行百步，数以手摩肚。……饱即立小便，饥即坐旋溺。……常夜濯足卧，饮食终无益。思虑最伤神，喜怒最伤气。毋去鼻中毛，常习不唾地。平明欲起时，下床先左脚。一日无灾殃，去邪兼辟恶。如能七星步，令人长寿乐。酸味伤于筋，苦味伤于骨，甘即不益肉，辛多败正气，咸多促人寿，不得偏耽嗜。"

二、孙思邈的“食治”思想

“食治”，即狭义的食疗，以食人药，根据中医学整体观念和辨证论治的原则，以日常食物或药用食物的一种或数种作为药用，按照理、法、方、食治疗疾病，在疾病的初期和恢复期，可单用“食治”进行防治及收工。先秦名医扁鹊提出“君子有病，期先食以疗之，食疗不愈，然后用药”。孙思邈在《千金要方》中专设《食治卷》，对以食充饥与食养、食疗、食治、药治进行了严格的区分，对“食治”展开了系统的理论撰述，阐述了每味食物的功效与性能，并明确指出“食能排邪而安脏腑，悦神爽气以资血气”“夫为医者，当须先洞晓病源，知其所犯，以食治之，食疗不愈，然后命药”，明确告诉了后人食疗为先的道理。“虚则补之，药以祛之，食以随之”①，则指明在疾病恢复之时食疗的必要性。

《千金翼方》是唐代“医圣”孙思邈所作的医疗典籍，该书卷十二、十四、十五中主要论述食疗理论，并介绍了用生姜、白蜜、牛乳、葱白、羊头、羊肝等食物制作的 17 种药膳。且提出：“药治不如食治”“以脏补脏”及饮食养生等医疗、食疗原则，对后世的食疗法产生巨大的影响，特别是卷十二的“养老大例”“养老食疗”开创了老年人食疗的先河。

唐代名医孙思邈所著《千金方》和《千金翼方》中，皆有专章论述食疗食治，强调靠着合理的饮食即可排除身体内的邪气，安顺脏腑，悦人神志，认为如果能用食物为人治病防病的，就算得上是良医，只有在食疗不愈时，才可用药。

孙思邈认为医学与哲学相通，因而医术有三等，最高一等的是哲学家、政治家，他所医治的是国家；二等的为人治病，对象是人；三等的是治病的，眼中只有病。还有一种分法，还是三等医学家，第一等的治病于未病之时，中等的治病于快要生病的时候，下等的医治已经发生了的疾病：“古之善为医者，上医医国，中医医人，下医医病。……有曰：‘上医医未病之病，中医医欲病之病，下医医已病之病。’”孙思邈正是第一等的医生，“天人合一”正是其心性之所至，性命之所归，“安之若命”“明心”，因而达到最高境界。

第四节　唐诗中的饮食思想

中国是一个诗的国度。秦汉以后，诗由四言发展为五言、七言。六朝时有了“四声八病”之说，诗的形式更加完整，随之产生了齐、梁宫体诗，亦即“永明体”。隋承齐、梁之旧，成就不大，相传只有薛道衡写了一句“空梁落燕泥”，为隋炀帝所嫉，借词杀了他。其实也只纤巧而已。唐代的诗歌，无论内容之广泛，艺术之精湛，数量之繁多，都是我国诗歌史上的最高峰，是我国文化史上的一颗光辉灿烂

① 黄帝内经・素问・五常政大论.

的明珠。仅清人编的《全唐诗》所录就有2300多位诗人和48000余首诗歌。该书共收诗49403首,1555条,作者共2873多人。

唐诗是汉民族最珍贵的文化遗产,是汉文化宝库中的一颗明珠,同时也对周边民族和国家的文化发展产生了很大影响。唐代被视为中国各朝代旧诗最丰富的朝代,因此有唐诗、宋词之说。唐代是我国古典诗歌发展的全盛时期。唐诗是我国优秀的文学遗产之一,也是全世界文学宝库中的一颗灿烂的明珠。许多诗篇还是被我们所广为流传。

一、诗史杜甫

从饮食思想的角度看,杜甫无疑是最为深刻的诗人。仅凭一句"朱门酒肉臭,路有冻死骨"就足以站上最高领地。贵族人家的红漆大门里散发出酒肉的香味,路边却有冻死的骸骨,这是残酷的社会现实,是极端的对比,也是倾诉。

朱门的饮食是食前方丈,穷尽奢华,本来已经有太多的人去揭露,去描写;对于饥肠辘辘的穷人,因为缺一口饭就饿死的人的记述也汗牛充栋。然而像杜甫这样的将极端的两种场面血淋淋地摆在人们面前,确实是第一次,因而犀利、深刻、独到。先前的诗人不是没有看到,而是没有将两者直接的拿来对比;不是没有对比,而是没有这样极端的揭示。杜甫为什么能够发现,全因为自身痛苦的经历,眼见富丽堂皇肥吃海喝和亲人因为饥饿而死去,就发生在转眼之间。两个镜头不用切换,都在眼前,激情迸发,杜甫就用这两句话将其表述出来。杜甫之所以能够这样犀利尖锐,是因为有切肤之痛,痛失幼子。这是血与泪的结晶。杜甫揭示的其实是最为普通的真理,那就是:对食物的是否占有,决定着一个人的生死,对食物占有的多少决定一个人的社会地位,说明一个人的生存状态。有时候,是否占有一口饭,意味着是否有生存权。对食物占有比对金钱的占有对人的意义更为直接,更为迫切,尤其是战乱的时候、灾荒的时候,一粒米比一块金条更能决定一个人的生死。

图4-4　杜甫画像

杜甫的这两句诗出于《自京赴奉先县咏怀五百字》,是在公元755年(天宝十四年)10月初作。此时的杜甫已经被授右卫率府胄曹参军,这是一个看管兵甲器仗的小官。他自京城长安赴奉先县(今陕西蒲城)探望妻儿。同一月,唐玄宗携杨贵妃往骊山华清宫避寒,11月,安禄山即举兵造反。杜甫途经骊山时,宫殿里依然是歌舞升平。按照今天的行程,从西安到蒲城不过120多公里,走高速不过个把小时,可是杜甫走这段路程却花费了老大的力气,要经泾河渭河,渡口又改道,山道突兀。更重要的是，杜甫所经历这段路程的时间正好是唐朝由盛而衰的转折点，这段路程也成为杜甫人生的转折点。

这首诗中杜甫以饮食为线索，将社会的分裂与对立仔细勾画出来。首先是自己，“沉饮聊自适，放歌破愁绝”，在酒中求得自适。接着是行经骊山，宴会上“与宴非短褐”，普通人不是座上客。“劝客驼蹄羹，霜橙压香桔。朱门酒肉臭，路有冻死骨。荣枯咫尺异，惆怅难再述。”享用的都是山珍海味，奇珍异果。可惜啊，这一边是酒肉废弃，那一厢却生命不保，饿死路旁。这时他还不知道到家以后，竟然“入门闻号啕，幼子饥已卒”，真是晴天霹雳。接下来是自责，“所愧为人父，无食致夭折”。谁能料到，今年的秋收还算不错，穷苦人家，却仍然弄不到饭吃！伟大毕竟不是装出来的，杜甫将眼光转向普通人，比还不如自己的人，顿时有释然的感觉：我好赖是个官儿，享有特权，既不服兵役，又不交租纳税，那平民百姓的日子啊，就更加辛酸。忧民忧国的情绪升腾，压过了心中的凄凉。

将这首诗与杜甫初到长安时所撰写的《饮中八仙歌》相比较，简直天地转换，今非昔比，昔日的明朗轻快幽默风趣已经一扫而空。《饮中八仙歌》：“知章骑马似乘船，眼花落井水底眠。汝阳三斗始朝天，道逢曲车口流涎，恨不移封向酒泉。左相日兴费万钱，饮如长鲸吸百川，衔杯乐圣称避贤。宗之潇洒美少年，举觞白眼望青天，皎如玉树临风前。苏晋长斋绣佛前，醉中往往爱逃禅。李白斗酒诗百篇，长安市上酒家眠，天子呼来不上船，自称臣是酒中仙。张旭三杯草圣传，脱帽露顶王公前，挥毫落纸如云烟。焦遂五斗方卓然，高谈雄辩惊四筵。”

《饮中八仙歌》大约是公元746年（唐玄宗天宝五年）杜甫初到长安时所作，他所交往的李白、贺知章、李适之、李琎、崔宗之、苏晋、张旭、焦遂八人俱善饮，称为“酒中八仙人”。八人醉态各有千秋，嗜酒如命、放浪不羁却又相同，生动地再现了盛唐时代文人士大夫乐观、放达的精神风貌。贺知章醉后骑马，摇摇晃晃，像乘船一样，醉眼昏花，跌落井中淹死。汝阳王李琎，唐玄宗的侄子，痛饮后才入朝，道逢曲车（酒车），口水直流，恨不得改换封地到酒泉。左丞相李适之酒量大，如鲸鱼吸百川之水。崔宗之大酒杯饮酒后更有风度，如玉树临风。苏晋长斋信佛，却嗜酒，故曰“逃禅”。李白以豪饮闻名，一斗酒写就诗百篇，天子召他来写文章，而这时他已在翰林院喝醉了，只好命人扶他上船来见。张旭每当大醉，常呼叫奔走，索笔挥洒，甚至以头濡墨而书，醒后自视手迹，以为神异，不可复得，世称“张颠”。焦遂痛饮五斗，便神采焕发高谈阔论，无人能敌。以上八人的个性皆因酒而生发，其实更多的应该是杜甫的积极乐观向上渗透于诗中。

安史之乱将杜甫抛向战争、动乱，然而立志致君尧、舜的愿望不改，仍把希望寄托在两京的恢复和王室中兴上，所以他在《闻官军收河南河北》诗中说：“剑外忽传收蓟北，初闻涕泪满衣裳。却看妻子愁何在，漫卷诗书喜欲狂。白日放歌须纵酒，青春作伴好还乡。却从巴峡穿巫峡，便下襄阳向洛阳。”安史之乱结束，使他欢喜得流下泪来，他想放歌，他想纵酒。一醉方休，抵消心中的愁苦。

杜甫在诗歌中通过饥饿中痴儿痴女的痛苦来反映底层人民的无助，《彭衙行》:“痴女饥咬我,啼畏虎狼闻。怀中掩其口,反侧声愈嗔。小儿强解事,故索苦李餐。”《百忧集行》:“痴儿未知父子礼,叫怒索饭啼门东”。

旧小说记载杜甫的死或与牛肉和酒有关系,据《明皇杂录》:“杜甫后漂寓湘、潭间,羁旅鷌悴于衡州耒阳县,颇为令长所厌。甫投诗于宰,宰遂致牛炙、白酒以遗甫。甫饮过多,一夕而卒。集中犹有《赠聂耒阳诗》也。”

二、追踪杜甫的诗人

追踪杜甫的诗人是白居易。他经历了安史之乱之后的痛苦,看到一片衰败和凄凉的背后,却还一样的充斥着荒淫无耻,遂写就《轻肥》,从饮宴的角度揭示社会的对立与分裂:“意气骄满路,鞍马光照尘。借问何为者,人称是内臣。朱绂皆大夫,紫绶或将军。夸赴军中宴,走马去如云。樽罍溢九酝,水陆罗八珍。果擘洞庭橘,脍切天池鳞。食饱心自若,酒酣气益振。是岁江南旱,衢州人食人!”这是一场军中的盛宴,酒杯里满盛的是美酒佳酿,桌盘上罗列的是各处的山珍海味。有洞庭湖边产的橘子作为水果,海中的鱼作肉。他们在酒足饭饱之后仍旧坦然自得,酒醉之后神气益发骄横。然而这一年江南大旱,衢州出现了人吃人的惨痛场景。“人食人”是历史上最为残忍的事情了,把它拿来和内臣的五味八珍相对比,是白居易对社会的控诉。

杜荀鹤同样的满怀激愤,写有《山中寡妇》从饮食的角度描写山中寡妇生活的艰难,同样的深刻揭示社会矛盾,寄托对穷苦人们的无限同情。她吃的只有野菜,虽然丈夫是因为国家而牺牲的,可是朝廷的赋税却一点不能少:“夫因兵死守蓬茅,麻苎衣衫鬓发焦。桑柘废来犹纳税,田园荒后尚征苗。时挑野菜和根煮,旋斫生柴带叶烧。任是深山更深处,也应无计避征徭。”

李白是浪漫主义诗人,但是他的诗歌常常也写现实,人称“李杜”,在抒写民众真实生活上也追踪杜甫,他的《宿五松山下荀媪家》就借山中田家的粗食淡饭反映农民之苦:“我宿五松下,寂寥无所欢。田家秋作苦,邻女夜舂寒。跪进雕胡饭,月光明素盘。令人惭漂母,三谢不能餐。”“雕胡”,就是“菰”,俗称茭白,生在水中,秋天结实,叫菰米,可以做饭,是粗食。姓荀的老妈妈特地做的雕胡饭,在月光的照射下,就像一盘珍珠一样的耀目。一向孤傲的李白也禁不住感动了。

杜牧继承杜甫的现实主义,他的“一骑红尘妃子笑,无人知是荔枝来”不无讽刺,也成千古绝唱。千里之外飞骑送来的荔枝是杨贵妃的专供。

韩愈的爱民情怀一样的炽烈感人。当关中地区大旱,长安饿殍遍地,老百姓弃子卖儿,韩愈立即上书唐德宗说道:“臣闻有弃子逐妻,以求口食;拆屋伐树,以纳税钱;寒馁道涂,毙踣沟壑。”反映饥荒的实情,充满对灾民的同情。

唐朝还有一位诗人靠着一首诗在中国饮食思想史上留名,足以不朽了,那就是李绅的《悯农》诗:“其一:春种一粒粟,秋收万颗子。四海无闲田,农夫犹饿死。其二:锄禾日当午,汗滴禾下土。谁知盘中餐,粒粒皆辛苦。”第一首诗提出了一个发人深省的问题:既然四海没有闲置的田地,那么丰收的粮食都到哪里去了呢?农夫为什么会饿死呢?第二首诗更出名一些,浅显易懂,如白话一般,实景描写耕作之不易，劝说人们珍惜粮食，粒粒颗颗都来之不易呢，切不可浪费。史载李绅出生于富庶的江南无锡，幼年丧父，由母亲教以经义。青年时目睹农民终日劳作而不得温饱，以同情和愤慨的心情，写出了千古传诵的《悯农》诗二首，被誉为悯农诗人。后来做官为宦，曾官至节度使、丞相等朝廷要职。由此脱离了下层劳动人民，悯农也成为往事。这时的他"渐次豪奢"，一餐的耗费多达几百贯，甚至上千贯，并且他特别喜欢吃鸡舌，每餐一盘，耗费活鸡三百多只，院后宰杀的鸡堆积如山。与李绅同一时代的韩愈、贾岛、刘禹锡、李贺等人，无不对其嗤之以鼻。从他所写作的《过吴门二十四韵》中"放歌随楚老，清宴奉诸侯"的诗句中再也看不到当年悯农的李绅了。

三、李白的酒与诗

说到唐诗，说到饮食文化，不能绕过李白，在唐诗与酒的交接点上不能没有李白。《新》《旧唐书》李白的传记都记述了他酒仙的事迹，醉中的李白，皇帝也让他三分。李白的诗歌恣肆汪洋，涯岸无际，浪漫得很，正是他的光辉诗篇使中国酒的名声大扬，使得酒中人生倜傥潇洒，成为人们羡慕的人生。

李白确实是"酒中仙"，借酒成仙，仙而纵酒，就连他的诗句也被酒所渗透、所熏染，因而超然卓绝，千古一人。他时时《将进酒》："人生得意须尽欢，莫使金樽空对月。""烹羊宰牛且为乐，会须一饮三百杯。""钟鼓馔玉不足贵，但愿长醉不愿醒。""斗酒十千患欢谑。"《金陵酒肆留别》的时候离不了酒："风吹柳花满店香，吴姬压酒唤客尝。"他所向往的生活是"美酒樽中置千解，载妓随波任去留"。酒又是他必不可少的寄情之物："鲁酒不可醉，齐歌空复情。"人生岂无不幸，酒可解愁去闷，"呼儿将出换美酒，与尔同销万古愁"。借酒浇愁的效果如何呢？李白倒也坦率："抽刀断水水更流，举杯消愁愁更愁。人生在世不称意，明朝散发弄扁舟。"又道是："金樽清酒斗十千，玉盘珍羞直万钱。停杯投箸不能食，拔剑四顾心茫然。"

酒成就了李白，成就了他的诗歌成就，李白也成为人们追随的精神榜样，他的复归原始自然的体验使人们精神的紧张于酒中有所缓解。

唐初的王绩嗜酒，能饮五斗，自作《五斗先生传》，撰《酒经》《酒谱》，自称"以酒德游于乡里"，家中的"酒瓮多于步兵"。他的《田家三首》纯粹是酒中讨生活，追踪阮籍、嵇康："阮籍生涯懒，嵇康意气疏。相逢一醉饱，独坐数行书。……不知今有汉，唯言昔避秦。琴伴前庭月，酒劝后园春。自得中林士，何忝上皇人。平生唯酒乐，作性不能无。朝朝访乡里，夜夜遣人酤。家贫留客久，不暇道精粗。抽帘持益炬，拔箦更燃炉。恒闻饮不足，何见有残壶。"酒店壁上有他的诗，昨天与今天已经不能分开："昨夜瓶始尽，今朝瓮即开。梦中占梦罢，还向酒家来。"他对自己的要求是："对酒但知饮，逢人莫强牵。""有客须教饮，无钱可别沽。来时长道贳，惭愧酒家胡。"就是不强求人，不赊账，讲究酒德。这些对嗜酒的人是非常重要的。

唐代的许多著名诗人，也都将饮酒作为人生一大乐事和情趣，作品中时有表现，如王维《少年行》："新丰美酒斗十千，咸阳游侠多少年"；《送元二使安西》："劝君更尽一杯酒，西出阳关无故人。"韩愈《八月十五日夜赠张功曹》："一年明月今宵多，人生由命非由他，有酒不饮奈明何。"陈子昂有《春夜别友人》："银烛吐青烟，金樽对绮筵。"孟浩然期待着与故人把酒闲叙，《秋登万山寄张五》："何当载酒来，共醉重阳节"；《过故人庄》："开轩面场圃，把酒话桑麻。"李颀《送陈章甫》写醉酒竟不知夜晚的到来："醉卧不知白日暮，有时空望孤山高。"王翰则有战场上的醉饮，《凉州词》："醉卧沙场君莫笑，古来征战几人回。"

这里有着多种场景和心态，不仅有一般的自斟自酌、自我陶醉，也有亲朋好友间的把盏别情、节日欢娱，还有百无聊赖、醉生梦死，甚至还有沙场畅饮、抒发决一死战的胸怀，几乎人生和社会的各种情景场合和精神心境，唐代诗人都能借助饮酒与醉意表达和表现出来。

第五节　节　　日

唐代社会安定，物质丰富，加之统治者对节日的重视与推行，使得唐朝成为我国节日史上的一个重要时期，对唐代节日的深入研究是节日史研究的重要内容，同时也是理解唐代社会的一把钥匙。

一、节日

什么是节日？节日中的饮食起什么作用？节日的延续与变化又是怎样的？

中国字的"节"是竹节，《说文解字》解释说："节，竹约也。"节是竹子上的"约"。那么，"约"又是什么呢？《说文》解释："约，缠束也。"这样就清楚了，节的本意是"结"，如同竹子上的圪节。字面上的意思，节就是打个结的意思。时间本没有节，人为地给它做个记号，作为标记。《晋书·杜预传》："譬如破竹，数节之后，皆迎刃而解。"便是在初始意义上使用"节"这个词的。中国人说的"节"，并不是时间设置上的所有的节点，特指节日、节庆。这个节是特别的突出出来的，和其它的节（比如个人所认为重要的，某一地区所认为重要的）不同。它是约定俗成的在一个十分广泛的地区，或民族，或国家颁布政令所认可，获普遍承认，而且实际经历着的。

节日与饮食文化有着密切的关系，没有一个节日不是可以大吃一顿的，节日不就是为着吃的，不是变着法儿吃的吗？最起码数千年来一直是这样子的。小孩子最喜欢过节，就是这个道理。其实就是大人也是这样的，谁不喜欢过节，过节意味着美食，谁不喜欢美食呢？嘴馋了好几个月了，难道还不该犒劳犒劳？李自成进了北京，自认为已经打下了天下，可以坐享其成了，于是把一辈子想过的节日都拿来过了，这时候他也有条件这样做了，山吃海喝，不就是一个普通人的追求吗？

这也说明了一点，节日是有数的，不是想要多少就设置多少的。很显然，节日的数量是与农业社会有关，是由农业社会的粮食产量所决定的，而不是随心所欲地设置的。具体地说，以北方为例，节日的饮食需要面粉，精白粉，而精白粉由麦子磨制而来，出粉率起码在八五(85%)以上才可以制作出精美的食品。而麦子的产量是受制约的，受种子、土壤、天气等等条件所决定的。显然，想要天天过节是不可能的。一个相反的例子，现在的物质财富大大的丰富了，想吃什么就有什么，人们对节日饮食的期盼就不如过去那样的强烈了，现在的孩子对于节日的期盼就远不如昔日的孩子了。几乎天天过节的时候，节日对人的刺激就消减了。

再者，中国的节日都设置在农闲，或者收获之后，而没有一个节日是在大忙的节骨眼上。比如春节，是在冬日的休闲时节。春节的时日最长，也恰是一个最长的农闲时节，冬日的北方白茫茫一片，只有在家里猫着——中国的节日设置受北方农业区的影响最大。再如端午节，是在夏收之后。夏收被称作龙口夺食，北方的农村过去新娘子也得下地抢收，不会在这个时节安排节日。粮食收上了场，打了麦子，磨了白面，提上礼馍(陕西关中送的是“曲连”，这两个字的快读是“圈”。“曲连”是圈形的礼馍，手工刻上花)走亲戚，含有一起庆祝丰收的意思。

节日有着延续性，一代一代传递下去，不受朝代、统治者的喜好等等因素的影响。节日时天下同乐，但也有阶级、阶层的区分。

“礼始诸饮食”也深刻地体现在节日之中，是推行教化的好机会，往往体现着朝廷的意志、家长的意愿。如唐太宗“贞元四年九月。重阳节，赐宰臣百僚宴于曲江亭。帝赋诗锡之云：‘早衣对庭燎，躬化勤意诚。时比万机暇，适与佳节并。曲池洁寒流，芳菊舒金英。乾坤爽气澄，台殿秋光清。朝野庆年丰，高会多欢声。永怀无荒诫，良士同斯情。’仍敕中书门下，简定有文辞士应制，同用‘清’字。上自考其诗。以刘太真、李纾等四人为上等，鲍防、于邵等四人为次。张蒙、殷亮等二十三人为下。李晟、马燧、李泌三宰相诗，不加考第”。唐太宗认为君臣关系如同“元首”和“股肱”的关系，亲自题写了“鸾凤冲霄，必假羽翼，股肱之寄，要在忠力”十六个草书大字赐予马周，足见股肱之臣在他心目中的地位，所以借着节日，特请大臣一同饮酒，席间不是游戏寻乐，而是作诗助兴，也是为天下做榜样。

节日对于人们的社会生活具有十分重要的意义，所以早在先秦时期就有了节日的萌芽，如《诗经·七月》所描述的“九月肃霜，十月涤场。朋酒斯飨，曰杀羔羊，跻彼公堂。称彼兕觥：万寿无疆！”那就是隆冬季节，人们在结束了一年的耕作之后，聚集在公共场所举行的酒会。其时间、地点、形式，应该已经约定俗成。

秦汉以后，每个时代都有各自时代的节日。在拥有众多节日的同时，我国还拥有丰富的岁时节令的文献资料积存。不仅历代正史典章制度与纪传经籍中保留着大量岁时节令资料，杂史笔乘、诗词歌赋、文人别集中也多有关于岁时节令活动的记述。从《夏小正》到《礼记·月令》，再到《吕氏春秋·十二纪》，再到《淮南子·时则训》《四民月令》，都记载了当时人的岁时生活节奏。南朝宗懔撰写《荆楚岁时记》，开创了对岁时生活的专题性记载。

《荆楚岁时记》是记录中国古代楚地(以江汉为中心的地区)岁时节令风物故事的笔记体文集。南朝宗懔(约 501—565)撰。全书共 37 篇,记载了自元旦至除夕的 24 节令和时俗。有注释,传说为隋代杜公瞻作。注中引用经典俗传计 68 部 80 余条,说明各种风俗的来源,偶尔也记载北方的节令时俗。

春节是最为重要的节日,所以排在第一位:“正月一日是三元之日也。《春秋》谓之端月。鸡鸣而起,先于庭前爆竹,以辟山臊恶鬼。”那时是在堂阶前烧响竹筒,用来辟除山臊恶鬼。接下来长幼都正衣冠,依次上前向尊者长者拜贺,献上椒柏酒(用花椒和松柏炮制的酒。椒是玉衡星精,服用后令人耐老。柏亦是仙药),饮桃汤(用桃木煮成的液汁,饮后可以避邪)。进屠苏酒(用屠苏这种草炮制的酒),胶牙饧(用麦芽或谷芽混同其他米类原料熬制而成的黏性软糖),下五辛盘(晋代《风土记》中说:“元日造五辛盘”“五辛所以发五脏气,即蒜、小蒜、韭菜、芸苔、胡荽是也”)。进敷于散,服却鬼丸(武都雄黄丹散二两,蜡和,调如弹丸,服用后可以驱鬼)。各进一鸡子。造桃板着户,谓之仙木。饮酒次第,从年龄最小的开始。当时的人认为花椒是玉衡星精,服之令人身轻耐老。柏是仙药,桃者,五行之精,厌伏邪气,可以制服百鬼。同时还要在纸帖上画只鸡,贴在门上,把苇索悬挂在画鸡上面,桃符树立在纸帖两旁,各种鬼都会害怕。还有一个风俗:把串起来的钱绑在竹竿的末端,拿在手里围绕粪土转几圈,然后投打在粪土堆上,据说可令人如愿以偿。

“正月七日为人日。以七种菜为羹;剪彩为人,或镂金薄为人,以贴屏风,亦戴之头鬓;又造华胜以相遗;登高赋诗。北人此日食煎饼,于庭中作之,支熏火,未知所出。”

立春这天,人们用五色绸剪成燕形,载在头上,帖上“宜春”两字。正月十五日,作豆糜,加油膏其上,以祠门户。先以杨枝插门,随杨枝所指,仍以酒脯饮食及豆粥插箸而祭之。正月十五日那天晚上,迎接紫姑神,来占卜即将到来的蚕事好坏,还占问其他事的吉凶。

从正月初一至正月三十日,家家都做丰盛的菜肴,聚会吃喝。青年男女则驾舟游玩,或到水边设宴嬉乐。春社这一天,周围邻居都结集起来,举行仪式祭祀社神,杀牛宰羊献祭酒。在社树下搭棚屋,先祭神,然后共同享用祭祀用过的酒肉。寒食节,要禁火三天,做些饴糖大麦粥之类的食物备食用。三月初三日,官民都到大江、小洲、池、沼边曲水作渠,“流杯”饮酒。五月五日,四民并蹋百草,又有斗百草的游戏。采艾以为人,悬门户上,以禳毒气。五月初五这天,举行划船比赛,采摘各种各样的药草。夏至节这一天吃粽子。六月伏天,家家都煮面馄饨,说是可以避除邪恶。七月初七日夜晚,是牵牛织女团聚相会的时候。这一天夜晚,家家户户的妇女结扎彩丝线,用很细的针,有的人用金、银、黄铜做成针,把瓜、果等摆列在庭院中,向织女星神乞求智巧。如果有蜘蛛在瓜果上织网,就认为是织女星神降临的显示。七月十五日,僧尼道俗悉营盆供诸佛。九月九日,四民并籍野饮宴。十月初一日,吃黍子羹。这一天是秦历一年开始的日子。十二月八日为腊日。谚语说："腊鼓鸣，春草生。"村里人都敲着细腰鼓，头戴假面具，扮成金刚力士，逐除疾疫。十二月初八日，还用小猪、酒等祭祀灶神。除夕之夜，家家户户备办美味佳肴，到守岁的地方，迎接新年的到来，一家人在一起开怀畅饮。留下些守岁饭，到新年的十月十二日，就把它撒到大路边或街道旁，认为有吐故纳新的意思。

从以上所列举的记述来看，魏晋南北朝时期的节日已经十分齐备，从春节到除夕，一年四季都有。而且这些节日基本上在四季均匀分布，这显然与一个家庭所能够准备的精致的食品的数量有着直接的关系。节日时间的安排更多地在农闲的时日，与农业耕作的节奏合拍。同时，节日活动的内容，象征性十分明显，比如为什么喝这样的酒而不是那样的酒，为什么吃这样的食品而不能吃那样的食品，其寓意都十分讲究。同样应该指出的是，节日所庆祝、所提倡的都是符合社会道德良俗的，比如寒食节就为了褒扬介子推的人格，五月端午就为了纪念屈原。

二、唐代的节日

唐代的节日除了与以上所举《荆楚岁时记》中记载的节日可以一一相对应以外，还有自己的特点。

首先，有了理论的阐述。天宝年间"太常博士独孤及上表曰：臣闻天有春夏秋冬之气，时也；时有分至启闭之候，节也。至若寒食、上巳、端午、重阳，或以因人崇尚，亦播风俗。"独孤及认为人间的节日应该与天时地节相顺应，其设立必须因应人们的崇尚，有利于传播社会风俗。

其次，加入了国家的意志，得到最高层的推动。皇帝对节日的意义、怎样设立、其内涵、如何庆贺，都有明确的关切、提议和推动。比如《唐会要·节日》所记载唐高宗就对端午节甚为关切："龙朔元年五月五日。上谓侍臣曰：'五月五日，元为何事?'许敬宗对曰：'《续齐谐记》云：屈原以五月五日投汨罗而死。楚人哀之，每至此日，以竹筒贮米投水祭之。汉建武中，长沙区回，白日忽见一士人，自称楚三闾大夫。谓区回曰：'常年所遗，并多为蛟龙所窃。今若有惠，可以楝树叶塞筒，并五彩丝缚之，则不敢食矣。'今俗人五月五日作粽，并带五彩丝及楝叶，皆汨罗遗风。'上曰：'我见一记有云，五色丝可以续命，刀子可以辟兵。此言未知真虚，然亦俗行其事。今之所赐，住者使续命，行者使辟兵也。'"这段记载说明唐高宗对端午节的来历十分感兴趣，并且查询了许多资料。听到许敬宗的回答之后，唐高宗有自己的见解。皇帝对端午节的关切，无疑会推动人们对这一节日的重视。

再次，唐代增加了节日。但以《唐会要·节日》所记，就有二月一日中和节，始于唐德宗李适贞元五年(789)。由于农历二月初二是"龙抬头"(又称春龙节、青龙节)，所以民间常常将中和节与龙抬头混为一个节日："自今以后，以二月一日为中和节。内外官司，并休假一日。先敕百僚，以三令节集会。今宜吉制嘉节以征之。更晦日于往月之终，揆明辰于来月之始。请令文武百僚，以是日进农书，司农献穜稑之种，王公戚里上春服，士庶以尺刀相遗。村社作中和酒，祭句芒神。聚会宴乐，名为飨句芒祈年谷。仍望各下州府，所在颁行。”“六年二月，百官以中和节，晏于曲江亭上。赋诗以锡之。其年，以中和节，始令百官进太后所撰兆人本业记三卷。司农献黍粟种各一斗。”

再如千秋节也是新增加的：“开元十七年八月五日。左丞相源干曜。右丞相张说等。上表请以是日为千秋节。……制曰。可。”

又如寿昌节：“（会昌）六年六月奏。中书门下奏，请以降诞日为寿昌节。天下州府，并置宴一日，以为庆乐。前后休假三日，永着令式。从之。”

又如嘉会节：“龙纪元年二月。中书门下奏。请今月二十二日降圣日。为嘉会节。”

又如乾和节：“天祐元年八月。中书门下奏。皇帝降诞日。请为干和节。从之。”

以上节日都直接由皇帝的生日转来。

唐朝对节日的重视是空前的。据《唐会要》卷二九《节日》记载，各位帝王对节庆期间的馈送都有明确的要求。如：“显庆二年四月十九日，诏曰：比至五月五日，及寒食等诸节日，并有欢庆事。诸王妃公主，及诸亲等营造衣物，雕镂鸡子以进。贞观中，已有约束。自今以后，并宜停断。”再如“神龙三年四月二十七日制：自今应是诸节日及生日，并不得辄有进奉。又所在五月五日，非大功以上亲，不得辄相赠遗。”“景云二年十一月敕：太子及诸王公主，诸节贺遗，并宜禁断。惟降诞日及五月五日，任其进奉。仍不得广有营造，但进衣裳而已。诸亲及百官，一切不得进。”天宝“二十五年六月敕：五月五日，细碎杂物，五色丝算，并宜禁断。二十六年正月敕：比来流俗之间，每至寒食日，皆以鸡鹅鸭子，更相饷遗。既顺时令，固不合禁。然诸色雕镂多，造假花果及楼阁之类，并宜禁断。”其所以禁止相送的，比如“雕镂鸡子”，将鸡蛋雕饰花纹。“诸色雕镂多，造假花果及楼阁”这一类东西，都已经雕饰过分，取消是为了净化社会风气。

另外，唐代的节日为朝廷所宣布，有了法定假日。《唐会要·节日》记载：“至宝应元年八月三日敕：八月五日，本是千秋节，改为天长节。其休假三日宜停，前后各一日。”“干元元年九月三日，上降诞日，宜为天平地成节。休假三日。至宝应元年九月一日，其休假三日宜停，前后各一日。”又，“永贞元年十二月，太常奏，太上皇正月十二日降诞，皇帝二月十四日降诞，并请休假一日。从之。”又，“宝历元年四月，中书门下奏，皇帝降诞日。准故事，休假一日。从之。”又，“（开成）五年四月，中书门下奏请，以六月一日为庆阳节，休假二日。着于令式。”

再则，从《唐会要·节日》记载看，每逢节日，朝廷都有宴会，但是招待的饮食以素食为主。如“（开成）二年九月敕：庆成节，朕之生辰，不欲屠宰。宴会蔬食，任陈脯醢。仍为永制。至四年，复令其日肉食。”“（开成）五年四月。中书门下奏请，以六月一日为庆阳节，休假二日。着于令式。其天下州府，每年常设降诞斋。行香后，便令以素食宴乐。惟许饮酒及用脯醢等。”从这两则记录看，享用素食与崇仰佛教有关，关涉到不杀生的信条。即便一些节日中食用肉类，也往往只是干肉，即所谓的“脯”而已。但是这中间也有变化，会有些微的调整。

宋代庞元英《文昌杂录》所记载唐代人节日饮食可以与此相互印证：“唐岁时节物，元日则有屠苏酒、五辛盘、胶牙饧，人日则有煎饼，上元则有丝笼，二月二日则有迎富贵果子，三月三日则有镂人（用金箔刻成的人形装饰品），寒食则有假花鸡球、镂鸡子（刻画花纹的鸡蛋）、子推蒸饼（以介子推的名义）、饧粥，四月八日则有糕糜，五月五日则有百索粽子，夏至则有结杏子，七月七日则有金针织女台、乞巧果子，八月一日则有点炙杖子，九月九日则有茱萸、菊花酒糕，腊日则有口脂、面药、澡豆，立春则有彩胜、鸡燕、生菜。今岁时遗问略同，但糕糜、结杏子、点炙杖子今不行尔。杜甫《春日》诗云：‘春日春盘细生菜。’又曰：‘胜里金花巧耐寒。’《重阳诗》云：‘茱萸赐朝士。’《腊日》云：‘口脂面药随恩泽。’如此之类甚多。”这里所提到的节日饮食也都是素食。

同时，如果是朝廷举办的宴会，要求十分严格，宴席的规矩众多，甚至烦不胜烦。仅以出席时所穿的服装而言，就有十分严格的要求。这些要求，随着时代的变化而不断增减。《旧唐书·舆服志》记载了不同地方的不同习俗，另外，由北朝到唐代的变化，穿戴的要求十分具体细碎，包括到内衣、头巾、袍子、帽子、靴子、腰带，手持的笏版的形制，另外还有颜色等等：

> 宴服，盖古之亵服也，今亦谓之常服。江南则以巾褐裙襦，北朝则杂以戎夷之制。爰至北齐，有长帽短靴，合袴袄子，朱紫玄黄，各任所好。虽谒见君上，出入省寺，若非元正大会，一切通用。高氏诸帝，常服绯袍。隋代帝王贵臣，多服黄文绫袍，乌纱帽，九环带，乌皮六合靴。百官常服，同于匹庶，皆着黄袍，出入殿省。天子朝服亦如之，唯带加十三环以为差异，盖取于便事。其乌纱帽渐废，贵贱通服折上巾，其制周武帝建德年所造也。晋公宇文护始命袍加下襕。及大业元年，炀帝始制诏吏部尚书牛弘、工部尚书宇文恺、兼内史侍郎虞世基、给事郎许善心、仪曹郎袁朗等宪章古则，创造衣冠，自天子逮于胥吏，章服皆有等差。始令五品以上，通服朱紫。是后师旅务殷，车驾多行幸，百官行从，虽服袴褶，而军间不便。六年，复诏从驾涉远者，文武官等皆戎衣，贵贱异等，杂用五色。五品以上，通着紫袍，六品以下，兼用绯绿。胥吏以青，庶人以白，屠商以皁，士卒以黄。
>
> （唐）武德初，因隋旧制，天子宴服，亦名常服，唯以黄袍及衫，后渐用赤黄，遂禁士庶不得以赤黄为衣服杂饰。四年八月敕：“三品以上，大科紬绫及罗，其色紫，饰用玉。五品以上，小科紬绫及罗，其色朱，饰用金。六品以上，服丝布，杂小绫，交梭，双紃，其色黄。六品、七品饰银。八品、九品鍮石（黄铜）。流外及庶人服、絁、布，其色通用黄。饰用铜铁。”五品以上执象笏。三品以下前挫后直，五品以上前挫后屈。自有

唐以来，一例上圆下方，曾不分别。六品以下，执竹木为笏，上挫下方。其折上巾，乌皮六合靴，贵贱通用。贞观四年又制，三品以上服紫，五品以下服绯，六品、七品服绿，八品、九品服以青，带以鍮石。妇人从夫色。虽有令，仍许通着黄。五年八月敕，七品以上，服龟甲双巨十花绫，其色绿。九品以上，服丝布及杂小绫，其色青。十一月，赐诸卫将军紫袍，锦为褾袖。八年五月，太宗初服翼善冠，贵臣服进德冠。

从以上记载可知，唐代以后皇帝独享赤黄色，普通人禁止以赤黄色的衣料做衣服。

三、重要的宴会

1. 除夕之宴

除者更替、置换的意思，旧的一年除去，新的一年到来，除夕是前一日转换到后一日的时刻，也是阴阳转换的艰难时刻，因此必须警惕警戒，不能睡觉，得要坚守，守到新的一年的到来。孩子们也要一起守岁，当然这也是家长向晚辈进行教育的最佳时机。

每当除夕之夜，唐人延续着守岁的习惯。长安宫廷会摆下守岁宴席，皇家子孙与部分臣僚要陪皇帝共度良宵。《全唐诗》卷六二录有杜甫的爷爷杜审言的《守岁侍宴应制》诗："季冬除夜接新年，帝子王孙捧御筵。宫阙星河低拂树，殿廷灯烛上熏天。弹弦奏节梅风入，对局探钩柏酒传。欲向正元歌万寿，暂留欢赏寄春前。"杜审言应皇帝之制（令），参加了皇宫中的除夕宴会，故而称"侍宴应制"，帝王的子孙都出席了，蜡烛照亮了宫殿，有乐队的伴奏，大家玩着探筹投钩的游戏，饮的是松柏酒。整个酒宴的气氛豪华轻松。而杜甫不惑之年，正值安史之乱前后，天宝十年(752)，在一个堂弟杜位家过年，也写过《杜位宅守岁》，所透现的却是无奈、彷徨，明天就是四十岁了，四十岁的人就已经是这样的得过且过了："守岁阿戎（对弟弟的称呼）家，椒盘（以盘进椒酒）已颂花。盍簪喧枥马，列炬散林鸦。四十明朝过，飞腾暮景斜。谁能更拘束，烂醉是生涯。"谢良辅《忆长安·正月》传递的又是一片瑞气，充满着期待："忆长安，腊月时，温泉彩仗新移。瑞气遥迎凤辇，日光先暖龙池。取酒虾蟆陵下，家家守岁传卮。"以上三首诗歌都提到要守岁，守岁的时候要饮用药酒，或是柏酒，或是椒酒。

《全唐诗》卷八十七录有张说《岳州守岁》诗："除夜清樽满，寒庭燎火多。舞衣连臂拂，醉坐合声歌。"写的就是平民百姓相邀在一起，同样的除夕酒席，这里却没有蜡烛灯火的辉煌，没有了乐队的伴奏，人们在寒夜之中点燃了柴火，大家欢歌舞蹈欢宴达旦。

2. 人日之宴

"人日"亦称"人胜节""人庆节""人口日""人七日"等。据《北史·魏收传》，晋朝议郎董勋《答问礼俗》云："正月一日为鸡，二日为狗，三日为猪，四日为羊，五日为牛，六日为马，七日为人。"传说女娲初创世，在造出了鸡狗猪羊牛马等动物后，于第七天造出了人，所以这一天是人类的生日。如果这一天天气晴朗，则主一年人口平安，出入顺利。杜甫《人日两篇》之一："元日到人日，未有不阴时。"连续七天的阴天，已经使诗人忧虑今年的年成了。汉朝开始有人日节俗，魏晋后开始重视，有剪彩为花、剪彩为人（即"人胜"，一种头饰），或镂金箔为人来贴屏风，也戴在头发上。此外还有登高赋诗的习俗。唐代之后，更重视这个节日。每至人日，皇帝赐群臣彩缕人胜，又登高大宴群臣。

唐朝诗人阎朝隐有《奉和圣制春日幸望春宫应制》："彩胜年年逢七日，酴醾岁岁满千钟。"说明当时时兴饮酴醾酒（一种经几次复酿而成的甜米酒，或指用酴醾花熏香或浸渍的酒）。

这天，君臣也往往聚会，登高饮酒赋诗。《唐诗记事》卷九：（唐中宗）"景龙三年人日，清晖阁登高遇雪。"清晖阁在长安大明宫中蓬莱殿的西边。宗楚客有《奉和人日清晖阁宴群臣遇雪应制》，刘宪、苏颋有同题诗，李峤亦有《上清晖阁遇雪》诗，都说的人日登高遇雪这件事。

3. 寒食清明之宴

《齐民要术》描述寒食节的来历："昔介子推怨晋文公赏从亡之劳不及己，乃隐于介休县绵上山中。其门人怜之，悬书于公门。文公宿而求之，不获，乃以火焚山。推遂抱树而死。文公以绵上之地封之，以旌善人。于今介山林木，遥望尽黑，如火烧状，又有抱树之形。世世祠祀，颇有神验。百姓哀之，忌日为之断火，煮醴酪而食之，名曰'寒食'，盖清明节前一日是也。中国流行，遂为常俗。"

冬至过105日为寒食节，两天后即是清明节，由于二节靠近，所以唐人往往视为同一节日。每值此际，人们除进行各种庆祝和娱乐活动之外，还要按惯例举办小型宴会。皇宫要举办寒食内宴。《全唐诗》卷三八五张籍《寒食内宴二首》就曾给予全方位的描述，其诗云：

朝光瑞气满宫楼，彩纛鱼龙四周稠。廊下御厨分冷食，
殿前香骑逐飞球。千官尽醉犹教坐，百戏皆呈未放休。
共喜拜恩侵夜出，金吾不敢问行由。
城阙沉沉向晓寒，恩当令节赐馀欢，瑞烟深处开三殿，
春雨微时引百官，宝树楼前分绣幕，彩花廊下映华栏。
宫筵戏乐年年别，已得三回对御看。

第一首诗记述在皇家的寒食宴会上，按照民间食俗，众人只吃冷食，所谓冷食，即已做成的熟食。据史料载，如干粥、醴酪、冬凌粥、子推饼、馓子等。因在寒食节用，又称寒具。同时观看大型百戏表演。允许饮酒，可以烂醉也不算过失。这次宴会，从白天一直延续到深夜才出宫，维持治安巡逻的执金吾也不敢盘问。从第二首诗看，这一天是"春雨"，不过雨势已经小了，"微时"，说不定又是一个晴天呢。

《唐语林》卷二杜淹的诗歌咏寒食，则说明当时有“斗鸡”的习俗，杜淹的斗鸡诗写得好，唐太宗提拔了他：“杜淹，国初为掾吏，尝业诗。文皇勘定内难，咏斗鸡寄意曰：‘寒食东郊道，飞翔竞出笼。花冠偏照日，芥羽正生风。顾敌知心勇，先鸣觉气雄。长翘频埽阵，利距屡通中。’文皇览之，嘉叹数四，遽擢用之。”

4. 七夕之宴

七月七日之夜，唐人称为七夕。俗传此夜为牛郎织女相会之期，人们为之庆贺，产生了“乞巧”的习俗。每到这个夜晚，妇女们都要在夜空之下摆上瓜果酒笆，开展乞巧活动。陈鸿《长恨歌传》就说：“秋七月，牵牛织女相见之夕，秦人风俗，是夜张锦绣，陈饮食，树瓜华，焚香于庭，号为乞巧。宫掖间尤尚之。”

5. 中秋之宴

八月十五为中秋节，人们在赏月之际，还要略备酒宴，共为欢娱。《开元天宝遗事》卷下记载：“苏濒与李乂对学文讫……八月十五夜，于禁中直宿，诸学士玩月，备文酒之宴。”此为当直文人参与的赏月节宴。《全唐诗》卷二五八刘禹锡《八月十五日夜半云开然后玩月因书一时之景寄呈乐天》所云：“半夜碧云收，中天素月流。开城邀好客，置酒赏清秋。影透衣香润，光凝歌黛愁。斜辉犹可玩，移宴上西楼。”则全面抒发了中秋赏月参与聚宴的喜悦情怀，给人以身临其境、共称月辉的感受。

6. 重阳之宴

九月九日为重阳节，又叫重九节，唐人喜欢登高。皇家每于此日都要举办节宴，饮用菊花酒。《荆楚岁时记》中云：“九月九日，士人并藉草宴饮。”可见许多文人都有此举，并非李白一人之爱好。孟浩然在《和贾主簿弁九日登岘山》诗中有句“共乘休沐暇，同醉菊花杯”可证。

7. 诞圣之宴

到了唐代，做生日的风气逐渐兴盛。在此之前，隋文帝为了报答父母劬育之恩，在生辰这一天下诏全国为逝去的父母禁止屠宰一天。有唐之初，贞观年间，唐太宗在生日这一天十分难过，对长孙无忌说：“今日吾生日，世俗皆为乐，在朕翻成伤感。”吕思勉认为此“为帝王自言生日之始。然此尚出于追念劬劳，为亡者资福之意，非以其日称庆也。”

皇帝的出生日称为诞圣日，原本属于帝王内阁私事，到唐玄宗时，由于天下太平，国力强盛，群臣一致呼吁把皇帝的出生日立为重大节日，普天之下设宴同庆。于是，唐朝将皇帝李隆基的生日定为“千秋节”，时值八月初五日。

《全唐文》卷二二三张说《请八月五日为千秋节表》记载了这份群臣的奏折：“诞圣之辰也，焉可不以为嘉节乎？比夫曲水禊亭、重阳射圃、五月彩线，七夕粉筵，岂可同年而语也。臣等不胜大愿，请以八月五日为千秋节，着之甲令，布于天下，咸令宴乐，休假三日。群臣以是日献甘露醇酎，上万岁寿酒。王公戚里，进金镜绶带。士庶以丝结承露囊，更相遗问。村社作寿酒宴乐，名为赛白帝、报田神。”《唐会典》记载从这一年开始，唐玄宗的生日成为了千秋节，天下有三天的假期："开元十七年八月五日，右丞相薛曜、左丞相张说等上奏，请以是日为'千秋节'，着之甲令，布于天下"，并规定每逢此日，朝野同欢，"天下诸州咸令宴乐，休假三日"。

玄宗之后，肃宗也将本人的生日立为节日，名为天成地平节，普告天下，共为庆贺。此后的唐代宗、唐文宗、唐武宗、唐宣宗、唐懿宗、唐僖宗、唐昭宗、唐哀帝也都照例到了生日这一天设置诞节，天下同庆。甚而到了宋代，也延续着，宋人洪迈《梦溪笔谈》有"诞节受贺"一条："受贺一事盖自长庆年，至今用之也。"

多年之后，杜牧前来当年的勤政楼，吊古伤今，写了一首《过勤政楼》，为千秋节感慨了一番："千秋佳节名空在，承露丝囊世已无。惟有紫苔偏称意，年年因雨上金铺。"

唐代的诞圣节往往与佛道相伴随，不少皇帝在这一天广度僧道，停止屠宰，缓判大辟(死刑)刑，还有的在这一天举办儒释道三教论辩活动。

四、宴会

我国古代的宴会起源于先民们的聚餐。早在夏商时代，先民饮宴就讲究集体共享，大家一起进食，形成"燕礼"风俗，所以古代的宴会也被称作燕会。

唐代承接古代的"燕礼"习俗，但随着社会的更加开放，宴会的形式更多，级别更高，聚结更加随意，数人相聚即可成宴，每逢良辰、佳节、喜庆、闲暇之际，人们都会摆设酒席，还有很多人把宴会当作娱乐消遣的一种特有模式。宴会成为交流感情、社会交往的重要渠道，通过饮食场合来联络感情，增进友谊，在宴聚之际，在杯盘交集之中，谈笑风生，实现社会的和谐。

1. 赐宴

唐朝皇帝所举办的大型宴会，并招集一定级别的臣僚入宴作陪，称之为"赐宴"。为皇帝所赏赐，机会难得，规格最高，场面最为宏大，而且具有十分重要的政治意义。什么人参加，得到怎么样的待遇(比如座位的位置等等)，往往关乎一个人的仕途，也是社会关注的要点。《册府元龟》记载，唐太宗贞观十七年"闰六月庚申，薛延陀可汗突利设献马。帝于慎思殿大飨百僚，盛陈宝器，奏《庆善破陈乐》并十部之乐，及橦末跳丸舞剑之技。突利设再拜上千万岁寿。赐物各有差。"《旧唐书》卷一三《德宗纪下》记载贞元十四年："上御麟德殿，宴文武百僚，初奏《破陈乐》，遍奏《九部乐》，及宫中歌舞伎十数人列于庭。先是上制《中和乐舞曲》，是日奏之，日晏方罢。"《破阵乐》被称作是团体操的鼻祖，又名"秦王破阵乐"。秦王，唐太宗李世民，跟着父亲打天下的时候封为秦王。这个歌舞通过强盛的阵容，再现战争的场景，气势恢宏，震撼人心。据《唐会要》卷三三《破阵乐》记载："观者睹其抑扬蹈厉，莫不扼腕踊跃，懔然震悚。武臣列将，咸上寿云：此舞皆陛下百战百胜之形容。"在这种皇家宴会上，出席者不但能够品尝美酒天膳，还能够欣赏皇家乐队的歌舞表演，尽情领略宫廷宴饮的热烈气氛，岂不是最为称心如意。

《全唐诗》卷一一五王湾《丽正殿赐宴同勒天前烟年四韵应制》描写丽正殿的

宴会："金殿忝陪贤，琼羞忽降天。鼎罗仙掖里，觞拜琐闱前。院逼青霄路，厨和紫禁烟。酒酣空忭舞，何以答昌年。"卷一〇八萧嵩《奉和御制左丞相说右丞相璟赐诗》云："登庸崇礼送，宠德耀宸章。御酒飞觞洽，仙闱雅乐张。荷恩思有报，陈力愧无良。愿罄公忠节，同心奉我皇。"这些均是其临场应酬之辞。同书卷九六沈佺期《嵩山石淙侍宴应制》"仙人六膳调神鼎，玉女三浆捧帝壶"也是关于皇家宴饮的记述。唐朝帝王正是通过这种赐宴形式与臣下取得和谐沟通。

当然，皇家宴会的礼仪相对严格，百官要依据官品和资历依次入座，座次可是要命的大事，不能有丝毫的差错。据《旧唐书》卷六八《尉迟敬德传》记载，唐太宗夺取帝位后，曾在庆善宫设宴款待功臣，臣僚们按功劳大小排设座次。当时，大将尉迟敬德参与玄武门兵变，曾持刀闯入宫廷，逼唐高祖让出帝位，又亲手杀死齐王李元吉，为唐太宗登基立下了莫大功勋，所以在宴会上表现得骄横无理：

> 尝侍宴庆善宫，时有班在其上者，敬德怒曰："汝有何功，合坐我上？"任城王道宗次其下，因解喻之。敬德勃然，拳殴道宗目，几至眇。太宗不怿而罢，谓敬德曰："朕览汉史，见高祖功臣获全者少，意常尤之。及居大位以来，常欲保全功臣，令子孙无绝。然卿居官辄犯宪法，方知韩、彭夷戮，非汉祖之愆。国家大事，唯赏与罚，非分之恩，不可数行，勉自修饬，无贻后悔也。"

看到有座次排在他的上位的，尉迟敬德大怒，心想莫非还有比老子功劳大的不成？责问这个人：你有何等功劳，敢坐在我的上面？任城王道宗见状忍不住替那位同僚做了解释，不料引得尉迟敬德勃然大怒，上去就是几拳。任城王好歹也是皇亲国戚，却遭遇如此对待，竟然是在皇帝面前！再说了，座次的排法还不是唐太宗的首肯，哪个人敢自作主张？尉迟敬德这次是骑到皇帝头上了，唐太宗的话就说的重了，汉代的功臣因为骄横被杀的多了去了，你难道想效法不成？我是想保全你，你自己也得识趣呐！

这也说明，唐代官员比较注重入宴的座次位置。

按照唐朝廷的有关规定，州郡一级的行政机构可以定期举办官方宴会，长官与幕倍共会一堂，费用由官府支付，称为公宴，或称官宴。

与武人聚会的风格截然不同，文人雅士的聚宴就处处展示诗采文风，从始至终贯穿着学子气息。《全唐诗》卷一〇八韦述《奉和圣制送张说上集贤学士赐宴》便有"赋诗开广宴，赐酒酌流霞"的形色描绘。姚合形容文人聚宴，曾用"满堂宾客尽诗人"的诗句来指明入席者的相同身份。

在唐代，进士们举办的宴会最有特色，科考举子利用及第后的各种聚宴活动来答谢座主和联络同年，围绕着这一主题，出现了大相识宴、次相识宴、小相识宴、闻喜宴、樱桃宴、月灯宴、打球宴、牡丹宴、看佛牙宴、关宴等名目。进士们初登瞻宫的喜悦和步入仕途的抱负，都展现在这一场场别开生面的宴席之间了。

大相识宴是以主考官为核心的庆贺宴会，一般在官场举办，与科举有关的部门都委派代表出席。次相识宴、小相识宴主要是主考官的兄弟、同事或友人参加的助兴宴事。闻喜宴是发榜之后，朝廷特许的庆贺宴。月灯宴与打球宴大体相同，每逢新进士及第，进士们总要到月灯阁球场上去打一场马球，球赛完毕后，在月灯阁上举办宴会，有时老进士们也赶来庆祝。

2. 节宴

每逢节日，唐朝人总要举办一定规模的宴会，用以庆贺节日。这一点，上至皇族权贵，下及平民百姓，风俗如一，只是不同阶层的人在宴庆方面丰俭悬殊差别较大而已。

3. 游宴

史书记载唐代都城长安风俗："贞元侈于游宴，其后或侈于书法、图画，或侈于博弈，或侈于卜咒，或侈于服食，各有自也。"

游宴是把出游赏景与宴饮结合起来的一种娱乐方式，人们既可以在自然环境中体验风物胜景，又能够在美酒佳肴中寻求口味上的享受，因此，游宴得到了社会各界的推崇和重视，并在唐时形成一代风俗。

从唐朝初年开始，游宴之风日渐高涨。《旧唐书》卷六〇《宗室传》记载河间王李孝恭"性奢豪，重游宴"。到开元年间，唐玄宗还提倡各级官员在假日进行游宴娱乐，《唐大诏令集》卷八〇《赐百官钱令逐胜宴集敕》就说："春末已来，每至假日……赐钱造食，任逐胜赏。"从此，在公卿子弟之间掀起了游宴风潮。

《太平广记》卷三八七引《甘泽谣》："李谏议源，公卿之子。当天宝之际，以游宴歌酒为务。"天宝以后，游宴之风更趋浓烈，《唐国史补》卷下记载说："长安风俗，自贞元侈于游宴。"追及晚唐，游宴仍然屡兴不衰。

唐人游宴活动多开展于春季。每值春暖花开，大地复绿，人们走出居舍，成群结伴地奔向田野，在明媚的春光中开怀畅饮。《开元天宝遗事·看花马》记载京城年轻人的郊游："长安侠少，每至春时，结朋联党，各置矮马，饰以锦鞯金络，并辔于花树下，往来使仆从执酒皿而随之，遇好囿则驻马而饮。"同书"颠饮"条描述几位进士放浪形骸，畅饮于郊外："长安进士郑愚、刘参、郭保衡、王冲、张道隐等十数辈，不拘礼节，旁若无人。每春时，选妖妓三五人，乘小犊车，指名园曲沼，藉草裸形，去其巾帽，叫笑喧呼，自谓之颠饮。"

第六节　茶经与茶文化

中国是茶的故乡，茶叶的原产地。一片树叶，经沸水冲沏之后有异样的香、复杂的味，有药的用场，因而被有意培育种植，它的初嫩的叶子被精心地采摘，它所沏制的清爽有味的饮料由普通人家而堂而皇之地登上殿堂，它就是茶叶。茶充实人生，改变人生，成为中国人生活中不可或缺的一部分。

人们在不经意之间发现的饮料——茶，只有到了唐代中叶，在陆羽《茶经》完成之后才论述了茶的起源、茶事史料、茶叶产地、制茶工具、制茶过程、煮茶方法、饮茶器具、品茶方法，是唐代以前与唐代有关茶叶实践经验和理性知识的第一次系统的总结，是陆羽躬身实践，笃行不倦，取得茶叶种植、制作、鉴别、品饮等第一手资料，又遍稽群书，广采博收，潜心研究的学术结晶。《茶经》揭示了茶特有的哲学理念，演化出茶道观和茶论，它影响了中国人的思维与生活方式。茶就此升华为文化。

中国自有了《茶经》这一部著作以后，它就被奉为茶事经典，为历代学人所钟爱，盛赞此书对于茶科学、茶经济、茶文化、茶产业的开创之功。宋代陈师道《茶经》序："夫茶之著书，自羽始。其用于世，亦自羽始。羽诚有功于茶者也。"

一、陆羽

陆羽(733—804)，生于复州竟陵(今湖北天门县)，字鸿渐，一名疾，字季疵，自称桑兰翁，又号竟陵子、东冈子、东园先生、茶山御使，世称陆文学。他所处的年代是从"开元盛世"经"安史之乱"到中唐贞元年间，正是唐代由盛而衰的转折时期。

公元756年，陆羽时年24岁，与友人到各大茶区考察，观察和学习茶农的经验和方法；后回湖州，对收集到的茶事资料进行分析整理，开始了《茶经》的著述工作。陆羽根据32州、郡的实际考察资料及数年来的研究成果，呕心沥血数十载，完成《茶经》著述，并正式刻印。

陆羽以一首《六羡歌》表明心志："不羡黄金罍，不羡白玉杯；不羡朝入省，不羡暮入台；千羡万羡西江水，曾向竟陵城下来。"他还在《戏作》中写道："乞我百万

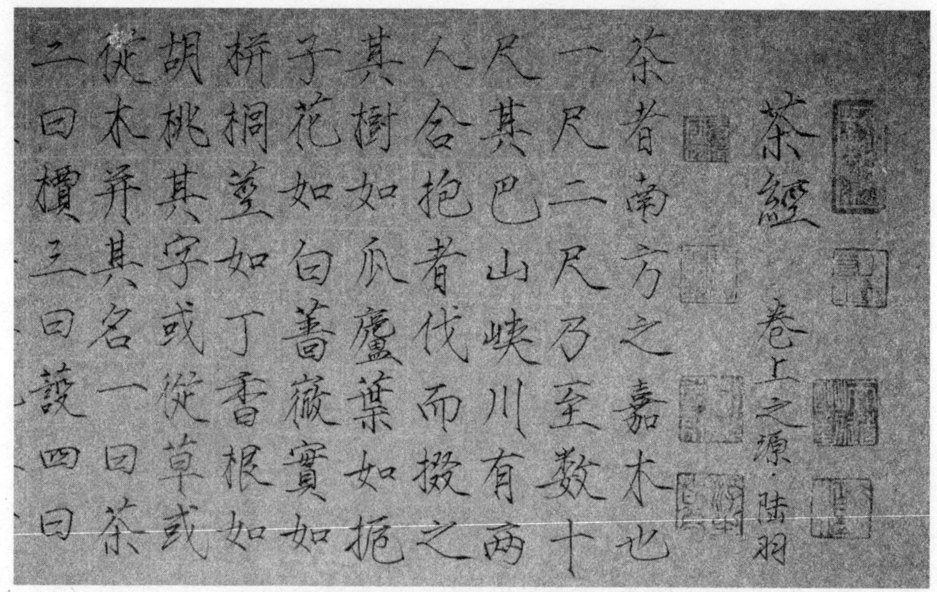
茶經
卷上 一之源 陆羽
茶者南方之嘉木也
一尺二尺乃至数十
尺其巴山峡川有兩
人合抱者伐而掇之
其樹如瓜蘆葉如栀
子花如白薔薇實如
栟櫚莖如丁香根如
胡桃其字或從草或
從木或并其名一曰茶
二曰檟三曰蔎四曰

图4-5 陆羽《茶经》

金，封我异姓王，不如独悟时，大笑任轻狂。”陆羽在《四标诗》中更进一步言明：“夫日月云霞为天标，山川草木为地标，推能归美为德标，居闲趣寂为道标。”陆羽借诗表达自己的恬淡志趣：“惊彼武陵状，移居此岩边。开亭如贮云，凿石先得泉。啸竹引轻吹，吟花成新篇。乃知高洁情，摆脱区中缘。”

唐代人已经将陆羽神话了。据唐代张又新《煎茶水记》记载，陆羽把全国的水评为二十级，其中以“庐山康王谷水帘水第一，无锡惠山寺石泉水第二”。陆羽的评判被当时的人广泛使用。陆羽《茶经》特别注重煎茶的水，煎茶的水往往决定了茶的质量。陆羽本人对水的敏感帮助了他，他可以很容易地断定水的质量，甚至只要见到水，就可以断定是什么水，更神的是判断出这水是来自水的中流还是岸边，而他并不要亲临水边。有这样一则故事：唐代代宗年间，李季卿到浙江湖州任刺史，路过扬州时，恰逢陆羽也在那里，两人相见甚欢，便在扬子江边聚餐。李季卿说陆羽是煮茶能手，附近又有号称天下第一泉的南零水，千载难逢，良机勿失，就请陆羽为大家展示一下煎茶技艺。陆羽同意，便准备煎茶器具，李季卿就派一名平时做事认真负责的士兵带着水桶驾着小船去江中取南零水。过了一会儿。那位士兵取水回来，陆羽用木勺舀了一勺水看了一下就说：“江水是江水，但不是南零水，好像是临近岸边的水。”那位士兵便说：“我驾着小船去江中取水，是大家都看到的，怎敢欺骗大家？”陆羽不说话，将那桶水倒在盆里，倒到一半即刻停止，说：“下面这些才是真正的南零水。”那位士兵吓得跪在地上认罪，承认说：“我从南零取水回来快到岸边时船一晃荡，桶里的水泼掉一半，我害怕受处分，就舀了岸边的水补充。陆处士真是神仙一样高明，小人伏罪。”在场的人都惊叹不已，对陆羽佩服得五体投地。

陆羽是根据江心的水和岸边的水其流速不同，所含的物质不同，因此清澈和浑浊程度也不同而加以区分的。

二、茶的流传史

茶树原产于中国的西南部，云贵高原被称为茶树之摇篮。茶的发现和利用在中国已有五千余年的历史。中国茶叶的文化萌动应始于汉代，逐渐从药用阶段、食用阶段发展到饮用为主的时代，而随着人们对茶叶认识的深入，饮茶在人们生活中角色的加重，茶叶也逐渐被赋予各种文化内涵，逐步进入人们的研究视野。

汉代，司马相如《凡将篇》在列举茶时还同时列举了桔梗、芍药、贝母、甘草、肉桂等，而这些植物大多可以入药，稍后的扬雄《方言》说“蜀西南人谓茶曰蔎”。王褒在《僮约》中记录了王子渊对于户奴僮仆的诸般役使，其中两项便是，“烹茶尽具”“武阳买茶”。司马相如、扬雄、王褒均是蜀地人，说明西汉时蜀地茶叶已经进入饮用阶段，饮茶已经比较普及，并已初步进入流通领域。

魏晋时期人们已饮用饼茶，有一套成熟的制作饮用方法，其中的煮茶、烤茶以及加上葱、姜、橘子调味，已和唐代的饮茶方式没有多大区别。西晋杜育的《荈赋》：“厥生荈草，弥谷被岗。承丰壤之滋润，受甘露之霄降。月惟初秋，农功少休。结偶同旅，是采是求。水则岷方之注，挹彼清流。器择陶简，出自东隅。酌之以匏，取式公刘。惟兹初成，沫沉华浮。焕如积雪，晔若春敷。”不仅记叙当时的岷山茶叶生产已是“弥谷被岗”，满山满谷，人们在农闲时节摘茶饮茶，对于水、茶具也均有讲究，“清流”“陶简”“取式公刘”均贯注了创作者的审美追求。《荈赋》是现存最早专门歌吟茶事的诗词曲赋类作品，文章对于茶的生长环境、烹茶之水、茶具、茶水形态、茶的功能均作了形象的艺术描写，证明当时饮茶已被文人引入艺术领域。

茶艺萌芽于晋代。由于文人雅士介入茶事活动，使饮茶不再仅仅是为了充饥、解渴、提神和保健，而是着重欣赏茶的香气和滋味，满足人们心理上的需求，成为一种文化消费了。

西晋诗人张载《登成都白菟楼》诗中最后写道：“芳茶冠六清，溢味播九区。人生苟安乐，兹土聊可娱。”说的是芳香的茶汤赛过六种时髦的饮料，甘香可口的滋味传播到九州大地。

这是首次描写茶叶的芳香和滋味的诗句，说明当时诗人们饮茶已经不是单纯地从生理需要出发，而是具有审美意味地在欣赏茶的芳香和滋味，即开始将茶当做艺术对象来欣赏了，此前所有文献凡是提到茶时，多是强调它的医疗功效，可见这是品茶艺术的萌芽。

饮茶者有“器为茶之父，水为茶之母”的说法，强调水在品茗艺术中的重要地位，将选择好泡茶的水作为茶艺中的要素之一。最早谈到饮茶用水的是上文所引到的西晋杜育的《荈赋》，在描写“结偶同旅，是采是求”的采茶活动之后，就说“水则岷方之注，挹彼清流”，意思是烹茶使用的水是来自岷山流下来的，取其清澈的流水。可见早在西晋，人们就开始选用山水来煮茶。

从西晋杜育的《荈赋》可以看出，在魏晋时期人们已有一套比较成熟的煮茶技艺，并自觉地将艺术审美引入饮茶。不仅如此，魏晋以降饮茶也逐渐和修身养德联系起来，成为士人品行的象征。晋人陆纳以“恪勤贞固，始终勿渝”著称，《中兴书》记载陆纳为吴兴太守时，谢安打算前去拜访，陆所设唯茶果而已。其侄陆瞧不解，私设盛馔，等谢安离去后，陆纳杖陆瞧四十棍，责备他：“汝既不能光益叔父，奈何秽吾素业。”在这里，茶是和俭德、清高相对应的，并具有待客的礼仪功能。《南齐书·武帝本纪》记梁武帝以俭德标榜，曾下诏：“我灵上慎勿以牲为祭，唯设饼、茶饮、干饭、酒脯而已。天下贵贱，咸同此制。”即使在帝王看来，饮茶也是与节俭相关联的。因为战乱及社会环境的恶劣，魏晋南北朝成为佛道发展的重要时期，在他们的精神追求中，饮茶也有着重要意义。三国时的葛玄和东晋的葛洪都曾种茶养生，南朝的道教重要人物陶弘景在《杂录》中写道：“苦茶轻身换骨，昔丹丘子、黄山君服之。”直接将饮茶与成仙联系起来，意思是饮茶可以让人像丹丘子一样羽化登仙。

总之，魏晋南北朝时，除了单纯的药用功能，茶还有了社会功能、文化功能，不仅是养德之物，对于羽化登仙也具有重要作用，说明人们对茶的认识逐渐深化，饮茶逐渐普遍，茶逐渐上升至精神层面。这对于饮茶为人们广泛接受，在全国范围内发展茶文化有着重要影响。隋代，魏晋南北朝以来三百余年的分裂与动乱结束，天下一统，南北、胡汉民族、经济、文化融合随之迅速展开，饮茶在北方得到极大推广，因此，隋至公元780年，陆羽《茶经》问世之前，势必成为茶文化流行全国、遍及南北的磨合准备期。

显然，晋代已为唐代茶艺的形成奠定了基础，特别是杜育的《荈赋》对陆羽的影响很大，他在《茶经》中有三次引用杜育的话，如“三之器”谈到茶碗时，“五之煮”中谈到用水和泡沫时都直接引用了《荈赋》的话。

唐代中期，饮茶之风普及全国，“穷日尽夜，殆成风俗，始于中地，流于塞外。”①张淏《云谷杂记·补编》卷一“饮茶盛于唐”记载说：“至唐陆羽著《茶经》三篇，言茶者甚备，天下益知饮茶，其后尚茶成风。回纥入朝，始驱马市茶。德宗建中间，赵赞始兴茶税。兴元初虽诏罢，贞元五年，长滂复奏请，岁得缗钱四十万。今乃与盐酒同佐国用，所入不知已倍于唐矣。”因此，《茶经》将应运而生了。

三、茶经

茶之有“经”，自《茶经》始。“经”者，织布时在织机上先搭置的纵向的线，与纬线相对。因为经线是先搭置的，所以引申出基本、基础的含义，儒家经书的“经”即取义于此。陆羽称自己为茶写的这部书为“茶经”，取义即是为茶建立一个初始的规范、体系。用现在的话来说就是建立一个学术体系。

陆羽的这个学术体系，首先是确立范畴，给“茶”正名，规范称名。同时界定茶的生产地域，其归属。“南方嘉木”是说明其产地为南方，归属是植物类。接着说明其特性，生长环境、习性，如何采摘，怎样加工、冲泡。对茶的种植史、饮用史都做了考订。对于饮食思想史来说，重要的是，陆羽对茶在人们精神生活中的地位、意义所做的探索。

《茶经》全书分上、中、下三卷共十个部分。其主要内容和结构有：一之源；二之具；三之造；四之器；五之煮；六之饮；七之事；八之出；九之略；十之图。全书共7000多字，共分三卷十节，内容涉及茶叶生产的历史、源流、现状、生产技术以及饮茶技艺、茶道原理。

一之源，讲茶的起源，茶树、茶的名称：“茶者，南方之嘉木也，一尺二尺，乃至数十尺。其巴山峡川，有两人合抱者，伐而掇之。其树如瓜芦，叶如栀子，花如白蔷薇，实如栟榈，叶如丁香，根如胡桃。其字，或从草，或从木，或草木并。其名一曰茶，二曰槚，三曰蔎，四曰茗，五曰荈。其地，上者生烂石，中者生砾壤，下者生黄土。”

二之具，讲制茶的工具：籝，一曰篮，一曰笼，一曰筥；灶，无用突者；釜，用唇口者；甑；杵臼；规；承；檐；芘莉；棨；扑；焙；贯；棚；穿；育。

三之造，讲茶叶采摘，茶的制造。

---

① 封演.封氏闻见记[M].中华书局.

四之器，制茶的器具：风炉；筥；炭挝；火筴；鍑；交床等。介绍茶具，指出浙江越窑和湖南岳州窑生产的瓷器釉色青绿，使茶汤显得更美。他成为历史上最早对茶具艺术美提出具体要求的茶人。

五之煮，茶的煮水煎茶之法。

六之饮，茶的饮法。介绍茶的发明人，饮用者中的名人；茶的种类，饮茶的精妙，如何使其隽永味长：翼而飞，毛而走，呿而言，此三者俱生于天地间，饮啄以活，饮之时义远矣哉！至若救渴，饮之以浆；蠲忧忿，饮之以酒；荡昏寐，饮之以茶。茶之为饮，发乎神农氏，闻于鲁周公。齐有晏婴，汉有扬雄、司马相如，吴有韦曜，晋有刘琨、张载、远祖纳、谢安、左思之徒，皆饮焉。滂时浸俗，盛于国朝，两都并荆渝间，以为比屋之饮。饮有粗茶、散茶、末茶、饼茶者，乃斫，乃熬，乃炀，乃舂，贮于瓶缶之中，以汤沃焉，谓之痷茶。或用葱、姜、枣、橘皮、茱萸、薄荷之等，煮之百沸，或扬令滑，或煮去沫，斯沟渠间弃水耳，而习俗不已。於戏！天育万物，皆有至妙。人之所工，但猎浅易。所庇者屋，屋精极；所着者衣，衣精极；所饱者饮食，食与酒皆精极之。茶有九难：一曰造，二曰别，三曰器，四曰火，五曰水，六曰炙，七曰末，八曰煮，九曰饮。阴采夜焙，非造也，嚼味嗅香，非别也，膻鼎腥瓯，非器也；膏薪庖炭，非火也；飞湍壅潦，非水也；外熟内生，非炙也；碧粉缥尘，非末也；操艰搅遽，非煮也；夏兴冬废，非饮也。夫珍鲜馥烈者，其碗数三。次之者，碗数五。若坐客数至五，行三碗；至七，行五碗；若六人已下，不约碗数，但阙一人而已，其隽永补所阙人。

七之事，茶的历史。三皇：炎帝、神农氏。周：鲁周公旦。齐：相晏婴。汉：仙人丹丘子、黄山君，司马文园令相如，杨执戟雄。吴：归命侯，韦太傅弘嗣。晋：惠帝，刘司空琨，琨兄子兖州刺史演，张黄门孟阳，傅司隶咸，江洗马充，孙参军楚，左记室太冲，陆吴兴纳，纳兄子会稽内史俶，谢冠军安石，郭弘农璞，桓扬州温，杜舍人毓，武康小山寺释法瑶，沛国夏侯恺，余姚虞洪，北地傅巽，丹阳弘君举，安任育长，宣城秦精，燉煌单道开，剡县陈务妻，广陵老姥，河内山谦之。后魏：琅琊王肃。宋：新安王子鸾，鸾弟豫章王子尚，鲍昭妹令晖，八公山沙门昙济。齐：世祖武帝。梁：刘廷尉，陶先生弘景。皇朝：徐英公勣。

八之出，茶的产地。

九之略，茶的概略，分类。

十之图，茶的挂图。

四、茶之道

人们对茶的功效发现及其成为饮食之对象，经历了漫长的历程。世界第一部陆羽所著的茶叶专著——《茶经》，系统地以著作的形式对中国茶史、茶学、茶文化进行全方位的研究总结，初步建立了茶学理论体系，开茶学先河，使人类茶史有了文献原典，第一次较为全面地总结了唐代以前有关茶的多方面经验，且有创新，对后世茶叶生产、茶文化普及具有极大的推动作用，其理论对后世茶学研究有深远的影响，首次将茶的生产和消费活动提升到精神文化层面上加以审视，对后世茶文化影响极大。

唐人对茶的认识比起前代大大深入了一步，在他们的眼中，茶有十大功效：(1)“茶与醍醐、甘露抗衡”，可疏通经络，解热去毒；(2)茶能醒酒、断酒；(3)茶能解饥渴；(4)茶可以消夏去暑；(5)茶能驱睡魔；(6)茶可解烦恼；(7)茶能去腻膻；(8)茶能去病；(9)茶能延年益寿；(10)茶能去邪扶正。

陆羽将茶的社会功能提高至道德层面：“茶之为用，味至寒，为饮，最宜精行俭德之人，若热渴、凝闷、脑疼、目涩、四支烦、百节不舒，聊四五啜，与醍醐、甘露抗衡也。”这是陆羽在《茶经》首篇所涵咏的茶之道，意谓只有那些崇尚简朴、淡泊名利的人才能真正享用茶之味，强调茶的这种保健功效与自然机理相协和，不仅因为它对人体五脏六腑有益，而且体现在它的生长地域、季节、环境均与天地融合。陆羽在《茶经》中把“精神”二字贯穿于茶事活动之中，提出饮茶最宜“精行俭德”之人，即要求人们通过饮茶活动，把自身的思想行为和道德观念，逐渐有意识地纳入“精俭”的轨道，使自己具有高尚的情操和良好的品德，从而实现人与人、人与社会和平共处。

陆羽把禅性意向贯穿在整个采、制、煮、饮等过程中。

论述到用水时，“其山水、拣乳泉、石池慢流者上；其瀑涌湍漱，勿食之，久食令人有颈疾”(《茶经·五之煮》)。

《茶经》中论述的酌茶方式，追求的是一种雅趣，一种境界。

中国人喜爱《茶经》与他们崇尚儒家思想尤其中庸学说是对应的。中国士林饮茶之风，逐渐形成“茶会”的雅集。茶会往往伴随着儒者讲授，实则是讨论儒学的重要途径。中国人十分看重《茶经》里的“章法”，对茶具、茶技、茶礼等均有严格的讲究，强调外柔内刚、有礼有节、不偏不倚、杂而不乱。对《茶经》的理解，其中渗透的“和”与“静”思想，它首先是教人养生的。

“和谐”“天人合一”哲理的源头，从陆羽《茶经》和中国古茶诗中都可找到明确答案。《茶经》一之“源”：“茶者，南方之嘉木也。”“其地，上者生烂石，中者生砾壤，下者生黄土。”陆羽又说：“凡艺而不实，植而罕茂。法如种瓜，三岁可采。野者上，园者次。阳崖阴林，紫者上，绿者次。笋者上，牙(芽)者次。叶卷上，叶舒次。阴山坡谷者，不堪采掇，性凝滞，结瘕疾。”陆羽对茶树生态环境的这一科学论述，所追求的主导思想就是天、地、茶、人的和谐统一。“和”是中国茶文化的核心，是儒、佛、道三教共通的哲理。儒家推崇中庸之道，提倡“亲和自然”“以和为贵”。茶可以驱睡少眠、清心净性、消食去腻、参禅悟道，于是僧人将茶视为佛祖恩赐，“茶禅一味”。茶出自山川，长于山野，采天地灵气，吸日月精华，自然天成，体现“自然和谐”之美，符合道家“天人合一”“道法自然”的思想。

陆羽通过对茶汤精华细致入微的描写，向世人展现了一副绝美的幽静画面，以“枣花”“青萍”“浮云”“菊英”“白雪”等象征纯净无瑕的事物来映射陆羽心中对本体心性获得绝对自由的向往与渴望。

茶被看做是消解冲突安顿灵魂的尤物，通过饮茶，人们可至自在世界。

陆羽在第五部分《五之煮》中，对于煮茶用水，制定了十分严格的用水标准，提出山泉是最理想的煮茶用水，而山泉又要选取泉水甘白如乳或石池中缓缓流动的水，认为湍急瀑泻的水长期饮用会致病。这凸显了陆羽对天地自然的敬畏以及对中庸思想的尊崇。

陆羽通过对采茶、煮茶、吃茶活动一系列的细致描写，希望世人借此能体味到隐藏在尘世妄念之下内心宁静平和的本性，达到"茶禅一味"之境界。

陆羽提出了"茶性俭"的精神。在《四之器》中主张多用竹木之类器，一则可益茶香，二则可免奢华。因"用银为之，至洁，但涉于侈丽"。

第七节　饮食文献

唐代饮食文献出现了空前的繁荣局面，从数量、种类，所描述的内容的广度和深度来说都是值得肯定的，徐海荣《中国饮食史》有很好的概括：隋唐五代时期的饮食著作数量庞大，种类亦多，几乎覆盖了饮食生活的所有方面，这是以前所不曾有的现象。撰写饮食著作大致可分为四类：第一类是有关饮食烹饪的内容，如各种食谱、食经等；第二类是有关食疗及饮食养生的内容；第三类是有关饮茶及茶学的内容；第四类是有关饮食发展史方面的综合性内容。

隋代因其短命，现存饮食方面的研究成果只有谢讽所撰的《谢讽食经》，并且只记录了53种菜肴的名称。

盛唐时期随着社会的相对稳定，国富民强的社会环境的熏陶，人们追求安逸和享乐，追求口腹之欲，从而使饮食文化研究出现高潮，饮食文化的著述也就不断涌现。

唐代在研究饮食文化上出现了两种新趋势：一是开始总结前代的成果。如欧阳询等人奉敕撰写的《艺文类聚》中就开始总结唐代以前的饮食文化的宝贵资料。其中"礼""文""百谷""果""鸟""兽""鳞""介"等部都涉及饮食的内容。"食物"部的食、饼、肉、脯酱、醉、酪苏、米、酒等项中，还有对前代的总结性研究。二是茶文化研究被列入议事日程。由唐代开始，在佛教的影响下，中国饮茶之风大盛，出现茶文化热，涌现出大量的专家和典籍。其中以陆羽（被誉为"茶圣"）的《茶经》最为有名。三是随着新的文体笔记体裁的出现，社会生活的记载更加丰富，饮食生活，尤其是普通人的饮食生活进入人们的视野。

烹饪和食物加工的书籍现存的主要有：《韦巨源食谱》《膳夫经手录》等。

《韦巨源食谱》是唐代韦巨源献给皇帝的"烧尾宴"的菜单。其中罗列了58种菜名，并附有简单的说明。《膳夫经手录》是唐代杨晔所撰的烹饪书，书中介绍了26种食品的产地、性味和食用方法。

一、《韦巨源食谱》

此书乃是“韦巨源拜尚书令上烧尾食，其家故书中尚有食帐，今择奇异者略记”。有些菜肴条目附有简注，从中也可窥见一些与烹调法有关的具体内容。

所谓“烧尾食”，根据宋代钱易《南部新书》介绍，是唐初大臣官宦初上任高迁时为了感恩，向皇帝进献的馔食。此风习从唐中宗景龙时期开始，唐玄宗开元以后逐渐停止。书中所列食单无疑是宫廷中较为高级的食品，制作精美，十分讲究，取名、选料、造型显然是花了不少心思。韦巨源的烧尾宴中有很多名食，如菜肴有葱酥鸡、乳煮的仙人脔、鹅制的八仙盘、鱼白烹的凤凰胎、甲鱼制的遍地锦装鳖、蟹制的金银夹花平截、羊鹿舌拌的升平炙、生虾烹的明光虾、蛤蜊制的冷蟾儿羹、兔肉做的卯羹，还有多种饭、粽、点，如婆罗门轻高面、生进二十四种馄饨、素蒸音声部、巨胜奴等等。如“生进二十四种馄饨”，是外形与馅料各异的 24 种馄饨。很明显已不是在单纯追求食用价值了。享用这类食品，只有统治阶级的上层人物才有这样的闲情逸致。又如“五生盘”，就是以羊、猪、牛、熊、鹿五种原料合并经过精心制作的佳肴，反映了唐代宫廷饮食的奢华气派。

《食谱》中还有两个特点较为明显。一是食单中点心类食品较多，内中所列 58 例食品中，糕饼酥一类的食品就有 19 例，表明了唐代在把烹饪作为果腹手段的同时，也把品味作为一种感官享受。在两餐之间点缀一下口腹，已成为皇室宫廷上层人物的一种新享受。二是肉类食品占有很大比重。计有羊 6 例，牛、猪 5 例，熊、兔、狸、鹿 6 例，鸡、鹅、鹌、鹑 4 例，鱼 5 例，蟹、虾、鳖、蛤、蛙 5 例。可见唐代宫廷上层饮食结构是以动物性食物为主，山珍海味、大鱼大肉已成为宫廷食品的重要组成部分。

书中食单所附简注，有一些确实能解决疑难。如“巨胜奴”注为“酥蜜寒具”，使我们知道是一种加上蜜糖及芝麻的油炸点心。时称黑芝麻为“巨胜”。

二、《膳夫经》

《膳夫经》，又名《膳夫经手录》，据粤雅堂丛书介绍是为唐代巢县令杨晔所撰，成书于唐宣宗大中十年(856)。所谓“膳夫”，是指朝廷中主掌皇帝饮食的官吏。本书可能是为了收集有关唐朝饮食的资料而作的。它与食谱一样，都没有涉及具体烹调法，更没有菜单之罗列，而是多把一些食物原料的外形与内在特征、避忌及其产地逐一介绍，内容广泛，有豆类、蔬菜、果类、肉类等。

《膳夫经》所介绍的食物特征，包括其外形与性质，十分详尽。如“薏苡，味甘香，微寒。所在有之，宜山田苗”。又“樱桃，其种有三。大而殷者，吴樱桃；黄而白者，蜡珠；小而赤者，曰水樱珠(一作桃)。食之，皆不如蜡珠”。又如馎饦，“面片汤”的别名，一种水煮面食：“馎饦，有薄展而细粟者，有带而长者，有方而叶者，有厚而切者，有侧粥者，有切面筋、夹粥、䴵粥、劈粥之徒，其名甚多，皆馎饦之流也。又有羊肉生致碗中，以馎饦覆之后，以五味汁沃之，更以椒酥和之，谓鹘突馎饦，或泠淘，或索饼，或干切，与馎饦法略同。”详细叙述其形状、制作、味道。在食物避忌方面内容也较为丰富。这里可分为两种类型：一是人为的避忌，属于主观意识问题，偏重于"名"的方面。一是自然避忌，属于客观存在的问题，则着重于"实"的方面。前者如"水葵，本莼菜也，避顺帝讳改""苉萎，本刮萎，避宪宗讳耳"。薯药"本为薯预，犯代宗讳"。鹌子"本为鹑子，避顺宗讳，故改焉"。避讳是中国特色的社会现象，常常出现在词语中。这种食物因为避讳而改名的事情，在其他朝代并不多见。

自然避忌，实际上是食忌。主要因某些食物不宜多食，或食物本身变异与变种不能食用等，是由人们日常生活中的经验提升而成的，有一些与社会心理有关。这在烹饪、食疗、中医方面都具有一定的意义。如小葵，"味甘平，无毒，性冷而疏宣，多食损人"。又"凡木耳菌子赤色、黄色、青色、黑兼烂者例有毒，白视者无毒"。还介绍了解毒方法："凡中菌毒，急取干鱼汁饮之立愈，梨汁饮之亦可。"家禽中的羊"有两种不可食，毛长而色黑壮者曰骨拓，白而有角者曰古羊，皆脑臭发病"。可见唐代对食物卫生及食物中毒的预防与解救方法已有一定的认识。

本书对食物也做一些考证工作，比如"祸侯"条："祸侯，楚语也。解在文选，音义，味微酸，极肥美。每春暮夏初而至，不知其自来也。毛色微类鹦鹉，状似鹄鸠，居即自呼其名，食之解百药不益人。"此条引征方言，依据《昭明文选》《音义》考求祸侯这一鸟类的味道、来源、外形等等。

考求食品的产地。一是指食物原料来源于何处或何处出产的较为优良；二是指出食物生产的土地之宜。前者还可归属饮食的范围，后者则宜为农家所用。如水葵"出镜湖者，瘦而味短，不如荆郢间者"；虏豆"微似白豆而小，北地少而江淮多"。有些内容即使今天也符合农家种植之所宜。薏苡"味甘香，微寒。所在有之，宜山田苗"。薯药"多生冈阜，宜沙地"。

关于茶叶方面的内容较多，篇幅几占《膳夫经》五分之三。对于饮茶的起始及盛行略作介绍："茶，古不闻食之，近晋宋以降，吴人采其叶，煮是为茗粥。至开元、天宝之间，稍有茶，至德、大历遂多，建中已后盛矣。茗丝盐铁，管榷存焉。今江夏以东，淮海之南，皆有之。"特别是介绍了当时各地名气较大的茶叶品种，并进行简略的比较，如"新安茶，今蜀茶也。与蒙顶不远，但多而不精，地亦不下，故析而言之，犹必以首冠。诸茶春时所在吃之，皆好。及将至他处，水土不同，或滋味殊于出处。惟蜀茶，南走百越，北临五湖，皆自固其芳香，滋味不变。由此重之，自谷雨已后，岁取数百斤，散落东下，其为功德也。"记述饮茶已经成为社会风气："如此饶州浮梁茶，今关西、山东、闾阎村落，皆吃之。累日不食犹得，不得一日无茶也。"偶尔也有记载某些地区茶叶饮用的特点。如舒州天柱茶，"此种茶性有异，唯宜江水煎得，井水即赤色而无味"。

记载了当时的许多名茶，其特点，又有与他处茶叶之比较，如：

蕲州茶、鄂州茶、至德茶，已上三处出处者，并方斤厚片，自陈蔡已北，幽并已南，人皆尚之。其济生、收藏、榷税，又倍于浮梁矣。

衡州衡山团饼而巨串，岁收千万。自潇湘达于五岭，皆仰给焉。其先春好者，在湘东，皆味好。及至滋味悉变，虽远自交趾之人，亦常食之，功亦不细。

潭州茶、阳团茶粗恶，渠江薄片茶由油苦硬，江陵南木香茶凡下，施州方茶苦硬，以上四处，悉皆味短而韵卑。惟江陵、襄阳，皆数千里食之。其他不足记也。

建州大团，状类紫笋，又若今之大胶片。每一轴十斤余，将取之，必以刀刮，然后能破。味极苦，唯广陵、山阳两地人好尚之，不知其所以然也，或曰疗头痛未详，已上以多为贵。

蒙顶自此以降言少而精者，始蜀茶，得名蒙顶，于元和以前，束帛不能易一斤先春蒙顶，是以蒙顶前后之人竞栽茶，以规厚利。不数十年间，遂新安草市，岁出千万斤。虽非蒙顶，亦希颜之徒。今真蒙顶，有鹰嘴牙白茶供堂，亦未尝得。其上者，其难得也。如此又尝见书，品论展陆笔工，以为无等可居第一蒙顶之列。茶间展陆之论，又不足论也。

湖顾渚，湖南紫笋茶，自蒙顶之外，无出其右者。

陕州茱萸簝，得名近，自长庆稍稍重之，亦顾渚之流也。自是碧涧茶、明月茶、陕中香山茶，皆出其下。

夷陵又近有小江源茶，虽所出至少，又胜于茱萸簝矣。

舒州天柱茶，虽不峻拔遒劲，亦甚甘香芳美，可重也。

岳州浥湖所出亦少，其好者，可企于茱萸簝。此种茶，惟有异，唯宜江水煎得，井水煎即赤色而无味。

蕲州蕲水团黄团薄饼，每个至百余斤，率不甚麄弱，其有露消者，片尤小而味甚美。

寿州霍山小团，其绝好者，止于汉，美所阙着，馨花颖脱。睦州鸠坑茶，味薄，研膏绝胜霍山者。

福州生黄茶，不知在彼味峭。上下及至岭北，与香山明月为上下也。

崇州宜兴茶，多而不精，与鄂州团黄为列。

宣州鹤山茶，亦天柱之亚也。

东川昌明茶，与新安含膏争其上下。

歙州、婺州、祁门、婺源方茶，制置精好不杂木叶，自梁宋幽并间，人皆尚之。赋税所入，商贾所赍，数千里不绝于道路。其先春含膏亦在，顾渚茶品之亚列，祁门所出方茶，川源制度畧同差小耳。

三、《膳夫录》

宋代郑望之撰，《古今图书集成》收录。

所记部分内容与《膳夫经》相重复，如“羊种”：“羊有两种不可食：毛长而黑壮者曰骨㸻；白而有角者曰古羊，皆膻臭发病。羊之大者不过五十斤，奚中所产者百余斤。”如“樱桃有三种”：“樱桃，其种有三：大而殷者曰吴樱桃；黄而白者曰蜡珠；小而赤者曰水樱桃。食之皆不如蜡珠。”

与《韦巨源食谱》相重复的有：如“五生盘，羊、兔、牛、熊、鹿并细治”“王母饭，编缕（肉丝）卵脂（蛋），盖饭面表杂味”，《食谱》已有记载。

所记隋唐时期官方食单“食檄”条有：“弘君举食檄，有麞肶（牛百叶）、牛膟

(牛肉片)、炙鸭、脯鱼(干鱼)、熊白、麞脯(獐类肉脯)、糖蟹、车螯(蛤类海鲜,俗成昌蛾蜃)。”“食品”条记录隋炀帝时的食物有:“隋炀有:镂金龙凤蟹、萧家麦穗生、寒消粉、辣骄羊、玉尖面。”从风味上看是南北兼备,既有山珍,也有海味,可惜没有留下制作方法。

又记“八珍”,原是周代饮食,恐怕这时宫廷中经常食用:“八珍者淳熬(稻米肉酱盖浇饭)、淳母(黄米肉酱盖浇饭)、炮豚(烤乳猪)、捣珍(脍肉扒)、渍(酒香牛羊肉片)、熬(五香牛羊肉干)、肝膋(烤网油包狗肝)、炮牂(烧烤母羊羔)盖八法也。”

又记宫廷用的餐具,“牙盘食”条:“御厨进馔,用九饤牙盘食。”

所记古代烹调书及烹调方法是“食次”:“食次有:浥脯法、羹臛法、肺膜法、羊盘肠雌觞法、羌煮法、笋(竹哥)羹法、(拖去提手加鱼)臛汤法。”

所记汴梁的节日饮食有“卞中节食”条:“上元:油䭔(蒸饼);人日:六一菜(六加一);上巳(三月初三):手里行厨;寒食:冬凌;四月八(佛诞日):指天馂馅(熟食);重五:如意圆;伏日:绿荷包子;二社:辣鸡脔;中秋:玩月羹;中元:盂兰饼馅;重九:米锦;腊日:萱草面。”

记载名家大户的“名食”:“衣冠家名食有:凉胡突、脍鳢鱼(黑鱼)、臆连蒸、麞麞皮、索饼(面条)、上牢丸(汤圆)。”

书中“厨婢”条记宋代蔡京:“蔡太师京厨婢数百人,庖子亦十五人。”隐约反映了唐宋时期饮食业已成业,因而蔡京家中才有专职厨师及厨婢竟达数百人,饮食已经成为一种行业或职业,而且内部可能还有更细致的分工,接着还记载有“段承相有老婢名膳祖”,说明了唐宋时代厨房行业多由妇女执掌。

四、《四时纂要》

《四时纂要》,唐代韩鄂所撰。四时,春夏秋冬,按照农时为序而旁及饮食。这部农书在我国早已散佚,1960年在日本发现了一个明代万历十八年的朝鲜刻本,这部农书才重见世人。

其序言大体延续政治家的说法,指出有国者莫不以农为本,有家者莫不以食为本,上古圣人舜禹胝胼,神农憔悴,后稷播植百谷,帝尧恭受四时,所以德迈百王,泽流万世。认为农业是根本,正是商鞅务耕织,遂成秦帝之基业,范蠡开土田,终报越王之耻。又引用管子“仓廪实知礼节,衣食足知荣辱”之言,感慨道“若父母冻于前,妻子饿于后,而为彦闵之行,亦万无一焉。设此带甲百万金城汤池,军无积粮,其何以守?”强调粮食生产的重要性。所以本书以春夏秋冬为四时,记载农业之要。参阅了此前的各家农书,采摘取舍,“余是以编阅农书,搜罗杂诀,《广雅》《尔雅》则定其土产;《月令》《家》则叙彼时宜。采范胜种树之书,掇雀寔试谷之法,而又《韦氏月录》伤于简阅,《齐民要术》弊在迂疎,今则删两氏之繁芜撮诸家之术数。”

本书的记述方式是以月为经,分列各月的自然环境、气候、农业适宜、作物生长等等。

在现存古代农书中,饮食记载方面最为显著的是北魏《齐民要术》。唐宋时期,随着社会经济的繁荣发展,饮食文化水平不断提高,有关饮食的专门著作越来越多。一般农书对于食单、食谱已较少记载,而多集中于农副产品的加工和制造,如酿造、淀粉加工、食品储存等。《四时纂要》与饮食有关的内容大体上也反映了这一转向。

《四时纂要》中,酿造方面颇具特色。在农产品加工制造共91条的有关记载中,酿造方面的内容就占了34条。有些制作相对前代有较大的发展与创新。

对酿酒业记载甚多,说明已能制作果酒、药酒及干酒。果酒如造"三勒浆","诃黎勒、毗黎勒、庵摩勒,以上并和核用,各三大两。捣如麻豆大,不用细。以白蜜一斗,新汲水二斗,熟调,投干净五斗瓮中。即下三勒末,搅和匀。数重纸密封。三四日开,更搅。以干净帛拭去汗。候发令,即止,但密封。此月一日合,满三十日即成。味至甘美,饮之醉人;消食,下气。"还记录了干酒酿制法。"干酒治百病方:播米五斗,炊,好鼓七斤半。附子五个,生乌头五个,生干姜、桂心、蜀椒各五两。右件捣合为末,如酿酒法,封头。七日,酒成,压取糟,蜜演为丸,如鸡子大。投一斗水中,立成美酒。"其他药酒的酿制,更是品种繁多。如地黄酒、枸杞酒等,且还备有药酒功效、用法及禁忌之详细记述。"枸杞子酒,补虚,和肌肉,益颜色,肥健延年。方:枸杞子二升,好酒二斗,捣碎,浸七日,滚去滓,日饮三合"。除了单方药酒,还出现了复方药酒。如"屠苏酒",就是用"大黄、蜀椒、桔梗、桂心、防风各半两,白术、虎杖各一两,乌头半分"复合浸酒而成,"从少起至大,逐人各饮少许,则一家无病"。反映了唐代酿酒业的发达,不仅品种多,制作工艺复杂,而且从单纯饮用效果转为兼而医用效果。

所记植物淀粉加工与食用也比前代更为普遍与广泛,从人工栽培作物到野生植物均已利用,从谷物扩展到诸如藕、莲、泽泻、山药、百合等。"作诸粉,藕不限多少、净洗,捣取浓汁,生布滤,澄取粉。芡、莲、尧龙、泽泻、葛、羡蔡、茯等、落药、百合,并皆去黑,逐色各捣,水浸,澄取为粉,以上当服。补益去疾,不可名言。又不妨备厨撰。"表明唐代对自然资源的认识与利用已达到一定高度。

《四时纂要》中还记载了乳制品及食品贮藏等方面的内容。除了加工制作方法外,还杂有若干烹调的过程与方法,如始见于隋人谢讽的《食经》中的乳制品"乳腐",在书中就记述有乳腐腌薯琐的方法。

唐代以后的农书,如宋陈喜《农书》与元王祯《农书》等已基本上没有烹调方面的记载。所以唐代农书所具有承上启下的历史作用,不仅表现在农业生产技术方面,而且在饮食文化方面也是如此。

五、《食疗本草》

《食疗本草》,为唐朝孟诜(612—713)所撰。孟诜是汝州(今河南汝州)人。该书是对孙思邈《千金要方》中"食治篇"增订而成的可供食用又能疗病的本草专著。从书名可知,本书一则是"本草"系列,一则是"食疗"。本草是药书,因为草类较多,故而有此名。

食疗又称食治，是在中医理论指导下利用食物的特性来调节机体功能，使其获得健康或愈疾防病的一种方法。通常认为，食物是为人体提供生长发育和健康生存所需的各种营养素的可食性物质。也就是说，食物最主要的是营养作用。中国古代向来有药食同源之传统。“药”而为“膳”，寓医于食，实际上是中国医药的独特创造，只有中国有这样一门学问。食疗在食，因之也是中国饮食文化的一个独特发明。《食疗本草》则是中国最早的食疗专著。

中国传统的养生理论，饮食养生之道，与中国哲学思想的渊源一脉相承，也是中国人饮食心理的一种反映。广义的食疗是将食物作为药物或配入中药对某些疾病进行治疗或对身体进行补养的医疗方式。隋唐时期，随着医药事业及饮食文化的发展，食疗水平也有了更进一步的提高。以饮食补身养生疗体在唐代士大夫阶级中蔚然成风，也有很多食疗专著问世，如孙思邈的《千金要方》卷二四专论食治，他主张“为医者，当晓病源，知其所犯，以食治治之，食疗不愈，然后命药”，又谓“安生之本必资于饮食，不知食宜者，不足以存生也”，体现了“以人为本”的原则。孟诜青年时即好医药、养生之术，与名医孙思邈关系甚密。孙思邈辞官归家时，孟诜与宋令文、卢照邻等社会名士都对孙思邈执师长之礼。孟诜《食疗本草》就是继承和发展孙思邈食疗思想的成果，本书又经其弟子张鼎所增补，因而是食疗最有代表性的著作，系统记载了一些食物药及药膳方。

“药食同源”是中华原创医学之中对人类最有价值的贡献之一。战国末年(前221年前后)《吕氏春秋·本味》载商初伊尹的话，说明烹制过程中必须考虑到食物的性，使其向自己所需要的方向变化：“凡味之本，水最为始，五味三材，九沸九变，火为之纪，时疾时徐，灭腥、去臊、除膻，必以其胜，无失其理。调和之事，必以甘酸苦辛咸，先后多少，其齐甚微，皆有自起。”表明此时已开始认识到食物有“偏性”，这些有关食物的认识可谓是中医食疗学的起源，同时也是“药食同源”之说的由来，对于中医食疗学或中医药理论的形成起到了重要的作用。

《食疗本草》与一般的本草或饮食的有关专著不同，本草专著以医疗为主，食经则以饮食为重，而其则是食疗并重，难分彼此。食中带疗，疗从食出。首先，《食疗本草》中药用原料多来源于日常生活中的普通食物。如蔬菜类的波薐(菠菜)、落苏(茄子)、蒜、葱、韭、萝卜、冬瓜等，米谷类的大豆、绿豆、粳米、糯米、小麦、白豆等，果品类的荔枝、枇杷、杨梅、石榴、藤梨(猕猴桃)、葡萄等，家禽类的牛、羊、狗、鸡、鸭、鹅等，鱼类的鲶鱼、青鱼、鲤鱼等，都是古代乃至于今天最为普通的家用食物。不少食物还是首次作为本草药物而记载，如柑子、杨梅、荔枝、橄榄、青鱼、石首鱼、鸳鸯等。有的食物虽然因其药用价值曾在本草药籍中有所记载，但在《食疗本草》中其药用范围更进一步扩大。如牛，在《唐·新修本草》中只记牛黄与牛乳。而在本书中牛的药用范围更为广泛，诸如牛肝、牛肾、牛髓、牛肚甚至牛粪都可充作药用(粪：主霍乱，煮饮之。又治小儿夜啼，妇人无乳汁等)。又列“牛乳”一条，其性“寒，患热风人宜服之。患冷气人不宜服之”。这些都说明了唐代随着一般食物范围的扩大，其具有的药用效果也越来越为人们所认识，为人类的食物药品增添了更为丰富的内容。

“《食疗本草》为后世食忌文化的阐释与发展奠定了基础。这本历史上第一次用‘食疗’二字命书的食疗学著作，集食宜、食忌、食方于一书，所载药用食物条文之多为当时同类文献之冠。对于食疗的研究，前人多集中在食宜、食方两个方面，而对食忌却似乎未能给予足够重视，这应视为食忌研究的最大缺憾。食忌产生的背景十分复杂，有来自原始采集渔猎、农牧业生产的经验积累，有传统中医药理论的阐发，还与宗教、神仙学说密切相关。纵观食忌，千百年来的演化发展已使它成为超越食疗理论束缚的另类文化现象。《食疗本草》是唐以前食物禁忌之集大成者，所涉及条目虽然只有 200 多种，但影响极大，被辗转传抄了十几个世纪，是中国古代最具代表性的食忌著作之一。”①

《食疗本草》不但收录了唐以前食药，还在吸收《黄帝内经》食养思想的基础上又发扬了《千金要方》中食治的精髓，将食用药物禁忌作为本书中的重要内容，对中药临床应用具有指导作用。

传统中药用药禁忌有配伍禁忌、妊娠用药禁忌、服药时的饮食禁忌等内容。在本书中，食药禁忌涵盖范围更加广泛，不但包括传统中药用药禁忌，而且包括其他内容，如药性忌、疾病忌、用量忌、炮制忌、配伍忌等。

尽管药食同源，也需防病从口入。所以《食疗本草》对于饮食卫生及食物禁忌等方面也颇为重视，主要是从食物的药用效果考虑。如两种食物同吃，可能会产生不利于健康的副作用。本书注意到同一食物因食用方法不同而产生的不良后果。大麦“熟即益人，带生即冷，损人”。有些禁忌在今天看来不一定有科学根据，但也能看出饮食过程中食用与药用某些方面的禁忌，反映了唐代对于食物的药食功效具有一定的客观性与辩证法。而且有些食忌已为今天的科学所证明是正确的。如鯸鮧鱼，即今天的河豚，“有毒，不可食之，其肝毒杀人”。

我国幅员辽阔，地大物博，不同地区饮食风俗习惯具有一定的差异。《食疗本草》载：“若南人北，杏亦不食，北人南，梅亦不瞰”；又“江外人多为米醋，北人多为糟醋”。而且在不同产地所产的同一类食品往往有不同的食用食疗效果。石蜜“波斯者良……蜀川者为冷，今东吴亦有，并不如波斯”。栗子“就中吴栗子大，无味，不如北栗也”。粟米：“南方多畬田种之，极易舂，粒细，香美，少虚怯。祇为灰中种之，又不锄治故也。得北田种之，若不锄之，即草翳死，即难舂。都由土地使然耳。”此外，各地区人类身体素质、生活环境条件不同，即便同一产地的食品在不同地区的人类食用中也会产生不同的效果。菠薐：“北人食肉面即平，南人食鱼鳖水米即冷。”昆布：“海岛之人爱食，为无好菜，只食此物。服久，病亦不生。遂传说其功于北人。北人食之，病皆生，是水土不宜尔。”《食疗本草》对于南北饮食之差异及其原因做了一定的探索。

《食疗本草》也有一些缺乏科学论证，甚而臆测的说法，比如“鸳鸯”可以治疗

① 曹明. 食疗本草注译[M]. 郑州：中州古籍出版社，2013：3-4.

夫妇不合:"主夫妇不合,作羹臛,私与食之,即立相怜爱也。"这大概是从鸳鸯始终不离不弃,因而产生的一种联想罢了。

六、唐段成式《酉阳杂俎·酒食》

作者自序,说本书属于志怪小说,"固役不耻者,抑志怪小说之书也"。不过就内容而言,远远超出了志怪的题材。这部著作,内容繁杂,有自然现象、文籍典故、社会民情、地产资源、草木虫鱼、方技医药、佛家故事、中外文化、物产交流等等,可以说五花八门,包罗万象,具有很高的史料价值。其中"酒食"一节专门记载有关饮食的故事传说,从中可以了解当时的社会风情、饮食习惯、食品名点等。

有几则酒文化的故事,为其他书中所没有,都很吸引人。酿酒得有好水,此一人家的仆人有绝活,可以取得好水,他能从激流的黄河水中挑选取七八升水,做成的酒同样神奇:"魏贾擶,家累千金,博学善著作。有苍头善别水,常令乘小艇于黄河中,以瓠匏接河源水,一日不过七八升。经宿,器中色赤如绛,以酿酒,名昆仑觞。酒之芳味,世中所绝。曾以三十斛上魏庄帝。"

这一人家用青田核做容器造的酒十分醉人:"青田核,莫知其树实之形。核大如六升瓠,注水其中,俄顷水成酒,一名青田壶,亦曰青田酒。蜀后主有桃核两扇,每扇着仁处,约盛水五升,良久水成酒味醉人。更互贮水,以供其宴。即不知得自何处。"

另一则,郑公悫饮酒有奇法,奇在酒器上与人不同,倒不是值钱而是新颖别致:"历城北有使君林。魏正始中,郑公悫三伏之际,每率宾僚避暑于此。取大莲叶置砚格上,盛酒二升,以簪刺叶,令与柄通,屈茎上轮菌如象鼻,传吸之,名为碧筩杯。历下学之,言酒味杂莲气,香冷胜于水。"

本书记载南朝梁时刘孝仪等人关于美食的讨论,各个时代喜好不同,标准不同,因之所谓的美食不同,邺中鹿尾,乃酒肴之最,后来又是生鱼、熊掌,孟子所称赞。鸡跖、猩唇,吕不韦所欣赏,鹿尾乃不载于书籍。这场谈话由品尝鲭鲊(qíng zhà,用腌鱼制作的鱼脍)而起:梁刘孝仪食鲭鲊,曰:"五侯九伯,令尽征之。"魏使崔劼、李骞在座,劼曰:"中丞之任,未应已得分陕?"骞曰:"若然,中丞四履,当至穆陵。"孝仪曰:"邺中鹿尾,乃酒肴之最。"劼曰:"生鱼、熊掌,孟子所称。鸡跖、猩唇,吕氏所尚。鹿尾乃有奇味,竟不载书籍,每用为怪。"孝仪曰:"实自如此,或是古今好尚不同。"梁贺季曰:"青州蟹黄,乃为郑氏所记,此物不书,未解所以。"骞曰:"郑亦称益州鹿,但未是珍味。"

南北朝的何胤奢侈得出了名,"食前方丈"一词就因他而创造。本书记载了何胤想减少些食物品种,对于该不该留下所喜欢吃的䱇(鳝)展开一场讨论,结论是䱇宜于长期食用:"何胤侈于味,食必方丈。后稍欲去其甚者,犹食白鱼、䱇腊、糖蟹。使门人议之,学士锺岏议曰:'䱇之就腊,骤于屈伸,而蟹之将糖,躁扰弥甚。仁人用意,深怀恻怛。至于车螯、母蛎,眉目内阙,渐浑沌之奇;唇吻、外缄,非金人之慎。不荣不悴,曾草木之不若;无馨无臭,与瓦砾而何异?故宜长充庖厨,永为口实。'"

又记后梁韦琳为了讥讽当时人喜欢吃鲍鱼，而撰写《鲍表》："后梁韦琳，京兆人，南迁于襄阳。天保中，为舍人，涉猎有才藻，善剧谈。尝为《鲍表》，以讥刺时人。其词曰：'臣鲍言：伏见除书，以臣为粽（一曰糁）熬将军、油蒸校尉、臛州刺史，脯腊如故。肃承将命，含灰屏息。凭笼临鼎，载兢载惕。臣美愧夏鳝，味惭冬鲤，常怀鲐服之诮，每惧鳖岩之讥。是以漱流湖底，枕石泥中，不意高赏殊私，曲蒙钩拔，遂得超升绮席，忝预玉盘。远厕玳筵，猥颁象箸，泽覃紫簟，恩加黄腹。方当鸣姜动椒，纡苏佩悦。轻瓢才动，则枢盘如烟；浓汁暂停，则兰肴成列。宛转绿齑之中，逍遥朱唇之内。御恩噬泽，九殒弗辞。不任屏营之诚，谨列铜枪门，奉表以闻。'诏答曰：'省表具知，卿池沼缙绅，陂渠俊乂，穿蒲入荇，肥滑有闻，允堪兹选，无劳谢也。'"

段成式记载历代天下美食：猩唇、（获）炙、觾翠、犓腴、麋腱、述荡之掔、旄象之约、桂蠹、石鳆、河隈之稣、巩洛之鳟、洞庭之鲋、灌水之鲤（一云鳐）、珠翠之珍、菜黄之鲐、臑鳖、炮羔、臇凫、蠙臛、御宿青祭（一云粲）、瓜州红菱、冀野之梁、芳菰、精稗、会稽之菰、不周之稻、玄山之禾、杨山之穄、南海之秬、寿木之华、玄木之叶、梦泽之芹、具区之菁、杨朴之姜、招摇之桂、越酪之菌、长泽之卵、三危之露、昆仑之井、黄颔臛、醒酒鲭、饼、糊餦餭、粔妆、寒具、小蛳、熟蚬、炙糌、蛆子、蟹蝑、葫精、细乌贼、细飘（一曰"鱼鳔"）、梨酢、鲎酱、干栗、曲阿酒、麻酒、搌酒、新鳅子、石耳、蒲叶菘、西榫、青根粟、菰首、鲻子鲄、熊蒸、麻胡麦、藏荔支、绿施笋、紫鷂、千里蕙、鲙曰万丈、蠡足、红綷精细曰万、凿百炼、蝇首如蛭、张掖九蒸豉、一丈三节蔗、一岁一花梨、行米、丈松、窑鳅、蚶酱、苏膏、糖颓蜌子、新乌蛔、缥胶法、乐浪酒法、二月二日法酒、酱酿法、绿酃法、猪骸羹、白羹、麻羹、鸽臛、隔冒法、肚铜法、大狛炙、蜀捣炙、路时腊、棋腊、玃天腊、细面法、飞面法、薄演法、龙上牢丸、汤中牢丸、樱桃饆、蝎饼、阿韩特饼、凡当饼、兜猪肉、悬熟、杏炙、蛙炙、脂血、大扁饧、马鞍饧、黄丑、白丑、白龙舍、黄龙舍、荆饧、竿炙、羌煮（一曰炙）、疏饼、锑糊饼。饼谓之托，或谓之餦餛。饴谓之餹（一曰馆）、饱馄谓之锗、餥飵鲶鲇，茹叽食也。膜（一曰馂）、膎、脯、胀、膰，肉也。膠、膶，膜也。膇、膹、一日馈。朖，臛也。格、糈、粰、梳，馓也。馎、饹、脺、馀、饩，饵也。醔、醶、酮、酥，醅也。酪、蕺、醇，浆也。鮹、鲢、鱴、鳊，盐也。醯、醉、酭、醧、酰，酱也。

记载烹饪方法："鲤鲋鲊法：次第以竹枝赍头置日中，书复为记赍字。五色饼法：刻木莲花，藉禽兽形按成之，合中累积五色竖作道，名为斗钉。色作一合者，皆糖蜜。副起粄法：汤胘法、沙棋法、甘口法。蔓菁薤菹法：饱霜柄者，合眼掘取作䈽薄形。蒸饼法：用大例面一升，炼猪膏三合。梨漤法、胰肉法、脺肉法、瀹鲇法。治犊头，去月骨，舌本近喉，有骨如月。木耳鲙：汉瓜菹切用骨刀，豆牙菹。肺饼法、覆肝法，起肝如起鱼菹。菹族并乙去法。又鲙法：鲤一尺，鲫八寸，去排泥之羽。鲫员天肉，腮后鬐前，用腹腴拭刀，亦用鱼脑，皆能令鲙缕不着刀。鱼肉冻肛法：渌肉酸肛，用鲫鱼、白鲤、鲂鯾、鳜、鲀，煮驴马肉，用助底郁。驴肉，驴作鲈贮反。炙肉，鳋鱼第一，白其次，已前日味。"

又，折粟米法：取简胜粟一石，加粟奴五斗舂之。粟奴能令馨香。乳煮羊胯利法：槟榔詹阔一寸，长一寸半，胡饭皮。

记载当时大户人家的饮食，关于韩约家的樱桃饆饠的记载较《食珍录》为具体："今衣冠家名食，有萧家馄饨，漉去汤肥，可以瀹茗；庚家粽子，白莹如玉；韩约能作樱桃饆饠，其色不变；有能造冷胡突鲙、鳢鱼臆、连蒸诈草、草皮索饼；将军曲良翰，能为骏鬃驼峰炙。"

本书记唐贞元年间一位将军的烹饪技巧，他说只要火候得当，什么都做得好吃："贞元中，有一将军家出饭食，每说物无不堪吃，唯在火候，善均五味。尝取败障泥胡盏，修理食之，其味极佳。道流陈景思说，敕使齐日升养樱桃，至五月中，皮皱如鸿柿不落，其味数倍。人不测其法。"

《酉阳杂俎》卷七记录食物中毒的事：荆人道士王彦伯，天性善医，尤别脉断人生死寿夭，百不差一。裴胄尚书子，忽暴中病，众医拱手。或说彦伯，遽迎使视。脉之，良久曰："都无疾。"乃煮散数味，入口而愈。裴问其状，彦伯曰："中无腮鲤鱼毒也。"其子因鲙得病。裴初不信，乃脍鲤鱼无腮者，令左右食之，其候悉同，始大惊异焉。

根据《酉阳杂俎》卷八《黥》的记载，饮食街上也有恶少，作恶多端，侵扰酒店，破坏市场秩序，有京兆薛公严加整治，全部杖杀。

七、《北堂书钞》

隋秘书郎虞世南撰。《北堂书钞》卷第一百四十六也有《酒食部》，将有关酒和饮食的词语、典故分列出来，并且一一注明其出处，以供人们作诗弄词时使用。这些出处实际构成饮食故事的索引，带有工具书的性质。

《北堂书钞》为虞世南在隋秘书郎任上所编。所谓北堂，指隋秘书省的后堂。唐刘禹锡《嘉言录》叙其事曰："虞公之为秘书，于省后堂集群书中事可为文用者，号为《北堂书钞》。今北堂犹存，而《书钞》盛行于世。"他编辑此书，大抵是供文人撰文时采录参考资料所用。隋炀帝拒谏饰非，虞世南官卑职小，无所用事，故藉摘抄图书以自娱，而竟成此不朽之世制。

比如《总篇一上》列有"食者民之本，食者物之始"的条目，下面就分列许多相关的解释，说明其出处，如《尚书大传》云："八政何以先食，食者，万物之始，人之所本也，圣人所宝。"《墨子》云："夫食，圣人之所宝，人之所美，持身强体。《墨子》云古之人未之饮食，故圣人诲男耕稼，其为食也以增气充虚，强体适脉也。"

又如"忘忧"一条，引用《左传》昭公廿八年《传》加以解读："《左氏》云魏献子为政，以魏戊为梗阳大夫。梗阳人有狱，其大宗赂以女乐，魏子将受，魏戊谓阎没、女宽曰：'吾子必谏。'退朝，待于庭。馈入，召之，比置，三叹。既食，魏子曰：'谚曰：惟食忘忧。吾子置食之间三叹，何也。'"这是一则借吃饭进谏，劝魏献子拒绝贿赂、退回女乐人的故事。故事说：送饭菜的来了，魏舒就招呼阎没、女宽一起来吃。阎没和女宽眼盯着桌上的饭菜，接连三次叹气。饭吃完后，魏舒问他们说："我听说，吃饭的时候要忘记忧愁，您二位刚才为什么三次叹气呀？"阎没和女宽异口同声地说："我们非常感谢您赐给我们两个人酒食，刚开始时，我们担心饭菜的量不够吃，所以叹气；菜上了一半的时候，我们责备自己：难道将军请我们吃饭会不够吃？因此再次叹息；等到饭菜上完，我们见您吃的并不多，只是刚饱而已，我们以小人之腹度君子之心，所以又叹气！"魏舒听到最后一句，才明白阎没、女宽是借吃饭来劝谏他。他非常羞愧，马上下令把梗阳那个女乐人辞退。

《北堂书钞》与饮食有关的其他词条还有解怒、以亲宗族、以强股肱、以颐精神、以通血气、增气充虚、资生顺性、和神安体、调神畅情、奉君养亲、充饥协气等，都是历史文献中有关饮食功用的论述。另外，还有许多烹饪技法等的记载，涉及火候、原料等。

《北堂书钞·酒食部》还介绍调料，如五盐、豉、醯、醢、齐、菹、鲝，内容十分丰富。因此，《北堂书钞》可以看作饮食文化典故的索引。

另外，由于盛唐疆域广大，人口流动较前代频繁，人们对各处风土研究的兴趣也大为增强，写出了许多记叙各地风物(包括饮食)的志书。如段公路的《北户录》、刘询的《岭表录异》等。

封演撰写的《封氏闻见录》也专门有饮茶篇。

第五章 宋　代

宋代历时320年。北宋时期自公元960年赵匡胤称帝，建都东京(今河南开封)起，到公元1126年灭亡，历经9个帝王，共167年；南宋时期自公元1127年金兵攻陷东京，高宗赵构南逃至浙江，定都临安(今浙江杭州)起，到公元1279年南宋灭亡，共153年。

宋代的知识分子仍然像唐代那样幸运，他们受到优渥的待遇，主要表现在话语权上。萧建生著的《中国文明的反思》对宋代有特别的提示，又特别强调了知识分子的社会地位对社会发展的作用。他指出：赵匡胤打下天下立国之初，就为后代接班的子孙亲手订下了一个"誓词"："不得杀士大夫及上书言事人"(在皇宫内立石碑，新皇帝登基的时候都要看)。有宋一代，320年，南北各9帝，都遵守了这个祖宗制定的家法国法、这个政治伦理的基本准则。这个"誓词"成了秦始皇至今绝无仅有的宋朝文明执政的大宪章。这本书认为自由开放的宋朝带来了多元化的社会，激发了中国人伟大的创造精神和积极进取的人生态度，从而在思想、文化、科技、宗教、教育等各个方面，取得了空前伟大的成就。宋朝是中国人对世界做出最大贡献的朝代。中国历史上的重要发明有一半以上都出现在宋朝，如火药、指南针、印刷术、纸币、垂线纺织、瓷器工艺的重要改革，还有航海、造船、医药、农业等领域的科技水平也达到了前所未有、后难比及的高度。宋朝繁荣昌盛，人民生活自由、富裕，讲礼义，有尊严，保持着活泼率直的天性和正义感。

宋史专家漆侠也指出："在两宋统治的三百年中，我国经济、文化的发展，居于世界的最前列，是当时最为先进、最为文明的国家。"所谓经济、文化，应该包括物质文明和精神文明，而宋代的饮食文化作为物质文明与精神文明的结合点，在中国整个封建社会历史时期内也是座顶峰。

宋代知识分子地位空前提高，活得很有尊严，思想独立自由，人格高贵。他们积极主动地参加到饮食思想的创造中，推进宋代的饮食思想发生巨变：更精细，更开阔，更平民化，更活跃，更富有生机。文化人热情洋溢的创发，波澜壮阔，无论是深度还是广度都是空前的。老百姓俗话说："人生开门七件事，柴米油盐酱醋茶。"这句话最早出现在宋朝，它出自南宋吴自牧《梦粱录·鲞(xiǎng，剖开晾干的鱼)铺》："盖人家每日不可阙者，柴、米、油、盐、酱、醋、茶。"这说明南宋时期人们的饮食生活已经十分丰富多样，富足的生活激起人们无限的向往。

刘朴兵《唐宋饮食文化比较研究》一文支持日本学者内藤湖南20世纪初所首倡的“唐宋变革”说，刘文以饮食文化的深刻变化说明这一巨大的变化，通过对唐宋两代的食品、饮品、饮食业、饮食习俗、饮食文化交流、饮食思想的比较考察，指出唐宋饮食文化有着许多显著的不同。唐代饮食文化深受游牧民族和异域风情的影响，具有鲜明的“胡化”色彩；而宋代饮食文化的“胡化”色彩则大大减弱。唐代饮食文化显得豪迈粗犷；宋代饮食文化则显得细腻精致。唐代饮食文化的贵族化色彩显著，指出唐代饮食文化具有鲜明的“胡化”色彩；而宋代饮食文化则显得细腻精致。

历史上的北宋都城开封，比唐朝都城长安更加繁华，更加开放。两宋时已经实现了通畅的对外交流，与日本、高丽、东南亚有更多的交流，更多的食物品种传入中国，丰富了人们的饮食生活。“八荒争凑，万国咸通。”“万国舟车会，中天象魏雄。”这是当时北宋王朝开放国门的真实写照。在北宋时期前来中国的异族商人和移民，无论是种族还是数量都远远超过唐朝。唐朝的外国人大都来自亚洲西域，以及阿拉伯、朝鲜、日本等地。而到北宋时期除了这些地方还扩大到非洲、欧洲等地。北宋比唐朝无疑是更加开放的王朝，北宋时期的商业活动、商业氛围无疑比起唐朝高几个档次。

在唐朝的鼎盛时期，前来中国经商的都是以外国人为主，而北宋时期不仅是外国商人走进来，而且中国商人也要走出去。北宋时期的商人比外国商人更加活跃。由复旦大学、上海财经大学编写的《中国古代经济简史》(1997，上海人民出版社)就指出：“当时我国的船只已经航行于印度洋各地，包括锡兰、印度次大陆、波斯湾和阿拉伯半岛，甚至达到非洲的索马里。”比如占城稻品种的传入，对解决中国干旱地区的粮食短缺问题起了重要作用。又比如西瓜。江苏邗江胡场5号西汉墓及广西贵县罗泊湾西汉墓出土西瓜子，在古文献中，唐以前此果寂然无闻，它最早见于五代胡峤的《陷虏记》，说西瓜是“契丹破回纥得瓜种”。再次则见于南宋初洪皓的《松漠纪闻》，他是使金被扣，于阴山一带见到西瓜的。

无怪乎后代的人以极为艳羡的口吻谈到宋代的繁华，盛赞令人垂涎的饮食。明代王鏊《震泽长语摘抄》将宋明两朝对比，大有今不如昔的感慨：“宋民间器物传至今者，皆极精巧。今人鲁莽特甚，非特古今之性殊也。盖亦坐贫故耳。观宋人《梦华录》《武林旧事》民间如此之奢，虽南渡犹然。近岁民间无隔宿之储，官府无经年之积，此其何故也？古称天下之财不在官，则在民，今民之膏血已竭，官之府库皆空。岂非皆归此辈乎？为国者曷以是思之。”明人史玄《旧京遗事》中有同感：“京师筵席以苏州厨人包办者为尚，余皆绍兴厨人，不及格也。然宋世有厨娘作羊羹，费金无比。今京师近朴，所费才厨娘什之一二耳。”明代郎瑛《七修类稿》也通过饮食之美事赞叹宋之富庶，远远超过当今：“今读《梦华录》《梦粱录》《武林旧事》，则宋之富盛，过今远矣。”

汪曾祺认为唐宋人似乎不怎么大吃大喝；宋朝人的吃喝好像比较简单而清

淡，连有皇帝参加的御宴也并不丰盛。御宴有定制，每一盏酒都要有歌舞杂技，似乎这是重要的，吃喝在其次；宋朝市面上的吃食似乎很便宜；几乎所有记两宋风俗的书无不记"市食"……宋朝的肴馔好像多是"快餐"，是现成的，中国古代人流行吃羹；宋朝人饮酒和后来有些不同的，是总要有些鲜果干果；宋朝的面食种类甚多；遍检《东京梦华录》《都城纪胜》《西湖老人繁盛录》《梦粱录》《武林旧事》，都没有发现宋朝人吃海参、鱼翅、燕窝的记载。吃这种滋补性的高蛋白的海味，大概从明朝才开始。这大概和明朝人的纵欲有关系，记得鲁迅好像曾经说过，宋朝人好像实行的是"分餐制"。①

第一节　两宋都市饮食

一、开封的饮食业

北宋建都于汴梁，也就是今天的河南开封。汴梁又称东京，是对西京长安而言，汴梁在东，故而有此称。汴梁当年的都市饮食市场情况如何呢？宋人孟元老根据自己亲历写了一本书《东京梦华录》，为我们打开了眼界，使我们惊异当年的汴梁饮食市场竟会这样的繁华。

《东京梦华录》专门记载东京汴梁当年饮食市场的盛况，如果不是亲历，书中绝不会写得这样亲切，如果不是真实，决不能这样引人。

在《东京梦华录》的序言里孟元老说："我小时候跟着在外地做官的父亲周游于南北各地，于宋徽宗崇宁二年(1103)来到了京都汴梁，住在城西的金梁桥西边夹道的南侧。"据推算，他应该在这里住过23年的时光，那是北宋夕阳无限好的时光，社会安定繁荣，人们沉浸在享受与安乐之中。八方来聚，万国相通，汴梁俨然国际大都市，全天下的异味汇集于此，饮食店日夜开张："正当辇毂之下，太平日久，人物繁阜，垂髫之童，但习鼓舞，班白之老，不识干戈，时节相次，各有观赏。灯宵月夕，雪际花时，乞巧登高，教池游苑，举目则青楼画阁，绣户珠帘，雕车竞驻于天街，宝马争驰于御路，金翠耀目，罗绮飘香。新声巧笑于柳陌花衢，按管调弦于茶坊酒肆。八荒争凑，万国咸通。集四海之珍奇，皆归市易；会寰区之异味，悉在庖厨。花光满路，何限春游，箫鼓喧空，几家夜宴。伎巧则惊人耳目，侈奢则长人精神。瞻天表则元夕教池，拜郊孟享。频观公主下降，皇子纳妃。修造则创建明堂，冶铸则立成鼎鼐。观妓籍则府曹衙罢，内省宴回；看变化则举子唱名，武人换授。仆数十年烂赏叠游，莫知厌足。"

宋朝民众的富裕、安乐是无法比肩的。据《续资治通鉴长编》卷85记载，宋真宗大中祥符八年十一月，宰相王旦指出："京城资产百万者至多，十万而上，比

① 汪曾祺.岁朝清供·宋朝人的吃喝.三联书店，2010:50-53.

比皆是。”南宋人吴箕在《常谈》中证实了这一说法：“《史记·货殖列传》中，所载富者，固曰甚盛，然求之近代，似不足道。樊嘉以五千万为天下高赀。五千万钱在今日言之，才五万贯尔。中人之家，钱以五万缗计之者多甚，何足传之于史?”樊嘉为汉代杜陵的富人，资产五千万，是当时首屈一指的富人，可是在宋人眼中竟如此不屑，所以说：“今京师之民，比之汉唐京师，民庶十倍!”

“汴京”，有着“琪树明霞五凤楼，夷门自古帝王州”“汴京富丽天下无”的美誉，从11世纪到12世纪，开封一直是世界第一大城市。

北宋时，东南已成为全国最富庶的地区，汴河则是北宋政府攫取江淮财富的主要运输线。漕运四渠经宋初疏浚和开凿后，形成了以东京开封府为中心的水运交通网。商人们开始置流行数百年的“千里不贩籴”的转运原则而不顾，争先恐后地参与到粮食的长途贩运，“富商大贾自江、淮贱市秔稻，转至京师，坐邀厚利”，粮食在地区间转运贸易相当发达。“春夏之间，淮甸荆湖，新陈不续，小民艰食，豪商巨贾，水路浮运，通此饶而阜彼乏者，不知其几千亿斤计。”粮食属于体积大、分量重、价值低的商品，它的远距离贸易取决于两个条件：一是交通状况改善和运输量增大使运输成本大幅度降低；二是粮食的市场供求规模扩大，粮商在支付运费、仓储费、包装费等成本后，要想赢利必须依靠大规模的经营才有可能。这为东京的繁荣奠定了基础。

北宋时期，东京汴梁（今河南开封）方圆达50里，人口超过100万，不仅是当时全国政治、经济、文化的中心，而且也是全国交通枢纽之所在。为了满足统治阶级穷奢极欲的享乐生活，同时也为了适应数量庞大的城市人口和往返京城人员的饮食需要，市场上就逐渐形成了一个繁荣的餐馆行业。《东京梦华录》记载的与餐馆饮食有关的名称有：州桥夜市、酒楼、饮食果子、食店、饼店、筵会假赁等等。就风味而言，宋代居于北方的东京、偏在南方的临安都有北食店、南食店、川食店等，而且档次齐全，日夜营业。南宋刘屏山的《汴京绝句》说：“忆得少年多乐事，夜深灯火上樊楼。”由此可见，当时的餐馆业在城市中所占的地位是非常重要的，已经成为城市繁华的象征。杜佑《通典》卷七记载：“东至宋汴，西至岐州，夹路列店肆待客，酒馔丰溢。每店皆有驴赁客乘，倏忽数十里，谓之驿驴。”北宋著名的宫廷画家张择端的《清明上河图》，以汴河为构图中心，描绘了北宋京城汴梁都市生活的一角，使我们清楚地看到当时的饮食业兴旺发达的情景。

有一则有趣的记载，说明了东京饮食业繁荣到何等程度，那就是最繁华的马行街没有蚊蝇了，为什么呢？因为这里食用油使用得太多了，而蚊蚋恶油！据宋朝蔡絛《铁围山丛谈》卷四记载：“天下苦蚊蚋，都城独马行街无蚊蚋。马行街者，都城之夜市酒楼极繁盛处也。蚊蚋恶油，而马行人物嘈杂，灯火照天，每至四鼓罢，故永绝蚊蚋。上元五夜，马行南北几十里，夹道药肆，盖多国医，咸巨富，声伎非常，烧灯尤壮观。故诗人亦多道马行街灯火。”

据记载，当时汴京有“正店”（大酒楼）72家，“脚店”“分荣”（小型的饭馆酒家）不计其数。“正店”酒楼门首层楼崛起，彩楼高搭，楼阁内宾朋满座，气势不凡。

在当时的都城有许多高档酒楼，据《东京梦华录》记载，在开封有“正店七十二户”，此类饭店规模宏大，营业时间通宵达旦，装修豪华。如《东京梦华录》中记载：“凡京师酒店，门首皆缚彩楼、欢门。唯任店入其门，一直主廊，约百余步，南北天井，两廊皆小阁子，向晚灯烛荧煌，上下相照，浓妆妓女数百聚于主廊檐面上，以待酒客呼唤，望之宛若神仙。”又如白矾楼，宋人周密《齐东野语》卷11中称其：“乃京师酒肆之甲，饮徒常千余人。”同时接待上千人的酒楼，同时上百席供撰，酒店不可谓不大，气派不可谓不大。《东京梦华录》卷二《酒楼》形容其气势非凡，三层相高，五楼相向：“白矾楼，后改为丰乐楼，宣和间更修三层相高，五楼相向，各有飞桥栏槛，明暗相通，珠帘绣额，灯烛晃耀。”又有无名氏《鹧鸪天·赞樊楼》写尽此酒楼的美味珍奇，极度渲染其声势赫然，描绘其如何吸引豪贵人家一掷千金，真是奇绝美绝：“城中酒楼高如天，烹龙煮凤味肥鲜。公子下马闻香醉，一饮不惜费万钱。招贵客，引高贤，楼上笙歌列管弦。百般美物珍馐味，四面栏杆彩画檐。”

这些正店同时以乐妓等招揽顾客，增加客源。酒店服务对象消费水平较高，在配套设施配置上亦十分全面，如前所引可见酒楼中提供的不仅是餐饮还有娱乐等服务项目，在店内餐具配置上极尽奢华，如东京汴梁的会仙酒楼“只两人对坐饮酒，亦须用注碗一副、盘盏两副、果菜碟各五斤、水菜碗三五只，即银近百两矣。”单是酒器配置就耗资如此，可见其消费水平的高低了，但酒楼中仍是终日客流不断，生意兴隆，如汴梁樊楼“楼乃京师酒肆之甲，饮徒常千余人”。《东京梦华录》卷二《酒楼》中也有记载：“后改为丰乐楼，宣和间，更修三层相高，五楼相向，各有飞桥栏槛，明暗相通，珠帘绣额，灯烛晃耀。”“梁园歌舞足风流，美酒如刀解断愁。忆得少年多乐事，夜深灯火上樊楼。”正是当时矾楼盛况的写照。

东京的正店都有自己的上乘佳酿，有些正店的名酒足以与宫廷御酒相媲美，其中以“仁和正店”最胜。同时被称为“台上”的“遇仙正店”卖的也都是“一色好酒”，如“银瓶酒”“羊羔酒”。这些豪华的超级大酒店不仅经营着各自的佳酿，而且本身还是大型的造酒作坊和美酒批发店。有些酒店也兼营各色佳肴，如“东京州桥炭张家”“奶酪张家”，他们不卖“下酒”，只以好酒、好腌菜来吸引酒客；“东京的白厨”“州西安州巷张秀”等“卖贵细下酒，迎接中贵饮食”，以精细的菜肴吸引顾客。白矾楼酒店“初开数日，每先到者，赏金旗”。

这些高级的酒店都有歌妓陪酒作乐。据近人丁传靖所辑《宋人轶事汇编》卷十四所引南宋人洪迈《夷坚志》“酒楼有歌妓”一条记载：陈东，靖康间尝饮于京师酒楼，有倡打坐而歌者，东不顾，乃去倚栏独立，歌望江南词，音调清越，东不觉倾听。视其衣服皆故弊，时以手揭衣爬搔，肌肤绰约如雪。乃复呼使前再歌之，其词曰：“阑干曲，红扬绣帘旌。花嫩不禁纤手捻，被风吹去意还惊。眉黛蹙山青。铿铁板，闲引步虚声。尘世无人知此曲，却骑黄鹤上瑶京。风冷月华清。”东问何人制，曰：“上清蔡真人词也。”歌罢得数钱，亟遣仆追之，已失矣。

饮食行业的激烈竞争刺激了特色经营，“脚店”则多为特色经营，《东京梦华录》列举了9家之多，著名的有王楼包子、曹婆婆肉饼、薛家羊饭、周家南食、梅家鹅鸭、曹家从食、奶酪张家、万家馒头等等，每家小店制售的食品品种虽然不多，但都有特色，各有绝活。再者就是沿街穿巷流动叫卖的零售熟食摊贩，他们顶盘提篮出没于夜市庙会。这样，东京汴梁就由“正店”“脚店”和流动食商组成了一个分等划级的繁荣的城市饮食市场。

从经营时间上说，饮食业的服务已经基本上全覆盖：“夜市直至三更尽，才五更又复开张。如要闹处，通宵不绝。”东京大街上，“至三更还有提瓶卖茶者，盖都人公私荣干，夜深方归也”。可以说时时有市，几乎是片刻喧嚣不停，市场十分活跃。这为后来饮食业逐渐成为东京最为发达的行业奠定了基础。

从饮食业分布状况看，散布广泛然而相对集中，形成了两个最为繁华的饮食区：一是州桥、相国寺一带；二是潘楼街、马行街一带。州桥与相国寺一带，由于地理条件优越，商业发达，往来人数众多，因而饮食店数量多，经营品种丰富：“自州桥南去，当街水饭、爊肉、干脯。王楼前獾儿、野狐、肉脯、鸡。梅家鹿家鹅鸭鸡兔、肚肺鳝鱼、包子鸡皮……曹家从食……直至三更。”皇宫御街热闹非凡，“东华门外市井最胜，盖禁中买卖在此。凡饮食时新花果、鱼虾鳖蟹、鹑兔脯腊，无非天下之奇。……其岁时果瓜蔬茹新上，市并茄瓠之类新出”。宣德楼处店铺连连，“御街一直南去……张家酒店，次则王楼山洞梅花包子、李家香铺、曹婆婆肉饼、李四分茶。……（曲院街）街北薛家分店、羊饭、熟肉羊铺。……御廊西即鹿家包子，余皆羹店、分茶、酒店”，相国寺处小甜水巷内的南食店最盛。加之这里还有与季节时令相适应的食品出售，更是为饮食业的繁荣增色添彩。潘楼街、马行街一带也是如此，街巷内有诸如“看牛楼酒店”“铁屑楼酒店”“得胜桥郑家油饼店”“史家瓠羹”“万家馒头”等首屈一指的酒楼和食店，“不以风雨寒暑，白昼通夜，骈阗如此”，生意十分红火。

东京的酒店饭店都十分重视广告。据洪迈《容斋续笔》卷十六记载，几乎所有的酒店都有招牌，用青白布制作成大帘，高高的悬挂着：“酒肆旗望今都城与郡县酒务，及凡鬻酒之肆，皆揭大帘于外，以青白布数幅为之，微者随其高卑小大，村店或挂瓶瓢，标帚秆，唐人多咏于诗，然其制盖自古以然矣，《韩非子》云：‘宋人有酤酒者，斗概甚平，遇客甚谨，为酒甚美，悬帜甚高，而酒不售，遂至于酸。’所谓悬帜者此也。”同时各家店铺都很注重门面的装潢，“凡京师酒店，门首皆缚彩楼欢门”，即使一些脚店的门面也是“彩楼相对，绣旆相招，掩翳天日”。又记载说瓠羹店“门前以枋木及花样沓结缚如山棚，上挂成边猪羊，相间三二十边。近里门面窗户，皆朱绿装饰，谓之‘欢门’”。节日的装饰更加用心，《东京梦华录》记载：“中秋节前，诸店皆卖新酒，重新结络门面彩楼花头，画竿醉仙锦旆。……中秋夜，贵家结饰台榭。”

东京有一大批特色的食店。一类是专营地方风味的食店，如“北食店”“南食店”和“川饭店”，说明南北饮食的交融已经有很高的程度，随着南方人的大量迁入，带来了新的需求，形成了新的饮食市场。其中“北食则矾楼前李四家、段家爊物、石逢巴子；南食则寺桥金家、九曲子周家，最为屈指”[1]；一类是以专营一种食品而驰名的食店，如：“武成王庙前海州张家胡饼店”“得胜桥郑家油饼店”“曹婆婆肉饼店”“王楼山洞梅花包子店”“史家瓠羹店”“万家馒头店”等；还有一类是为了满足僧侣和吃斋信佛人的需要，专门经营的素食分茶店。从以上经营品种来看，基本上是普及型的食品，东京饮食大众化的特点是十分突出的。

尤其饮食摊贩的经营颇具特色，主要以下层百姓为经营对象，所售的食品蒸梨枣、黄糕麋、宿蒸饼、发牙豆等都“物美价廉”，适应了众多中下层人们的消费。这些摊贩所到之处所售之食物都有明确的对象：“其后街或闲空处团转盖屋，向背聚居，谓之‘院子’，皆小民居止。每日卖蒸梨枣、黄糕麋、宿蒸饼、发牙豆之类。”

从《东京梦华录》卷二州桥夜市所记也可证明汴梁饮食市场的平民色彩十分浓厚。一是品种大众化，二是价格便宜，三是拉长了的经营时间：“出朱雀门，直至龙津桥，自州桥南去，当街水饭、爊肉、干脯。王楼前貛儿、野狐、肉脯、鸡，梅家鹿家鹅鸭鸡兔、肚肺鳝鱼、包子、鸡皮、腰肾、鸡碎，每个不过十五文。曹家从食，至朱雀门，旋煎羊、白肠、鲊脯、爒冻鱼头、姜豉剿子、抹臓、红丝、批切羊头、辣脚子、姜辣萝卜、夏月麻腐鸡皮、麻饮细粉、素签沙糖、冰雪冷元子、水晶皂儿、生淹水木瓜、药不瓜、鸡头穰沙糖、菉豆、甘草冰雪凉水、荔枝膏、广芥瓜儿、醎菜、杏片、梅子姜、莴苣、笋芥辣瓜儿、细料馉饳儿、香糖果子、间道糖荔枝、越梅、锯刀紫苏膏、金丝党梅、香枨元，皆用梅红匣儿盛贮。冬月盘兔、旋炙猪皮肉、野鸭肉、滴酥水晶鲙、煎、猪脏之类，直至龙津桥须脑子肉止，谓之杂嚼，直至三更。”

北宋诗人张耒有一首诗《示秬秸》，用同龄孩子的劳辛教育自己的两个儿子：一个叫张秬，一个叫张秸。诗题则揭示“北邻卖饼儿，每五鼓未旦，即街绕呼卖，虽大寒烈风不废，而时略不少差也。”说明为了将饼卖出去，卖饼少年的坚持，艰辛，顽强：

> 北邻卖饼儿，每五鼓未旦，即街绕呼卖，虽大寒烈风不废，而时略不少差也。因为作诗，且有示警，示秬，秸。
>
> 城头月落霜如雪，楼头五更声欲绝。
> 捧盘出户歌一声，市楼东西人未行。
> 北风吹衣射我饼，不忧衣单忧饼冷。
> 业无高卑志当坚，男儿有求安得闲。

汴梁的饮食行业中也是藏龙卧虎之地，不少经营者具备政治眼光，如像当年吕不韦看好抵押做人质的嬴政一样，后来果然有意外的大收获。据《宋人轶事汇

① 东京梦华录卷三“马行街铺席”。

编》卷十二引《老学庵笔记》“汴梁有徐氏酒业”条，当赵匡胤尚未发迹的时候，徐氏就在饮食间预测到他非同平常人：

> 艺祖(赵匡胤)从世宗(后周世宗柴荣)征淮南，有徐氏世以酒坊为业，上每访其家，必进美酒，无大小，奉事甚谨。徐氏知人望已归，即从容属异日计。上曰：“汝辈来，吾何以验之？”徐氏曰：“某全家人手指节不全，不过存中节，世谓徐鸡爪。”迨上登极，诸徐来，皆愿得酒坊，许之。今西枢曾布，其母朱氏即徐氏外生，亦无中指节，故西枢亦然。世以其异故贵，不知其气所传，自外氏诸徐也。孙公谈圃按此谓曾布母朱，与挥麈后录同。曾子宣丞相家男女手指皆少指端一节，外甥亦或然。或云襄阳魏道辅家世指少一节，道辅之姊嫁子宣，故子孙肖其外氏。

这则故事说的是公元956年(显德三年)的事情，这时赵匡胤被后周皇帝柴荣任命为后周殿前都虞侯，领严州刺史。这是个十分重要的军职，举足轻重。后周的首都在汴京，赵匡胤常到徐家开的酒店里喝酒，时间长了就熟悉了。店家徐氏世世代代在汴梁开酒店，酒店这种地方人多嘴杂，经多见广，什么人都得打交道，各色人等都能够对付得了。徐氏是一个有政治眼光的人，发现赵匡胤非等闲之辈，就有意结交，每当他来，必进美酒，家中无分大小，对赵匡胤都奉事得甚为周到。从“徐氏知人望已归，即从容属异日计”可知，徐氏已早作变天的准备。而赵匡胤似乎也毫不避讳，讨论到徐家的后代如何辨认的事。

这则故事很有趣，说明酒店经营者之中确实如同今日出租车行这类职业，政治敏感的人由于职业的特点，有“阅人多矣”的便利，有与人交谈的方便，有信息流通的优势，政治斗争中，他们之中往往有捷足先登者。

这则故事同吕不韦与嬴政的故事有相似之处。秦始皇姓嬴名政，出生于战国时代的赵国首都邯郸，就是今天的河北省邯郸市。他的父亲子异，是在邯郸做人质的秦国公子，当时还不到20岁，潦倒而不得意。他的母亲赵姬是出身于邯郸豪门大户的美女。子异和赵姬的相遇，由于吕不韦的撮合。正在邯郸经商的大富豪吕不韦预见到子异定会回到秦国，子异的儿子也一定会继承王位，所以他投资这笔生意，后来果然成功了。陆游的《老学庵笔记》没有交代徐氏和赵匡胤的这笔生意最后如何，但是看来是成功了。

宋代服务行业已经超越前代，十分发达，说明社会分工细化，进一步解放了社会生产力。《东京梦华录·马行街铺席》记载：“市井经纪之家，往往只于市店旋买饮食，不置家蔬。”饮食业也衍生出代客服务的饮食服务业四司六局，在北宋开封即有“四司人”，“主人只出钱而已，不用费力”：《东京梦华录》卷四“筵官假赁：凡民间吉凶筵会，椅桌陈设，器皿合盘，酒檐动使之类，自有茶酒司管赁，吃食下酒，自有厨司。以至托盘，下请书，安排座次，尊前执事歌说劝酒，谓之‘白席人’，总谓之‘四司人’。欲就园馆亭榭寺院游赏命客之类，举意便辦，亦各有地分，承揽排备，自有则例，亦不敢过越取钱。虽百十分，厅馆整肃，主人只出钱而已，不用费力。"桌椅、器皿陈设等有茶酒司管理，饮食酒水有厨司，各种迎来送往、司仪娱乐之事归白席人经办，还可以代为安排租赁场地，在亭榭寺院等招待客人。

东京汴梁的饮食服务业十分兴盛，但是也难免鱼龙混杂，管理便成为一件十分重要的工作。《宋人轶事汇编》卷十四记载宗汝霖作开封尹的时候，出重拳整顿市场，严厉打击抬高物价的行为，效果很好，数日之间，酒与饼的价格恢复原状，其他物价一并减低：

> 宗汝霖尹开封，物价腾贵，至有十倍于前者。公密使人问米面之值，且市之，呼庖人令作市肆笼饼，又令监库如市酤酝酒，各估其值，而笼饼枚六钱，酒每觚七十足。出勘市价，则饼二十、酒二百也。公呼作坊饼师至讯之曰："自我为举子来京师，今三十年矣。笼饼每七钱而今二十何也?"饼师曰："自都城经乱以来，米麦起落，初无定价，因袭至此。某不能违众独减使贱市也。"公即出兵厨所作饼示之，且曰："此饼会计面工之费，枚止六钱。若市八钱则有二钱之息，今将出令止作八钱，敢增价者斩。今借汝头以行吾令也。"即斩以狥。明日饼价如旧，亦无敢闭肆者。次日呼官酤任修武至讯之。任恐悚以对曰："都城自遭寇以来，宗室权贵，私酿至多。"公曰："我为汝尽禁私酒，汝减值百钱，且寄汝头在颈上。"于是倾糟破觚者不计其数。数日间，酒与饼既复旧，其他物价并减。

二、杭州的饮食业

公元1127年宋徽宗、宋钦宗被金国所俘，北宋灭亡。宋徽宗第九子康王赵构在应天府南京(今商丘)继承大宋皇位，后迁都临安，也就是今天的杭州，史称南宋。南宋与金国对峙，遂得偏安一隅。

随着南宋的建立，政治中心的南迁，大批知识分子以及难民涌向临安，北方的饮食习惯也随之南流，从而形成我国历史上饮食习俗和烹饪技法的一次大交流。

人的习惯中最难改变的还是饮食，记忆中的那个味道是最难磨灭的。汴梁人到了临安，临安便成了第二个汴梁，因此，"东都遗风"是临安饮食文化的一大特色。所谓"东都遗风"，是指北宋汴梁的风俗习惯带到了临安。据身临其境、经历临安梦境的周密在《武林旧事》所记，临安节日习俗一切照搬汴梁旧有的习俗，从妇人装饰到游手好闲之辈的白色大蝉，再到节日饮食的主食，还有点心糖果，甚而"扫街"习俗，一并自汴梁承袭而来：

> 元夕节物，妇人皆戴珠翠、闹蛾、玉梅、雪柳、菩提叶、灯球、销金合、

蝉貂袖（宋刻“貉袖”）、项帕，而衣多尚白，盖月下所宜也。游手浮浪辈，则以白纸为大蝉，谓之“夜蛾”。又以枣肉炭屑为丸，系以铁丝燃之，名“火杨梅”。节食所尚，则乳糖圆子、半办、科斗粉、豉汤、水晶脍、韭饼，及南北珍果，并皂儿糕、宜利少、澄沙团子、滴酥鲍螺、酪面、玉消膏、琥珀饧、轻饧、生熟灌藕、诸色龙缠（宋刻“珑”）、蜜煎、蜜果（宋刻“裹”）、糖瓜蒌、煎七宝姜豉、十般糖之类，皆用镂鍮装花盘架车儿，簇插飞蛾红灯彩盝，歌叫喧阗。幕次往往使之吟叫，倍酬其直。白石亦有诗云：“贵客钩帘看御街，市中珍品一时来。帘前花架无行路，不得金钱不肯回。”竞以金盘钿盒簇饤馈遗，谓之“市食合儿”。翠帘销幕，绛烛笼纱，遍呈舞队，密拥歌姬，脆管清吭，新声交奏，戏具粉婴，鬻歌售艺者，纷然而集。至夜阑则有持小灯照路拾遗者，谓之“扫街”。遗钿坠珥，往往得之。亦东都遗风也。

据吴自牧《梦粱录》卷十六“茶肆”所记，临安的茶肆完全模仿汴梁的装饰，悬挂字画：“汴京熟食店，张挂名画，所以勾引观者，留连食客。今杭城茶肆亦如之，插四时花，挂名人画，装点店面。四时卖奇茶异汤，冬月添卖七宝擂茶、馓子、葱茶，或卖盐豉汤，暑天添卖雪泡梅花酒，或缩脾饮暑药之属。”

南宋吴自牧《梦粱录》卷十六注意到杭州对于汴京的继承与演变，那就是时间改变了一切：“向者汴京开南食面店，川饭分茶，以备江南往来士夫，谓其不便北食故耳。南渡以来，几二百余年，则水土既惯，饮食混淆，无南北之分矣。”

临安虽是苟且之地，然而官僚富豪们不会忘记了享受，不会舍弃了花天酒地，他们催生了酒楼的繁华。于灯红酒绿的陶醉中他们回味往事，于奇珍异果的咀嚼中重塑繁华，在南南北北的奔波之后品味昨日的苦涩，在官妓的裙边嗅闻着今天的安宁。周密《武林旧事》卷六专设“酒楼”一条，记载临安的酒楼有和乐楼、和丰楼、中和楼、春风楼、太和楼、太平楼、丰乐楼、熙春楼、三元楼、五闲楼、赏心楼、严厨花月楼等29家。虽然数量比起当年的汴梁少多了，但是，官库，属户部点检所的酒楼，官妓依旧，这是他们的“特供”：“每库设官妓数十人，各有金银酒器千两，以供饮客之用。每库有祗直者数人，名曰‘下番’。饮客登楼，则以名牌点唤侑樽，谓之‘点花牌’。元夕诸妓皆并番互移他库。夜卖各戴杏花冠儿，危坐花架。然名娼皆深藏邃阁，未易招呼。凡肴核杯盘，亦各随意携至库中，初无庖人。官中趁课，初不藉此，聊以粉饰太平耳。往往皆学舍士夫所据。外人未易登也。”

《武林旧事》还记载熙春楼、三元楼、五闲楼、赏心楼等酒楼虽无官妓，但是“每处各有私名妓数十辈，皆时妆玄服，巧笑争妍。夏月茉莉盈头，春满绮陌。凭槛招邀，谓之‘卖客’。又有小鬟，不呼自至，歌吟强聒，以求支分，谓之‘擦坐’。供应食品，有以法制青皮、杏仁、半夏、缩砂、豆蔻、小蜡茶、香药、韵姜、砌香、橄榄、薄荷，又有卖玉面狸、鹿肉、糟决明、糟蟹、糟羊蹄、酒蛤蜊、柔鱼、虾茸、鳝干，又有卖酒浸江鳐、章举蛎肉、龟脚、锁管、蜜丁、脆螺、鲎酱、法虾、子鱼、鯆鱼诸海味。所有下酒的羹汤,任意索唤,虽十客各欲一味,亦自不妨。过卖铛头,记忆数十百品,不劳再四传喝。如流便即制造供应,不许少有违误。酒未至,则先设看菜数碟,及举杯则又换细菜,如此屡易,愈出愈奇,极意奉承。或少忤客意,及食次少迟,则主人随逐去之。歌管欢笑之声,每夕达旦,往往与朝天车马相接。虽风雨暑雪,不少减也"。

吴自牧《梦粱录》中说:"城内外数十万户口,莫知其数。处处各有茶坊、酒肆、面店、果子、彩帛、绒线、香烛、油酱、食米、下饭鱼肉鲞腊等铺。盖经纪市井之家,往往多于店舍,旋买见成饮食,此为快便耳。"

南宋临安,热闹非凡,日夜人流不息,"其余坊巷市井,买卖关扑,酒楼歌馆,直至四鼓后方静,而五鼓朝马将动,其有趁卖早市者,复起开张。无论四时皆然。""杭城大街,买卖昼夜不绝。夜交三四鼓,游人始稀:五鼓钟鸣,卖早市者又开店矣。"

杭州饮食市场之繁荣,供应食物品种之多种多样,只举一例,便可见一斑,那就是面食。据邱庞同《中国面点史》研究,《武林旧事》卷六"市食"中,记有十六七种面点;"果子"中,记有近 10 种面点;"糕"中,记有 19 个品种;"蒸作从食"中,记有 56 种以上。这样相加,已达百种以上。《梦粱录》一书中记载更加详细,将"铺席""天晓诸人出市""夜市""诸色杂货""酒肆""分茶酒店""面食店""荤素从食店"几节中提到的面点品种加起来,竟达 200 种以上。现将"荤素从食店(诸色点心事件附)"一节转录如下,以见临安面点品种之一斑:

市食点心,四时皆有,任便索唤,不误主顾。且如蒸作面行卖四色馒头、细馅大包子,卖米薄皮春茧、生馅馒头、馂子、笑靥儿、金银炙焦牡丹饼、杂色煎花馒头、枣箍荷叶饼、芙蓉饼、菊花饼、月饼、梅花饼、开炉饼、寿带龟仙桃、子母春茧、子母龟、子母仙桃、圆欢喜、骆驼蹄、糖蜜果食、果食将军、肉果食、重阳糕、肉丝糕、水晶包儿、笋肉包儿、虾鱼包儿、江鱼包儿、蟹肉包儿、鹅鸭包儿、鹅眉夹儿、十色小从食、细馅夹儿、笋肉夹儿、油炸夹儿、金铤夹儿、江鱼夹儿、甘露饼、肉油饼、菊花饼、糖肉馒头、羊肉馒头、太学馒头、笋肉馒头、鱼肉馒头、蟹肉馒头、肉酸馅、千层儿、炊饼、鹅弹。更有专卖素点心从食店,如丰糖糕、乳糕、栗糕、镜面糕、重阳糕、枣糕、乳饼、麸笋丝、假肉馒头、笋丝馒头、裹蒸馒头、菠菜果子馒头、七宝酸馅、姜糖、辣馅糖馅馒头、活糖沙馅诸色春茧、仙桃龟儿、包子、点子、诸色油炸素夹儿、油酥饼儿、笋丝麸儿、果子、韵果、七宝包儿等点心。更有馒头店,兼卖江鱼兜子、杂合细粉、灌软烂大骨料头、七宝料头。又有粉食店,专卖山药元子、真珠元子、金橘水团、澄粉水团、乳糖槌、拍花糕、糖蜜糕、裹蒸粽子、栗粽、金铤裹蒸茭粽、糖蜜韵果、巧粽、豆团、麻团、糍团及四时糖食点心。及沿街巷陌盘卖点心:馒头、炊饼及糖蜜酥皮烧饼、夹子、薄脆、油炸从食、诸般糖食油炸、虾鱼子、常熟糍糕、馄饨瓦铃儿、春饼、芥饼、元子、汤团、水团、蒸糍、栗粽、裹蒸、米食等点心。及沿门歌叫熟食：肉、炙鸭、鹅、熟羊、鸡鸭等类，及羊血、灌肺、撺粉、科头、应千市食，就门供卖，可以应仓卒之需。

除了酒店供应食物种类一应俱全，不少官宦人家，家中乃亦可快速制作冷淘（过水面及凉面一类食品），四十多人的饭食，可谓“咄嗟便办”。蔡绦《铁围山丛谈》卷六记载：“鲁公盛德，盖自小官时，缙绅间一辞谓之有手段。元筫时守维扬，多过客，日夕盈府寺。一日，本是早膳，召客为凉饼会者八人。俄报客继至者，公必留，偶纷纷来又不已。坐间私语‘蔡四素号有手段，今卒迫留客，且若是他食，辄咄嗟为尚可；如凉饼者，奈何便办耶！请共尝之’。及食时，计留客则已四十人，而冷淘皆至，仍精腆。时以为谈。”

难怪有人作诗嘲讽道：“山外青山楼外楼，西湖歌舞几时休。暖风熏得游人醉，直把杭州作汴州。”

南宋服务业比起唐代，则分工更细，有帐设司、厨司、茶酒司、台盘司，果子局、蜜煎局、菜蔬局、油烛局、香药局、排办局。据灌圃耐得翁《都城纪胜》记载当时的饮食代办业盛况：

官府贵家置四司六局，各有所掌，故筵席排当，凡事整齐，都下街市亦有之。常时人户，每遇礼席，以钱倩之，皆可办也。

帐设司，专掌仰尘、缴壁、桌帏、搭席、帘幕、罘、屏风、绣额、书画、簇子之类。

厨司，专掌打料、批切、烹炮、下食、调和节次。

茶酒司，专掌宾客茶汤、荡筛酒、请坐谘席、开盏歇坐、揭席迎送、应干节次。

台盘司，专掌托盘、打送、赍擎、劝酒、出食、接盏等事。

果子局，专掌装簇、盘饤、看果、时果、准备劝酒。

蜜煎局，专掌糖蜜花果、咸酸劝酒之属。

菜蔬局，专掌瓯饤、菜蔬、糟藏之属。

油烛局，专掌灯火照耀、立台剪烛、壁灯烛笼、装香簇炭之类。

香药局，专掌药碟、香球、火箱、香饼、听候索唤、诸般奇香及醒酒汤药之类。

排办局，专掌挂画、插花、扫洒、打渲、拭抹、供过之事。

凡四司六局人祗应惯熟，便省宾主一半力，故常谚曰：烧香点茶，挂画插花，四般闲事，不许戾家。若其失忘支节，皆是祗应等人不学之过。只如结席喝犒，亦合依次第，先厨子，次茶酒，三乐人。

这些衍生出的服务性行业成为宋代商品经济带来的社会分工进一步细化的表现，日益细化的社会分工，使每一个人都可以集中精力去做自己喜欢和擅长的事，每一个工种的集约化程度都更高，更精细，并越做越好。同时，也使每一个行业的竞争更加激烈，使每一个人对社会的依赖程度越来越高。这说明宋代的社会组织科学化程度有明显的进步。

需要说明的是，莫以为经营酒店的人都是唯利是图的人，南宋的商人中同样有爱国者。《宋人轶事汇编》转引《癸辛杂识》记载一位南宋移民，烧饼店主人，竟极为敬重文天祥风骨，不肯拿文天祥手迹去换钱。如此精神境界，岂不令人肃然起敬："平江赵升卿之侄云：近有亲朋过河间府，因憩道旁。烧饼肆主人延入其家，有低小阁，壁贴四诗，乃宋瑞笔也。漫云：'此字写得也好，以两贯钞换两幅与我何如？'主人笑曰：'此吾家传至宝也。虽一锭钞一幅亦不可换。咱们祖上亦是宋民，流落在此。赵家三百年天下，只有这一个官人。文丞相（文天祥）前年过此，与我写的。真是宝物，岂可轻易把与人耶！'斯人朴直可敬如此。"烧饼店主人不仅传承了祖上打制烧饼的技艺，更重要的是向后代传递了民族之魂，一代一代的中国人对民族脊梁的敬畏。他们追求利润，但是抵御铜臭的诱惑，留下了一个普通劳动者的伟岸身影！

第二节　宋人的饮食观

这里讨论的宋人饮食观，其实是主流的知识阶层有代表性的人物的观点，而且这些观点被社会所普遍接受。

一、节俭的社会风气

宋人饮食上反对浪费的观点是主流的观点，提倡节俭是社会普遍接受的观点。

王仁湘《饮食与中国文化》一书专列"宋人食观"一节，列举了苏轼、黄庭坚、司马光、范纯仁等人，认为宋人在饮食上是提倡节俭的。比如黄庭坚"劝导士人积极上进，建功立业，不要一味追求饮食的丰美。他的思想，在当时有一定的代表性"。

王仁湘对黄庭坚的饮食观有详细的评述，指出北宋文学家兼书法家黄庭坚，在朝中任秘书丞兼国史编修官，也曾在外做过两州知事，屡遭贬黜。他写过一篇《食时五观》的短文，表达了自己对饮食生活所取的态度。他认为士君子都应本着这"五观"精神行事，其具体内容如下：

一、"计功多少，量彼来处。"想到在家吃的是父祖积攒的钱财，当官吃的是民脂民膏。食物来之不易，一定要懂得这一点，否则就不能有正确的饮食观。

二、"忖己德行，全缺应供。"要检讨自己德行的高下，具体表现在对亲人的孝顺，对国家的忠贞，对自身的修养，如果这三方面都尽到了努力，那就可以对所用的饮食受之无愧。如果有所欠缺，则应感到羞耻，不能放纵食欲，无休止地追求美味。

三、"防心离过，贪等为宗。"认为一个人修身养性，须先防备饮食"三过"，不能过贪、过嗔、过痴。见美食则贪，恶食则嗔，终日食而不知食之所来则痴，是为三过之谓。《论语·学而》有"君子食无求饱"，背离这一条，就大错特错了。

四、"正事良药，为疗形苦。"要懂得五谷五蔬对人体的营养作用，了解饮食养生的道理。身体不好的人，饥渴是主要病症所在，所以要以食当药，做到"举箸常如服药"。

五、"为成道业，故受此食。"孔子说过，"君子无终食之间违仁"，是说任何时候都应有远大抱负，使自己所做的贡献与所得的饮食相称。《诗经·伐檀》所说的"彼君子兮，不素餐兮"，表达的也是这个意思。

南宋沈作喆《寓简》中的名句："以饥为饱，如以退为进乎？饥非馁也，不及饱耳。已饥而食，未饱而止，极有味，且安乐法也。"谓其将食不过饱，作为一种安乐法来施行。

汪曾祺《宋朝人的吃喝》一文也指出"宋朝人似乎不怎么讲究大吃大喝"：

杜甫的《丽人行》里列叙了一些珍馐，但多系夸张想象之辞。五代顾闳中所绘《韩熙载夜宴图》，主人客人面前案上所列的食物不过八品，四个高足的浅碗，四个小碟子。有一碗是白色的圆球形的东西，有点像外面滚了米粒的蓑衣丸子。有一碗颜色是鲜红的，很惹眼，用放大镜细看，不过是几个带蒂的柿子。其余的看不清是什么。苏东坡是个有名的馋人，但他爱吃的好像只是猪肉。他称赞"黄州好猪肉"，但还是"富者不解吃，贫者不解煮"。他爱吃猪头，也不过是煮得稀烂，最后浇一勺杏酪。杏酪想必是酸里咕叽的，可以解腻。有人"急出新意"以山羊肉为玉糁羹，他觉得好吃的不得了。这是一种什么东西？大概只是山羊肉加碎米煮成的糊糊罢了。当然，想象起来也不难吃。

二、《寓简》

上文所提到的沈作喆《寓简》有十卷，自序称屏居山中，偶有所得，写在简牍之上，故以"寓简"为书名。这本书记录许多心得，谈及人生哲学以及饮食观，可与以上所引相比照，所以录取在此。比如富贵观，"贫贱常思富贵，富贵必践危机"：

诸葛长民云："贫贱常思富贵，富贵必践危机。"沈庆之亦曰："贫贱不可居，富贵亦难守。"长民贪侈于危疑之中，不知防患，身死人手。庆之功名忠节，为一代宗臣，八十之年而卒为狂童所杀。富者，怨之府；贵者，祸之门也。贫贱自足乐，何为不可居？若富贵傥来，不得而拒，亦必有道以处之，何必至于危机难守之地哉？

又比如提出"礼义"二字不可不重，不可羞辱，不可傲物无礼，举出姚彪与王修龄二人处事之不妥："义有可与，有可不与；礼有可受，有可不受。惟当于礼义之中而已。魏沈玠舟行遇风，旬日绝粮，从姚彪贷百斛盐以易粟。彪命覆盐百斛于江中，谓使者曰：'明吾不惜，惜所与耳。'彼以急病告，勿与则已矣，而恶声以辱之，是为绝物不仁甚矣！晋王修龄在东山贫乏，陶范载米一船遗之，却去曰：'王修龄若饥，自当就谢仁祖索食，不须陶胡奴米。'彼以善意来，勿受则已矣，而戾气以诟之，是为傲物无礼甚矣。二者皆不当于礼义之中，处世接物不当如此。"

沈作喆对廉洁问题很是重视，认为廉于俸禄才能远离祸患："予尝谓敝衣无所爱，便于卧起而免矜持；菲食无所费，适于饥饱而无贪；残陋居无所饰，安于寒燠而省土木；小官无所恋，廉于俸禄而远祸患。视乎华服以侈外观而无所顺于身，珍膳以夸厚味，而无所益于生。"

作者不赞同苏轼的观点，认为多杀妨害了仁义："东坡云：'世无不杀之鸡'，斯言过矣。使愚俗之嗜杀以纵口腹之欲者，藉此而多杀，曰：'是终不能免于杀，杀之无伤也。'岂不害于仁术哉？"

沈作喆说自己已经 69 岁了，富有的时候鸡鸭鱼肉不断，并没有满足的体会。后来贫困了，甚至绝粮，这时吃什么都香，才醒悟了一句古语：

古语云："人莫不饮食也，鲜能知味也。"予虽不事口腹，然每饭必有鱼肉蔬茹杂进，食气为五味所胜，盖未尝知饭之正味也。今年寓居贫甚，久雨遂至绝粮。晨兴饥甚，念得饭足矣，不愿求鱼肉也。典衣得米，炊熟一餐，不杂他物谷实，甘香甚美，八珍何以过？欣然自笑。盖予年六十有九，始知饭之正味。其余不知者盖多矣。

沈作喆赞同文化休闲活动的研究，对于记录饮食文化的著作非常注意，赞赏对饮食文化的研究，将这些成果一一记载，认为这些著作可以增广见闻："世有非要而著书者，如何曾《食疏》、崔浩《食经》九篇、虞宗《食珍录》、李林甫《玉食章》、皇甫嵩《醉乡日月》、宝苹《酒谱》、陆羽《茶经》、段柯古《髻鬟品》、韩渥《北里志》、温庭筠《靓妆录》、李习之《五木经》、柳宗直《樗蒲志》、徐广《弹棋经》、南卓《羯鼓录》《琵琶录》之类，其数尚多。又如房千里《叶子格》、赵明远《彩选》，虽戏事，亦可以广见闻。刘原父以《汉宫仪》为彩选，可以温故，使后生识汉家宪令，有益学者。"

三、学者多节俭

历史学家郑樵贫苦一生，其《饮食六要》同样的提倡节俭。南宋时期兴化军莆田（今属福建）人郑樵，字渔仲，是著名史学家，也是美食家。他不慕功名，不应科举，刻苦攻读几十年，通晓天文地理与草木虫鱼等知识。他生平著书有80多种，现存《尔雅注》等都有很高价值。他注重实际生活考察，对烹饪有研究，并提出饮食六要："食品无务于淆杂，其要在于专简；食味无务于浓酽，其要在于淳和；食料无务于丰盈，其要在于从俭；食物无务于奇异，其要在于守常；食制无务于脍炙生鲜，其要在于蒸烹如法；食用无务于厌饫口腹，其要在于饥饱处中。"

宋代不仅一般的士大夫能以养生为要，自持节俭，有一些高居要职的官僚，也能以节俭相尚，十分难得。比如宋哲宗朝任宰相，撰写《资治通鉴》的司马光就是代表。司马光反对王安石行新政，被命为枢密副使，坚辞不就。次年退居洛阳，朝廷特别允许他带上自己的写作班子，继续编撰《通鉴》。在洛阳的日子是他休闲的时光，留下许多饮食节俭的轶事。

据明末镏绩《霏雪录》记载："司马温公（司马光）为真率会，约酒不过数行，食不过五味，惟菜无限。"所谓真率，真诚坦率之谓，相知相熟的一起聚会，其意义在于提供一个聚会的机会，而不在于品味奇异珍贵的食物。司马光与朋友聚会，饮酒不过几轮，所上的菜品不超过五种，只有蔬菜不限品种，称得上是真诚坦率了。

宋人吕希哲《侍讲杂记》记载真率会的情况稍微详细一些："温公居洛（洛阳），与楚正叔通议、王安之朝议耆老六七人，时相与会于城内之名园古寺，且为之约，果实不过三品，肴馔不过五品，酒则无算。以为俭则易供，简则易继。命之曰'真率会'。文潞公时为太尉守洛，求欲附名于其间，温公不许，为其贵显弗纳也。一日，潞公伺其为会，具盛馔直往造焉。温公笑而延之，戏曰：'俗却此会矣。'相与欢饮，夜分而散。后温公语人曰：'吾不合放此人入来。'"司马光离开汴京，在洛阳只有闲散的官职，所以只与年老无事的人员往来。所食用的菜品十分简单，为的是节俭了容易供给，简单了可以继续。文彦博是在职官员，想要参加，就不被允许。但他是"现管"洛阳的一把手，他硬要闯进来参加，也不好推他出去。但是，司马光后来还是后悔，不该放此人进来哪！

文彦博有诗说明自己的志向曰："啜菽尽甘颜子陋，食鲜不愧范郎贫。"可见他们是志同道合、有精神追求的一伙人，自然不把饮食的放纵当做享受。

《宋人轶事汇编》卷十一宋人周辉《清波别志》有司马光"自叙清苦"一条，自称不敢常常吃肉："刘蒙贤良书干司马温公云：'乞以鬻一下婢之资五十万以济其贫。'公复书，略曰：'某家居，食不敢常有肉，衣不敢纯有帛。何敢以五十万市一婢乎。'"

张耒同时拜会在洛阳的范纯仁和司马光，受到不同的接待，由此他判断二人的志趣有所不同。司马光那里大冷天的"炉不设火"，接待也很简单，"主人设栗汤一杯而退"；而范纯仁处却是"温酒，大杯满酾三杯"，反差实在太大了。宋人张耒《明道杂志》这样记载："范丞相，司马太师，俱以闲官居洛。余时待次洛下，一日，春寒谒之。先见温公，时寒甚，天欲雪，温公命至一小室，坐谈久之，炉不设火。语移时，主人设粟汤一杯而退。后至留司御史台见范公，才见主人，便言天寒远来不易，趋命温酒，大杯满酾三杯而去。此可见二公之趋各异也。”

司马光的节俭作风对后世影响很大，宋徽宗就很敬重他，并以他为典范。据《宋人轶事汇编》卷十二记载：“蔡攸尝侍徽宗曲宴，上命连沃数巨觥，每至颠仆，赐之未已。攸再拜以恳曰：‘臣鼠量已穷，逮将委顿，愿陛下怜之。’上笑曰：‘使卿若死，又灌杀一司马光矣。’始知温公虽遭贬斥于一时，而尤重敬服如此。《挥麈录》《鹤林玉露》略同。”

宋神宗时的宰相王安石也是个节俭的人，但是有一种传说，说他最喜欢吃獐脯，獐脯并不是一种容易得到的东西，这是怎么一回事呢？这一说法传到王安石夫人的耳朵边，她十分诧异，她知道王安石吃饭从来不挑食，有什么吃什么，怎么会有这样的事呢？经过观察，她破解了其中的秘密，原来，王安石只吃手边的食物，什么放的最近，就吃什么。重新调整了食物摆放的位置，他果然不再吃獐脯了。

罗大经《鹤林玉露》记载范仲淹一句口头禅，他对有家常饭吃已经很满意了：“常调官好做，家常饭好吃。”用常调官比喻自己甘于平淡的心意。他说的“常调官”其实就是按部就班的意思，不要去费什么力气。所谓“常调官”是一种宋代的官吏升迁制度，指的就是选人逐阶升迁，须经过三任六考的磨勘，层层升上去。每任的任期为三年，每年一考，这个过程叫做循资。从选人晋升到京官，磨勘期满之后，还要有人举荐，其官阶和职务必须达到一定的阶层，才有举荐的资格。

范仲淹每天都要计算伙食费的支出，不然便会难于入睡。在当今的人看来会认为他是守财奴，他曾对人说过：“每夜就寝，即窃计其一日饮食奉养之费，及其日所为何事。苟所为称所费，则摩腹安寝。苟不称，则一夕不安眠矣，翌日求其所以称者。”

宋人朱弁《曲洧旧闻》记载：“范氏自文正公贵，以清苦俭约著于世，子孙皆守其家法。”可见在文正公范仲淹的带领下，节俭的家风世代相传。

北宋时朝廷重臣杜衍一生节俭，颇有名声，《宋人轶事汇编》卷七转引南宋吴曾《能改斋漫录》谓“杜祁公（衍）两帅长安，其初多任清俭，宴饮简薄，倡伎不许升厅，服饰粗质，裤至以布为之”。又转引宋人孙升《孙公谈圃》谓杜衍的行为带动了朝廷风气，连皇帝都得考虑他的意见：“杜祁公为人清约，平生非宾客不食羊肉。时朝多恩赐，请求无不从。祁公尤抑幸，所请即封还，其有私谒，上曰：‘朕无不可，但这白须老子不肯。’”

《宋人轶事汇编》卷七转引南宋朱熹、李幼武撰写的《名臣言行录》，引述一件事例，说明杜衍不是没有条件奢侈，只是不喜欢那样做而已：“公（杜衍）享客多用髹器，客曰：‘公为相清贫乃尔耶?’公命侍人尽取白金燕器，陈于前曰：‘衍非乏此，雅不好耳。’”所谓髹器，漆器；而燕器，日常用品。

南宋孝宗皇帝也提倡节俭，并且带头。平日里，大庭广众时都不敢十分张扬。《宋人轶事汇编》卷十转引南宋叶绍翁《四朝闻见录》记载孝宗私下场合招待臣子也很简单,酒也仅只二巡:孝宗圣性简俭,周必大直宿禁林,夜召入谓曰:"多时不与卿说话。"赐必大坐,上耳语黄门,黄门出,则奉金缶贮酒,泻入金屈卮,玉小碟贮枣,用金绿青窑器,承以玳瑁托子,中浸羊弦,线清可鉴。酒仅一再行,上曰:"未及款曲。"必大归,明日遂拜政地。

《宋人轶事》汇编卷十又引《余日录》《柳亭诗话引汤廷尉公》事例,说明宋孝宗用宰相的条件,是能够知道稼穑之难的人:孝宗想任命范致能为宰相,后来考察到他不知稼穑之艰,于是不再提此事。范致能因为此事写作田园杂兴诗16首,恐怕也是表示遗憾,想说明自己原来也是懂农耕生活的。

南宋初年的政风还是比较节俭的,到秦桧做宰相的时候取消了"会食"制度,官员们不再一起共进"工作餐"。《鹤林玉露》记载:"渡江初,吕元直为相,堂厨每厅日食四十;至秦桧之当国,每食折四十余千。疑有误字。执政有差,于是始不会食。胡明仲侍郎曰:'虽欲伴食,不可得矣。'"因为取消了会食,所以胡明仲自嘲说不能再陪宰相吃饭了。

"伴食"的典故出自唐玄宗开元初期,与名相姚崇同事的另一宰相卢怀慎被当时人嘲为"伴食宰相"。起因是卢怀慎"自以为吏道不及崇,每事皆推让之"。所谓"伴食",是嘲讽他只会陪同其他宰相一起进餐。

南宋的理学先生们也都生活节俭,饮食清淡,朱熹用"脱粟饭"招待胡纮,菜品只有茄子蘸姜汁,而且只有三四枚的数量,从山中来的胡纮极为不满,说我们山里人连酒都不缺呢!何至于如此清简!《四朝闻见录》记载:

> 胡纮谒考亭先生(朱熹)于武夷,先生待学子惟脱粟饭,至茄熟,则用姜酰浸三四枚共食。胡至,先生遇礼不殊。胡不悦,退语人曰:"此非人情,只鸡尊酒,山中未为乏也。"
>
> "脱粟饭"典出《晏子春秋·杂下二六》:"晏子相景公,食脱粟之食。"指刚刚脱掉外壳的粗粒,还没有精加工的粮食。
>
> 宋代罗大经撰《鹤林玉露》则记录陆九渊教育子女,从天命出发,警示道"酒肉贪多折人寿,经营太甚违天命":
>
> 陆象山家于抚州,累世义居。每晨兴,家长率子弟聚揖于厅,击鼓三叠,子弟一人唱云:"听,听,听!劳我以生天理定。若还懒惰必饥寒,莫到饥寒方怨命。虚空自有神明听。"又唱曰:"听,听,听!衣食生身天付定。酒肉贪多折人寿,经营太甚违天命。定,定,定。"

邵雍字尧夫,谥号康节,是北宋名儒,也是安贫乐道的代表人物,面对贫穷的日子,眉头都不皱一皱:"邵尧夫居洛四十年,安贫乐道,自云未尝攒眉。燕居日,平旦焚香独坐,晡时饮酒三四瓯,微醺便止。中间州府以更法,不馈饷寓宾,乃以薄粥代之,好事者或载酒以济其乏。学者来问经义,应对不穷,间与相知深者开口论天下事，虽久存心世务者不能及也。”

《宋人轶事汇编》卷四记载吕文穆（蒙正）奢华生活转而知俭。吕蒙正三次登上相位，年少时家里很穷，等到富贵以后，喜欢吃鸡舌汤，每朝必用。一日游花园，遥望墙角一座高岭，以为是山，问左右说：“谁造的？”回答说：“这是相公所杀的鸡毛。”吕蒙正惊讶地说：“我食鸡几何？乃有此。”回答说：“鸡只有一只舌头，相公一汤用多少舌头？食鸡舌汤又已经多长时间了？”吕蒙正默然省悔，遂不再用。

宋仁宗时宰相杜衍不好酒，即便有客造访，也不过“粟饭一盂，杂以饼饵，他品不过两种”。①

四、陆游的饮食观

南宋大诗人陆游的饮食观也是以俭朴为中心。他在《放翁家训》中记述家风时特别提醒：“天下之事，常成于困约而败于奢靡。”他追忆祖先节俭故事，常常忆苦思甜，进行节俭的教育。他回忆家中有宴席时不过几味果品，三巡酒而已，能吃到笼饼那就是特例了：“（陆）游童子时，先君谆谆为言，太傅出入朝廷四十余年，终身未尝为越产，家人有少变其旧者辄不怿。其夫人棺才漆四会，婚姻不求大家显人，晚归鲁墟，旧庐一椽不可加也。楚公少时尤苦贫，革带敝，以绳续绝处。秦国夫人尝作新襦，积钱累月乃能就，一日覆羹污之，至泣涕不食。太尉与边夫人方寓宦舟，见妇至喜甚，辄置酒，银器色黑如铁，菓醢数种，酒三行以已。姑嫁石氏，归宁食有笼饼，亟起辞谢曰：‘昏耄不省是谁生日也。’左右或匿笑，楚公叹曰：‘吾家故时数日乃啜羹，岁时或生日乃食笼饼，若曹岂知耶？’是时楚公见贵显，顾以啜羹食饼为泰，愀然叹息如此。游生晚，所闻已略，然少于游者又将不闻，而旧俗方以大坏，厌藜藿，慕膏粱，往往更以上世之事为讳。使不闻此风，放而不还，且有陷于危辱之地，沦于市井，降于皂隶者矣。”

陆游强调食物来之不易，不可穷口腹之欲，不可浪费，“凡饮食，但当取饱”而已：“上古教民食禽兽，不惟去民害，亦是五谷未如今之多，故以补粒食所不及耳。若穷口腹之欲，每食必丹刀儿，残余之物，犹足饱数人，方盛暑时，未及下箸，多已臭腐，吾甚伤之。今欲除羊彘鸡鹅之类，人畜以食者，牛耕犬警，皆资其用，虽均为畜，亦不可食。姑以供庖，其余川泳云飞之物，一切禁断，庶几少安吾心。凡饮食，但当取饱，若稍令精洁以奉宾燕，犹之可也。彼多珍异夸眩世俗者，此童心儿态，切不可为其所移，戒之戒之。”

陆游发现子孙的天分一般，所以郑重叮咛子孙要自给自足，以农为乐，有饭吃就不错了，不可有非分的想法：“子孙才分有限，无如之何，然不可不使读书。贫则教训童稚以给衣食，但书种不绝足矣。若能布衣草履，从事农圃，足迹不至城市，弥是佳事。”

陆游晚年在家乡写了一首诗，歌颂素浇头面就是天仙美食：

---

① ［宋］郑景望．蒙斋笔谈［M］．北京：中华书局，1991．

一杯齑馎饦，老子腹膨脝。坐拥茅檐日，山茶未用烹。

一杯齑馎饦，手自芼油葱。天上苏陀供，悬知未易同。

“齑馎饦”就是素浇头面，北方人说的素臊子面，没有肉，只有素菜。“因为是肚子饿了才吃的，可能吃得多了一些，所以肚子鼓了起来。又因为是自己亲自‘芼油葱’制作的，所以感到味美非常，甚至比天上的苏陀（酥）还美。”即此可知陆游的饮食标准并不高，是一个很容易满足的人。

什么是神仙的生活？陆游认为喝上了稀粥就是神仙，《食粥》诗说：“使人哥哥学长年，不悟长年在目前。我得宛丘平易法，只将食粥致神仙。”身居陋巷有粗菜叶子熬汤喝就很不错了，《养生》诗说“陋巷藜藿心自乐，旁观虚说傲公卿”，自得其乐是最可贵的，心中的满足便将公卿也不放在眼里了。

陆游的一生是有追求的，那就是“汗青”，在历史上留名，然而诚惶诚恐的是没有建功立业，在理想和追求面前，那些生活上的贪求自然不值得一提了。他在《饱食》一诗中说：“饱食无功愧汗青，灯前顾影叹伶俜。马衰犹养疑知路，龟久当捐为不灵。腰下徒夸绶若若，镜中何止发星星。石帆回首初非远，要及清秋断茯苓。”

五、非主流的饮食观

还应该指出的是，与节俭相反的奢华浮靡仍然影响着整个社会，只是不能主宰潮流而已。

历代宫廷饮食都是极尽奢华之能事，宋代盖未能免于此。如神宗在深宫宴饮享乐，“一宴游之费十余万”。

宋代司膳内人所撰的《玉食批》反映的就是宫廷奢华饮食生活。宋代陈世崇《随隐漫录》载，偶然的原因得到皇太子每日的食谱，于是记载下来，其中的奢侈可见一斑：“偶败箧中得上（皇上）每日赐太子《玉食批》数纸，司膳内人所书也。如酒醋白腰子、三鲜笋炒鹌子、烙润鸠子、瓒石首鱼、土步辣羹、海盐蛇鲊、煎三色鲊、煎卧乌、焐湖鱼糊、炒田鸡、鸡人字焙腰子糊、熬鲇鱼、蝤蛑签、麂膊及浮助酒蟹、江珧、青虾、辣羹、燕鱼干、瓒鲻鱼、酒醋蹄酥片、生豆腐、百宜羹、燥子、炸白腰子、酒煎羊、二牲醋脑子、清汁杂、熰胡鱼、肚儿辣羹、酒炊淮白鱼之类。呜呼！受天下之奉，必先天下之忧。不然，素餐有愧，不特是贵家之暴殄。略举一二，如羊头签，止取两翼；土步鱼，止取两鳃；以蝤蛑为签，为馄饨、为枨瓮，止取两螯。余悉弃之地，谓非贵人食。有取之，则曰：‘若辈真狗子也。’噫，其可一日不知菜味哉！”皇宫中这些珍稀食品的制作十分考究，浪费很大，这里介绍的制作羊头签，只用羊脸两腮的肉；制作辣鱼羹，只用鱼两腮部的肉；制作螃蟹馅馄饨，只用蟹螯上的肉，剩余的部分就全都扔掉。为什么这样做呢？认为其余部分不是贵人能吃的。如果有人把扔掉的部分拣回再用，就被他们鄙夷地骂为“狗子”。

司马光在《论财利疏》中指出官僚贵族同样如此：“宗戚贵臣之家，第宅园圃，服食器用，往往穷天下之珍怪，极一时之鲜明。惟意所致，无复分限。以豪华相尚，以俭陋相訾。愈厌而好新，月异而岁殊。”

权臣之家的饮食生活更是豪华侈靡，如权相蔡京，"享用侈靡"已成定评。《庚溪诗话》《虚谷闲钞》都记载蔡京奢侈："蔡元长享用侈靡，喜食鹑，每预蓄养之，烹杀过当。……一羹数百命，下箸犹未足。"

宋人曾敏行《独醒杂志》记载蔡京的奢靡生活："蔡元长为相日，置讲议司官吏数百人，俸给优异，费用不赀。一日集僚属会议，因留饮，命作蟹黄馒头。饮罢，吏略计其费，馒头一味为钱一千三百余缗。又尝有客集其家，酒酣，京顾谓库吏曰：'取江西官员所送咸豉来！'吏以十饼进，客分食之，乃黄雀肫也。元长问：'尚有几何？'吏对：'犹余八十有奇。'"

又《鹤林玉露》记载，蔡京家厨房配备大批厨师高手，有专门缕葱丝的女子，她连包子都不会做，可见其分工之细："有一士大夫于京师买妾，自言是蔡太师府厨人。一日命作包子，辞以不能。诘之曰：'既是厨人，何为不能作包子？'对曰：'妾乃包子厨内缕葱丝者。'"

蔡京权倾一时，不过这也似乎预示着北宋的日子不多了。

第三节　苏轼的饮食思想

苏轼是一位美食家，然而他不仅仅是美食家，不仅会品鉴别人所烹饪的菜肴，他还会自己动手烹饪，是烹饪大师；他不仅仅是烹饪大师，还是美食的记录者，评论家。他是大词家，他的词作代表了宋代词作的最高水平，他通过自己的词作描绘美食，抒发情感，记录宴会场景，因而使得当时的美食流传至今，令人称羡；他还是饮食思想的总结者，站在时代的最高点，思考凝聚了宋代及其以前的饮食思想。像他这样的人，千年一人而已。

图 5－1　苏轼像

苏轼历经宋仁宗、宋英宗、宋神宗、宋哲宗、宋徽宗五朝，经历了"在朝一外任一贬居"两次循环。他一生走遍祖国大江南北，写了近 400 首饮食诗，其诗囊括了北宋中华各种饮食，不仅展现了各个阶层的饮食习惯，反映了北宋饮食文化的兴盛与繁荣，还为宋代诗歌发展注入新的活力。

一、节俭的生活

苏轼能够做到在穷困中体会美食，

存真生活情趣。

苏轼年轻时家里很穷，吃的饭很简单，只有三样：盐、白萝卜、白米饭。南宋朱弁《曲洧旧闻》记载苏轼曾对刘贡父（刘攽 bān）说："我和弟弟在学经义对策、准备应试的时候，每天吃三白饭，吃得很香甜，不相信人间会有更好吃的美味。"贡父问："什么叫三白饭？"苏轼答道："一撮白盐，一碟白萝卜，一碗白米饭，这就是'三白'。"刘贡父听了大笑。故事并没有完。过了很久，刘贡父写请帖给苏轼，请他到家里吃"皛饭"。苏轼已忘记自己对刘贡父说的"三白饭"的话，就对别人说："刘贡父读书多，他这'皛饭'一定是有来由的。"等他到了刘贡父家吃饭时，发现桌上只有盐、萝卜、米饭，这才恍然大悟，知道这是贡父用"三白饭"开的玩笑，便大吃起来。吃完饭苏轼告辞出来，临上马时对刘贡父说："明天到我家，我准备毳饭款待你。"刘贡父害怕被苏轼戏弄，但又想知道"毳饭"到底是什么，第二天便如约前往。两人谈了很久，早过了吃饭时间，刘贡父肚子饿得咕咕叫，便问苏轼为何还不吃饭。苏轼说："再等一会儿。"像这样好几次，苏轼的回答老是这句话。最后，刘贡父说："饿得受不了啦！"苏轼才慢吞吞地说："盐也毛，萝卜也毛，饭也毛，岂不是'毳'饭？"刘贡父捧腹大笑，说："本来我就知道你一定会报昨天的一箭之仇，但万万没想到这一点！"苏轼这才传话摆饭，二人一直吃到傍晚，贡父才回家。

"毳"从造字上说是三个"毛"，"毳饭"就是三个"没有"：没有白饭，没有萝卜，没有白盐。白饭萝卜盐实在无味得很，简单得很，但在年轻时的苏轼兄弟二人眼里却是幸福，因为能够吃得饱。苏轼、刘攽都是文人，文人开起玩笑来却也另有趣味，开饮食的玩笑，粗茶淡饭中一起品味幸福，岂不是一种享受？苏轼和朋友分享的人生体会也是节俭。他给李尚一封信，说到人的嘴巴的欲望是无穷尽的，而俭素乃人生之要，也即是淡而有味。节俭，也是惜福延寿之道。《与李公择二首（之一）》谓："知治行窘用不易。仆行年五十，始知作活。大要是悭尔，而文以美名，谓之俭素。然吾侪为之，则不类俗人，真可谓淡而有味者。又《诗》云：'不戢不难，受福不那。'口体之欲，何穷之有，每加节俭，亦是惜福延寿之道。此似鄙吝，且出于不得已。然自谓长策，不敢独用，故献之左右。住京师，尤宜用此策也。一笑！"

苏轼写过一篇《菜羹赋》，叙写家庭贫困，煮蔓菁、芦菔、苦荠而食，其烹制方法不用醯酱，而有自然之味。赋中详细说明菜羹的制作过程，记述其味之美。饮食上的满足带来精神上的慰藉，甚而鄙视起上古时期那最善于调制羹汤的易牙，超越傅说用和羹的手段所建立的功勋。全赋的基调昂扬向上，积极乐观，歌颂自然之味，洋溢着一种穷且益坚、乐天知命的精神，非常真实地表达了他倡导蔬食的主张。有研究者推测，"观其物色，味其意境，当是绍圣四年（1097）再贬琼州别驾、昌化军（海南昌江）安置后的作品。"《菜羹赋》的开头说明写赋的根由："东坡先生卜居南山之下，服食器用，称家之有无。水陆之味，贫不能致，煮蔓菁、芦菔、苦荠而食之。其法不用酰酱，而有自然之味。盖易具而可常享，乃为之赋。"赋的末尾说明自己心态平和，顺应天之安排："先生心平而气和，故虽老而体胖。计余食之几何，固无患于长贫。忘口腹之为累，以不杀而成仁。窃比予于谁欤？葛天氏之遗民。"苏轼称自己心平气和，所以即使老了仍然心宽体胖。对自己寿命长短的估计，算一算命中剩下的食物还有多少，本来也不用担心长期会贫困。忘却口腹之累，安于菜羹，以不杀生而成仁人。私下里将自己比作谁呢？上古时代葛天氏的子民吧。

苏轼还写过一篇讲养生的文章《续养生论》，主旨还是讲节制，认为人生来就有情绪上的纷扰，因此要主动地控制心神的激动。林语堂《苏东坡传》对这篇文章破解道：

> 苏东坡所写最难懂的一篇散文叫"续养生论"，在这篇文章里，他把中国极其难懂的古语"龙从水中生""虎从火里出"解释得十分令人满意。苏东坡说，我们随时都在焚烧自己的精力，主要是两种方式：第一，包括种种情绪上的纷扰，如恼怒、烦闷、情爱、忧愁等；第二，包括汗、泪、排泄物。在道家的宇宙论里，火用虎代表，水用龙代表。代表火或控制火者为心，代表水者为肾。根据苏东坡的看法，火代表正义，所以在心控制身体之时，其趋势是善。另一方面，人的行动受肾控制，其趋势则为邪恶（肾一字在中国包含性器）。所以肾控制人体之时，人就为兽欲所左右，于是"龙从水中生"，意即毁损元气。在另一方面，我们就受心火所引起的情绪不宁所骚扰了。我们怒则斗，失望忧愁则顿足，喜则舞。每逢情绪如此激动，身上的精力元气则由心火而焚毁，此之谓"虎从火里出"。照苏东坡说，这两种毁损元气都是"死之道也"。因此我们应当藉心神的控制，一反水火正常的功能。好吃那一口最喜欢他有题词："东坡居常州，颇嗜河豚。有妙于烹者，招东坡享。妇子倾室窥于屏间，冀一语品题。东坡大嚼，寂如喑者，窥者大失望。东坡忽下箸曰：'也直一死！'于是合舍大悦（载《示儿编》）。"

二、苏轼与酒文化

苏轼一生不能饮酒，然而与酒结缘，奉陪着酒，于酒中探索美味，增长友谊，于文中词中留下浓浓的酒香。以酒养生。酒是理想的养生药物，酒最早出现时的主要功效是药用，经过后代不断发展才成为一种饮品，但其药用作用仍不可忽视。苏轼当然清楚这一点，他认为慢斟浅酌、饮用有度是有益养生的，而且饮酒的快乐是不容忽视的。他说："予虽饮酒不多，然而日欲把盏为乐，殆不可一日无此也。"他还亲自酿酒饮用，调节心情以治病养生，像桂酒、真一酒、蜜酒等。

苏轼自己动手酿酒的记载：《宋人轶事汇编》卷十二子瞻在黄州作蜜酒，饮者辄暴下。其后在惠州作桂酒，尝问其二子迈、过，亦一试而止。《避暑录话》记载东坡肉糁羹：苏东坡在海南儋州时，他的儿子苏过突发奇想，用山芋作玉糁羹，色香味都不错。苏东坡赋诗道:“香似龙涎仍酽白,味如牛乳更全清。莫将南海金齑脍,轻比东坡玉糁羹!”(“过子忽出新意,以山芋作玉糁羹,色味皆奇绝。天上酥陀则不可知,人间决无此味。”)苏轼撰写了《酒经》。自谓饮酒有进步,他说:“吾少时望见酒杯而醉,今亦能饮三蕉叶矣。”可见其酒量有明显进步。

苏轼的书法很好,当时的人都以得到他的题词为珍贵,他的书法作品甚而可以换取美食。《韵府》引《志林》谓苏轼书法可得换羊肉。名人、大人物于是纷纷给苏轼写信,为的是得到苏轼的回复,哪怕只是一个小纸条。此亦是文人雅兴尔。故事是这样的:黄鲁直戏东坡曰:“昔右军书为换鹅书,近日韩宗儒性饕餮,每得公一帖,于殿帅姚麟家换羊肉数斤,可名公书为换羊书矣。”公在翰苑,一日宗儒致简相寄,以图报书。来人督索甚急,公笑曰:“传语本官,今日断屠。”《侯鲭录·美食值得一死》:经筵官会食资善堂,东坡盛称河豚之美,吕元明问其味,曰:“直那一死。”再会,又称猪肉之美,范淳甫曰:“奈发风何?”东坡笑呼曰:“淳甫诬告猪肉。”

北宋邵伯温《邵氏闻见后录》记述苏轼因为饮酒而书法精美:东坡生日,设置酒宴于赤壁之下,酒兴正浓的时候,笛声响起于岸上。派人问他,乃是进士李委,闻听东坡过生日,特地创作《鹤南飞曲》拿来奉献。奏响乐曲响亮凄清,有穿云裂石的声音。苏轼说:“我醉后能写大草,醒后自以为赶不上。然而酒醉之中也能作小楷,这也是很奇怪的事情。”又说:“我醉后曾经写下草书十数行,觉得酒气拂拂然从十指间溢出来。”

元祐六年(1091)八月,苏轼出任颍州(今安徽阜阳)知州。次年初,他至颍州签判赵德麟家作客。酒席上,赵德麟用家酿的黄柑酒招待苏轼。苏轼饮后对此酒赞美不绝,并撰写了《洞庭春色赋》。他在引文中写道:“安定郡王以黄柑酿酒,谓之洞庭春色,色、香、味三绝。以饷其犹子德麟,德麟以饮余,为作此诗。醉后信笔,颇有沓拖风气。”饮酒只润唇:苏东坡诗:“酸酒如荠汤,甜酒如蜜汁。三年黄州城,饮酒只润唇。”于酒中体味情趣,送酒时酒被打翻,只有遗憾,当时苏轼能将愁苦变成快乐,把尴尬化作愉悦。有人馈送东坡六壶酒,结果送酒人在半路跌了一跤,六壶酒全都洒光。这实在是一件扫兴的事。但在苏轼的眼中却自有另一番的满足,东坡虽然一滴酒没尝到,却风趣的以诗相谢,诗云:“岂意青州六从事,化为乌有一先生。”青州从事典出刘义庆《世说新语·术解》,是说桓温有一位主簿善于别酒,有酒则令先尝,好者谓“青州从事”,恶者谓“平原督邮”。

东坡早年起就不喜饮酒,自称是个看见酒盏就会醉倒的人。后来虽也喜饮,而饮亦不多。苏轼写有《书〈东皋子传〉》:

余饮酒终日,不过五合,天下之不能饮,无在余下者。然喜人饮酒,见客举杯徐引,则余胸中为之浩浩焉,落落焉,酣适之味,乃过于客。闲居未尝一日无客,客至未尝不置酒,天下之好饮,亦无在吾上者。常以谓人之至乐,莫若身无病而心无忧,我则无是二者矣。然人之有是者接于余前，则余安得全其乐乎？故所至常蓄善药，有求者则与之，而尤喜酿酒以饮客。或曰："子无病而多蓄药，不饮而多酿酒，劳己以为人，何也？"余笑曰："病者得药，吾为之体轻；饮者困于酒，吾为之酣适，盖专以自为也。"东皋子待诏门下省，日给酒三升，其弟静问曰："待诏乐乎？"曰："待诏何所乐，但美酝三升，殊可恋耳！"今岭南法不禁酒，余既得自酿，月用米一斛，得酒六斗。而南雄、广、惠、循、梅五太守间复以酒遗余，略计其所获，殆过于东皋子矣。然东皋子自谓"五斗先生"，则日给三升，救口不暇，安能及客乎？若余者，乃日有二升五合入野人道士腹中矣。东皋子与仲长子光游，好养性服食，预刻死日自为墓志，余盖友其人于千载，则庶几焉。

王绩字无功，号东皋子。仕隋为秘书省正字，唐初以原官待诏门下省。他反对礼教，反对放诞纵酒。

苏轼本篇作于谪居广东惠州时期。此时，经过万死投荒、年逾花甲的苏轼，对身心健康、颐养天年不得不作为大事来留心了。而到酒中寻求"齐得丧，忘祸福，混贵贱，等贤愚"的境界，则可以摆脱现实的痛苦。无奈自己不胜酒力，然而自酿美酒，招待客人，可使自己心胸酣适，于是将施药于人、请客饮酒当成生活中的两大乐事。文章将东皋子饮酒作乐和自己施酒作乐对照写来，虽无褒贬之意，但胸襟略有不同，而自己的旷达洒脱益显突出，其行文之委曲有致，可见一斑。1斗为10升，每升约重1.5公斤，1升为10合，每合重150克；1合为10勺，每勺重15克。五合就是750克。

苏轼这段文字是说自己虽有时整日饮酒，但加起来也不过五合而已。在天下不能饮酒的人当中，他们都要比我强。不过我倒是极愿欣赏别人饮酒，一看到人们高高举起酒杯，缓缓将美酒倾入口腔，自己心中便有如波涛泛起，浩浩荡荡。我所体味到的舒适，自以为远远超过饮酒的人。如此看来，天下喜爱饮酒的人，恐怕又没有超过我的了。我一直认为人生最大的快乐，莫过于身无病而心无忧，我就是一个既无病且无忧的人。我常储备一些优良药品，而且也善于酿酒。有人说，你这人既无病又不善饮，备药酿酒又是为何？我笑着对他说：病者得药，我也随之轻体；饮者醉倒，我也一样酣适。他更喜欢看别人饮酒，"余饮酒终日，不过五合，天下之不能饮，无在余下者。然喜人饮酒，见客举杯徐饮，则余胸中浩浩焉，落落焉，酣适之味，乃过于客。闲居未尝一日无客，客至未尝不置酒，天下之好饮，亦无在余上者"。苏轼借着酒说事，从酒说到做人，提升到人生哲学，认为酒学即人学，饮酒不要嫌弃浑浊，做人却要醇正。

他的《浊醪有妙理赋》希望客人常满，酒杯中的酒不空，身后的名声何足轻重，只有眼前的酒杯才值得珍重，他如是说：

酒勿嫌浊，人当取醇。失忧心于昨梦，信妙理之疑神……伊人之生，以酒为命。常因既醉之适，方识此心之正。稻米无知，岂解穷理？曲蘖有毒，安能发性？乃如神物之自然，盖与天工而相并。得时行道，我则师齐相之饮醇；远害全身，我则学徐公之中圣。湛若秋露，穆如春风。疑宿云之解驳，漏朝日之暾(tun，初升的太阳)红。初体粟之失去，旋眼花之扫空……兀尔坐忘，浩然天纵。如如不动而体无碍，了了常知而心不用。座中客满，惟忧百榼之空。身后名轻，但觉一杯之重。今夫明月之珠，不可以襦，夜光之壁，不可以铺。刍豢饱我而不我觉，布帛懊我而不我娱。惟此君独游万物之表，盖天下不可一日而无。在醉常醒，孰是狂人之药得意忘味，始知至道之腴。

到了广东惠州，苏轼开始品尝桂酒，在给朋友的好多信里，他赞美此酒的异香，指出此种酒微微带甜而不上头，能益气补神，使人容颜焕发。在一首诗里苏东坡盛夸此酒，如果此种酒能开怀畅饮，会感到浑身轻灵飘逸，可飞行空中而不沉，步行水面而不溺。苏轼不但是酒的鉴赏家和试验者，他还自己造酒喝。他在定州短短一段时期，曾试做橘子酒和松酒，松酒甜而微苦。在他写的“松酒赋”里，他曾提到松脂的蒸馏法，但是如何制酒却未明言。在惠州他造了桂酒，而且生平第一次品尝中国南方的特产“酒子”。酒子是在米酒还未曾充分发酵时取出来的，所以其中酒精成分甚少，实际上有些像稍带酸味的啤酒。有一次，在一首诗前的小序中他说他一面滤酒，一面喝个不停，直到醉得不省人事。在给朋友的一封信里，他说了“真一酒”的做法。这种酒是白面粉、糯米、清冽的泉水这神圣的三一体之精华，做成之后，酒色如玉。

三、于饮食中寻求欢乐

美食是一种人生的满足，也是精神的慰藉，会使人兴奋，留下美好的回忆，也会暂时的忘却不快。苏轼一生颠沛流离、命运多舛，经历了乌台入狱、三次丧妻、老年丧子、九死南荒，但是他却坦然面对，敞开胸怀、遍尝各地美食，而且想着法子、变着方子吃，并利用有限资源亲自耕种和烹制，尤其在他被贬的时候。每到一地，接地气的最好办法就是食用当地的饮食，通过当地的饮食改变水土，适应新的生活。苏轼每到一地都注意发现美食，通过美食了解当地，熟悉环境，体味当地人的生存状态。当然，还有一个更为重要的目的，通过“吃”来化解生活的烦恼和政治的失意，通过“吃”来对抗命运的作弄。

他初贬黄州，来不及伤感，而是惦记着黄州的美鱼和香笋。《初到黄州》诗中说：“自笑平生为口忙，老来事业转荒唐。长江绕郭知鱼美，好竹连山觉笋香。”贬到岭南，谴谪惠州，瘴气浓重，苏轼却有了“日啖荔枝三百颗，不辞长作岭南人”的想法。旷达、随遇而安的精神成为他的人生哲学。文人自有排解忧苦的方法，餐桌上总是文人显露雅兴的场所，更何况苏轼那样乐天幽默，有时又是那样恶作剧的人。苏轼的朋友顾子敦又肥又胖，成为苏轼嘲弄的对象，有点恶作剧但又不太过分，只是借助语言的优势夸张地表现而已，却又十分风趣。

《独醒杂志》记载苏轼性情开朗，喜欢交朋友，喜欢开玩笑，他曾以肥猪作比喻开涮顾子敦："东坡多雅谑，尝与许冲元、顾子敦、钱穆父同舍。一日，冲元自窗外往来，东坡问何为，冲元曰：'绥来。'东坡曰：'可谓奉大福以来绥。'盖冲元登科时赋句也。冲元曰：'敲门瓦砾，公尚记忆耶！'子敦肥硕，当暑袒裼，据案而寐。东坡书四大字于其侧曰：'顾厨肉案。'"《东皋杂录》又记载另一则故事："顾子敦肥伟，号顾屠，故东坡送行诗，有'磨刀向猪羊'之句以戏之。又尹京时，与从官同集慈孝寺，子敦凭几假寐。东坡大书案上曰：'顾屠肉案。'又以钱三十掷案上，子敦惊觉，东坡曰：'且快片批四两来。'"

《独醒杂志》记载苏轼以诗求得好吃的油果：东坡在黄州，尝赴何秀才会食油果甚酥，因问主人此何名，主人对以无名。东坡又问："为甚酥？"坐客皆谓："是可以为名矣。"又，潘长官以东坡不能饮，每为设醴，坡笑曰："此必错着水也。"他日忽思油果，作小诗求之云："野饮花前百事无，腰间惟系一葫芦。已倾潘子错着水，更觅君家为甚酥。"

《夷坚志》记载有一张某向苏轼请求长寿良方，苏轼就写出下面的四句话，这是他的养生秘诀：一、无事以当贵。二、早寝以当富。三、安步以当车。四、晚食以当肉。苏轼解释说："夫已饥而食，蔬食有过于八珍。而既饱之余，虽刍豢满前，惟恐其不持弃也。若此可谓善处穷矣，然而与道则未也。安步自佚，晚食为美；安以当车与肉哉。车与肉犹存于胸中，是以有此言也。"

苏轼的这四条是从"晚食以当肉，安步以当车，无事以当贵，清静贞正以自虞"转化而来。这是战国的时候一个隐士颜斶回答齐宣王的话。齐宣王对颜先生佩服得五体投地，愿拜列门下，尊颜先生以富贵之地，但颜先生却愿意"得归"，回家过自娱自乐的生活。

苏轼养生的关键是自我约束，同时要求朋友们监督自己。他的《节饮食说》认为节食有养福、养胃、养财三大好处："东坡居士自今日以往，早晚饮食不过一爵一肉。有尊客盛馔，则三之，可损不可增。有召我者，预以此告之。主人不从而过是，吾及是乃止。一曰安分以养福，二曰宽胃以养气，三曰省费以养财。元丰六年八月二十七日书。"苏轼郑重其事的署名，记下日子，用以表示绝不含糊。

苏轼养生的秘诀是"清虚"，将无欲无念作为修炼的目标，这其中当然也包括饮食，没有酒肉的日子同样是幸福满足的日子："食无酒肉腹亦饱，室无妻妾身自好。世间深重未肯回，达士清虚辄先了。①"《文子・自然》："老子曰：'清虚者天之明也，无为者治之常也。'"苏轼是以清虚自守，他的人生观浸透着道家的无为。

苏轼会养生，注重养生，否则他难以度过长期的贬谪生活。他总结养生，写出《食疗歌》，说明他对中草药很有研究，对其属性、搭配十分了解：生梨饭后化痰好，葱辣姜汤治感冒。海带含碘消淤结，绿豆解毒疗效高。鱼虾猪蹄补乳汁，香菇菌蘑肿瘤消。蛤蜊补血助容颜，地黄防衰人不老。核桃纳肺生乌发，枸杞养肝

① （宋）苏辙. 赠吴子野道人.

又明目。大蒜抑制肠胃炎，芡实润脏补脑髓。茯苓胡麻皆益寿，菊花常吃疾病少。紫茄祛风通脉络，桔皮助食粘痰消。生津安神数乌梅，开心暖胃麦门冬。

四、苏词中的饮食之美

苏轼历经宋仁宗、宋英宗、宋神宗、宋哲宗、宋徽宗五朝，经历了“还朝—外任—贬谪”两次循环。他一生走遍祖国大江南北，写了近400首饮食诗，其诗囊括了北宋中华各种饮食，不仅展现了各个阶层的饮食习惯，反映了北宋饮食文化的兴盛与繁荣，还为宋代诗歌发展注入新的活力。

苏轼曾为一个卖环饼为生的老太太写诗道：“纤手搓来玉色匀，碧油煎出嫩黄深。”苏轼有记述面点制作的诗词，如《送范德儒》写春日食用的春盘，是用青蒿和黄韭做的馅：“渐觉东风料峭寒，青蒿黄韭试春盘。遥想庆州千嶂里，暮云衰草雪漫漫。”又有《端午帖子词》描绘了皇宫中吃筒粽、喝冰镇琼浆的情景：“翠筒初裹楝，芗黍复缠菰。水殿开冰鉴，琼浆冻玉壶。”苏诗中饮食色彩搭配奇美诱人：“青浮卵碗槐芽饼，红点冰盘藿叶鱼。”绿色与红色的搭配刺激人的食欲，造型又有艺术效果。苏轼不怕冒险，爱吃河豚，脍炙人口的《惠崇春江晓景》，格调清新，景色旖旎，吟咏肉味鲜美的河豚：“竹外桃花三两枝，春江水暖鸭先知。蒌蒿满地芦芽短，正是河豚欲上时。”苏轼爱吃鲈鱼，以为有了槐叶饼和鲈鱼，能够醉饱就是人生的最大乐趣。《携白酒鲈鱼过詹史君》唱道：“青浮卵碗槐芽饼，红点冰盘藿叶鱼。醉饱高眠真事业，此生有味在三余。”

苏轼写诗描绘玉糁羹，其实这是一种用山芋制作的普通食品而已，但在他的笔下却写得使人馋涎欲滴：“香似龙涎仍酽白，味如牛乳更全清。莫将南海金齑脍，轻比东坡玉糁羹。”此羹其实是苏东坡三子苏过所创制。苏轼贬官到海南，生活十分困苦。其三子苏过用山药等给苏轼烹制素羹，苏东坡吃得很开心。此羹的主要原料是山芋，但因精心烹制，味道不凡，故苏东坡于此诗题记中云：“过子忽出新意，以山芋作玉糁羹，色香味皆奇绝。天上酥酡则不可知，人间决无此味也。”

《新城道中二首》(其一)是苏轼于宋神宗熙宁六年(1073)二月视察杭州属县，自富阳经过新城(今富阳新登镇)时所作：东风知我欲山行，吹断檐间积雨声。岭上晴云披絮帽，树头初日挂铜钲。野桃含笑竹篱短，溪柳自摇沙水清。西崦人家应最乐，煮芹烧笋饷春耕。身世悠悠我此行，溪边委辔听溪声。散材畏见搜林斧，疲马思闻卷旆钲。细雨足时茶户喜，乱山深处长官清。人间歧路知多少，试向桑田问耦耕。诗中描写山村的自然景物，“野桃含笑竹篱短”重在描写“野桃”，“溪柳自摇沙水清”主要是刻画“溪柳”，野生的桃树鲜花绽开，溪边柳的枝条在春风吹拂下摇曳多姿。接着写此地人的饮食，西崦(西山)人家又是煮芹，又是烧笋，忙着春耕，乐在其中。

苏轼自己动手做菜做肉，“东坡肉”便是名品。绍圣元年(1094)，苏轼到了惠州，他借了王参军的一块地种菜，虽“不及半亩，而吾与过子终年饱菜”。他发现煮菜可以解酒，味道还不错，“夜半饮醉，无以解酒，辄撷菜煮之，味含土膏，气饱风露，虽粱肉不能及也”，自种自食给了苏轼无穷的乐趣，使他用另一种眼光看人生，得到满足。《东坡诗话》说：“东坡喜嗜猪肉，在黄冈时，尝戏作《食猪肉》诗云：‘黄冈好猪肉，价贱等粪土。富者不肯吃，贫者不解煮。慢着火，少着水，待它自熟莫摧它，火候是时它自美。每日起来打一碗，饱得自家君莫管。’此是东坡以文滑稽耳。”

第四节　餐桌上的优雅

一、优雅的褫夺

宋代宴会史上最有名的故事应该是“杯酒释兵权”，这也是中国政治史上最高统治者收拢权力的最成功的案例。中国的改朝换代都是在腥风血雨的革命中完成的，其中充斥着暴力和阴谋。夺得政权之后的首要问题就是合法性问题，那些一起打天下的人知道老底，会不会有一天发酒疯就把老底揭出去了，这是统治者最担心的事情。还有，原来是一起干事的哥们，现在我一个人黄袍加身，他们会不会学我的样子，依样画葫芦也把皇帝拿去做，政变者想起这个就心里发憷。倒不是一起造反起义的人有什么想法，常常是登上皇帝宝座的人心里不踏实。赵匡胤发动“陈桥兵变”时的官职是殿前都点检、归德军节度使，这是掌握最精锐部队的军职，他自然不喜欢别人也担任这个职务，当皇帝后索性连这个官职名都去掉了，可见他心思是什么，心里怕什么。

建隆三年(962)七月初九，宋太祖在退朝后设宴，留下石守信、高怀德、王审琦、张令铎、赵彦徽、罗彦瑰等高级军事将领，这些人都是原来的哥们。酒至半酣，宋太祖对他们说：“我若没有诸位，也当不了皇帝。虽然我贵为天子，还不如做节度使快乐。当了皇帝之后，我终日没有好好睡过。”此话令石守信等人大惊失色：“陛下何出此言，如今天命已定，谁敢再有异心？”赵匡胤说道：“谁不想要富贵？有朝一日，有人以黄袍披在你身上，拥戴你当皇帝。纵使你不想造反，还由得着你们吗？”石守信等将领这时才醒悟过来，跪下磕头，哭着说：“臣等愚昧，不能了解此事该怎么处理，还请陛下可怜我们，指示一条生路。”宋太祖借机说出了让他们放弃兵权的想法，说道：“人生苦短，犹如白驹过隙，不如多累积一些金钱，买一些房

图 5-2　连环画《宋太祖杯酒释兵权》书影

产，传给后代子孙，家中多置歌妓舞伶，日夜饮酒相欢以终天年，君臣之间没有猜疑，上下相安，这样不是很好吗？”大臣们答谢说：“陛下能想到我们这事，对我们有起死回生的恩惠啊！”

毕沅《续资治通鉴》卷二记载石守信等人的原话是：“陛下念及此，所谓生死而肉骨也。”就是您对我们的恩惠，那就是使死的重生，骨头上重新长出肉来。第二天，各位将军就称病，请求辞职，宋太祖一一敕准，并且给予他们优厚的退休金。

宋太祖赵匡胤和重臣们喝了几杯酒就把老将们手中的带兵权没收了，刚刚靠老将们的拥戴当上皇上的赵匡胤，兵不血刃就解决了历代统治者集团内部最棘手的权力分配问题，所以宋太祖就没有了后顾之忧。兵权一旦在手，政权就在手，文人就不在话下，只要听话，就不会杀头。即使说几句风凉话，也不要紧，不会致死罪。这就是雅量。雅量就是容忍，对于统治者来说，有人惹了你，你再生气，在人家不违法的情况下，只好忍着。这样的雅量，还只是皇帝的雅量。如果你一生气，下面人就随便找个罪名把人抓了，你就是暴君了。所以，宋代的君臣就没有激烈的对抗，臣子中间就没有汉代朱云折槛的故事，臣子有的是壮怀激烈，但那不是对着皇帝的。所以文人学士的创造力就发挥出来，创造了宋词，创造了笔记小说这样新的文体，差不多每个人都有文字的留存，文字中少了穷人、控诉和潦倒，多了旷达和悠闲。而悠闲表现在餐桌上，就是优雅，展现着风度、气量、坦诚。

二、不失风度

饭桌上是最能体现风度、个性的地方，酒席间也是最能表现才智、机敏、幽默的机会，喝了几杯酒，往往真情流露，纵论天下，常常是激发想象、幻情，激情洋溢的时候。

宋人孙升《孙公谈圃》记录黄庭坚在发榜时获悉未予录取的消息时照样饮酒不失风度。宋仁宗嘉祐八年癸卯(1063)，19 岁的黄庭坚获洪州解头(乡试第一名)，以乡贡进士的名义入京师。英宗治平元年甲辰(1064)，参加礼部省试，黄庭坚和乔希圣、孙升等人等待发榜。此前，相传鲁直为省元(科举考试的第二级是“省试”，或称“乡试”，只有举人才有资格参加，中试的第一名称为“会元”或“省元”)，住在一起的考生设宴庆贺。正在饮酒间，忽然有一仆人闯了进来告诉大家：这里有三个人考中了，庭坚不在其内。席上落第者纷纷散去，有的还泪流满面，而庭坚仍若无其事，自饮其酒，饮罢，又与大家一同看榜，毫无沮丧的神色。

张齐贤为了家宴的气氛不受破坏而隐忍三十年，就是有气量有风度的人。张齐贤自公元 991 年拜相，到真宗大中祥符五年(1012)致仕，其间共 21 年，除两次短期罢相、出任地方官外，皆在朝中掌握军国大政。相太宗、真宗，皆以亮直重厚为人称道。他家举行家宴时丢失银器，张齐贤眼见是家奴所为，竟能隐忍 30 年，要不是家奴喊冤，张齐贤会永远保守此秘密，可见其胸怀之宽广，善于包藏他人之恶。故事说：张齐贤以左拾遗为江南转运使。一日家宴，一家奴盗窃银器数件藏于怀中，这一幕恰恰被张齐贤自帘下看见，张熟视不语。后来张齐贤三为宰相，家中仆役都得到提拔，而此奴竟不沾边，他趁着机会再次下拜叩谢之后问道："我侍奉相公最久，凡后于某者皆得官，相公独剩下我，何也?"一边流涕不止。齐贤说："我欲不言，尔乃怨我。你还记得江南的时候盗取我银器数件的事情吗?我保守秘密三十年，不以告人。我位尊宰相，进退百官，那敢以盗贼推荐?只是念你侍奉我日久，给你钱三百千钱，你离开我门下，自己选择好地方吧。我刚刚揭发你往日的事情，你应当有愧而不可再留了。"家奴震骇，哭泣下拜而去。

还有一件强盗的事，说明盗亦有道，强盗喜欢酒，知酒懂酒，但是敬重儒生。这是其他时代很少有的事。《志林》记载这件事：幸思顺，是金陵的老儒。宋仁宗皇祐年间在江州卖酒，不分贤能愚笨人人喜欢他的酒。这时劫持江上的盗贼十分嚣张。一位官僚停船在幸思顺的酒坊下面，偶尔与幸思顺往来，幸送给他十壶酒。过后被劫持，众强盗饮过此酒惊奇地说："这是幸秀才的酒啊!"这位官僚顺势欺骗说："我与幸秀才是亲旧。"贼人相互对视，感叹说："我们为什么劫持幸老的亲旧呢!"赶紧将所劫的酒还了，并且请求说："见到幸先生千万不要提这件事。"

张齐贤的几则故事都与吃有关，颇有风趣。他为平民时，倜傥落拓，胆识超群，以暴制暴，比土匪还土匪，意外地镇住了土匪。他的故事比上一则有过之而无不及，其胆量、肚量加智慧，令人称叹。话说当时有群盗攻劫，聚饮于旅店，当地居民惶恐四窜藏匿，唯恐躲避不及，而张齐贤独自前往，作揖后说道："贫贱之人贫穷困，想凑个饱肚。"强盗问："秀才岂肯降低身份?"齐贤说："强盗不是龌龊儿所为，都是当世的英雄。"乃取大杯满酌而饮，取来猪大腿瓜分为数段啖食，势如狼虎一般。群盗相视惊异，感叹道："真宰相哪！他日主宰天下了，不要忘记我们。"最后以金帛相赠送，齐贤皆推辞不接受。

一般人见皇帝威仪，会胆战心惊，而当年还是平民的张齐贤安之若素。宋太祖赵匡胤巡视西都洛阳，张齐贤献上治国十策于他的马前。太祖召张到皇帝行宫，赏赐卫士食物，齐贤就从大盘内用手取食。太祖用水晶小斧敲击齐贤的头，问他十件事，齐贤一边吃一边对答，没有一点恐惧的样子。受到太祖的赏识，送给他很多礼物。

张齐贤体质丰大，饭量过人，尤其嗜好吃肥猪肉，每次吃好几斤。天寿院炮制风药黑神丸，常人所服不过一弹丸，齐贤常以五七两为一大剂，夹进胡饼而一顿吃掉。淳化年间，罢去相位，知安陆州。安陆是小地方，没有见过大官，见张齐贤饮食不类平常人，全郡惊骇。有一次与宾客会食，厨房小吏放置一个金漆大桶在大厅侧面，暗中窥视张齐贤都吃些什么，比照着将同样的食物投放桶内，到了傍晚的时候，酒浆浸渍，涨溢满桶。于是知道了张齐贤的饭量。消息传出，全郡的人嗟愕，认为享受富贵者必定不同于常人哪！然而难以解释的是，宰相晏元献公晏殊清瘦如削，饭量出奇的少，吃饭的时候将一张饼分出一半，用筷子卷起来，抽去筷子，夹上一细枝馓子吃，这确实也是异于常人呢。

张齐贤以吏部尚书的头衔执掌青州六年，他的治理清明，民众很感怀他。好事的人诽谤说他居官懈怠松弛，朝廷召还他回京。齐贤对人说："先前做宰相，幸而无有大过。今日典掌一郡，乃招来非议。正是监督皇上御厨三十年，临老反而煮不了粥了！"

张齐贤最后因酗酒而丢官。张齐贤为相于太宗、真宗两朝，都以亮直重厚而称颂。及晚年娶薛家媳妇，真宗不高兴了。一次宴会为皇上祝寿，齐贤已稍微有点醉了，礼仪上有错失，因此被贬谪安州。诏令上说："仍旧酣醟（yòng，酗酒）杯觞，倾斜冠帽。"

叶梦得《避暑录话》卷上记道：北宋文学家晏殊虽早年富贵，然而奉养极为俭约。最喜欢宾客，没有一日不设宴席的，但是杯盘馔食都不是预先办置，客人到了立刻饮食摆齐。酒上席之后，果实蔬茹一道道摆上，同时有歌舞音乐相佐，谈笑风生。酒行数巡之后，食案上早已杯盘狼藉。稍晚些即散席，遣送歌舞乐队说："你们呈献的技艺已经很多遍，到了我展示的时候。"便拿上笔墨纸砚，相互赋诗相赠，以此为常。前辈风流，没有超过这样的。

王旦的官做得很大，饭局上的气量也很大。王旦字子明，谥文正，北宋大名莘县（今属山东）人，宋太平兴国五年举进士，曾以著作佐郎参与编修《文苑英华》。宋真宗时，王旦先后知枢密院、任宰相。史书称其"局量宽宏，未尝见其怒"。从未见他发过脾气，岂不是很稀奇吗？吃到饭菜里有不太干净的，他也只是不吃而已。家人想试试他的度量，以少许锅灰投到肉汤中，他就只吃米饭而已。问他何以不喝汤，他说："我今天偶尔不喜欢肉。"有一天，家人又在他的米饭里弄了点灰，他看到后说："我今天不想吃饭，可端上点粥来。"他的子弟们曾向他诉说："厨房的肉叫厨子给私占了，肉吃不饱，请惩治厨子。"王公说："你们每人一天该给的肉是多少？"子弟们说："一斤。现在只能吃到半斤，另外半斤让厨子给藏起来了。"王旦说："给足你们一斤可以吃饱吗？"子弟们说："给足一斤当然可以吃饱。"王旦曰："今后每人一天可以给你们一斤半。"他不愿揭发别人的过失的例子都类似于这些事情。他宅子的大门有一次坏了，管家拆除门房重新修缮，暂时从门廊下开了一个侧门供出入。王旦到了侧门，门太低，就在马鞍上伏下身子过去，什么都不问。大门修好了，再从正门走，他也还是什么都不问。有个为王旦牵马的兵卒，服役期满向王旦辞行，王旦问："你牵马多长时间了？"兵卒说："五年了。"王旦疑惑地问："我怎么不记得你？"兵卒转身离去时，王旦看到了他的背影，一下子醒悟了，又把他唤了回来，说："你是某某吧？"于是赠送他不少财物。原来兵卒每日牵马，王旦只看见他的背，不曾看过他的脸；当兵卒离去时又看到他的背，这才省悟过来。

王旦还有一件事情是一般人做不到的，也证明了他的宇量宏旷。那是他在相府的时日，还没有回到家，皇帝派遣使者送来御酒十坛，他的哥哥听说了赶紧派人来，要先取走两坛。王旦的夫人不同意，说："这是皇上赏赐的，等相公回来再说。"长兄发怒，用棍子将酒壶击碎，酒流了一地，夫人生气了，不让下人打扫。

王旦回来看见满地的酒水碎壶，问是怎么回事，近旁侍者向王旦详细讲述其中的原因。王旦说道："人生的光景有多少啊？何必总是这样斤斤计较。"其他什么也没有说。别人会强忍怒火，而王旦连火都没有，心平气和，这可确实是一般人做不到的。

狄青是宋代名将，善于骑射。他虽是武人，其气量仍然超群。韩琦讲说自己亲历的事情，那是狄青作定州副帅的时候，有一日宴请韩琦，唯有刘易先生在座。刘易平素个性怪癖，宴席上表演的戏子以儒生为嘲弄对象，刘易勃然大怒，说该黥刺的下人竟然敢这样，辱骂狄青不绝口，甚而投掷酒杯掀翻餐桌。韩琦这时观察狄青，只见他神态自若，没有一点改变，欢声笑语更加温和。第二天，狄青到刘易门上道歉，韩琦从这件事知晓他有气量。

也有优雅不起来的人，那就是写诗求米的秦观。秦观后来被称"苏门四学士"，被尊为婉约派一代词宗，官至太学博士，国史馆编修。可是原来穷得叮当响，即使在秘阁担任"黄本校勘"的官职，也苦于度日，于是，写诗向钱勰哭穷，《王直方诗话》记载：秦观为黄本校勘甚贫，钱穆父（勰）担任权户部尚书的官位，都居住在东华门的堆垛场。秦观春日作诗赠钱勰："三年京国鬓如丝，又见新花发故枝。日典春衣非为酒，家贫食粥已多时。"钱勰赶紧送他两石米。

还有逼着别人每日请客，以此来观察是否大度的怪事。《程氏家世旧事》记载：族父文简公（鲁宗道）应举来到京师，住宿于厅旁的书屋。来时只骑着一头驴，再没有其他钱财，到了京城就把驴卖掉了，卖了几千钱。伯祖殿直轻财好义，对待家族人很关爱，每日责求鲁宗道设置酒肴，想要通过这个来观察鲁宗道的气度如何。鲁宗道诉说道："驴儿已吃到尾巴了。"

三、淡然超然的处世

淡然超然的处世是一种境界。当遭遇人生的不顺，受到别人的构陷，应当如同醉酒之人遭受辱骂，支着耳朵什么也没听到，睁着眼睛什么都没看见；酒醒之后，我还是原来那副老样子，又有什么损害呢？这就是宋代大学问家洪迈的人生态度。洪迈官至翰林院学士、资政大夫、端明殿学士，副丞相、封魏郡开国公、光禄大夫。他说读书人对待富贵利禄，应当看作演员饰演了参军，威风凛凛，但是一下场，什么都不是。其《容斋随笔》卷十四这样说："士之处世，视富贵利禄，当如优伶之为参军，方其据几正坐，噫呜诃棰，群优拱而听命，戏罢则亦已矣。见纷华盛丽，当如老人之抚节物，以上元、清明言之，方少年壮盛，昼夜出游，若恐不暇，灯收花暮，辄怅然移日不能忘，老人则不然，未尝置欣戚于胸中也。睹金珠珍玩，当如小儿之弄戏剧，方杂然前陈，疑若可悦，即委之以去，了无恋想。遭横逆机阱，当如醉人之受骂辱，耳无所闻，目无所见，酒醒之后，所以为我者自若也，何所加损哉？"

宰相不理小事，此处说的是不理馒头事。做到了宰相这一级已经是政治家了，自然知晓责任有别，各人的职责是有层次的。王安石的弟弟王安礼做宰相的时候，玉清宫刚刚修成，丁崖相命令大摆酒食招待前来旅游的人。后来游玩的人多了，都去丁崖相处告状："玉清宫的饮食官管理不善，食物粗制滥造，难以下咽。"丁崖相向王安礼报告，王安礼不回答，丁崖相再三地说，终久没有得到指示。丁崖相脸色变了，问道："相公何以不答？"王安礼回答："此地不是与人理会馒头、夹子的地方。"这件事和汉代陈平故事好有一比，陈平做宰相就不理小事，只管大事。汉文帝上朝时问右丞相周勃："全国一年判决多少案件？"周勃谢罪称不知道。又问："国家一年钱粮收支多少？"周勃又谢罪称不知道。皇帝又问左丞相陈平，陈平答："有主管人。"皇上问主管人是谁，陈平说："陛下要问决狱之事，就问廷尉；问钱粮之事，就问治粟内史。"皇上说："既然各有主管人，那么你管什么呢？"陈平谢罪说："主管百官！陛下不以为我们才智庸劣，让我们担任宰相。宰相，就是对上辅佐天子顺理阴阳四时，对下育化万物，对外镇抚四夷和诸侯，对内亲百姓附万民，使公卿大夫各尽其职。"皇上听了说好。

风度气量之中蕴含着见识，吕夷简的事迹就很能说明问题，他既献上玉食，又保护了自己。至和年间(1054—1056)，宋仁宗健康状况不佳，有一日稍微好点，想见见宰相。执政大臣闻听召唤急忙赶往。吕夷简是宰相，朝廷使者相望于路，催促他快点，吕夷简放缓缰绳走得更慢了。至皇宫内，诸位执政大臣已见过皇上，皇上身体尚未平复，等待吕夷简时间久了更加疲劳。吕夷简的夫人朝见皇后，皇后说："皇上喜欢吃酒糟的淮白鱼，但是祖宗旧制，不得取食味于四方，没有办法得到。你相公家在寿州，应当有吧。"夫人回家，想用大号的食器装上十盒的酒糟淮白鱼献上去。吕夷简碰见了，问怎么回事，夫人告诉缘故，吕夷简说："两盒就可以了。"夫人奇怪地问："献给皇上，可惜什么？"吕夷简怅然若失地说："皇宫所没有的食物，人臣之家，怎么得有十盒呢？"吕夷简没有解释为什么皇宫催促他上朝，他为什么走得更慢了，其实这也是一种风度，大将风度，临危不乱的风度。吕夷简是这样想的，宋仁宗的身体不好，这是大家都知道的事，我要是慌慌张张地赶往皇宫，大家肯定猜测到皇上不行了，那不是自乱阵脚？

韩琦任北都(太原)的行政长官。有人献给他一只玉盏，从里到外找不到一点瑕疵，果真是绝无仅有的好东西，韩琦视为珍宝。这一天他打开醇酒，召集官员，特意准备了一桌饭菜，铺上了绣花的布，把玉盏放在上面，并准备用它来饮酒，向在座宾客劝酒。过了一会儿，一个小吏不小心碰倒了桌子，玉盏摔得粉碎，在座的客人都很惊愕，那个小吏趴在地上等着发落。韩琦却神色平静，笑着对在座的宾客说："东西也有它破损的时候。"又对那个小吏说："你只是不小心，不是故意的，又有什么罪呢？"韩琦的度量就是这样宽大，为他人解窘迫，胸中有机智。

韩琦的故事，可见当时食俗，宴席上有专门掌管礼仪的人，随时通报贵客的行止。北方的民家有吉凶，往往有相礼的人掌管礼仪，称之为白席，大多粗俗可笑。韩琦自枢密使任上回到邺城，赶赴一位姻亲家礼席，见到盘内有荔枝，想拿起来吃，相礼的人就唱道："韩资政吃荔枝，请众位客人同吃荔枝。"魏公憎恶相礼人的喋喋不休，便放下荔枝。相礼者又唱道："资政生气了，不吃荔枝了，请众客人放下荔枝。"韩琦为之一笑。

四、吃饭穿衣

宋朝的宰相关切官员的穿衣吃饭，生计如何，家庭是否困难，认为这直接关系到官员肯否与朝廷同心，是否忠实于朝廷。如果衣食不足，怎么肯同朝廷一心呢？宋张淏《云谷杂记·宰相问生事》卷四记载宋仁宗庆历丙戌(1046)廷试第一(状元)的贾黯去拜见宰相杜衍，宰相什么都不问，只问他家里够不够吃，衣服有没有穿，这使贾黯十分奇怪："贾黯以庆历丙戌廷试第一。谢杜祁公，公无他语，独以生事有无问。贾退，问公门下客曰：'黯以敝文魁天下而谢公，公不问，而独在于生事，岂以黯为无取耶？'公闻而言曰：'凡人无生事，虽多显宦，亦不能不俯仰，由是进退多轻。今贾君名在第一，则其学不问可知，其为显宦，则又不问可知。衍独惧其生事不足，以致进退之轻，而不得行其志焉，何怪之有？'贾为之叹服。温公为相，每询士大夫私计足否，人不悟而问之。公曰：'倘衣食不足，安肯为朝廷而轻去就耶？'二公惟灼见人情如此。"宰相杜衍的答案是，你既然是第一名了，那还谈什么学问，我最关心的是你能不能真心为朝廷做事，而要与朝廷一心，非得先解决了你的吃饭穿衣的问题。宋代就是这样选择官吏、关心官吏的。

以饮酒多少相斗，普通人都是这样，而往往文人所爱，赌的却是背诵文章的多少。张伯玉号张百杯，又名张百篇，一次饮酒一百杯，一背诗一百篇。蔡絛《铁围山丛谈》卷三记述说：

> 张端公伯玉，仁庙朝人也。名重当时，号张百杯，又曰张百篇，言一饮酒百杯，一扫诗百篇故也。有士人颇强记自负，饮酒世鲜双。乃求朝士之有声价者，藉其书牍与先容。一旦持谒张，张得函启缄，喜曰："君果多闻耶！又能敌吾饮。吾老矣，久无对，不意君之肯辱吾也。"遂命酒，共酌三十余杯。士人者雄辨益风生，而张略不为动。俄辞以醉，张笑之曰："果可人！然量止此乎？老夫当为君独引矣。"遂自数十举，始以手指其室中四柜书曰："吾衰病，不如昔。今所能记忆者独在是。君试自探一卷，吾为子诵焉。"士人曰："诺。"即柜中取视之，偶《仪礼》也，以白张。张又使士人"君宜自举其首"。士人如其言，张乃琅然诵之如流。士人于是始骇服，再拜："端公真奇人也。"

酒桌上往往会展现一个人的行事风格。《宋人轶事汇编》卷七引《墨客挥犀》记述丞相程琳的事迹：程丞相(琳)性严毅，无所推下。出镇大名，每晨起据案决事，左右皆惴恐，无敢喘息。及开宴召僚佐饮酒，则笑歌欢谑，释然无间。于是人畏其刚果，而乐其旷达。

中国有一句古话，受人滴水之恩，当以涌泉相报，可是王乐道不够朋友，旧日老友来见，仅送三十壶酒而已。故事说：王乐道与姜愚子发是好朋友，乐道家境苦贫。有一天下了大雪，子发想到乐道与他的母亲一定又冷又饿，便自己扛着铁锹，雪太大，路被埋没了，子发一边铲雪一边前行，子发到了王乐道的家门口，敲了好长时间的门，才有人答应。王乐道和母亲挨冻坐着，太阳已经很高了还没有吃饭。子发很心酸，赶紧出门去买米买肉，还有柴火木炭，买回来和他们一起做饭吃。王乐道发现子发的衣服怎么单薄起来了，就问他怎么回事，子发回答说把穿的锦制衣服抵押换了钱。后来王乐道考中，被委任为睦州判官。这时妻子去世了，子发又忙着为他续弦。再后来，王乐道以翰林学士为西京留守，官做得很大了，而子发老了更加贫困潦倒，于是驾着小车来见王乐道。王乐道什么话也没有讲，只是送给他三十壶酒罢了。

大富大贵的也很尊重穷酸人，如王安石居住在金陵的半山上，又建书堂于蒋山道上。客人来造访必定留下住宿，贫寒之士则同样铺盖丝绸绫缎，离开时又全部赠送。临安人薛昂秀才来拜谒，王安石与他深夜长谈，派人到家里取被褥。吴夫人厌烦王安石时不时的招待，回答说："被子已经没有了。"安石很不高兴，忽而说："我有办法了。"狨皮连缀而成的坐褥挂在房梁上，安石自己拿叉子取下来交给薛昂。第二天，又留他吃饭。

又一例。工部侍郎胡则当年在地方做官时，后来做了宰相的丁谓还是一般游客，胡则招待他十分丰厚，丁谓写诗给胡则索求大米。第二天，胡则宴请丁谓，常日所用樽罍酒器全部换成陶器。丁谓以为讨厌自己了，遂告辞而去。胡则前往见他，摆出一筐银酒器说："家贫，唯有饮器，情愿全部送你。"丁谓这时才明白胡则摆设陶器的意思，因此很感德他。后来骤然显贵，极力携挽胡则，提拔至显位。

大人物酒桌上有忌讳，薛肇明就以蔡京的名字为避讳。南宋董弅《闲燕常谈》记载的故事：薛肇明谨事蔡元长，至戒家人避其名。宣和末，有朝士新买一婢，颇熟事，因会客，命出侑尊。一客语及"京"字，婢遽请罚酒，问其故，曰："犯太师讳。"一座骇愕。婢具述先在薛太尉家，每见与宾客会饮，有犯"京"字必举罚，家人辈误犯必遭叱詈；太尉或自犯，则自批颊以示戒。

自己动手酿制好酒，酒名高雅见爱好。张淏《云谷杂记・补编》卷二"酒名齐物论"："唐子西谪居惠州，尝醖酒两种，其和者名养生主，其稍劲者名齐物论。"《庄子》名篇，文惠君曰："善哉！吾闻庖丁之言，得养生焉。"《齐物论》是庄子的又一代表篇目。"齐物论"包含齐物与齐论两个意思。庄子认为世界万物包括人的品性和感情，看起来是千差万别，归根结底却又是齐一的，这就是"齐物"。庄子还认为人们的各种看法和观点，看起来也是千差万别的，但世间万物既是齐一的，言论归根结底也应是齐一的，没有所谓是非和不同，这就是"齐论"。"齐物"和"齐论"合在一起便是本篇的主旨。

从酒名可见主人或品评人的兴趣爱好，透现文人情怀。《宋人轶事汇编》卷十杨诚斋退休，名酒之和者曰"金盘露"，劲者曰"椒花雨"，曰："吾爱'椒花雨'，甚于'金盘露'。"

由一个人的饮食习惯可以分析他的为人处世。钱易《南部新书》记载唐代宰相李绩由撕裂饼推测其任职作为如何：李英公（绩）为宰相时，有老乡常来家中，为他准备饭食。老乡喜欢先把大饼的边缘撕掉，裂却饼缘，李绩说："君太少年。此饼犁地两遍，熟概下种，锄持收刈，打场飏风，上磨硙，罗作面，然后做成饼。你撕裂边缘，是何道理？在这里这样做还可以，如果在至尊面前，公作如此事，差不多会砍下你的头。"客人十分惊恐和惭愧。

劝酒是为了表示主人的热情，但是也要看对象。不再劝酒的例子同样说明一个人的风度。寇准的酒量很好，很少有人能比得上的。他被罢去宰相职位，到永兴（今属湖南）做了地方官。寇准让官吏宾客，凡能饮者不限位次，都来陪饮酒。有一位副职接连困于酒席，已经因酒生疾，寇准还是催促不已。他的妻子乃上寇准公堂申诉，这样才免去邀请。后来有一位道人拜谒寇准，说自己如何能饮酒，一次可饮一大瓶，挑战寇准，以大瓶为酒器，寇准很高兴的答应了。道人举起大瓶一饮而尽，寇准则做不到，道人督促他，寇准笑着说："酒量不可再加了。"于是停止了比赛。道人借此对寇准说："今后少劝人酒。"寇准醒悟，从此不再劝酒，道人失踪也再没有见到。

道歉也是一种风度。《宋人轶事汇编》卷九引《挥麈录》记载：富弼退休，晚年居住在西都洛阳，有一次宴请宾客吃羊肉，一介平民邵康节也参加了。富弼回头对康节说："煮羊唯有我家做得最好，尧夫（邵康节）可能不知道吧。"康节回复："乡野之人岂能识别堂食的味道，只是经常吃些田野的蔬菜竹笋罢了。"富弼怅然自失，惭愧的道歉："弼失言。"富弼自知失言，收回前言，恐怕伤害了邵康节的面子。

礼仪也是一种风度。张方平自定餐桌上的规矩。张方平在宋神宗朝做了宰相。他平生吃饭的时候一定要穿戴得整整齐齐，帽子也不可少。有一次大热天和女婿王巩一起吃饭，张方平吩咐王巩脱去外衣，解下宽带，而自己衣衫官帽如旧。王巩看见了，自己不敢随意。张方平说："我从一介布衣书生，有了这样的遭遇，每一顿饭都是君王的赏赐啊。享受君王的赏赐，敢不敬重吗？而你呢，吃的是我的饭，即使穿着便服也无害的。"

五、酒令

酒令是一种文人饮酒时的游戏，体现的是优雅。胜者可以要求负者饮酒作为惩罚。酒令的令是辞令，语词，词汇。酒令的创作依托于诗词、典故，考验人的机智、灵敏，具有趣味性、知识性、娱乐性、竞技性，能给宴饮宾主带来智慧的快感、娱乐的快意，增添不少"食外之趣"。酒令是中国酒文化的一枝色彩卓异的奇葩。

宋代沿袭了唐代的酒令习俗，而且还丰富发展了酒令文化。单就记载介绍各种酒令的书就有《酒令丛钞》《酒杜刍言》《醉乡律令》《嘉宾心令》《小酒令》《安雅堂酒令》《西厢酒令》《饮中八仙令》等。

诗话云："唐人饮酒必为令，以佐欢乐。"从地下发掘的考古材料也证明，唐代是一个喝酒成风、酒令盛行的时代。

酒令游戏的实施，需要推选同座中一人为令官，其他人听令官发号施令，轮流依照规定方式游戏，违者罚酒，或者按令喝酒。种类多样，形式灵活，有雅有俗，适合各色人等。酒令，又叫“酒律”“觞政”。“酒律”，意思是说喝酒行令如律令一样。“汉朝每下文书，皆云：如律令。”意谓那些不是法令的文书下达之后，有关部门和百姓应引起重视，不得懈怠。“酒律”大概取其意，显示其权威性。“觞”，酒杯之意。“觞政”指酒令事小体大，关乎政事。“一国之政观于酒”。“觞政”又代表行令规则，宋代赵与时就曾撰有《觞政述》一书，考释了各种酒令的来源及行令方法。

唐代的酒令之所以兴盛起来，与唐诗的繁荣有直接的关系。酒令讲究格律对仗，所以依托于诗词的发展。如王定保《唐摭言》载的一例：“赵公令狐绹镇维扬，张祜常预狎宴，公因熟视祜，改令曰：‘上水船，风太急，帆下人，须好立。’祜答曰：‘上水船，船底破，好看客，莫依柁。’”这是一种诗文类的行令方式。前人念一句酒令诗，三字一句，后人必须以相同的格式应对，否则便算输，必须罚酒。更重要的是内容上要对得好。令狐绹镇守扬州，是一把手。张祜还是一般的看客，所以令狐绹用酒令来考验他。令狐绹所改的酒令的意思是：我是上风船，你想要搭船，但是风太急，站在帆下面的人呐，可要站好了！这是警告张祜呢！张祜的回答不卑不亢：你说你是上水船，我倒觉得船底已经破掉，好的看客，莫要依仗他呀！从这一上一下的对答中就充分地反映出酒令的难度，它需要深厚的文化修养，还需要机敏，最重要的是一种气质，可以压倒对方的气质。

唐代的酒令名目已经十分繁多，如有历日令、罨头令、瞻相令、巢云令、手势令、旗幡令、拆字令、不语令、急口令、四字令、言小字令、雅令、招手令、骰子令、鞍马令、抛打令等等，这些酒令汇总了社会上流行的许多游戏方式，这些游戏方式为酒令增添了很多的娱乐色彩。

唐代以后，酒令游戏仍然盛行不衰，其名目也越来越多。这些酒令中有很大一部分是猜测性的，它们或猜诗，或猜物，或猜拳，总之，它们都是以猜测某些东西的方式来决定胜负，然后进行赏赐或罚酒。猜物类的酒令也叫做“猜枚”，玩时由行令的人拳中藏握一些小件物品，如棋子、瓜子、钱币、干果等等，供人猜测。有猜单双、猜颜色、猜数目等多种猜法，猜中者为胜，猜不中者为负，负者要罚酒。

“杯小乾坤大，壶中日月长”。早在两千多年前的春秋战国时代，酒令就在黄河流域的宴席上出现了。酒令分俗令和雅令。猜拳是俗令的代表，雅令即文字令，通常是在具有较丰富文化知识的人士间流行。白居易曰：“闲征雅令穷经史，醉听新吟胜管弦。”认为酒宴中的雅令要比乐曲佐酒更有意趣。文字令又包括字词令、谜语令、筹令等。

酒令是酒与游戏的结合物。比如春秋战国时期的投壶游戏、秦汉之间的“即席唱和”等都是一种酒令。但是游戏的发展成为一种带有强制性与结束性的游戏后，就成了既轻松又严肃的一种文化现象了。西汉时吕后曾大宴群臣，命刘章为监酒令，刘章请以军令行酒令。席间，吕氏族人有逃席者，被刘章挥剑斩首，为喝酒游戏而戏掉了脑袋这也许就是戏中之戏了。此即为“酒令如军令”的由来。

唐宋是中国古代最会玩的朝代，酒令当然也丰富多彩。白居易便有“筹插红螺碗，觥飞白玉卮”之咏。

白居易诗中所说到的“筹”就是筹令，顾名思义，行酒令必用筹子，这是此类酒令的显著特征。筹本是古代的算具。古代没有计算器，一般用竹木削制成筹来进行运算，善计者可以不依赖算具求得结果，因此筹引申为筹谋、筹划。《汉书·高帝纪》记刘邦对张良的评价时说：“夫运筹帷幄之中，决胜于千里之外，吾不如子房。”现在把军事指挥将在室内制订作战计划，即称为运筹帷幄。其中的筹，词义为筹划、筹略、筹谋。从唐代开始，筹子在饮酒中就有了两种不同的用法：其一，仍用以记数，白居易诗“醉折花枝作酒筹”中的“酒筹”即是计数的工具。其二，是把它变化成一种行令的工具。筹的制法也复杂化，在用银、象牙、兽骨、竹、木等材料制成的筹子上刻写各种令约和酒约。行令时合席按顺序摇筒掣筹，再按筹中规定的令约、酒约行令饮酒。

筹令，是在唐代产生、发展起来的。晋代嵇含《南方草木状·竹类·越王竹》中记载：“越王竹，根生石上，若细狄，高尺余，南海有之。南人爱其青色，用为酒筹。”可见，南方人喜欢用越王竹做酒筹。酒筹不仅有计数的功用，有些筹上有令格，可以直接按令格的规定饮酒。1982 年，在江苏省丹徒县丁茂桥出土了唐代金龟背负《论语》玉烛筹筒一件，酒令筹五十枚。现在收藏于江苏镇江博物馆。这是迄今发现的最古老的筹令。筹令均长方形，切角边，下端收拢为细柄状；每枚正面刻行体令辞，字内鎏金，令辞上半段采自《论语》语句，下半段是酒令的具体内容，包括“自饮(酌)”“伴饮”“劝饮”“处(罚)”“放(皆不饮)”“指定人饮”六种。其中一枚上刻“刑罚不中则民无所措手足觥录事五分”字样。按“录事”为酒宴中的服务执事，“五分”指饮酒的数量。此外还有七分(大半杯)、十分(一杯)、四十分(四杯)和随意饮五种。

《论语》玉烛筹筹令上的文辞都来自《论语》，如有的令筹上写有：“恭近于礼乐，远耻辱也。放。”有的是“贫儿(而)无谄，富儿(而)无娇。任劝两人饮。”有的是“敏而好学，不耻下问。律事五分”。以上酒令中的“放”是在座的人都不饮酒，放过；“任劝两人饮”是得胜者可以任意劝在座的两个人饮酒；“律事五分”是饮半杯(五分)。

《金瓶梅》第六十回中的酒令是明代稍有资产的人家酒席上说的，比如吴大舅的一首，从一数到九，难度不是很大：“一百万军中卷白旗，二天下豪杰少人知，三秦王斩了余元帅，四骂得将军无马骑……九一丸好药无人点，十千载终须一撇离。”他提出的规则是：“我作一令，说差了，罚酒一杯。先用一骰，后用两骰，过点饮酒。”这一回中，还有谢希大的一个酒令，是绕口令的形式，其内容一是房瓦，二是骡马，也与普通人的生活相关：“墙上一片破瓦，墙下一匹骡马。落下破瓦，打着骡马，不知是那破瓦，打伤骡马，不知是那骡马，踏碎了破瓦。”谢希大提出的规则是：“说不过来，罚一盅。”

酒筹文化是中国饮食合餐制的产物，它的本质是农业文化。酒宴中的酒筹令有着很大的文化含量，参加者自古今名著、诗词歌赋，至天文地理、民俗俚语都要胸中有数才能现场发挥得好而不被罚酒。人们在欢宴中也锻炼了才思敏捷和竞争精神；既活跃了饮食的氛围，又增添了审美情趣。

酒令分雅令和通令。雅令的行令方法是：先推一人为令官，或出诗句，或出对子，其他人按首令之意续令，所续必在内容与形式上相符，不然则被罚饮酒。行雅令时，必须引经据典，分韵联吟，当席构思，即席应对，这就要求行酒令者既有文采和才华，又要敏捷和机智，所以它是酒令中最能展示饮者才思的项目。在酒令中有一种专门的诗令，或要求根据诗的一定格律和韵脚，或要求在一定时间内完成一首诗或一句诗，以行酒令。有时还“刻烛限诗成”，若过时限，或诗作不符合韵脚格律要求，都要罚酒。饮酒行令，需要行酒令者敏捷机智，因此，饮酒行令既是古人好客传统的表现，又是他们饮酒艺术与聪明才智的结晶。

酒令是中国酒文化的一大特色，反映了中国特有的国情、文化心理、艺术、宗教、伦理、物质、制度、法律方方面面的面貌。一部酒令史，就是一部中国文化史。饮酒行令，道出了中国社会各阶层或同或异的饮食思想，各时代变化发展的饮食方式，各地域融化创新的饮食风格。一部酒令史，就是一部饮食行为文化史。

六、文人斗茶

从魏晋以来，茶在物质与精神方面受到了人们的喜爱，人们对茶叶的观照，逐渐使得茶成为一种中国式的精神象征。唐代以陆羽、皎然等人开创的茶学文化诞生，构筑了茶学的基本体系。其后，以李白为代表的士大夫饮茶，提高了饮茶之雅趣。宋代，欧阳修、苏轼、范仲淹、沈安老人等把茶的文化内涵提升到人格高度，塑造了饮茶人格的精神特质。“茶兴于唐，盛于宋”，继晚唐五代饮茶普及之后，宋代饮茶之风进一步吹向社会各个阶层，尤其是下层平民之中，茶成为人们日常生活中不可或缺的东西。吴自牧《梦粱录》说：“人家每日不可阙者，柴、米、油、盐、酱、醋、茶。”王安石《议茶法》称：“茶之为民用，等于米盐，不可一日以无。”梅尧臣《南有嘉茗赋》云：“华夷蛮貊，固日饮而无厌；富贵贫贱，不时啜而不宁。”可见当时的少数民族也非常嗜茶。宋代文人以饮茶为风气。《石林燕语》卷十四记载：易安（李清照）记忆力特好，每次吃饭罢，都与夫君赵明诚坐归来堂烹茶。指着堆积如山的书籍，言说某事在某书第几卷几页几行，以是否猜中决定胜负，比出饮茶的先后顺序。李清照常常是赢家，往往

图 5-3　斗茶图（局部）

举杯大笑，茶水倾覆倒在怀中而不得饮。

在宋代，饮茶风气大行后，文人们创作了大量茶词及咏及茶的诗词，有人统计，“《全宋词》收词凡一万九千九百余首，而咏及茶的词共256首，约占总数的1.3％，其中可断为茶词的约52首。”

宋徽宗虽为亡国之主，然而却是茶的专家，撰写了《大观茶论》，共包括二十一部分，为：序、地产、天时、采择、蒸压、制造、鉴辨、白茶、罗碾、盏、筅、瓶、杓、水、点、味、香、色、藏焙、品名、外焙。是对北宋以来我国茶业的发展、制茶技术概况以及茶文化的系统总结。序言写道：“……至若茶之为物，擅瓯闽之秀气，钟山川之灵禀，祛襟涤滞，致清导和，则非庸人孺子可得而知矣，冲澹简洁，韵高致静。……延及于今，百废俱兴，海内晏然，垂拱密勿，幸致无为。缙绅之士，韦布之流，沐浴膏泽，熏托德化，盛以雅尚相推，从事茗饮，故近岁以来，采择之精，制作之工，品第之胜，烹点之妙，莫不盛造其极……”宋徽宗以“冲澹简洁，韵高致静”为茶之美德，以“幸致无为”作茶之功效，赞美茶得天地山川之灵气，故而使人“祛襟涤滞，致清导和”。饮茶不仅可去腻化食，荡烦提神，而且导引心灵的愉悦，心平气和，推进自然与社会和谐安泰，故此“导和”是心身的双重和谐。

《大观茶论》详细的描述点茶，专列“点”一节：“点茶不一。而调膏继刻，以汤注之，手重筅轻，无粟文蟹眼者，调之静面点。”这说明，宋代饮茶法较之唐代已有变化，即将研好的茶末不再用釜烹煎，而是调膏冲茶。宋代茶大多是半发酵的膏饼，饮用时先把膏饼碾成细末置于盏中，注入一些沸水，调和成糊状，然后再次输入沸水，同时手执茶筅（竹丝做成的调茶工具）适时搅拌，最后调和成茶汤，其中“候汤”与“击拂”最见功夫。宋人把点茶之技登峰造极了。

宋人创立了点茶法，斗茶之风兴起。

唐代以煎茶为主流，而宋代茶艺在继承前代精华的基础之上呈现出以点茶为主流的时代特征。

斗茶是宋代最负盛名的茶艺，上至王公贵族，下到市井百姓，都极喜欢斗茶。斗茶主要是斗汤色和汤花，汤色即茶水的颜色，汤花即泛起的茶沫，“视其面色鲜白，着盏无水痕为绝佳。建安斗试，以水痕先者为负，耐久者为胜”，斗茶即以汤花的尚白、尚久为评赏理念。作为宋代茶艺高度体现的茶百戏则更具艺术品位，可用汤花幻化成禽兽、鱼虫、花鸟等图形，其精妙足以令后世叹为观止。

我国北宋茶事，以民间“斗茶”为重要标志。“斗茶”又称“茗战”，是宋人集体品评茶的品质优劣的一种形式。正如诗中所说：好茶既然是贡奉天子的东西，好坏优劣当然都很重要。所以斗茶之风很早便由贡茶之地——建安兴起。首先是制造者造出茶后，他们同行之间相聚品评，比较高下。之后，斗茶又走入卖茶者当中。宋人刘松年的《茗园赌市图》便是描写市井斗茶情景的。最后加入斗茶行列的自然是品茶者，文人们在书斋里、亭园中斗，士大夫阶层在私人茶室中斗，甚至连皇帝也参加了斗茶活动。宋徽宗赵佶就曾亲自与群臣斗茶，且必须斗败诸人才痛快。宋代斗茶以白为贵，茶的汤色以纯白为上，青白、灰白、黄白则等而下之。汤色是茶的采制技艺的反映。色纯白，表明茶采时嫩，制作恰到好处；色偏青，是蒸时火候不足；色泛灰，是蒸时火候太过；色泛黄，是采制不及时；色泛红，是烘焙过了火候。斗茶胜负还有一个标准，就是看汤花，即诗中所谓的"素涛"：一是汤花的色泽要鲜白；二是汤花持续时间要长久，如果茶末研碾细腻，点汤、击拂都恰到好处，汤花就匀细，可以咬紧盏沿，久聚不散，若汤花泛起后很快涣散，不能咬盏，就属差次了，汤花一散，盏面便露出"水痕"，所以水痕出现的早晚，就是汤花优劣的依据，水痕早出者为负，晚出者为胜，胜一次称"一水"，计算胜负的术语当时叫"相差几水"。宋代著名的茶人非常多，且饮茶习惯各异。例如，范仲淹喜欢临泉而煮，苏东坡喜欢临江野饮，还有欧阳修、梅尧臣等许多一流的文学家亦都是好茶之人。陆游曾作过一首诗《临安春雨初霁》，其中一句"矮纸斜行闲作草，晴窗细乳戏分茶"，点出了宋代另一种烹茶游艺，宋初陶谷称此为"茶百戏"，玩时"碾茶为末，注之以汤，以筅击拂"，此时，盏面上的汤纹会幻变出种种图样，恰如一幅幅水墨画，故有"水丹青"之称。

吴自牧《梦粱录》记载："烧香点茶，挂画插花，四般闲事，不宜累家。"在当时，不会"点茶"是会被人笑话的。《宋人轶事汇编》卷十二高晦叟撰写的《珍席放谈》有"点茶"记载："曾子宣、吕吉甫同为内相，与客啜茶，注汤者颇数。客云：'尔为翰林司，何故不解点茶?'吉甫即云：'翰林司若尽会点茶，则翰林学士须尽工文章也。'意讥子宣，缘此遂相失矣。"此段文的大意是：曾子宣、吕吉甫同时担任内相，吕吉甫与客人品茶，因用汤瓶向茶碗多次注汤而点茶不到位。客人问："您贵为翰林司[①]，何故不懂得点茶?"吕吉甫回答说："翰林司若果尽会点茶，则翰林学士应该尽皆工于文章了。"意中暗含讥讽曾子宣，子宣不善于文辞。因为这个原因，二人从此不合。

北宋的都城开封城内，茶坊生意兴隆，居民住宅与茶坊交错而处。吴自牧《梦粱录》记载："巷陌街坊，自有提茶瓶沿门点茶。或朔望日，如遇凶吉二事，点送邻里茶水，倩其往来传语。"可见提瓶卖茶者沿街货卖，深夜方休，而且邻里彼此点送茶水是一种问候，卖茶者兼代传递信息的任务。新的交往习俗是"客至则设茶，欲去则设汤，不知起于何时。然上自官府，下至闾里，莫之或废"，则说明设茶待客已成社会风气。

---

① 翰林司，宋官署名。属光禄寺。掌供应茶茗汤果等，以备皇帝游幸、宴饮需要，兼掌翰林院执役者名籍，并安排其轮流服役。

第六章　元　　明

公元1206年成吉思汗统一漠北诸部，于1227年8月攻灭西夏，1234年3月攻灭金朝，完全占领华北。继承者忽必烈于1271年改国号为大元，建立元朝，即元世祖。1276年元朝攻灭南宋，统治全中国地区，结束自唐末以来400多年的分裂局面。元代遂成为中国历史上第一个由少数民族完成统一的政权，最盛时期其疆域曾经北临北冰洋，东、南临海西，南到云贵高原和青藏高原。蒙古人的铁骑席卷亚洲，羊肉的膻味弥漫中国。

唐宋以来，我国经济重心逐渐南移，元朝灭南宋统一全国后，南北经济交流进一步扩大，大都(今北京市)作为全国的政治中心，“去江南极远，而百司庶府之繁，卫士编民之众，无不仰给于江南”。元朝政府派都水监郭守敬修凿通州至大都的通惠河，使南北大运河全线沟通，把我国黄河、淮河、长江、钱塘江四大流域连在一起，为南北交通的发达和全国物资尤其是粮食交流创造了有利的条件。“江淮、湖广、四川、海外诸番、土贡、粮运、商旅、惫迁，毕达京师”。“江南行省起运诸物，皆由会通河以达于都”。

正如白寿彝主编的《中国通史》所指出：元朝虽囊括了金宋旧土，统治者面临的却是“地着务农者，日减月削，先畴畎亩，抛弃荒芜”，中原膏腴之地，不耕者十三四；种植者例以无力，又皆灭裂鲁莽的残败景象。在中原农业文明思想的影响下，以忽必烈为代表的一批统治者为加强新政权的物质基础，很快接受了“国以民为本，民以食为本，衣食以农桑为本”(《元史·食货志一》)的观念，全面而又雷厉风行地采取了一系列“重农”或“劝农”措施。例如陕西泾汾地区在蒙金之际的状况是“蓁莽榆棘，连云蔽日”“千里萧条”“人迹几绝”，经过招抚，民众“稍稍归集，斸芜挽犁，渐就耕业”，然而“初皆食草实，衣故书纸”。垦殖之后，出现“马牛羊豕，日加蕃息，公私储蓄，例致丰饶”的景象。另一条材料证实了这种景象并非虚言：“晋地厚而气深，田凡一岁三艺而三熟。少施以粪力，恒可以不竭。引汾水而溉，岁可以无旱。其地之上者，亩可以食一人。民又勤生力业，当耕之时，虚(墟)里无闲人，野树禾，墙下树桑，庭有隙地，即以树菜茹麻枲，无尺寸废者。故其民皆足于衣食，无甚贫乏。家皆安于田里，无外慕之好。”宋元之际的两淮大片地区，人烟断绝，“荒城残堡，蔓草颓垣，狐狸啸聚其间”，六七十年后，人们见到的景象是“生聚之繁，田畴之辟，商旅之奔凑，穰穰于视昔远矣”！

在“重农”政策的推动下，一批总结生产经验的农书纷纷问世，官修的有《农桑辑要》《农桑杂令》，私人撰写的各类农书约 17 种之多，传世的有王祯《农书》、鲁明善《农桑衣食撮要》、陆泳《吴下田家志》及《田家五行志佚文》、刘美之《续竹谱》、柳贯《打枣谱》。俞宗本有《种树书》《田牧志》等 5 种，其中以《农桑辑要》《农书》和《农桑衣食撮要》影响最大，是元代农技图书的代表之作。

清朝官修史书《明史》中评价明朝是“治隆唐宋”“远迈汉唐”。

明代随着耕地面积的扩大，粮食产量也随之增加。从王朝征收的本色粮看，1385 年（洪武十八年）麦豆米共 20889617 石，1390 年（洪武二十三年）为 31607600石，1393 年（洪武二十六年）32789800 石，八年间增加三分之一。史称“计是时，宇内富庶，赋入盈羡，米粟自输京师数百万石外，府县仓廪蓄积甚丰”。

明太祖朱元璋崇尚节俭，开国后以农为本，禁食牛肉。他留下的饮食掌故，多系回味早年饥寒岁月的粗陋食品，如麦蚕豆干粥、叫化鸡、珍珠翡翠白玉汤之类，纯属怀旧情结。其次子朱棣（成祖）夺位后定都北京，也不讲究吃喝；五子朱橚留下了“一品包子”的传说，但算不得什么山珍海味。明代宫廷饮食至万历以后才渐次奢靡，总体上较少创新，与民间吃法交集不多。相形之下，“造反十八年，享福十八天”的李自成更是个土包子，相传闯王夺了大明帝祚后，足足吃了十八天饺子。

元明时期已经成为中外交流的开放时期，明朝永乐三年（1405）郑和开始的七次下西洋，是古代航海史上的奇迹，也是最大规模的饮食思想的交流。郑和所到之国及地区五十余处，随同人员有可贵的记录，如费信《星槎胜览》、巩珍《西洋番国志》详细记载所到国家及地区的饮食生活、饮酒习惯、农业出产等等，如《西洋番国志》记载占城人皆食槟榔，饮曰瓮酒，又以（彭瓦）酒为祝寿的酒等饮食生活习惯。又如记录暹罗国饮食无匙筋，手撮而食，若有聚饮，则列坐于地。另一方面，郑和所带领的 28000 人的浩浩荡荡的队伍，所到之地也将汉族饮食思想加以传布，直到现在，所到的国家和地区还存留着华人的饮食风俗的影响。

大量的西方人来到中国，他们对中国人的饮食、饮食思想留下了深刻的印象，并有许多感受。威尼斯人马可·波罗 17 岁时，跟随父亲和叔叔前来中国，历时约 4 年，于 1275 年到达元朝的首都，与元世祖忽必烈建立了友谊。他在中国游历了 17 年，曾访问当时中国的许多古城，到过西南部的云南和东南地区。他回国后极力赞叹中国是“丰饶之国”，有的是雄伟的宫殿、豪华的庆典、丰饶的物产、珍奇的器物以及儒雅而温良的中国人。许多人认为他不过是夸夸其谈，他称之为“世界之冠”的国家并非如此，他充满了故弄玄虚的溢美之词。但是有一点却是肯定的，那就是中国第一次在西方人眼中有了中国的“国际形象”。

葡萄牙人谢务禄对中国的繁华有着深刻的印象，不过最使他难忘的是中国人对于宴会的热爱，他认识到饮宴在中国社会中具有高度的社会意义与功能，它是人们社会活动的重要方式，并成为中国社会交往最重要的文化特征。谢务禄

(Alvaro Semedo,1585—1658),又名曾德昭,天主教耶稣会葡萄牙籍传教士。明万历四十一年(1613)到达中国南京,四十四年(1616)经历南京教案,后改名曾德昭潜回中国继续传教,1636年离开中国。著有《大中国志》,介绍了大明王朝统治下中国的繁华。其中谈到中国人的饮食的时候,提到对中国人的宴会印象极深,他的评价是:"中国人为宴会花费了许多时间和金钱,因为他们几乎不断在举行宴会。凡是聚会、辞行、洗尘以及亲友喜庆,无不举行宴会以示庆贺。……重要的事务也在宴会上处理,不管开始任何工作……也不可缺少宴会。"

意大利传教士利玛窦(Mathcw Ricci)于1852年(明神宗万历十年)8月来到中国,生活了29年之后葬在北京。无独有偶,他对中国饮食的印象中最深刻的也是宴会。在《利玛窦中国札记》中他这样记述说:"现在简单谈谈中国人的宴会,这种宴会十分频繁,而且很讲究礼仪。事实上有些人几乎每天都有宴会,因为中国人在每次社交或宗教活动之后都伴有宴席,并且认为宴会是表示友谊的最高形式。"中国人对于宴会的喜爱一直延续到现在。

第一节 《饮膳正要》的饮食思想

《饮膳正要》为元代饮膳太医忽思慧所撰,他吸纳了蒙古人、汉人的医学知识,又加以融会贯通,因之这部书在元代的饮食思想研究中具有特殊的地位。

一、一部重要的书

首先,《饮膳正要》一书的作者忽思慧身份特殊,值得注意。忽思慧,一译和斯辉,生卒年月不详,蒙古族(一说为元代回回人),约为13、14世纪间人。从该书"虞集序"可知,忽思慧尝为赵国公常普兰奚下属,且两人关系密切。据《新元史·常畯住传》,常普兰奚于延祐二年(1315)加金紫光禄大夫、徽政院使,掌侍奉皇太后诸事,忽思慧很可能即于是年被选任饮膳太医,入侍元仁宗之母兴圣太后答己。忽思慧的服务对象是非常特殊的,是皇太后、皇后。为这样的人做保健医生,挑选当然是十分严格的,他必然是当时国内第一流的医生,必然具有最好的医学修养,必然能够提供最为体贴的服务。忽思慧于元仁宗延祐年间(1314—1320)被选充饮膳太医一职,至元文宗天历三年(1330年)编撰成《饮膳正要》一书。由于有关史料缺乏,该书成为考其生平的主要依据。《饮膳正要》成书之后,专门进呈中宫供览,受命担任该书刊刻、校正者又多为与中宫关系密切之人,如拜住为中政院使,张金界奴为内宰、隆祥总管等,且"虞集序"中专有褒颂"圣后"之语,故忽思慧当时应在中宫供职,以膳医身份侍奉元文宗皇后卜答失里。忽思慧在元廷中主要是以饮膳太医之职侍奉皇太后与皇后。

忽思慧长期担任宫廷饮膳太医,负责宫廷中的饮食调理、养生疗病诸事,加之他重视食疗与食补的研究与实践,因此有条件接触到皇宫的医学文献,有机会将元文宗以前历朝宫廷的食疗经验加以及时总结整理。这就使得他得以一下子到达医学的前沿阵地，有利于了解宫廷秘方，并注意汲取当时民间日常生活中的医疗经验。

从《饮膳正要》中可以看出他继承了前代著名本草著作的成就。虞集为本书作的序说"昔世祖皇帝，食饮必稽于本草"，说明了历代的《本草》都受到重视，忽思慧不可能不注意到这一点，不可能不着力从《本草》中汲取营养。另外需要注意的是，他是一位蒙古族医生，他将蒙古族医学的理论和实践熔铸到自己的工作中去，使得他的这部著作具有超时代的意义。综合以上特有的条件，忽思慧的这本著作应该予以重视。

其次，由于服务对象的原因，本书着力点在养生、保健。忽思慧所服务的对象是皇太后、皇后，是特定的对象，工作量应该不会很大，但是任务极为重要，责任特别重大。皇太后、皇后不可能有那么多的病症需要忽思慧研究、处理，所以，他工作的重点应该是在营养、养生、保健上。这也就形成了本书的特点和重点是营养、养生、保健。

第三，忽思慧的医学总结很有特点，他不是就病论病，而是在哲学的层次、世界观的层次来讨论。首先将人定位为天气地气"合气"所生，人是天之所生，地之所养，要知人必须知天地，将天地打通。这和张载《西铭》中"乾称父，坤称母。予兹藐焉，乃混然中处。故天地之塞，吾其体。天地之帅，吾其性"的观点正相呼应。

忽思慧在哲学层次谈养生，具体地一步步展开。

第一步，指出养生关键在心："心为一身之主宰，万事之根本，故身安则心能应万变，主宰万事，非保养何以能安其身。"忽思慧这里所说的"心"，既是生理上的心脏，又是精神上的主宰，所以他所说的养生包括心理健康，包括如何统摄精神。

第二步，忽思慧进一步阐明保养的哲学基础是"守中"，他所说的"守中"就是"守心"，守心其实就是守正，无过不及谓之正，忽思慧正是把孔子"过犹不及"的思想运用到了养生学上："保养之法，莫若守中，守中则无过与不及之病。"

第三步，忽思慧指出饮食在养生中的重要性，认为"调顺四时，节慎饮食，起居不妄"是顺应天地的具体行为，而节俭饮食是顺应天地的具体作为。饮食如何养生，就是"使以五味调和五脏"。五味指五味均匀，又指五味适应五脏，不可只凭个人性味偏食。以上都做到了，养生的目的就达到了："五脏和平则血气资荣，精神健爽，心志安定，诸邪自不能入，寒暑不能袭，人乃怡安。"

第四步，忽思慧继承孙思邈的观点，强调"上古圣人治未病不治已病"，这与现在的"防病胜于治病"的思路是完全一致的。"治未病"指身体在无病情况下，重视预防，以防疾病的发生，同时强调患病之后，应当积极扶正祛邪，防止病情加剧以至恶化，早日康复。忽思慧并且指出要做到这一点，最重要的是饮食的配合，将问题的讨论再次回到饮食上来，他认为正是在这样的意义上孔子强调"食不厌精，脍不厌细。鱼馁肉败者，色恶者，臭恶者，失饪不时者，皆不可食”。忽思慧《自序》说：“调顺四时，节慎钦食，起居不妄，使以五味调和五脏。”饮食关乎五脏，关乎生命，“是以圣人先用食禁以存性，后制药以防命”，饮食是生命延续的基础，而医药是保命之必需。他指出圣人也有口腹之欲，但是他们能够用饮食养气养体，不使其伤害到气和体。如果食气相恶则伤害精，如果食味不调则损伤形。形受五味以成体，所以圣人先用食禁以保存性，然后制药来防命。“饮食百味，要其精粹”，审核其适宜补益助养，了解新陈的差异，知晓温凉寒热的本性，审定五味偏走的伤病，这才是摄生之法。忽思慧强调了饮食和养生的关系。

《饮膳正要》收录了大量的食疗配方，“粗略计算一万，书中的‘聚珍异馔’‘诸般汤煎’‘神仙服饵’‘食疗诸病’四门的配方加起来总共计 250 种”①。

二、出版

明朝代宗皇帝朱祁钰刊印《饮膳正要》，并且亲自给《饮膳正要》写序文。皇上推荐一部书，并且为它写序，这样的事情在中国历史上是很少的，而且这个序是动了脑子、有所发明的。序文说：“朕惟人物皆禀天地之气以生者也。然物又天地之所以养乎人者，苟用之失其所以养，则至于残害者有矣。如布帛菽粟鸡豚之类，日用所不能无，其为养甚大也。然过则失中，不及则未至，其为残害一也。其为养甚大者尚然，而况不为养而为害之物，焉可以不致其慎哉！此特其养口体者耳。若夫君子动息威仪，起居出入，皆当有其养焉，又所以养德也。”

这个序言可以作为我们研究《饮膳正要》的一个观测点。明代宗的序言是自己的读后心得，其着眼点在天人之际、天人关系。人为天地所生，其他饮食之物又是天地拿来供养人的。对于饮食之物的吸纳如果出了偏差，人就会遭受戕害。这是他所发明的《饮膳正要》思想的第一点。他认为《饮膳正要》的切入点很高，是从人与世界关系的角度切入研究的，是探讨哲学问题的，这一下子就提高了《饮膳正要》的高度。明代宗认为如果仅仅做到了这一点，那还是低层次的，仅仅是满足了人的“养口体”的需要而已。紧接着明代宗指出了第二点，《饮膳正要》所关切的是君子应当通过饮食“养德”，无论是动静出入无所不关乎养德，这才是最终目的。这第二点，是有关人生哲学、人生修养的。

《饮膳正要》著成于元朝宁宗天历三年(1330)，全书共三卷。卷一讲养生避忌、妊娠食忌、乳母食忌、饮酒避忌和聚珍异馔等；卷二讲原料、饮料和食疗，即包括诸般汤煎、神仙服饵、四时所宜、五味偏走、食疗诸病、食物利害、食物相反、食物中毒等内容；卷三讲粮食、蔬菜、各种肉类和水果等。

三、饮食宜忌

饮食宜忌是中国医学的一种特殊的观点，认为不同的食物有不同的性味，有的属于热性，有的属于凉性，还有的则是温性，也有的是平性。不同性味的食物的搭配有严格的要求，如果不注意就会中毒。这一理论成为中医学的标志之一。

---

① 姚佛钧，李亮宇. 崔磊《饮膳正要》注评，郑州：中州古籍出版社，2015.

《饮膳正要》专章讲养生避忌，有妊娠食忌、乳母食忌、饮酒避忌，四时所宜，五味偏走及食物利害、相反、中毒等食疗基础理论。比如四时宜忌，特别指出："春气温，宜食麦以凉之；夏气热，宜食菽以寒之；秋气燥，宜食麻以润其燥；冬气寒，宜食黍以热性治其寒。"说明由于四时气候的变化对人体生理、病理有很大影响，故人们在不同的季节，应选择不同的饮食。本书还陈述食物本草，总计有米谷、兽、禽、鱼、果、菜、料物七类共230余种，并附本草图谱168幅，分别介绍其性味、主治，并重点论述食疗、食品制作和食饮宜忌等内容。主张重食疗而勿犯"避忌"。

第二节　明代紫砂壶艺术

一、紫砂壶能发真茶色香味

每个时代都有每个时代的社会文化特色。使用茶具饮茶，不止是满足了人们解渴、清思、审美、愉悦身心的需求，而且使用什么样的茶具、怎样使用茶具、饮茶方式如何，又体现了一个时代的社会制度文化、文化交流等，具有丰富的文化内涵。

饮茶方式经过了汉之煮、唐之煎、宋之点等的变化，到了明代，则以散茶为主，以瀹茶法为主流。人们饮茶注重茶空间的营造。朱权、文徵明等人创造的茶空间，更加注重饮茶的环境与其他艺术形式相合，焚香、挂画、插花、瀹茶等多种艺术形式于一体，而瀹茶法的流行，紫砂茶具以其素朴古雅之态，一壶在手，令人顿生闲远之思。

令无数文人雅士痴迷的紫砂壶，出产于江苏宜兴。宜兴，古称荆溪，因苍山清溪而得名。秦始皇统一中国后改称阳羡。陶都宜兴至少具有七千年的陶文化史。紫砂泥是众多陶土中的成员。宜兴陶土分布在宜兴市境内南部丘陵山区的古生代地层中，大约在2亿—4亿年前就形成了，深埋于山腹之中。

用紫砂泥制作的紫砂茗壶是特定地域和文化的产物。具有七千年历史的"世界陶都"宜兴，其蕴藏着丰富的陶土资源以及江南茶区丰富的"阳羡茶"资源、山中宜于沏茶的清泉，为紫砂茗壶的诞生创造了丰厚的物质条件。江南人聪慧勤劳，富于创造，又为紫砂茗壶的诞生赋予了文化色彩。宜兴除紫砂陶之外，还有均陶、精陶、彩陶和青瓷陶，共称为"五朵金花"而名扬天下。

中国江苏宜兴特产一种奇异的矿土，以这种矿土制备的泥和上水，做成茶壶的造型，放进窑火中烧制，即成紫砂陶壶，既是茶具，又是艺术品，这就是宜兴紫砂壶艺。这种紫砂壶，沏成的茶水格外醇香味厚，"能发真茶之色香味"，而且不腐不败。有稍有夸张的俗语称紫砂壶：表里不施釉，盛茶不渗漏，透气性能好，烹茗香醇厚；贮茶不变色，越宿不易馊，砂质无土气，泡茶味不走；寒冬不易冷，盛夏不炙手，沸水注不裂，火炖无破忧，赏用日经久，光润暗自留，越发显雅古，蕴蓄茶

图 6-1 明代嘉靖柿蒂纹提梁圆壶(江苏南京马家山吴经墓出土)

香悠。

紫砂矿土主要产于江苏省宜兴市丁蜀镇黄龙山、青龙山一带。从考古和文献记载来看,紫砂壶艺的历史始于北宋,兴盛于明清。被世人誉为"景瓷宜陶"——江西景德镇的瓷器和江苏宜兴的紫砂齐名。国外人称誉紫砂壶为"红色瓷器"。紫砂以其最宜泡茶的功效出名,然而茶也润养紫砂,两者相得益彰。

明代是紫砂茗壶的兴旺成熟期,名手辈出,代有精品。至今有实物遗存并有制作者记载的,当属1965年在南京中华门外马家山油坊桥出土的明代嘉靖十二年(1533)司礼太监吴经墓中的一把紫砂提梁壶,根据墓志考证发现,这是目前唯一有绝对年代可考的明嘉靖早期紫砂壶。

明代周高起《阳羡茗壶系》一书把金沙寺僧与供春列入艺术化紫砂壶的创始人,被尊称为"砂壶鼻祖"。供春,是第一个在紫砂历史上有名有姓的制壶艺人。供春以后的名家有董翰、赵梁、元畅、时鹏,称为"四大家"。四大家以后,有李养心(号茂林),也是明万历时名艺人。他善于制作小圆壶,世称"名玩"。他在兄弟辈中排行第四,故又以"小圆壶李四老官"得名。从李茂林开始,"壶乃另作瓦缶,囊闭入陶穴",烧造工艺进步,使紫砂茗壶烧成后不再沾染釉泪。

万历(1573—1620)时,文人雅士的积极参与,促使紫砂茗壶达到了史上的第一个鼎盛时期。如壶艺名手时大彬与娄东诸名士、徐友泉与宜兴吴氏、蒋伯荂与陈继儒等都交情深厚,艺人与文人联袂创作了诸多的传世之作。另有文人雅士定制砂壶者更是不胜枚举,如项元汴、赵宧光、董其昌、邓汉、顾元庆、陈惶图、释如曜、吴中秀、蒋之翘、梁小玉、宋荦、汪文柏、马思赞、涉园张氏、杨中讷、曹廉让、允礼等。"也有延请制壶名家到家里创制的,使紫砂茗壶积淀了更多的文化内涵和文人气息"①。

明代各名家的壶艺,虽然流传于世的茗壶风格不一,但是从型制上看,仍多以仿青铜器、仿瓷器以及仿自然形态造型和筋纹器具等变化而来,多为筋纹器。

---

① "明代中晚期在江南城镇文化地带,尤其以苏州府地区为主体,附带常州、松江、嘉兴等府的文人集团成员,他们在当时皆以诗、文、书、画擅名一世,同时又以茶人身份主导了一代的饮茶风尚。这些嗜茶文人,分别以隐逸茶人、寄怀茶人的面貌,酬游于社集的文人集团之间,也获得了集团核心人物的认同和赞誉。"引自龚书铎.中国社会通史·明代卷[M].第333页,太原:山西教育出版社,1996.12.

从容量上看，明万历之前，大壶型制为多；万历之后，壶形日渐趋小。时大彬受到文人雅士的影响之后，才改作小壶。以后，徐友泉诸家更向这一方面推进，从“盈尺兮丰隆”转向“径寸而平柢”一途。明末清初更有陈子畦、惠孟臣都是擅制小壶的高手。壶形由大而小，不得不承认决定于士大夫饮茶趣味和饮茶习惯的改变。明代散叶茶的小壶冲泡法，常使以茶释怀的文人雅士们发现型制小的壶泡茶蕴育茶香，出味方面远远优于大壶，故此，大壶渐渐少制。如时大彬初始喜制大壶，后和文人们交流之后渐渐改制小壶，无不是受到了文人雅士的影响。其后，清代乾嘉时期的陈曼生与杨彭年、杨凤年等人合作设计制作砂壶，把文人壶提高到一个具有里程碑式的高度。这也体现了紫砂茗壶是喜爱壶艺的文人和热衷文化善于创新的艺人共同用智慧创造的结果。

作为完成一次茶事活动的重要构成因素——茶具，充分实现了茶人物质和精神文化的双重载体作用，尤其是在一次茶事活动结束之后，茶具作为物质形态而被保留了下来，有着较为恒常、持久的文化意义，使之成为茶文化精神内涵的重要传载体。茶在茶具所围隔的泉水里激发出的茶性之美，茶具自身所具有的审美特性等都在以人为中心的茶事活动中显现出来。紫砂茗壶所呈现的“静态美”与中国茶道的精神相和，充分表达了器与人的关系，紫砂茗壶所具有的功能之美、艺术设计之美（通过质地美、造型美和装饰美等表现出来）和技术之美，体现了独具魅力的东方工艺美学之特征。

17、18世纪的英、法等国在茶具方面喜欢用中国特定的陶瓷器皿，而认为使用锡壶、铁壶或不锈钢茶壶是缺乏教养的表现。

二、紫砂壶与中国文化精神

宜兴紫砂壶艺术，经过千百年来的代代相传，紫砂壶艺之美，体现了实用和艺术的统一，是中国人民智慧的结晶，体现了中国文化的基本精神。

从普遍的文化的意义上说，宜兴紫砂壶是文化的结晶。关于文化的结构，有四层次说，包括物质、制度、行为、心态文化四个层次。宜兴紫砂壶由泥做成，自然具有物质的形态；壶的形态、颜色寄寓着制作人的情思，又不能不带上时代的烙印，一时代有一时代之风格，因之正好处在物质文化与行为文化、心态文化的结合点上。

要揭开中华文化之谜，“天人合一”就是钥匙。紫砂是上天赐给宜兴的神物，经能工巧匠之手而完成，蕴涵天地之灵气，谁能说紫砂壶艺不是天人合一的最佳范例？从中国文化的角度上说，宜兴紫砂壶艺包孕着中国文化的基本因子：土、水、火、人。因而说宜兴紫砂壶艺体现了中国文化的基本精神实在是恰如其分。

1. 宜兴紫砂壶艺是泥土的杰作

中华民族历来崇敬土，敬拜土地。泥是泥土，土是土地，土是土神。历朝历代统治者祭祀的“社”就是土，就是泥土。“社”，《说文解字》解释为：“地主也。”《五经异义》的解释是：“今《孝经说》曰：社者土地之主。土地广博，不可遍敬，封五土以为社。”“土”之含义，《说文解字》解释为：“地之吐生万物者也。”“地”：“元气初分，轻清者为天，重浊阴为地。万物所陈列也。"可见古人的眼中，天地剖判之时，即已有了土地。大地承载着人类，人当以大地为母亲，即所谓"坤为母"是也。宜兴的泥土是由奇异的石头转化而来，石化为泥，不知其经历了多少年多少代，自然充斥了天地之精气。

中华文化产生在最为优越的土地上：全球最大的陆地——欧亚大陆的东部，全球最大的海洋——太平洋的西岸，气候温和，雨量充沛，适宜作物的生长和人类生活，自然条件得天独厚。这样的自然条件产生了农业文化，农业文化最为依赖的就是土地。中华民族是知恩报恩的民族，土地对于中华民族的恩赐，换来了对于土地的崇拜。中国的原始祭祀，所祭祀的对象，除了天就是地。古时凡继位，必祭社神。由此已可见土地在中华民族心目中的地位。

说明土地在人们心目中崇高地位的有许多故事。晋公子重耳流亡 19 年是春秋时期最为动人的故事之一，穷途潦倒的晋公子重耳祭拜土块的故事尤能发人深省，说明了土地在人们心目中的地位。《左传·僖公二十三年》："（重耳）出于五鹿，乞食于野人，野人与之块。公子怒，欲鞭之。子犯曰：'天赐也。'稽首，受而载之。"在公子重耳的眼中，农夫向自己扔来的土块是羞辱，而在子犯的眼中，土块即是土地，土地便是国家。从而意识到，天通过农夫在暗示：重耳将得到国家。这是晋公子能够回到晋国的预兆。重耳受到感动，省悟过来，于是向农夫行了九拜中最为隆重的礼节，叩头至地，以示致谢，收下土块并载在车上。后来，晋公子重耳果然回到晋国，做了君主，即历史上有名的晋文公。现在，不少爱国华侨祭拜黄陵时，带回一畚黄土，以解思乡之情，也反映了对于泥土的崇拜，泥土是祖国的象征。

天地氤氲，自然造化，只有宜兴有如此神奇之土，当地有民间传说谓之"五色土"，只有这种五色土可以烧出如此神奇之壶。

宜兴紫砂壶艺对泥的运用达到了极致，出神入化，化腐朽为神奇。

2. 宜兴紫砂壶艺是水的杰作

要制陶壶，仅有泥是不行的，必须用水来和泥，水因此也成为宜兴紫砂壶艺的因子。要了解中国文化又何尝不是这样呢？不了解水在中国文化中的地位，就无法了解中国文化。中国文化是农业文化，农业文化与水有不解之缘。

在中国神话传说中有许多关于水的故事。比如精卫填海，就是中国先民与水作不屈不挠斗争的历史事实的折射。再如女娲补天。古人以为阴雨连绵乃因为天被捅漏了，故而塑造出补天之神。历史记载我们的先民的确经历过一个洪荒时代。中国最古老的文献《尚书·尧典》记载："帝曰：'咨四岳：汤汤洪水方割，荡荡怀山襄陵，浩浩滔天，下民其咨，有能俾乂？'"所反映的就是舜帝时的大洪水已经造成了先民的大恐慌。正是在这样的大背景下才有了大禹的故事，他的父亲鲧治水失败，大禹子承父业，因之"大禹治水"的故事人人耳熟能详，大禹成了民族英雄。大禹不屈不挠、艰苦奋斗又富于科学创新的精神就是中华民族精神的最好代表。

人离不了水，但对于水又是十分敬畏。我们的祖先最早生活的地方是在河边，在第二台地上，为的就是既取水方便又能够躲避水患。

宜兴紫砂壶艺的制作离不了水，而且对于水的要求是苛刻的。

从紫砂壶艺的创作过程来看，紫砂壶的泥土，就是从淘细土中逐渐淅漉出来的。这其间，离不开水的作用。假如没有这淘细土的工序，紫砂的泥质仍然无法使用。

宜兴的泥虽然为天下之奇，但是离了水却无法成型。宜兴紫砂壶艺需要借助水的鬼斧神工，方能做出千奇百怪的造型来。

3. 宜兴紫砂壶艺是火的杰作

火的使用使先民们获得了征服自然的力量，使人成为自然的对立物，或者说使人从自然中脱离出来，从而成为大写的“人”。火的使用使得我们的先民们吃上了熟食，更加容易消化，体格更加健壮；火的使用使得我们的先民们可用它来抵御夜晚的黑暗，生活更加光明，对未来更加充满信心。

宜兴紫砂壶艺的制作离不了火。壶艺的制作过程需要温度合适的火，火大了不行，火小了也不行，一时大一时小也不行。火是壶艺能否成功的关键。

紫砂泥属高岭土—石英—云母类型，含有氧化硅、氧化铁、氧化钙、氧化镁、氧化锰、氧化钾等化学成分，其中含铁量高，烧成温度在1100～1180℃之间。每一种泥料都有一定的烧成温度，若与自身最佳温度有高低5℃之差，就会出现太老、太嫩的缺陷，所以一把好的紫砂壶烧到最佳效果并不是易事。

紫泥、本山绿泥、红泥在不同的温度下，烧成之后颜色都不同，因此原料的多样及温度的差别，再加上制壶时可添加不同的陶瓷原料，均可使壶呈现丰富多彩的色彩。如：朱砂红、枣红、紫铜、海棠红、铁灰铅、葵黄、墨绿、青蓝、豆青、榴皮……如紫砂壶是用紫泥制作，紫泥在1130℃时烧成，其色泽为紫红色；在1170℃时色泽为紫黑色。又如绿泥壶是用本山绿泥制作，烧成温度在1130℃时，成品壶的色泽为黄白色；在1170℃时色泽为带青绿牙色。可见火候在壶艺的制作过程中起着多么重要的作用。

4. 宜兴紫砂壶艺是人的杰作

中国文化历来重视人，给予人以至高无上的地位。宜兴紫砂壶艺经过千年的发展，从煮水、煮茶用的日用生活器皿，逐步演变成独树一帜的艺术品，承载着丰厚的文化内容，体现了中国传统文化和民族艺术精髓。这其中无不渗透着人的劳动。

紫砂壶艺富于浓厚的文化意味，因为它是亲水之物，而水是生命的必须物，人通过紫砂壶实现了与水的交融。一则是因为代代薪火相传的紫砂艺人的进取、追求；一则来自文化人的积极参与。紫砂壶艺实际上是热衷文化的艺人与热爱工艺的文人共同用智慧创造的。一把茶壶一旦出炉问世，则已经不是无生命的一件泥土的制成物，而是饱含着生命与活力的艺术品，是工艺匠对人生与世界理解的寄托物。一把紫砂壶，素面素心，古雅朴拙，既是大自然的赐予，使人亲近自然，又可寄托情志。

纵观中国工艺美术史，紫砂壶的文人参与创作热情是热烈而富有激情的，中国文人受宗教文化和儒家思想影响极大，其中以儒学为最，以“修身、齐家、治国、平天下”为理想追求，顺意时“达则兼济天下”，不如意时“穷则独善其身”，再不济时，便隐逸山林，归隐田园。在书斋里读书、操琴、书画、吟诗作联，寄托理想，在高雅的壶艺把玩中，修身养性，颐养天年。

紫砂壶上的装饰极多，均为人的艺术创作。有陶刻文字书画、印纹、泥绘、绞泥、捏塑、贴花、透雕、印章、彩釉、泥质肌理（色泥、调砂、铺砂、抽砂等）、镶嵌（如包锡嵌玉、嵌金银丝、红木）等方法装饰紫砂壶。这些装饰艺术是中国传统艺术的一部分，体现了中国人因材施艺，对于美的不倦追求。

紫砂壶又寄寓着工匠和文化人的人格精神。紫砂壶上，传统文化的诸多内容，如诗书画印乃至对世界、人际关系、修身立命、经邦济世的箴言要义等用刻刀、彩绘、泥绘等各种装饰手法体现出来，使壶与创作者融为一体，壶中有我，我中有壶。

中国文化由中国人所创造，又由文化人所总结。宜兴紫砂壶艺与文人有不解之缘。紫砂壶质地古朴淳厚，不媚不俗，与文人气质十分相近。文人玩壶，视为“雅趣”。参与其事，成为“风雅之举”。日日亲近、把玩，用以言志、寄情、寓意，一壶在手，追求文墨明志、品味茶汤之情趣。

宜兴紫砂壶艺被赋予人的品格：日本紫砂壶艺收藏家奥玄宝在《茗壶图录》中对紫砂壶的评价有：“温润如君子，豪迈如丈夫，风流如词客，丽娴如佳人，葆光如隐士，潇洒如少年，短小如侏儒，朴讷如仁人，飘逸如仙子，廉洁如高士，脱俗如衲子。”爱壶之人，能以壶喻人，用心感悟砂壶的艺术之美。

5. 宜兴紫砂壶艺所亲者乃是茶，而茶乃高尚之物

“茶乃南方之嘉木”，由品茶而形成的茶文化是中国独特的文化。“累日不食犹得，不得一日无茶也。”“茶是我们中国人的饮料，口干解渴，惟茶是尚。”

周作人先生说：“喝茶当于瓦屋纸窗之下，清泉绿茶，用素雅的陶瓷茶具，同三二人共饮，得半日之闲，可抵十年尘梦。喝茶之后，再去继续修各人的胜业，无论为名为利，都无不可，但偶然的片刻悠游乃正亦断不可少。”

无论是文人还是雅客，是商贾还是凡夫，茶与茶具都是生活中难以割舍的。中国是茶的故乡，茶资源众多，无论是发酵茶，还是半发酵茶、全发酵茶，都能在宜兴的紫砂壶里找到极为适宜的归宿。常有人说，绿茶无法以紫砂壶冲泡，其实选用胎质致密、薄胎、口阔身筒低矮、容量小的壶，就完全能够冲泡出香高清雅的茶汤来。比如，朱泥壶、高温烧造的薄胎紫泥壶等就很适合。宜兴紫砂壶能适宜各类茶叶的茶性，或清香或醇厚，或甜美或苦涩，或恬淡或悠远，紫砂壶艺的美和茶的美得到了统一。

中国茶道所追求的意境是“淡泊中和，超世脱俗，清闲素朴，纯真自然”，而宜兴紫砂壶艺的古拙最能够体现茶道的内涵。茶道的精髓就是中国人追求的理想

人格。品茶时的悠然自得正是中国人的情趣，也是中国文化精神的集中体现。之所以这样说，是因为中国古代的知识分子积极入世，怀抱着伟大的理想，但又是能进能退，“内圣外王”“穷则独善其身，达则兼济天下”。换句话说，就是内心的追求非常远大，但在外表的表现上却总是从容的，内心坚毅与恒远，外表却似柔弱和恬淡。魏晋之后的知识分子更是将儒、释、道圆融地结合于一身，品茶与中国古代知识分子的这种心态最相契合。

西方人喝茶难以品出中国人的悠闲，西方人所喜欢的华丽艳美的茶具无论如何也承载不了中国人以小见大的无限天地，他们很难理解中国人为何会将一壶苦涩的茶汤从清晨喝到夜晚，很难体会这素面素心的中国紫砂的美和中国人的朴实醇厚的性格。由此，外国人在面对中国的瓷器大呼“China”的时候，一个美丽的名字出现了：“红色瓷器”——中国紫砂！

人们常说以管窥豹，尝鼎一脔，茶文化确实是中国文化最具典型意义的一个侧面，通过茶文化的研究可以窥见中国文化之精神，把握其底蕴。因为茶作为一种载体，蕴涵了极为丰富的信息，它不但是中国人了解中国文化的一个最好的途径，也是外界了解与认识中国的很好的切入点。

好茶、好水盛在紫砂壶中则更美。紫砂壶艺，确是一个大世界，林林总总的人物与之结下了不解之缘，每一把壶中都装满了说不完的故事。紫砂壶虽小，却反映着中国文化的方方面面。宜兴紫砂壶艺体现了中国文化的基本精神。

三、紫砂壶由实用器物到中国文化符号的演变

江苏宜兴具有7000年的制陶史，所处长江流域以南，太湖之滨，具有丰富的山水资源，茶叶、山泉以及丰富多样的矿石陶土为紫砂茶具的诞生准备了所有条件。从出土文物及文献记载来看，紫砂壶发端于北宋中期，兴盛于明清。作为艺术形态的紫砂壶，约具有500年的发展史。明代的淳朴古雅简洁之美、清代的华丽妍媚工巧之美、近代的简练大方古典之美以及当代的技艺综合创新、多元化繁荣发展，已形成了姿态万千、百家齐放的紫砂艺术门类。在长期的生产生活实践中，人们逐渐认识到，用紫砂陶土所制备的茶具，宜茶效果显著。不仅能延迟茶汤变质的时间，而且沏泡出来的茶汤味道优于其他茶具。人们发现了紫砂茶具的宜茶功能，并逐渐加强实践的研究。在由宋代点茶法为主流的饮茶方式，向明代以瀹茶法为主流饮茶方式的转变下，紫砂壶器型也由大逐渐变小，由以煮水、煮茶向泡茶功用转变。

文人雅士尤其嗜茶，当认识到紫砂壶宜茶之效后，自然会对饮罢茶汤之后的茶具作更多的心灵关照。按照自己的兴趣订制紫砂壶，在壶上留下文字书画，与制壶艺人沟通、合作，参与壶事，紫砂壶逐渐成为“文人雅玩”——文人壶。紫砂壶成为书斋博古架上、案头上的陈设品，又是文人雅士手中把玩的茶具。

文人壶承载了文人雅士以及制壶艺人的情思，对世界的观念与对人生的愿望等等，成为时代文化的一个载体。

随着科技的发展，人们不禁要对紫砂壶从科学上进行理性的探索，紫砂泥料

以及由此而制备的茶具为何能“发真茶之色香味”？在20世纪70—80年代，以及21世纪初均有相关科学研究单位对紫砂壶做科学分析，得出了紫砂茶具宜茶的科学性结论。

近年来，宜兴紫砂已经成为一个体系完备的紫砂产业，相关从业人员已超过十万人。不仅围绕着紫砂壶实物做第一、二、三产业方面的精深研发，尤其在紫砂文化产业方面发展迅速，拓展了紫砂产业链，大大推动了紫砂产业的大发展。

改革开放30多年来，中国持续增强的经济实力、独立自主的和平外交政策、博大精深的中华文明和中国特色的和平发展模式，使得中国的国际影响力不断增强。而中国饮食文化是中国文化的重要特色内容之一，近年来，茶文化成为中国文化的符号，作为与茶文化相融的紫砂文化亦成为中国文化的符号。尤其是中国的名茶、宜兴的紫砂壶都相继成为“国礼”作为文化交流的“使者”，这无疑是大大强化了紫砂壶的地位，它已经从地方工艺美术品成为中国文化的符号。

图6-2　千姿百态的紫砂壶

第三节　袁宏道与《觞政》

《觞政》系明代袁宏道所撰。“觞”，酒器；“政”，政策、法规。觞政，举觞饮酒时应该遵从的规矩。钱伯城《袁宏道集笺校》认为：“觞政即酒令。焦竑《笔乘》续集四：魏文侯与诸大夫饮，使公乘不仁为觞政，殆即今之酒令耳。唐时文士或以经史为令，如退之诗‘令征前事为’，乐天诗‘闲征雅另穷经史’是也；或以胡庐为令，乐天诗‘醉翻衫袖抛小令，笑掷骰盆呼大采’是也。”“案宏道不能饮，然雅习酒道，《与吴敦之书》自谓：‘袁中郎趣高而不饮酒。’《行状》亦称其‘不能酒，最爱人饮酒。’是《觞政》乃趣高之作，非酗酒之作也。知宏道者当能辨此。”本书总结了当时的酒俗、酒规、酒礼等，是明代最具代表性的酒文化著作。

一、袁宏道其人

《觞政》作者袁宏道(1568—1610)，明代文学家，字中郎，又字无学，号石公，又号六休。荆州公安(今属湖北公安)人。他所出生的湖北公安县长安里长安村(今孟溪镇孟溪村)处于洞庭西北，荆江南岸，地势平衍，多长塘曲港，颇具江南水乡的特色。宏道少敏慧，善诗文，16岁时就结文社于乡里，任领袖。万历二十年(1592)登进士第，后为吴县(今江苏苏州)知县，历任礼部主事、吏部验封主事、稽勋郎中等职。流传至今的作品集有《潇碧堂集二十卷》《潇碧堂续集十卷》《瓶花斋集十卷》《锦帆集四卷去吴七牍一卷》《解脱集四卷》《敝箧集二卷》《袁中郎先生全集二十三卷》《梨云馆类定袁中郎全集二十四卷》《袁中郎全集四十卷》。

袁宏道开创了文学创作中的一个很重要的流派"公安派"。代表人物为袁宏道的兄长袁宗道(1560—1600)、弟弟袁中道(1570—1623)，一门三兄弟皆有名望，实在是中国文学史上少有的事情。因其籍贯为湖广公安，故世称"公安派"。其重要成员还有江盈科、陶望龄、黄辉、雷思霈等人。

明代自弘治(1488—1505)以来，文坛便被李梦阳、何景明为首的"前七子"及王世贞、李攀龙为首的"后七子"所把持。他们倡言向古人学习，认为文章只有秦汉的才好，诗歌没有超过唐代的，唐代宗大历(766—779)以后的书不要读了，一味复古，影响极大，以至于天下推李、何、王、李为四大家，无不争先效仿他们。

袁宏道深受李贽影响，在文学上反对"文必秦汉，诗必盛唐"的风气，认为文学随着时代的发展而变化，不同时代应该有不同的文学。提出"独抒性灵，不拘格套"的性灵说。"性灵说"就成了公安派文学主张的核心。强调诗歌创作要直接抒发诗人的心灵，表现真情实感，认为诗歌的本质即是表达感情的，是人的感情的自然流露。他极力推崇小说、戏曲和民歌，认为这些是"无闻无识"的"真声"。他说："要以情真而语直，故劳人思妇有时愈于学士大夫，而呻吟之所得，往往快于平时。"

袁宏道力行实践，将自己的文学主张实现于文学作品，贵独创，所作清新清俊，情趣盎然，世称"公安体"。散文极富特色，清新明畅，卓然成家。今存其尺牍280余封，篇幅长的1000多字，短的只二三十余字，极尽文字之妙，情感之真。如《致聂化南》一札叙写自己摆脱官府繁芜之后的畅快，正是酣畅淋漓，究由心发："败却铁网，打破铜枷，走出刀山剑树，跳入清凉佛土，快活不可言，不可言！投冠数日，愈觉无官之妙。弟已安排头戴青笠，手捉牛尾，永作逍遥缠外人矣！朝夕焚香，唯愿兄不日开府楚中，为弟刻袁先生三十集一部，尔时毋作大贵人，哭穷套子也。不诳语者，兄牢记之。"可见其尺牍文的一斑。其散文作品中小品文相映成趣，留下的不到100篇的山水游记写得极为美妙，文笔清新流畅，就像一条山中小溪，清澈、明快，叮叮咚咚地穿林而过，在明代文坛独具一格。《初至西湖记》《满井游记》《晚六桥待月记》等广为传诵。从这些散文作品中，只见一个纵情快游、喜欢热闹和猎奇的年轻人，或赏月，或品茗，或山巅大叫，或醉卧花间，溢发出一种由内而外的健康，在那个年代足以不朽。

袁宏道追求的是存真去伪，抒写性灵。他在《行素园存稿引》中说："古之为文者，刊华而求质，敝精神而学之，唯恐真之不及也。"他在人生上就是追求洒脱，中进士不仕，与兄宗道、弟中道遍游楚中。选为吴县令后，饶有政绩。不久又辞官返里，卜居柳浪湖畔，潜学著文，并作庐山、桃源之游。

袁宏道的诗歌写得清新俊逸，为求自由解放，给人活泼之感。但多抒发个人情趣，反映社会作品极少，有时不免轻率肤浅。较好的诗作有《闻省城急报》《猛虎行》《巷门歌》等。著有《敝箧集》《锦帆集》《解脱集》《广陵集》《瓶花斋集》《潇碧堂集》《破砚斋集》《华嵩游草》等。宏道文集最早为明万历刊本，今人钱伯城整理有《袁宏道集笺校》。

袁宏道也是当时最著名的居士之一，读经习禅、修持净土是他精神生活的一部分，也是他赋诗著文、高倡性灵文学的重要思想渊源。他既以陶望龄、虞长孺、虞僧孺、王静虚等人为禅友，又有无念、死心、不二、雪照、冷云、寒灰等人的方外之契，同时还写了《西方合论》《德山尘谭》《珊瑚林》《金屑编》《六祖坛经节录》《宗镜摄录》(已佚)等佛学著作。

对酒的热爱是袁宏道追求人生之真的一个方面。袁宏道这样表述人生"真乐"："目极世间之色，耳极世间之声，身极世间之鲜，口极世间之谭"。无论是游山玩水、烹茶煮酒，还是纵情声色、歌舞升平，"趣"都已经具有了相当丰富的娱乐特征和休闲含义。"余观世上语言无味面目可憎之人，皆无癖人耳。若真有所癖，将沉湎酣溺，性命死生以之，何暇及钱奴宦贾之事。"美食佳肴、酒色沉溺也是对生活的热爱和激情，"典衣沽酒，破产营书"同样的是对艺术的欣赏和追求。

袁宏道的笔下常常有"酒"。比如《徐文长传》塑造了一个离经叛道、狂傲不羁的狂狷艺术家形象："晚年愤益深，佯狂益甚，显者至门，或拒不纳，是携钱至酒肆，呼下隶与饮。"袁宏道用引子写出了徐渭作为艺术家的狂狷气质。袁宏道的名作《徐文长传》也因此而一直都被当做著名的人物传记来看待，徐文长也因为此传得以鲜活地呈现于后人心中。

与前者不同，袁宏道在《拙效传》里塑造的四个笨仆形象则充满了喜剧色彩，在喜剧背后又蕴涵一定的哲理，引人深思。四个笨仆中尤以名"冬"者为最甚，袁宏道这样描写了"冬"喝酒的故事："性嗜酒，一日家方煮醪，冬乞得一盏，适有他役，即忘之案上，为一婢子窃饮尽。煮酒者怜之，与酒如前。冬伛偻突间，为薪焰所着，一烘而过，须眉几火。家人大笑，仍与他酒一瓶。冬甚喜，挈瓶沸汤中，俟暖即饮，偶为汤所溅，失手坠瓶，竟不得一口，瞠目而出。"以酒为媒，因酒而趣，妙趣横生的人物形象虽然超越常理，但是体现了袁宏道独特的人格审美。

袁宏道诗歌中更是洋溢着酒气，浓郁之酒沁透在字字句句之中。酒是欢乐："《出郭》：'稻熟村村酒，鱼肥处处家。'"酒又是忧国忧民的引子："《显灵宫集诸公以城市山林为韵》：'野花遮眼酒沾涕，塞耳愁听新朝事。邸报束作一筐灰，诗中无一忧民字。旁人道我真聩聩，口不能答指山翠。自从老杜得诗名，忧君爱国成儿戏。言既无庸默不可，阮家那得不沉醉？眼底浓浓一杯酒，恸于洛阳年少泪。'"诗中作者因酒而沾涕，眼底浓浓一杯酒，勾起无限惆怅，慨叹阮籍怎得不沉醉？又借诗发明酒之用，可以浇胸中块垒："《上巳日柬惟长》：'江城春色暖平芜，若个青阳不酒垆。尚有好花能覆席，忍令娇鸟怨提壶。醉来金谷罚多少，兴到兰亭叙有无。自信胸中块垒甚，开尊恨不泻江湖。'"又认为酒杯可了却万事："《漫兴》(二首)之二：'一身书蠹后，万事酒杯前。'"但有时酒又是无用的："《忆弟》(二首)：'沧江一万里，浊酒向谁陈？''岁兵虽嗜酒，倘亦恨穷途。'"

也因此，袁宏道有《觞政》。周作人《重印袁中郎全集序》："在散文方面中郎的成绩要好得多，我想他的游记最有新意，传序次之，《瓶史》与《觞政》二篇大约是顶被人骂为山林恶习之作，我却以为这很有中郎特色，最足以看出他的性情风趣。……中华民国二十三年十一月十三日。"

其实，袁宏道并不能喝酒，只是喜欢在酒场上凑热闹而已。他在《觞政》的前言中说：我的酒量不到一个芭蕉叶酒杯的容量。然而每当听到酒台上搬动的声响，马上就会跳跃起来。遇到酒友在一起便流连忘返，不饮通宵不罢休。不是长期和我密切交往的人，不知道我是没有多少酒量的。

二、为什么写《觞政》

袁宏道为什么要写《觞政》呢？起因是对那些不遵守酒仪、酒礼的人的警戒，他觉得酒场中应该有一个共同遵守的规矩。他说道：里社中近来多有饮酒之徒，然而却对酒态、酒仪不加修习，甚是觉得鲁莽。终日混迹于酒糟之中而酒法却不加修整，这也是主酒者的责任。现在采集古代有关酒的法令条文及规则中较为简明扼要的部分。附上一些新的条目，题名为《觞政》。凡是饮酒之人，手自一册，也可作为醉乡所遵用的法令或条例。

这样意思就很清楚了，《觞政》的写作目的是建立酒乡的法令或条例，进而从饮酒中获得生活的情趣和审美的享受。

汉代刘向《说苑·善说》："魏文侯与大夫饮酒，使公乘不仁为觞政。"明代王志坚《表异录》卷十对"觞政"一词也做过考证："觞政，酒令也。酒纠，监令也，亦名瓯宰，亦名觥録事。"

本书的写作年代，大体在其逝世前三年作。袁宏道《觞政》后所附录"酒评"中说自己"丁未(1607)夏日"和许多朋友在一起喝酒。钱伯城《袁宏道集笺校》考订："万历三十四年丙午(1606)至三十五年丁未(1607)在北京作。据《万历野获编》二十五'金瓶梅'条所记，《觞政》于丙午已成，其所附《酒评》则作于丁未夏日"。

三、《觞政》内容

《觞政》全文共16条，对饮酒的器具、品第、饮饰、掌故、典刑、姿容、佐酒的物事，以及适宜的景色与品酒取乐的方式等方面都做了简短精辟的评论。

"一之吏"提出饮酒时要建立纠察制度并且选定执行人：凡饮酒时，任命一个人为"明府"，主持斟酒、饮酒等诸般事宜。"二之徒"酒徒的选择，有十二个标准，不但有言辞、气态的要求，而且须有一定的文化素质，听到酒令即刻解悟不再发问，分到诗题即能吟诗作赋。“三之容”讲饮酒者的仪态，但是核心是自我节制：饮酒饮至酣畅处应有所节制。“四之宜”认为醉酒应有醉酒的环境，比如时节，比如地点，比如方式，比如酒伴。“五之遇”，“遇”者所遇场合，有五种适宜的情形或场合，同时也有十种不适宜的情形或场合。既有时令，又有气氛，中心强调尽兴而罢并不是一件容易的事情，需要主人、客人等各方面条件的整合。“六之候”，“候”者征候、预兆，其中饮酒的欢乐有 13 种征候，而饮酒不欢快的征候又有 16 种。礼仪、规矩必不可少，非得要清除那些害群之马。“七之战”将饮酒比喻成战争，酒量大者凭实力，凭勇气、豪气，还有“趣饮”“才饮”“神饮”。但是他最欣赏的是“百战百胜，不如不战”，这是指的以智谋而取胜无所牵累。“八之祭”指出凡饮酒，必须先祭祀始祖，这是礼的基本要求。需要祭祀的有四等人选：第一，以孔子为“酒圣”；第二，四个配享的是阮籍、陶渊明、王绩、邵雍；第三，另有“十哲”是历代饮酒名人；第四，山涛等人以下，则分别于主堂两侧的廊下祭祀。不在其列，姑且在门墙处设祠祭祀的是仪狄等酿酒之人。

“九之典刑”，“典刑”就是“典型”，列举了欢乐场上的楷模，饮者所应遵从的准绳，共 18 类，分别是：饮国者、饮达者、饮豪者、饮儁者、饮而文、饮而儒、饮而俳、饮而辩、饮而肆、禅饮、仙饮、玄饮、饮适、饮愤、饮駥、饮矜、饮怒、饮悲。“十之掌故”，认为凡“六经”《论语》《孟子》所说有关饮酒的规式，都可以视作酒的经典。这些经典之下则有汝阳王的《甘露经》等，再之下则是各家饮者流派所著有关酒的记、传、赋、诵等可作为酒的“内典”。再之下，《庄子》《离骚》等以及陶渊明等人的诗文集则可作为酒的“外典”。再还有诗之余、传奇等是散佚的典籍。作者特别强调典籍的重要，指出如果不熟悉这些典籍，那就不是真正的喝酒人。“十一之刑书”设计出酒场上的各种刑罚，其中最重者是借发酒疯，以虐待驱使他人来逞能，又迫使其他醉鬼来仿效者，要处以大辟的极刑。“十二之品第”给酒的等第做出划分，以颜色、清澈、味道为标准可列为圣人、贤人、愚人三等；以酿造的原料和方式为标准则可划分为君子、中人、小人三类。“十三之杯杓”评价酒器的优劣，以古玉制成及古代窑烧制的酒具为最好，其他的等而下之。“十四之饮储”排列佐酒食品，一清品，如鲜蛤、糟蚶、酒蟹之类；二异品；三腻品；四果品；五蔬品。同时强调，贫穷之士只用备下瓦盆、蔬菜，同样可以享有高雅的兴致呢！“十五之饮饰”对饮酒的环境和装饰提出要求，比如窗明几净，应时开放的鲜花和美好的林木等等。“十六之欢具”开列了一个饮酒娱乐所需相关物品和器具的清单。附录的“酒评”记一次与朋友的欢宴，评定各人饮酒的神态，文字夸张、幽默，极具风趣。

袁宏道的《觞政》是晚明士大夫审美生活一个重要方面的反映。通过对日常生活的精致化和艺术化，并将其总结成一定的规律和程序。袁宏道并不善饮，他说自己“饮不能一蕉叶”，但他爱的是在饮酒和赏花中所得到的乐趣，所体验到的愉悦感受。从另一个角度来看，他爱的其实是生活本身，正是因为对生活的热爱，才会投入如此精神，力求将平凡的生活过得有声有色，充满了闲情雅致。

饮食不仅为填饱肚子，也是生活享受的基本内容，此种欲望随着经济的发展，水涨船高，日益增强，到明代进入一个新高度。这不但是明代商品经济的繁荣，改善了饮食的条件，以及豪门权贵奢侈淫欲的影响，还表现在启蒙思想中崇尚个性的导引，鼓动人们放纵欲望，追求人生的快乐和享受，并形成一股不可扼制的社会思潮。

这股思潮最有代表性的，是撰写《觞政》的袁宏道所倡导的"真乐"，这就是所谓"目极世间之色，耳极世间之声，身极世间之鲜，口极世间之谭"。这种把追求美味和声色看作人生真正快乐的乐生说，道出了市民的呼声。

第四节 徐霞客的旅途饮食和饮食思想

徐霞客(1587—1641)，名弘祖，字振之，号霞客，明朝南直隶江阴(今江苏江阴市)人。是中国近代地理学的创建人，是由古典地理学到新地理学之间继往开来的人物。其地理名著《徐霞客游记》是一部科学考察日记，记述自然风貌，也关注生态、植物分布，同时对各地民风、生活、生存状态都有详尽的记载。被称为"千古奇人"。徐霞客一生志在四方，不避风雨虎狼，与长风云雾为伴，以野果充饥，以清泉解渴，出生入死。其足迹踏遍半个中国。《徐霞客游记》中对所到之处的饮食习惯、粮食生产、盐茶供给都有记载。

徐霞客还详细地记叙了自己的饮食生活，具体到一日三餐。作为一个探险家、旅行家，他是如何解决自己的吃饭问题的，在古代没有开展官方旅游的时候，确实是一个问题。如何解决吃饭问题，不只是决定于自己的饮食习惯，还取决于自己的经济实力，还有所到之处所可能提供的条件，所可能提供的餐饮。而旅途中所可能提供的餐饮，又与其所到地区的地理环境、所居住民族等等有关系。因此，探险家、旅行者的吃饭问题是一个综合性的问题，从中可以窥见社会资源的分布、各地的风俗习惯，等等。

图 6-3 徐霞客雕塑

中国很早的时候就有人探险、旅游，但是他们很少记录自己的饮食生活、自己的一日三餐，因此，徐霞客关于自己饮食的记录变得很重要、很稀缺。我们可以从这些记录中了解他的人生观、价值观，可以了解当时的饮食市场，可以了解当时人们的社会交往，甚至宗教情况。

一、关心农业生产情况

徐霞客在日记中记载所到之处的农业生产情况，其中涉及田地是否开垦，种植的什么庄稼，有什么果树，有没有桑蚕。《游天台山日记》记载：来到筋竹庵用餐。附近山坡上种满了麦子。又：到了弥陀庵。一路上见山坡上非常荒芜，一问方知，原来是怕树丛中隐藏猛虎，用火将树木焚烧一空。

田地是否开垦直接关系到是否有饭吃，因此徐霞客《闽游日记》(后)记载："分溪错岭，竹木清幽，里号金竹云。度木桥，由业纸者篱门入，取小级而登。初皆田畦高叠，渐渐直跻危崖。"

有稻田就有米吃，《游太华山日记》记载："十五里，为景村。山复开，始见稻畦。"

又《游太和山日记》："登土地岭，岭南则均州境。自此连逾山岭，桃李缤纷，山花夹道，幽艳异常。山坞之中，居庐相望，沿流稻畦，高下鳞次，不似山、陕间矣。"

"荒莽"之地则令人心戚戚然，《粤西游日记二》："四顾皆回冈复岭，荒草连绵，惟路南隔冈有山尖耸，露石骨焉。踄荒莽共十八里。"又《楚游日记》："两年前虎从寺侧攫(jué 抓取)一僧去，于是僧徒星散，豺虎昼行，山田尽芜，佛宇空寂，人无入者。"

徐霞客看到草色葱茏，不由欣喜，这不是禾苗承受雨霖之后的景象吗？《粤西游日记二》："忽下见洞北坪间翠碧茸茸，心讶此间草色独异，岂新禾沐雨而然耶？"

见到耕作者，请求帮助："《游天台山日记》(后)：黄冠久无住此者，群农见游客至，俱停耕来讯，遂挟一人为导。"

记载所见水果：《游恒山日记》："龙峪口，堡临之。村居颇盛，皆植梅杏，成林蔽麓。"

植物，如在武当山见到奇果榔梅，"形侔金橘，漉以蜂液，金相玉质"。

见到有桑蚕，《浙游日记》："西十里为下圩荡，又南过二荡，西五里为唐母村，始有桑。"

二、徐霞客与酒

1. 喜欢饮酒

徐霞客嗜酒几乎达到了无日无酒的境地。所饮的酒有云南甜酒(即咂酒)，广西黄酒和蒲酒，还有各地的村酿。

旅行在途，凡遇有集市，他都不忘买酒。"乃市酒于肆而行"的记载颇多。但是也有失望的时候："乃令顾仆先随导者下山觅酒，而独下洞底……探索久之，下山，而仆竟无觅酒处。"

宁愿不吃晚饭也要找到酒喝，那是怎样的迫切："时日已下舂，尚未饭，索酒市中。"

农人以村酒粗醪招待，竟使得徐霞客十分高兴，忘记了疲劳：“主人以村醪饮余，竟忘逆旅之苦。”又有以酒食献者：“村人以酒食献，餐之，易骑行。……其人出酒肉饷，以骑送余。”“莫公馈米肉与酒，熟而酌之。”

有酒的日子是最高兴的日子：“雪甚，兼雾浓，咫尺不辨。伯化携酒至舍身崖，饮睇元阁。”

得酒而醉：“既而香山僧慧庵沽酒市鱼，酌余而醉。”

喜欢饮酒：“坐待奴于永安旅舍。乃市顺昌酒，浮白饮酒楼下。”“淮河同乃郎携酒来。”“张氏子有书办于郡上，房者曰启文，沽酒邀酌。二十三日，在复生署中自宴。”

像这样有朋友相伴的时候，饮酒更为惬意。“薄暮，同行崔君携余酌于市，以竹食为供，投壶畅饮；月上而返，冰轮皎然。”月下饮酒，情趣十分爽意：“返元康庐，挑灯液酌。”

难得的连日有酒喝，其意甚惬：《浙游日记》九月十九日至二十四日，几乎天天有酒饮，且有朋友作陪，竟至于醉。如十九日，今日为出门计，饮至子夜，乘醉放舟。二十日，天未明，抵锡邑。余已醉，复同孝先酌于受时处。二十一日，复小酌。二十二日，因复同小酌余舟，夜半乃别。二十四日，饮至深夜。

第二天，有人留酌，饮至深夜：二十日即过看王忠纫，忠纫留酌至午，而孝先至，已而受时亦归。余已醉，复同孝先酌于受时处。孝先以顾东曙家书附橐（tuó口袋）中。（时东曙为苍梧道，其乃郎伯昌所寄也）。饮至深夜，乃入舟。

二十一日，人看孝先，复小酌。

二十二日，因复同小酌余舟，为余作与诸楚玙书，（诸为横州守）。夜半乃别。

有了过酒瘾，竟然放弃原来行动计划，不复搜奇。如在阳朔，“乃入舟解衣避暑，濯足沽醪，竟不复搜奇而就宿焉”。

2. *以酒养生*

徐霞客一人在旅途之中，常常要自己照顾自己，在艰苦的路途中以酒养生，改进生活质量，自造药酒：“下午，取药煮酒，由西门出，街市甚盛。”

知道酒有药用而自制，可见他探险之前就已经会酿酒，有意识地学会了“市酒磨锭药饮之”。

对沿途所见的酒、所饮过的酒都保有极大的兴趣，记录特色酒：“郴之兴宁有醽醁泉、程乡水，皆以酒名，一邑而有此二水擅名千古。晋武帝荐醽酒于太庙。《吴都赋》：‘飞轻觞而酌醽醁。’程水甘美出美酒，刘香云：‘程乡有千日酒，饮之至家而醉，昔尝置官酝于山下，名曰程酒，同醽醁酒献焉。’今酒品殊劣，而二泉之水，亦莫尚焉。”

三、吃些什么

1. *粥*

徐霞客在旅途中吃些什么？靠什么充饥？他自己记载最多的是粥。粥的熬制方便，随处可行。他自己带着米，只要找到水，山岭之间有泉水，有河水，就可以熬粥了。比如游黄山:“余至平天矼,欲望光明顶而上。路已三十里,腹甚枵(xiāo 很饿),遂入矼后一庵。庵僧俱踞石向阳。主僧曰智空,见客色饥,先以粥饷。”

吃粥是常事:“五鼓,出洞,已薄暮,烧枝炙衣,炊粥而食……闲则观瀑,寒则煨枝,饥则炊粥,以是为竟日程。”也有不能熬粥,到街市去喝粥的时候:“因顾仆病不能炊,余就粥肆中。”

2. 胡饼

“乃与静闻解衣凭几,啖胡饼而指点西山,甚适也。”胡饼即是馕,馕是新疆的一种面食,饼状,圆形,可大可小,烙制而成。因其烤制而成,是一种烘干的食品,所以易于保存,短时间不会发霉变质,是旅行在外的方便食品。古代时由西域传入,由徐霞客所记可知,这种饼已经成为江南、西南人们的普通食品。又记:“跻隙坐飞石上,出胡饼啖之。”

3. 松子

山间多松树,松树结松子,可以取食:华山四面皆石壁……松柏多合三人围者,松悉五鬣,实大如莲,间有未堕者,采食之,鲜香殊绝。

4. 笋

“卧云令其徒采笋炊饭。”以笋为食物,留其一半为下顿食物。

又有食金刚笋的记录:“僧凤岩为我煮金刚笋,以醋油炒之以供粥。”

5. 自己采集的山珍

“归途采笋竹中……由岐又二里,从观音竹丛中行。其竹即余乡盆景中竹,但此处大如管,金宝顶上更大,而笋甚肥美。……已而又见竹上多竹实,大如莲肉,小如大豆。初连枝折袖中,及返,俱脱落矣。”

6. 食山间野味

“遂取饭,与静闻就裹巾中以丛竹枝拨而餐之。既而导者益从林中采笋,而静闻采得竹菰(gū 即竹菌)数枚,玉菌一颗,黄白俱可爱,余亦采菌数枚。从旧路下山,抵刘已昏黑,乃瀹菌煨笋而餐之。”自己采集观音笋、蕨芽、萱菌为食物:“余自大鼻山刘家炙得观音笋,即觅一山篮背负之。路拾蕨芽、萱菌可食之物,辄投其中,抵逆旅,即煮以供焉。”

7. 饮茶

徐霞客在旅途中饮茶的机会并不多,因为冲泡不易,但是他只要有机会便不会忘记茶中乐趣,比如《游天台山日记》(后):陟山冈三十余里,寂无人烟,昔弥陀庵亦废。下一岭,丛山杳冥中,得村家,瀹茗饮石上。

四、吃饭与考察

1. 考察为核心,吃饭次之

徐霞客在吃饭与考察的关系上,以考察为先,处处可见其坚忍不拔的精神状态,战胜困难的决心,超出常人的毅力,乐观主义的情绪总是占据上风。如:“余时未饭,复出道左登岭。石磴萦松,透石三里,青芙蓉顿开,庵当其中。”“既饭,兴不能遏止，遍询登山道。”“从逆旅不待餐而行。”

再如有急于考察而不待晨餐者：“出殿，则赵相国之祠正当其前，有崇楼杰阁，集、记中所称灵洞山房者是也。余艳艳羡之久矣，今竟以不意得之，山果灵于作合人工造作耶！乃不待晨餐，与静闻从寺后蹑磴北上，先寻白云洞。”“夜雨仍达旦，不及晨餐，令静闻、顾仆再以钱索碑。”

虽然肚子咕咕叫，但是仍然向前：“其时已下午，虽腹中馁甚，念此岩必不可失，益贾勇直前，攀危崖，历丛茅。余披循深密，静若太古，杳然忘世。第腹枵足疲，日色将坠，乃逾脊西下，从麒麟村北西行。”又一例：“时已过午，虽与舟人期抵午返舟，即舟去腹枵，亦俱不顾，冀一得岩。”

虽苦而不以为苦：“雨大作。自永州来，山田苦旱，适当播种之时，至此嗷嗷已甚，乃得甘霖，达旦不休。余僵卧待之，晨餐后始行，持盖草履，不以为苦也。”

以考察为重，其意不在饭上：“急索饭，即渡溪桥北上会仙峰。”“亟索饭登涯。”“亟索饭，恐雾湿未晞，候日高乃行。”“亟饭，托静闻随行李从舟顺流至衡州。”“僧号觉空，坚留瀹茗，余不能待而出。”“其人始起炊饭，已乃肩火具前行。”“五更闻雨声泠泠，达旦雷雨大作。不为阻，亟炊饭。”“余不待午餐，出东门，过唐二贤祠。”

2. 以苦为乐

在野外自己做饭是家常便饭，其场所随旅行而不定，哪里吃方便就在哪里吃，吃什么方便就吃什么，有什么方便吃就吃什么，“敲火沸泉，以所携饭投而共啖之”的情况是常有的事。如有时在山顶，有时于山洞，有时则在寺院、在店铺、在船上。如：“还餐松谷，往宿旧庵。”“饭于岭头。”“甫欲下，雨复大至，时已过午，遂饭岩中。既饭，雨止。”“饭于山口峒。”在寺院中自己动手做饭：“寺甚整洁。昔为贮藏之所，近为贼劫，寺僧散去，经移高云，独一二僧闭户守焉。因炊粥其中。”在舟中：“已而得一小舟，遂易之，就炊其间。”“晨炊于程口肆中。”如飞石上：“跻隙坐飞石上，出胡饼啖之。”在桥上：“欲候行人问之，因坐饭桥上。”

又在岩中箕踞而食之，不无舒适之意：“余先每入一岩，辄以所携龙眼、饼饵箕踞啖之，故至此而后索餐，得粥四瓯，饭与茶兼利之矣。”

大体而言，徐霞客自己解决吃饭问题的办法有三：一是自己动手做；二是带着已经做好的饭；三是吃野果临时充饥。

还有一种情况，即当地人虽然热情，但是提供的饮食却难以下咽，不得不饿肚子：广西、云南有吃生肉的习惯，徐霞客就不能适应。在云南永昌，徐霞客遇上了生食的情况，当地人“出火酒糟生肉以供”。又广西都结地区有锦鲤、绿鳜，当地人“取巨鱼切为脍，置大碗中，以葱及姜丝与盐醋拌而食之，以为至味”，而徐霞客“不能从，第啖肉饥而已”。

3. 考察得趣，忘乎饮食

以考察为第一乐趣，往往废寝忘食：“所附舟敝甚而无炊具，余揽山水之胜，过午不觉其馁。”

食宿条件均十分艰苦，“可哂也”：“孤依山麓，止环堵三楹，土颓茅落，不蔽风日，食无案，卧无榻，可哂也。”

无饭而供食，岂不太惨，但是往往会碰到这种情况：“得薪一束，不饭而卧。”“无茅无饭而卧。”

无火无粮又无薪，狼狈至极，然亦能自慰，聊为宽解：“时已过午，中有云寮，绾钥已久，灶无宿火，囊乏黄粱，无从扫叶煮泉，惟是倚筇卧石，随枕上之自寐自醒，看下界之云来云去。”

做饭需要柴禾，从哪里来：“舟中薪尽，东岸无市处，令顾仆拾坠枝以供朝夕焉。”

没有筷子怎么办？就地取材：“遂取饭，与静闻就裹巾中以丛竹枝拨而餐之。”

饮水怎么解决？饮山涧泉水。“出洞，复由棋坪侧历西坞而上，得一井，水甚甘洌。”“久之，闻路下淙淙声，觅莽间一窦出泉，掬饮之。”“久之得微涧，遂饮涧中。”

4. 旅途不忘岁时节日

虽在旅途中，然而遇到节日，总要想办法凑着过，当然有时候在街市上，或者有朋友招待，更是快何如哉！如丁丑年(1637)五月“初五日：是为端阳节。晨起，雨大注，念令节佳节名山，何不暂憩，乃令顾仆入城市蔬酒。……当午，余就亭中，以蒲酒、雄黄自酬节意。下午，四君携酒至，复就青萝饮之。”

又清明节：“是日为清明节，行魂欲断，而沽酒杏花将何处耶？下午，冯挥使之母以酒蔬饷，知其子归尚无期，怅怅，闷酌而卧。”

吃什么并不重要，首要的是如何对待吃。孔子十分欣赏颜渊，就因为其安于食淡攻苦。孔子是思想家，同时又是美食家，一生的追求在于政治理想的实现，所以“食无求饱，居无求安”。他还说：“士志于道而耻恶衣恶食者，未足与议也。”对于那些有志于追求真理，但又过于讲究吃喝的人，采取不予理睬的态度(《里仁》)。可是对苦学而不追求享受的人，则给予高度赞扬，他的大弟子颜回被他认为是第一贤人。他说：“贤哉回也！一箪食，一瓢饮，在陋巷，人不堪其忧，回也不改其乐。贤哉回也！”(《雍也》)孔子自己所追求的也是一种平凡的生活，他说：“饭蔬食饮水，曲肱而枕之，乐亦在其中矣。不义而富且贵，于我如浮云。”(《述而》)徐霞客可以看作是“食无求饱，居无求安”的榜样。

徐霞客是一个普通的人，他也和普通的人一样有饮食的需求，离不开一日三餐，不吃饭就不能维持体力，就不能维持生命。特殊的旅行生活使得徐霞客经常忍饥挨饿，常见的是“又绝粮”“时蔬米俱尽”“晨起绝粮……遂空腹行”。有条件时，举火为炊，“啜粥启行”；没法生火，则啃食干粮。所以钱谦益说他：“八日不火食，能忍饥数日，能遇食即饱，能徒步走数百里。”但徐霞客又是一个伟大的人，他在对待一日三餐上区别于普通人。他能忍常人所不能忍，他能求常人所不能求。他的一日三餐简单到极限，他对科学事业的追求，对理想实现的热望，使他在一日三餐不能满足其要求时能够有所舍弃,舍弃低级的需要,而将高级的需要置于第一。徐霞客成为伟大的旅行家,不是因为生活的条件格外好,饮食的安排异样的丰富多彩,而是因为伟大的精神。这个精神,就是对科学的追求,对真理的追求,精神转化为物质。他是最知食之味的人,于无味中品出了其味(老子说"味无味")。因此,他的一日三餐又是最为丰盛的。

第五节 《菜根谭》的饮食思想

"咬得菜根,百事可做"的话,凡人皆知,还有另外一句话经常被人引用,那就是"宠辱不惊,闲看庭前花开花落;去留无意,漫随天外云卷云舒",这两句话都选自于《菜根谭》。书中主旨谈人生,但是却有讨论饮食思想的名句。

一、基本思想

作者洪应明,字自诚,号还初道人,籍贯不详。根据他的另一部作品《仙佛奇踪》,得知他早年热衷于仕途功名,晚年归隐山林,洗心礼佛。明万历三十年(1603)前后曾居住在南京秦淮河一带,潜心著述。与袁黄、冯梦桢等人有所交往。而袁黄(1533—1606),浙江嘉善人,曾知县辟书院。冯梦桢(1548—1605),秀水(今浙江嘉兴)人,进士,官编修,迁国子祭酒。收藏家,有著述多部。

本书的题目即说明了作者的饮食思想,将一个人一生的能否有为与饮食上的是否吃得苦味相联系。"咬得菜根,百事可做",意为凡能咬得菜根的人,则百事可做,百事可成。无事不可去做。菜根,菜的根部,常常吃了菜,而将菜根抛弃,一则因其无用,二则味道苦涩。什么人吃菜根,什么时候吃菜根?穷困的人,穷困的时候。无钱吃菜,只有捡拾人家抛弃的菜根,权当菜吃。吃得菜根,丢得起面子,放得下身段,吃得起苦,将苦味当甜味品尝,自得其乐,这样的人才做得起大事。老子讲的"味无味",是将无味的食料嚼得出味道,体味出美味来,这是很高的要求。而"咬得菜根"则要求更高一步,能于苦味中品尝出甜味、美味,而且甘之若素,岂不是更难了一步?又谓道:"醲肥辛甘非真味,真味只是淡;神奇卓异非至人,至人只是常。"

"咬得菜根,百事可做"只是一个比喻,用吃饭的事情比喻人生,人生十之八九是不顺利,是菜根,那好口味的菜,菜心不过十分之一二而已。"咬得菜根"便是兜底,无非是吃菜根了,还能坏到哪里,菜根都吃得了,还有什么对付不了的呢?真的吃得了菜根,又有了底气,一往直前。

此书与宋代儒者汪革的《菜根谭》有所交集。汪革(1071—1110)字信民,临川腾桥人,进士。历任长沙、宿州、楚州教授。汪革说:"人能咬得菜根,则百事可做。"

本书是一部语录体著作。偏重于只言片语的记录,不重文采,不讲篇章结构，不讲篇与篇之间甚至段与段之间时间及内容上的必然联系。然而其论述修养、人生、处世、出世的主旨十分明确。

二、关于吃的警句

洪应明在书中指出，吃饭不仅仅是吃饭，更是如同参禅，从一日三餐中领悟人生的哲理，味道浓烈时不必过分欣喜，寡而少味的时候不必厌弃，这才是切切实实的做人的真功夫："从五更枕席上参勘心体，气未动，情未萌，才见本来面目；向三时饮食中谙练世味，浓不欣，淡不厌，方为切实工夫。"

人生首先从器局上下工夫，学习唐尧、虞舜、商汤王、周武王，当有大胸襟、大气派。想那唐尧禅位给虞舜，商汤伐夏桀，周武王伐纣，都是改天换地的大事件，然而唐尧之间的揖逊谦让不过三杯酒就完成了，商汤、周武王的征伐不过如一场棋局而已："物莫大于天地日月，而子美云：'日月笼中鸟，乾坤水上萍。'事莫大于揖逊征诛，而康节（邵雍）云：'唐虞揖逊三杯酒，汤武征诛一局棋。'人能以此胸襟眼界吞吐六合，上下千古，事来如沤生大海，事去如影灭长空，自经纶万变而不动一尘矣。"

心地宽广的人，就像如饥餐渴饮一般，有益身心健康："性天澄彻，即饥餐渴饮，无非康济身心；心地沉迷，纵演偈谈禅，总是播弄精魄。"

警告人们交往的注意事项时，也以饮食作比喻，比喻小人如同肥肉脂膏，常常吸引着人们染指呢："君子严如介石而畏其难亲，鲜不以明珠为怪物而起按剑之心；小人滑如脂膏而喜其易合，鲜不以毒螯为甘饴而纵染指之欲。"

劝解人们常存良善之心，哪怕是只用半瓢的粟米，去救济饥饿的人："讨了人事的便宜，必受天道的亏；贪了世味的滋益，必招性分的损。涉世者宜蕃择之，慎毋贪黄雀而坠深井，舍隋珠而弹飞禽也。费千金而结纳贤豪，孰若倾半瓢之粟，以济饥饿之人；构千楹而招来宾客，孰若葺数椽之茅，以庇孤寒之士。"

人世间好争好比，只怨自己的粮食少，只觉得人家钱财多，不知道临到末了只是一场空而已："车争险道，马骋先鞭，到败处未免噬脐；粟喜堆山，金夸过斗，临行时还是空手。"

人一辈子吃得了多少，喝得了多少，贪婪者还是想不开："夜眠八尺，日啖二升，何须百般计较；书读五车，才分八斗，未闻一日清闲。"

有道是自得其乐，其乐无穷："蓬茅下诵诗读书，日日与圣贤晤语，谁云贫是病？樽垒边幕天席地，时时共造化氤氲，孰谓非禅？兴来醉倒落花前，天地即为衾枕。机息坐忘盘石上，古今尽属蜉蝣。""昴藏老鹤虽饥，饮啄犹闲，肯同鸡鹜之营营而竞食？偃蹇寒松纵老，丰标自在，岂似桃李之灼灼而争妍！""闲烹山茗听瓶声，炉内识阴阳之理；漫履楸枰观局戏，手中悟生杀之机。""趋炎虽暖，暖后更觉寒威；食蔗能甘，甘余便生苦趣。何似养志于清修而炎凉不涉，栖心于淡泊而甘苦俱忘，其自得为更多也。"

遇到好吃的，少吃点，留一点，此乃人生极乐的办法："路径窄处留一步，与人行；滋味浓的减三分，让人嗜。此是涉世一极乐法。"

“人知名位为乐，不知无名无位之乐为最真；人知饥寒为忧，不知不饥不寒之忧为更甚。”

指出甘于贫贱方是久长：“富贵是无情之物，看得他重，他害你越大；贫贱是耐久之交，处得他好，他益你深。故贪商于而恋金谷者，竟被一时之显戮；乐箪瓢而甘敝缊者，终享千载之令名。”此处连用四个典故：一是楚怀王贪恋秦国的商于之地，结果大败：公元前313年，张仪说要把商于六百里地方献给楚国，让楚齐断交，齐王大怒，派人入秦与秦王商议共同伐楚，楚王怒，与秦齐大战于丹阳，结果楚军大败。其二是金谷：即金谷园，是西晋石崇的别墅，遗址在今洛阳老城东北七里处的金谷洞内。此园随地势筑台凿地，楼台亭阁，池沼碧波，交辉掩映，加上此园茂树郁郁，修竹亭亭，百花竞艳，整座花园犹如天宫琼宇。石崇极为奢侈放纵，《世说新语・汰侈》记述其种种赛富竞夸的事情。后被以谋反罪诛杀，财产全部被没收。唐代诗人杜牧有《金谷园》诗：“繁华事散逐香尘，流水无情草自春。日暮东风怨啼鸟，落花犹似坠楼人。”其三“乐箪瓢”是孔子得意弟子颜渊甘贫乐道的故事（《论语注疏・雍也》）。“一箪食，一瓢饮，在陋巷，人不堪其忧，回也不改其乐。”箪瓢，盛饭食的箪和盛饮料的瓢，也借指饮食。其四“甘敝缊”，出自明代宋濂《送东阳马生序》：“缊袍敝衣。”指穿着旧袄破衣。缊，旧絮。敝，破。

提倡节俭，于淡薄寡味中保持本性：“藜口苋肠者，多冰清玉洁；衮衣玉食者，甘婢膝奴颜。盖志以淡泊明，而节从肥甘丧矣。”

“奢者富而不足，何如俭者贫而有余。能者劳而俯怨，何如拙者逸而全真。”

“饱后思味，则浓淡之境都消；色后思淫，则男女之见尽绝。故人当以事后之悔，悟破临事之痴迷，则性定而动无不正。”

认为对于味道的追求是坏事，只有五分的时候还可以免除祸殃，十分的时候就难免灾祸了：“爽口之味，皆烂肠腐骨之药，五分便无殃；快心之事，悉败身散德之媒，五分便无悔。”

对于评价一个家庭好坏的标准，提出一个有趣的观点，追求饮食乐趣便不是好人家：“饮宴之乐多，不是个好人家。声华之习胜，不是个好士子。名位之念重，不是个好臣工。”

本书关于饮酒的评论。第一，饮酒时不易控制情绪：“不可乘喜而轻诺，不可因醉而生瞋（chēn，生气；恼火），不可乘快而多事，不可因倦而鲜终。”推崇邵雍的饮酒节制的观点：“贫贱骄人，虽涉虚骄，还有几分侠气；英雄欺世，纵似挥霍，全没半点真心。糟糠不为彘肥，何事偏贪钩下饵；锦绮岂因牺贵，谁人能解笼中囮囮。帆只扬五分，船便安。水只注五分，器便稳。如韩信以勇备震主被擒，陆机以才名冠世见杀，霍光败于权势逼君，石崇死于财赋敌国，皆以十分取败者也。康节云：‘饮酒莫教成酩酊，看花慎勿至离披。’旨哉言乎！”

第二，赞赏佛教身心两自在的主张，称赞追求自在的人，常常自我陶醉：“有浮云富贵之风，而不必岩栖穴处；无膏盲泉石之癖，而常自醉酒耽诗。兢逐听人而不嫌尽醉，恬憺适己而不夸独醒，此释氏所谓不为法缠、不为空缠，身心两自在者。”

第三，叫人警惕杯中失血，祸自酒中来：“失血于杯中，堪笑猩猩之嗜酒；为巢于幕上，可怜燕燕之偷安。”

烈士让千乘，贪夫争一文，人品星渊也，而好名不殊好利；天子营家国，乞人号饔飧，位分霄壤也，而焦思何异焦声。

三、菜根深厚才浓香有味

明代于孔兼在为《菜根谭》写的《题词》中记述道：“‘谭’以‘根谭’名，固自清苦历练中来，亦自栽培灌溉里得，其颠顿风波、备尝险阻可想矣。”强调了人生面对不幸只有依靠平日的历练来应对。于孔兼又引用洪应明的话说：“天劳我以形，吾逸吾心以补之；天阨我以遇，吾亨吾道以通之。”洪应明更强调主动性，积极地应对。清代乾隆年间署名三山病夫通理的《重刊菜根谭序》则说：“凡种菜者，必要厚培其根，其味乃厚。”并引用古语“性定菜根香”，进一步说明菜根与菜的关系，菜根深厚菜才浓香有味，一个人有了深厚基础方可行远。

第六节 明代小说中的饮食思想

一、小说与饮食思想

文学艺术作品，以刻画人物形象为中心，通过故事情节和环境描写来反映社会生活，表达作者的思想。作品中的饮食生活来自社会生活，又比社会生活更集中，更有代表性。从文学艺术作品关于饮食思想的表述，可以看出一个时代的饮食思想，其流变、其发展的方向。

明代小说，是在宋元时期的说话艺术的基础上发展起来的。明代文人创作的白话短篇小说称为“拟话本”，就是直接摹拟学习宋元话本的产物；长篇小说如《三国演义》《水浒传》《西游记》等，亦多由宋元说话中的讲史、说经演化发展而来。嘉靖以后，文人独立创作的反映现实的长篇小说如《金瓶梅》，亦取资于讲唱文学的写作经验。明清时期小说开始走上了文人独立创作之路，这一时期，小说作家主体意识增强。《红楼梦》的出现，把中国古代小说发展推向了高峰，达到前所未有的成就。在明清这一段时间内涌现了无数的经典之作流传于世。如明代四大奇书(《西游记》《水浒传》《三国演义》《金瓶梅》)，三言二拍(《醒世恒言》《警世通言》《喻世明言》《初刻拍案惊奇》《二刻拍案惊奇》)，清代的《红楼梦》《儒林外史》《老残游记》《聊斋志异》等。明董其昌《袁伯应(袁可立子)诗集序》：“二十年来，破觚为圆，浸淫广肆，子史空玄，旁逮稗官小说，无一不为帖括用者。”

明代的四大长篇伟构——《金瓶梅》《西游记》《水浒传》《三国演义》，俗称“四大奇书”。

明代小说的出现，标志着文艺作品对下层人民生活的关注，开阔了人们的视野；而小说随着对普通人的更多关注，对饮食的描写也把关注对象扩展到普通民众，他们的吃成为被记录者。同时，原来的饮食文化记载在诗词、笔记小说等，有典故有格律，对阅读者的要求很高，原本是在社会上层流传，而小说就不同，有人物、有故事、有情节，易于理解，容易流传，散布在市井民间。在说书场通过说书者的白话表达，使更多的人了解，更多的民众参与到整理、创作中来。同时，小说这种文体的容纳量空前增加，也使得饮食文化的记载容量成倍增加。从《诗经》到汉赋，再到唐诗宋词，区区数十字、几百字，想要将饮食生活的丰富铺张记录下来确是难事，而有了小说则不同。小说就可以对饮食的具体情状予以详尽描绘，对餐饮的情节尽情渲染，当然对饮食制作的过程也得到详细描绘，使得食品更具形象性，更加醉人迷人，无疑，小说体裁的出现，对饮食文化的传播起到了推动作用。

小说的人物描写离不了对饮食的描写。饮食可以反映时代的特点，不同时代有不同的饮食；饮食可以反映地域的特点，不同地域有不同的饮食；饮食可以反映人物性格的不同，不同的人对待饮食有不同的态度、不同的习惯，而这些又归结于人物的个性、生长环境等的不同。饮食往往是小说中人物交流的平台，是背景，又是情节发展的推动力。

小说对饮食文化的描写受制于两个方面：一是作家本人对于饮食的经历、记忆，这取决于他的家庭、世族的经济条件，另外还有他对饮食的理解、描摹的能力。二是作家所处时代饮食的发展程度，所处地域的发展程度，这直接影响到作品中饮食展现的规模、水平等。从这个意义上说，一部小说中饮食文化描写首先受制于作家本人的家庭经济条件，以及所可能提供的体验。

一部小说的成功与否往往决定于饮食文化描写的广度与深度，其场面的描写、饮食品种的描写，及其所反映社会生活的深度与高度。

明代四部小说《金瓶梅》《西游记》《水浒传》《三国演义》都不约而同地将饮食的描写作为作品人物活动的主要内容，人物在饮食活动中的表现成为他们个性的反映，每一个人对待饮食都有着不同的态度，从而凸显出社会地位、兴趣爱好、教养与受教育程度，以及社会环境的影响的不同。

明代四部小说《金瓶梅》《西游记》《水浒传》《三国演义》所反映的饮食思想正好各自有一个方向，各自有一个关注点，将其综合起来，又具有层次性、全面性，其各具特色的饮食思想又互补互证，反映明代饮食思想所达到的广度与深度。

《金瓶梅》以一个县城为背景，以一个"土豪"的生活为中心，是最土豪的饮食生活；《水浒传》写造反的人如何聚会到梁山泊的过程，这里面有他们的追求、梦想，表现他们一旦可以实现自己理想的时候所希望的饮食，是最有代表性的农民的饮食生活；《三国演义》不留意普通人的生活，而是突出时代巨变之中英雄人物的活动，这其中也有他们的饮食，饮食成为他们英雄人物表现的形式，是最英雄的饮食生活；《西游记》中心人物是玄奘，他是僧人，吃素，不追求奢华的饮食，是最神仙的饮食生活。

二、《三国演义》的饮食思想

《三国演义》由《三国志》和裴松之的注释演绎而来，在由《三国志》及其注到《三国演义》的改编过程中，作者增加了饮食的内容，说明作者十分重视饮食对揭示人物个性的重要作用。

《三国演义》是演义，演义者，演化其意，敷陈铺展。本书是罗贯中（约1330—约1400，名本，字贯中，山西并州太原人）根据陈寿《三国志》、裴松之《三国志注》的历史记载，经过艺术加工敷演而成的文艺作品。《三国志》记述过于简略，在陈寿死后一百多年，南朝宋裴松之为《三国志》作注，他采辑魏、晋人的著作一百多种，资料更为丰富，集中了更多野史家乘，趣味性更强。《三国演义》在此基础上加工而成，艺术性更强，通过勾画人物形象反映三国时期的历史，其中透现了明代人的视角、态度。既然是文艺作品，在神似的基础上就容许延伸、夸张、移花接木，可以适用种种手段塑造人物形象。《三国志》中有曹操的专传（《三国志·魏书·武帝纪》）。

据《三国志·先主传》记载：刘备是"汉景帝子中山靖王胜之后也"。所以《三国演义》将刘备作为正统。这一点和《三国志》将曹操作为正统就不一样。为了突出刘备，《三国演义》的第一回就是刘备出场，为了让这一场面宏伟热烈，特意设计了桃园结义的酒宴以壮声色。酒宴提供了诉说衷肠的机会，成为三人结为兄弟的凝合剂。

《三国演义》小说第一回是"宴桃园豪杰三结义　斩黄巾英雄首立功"，但是关于桃园三结义——《三国志》上没有关于刘备、关羽、张飞三人结义的记载，只是说他们恩若兄弟。《三国志·关羽传》中记载："先主（刘备）与二人寝则同床，恩若兄弟。而稠人广坐，侍立终日，随先主周旋，不避艰险。"三人虽未君臣，但恩同父子。

《三国演义》为了让刘备的出场带有时代的大背景，烘托汉代朝不保夕的气氛，预示天下即将大乱，正是英雄人物出场的好时机。于是，在刘焉招兵榜前引出涿县中一个英雄。"那人不甚好读书；性宽和，寡言语，喜怒不形于色；素有大志，专好结交天下豪杰；生得身长七尺五寸，两耳垂肩，双手过膝，目能自顾其耳，面如冠玉，唇若涂脂；中山靖王刘胜之后，汉景帝阁下玄孙，姓刘，名备，字玄德。昔刘胜之子刘贞，汉武时封涿鹿亭侯，后坐酎金失侯，因此遗这一枝在涿县。……当日见了榜文，慨然长叹。随后一人厉声言曰：'大丈夫不与国家出力，何故长叹？'玄德回视其人，身长八尺，豹头环眼，燕颔虎须，声若巨雷，势如奔马。"

接着引出张飞出场，玄德甚喜，遂与同入村店中饮酒。正饮间，见一大汉，推着一辆车子，到店门首歇了，入店坐下，便唤酒保："快斟酒来吃，我待赶入城去投军。"这到的便是关羽，一出场便是呼唤拿酒来，岂不是带着一股豪气。不需三言两语，三人意气相投，遂同到张飞庄上，共议大事。"次日，于桃园中，备下乌牛白马祭礼等项，三人焚香再拜而说誓……祭罢天地，复宰牛设酒，聚乡中勇士，得三百余人，就桃园中痛饮一醉。"

“煮酒论英雄”是《三国演义》的名段，有酒有英雄，相得益彰，曹操借着纵论天下人物揭出隐藏不露的刘备，刘备不意此时被揭露，惊恐失态。然而《三国志·蜀志·刘备传》虽然有此等事，却十分简略，仅寥寥数语：“先主未出时，献帝舅车骑将军董承辞受帝衣带中密诏，当诛曹公。先主未发。是时曹公从容谓先主曰：‘今天下英雄，唯使君与操耳。本初之徒，不足数也。’先主方食，失匕箸，遂与承及长水校尉种辑、将军吴子兰、王子服等同谋。”

《三国演义》卷二十一“曹操煮酒论英雄　关公赚城斩车胄”就极尽渲染，娓娓道来，将刘备如何隐藏自己，如何被曹操识破，又加上电闪雷鸣，刘备如何掩饰，这些描写都使历史人物的狡黠、机智被抖落出来，尽显读者眼前：

> 一日，关、张不在，玄德正在后园浇菜，许褚、张辽引数十人入园中曰：“丞相有命，请使君便行。”玄德惊问曰：“有甚紧事？”许褚曰：“不知。只教我来相请。”玄德只得随二人入府见操。操笑曰：“在家做得好大事！”唬得玄德面如土色。操执玄德手，直至后园，曰：“玄德学圃不易！”玄德方才放心，答曰：“无事消遣耳。”操曰：“适见枝头梅子青青，忽感去年征张绣时，道上缺水，将士皆渴；吾心生一计，以鞭虚指曰：‘前面有梅林。’军士闻之，口皆生唾，由是不渴。今日见此梅，不可不赏。又值煮酒正熟，故邀使君小亭一会。”玄德心神方定。随至小亭，已设樽俎：盘置青梅，一樽煮酒。二人对坐，开怀畅饮。酒至半酣，忽阴云漠漠，聚雨将至。从人遥指天外龙挂，操与玄德凭栏观之。操曰：“使君知龙之变化否？”玄德曰：“未知其详。”操曰：“龙能大能小，能升能隐；大则兴云吐雾，小则隐介藏形；升则飞腾于宇宙之间，隐则潜伏于波涛之内。方今春深，龙乘时变化，犹人得志而纵横四海。龙之为物，可比世之英雄。玄德久历四方，必知当世英雄。请试指言之。”玄德曰：“备肉眼安识英雄？”操曰：“休得过谦。”玄德曰：“备叨恩庇，得仕于朝。天下英雄，实有未知。”操曰：“既不识其面，亦闻其名。”玄德曰：“淮南袁术，兵粮足备，可为英雄？”操笑曰：“冢中枯骨，吾早晚必擒之！”玄德曰：“河北袁绍，四世三公，门多故吏；今虎踞冀州之地，部下能事者极多，可为英雄？”操笑曰：“袁绍色厉胆薄，好谋无断；干大事而惜身，见小利而忘命，非英雄也。”玄德曰：“有一人名称八俊，威镇九州岛：刘景升可为英雄？”操曰：“刘表虚名无实，非英雄也。”玄德曰：“有一人血气方刚，江东领袖——孙伯符乃英雄也？”操曰：“孙策藉父之名，非英雄也。”玄德曰：“益州刘季玉，可为英雄乎？”操曰：“刘璋虽系宗室，乃守户之犬耳，何足为英雄！”玄德曰：“如张绣、张鲁、韩遂等辈皆何如？”操鼓掌大笑曰：“此等碌碌小人，何足挂齿！”玄德曰：“舍此之外，备实不知。”操曰：“夫英雄者，胸怀大志，腹有良谋，有包藏宇宙之机，吞吐天地之志者也。”玄德曰：“谁能当之？”操以手指玄德，后自指，曰：“今天下英雄，惟使君与操耳！”

玄德闻言,吃了一惊,手中所执匙箸,不觉落于地下。时正值天雨将至,雷声大作。玄德乃从容俯首拾箸曰:"一震之威,乃至于此。"操笑曰:"丈夫亦畏雷乎?"玄德曰:"圣人迅雷风烈必变,安得不畏?"将闻言失箸缘故,轻轻掩饰过了。操遂不疑玄德。后人有诗赞曰:"勉从虎穴暂趋身,说破英雄惊杀人。巧借闻雷来掩饰,随机应变信如神。"

曹操借着酒势,说出了平日不好说出的话,道出了他内心的恐惧,他怕的是刘备得势必成死敌。

曹操乃一代枭雄,盖世奇才,《三国演义》第四十八回特别设计曹操横槊赋诗,"宴长江曹操赋诗 锁战船北军用武"。长江浩荡千里的大背景,月明星稀的壮阔苍穹,酒后微醉的似醒不醒,连年征战扫平天下的奇功伟绩,勾起思念英雄共成大业的思绪,表露大英雄的气概:

曹操正笑谈间,忽闻鸦声望南飞鸣而去。操问曰:"此鸦缘何夜鸣?"左右答曰:"鸦见月明,疑是天晓,故离树而鸣也。"操又大笑。时操已醉,乃取槊立于船头上,以酒奠于江中,满饮三爵,横槊谓诸将曰:"我持此槊,破黄巾、擒吕布、灭袁术、收袁绍,深入塞北,直抵辽东,纵横天下:颇不负大丈夫之志也。今对此景,甚有慷慨。吾当作歌,汝等和之。"歌曰:"对酒当歌,人生几何?譬如朝露,去日苦多。慨当以慷,忧思难忘;何以解忧?惟有杜康。青青子衿,悠悠我心;但为君故,沉吟至今。呦呦鹿鸣,食野之苹;我有嘉宾,鼓瑟吹笙。明明如月,何时可辍?忧从中来,不可断绝!越陌度阡,枉用相存;契阔谈宴,心念旧恩。月明星稀,乌鹊南飞;绕树三匝,无枝可依。山不厌高,水不厌深;周公吐哺,天下归心。"

正是这段描写,千古之后的人无不兴叹,只有那经天纬地的人才有通古达今之胸怀,傲视天下的气派,顶天立地之神气,扭转乾坤之能力。曹操饮酒自不同于俗人,壮怀激烈,天地万物奔涌而来,"不戚年往,忧世不治"[①]。所以他这"人生几何"的慨叹,并不软弱消沉,而是为了执著于有限之生命,珍惜有生之年,思及时努力,干一番轰轰烈烈的事业。宋代苏轼《前赤壁赋》称颂道:"酾酒临江,横槊赋诗,固一世之雄也。"清人魏源说得好:"对酒当歌,有风云之气。"

元代阿鲁威《双调·蟾宫曲·怀古》:"问天下谁是英雄,有酾酒临江,横槊赋诗曹公!紫盖黄旗,多应借得,赤壁东风。更惊起南阳卧龙,便成名八阵图中,鼎足三分,一分西蜀,一分江东。"

罗贯中认为曹操是"治世之英雄,乱世之奸雄",所以除了对他的歌颂之外,

① 曹操.秋胡行.

还有贬低，通过设计另一场宴席揭露曹操的凶残，通过陈宫对曹操前后态度的变化和对比，表现了作者鲜明的对曹操持批判的倾向，“设心狠毒非良士，操卓（董卓）原来一路人”。认定曹操和当时公认的第一号坏人董卓是一路货色。于是第四回设计一场酒宴，写曹操的狠毒。说是曹操因谋杀董卓不成而逃跑，中牟县令陈宫感其忠义，弃官随之而去。途中二人投宿吕伯奢家。伯奢去西村沽好酒，家人磨刀宰猪，本是一番热情款待，谁知曹操疑神疑鬼，先出手杀死吕伯奢全家八口。后来见其家缚一猪欲杀，方知自己误杀好人。路遇吕伯奢沽酒归来，已擦肩而过，曹操又拔剑复回，杀死吕伯奢。陈宫不解其中缘故，曹操告知原因后，陈宫说：“知而故杀，大不义也。”曹操云：“宁教我负天下人，休教天下人负我。”陈宫寻思道：“我将谓曹操是好人，弃官跟他；原来是个狼心之徒！今日留之，必为后患。”本欲拔剑杀死曹操，后念“杀之不义”，遂弃而自投东郡去了。

罗贯中最喜欢的人物是关羽，为了他的肝胆忠义，特地于第四回为他安排一场温酒斩华雄的戏，而这本来是江东吴国创始者孙坚、孙权的父亲所为。《三国志·吴书》卷第一：“（孙）坚移屯梁东，大为（董）卓军所攻，坚与数十骑溃围而出。坚常著赤罽帻，乃脱帻令亲近将祖茂著之。卓骑争逐茂，故坚从间道得免。茂困迫，下马，以帻冠冢间烧柱，因伏草中。卓骑望见，围绕数重，定近觉是柱，乃去。坚复相收兵，合战于阳人，大破卓军，枭其都督华雄等。”此乃汉初平二年（191）的事，与关羽本无关。

三、《金瓶梅》的饮食思想

《金瓶梅》是一个很好的例子，它正好是“食色”描写的代表作，又有食又有色；它又说明平民的饮食生活进入了文学家视野。

讨论饮食文化，人们总会引用告子的说法：“食，色性也。”告子是从人的本性的角度讨论饮食和性欲对于人的重要性，但这只是从动物性上讨论问题。因为如果仅仅认为有了饮食和性欲的需要便是人的话，那肯定是一个误区。可是，《金瓶梅》中的主角西门庆却正好在食和色两个方面都是代表人物，他在这两个方面都发挥到极致，也的确是独此一人而已。

邵万宽、章国超专门研究《金瓶梅》中的菜肴，出版《金瓶梅饮食谱》一书。书中统计，兰陵笑笑生笔下涉及的饮食行业有 20 余种。《金瓶梅》列举的食品（主食、菜肴、点心、干鲜果品等）达 200 多种。茶 19 种，“茶”字出现 734 个，饮茶场面 234 次。酒 24 种，“酒”字出现 2025 个（而《红楼梦》中“酒”字仅露面 584 次），大小饮酒场面 247 次。举凡书中所食之美馔佳肴，如核桃肉、水晶鹅、酿螃蟹，所制之面点杂食，如艾窝窝、雪花糕、酥油泡螺，所饮之茶酒，如六安茶、羊羔酒、麻姑酒，等等，作者都一一做了考证，对于食物的原料、颜色、味道、形状以及风俗、典故等，都有所交代。又有“金瓶梅菜点”五十余道、“金瓶梅宴席菜单”两份，附录于书后。该书对小说里性事描写也有统计，为 105 处。

历来的饮食文化研究，很少有涉及普通民众的，这与他们的消费水平不高、餐桌内容简单有关系，另外也由于记录者对社会下层的饮食生活不熟悉有直接关系。《金瓶梅》补充了这一不足，极大地丰富了对平民饮食生活的描写。通庆楼主《金瓶梅与明代饮食管窥》指出：

其实，除去书中一些不文的性事描写，《金瓶梅》无疑是中国文学宝库之奇珍，与《水浒传》《红楼梦》齐名。而其反映社会生活之广阔，刻画人物之深刻，运用言语之鲜活，有些甚至在二书之上。《金瓶梅》是一部反映明代后期社会百态的长篇小说，其中有很大一部分是描写饮食的。有关饮食生活部分，其丰富和细腻程度，足堪与《红楼梦》媲美。《金瓶梅》产生于明代，《红楼梦》产生于清代，时代不同，描写对象也不同。《红楼梦》里的贾府是世代簪缨的诗礼之家，他们无论饮酒吃茶，讲究的是豪华与高雅，不失大家风范；而《金瓶梅》里，主要写的是亦官亦商的西门庆，尽管也穷极奢华，但毕竟是市井俗物，难免冒着暴发户的俗气。将《金瓶梅》与《红楼梦》相比较，在饮食描写，以及在饮食文化的品位层次上，读者诸君不难看出，两者的差异是巨大的。曹雪芹是博大的文人，身历富贵，所写的饮食是华贵的；而《金瓶梅》所反映的饮馔则充满了明代俚俗的市民气息，证明其作者很可能是属于市民阶层的说话人。……

作者的文化素养，一般是和他所属的社会阶层相一致的。从《金瓶梅》描述的饮食文化来看是属于较低层次的。有人认为，《金瓶梅》是一部烹事技法大全。为验证此说，通检了全书，举凡华诞、弥月、添寿、会亲、合欢、迎上、犒下、饯行、接风、斗分资、打平合、官宴、私宴，大大小小宴饮，种种饮馔均登录建卡，又经复按排比，得到结果是：《金瓶梅》的饮食描写虚拟多于写实，于烹技并不详细。如第十回，因武松发配，西门庆合家欢宴："怎见的当日好筵席？但见……"一笔带过。在"西门庆开宴吃喜酒"中，正日用"食烹异品，果献时新"的套语，次日四宅官员为官哥添寿之宴，也仅以"十分齐整"来轻描淡写。述录者的"说不尽"，实则为说不清。因为说书人很难有机会涉足上层社会的豪华饮宴，故而，只能用一种仰视的视角，以自身的消费观念去揣测高层次的饮食文化以及审美观念。虽然《金瓶梅》的作者对明代上流社会的食俗所知甚少，然而对市民的食欲写来却得心应手而且详细生动。如对"过水面"的描写，词话本为"个水面"，可能是出于鲁地方言"个""过"不分之故。"过水面"亦即书中所说"面是温淘"。将面煮熟之后以清水过了，减低黏度，降低热度，故而应伯爵称赞"又爽口又好吃"。好吃除了"过水"之外，还因为如谢希大所说："卤打得停当。"更因为佐餐的小菜："四样小菜：一碟十香黄瓜、一碟五方豆豉、一碟酱油浸的鲜花椒、一碟糖蒜。三碟蒜汁，一大碗猪卤。""个人自取浇卤、倾蒜醋，那应伯爵与谢希大，只三扒两咽就是一碗，登时狠了七碗。"

《金瓶梅》对饮食思想研究的贡献还在于，它将“食”与“色”打通了来看。“食”和“色”的通道就是“养生”。西门庆纵欲，频繁的性生活使得他的养生很特殊，那就是中国人所讲究的“缺什么吃什么，吃什么补什么”。《金瓶梅》中充斥着“春膳”，不是鸡子就是腰子，食粥、乳鸽子(雏鸽)、头脑汤药膳等也为补养佳品，这些都是所谓的壮阳饮食。如在第五十三回：“西门庆来家，吴月娘打点床帐，等候进房……次日，西门庆起身梳洗，月娘备羊羔美酒、鸡子腰子补肾之物与他吃了，打发进衙门去。”猪腰作食疗之用，由来已久，民间广为使用。元代御医忽思慧《食疗方》就记载猪肾主治肾虚劳损、腰膝无力疼痛等症。《本草纲目》则云：“补肾虚劳损诸病，有肾沥汤，方甚多，皆用猪、羊肾煮汤煎药，俱是引导之意义。”而鸡子具有补虚益气、健胃强胃、补血通脉的功效。猪腰子与鸡子兼用，可充分发挥其补肾虚作用。因其简便易行，使用广泛，民间称之为“济世良方”。在《金瓶梅》中，西门庆以食疗疾还有一处是用人乳的。第七十九回：“玉箫早辰来如意儿房中，挤了半瓯子奶，径到厢房，与西门庆吃药。”人乳能补五脏、润肌肤、益气血、生津液、止消渴，确是《本草纲目》说的：人乳可治“虚损劳、虚损风语、中风不语”等病。

然而，羊肉、猪肾、乳鸽、子鸡、鸡腰、韭菜、人乳、头脑汤……这些虽是壮阳滋补健体的佳品，但是西门庆管不住那玩意儿，最后还是酒色过度，肾水固竭，病在膏肓，虚不受补，一命呜呼。

《金瓶梅》中的西门庆为了性的需要，将性的食品的开发发挥到极致，这不能不说是中国饮食思想史上的奇葩。中国饮食思想的另一面就是“吃什么补什么”，壮阳药品的开发，诸如腰子——肾，铜钱肉——将驴鞭泡制后横切成一片片的，想要从动物的雄性激素中直接获取能量。中国历史上有许多富家官僚为了养生的需要，养活很多奶妈。不是为孩子喂奶，而是为官僚和土豪，这也是一种反人性的做法。《金瓶梅》将中国饮食文化中的劣根一面撕扯开来给人看，意图唤起人们的唾弃。

《金瓶梅》中有大量酒与音乐的描写，如第五十五回“西门庆……与诸人宴饮，就叫两个歌童前来唱。只见捧着檀板，拽起歌，唱一个：(新水令)……小园昨夜放红梅，另一番动人风味。梨花迎笑脸，杨柳妒腰围。试问荼蘼：开到海棠未?”另外还有《驻马听》《雁儿落带得胜令》两支歌曲。“毫无疑问，饮酒的风尚，促进了民间音乐的发展；而那些歌女、歌童，无论唱的是阳春白雪，还是下里巴人，同样都点缀了酒文化，使之更纷彩多姿。不难想见，如果没有歌声，酒楼就肯定不能吸引更多的来客。因此，音乐的兴盛，同样促进了酒文化的发展。”[①] 当然，这也说明明代的酒楼与音乐已经十分紧密地结合在一起了。

四、《西游记》的饮食思想

中国人的理想中，成神仙是第一追求，凡是有权有势的都使尽全身解数去实

---

① 王春瑜. 明朝酒文化. 台北：东大图书公司印行，1990：130.

现这一理想。秦始皇为了求得不死药，派 3000 童男童女漂洋过海去寻找神仙，又派韩终、侯公、石生求仙人不死之药，始皇的理想："吾慕真人，自谓'真人'，不称'朕'。"只要做得了神仙，宁愿不做皇帝。汉武帝也一心要当神仙。道家的追求是成仙，也因此有众多信众。但是，古往今来，却没有一个人能当神仙。

《西游记》是第一个引神仙进小说的文学作品，它需要解决一个问题，就是神仙吃不吃饭，是不是真的喝西北风，如果吃饭，吃的是什么呢？没有人见过神仙，谁能知道神仙的饮食呢？

罗贯中给了答案，神仙吃饭，和人间一样，只是吃的是长寿的食品。如第五回西王母宴请众神仙，这是高规格的宴会，吃的什么呢？吃的是蟠桃。蟠桃园的桃子也并不是另外的样子，和人间的一模一样："夭夭灼灼，颗颗株株。夭夭灼灼花盈树，颗颗株株果压枝。果压枝头垂锦弹，花盈树上簇胭脂。时开时结千年熟，无夏无冬万载迟。先熟的酡颜醉脸，还生的带蒂青皮。凝烟肌带绿，映日显丹姿。树下奇葩并异卉，四时不谢色齐齐。左右楼台并馆舍，盈空常见罩云霓。不是玄都凡俗种，瑶池王母自栽培。"

为什么蟠桃可以长寿呢？因为蟠桃都是上千年一熟："大圣看玩多时，问土地道：'此树有多少株数？'土地道：'有三千六百株。前面一千二百株，花微果小，三千年一熟，人吃了成仙了道，体健身轻。中间一千二百株，层花甘实，六千年一熟，人吃了霞举飞升，长生不老。后面一千二百株，紫纹缃核，九千年一熟，人吃了与天地齐寿，日月同庚。'"

西王母办的宴会到底吃些什么呢？同一回首先记载其餐具之不同：琼香缭绕，瑞霭缤纷。瑶台铺彩结，宝阁散氤氲。凤翥鸾翔形缥缈，金花玉萼影浮沉。上排着九凤丹霞扆，八宝紫霓墩。五彩描金桌，千花碧玉盆。接着是食品：桌上有龙肝和凤髓，熊掌与猩唇。珍馐百味般般美，异果佳肴色色新。

又借着孙悟空的目光揭示出仙酒是怎样酿造的，喝着口味是什么样子的："这大圣点看不尽，忽闻得一阵酒香扑鼻，急转头见右壁厢长廊之下，有几个造酒的仙官，盘糟的力士，领几个运水的道人、烧火的童子，在那里洗缸刷瓮，已造成了玉液琼浆，香醪佳酿。大圣止不住口角流涎，就要去吃，奈何那些人都在这里，他就弄个神通，把毫毛拔下几根，丢入口中嚼碎，喷将出去，念声咒语，叫'变！'即变做几个瞌睡虫，奔在众人脸上。你看那伙人，手软头低，闭眉合眼，丢了执事，都去盹睡。大圣却拿了些百味八珍，佳肴异品，走入长廊里面，就着缸，挨着瓮，放开量，痛饮一番。吃勾了多时，酕醄醉了。"

从以上描写可以看出，罗贯中发挥了极大的想象，但神仙的吃喝也不过如此而已，龙肝和凤髓，熊掌与猩唇，再就是蟠桃、金丹之类，只是人间食物的照搬并加上一些想象而已。

《西游记》中的饮食可以分为三类，即上面所提及的神仙的饮食，另外还有魔鬼的及人间的饮食。《西游记》所描写人间的饮食并没有什么特点，所需要提出的是第二类的魔怪的饮食。据其所描述，唐僧所有西天路上遇见的妖怪，他们弄神作法的目标都是一个:吃唐僧肉。《西游记》的一切故事围绕着此事展开,一切故事性也都由此发生。白骨精看见唐僧,就喜道:“几年家人都讲东土的唐和尚取‘大乘’,他本是金蝉子化身,十世修行的原体。有人吃他一块肉,长寿长生。”吃了唐僧的肉,可以长生不老,便是所有妖魔的追求。可见,即使是魔怪,他们也还不是长生不老的,只有吃了唐僧肉之后才能达到目的。所以,总是唐僧被抓,然后总是弟子相救,孙悟空一次次地搬动天上的玉皇大帝、西王母等等。唐僧总是命悬一线,总是悬念,终究有救,终是紧扣人心。

所有的魔怪都有一个共同特征:吃人。但是不同的魔怪吃人的方式也各不一样,从而显示魔怪的独特兽性,使读者不由自主地联想到它们的原身。《西游记》中详细描写魔怪吃人的有这么几个:双叉岭的寅将军(虎精)抓了唐僧和随从,即呼左右,将二从者剖腹剜心,剁碎其尸。将首级与心肝奉献二客(熊精和牛精),将四肢自食,其余骨肉,分给各妖。通天河的金鱼怪吃童男童女;琵琶洞的蝎子精吃人肉馅的馍馍;盘丝洞的蜘蛛女怪则将人肉精细烹调;奎木狼下界变成的老怪在宝象国一边喝酒,一边扳过人来,血淋淋的啃上两口;狮驼洞的三个魔头则是把那四个和尚蒸熟吃,这三个妖魔分别是狮、象、大鹏鸟,如此吃法,自是为了照顾后两个魔头。利用对方的饮食需求或行为,达到战胜对方或满足自己的目的,这在《西游记》不时出现。白骨精变作俊俏女子,提着盛满香米饭、炒面筋的罐瓶,假装斋僧,如果不是孙悟空机灵,认出妖魔并将她打死,唐僧一定会着了道儿。十八公(松树精)也幻作施斋之人,掳走唐僧。妖魔如此,孙悟空表现也不差,多次变作小飞虫或水果,趁妖魔饮食时钻进肚里,再逼使妖魔就范。

《西游记》中集中写了这么多的吃人的故事,其影子应该从史书中来,是对中国几千年人吃人历史的浓缩与回光返照。《资治通鉴》“鉴于往事,有资于治道”,其中就有“人食人”的记载。如第二五八卷唐纪七十四昭宗圣穆景文孝皇帝上之上龙纪元年(己酉、889):“悉焚扬州庐舍,尽驱丁壮及妇女渡江,杀死弱以充食。”第二五九卷:“(王)镕出兵三万救之,克用逆战于叱日岭下,大破之,斩首万余级,余众溃去。河东军无食,脯其尸(将尸体做成肉干)而啖之。”第二五六卷黄巢“军行未始转粮,车载盐尸以从”。胡三省注:“以死人尸实之以盐(尸体中充实了盐,防止腐败),以供军粮。”第二六三卷:“是冬大雪,城中尽食,冻馁死者不可胜计,或卧未死,已为人所剐;市中卖人肉,斤值钱百,犬肉值五百。”人肉价贱,甚至只有狗肉的五分之一,真是十分恐怖。第二八八卷:“长安城中食尽”,守将赵思绾:“取妇女、幼稚为军粮,日计数而给之,每犒军,辄屠数百人,如羊豕法。”分配人肉,犹如分羊肉、分猪肉那样,实在残忍!

据《李国文读史》统计,《资治通鉴》七十三卷至八十一卷所记载“人吃人”事件还有:“887年:‘戊午,秦彦遣毕师铎、秦稠将兵八千出城,西击杨行密,稠败死,士卒死者什七八,城中乏食,樵采路绝,宣州军始食人。’同年:‘杨行密围广陵且半年,秦彦、毕师铎大小数十战,多不利,城中无食,米斗直钱五十缗,草根木实皆尽,以堇泥为饼食之,饿死者太半。宣军掠人诣肆卖之,驱缚屠割如羊豕,讫无一声，积骸流血，满于坊市。’同年：‘高骈在道院，秦彦供给甚薄，左右无食，至然木像，煮革带食之，有相啖者。’889 年：‘杨行密围宣州，城中食尽，人相啖。’891 年：‘(孙儒)于是悉焚扬州庐舍，尽驱丁壮及妇女渡江，杀老弱以充食。’906 年：‘时汴军筑垒围沧州，鸟鼠不能通，(刘)仁恭畏其(朱全忠)强，不敢战。城中食尽，丸土而食，或互相掠啖。’”

美籍韩裔学者郑麒来《中国古代的食人：人吃人行为透视》一书据二十五史统计，自先秦至清末，中国历史上由战争或饥荒引发的大规模食人事件就多达 403 起，最缺乏反抗能力的妇女与儿童自然是首当其冲的牺牲品。我国古籍记“人食人”的事并不罕见，《公羊传·宣公十五年》：“易子而食之，析骸而炊之。”记录的是春秋时宋国被围，城内粮尽，百姓不忍心杀自己的孩子，两家交换，你杀我家的，我杀你家的。可见其无奈与残忍。《曾国藩日记》记载清同治三年(1864)四月廿二日记载太平天国之乱后皖南、苏北的人肉价目，高不过百余文，低仅数十文，远较猪羊肉为廉。最初人肉市场中出售的只是死人腐肉，但以后便发展为当场屠宰活人，谓之“菜人”。

以上“人吃人”的事数量不少，大多发生在天灾人祸即饥寒交迫以及战乱之际，但是留给人们的记忆却是可怕而难忘的。罗贯中将这些惨无人道的事件形象化，将其附着于妖魔鬼怪身上，使人痛恨，同时同情唐僧，助其完成大业，取得善果。

与此相关的是，《水浒传》中也有孙二娘开饮食点卖人肉馒头(包子)的事，十分耸人听闻。孙二娘外号母夜叉，在孟州道十字坡与丈夫张青开酒店卖人肉，专干杀人夺货的勾当。武松被发配到孟州路过十字坡，险些遭到孙二娘的毒手，又有鲁智深也曾在此店被蒙汗药麻翻，实在恐怖。孙二娘为什么能开人肉店，书中说这是祖传下来的，她父亲叫山夜叉孙元，是江湖上的前辈，绿林中是有名的，相当于黑社会的头目，因此一般人不敢去惹火烧身，更重要的是，社会已经动荡起来，官家已经无力管得住这些事了。《水浒传》塑造孙二娘的形象，也同样与历史上“人吃人”的记载有关，小说对孙二娘是欣赏的，认定她是英雄，女中豪杰，通过孙二娘的泼辣大胆，造反精神，所传达的是对社会的批判，官逼民反，官家杀人如麻，民间小女子就反不得么？

作者吴承恩久居江淮，科举场中屡遭挫折，比较接近农村渔樵、荒观野寺，颇知下层人民生活甘苦。他笔下食物，大多不是珍奇异味。他记叙渔民的菜肴：“仙山云水足生涯，摆橹横舟便是家。活剖鲜鳞烹绿鳖，旋蒸紫蟹煮红虾。青芦笋，水荇芽，菱角鸡头更可夸。娇藕老莲芹叶嫩，慈茹茭白乌英花。”在他笔下，樵夫的饮食是：“崔崴峻岭接天涯，草舍茅庵是我家。腌鸭腊鸡鹅蟹鳖，獐狗兔鹿胜鱼虾。香椿叶，黄楝芽，竹笋山茶更可夸。紫红桃梅杏熟，甜梨酸枣木樨花。”在我国古典文学中有关筵席的资料相当丰富，但绝大多数是荤席，至于斋席素宴，很少看到比较完整的资料，《西游记》最大的特点在于补充了这方面的不足。

五、《水浒传》的饮食思想

《水浒传》写的是宋朝末年的一群造反者，他们是如何走上了反叛之路，为什么决绝地上了梁山，最后又怎样被朝廷招降，一个个被打散，落的凄凉。一百单八将各自都有曲折的故事，个个都生龙活虎，犹如真人一般站立在你面前。《水浒传》的主题，却是常说的皇帝老儿是好的，只是被底下的官僚们所隔绝，农民反的不是皇帝，而是贪官，农民期待一个好皇帝。从饮食思想的角度看，第一，这是第一部集中描述社会底层饮食的书，反映农民所享用的饮食是怎样的。第二，反映了他们所追求的饮食，尤其是他们向往的饮食生活是怎样的。一旦他们能够主宰自己命运的时候，会如何安排自己的生活，当然包括饮食生活。或者是仅仅自己觉得已经获得自由的时候，他们所最希望的饮食生活是怎样的。第三，社会人物对特殊人物尤其是英雄人物饮食的解读。

中国最广大的是农村，最主要的是农民，几千年的封建社会，社会的基础是农村和农民，他们的所思所想，直接决定着中国的前途与命运。《水浒传》所描写的就是一群追求自我解放的农民，或者说是自己认为已经解放了的农民，他们的思想感情，他们的理想追求。他们在自认为已经无法无天的情况下，所设想建立的社会，其中包含他们的饮食，他们认为什么样的饮食才是革命成功之后所应该享受的。

中国古代对农民饮食状况的描写是很少的，这是因为他们的生活状况很少受到重视。《诗经》的《七月》描写了农民一年四季的饮食，他们的感情与期望，年底的时候，冬日的闲暇，登上公堂，端起酒杯，共同祝愿万寿无疆便是最高的理想。陶渊明也写农村、农民，但他毕竟不是农民。唐代诗人也会写出《悯农诗》，但是那毕竟是诗，只有结论，没有事实的描写，真正的农民生活却缺乏直接深入的描写。历来的文艺作品都以上层的饮食为对象，记录下他们的饮食思想。

农民起义贯穿几千年的中国封建社会的历史，起义者的饮食思想是怎样的呢？《水浒传》解答了这一问题。

聚义梁山水泊的英雄并不是生来就有叛逆性，就敢于造反，一般是在受到直接面对的统治者的欺压忍无可忍的情况下才铤而走险。如果稍有余地，大多不会冒着杀头的危险，不会拿着鸡蛋去碰石头。《史记》记述秦代末年的农民起义时写到一个人物陈婴，风起云涌的起义遍地开花，陈婴周围的人都推举陈婴做首领也竖起造反的旗帜。陈婴回家和母亲商量，母亲态度明朗地反对。反对的理由很简单，那就是自从我嫁到你们家，你们家从来没有出现过大人物，问了问，你们家以前也没有出现过大人物，所以你不可能成功的，你不能挑这个头。这位母亲的话似乎没有什么道理，为什么家里从来没有出现过大人物就不能出现一个呢？其实道理是这样的，做大事情，是要有大品质、大素质的，而这是需要培养的。陈婴的家庭没有这一条件。另外，知子莫若母，母亲对陈婴的气质、人格、行事风格是最了解的，她知道儿子无法担当起义领袖这样的重担。这个故事说明了一般的人都明白起义是一件可怕的事，只是受欺压还不能够使人们铤而走险，只有那些心理素质好、具有冒险精神的人敢于出头。水浒一百单八将，个个英雄虎胆，与众不同，其中就有他们的异样，包括饮食的异样。

中国历来的各种英雄好汉们，都是“大块吃肉，大口喝酒”，显得豪爽、气派。《水浒传》的英雄人物“大块吃肉，大口喝酒”却有着深意。作者借此表达自己的反叛意识，寄寓自己的理想，也是代人立言，代历代的造反者立言。作者所勾画的反叛者的理想社会是这样的：其第一点，有酒喝，有肉吃。第二点，随时有酒喝，随时有肉吃。第三点，随时有足够的酒喝，随时有足够的肉吃，奢侈地喝，奢侈地吃。第四点，无论是喝酒还是吃肉，都不必遵从礼仪，不要什么讲究，抢着喝，夺着喝，躺着喝，吃喝时发出很大声音也不必忌讳，也没有人忌讳。这是长期被压抑的饮食上的欲望的释放，对富人生活的向往，一旦有机会就能释放出来，这样的纵欲似乎有点畸形，但却是真实的。

传说中明代农民起义的领袖李自成就是这样的，他打进北京，坐了龙廷，实现了一个愿望，那就是天天过年，天天吃饺子。结果应该坐龙廷的时间被折算了，年变成了日，一百多年的江山变成了一百多天的皇上。过足了嘴瘾，却失去了江山。

限于古代的生产力水平，宋人的饮食主要是以五谷蔬菜为主，肉食占的比重很小。在肉食中，“野味”又占一定数量。在一些边远地区中，甚至鼠和蝙蝠都成为重要的肉食，因而当时食豹肉的记载应该是可信的。在中国饮食史上，自宋之后，食“野味”的比重日趋减少，这倒不是当时人们有什么生态环保意识，而是饲养家畜家禽的数量与水平日趋增加与提高了。

《水浒传》中英雄人物和饮食之间的关系，和宋代一般人饮食的相同与不同。

造反人物有独特的胆气度量，他们自然有着异样的酒量、食量；异样的酒量、食量又使得他们具有了英雄气概。这符合一般人的认知。

在《水浒传》第四回中，鲁达对肉店老板郑屠的要求是：“奉着经略相公钧旨，要十斤精肉，切作臊子，不要半点肥的在上面……再要十斤，都是肥的，不要见些精的在上面，也要切作臊子。”这虽然是为了挑衅而故意向郑屠户提出的要求，但也隐含地表达了鲁达不同于一般人的食量。

《水浒传》还是我国酒文化的集大成者，一百零八将中几乎无一英雄不喜欢酒，无一章节不写饮酒，酒成了刻画典型环境中典型性格的需要，成为喜剧美和悲剧美的体现。

以酒壮胆：第二十三回，武松要回清河县，来到阳谷地面，前面就是景阳冈，此处有一酒店，挑着一面招旗在门前，上头写着五个字：“三碗不过冈。”酒家的解释是：“俺家的酒，虽是村酒，却比老酒的滋味。但凡客人来我店中，吃了三碗的，便醉了，过不得前面的山冈去，因此唤做‘三碗不过冈’。若是过往客人到此，只吃三碗，更不再问。”谁料武松竟饮得十八碗，又有四斤熟牛肉下肚，真是好生了得。也正是这十五碗酒壮胆，武松闯得景阳冈，打得白眼吊睛虎，硬是过冈下得山来，直唬得那守护的两个猎户魂飞魄散，见了武松，吃一惊道：“你那人吃了猽狸心、豹子肝、狮子腿，胆倒包着身躯，如何敢独自一个，昏黑将夜，又没器械，走过冈子来！不知你是人是鬼？”

这些猎户推论的逻辑是：敢于过冈的人，必定是胆包着身躯的人；而要胆包着身躯，必定是吃了狸猡心、豹子肝、狮子腿的人，所以，武松如果没有吃过这样的猛兽，如何敢独自一个，昏黑将夜，又没器械，走过冈子来。前提是，凶猛的人必是吃得猛兽的人，吃过猛兽方始有过人的胆量、勇力。这也是当时一般人的认识，吃什么方有什么样的胆识。

李逵饭量奇大，又吃得下人肉，岂是那等闲之辈！同样是以人物的饮食之不同描写其人格气量胆识之不同。第四十三回：一步步投山僻小路而来。走到已牌时分，看看肚里又饥又渴。四下里都是山迳小路，不见有一个酒店饭店。正走之间，只见远远的山坳里露出两间草屋。李逵见了，奔到那人家里来。那妇人道："做一升米不少么？"李逵道："做三升米饭来吃。"

李逵捉住李鬼，按翻在地，身边掣出腰刀，早割下头来。拿着刀却奔前门，寻那妇人时，正不知走那里去了。再入屋内来，去房中搜看，只见有两个竹笼，盛些旧衣裳。底下搜得些碎银两，并几件钗环。李逵都拿了。又去李鬼身边搜了那锭小银子，都打缚在包裹里。却去锅里看时，三升米饭早熟了，只没菜蔬下饭。李逵盛饭来吃了一回。看着自笑道："好痴汉！放着好肉在面前，却不会吃！"拔出腰刀，便去李鬼腿上割下两块肉来，把些水洗净了，灶里扒些炭火来便烧。一面烧，一面吃。吃得饱了，把李鬼的尸首拖放屋下，放了把火，提了朴刀，自投山路里去了。那草屋被风一扇，都烧没了。

英雄离不开酒，酒可以壮胆，可以壮行色，可以显示英锐之气，然而还有一点，水浒英雄的死，起码是领头的人物都死于酒。临到末了，水浒的人都散了，领袖人物宋江被药酒毒死。"自此宋江到任以来，将及半载，时是宣和六年首夏初旬，忽听得朝廷降赐御酒到来，与众出郭迎接。入到公廨，开读圣旨已罢，天使捧过御酒，教宋安抚饮毕，宋江亦将御酒回劝天使，天使推称自来不会饮酒。御酒宴罢，天使回京……宋江自饮御酒之后，觉道肚腹疼痛，心中疑虑，想被下药在酒里。却自急令从人打听那来使时，于路馆驿，却又饮酒。宋江已知中了奸计，必是贼臣们下了药酒。"宋江不只自己死，还给李逵下了药酒，毒死李逵。水浒另一领袖人物卢俊义同样死于酒："再说卢俊义是夜便回庐州来，觉道腰肾疼痛，动举不得，不能乘马，坐船回来。行至泗州淮河，天数将尽，自然生出事来。其夜因醉，要立在船头上消遣，不想水银坠下腰胯并骨髓里去，册立不牢，亦且酒后失脚，落于淮河深处而死。"

《水浒传》所要传递的饮食思想，其中深含着政治意识。其中不被人注意的一个情节，《水浒传》里好汉为何只吃牛肉不吃猪肉？这个问题的答案是：并不是由于宗教的原因，也不是没有猪肉可吃的原因，而仅仅是政治的原因，是为了表达对政府的对抗。一种食物被拿来作为政治的符号，都是因为其背后的原因。李子迟《舌尖上的水浒传：梁山好汉为何只吃牛肉不吃猪肉？》揭秘：《水浒传》是中国唯一一部正面描写造反的“盗匪”“贼寇”的小说，所以作者描写了这些公然藐视当世法律的屠杀牛、吃牛肉的情节。在今天看来，这完全是对抗政府的意识和行为。

第七节　元明时期的酒文化交流

元朝也是中外酒文化交流的重要时期，来自中国的各种米酒（大米和小米酿造的酒），也在10世纪开始出现在伊朗各地，其名称都借用回鹘语（维吾尔语）或汉语。伊儿汗国的蒙古人特别喜饮啤酒和各种大米酒、小米酒，因此米酒也流行于伊朗。

波斯饮食流传中国，时间更早。汉代波斯饮食已进入内地。波斯酒、波斯果浆、波斯糖果、波斯枣、偏桃、齐暾、无花果、安石榴、莳萝、甜菜、波斯菜，都是源出波斯，且久已流传中国民间的饮料、食品和蔬果。果子露（舍里必、舍里卜），也在元代进入中国上层社会。

一、葡萄酒文化的兴起

波斯葡萄酒，汉代已能依法酿造。唐初占领高昌，又得到马乳葡萄酒法，由唐太宗（627—649）亲自监督仿制成功，共有八种，“芳辛酷烈，味兼缇盎”。八种葡萄酒中应有烈性的烧酒，开中国内地制造烧酒的风气。但当时器械简陋，提取酒露的纯度有限，且方法极为秘密，限于宫禁之中，难知其详。元代葡萄烧酒普遍推广，许有壬（1287—1364）《至正集》十六有《咏酒露次解庶斋韵》：“世以水火鼎，炼酒取露，气烈而清。秋空沆瀣不过也，虽败酒亦可为。其法出西域，由尚方达贵家，今汗漫天下矣，译曰阿剌吉云。”蒙古文《格萨尔王传》中列举了八种用阿剌吉（烧酒、白葡萄酒）蒸馏而成的酒。阿剌吉（araq）是波斯语、阿拉伯语，专指以蒸馏法提炼酒精。元代此法大盛，可以用葡萄酒、枣酒、好酒等设计专门的蒸馏器加以提取，也称酒露、重酿酒。忽思慧在1330年为元代朝廷编纂《饮膳正要》，卷三“米谷品”，提到用好酒蒸熬取露成阿剌吉。朱德润在1334年家居江苏昆山时，从推官冯时可得到轧赖机酒（阿剌吉酒），说译意是重酿酒。还有元顺宗时来自伊朗南部乌弋山离国（锡斯坦）的龙膏酒，苏鹗《杜阳杂编》卷中记：“顺宗（805）时处士伊祈玄召入宫，饮龙膏酒，黑如纯漆，饮之令人神爽。此本乌弋山离国所献。”

蔷薇露，宋代已列入名酒，元代萨都剌以蔷薇露比作紫髓琼浆。陶宗仪《元氏掖庭侈政》列举元代宫廷有酒，名蔷薇露。

唐朝和元朝从外地将葡萄酿酒方法引入内地，而以元朝时的规模最大，其生产主要是集中在新疆一带。

元朝统治者对葡萄酒非常喜爱，规定祭祀太庙必须用葡萄酒，并在山西的太原、江苏的南京开辟葡萄园。至元二十八年(1291)在皇宫中建造葡萄酒室。葡萄酒在元代,已经有大量的产品在市场销售。马可·波罗在《中国游记》一书中记载道:在山西太原府有许多葡萄园,制造很多的葡萄酒,贩运到各地去销售。所以山西那里,早就有这样一首诗:"自言我晋人,种此如种玉,酿之成美酒,令人饮不足。"明当地老百姓,把种葡萄酿造葡萄酒看成是一件很自豪的事。元朝《农桑辑要》的官修农书中,更有指导地方官员和百姓发展葡萄生产的记载,并且达到了相当的栽培水平。

元代的葡萄酒生产已达到了较高的水平,其酿造方法和世界各国已无多大差别。元代诗人周仅曾对其酿造过程、成品的颜色气味等都做了生动的描述:"翠虬天矫飞不去,颔下明珠脱寒露,累累千斛昼夜春,列坛满浸秋泉红。数霄酝月清光转,秾腴芳髓蒸霞暖。酒成快泻宫壶香,春风吹冻玻璃光。甘逾瑞露浓欺乳,曲生风味难通谱。纵教曲却肃霜裘,不将一斗博凉州。"饮食文化大家忽思慧对当时的葡萄酒评价很高:"西酿葡萄贵莫名,炼蒸成露更通灵。"

明清葡萄酒文化进一步发展。

明代徐光启的《农政全书》卷三〇中记载了我国栽培的葡萄品种有:水晶葡萄,晕色带白,如着粉,形大而长,味甘;紫葡萄,黑色,有大小两种,酸甜两味;绿葡萄,出蜀中,熟时色绿,至若西番之绿葡萄,名兔睛,味胜甜蜜,无核则异品也;琐琐葡萄,出西番,实小如胡椒……云南者,大如枣,味尤长。李时珍在《本草纲目》中,多处提到葡萄酒的酿造方法及葡萄酒的药用价值,"葡萄酒……驻颜色,耐寒"。就是说葡萄酒能增进健康,使容颜常驻,耐得寒冷。说明葡萄酒在明代得到进一步发展。

《红楼梦》中第六十回写道:"芳官拿了一个五寸来高的小玻璃瓶来,迎亮照看,里面小半瓶胭脂一般的汁子,还道是宝玉吃的西洋葡萄酒。"这说明在清代,不但自酿葡萄酒,大户人家还喝进口的葡萄酒。

二、传统中国酒对外交流举例

中国人特制的酒一直传送到国外,比如蜂蜜酒。

我国的蜂蜜酒,始见于西周公元前780年周幽王宫宴中,这是在"猿酒"的启发下试酿成功的。到唐代,药学家苏恭除分述"酒有秫、黍、粳、蜜、葡萄等色"外,还从酿造中得出了"凡作酒醴须曲,而葡萄、蜜等酒独不用曲"的自然发酵的经验。孟诜在《食疗草本》中阐述了蜂蜜酒的食疗价值;宋代寇宗爽也提到在治病方法中用过蜂蜜酒;明代李时珍的本草纲目更把蜂蜜酒列为专条,引证了唐代孙思邈用蜂蜜酒治风疹、风癣等疾病,并提供蜂蜜酿酒的土方。

古人对蜂蜜酒最感兴趣的要数宋代苏东坡。神宗元丰三年(1080),他在偷得清闲时,研究蜂蜜酿酒的改进方法,亲自酿出"开瓮香满城"的蜂蜜酒。曾写下令人欲醉的《蜜酒歌》,并题诗云:"巧夺天工术已新,酿成玉液长精神。迎宾莫道无佳物,蜜酒三杯一醉君。"与他相交的秦少游饮过他的蜂蜜酒后,发过感慨:"酒评功过笑仪康,错在杯中毁万粮。蜂蜜而今酿玉液,金丹何如此酒强。"

元代宋伯仁的《酒小史》中也记有蜂蜜酒。元代元贞元年(1295)遣学者周达观去真蜡国(柬埔寨),中国蜂蜜酒的酿造法再次传到国外。至清代袁枚的《随园食单》一书中,又郑重其事地谈到应用蜂蜜酒。蜂蜜酒确是我国特有的传统产品,可惜在清代以后,竟失其所传。

国外最喜饮蜂蜜酒的国家,过去要算英国,现在遍及世界各国。在罗马、希腊、埃及等古国,公元前200—100年间,出现以蜂蜜为原料配入粮食或果品中酿制的混合酒。英国在公元1485年国家获得统一后,出现蜂蜜配制酒,公元1877年占领印度后酿出全蜂蜜酒(这是在公元1405年至1433年郑和"七下西洋"中国给予国外的实惠)。波兰在公元1795年被俄、普、奥第三次分割之后,出现蜂蜜酒。英国与波兰虽是国外最先有蜂蜜酒的国家,但都远远迟于我国。

再如,中国的酒曲对世界酒精的制造有很大的贡献。曲是中国人的发明,《尚书·说命》说道:"若作酒醴,尔惟曲蘖。"就说明了造酒离不开曲蘖。蘖也是曲,不过发酵力更强一些。曲大多用大麦、小麦为主,配以豌豆、小豆等豆类,经过粉碎加水,制成块状或饼状,在一定湿度、温度环境下培育而成。曲是酒之母,曲为酒之骨,曲乃酒之魂,曲是提供酿酒各种酶的"母体"。大约在19世纪末,法国人卡尔麦特利用中国的曲分离出高糖化高酒化的霉菌菌株,用于酒精的生产,从而改变了欧洲人历来用麦芽、谷芽为糖化剂的酿造法,但已迟于中国两千多年。这是中国酿酒业对世界酿酒业的重大贡献。

影响最大的还数明代的郑和下西洋,路程远,涉及广。自公元1405年开始,郑和陆续七次下西洋,带去大批中国丝绸、瓷器、茶叶等,行程遍及东南亚和西方各国,最远到达东非。郑和船队携带的物品还有一种是陈年佳酿,它味道醇厚甘美,是取5种粮食的精华酿制而成的美酒,它就是当时用"陈氏秘方"酿制的"姚子雪曲"(五粮液的前身),这种用粮食酿造的美酒被定为贡酒,上了酒谱。此酒成为皇家祭祀的首选。明成祖亲自下旨以五粮佳酿作为国酒,跟随郑和下西洋,以显国威。中国名酒开始走出国门。

第七章 清 代

清朝是中国历史上继元之后第二个由少数民族建立的统一政权，也是中国最后一个封建帝制国家。统治者为建州女真的爱新觉罗氏。从后金建立开始算起，共有十二帝，延续267年。

1616年，建州女真部首领努尔哈赤建立后金。1636年，皇太极改国号为清。1644年明末农民将领李自成攻占北京，明朝灭亡。同一年，清军入关，相继消灭农民军和南明诸政权，占领中国。然后历经康熙、雍正、乾隆三朝，发展到顶峰。统一多民族国家得到巩固，基本上奠定了中国版图，同时君主专制发展到顶峰。

1840年爆发了中英鸦片战争，中国从此进入近代，外国列强入侵，主权严重丧失。1900年夏天，八国联军为了镇压义和团运动维护在华利益侵略中国，中国彻底沦为半殖民地半封建社会。1911年，辛亥革命爆发，清朝统治瓦解，1912年2月12日，清帝被迫退位。从此结束了中国两千多年来的封建帝制。

1840年以后，中国进入了半殖民地半封建社会，随着人口的日渐增多和自然灾害的频发，加上连年战争的巨大消耗和伴随着鸦片战争失败所带来的巨额赔款，国家陷入崩溃的边缘，民食问题日益突出。虽然这一时期近代农业知识逐渐被引入和传播，但近代农业并没有得到应有的发展，反而是战争和农民负担沉重引起的投入减少造成农业收成大幅下降。

清代的封建专制达到了顶峰，愈是专制，权力高度集中，最高统治者便愈是缺乏自信，总是担心汉族的不满、知识分子的不满、农民的不满，于是对言论的恐惧、对思想交流的担心都是空前的。和历代的统治者一样，便加强对思想的钳制，知识界受到镇压之后的反应便是更多的投入到故纸堆中讨生活。乾嘉学派将中国的传统学问做到了极致，此后无人出其右。此时，士大夫以撰写饮食论著为盛世乐事。也因此，清代出现的食品文化专著，数量可谓空前。主要有著名文人袁枚的《随园食单》、戏剧理论家李渔的《闲情偶寄·饮馔部》、张英的《饭有十二合说》、曾懿的《中馈录》、顾仲的《养小录》、四川人李化楠著并由其子李调元整理刊印的《醒园录》、著名医学家王士雄的《随息居饮食谱》、宣统时文渊阁校理薛宝辰的《素食说略》、清末朱彝尊的《食宪鸿秘》以及《调鼎集》(又相传盐商童岳荐编著《粥谱》《食品佳味备览》《食鉴本草》《调疾饮食辨》等)。这些烹饪文献中，既有总结前人烹饪理论方面的，又有饮食保健方面的，从烹饪原料、器具、工艺、产品，一直到饮食消费，这些文献都有不同程度的理论研究与概括并形成了一个较为完善的体系。

又有顾禄《清嘉录》记一地风俗而及饮食文化，书中以时令为序，独成系统，“荟萃群书，自元日至于岁除，凡吴中掌故之可陈风谣之可采者，莫不按节候而罗列之”[①]。本书对吴地“岁时节物之所陈，市肆好尚之所趋，街谈巷议，农谚山谣”按照时令排列，对其饮食贡献，详加记载，并且“搜罗群书数百种，援以为证，案而不断间有涉疑似之处，则参以管见”[②]。

袁枚的《随园食单》堪称清代饮食理论体系中的杰作。各种烹饪经验兼收并蓄，各地风味特点融会一册，理论与操作相结合，形成了系统的理论学说。《随园食单》共有14篇，主要理论包括注意原料选择、注意原料搭配调剂、注意饮食卫生、烹调要“精始”、菜肴上桌要有次序、讲究进食艺术等。

清朝以游牧民族入主中原，饮食原本粗放。开初时借鉴蒙元饮食习俗，奶酪、奶饽饽、火锅等算是比较有代表性的吃食。正因为自身饮食文化不发达，随着国力强盛，清廷在继承明代宫廷饮食基础上，不断改进，像康熙开始的、盛于乾隆时期的千叟宴，规模盛大，与宴者所吃的已经十分讲究。菜品名目繁多，制作精细，自是天下奇观。

清代是社会大变动的时期，不只是国内的阶级阶层的变动，同时还有全世界的大变化给中国带来的大变化。

清朝经历了中国历史上最为激烈的外来文化的冲击。随着炮舰和鸦片，西方人的生活方式、洋人的思想观念传入中国。对于中国人来说，这一被动的中外的交流是一个痛苦的过程，中国必须改变，痛心彻骨地改变，翻天覆地地改变。就以礼仪而言，礼仪是中国人从祖上延续下来坚守的东西，是丝毫不可改变的，但是，也不得不变化。比如说洋人就不肯给清朝廷下跪，又该怎么办？

第一节　袁枚《随园食单》的饮食思想

一、袁枚与《随园食单》

袁枚(1716—1797)，清代诗人、诗论家。字子才，号简斋，晚年自号苍山居士，钱塘(今浙江杭州)人。袁枚是乾隆、嘉庆时期代表诗人之一，与历史学家赵翼、教育家蒋士铨合称为“乾隆三大家”。乾隆四年(1739)进士，曾任江宁、上元

① (清)顾禄撰，王迈校点．清嘉录[M]．宛山老人．清嘉录序．南京：江苏古籍出版社，1999：1.

② (清)顾禄撰，王迈校点．清嘉录·例言[M]．江苏古籍出版社，1999：1.

等地知县。袁枚则处于清朝盛世，各民族饮食文化融合，王公贵人、富商巨贾、文人学士等竞尚奢侈，其家境也宽裕和稳定，因而有条件讲究饮食，并提出色、香、味、形等要求。但他又抨击当时浮华的饮食风气，提出饮食要实惠，要节俭。作为一位美食家，《随园食单》是袁枚饮食思想的产物，以随笔的形式，记录40年美食实践，描摹江浙地区的饮食状况与烹饪技术，用大量的篇幅详细记述了我国14世纪至18世纪流行的326种南北菜肴饭点，也介绍了当时的美酒名茶，是我国清代一部非常重要的饮食名著。《随园食单》出版于1792年(乾隆五十七年)。全书分为须知单、戒单、海鲜单、江鲜单、特牲单、杂牲单、羽族单、水族有鳞单、水族无鳞单、杂素单、小菜单、点心单、饭粥单和菜酒单14个方面。在须知单中提出了既全且严的20个操作要求；在戒单中提出了14个注意事项；特牲单介绍了十余种菜肴，涉及猪、牛、羊、鹿、獐、果子狸等牲畜与动物的许多烹饪方法；点心单介绍了面、饼、饺、馄饨、合子、馒头、面茶、粽子、汤团、糕、豆粥等50余种点心的做法。

很少有思想家津津乐道于食谱，其论食谱却是在谈思想。难得有人将烹饪的记述和哲理的探求融合在一起，于日常所见所尝所味中品出天地间的大道理。本书的特点是，常常借着谈饮食而纵论学术思想，或谈论人生，或抨击时俗，显现着执著、认真、求实的个性。如果没有经受过饥饿的煎熬，他绝不会发出“百死犹可忍，饿死苦不速”的呼号；如果不是曾经目睹“路有饿殍、哀鸿四野”的景象，他恐怕不会这样关切民食民生。本书所透现的是对社会的关注，对民众生存状态的焦虑。美食的嗜好背后流露出真实的一面，即是对人生价值的追求，是一种精神需要的满足。其中有对儒家思想的继承与批判，对老庄思想的发挥，其所谓“问我归心向何处，三分周孔二分庄”(《山居绝句》其九)，以及对程朱理学与佛教的批判等方面。

饮食文化史研究者赵荣光给予袁枚以极高评价，他在《我为什么主张以袁枚的诞辰为国际中餐日》一文中提出，从饮食文化的角度看，袁枚有十个第一：一、是中国饮食史上的第一号人物，是赢得了海内外至少是亚洲饮食文化界和餐饮界普遍认同的中国古代食圣，是中国历史上最伟大的饮食理论家和最著名的美食家。二、是中国历史上第一个公开声明饮食是堂皇正大学问的人。三、是中国历史上第一个把饮食作为安身立命、宜人济世学术毕生研究并取得了无与伦比成就的人。四、是中国历史上第一个为厨师立传的人。五、是中国历史上第一个得到社会承认的职业美味鉴评家。六、是中国历史上第一个提出系统文明饮食思想的人。袁枚在《随园食单》中明确提出“戒耳餐”“戒目食”“戒暴殄”“戒纵酒”“戒强让”“戒落套”，以及他反对吸烟等一系列文明饮食的观念和主张，如此系统、全面、深刻、鲜明、独到地论述饮食文明，并将中国古代饮食文明认识提高到历史高度的，袁枚堪称是中国历史上第一人。七、是中国历史上第一个大力倡导科学饮食的人。袁枚在文明饮食思想的基础之上，又进一步倡导科学合理的饮食原则和良好的饮食行为规范。八、是中国历史上第一个敢于公开宣称自己“好味”的人。人生食事正是在袁枚手里变成了庄重的学术。九、是中国历史上第一个将“鲜味”认定为基本味型的人。袁枚对美味追求的一个突出特点，袁枚食学的一个典型特征，就是他对“鲜味”的独到理解：“味欲其鲜，趣欲其真，人必知此，而后可与论诗。”袁枚和李渔(1611—1679)是中国饮食史上两个讨论鲜味最多也最深刻的饮食理论家和美食家，而袁枚又是继承了李渔且超过了李渔的鲜味论者。十、是中国历史上第一个把人生食事提高到享乐艺术高度的人。

二、《序》对于《随园食单》尤为重要

袁枚在《随园食单·序》中开宗明义地阐明自己的饮食思想，明白无误地宣扬儒家的饮食文化思想，展现了思辨性、哲理性的特点。他首先引用儒家经典，说明古代的思想家对饮食都很重视。比如《诗经》，无论是《小雅·鹿鸣之什·伐木》的“笾豆有践(笾和豆，古代祭祀时盛祭品的两种器具，竹制为笾，木制为豆。践：排列整齐)，兄弟无远”赞颂周公，还是厌恶凡伯而于《大雅·召旻》中说道：“彼疏斯粺，胡不自替?”(疏，糙米；斯，此时；稗，精米。此句意为：自己那时吃的是粗粮，现在吃的是精米。为什么不自己放弃这种讲享受的生活)，说明古人始终在一点上一致，都很重视饮食。再看《周易》有“鼎烹”一词，指用鼎来烹制食物，出自于《鼎卦》。卦辞说：“大吉大利，亨通。”《象辞》解释说：“本卦下卦为巽，巽为木；上卦为离，离为火。可见木上有火，以鼎烹物，这是《鼎》卦的卦象。”《尚书》称说“盐梅”，《尚书·商书·说命》：“若作酒醴，尔惟曲蘖；若作和羹，尔惟盐梅。”盐和梅都是烹饪用的作料，意思是说：“若调制羹汤，你就是盐和梅。”盐味咸，梅味酸，调羹所需要。《乡党》《内则》则详细地加以言说。孟子对饮食的态度有矛盾之处，虽然他看不起“饮食之人”，但是《孟子·尽心上》又以饮食打比喻，说饥饿的人觉得任何食物都好吃，口渴的人觉得任何水都好喝，这并没有尝到饮食的正常味道，而是饥渴的缘故。饥渴之害与口腹贫穷之害，使对于饮食和富贵丧失了选择而失去选择其“正”的能力。袁枚据此推论出“可见凡事须求一是处，都非易言”。接着又举《中庸》之论：没有人不饮食，但是却很少有人能够知道其味道。《典论》说：“一代为官的富贵人家知道了房子好坏的区别，而富有三代的人家才懂得美食。”《仪礼·士虞礼》说到制作“羹饪”的时候，列有详细的步骤：“升左肩；臂、臑、肫、胳、脊、胁，离肺”；当“载就进柢，鱼进鬐”，都有法式，每一步都不能错乱，不能随随便便。《论语·雍也》记述孔子和人一起唱歌，如果唱得好，一定要请他再唱一遍，然后和他一起唱。圣人对于小小的技艺都不马虎，他的善于学习就是这样的啊。

袁枚说自己素来羡慕此宗旨，记载这么多食单，是用以表达“景行行之”的志愿。从这个中间体味到好学之心，理应也是这样的。袁枚的目的不仅仅是饮食，而是学习做人的最高目标，忠恕之道：“推己及物，则食饮虽微，而吾于忠恕之道，则已尽矣。吾何憾哉!”从对饮食的研究中，升华到“学问之道，先知而后行，饮食亦然”。

三、须知单

接下来的《须知单》是袁枚的饮食学认识论。他将学问之道推广到饮食之道，谓："学问之道，先知而后行，饮食亦然。作《须知单》。"这是袁枚的认识论，先知而后行，知在行前，以避免盲目性。

第一须知"先天须知"，从哲理的高度谈食材，认为各种食材都有天生的品性，凡是物品都有先天的秉性，如同人一样，各自有资质秉性。人性下愚的，即使有孔子、孟子亲自教导他，也不会有什么效果。

袁枚提出一个普通人不在意的问题：对于一桌宴席来说，如何评判买办与厨师的功劳？袁枚的评判是：厨师占六成，购置食材的人为四成。这一观点与一般人仅仅只看到厨师的功劳显然不同。袁枚是从构成宴席的基础环节上判断分析问题。

"作料须知"对于厨师如何配料，有一个比方，就像女人的打扮一样，美若西施，也要好的衣料服装，"虽有天姿，虽善涂抹，而敝衣褴褛，西子亦难以为容"。善烹调者，酱用优酱，先尝甘否；油用香油，须审生熟；酒用酒酿，应去糟粕；醋用米醋，须求清冽。且酱有清浓之分，油有荤素……

四、《戒单》是袁枚的政治学、社会学理论

对于为何作"戒单"，袁枚的解释是："为政者兴一利，不如除一弊，能除饮食之弊则思过半矣。作《戒单》。"他将政治学的基本原理兴利除弊运用到烹调上来，将烹饪之道归结于政治，因为为政者应当以除弊为首要，故而也应该首先提出革除饮食之弊的要求。

"戒耳餐"提出戒除追求虚名：一是食材、菜名的名声好听，名字高贵；二是场面高贵、宏伟。这二者其实都没有必要。以豆腐与燕窝为例，只要豆腐得味，远胜于燕窝；海菜为贵，但是如果做得不好，不如平常的蔬菜。

"戒目食"批判"食前方丈"，反对浪费，一是根本吃不了，消耗不掉；二是厨师手艺再好，要拿出太多的菜，非其精力所及，必有败笔。以名家写字为比喻，多则必有败笔，又如名人写诗，烦则必有累句。结论是：适口就好。

"戒暴殄"提倡节俭为上："暴者不恤人功，殄者不惜物力。"

"戒纵酒"指出只有头脑清醒的人才有判断是非的能力；味道的美恶，只有清醒的人知道，醉酒的人连话都不能讲了，还怎么知味呢？

"戒火锅"批评庆典宴会的嘈杂："冬日宴客，惯用火锅，对客喧腾，已属可厌。"

"戒强让"批判当时饮食宴会之恶习，指出强迫客人饮酒，向他人灌酒是一种恶习。为了献殷勤，主人为客人夹菜，袁枚认为这样做也很不卫生，"堆置客前，污盘没碗，令人生厌"。"以箸取菜，硬入人口，有类强奸，殊为可恶。"可惜的是，这种恶习，今日也司空见惯，实属可恶可弃！

"戒苟且"所提出的对下人厨师的态度却是值得探讨的，他认为"厨者，皆小人下村，一日不加赏罚，则一日必生怠玩"，这一言论恐有失妥当，轻言之乃不尊重劳动者，重言之则涉嫌污蔑。似乎与“小人与女子难养”同样腔调。

《素菜单》则反映当时富人吃素已成习气：“菜有荤素，犹衣有表里也。富贵之人嗜素甚于嗜荤。作《素菜单》。”

袁枚对小菜的价值看重，反映其辩证思想，将小大对应着看，没有小也就没有大：“小菜佐食，如府史胥徒佐六官司也。醒脾解浊，全在于斯。”

五、茶酒单

《茶酒单》先谈论茶，谓：“七碗生风，一杯忘世，非饮用六清不可。作《茶酒单》。”古人说喝茶要喝到腋下生风，使人轻身；饮酒必得六清不可。这六清是指：水、浆、醴、凉、医、酏(古代一种用黍米酿成的酒)。

“茶”一条讨论水与茶的关系，说明自己品茶所得出的结论，以为家乡的龙井最好：“欲治好茶，先藏好水。水求中泠、惠泉。人家中何能置驿而办？然天泉水、雪水，力能藏之。水新则味辣，陈则味甘。尝尽天下之茶，以武夷山顶所生、冲开白色者为第一。然入贡尚不能多，况民间乎？其次，莫如龙井。”“清明前者，号‘莲心’，太觉味淡，以多用为妙；雨前最好，一旗一枪，绿如碧玉。收法须用小纸包，每包四两，放石灰坛中，过十日则换石灰，上用纸盖札住，否则气出而色味又变矣。烹时用武火，用穿心罐，一滚便泡，滚久则水味变矣。停滚再泡，则叶浮矣。一泡便饮，用盖掩之则味又变矣。此中消息，间不容发也。山西裴中丞尝谓人曰：‘余昨日过随园，才吃一杯好茶。’呜呼！公山西人也，能为此言。而我见士大夫生长杭州，一入宦场便吃熬茶，其苦如药，其色如血。此不过肠肥脑满之人吃槟榔法也。俗矣！除吾乡龙井外，余以为可饮者，胪列于后。”

“酒”一节则纵论酒文化，对于品酒、饮酒、酒道，袁枚提出系统的看法，全以生动的比喻导出。袁枚对于品酒有两条要求，首先是了解酒。袁枚说自己本来不饮酒，所以对酒的品质要求很高，但是应酬很多，好友的劝说百般殷勤，慢慢地爱上了酒，转变而对酒有了深入的了解。提出好酒的标准：“大概酒似耆老宿儒，越陈越贵，以初开坛者为佳，谚所谓‘酒头茶脚’是也。炖法不及则凉，太过则老，近火则味变。须隔水炖，而谨塞其出气处才佳。”第二条，所品评的酒要自己品尝过的酒，并且说得出是谁家的酒，比如金坛于酒，于文襄公家所造，有甜涩二种，涩者味佳，清澈透亮，一清彻骨，颜色如松花，其味略似绍兴酒，而清冽程度超过了它。再如德州卢酒，卢雅雨转运家年造，色如于酒而味略厚。再如四川郫筒酒，从四川万里而来，袁枚七次饮郫筒酒，只有杨笠湖刺史木簰上所带来的是上乘。从四川郫筒酒一例看来，袁枚对品酒的要求很高，他品尝过七次才敢下结论，可见其严谨的科学态度。

袁枚对酒的研究结果可以归纳为以下七点：

1. 陈酒为上。袁枚比喻道：“大概酒似耆老宿儒，越陈越香。”指出绍兴酒不过五年者不可饮，南浔酒亦以过三年者为佳，山东高粱烧酒能藏十年，溧阳乌饭酒要十五六年，从女儿出世到出嫁都埋在地下，常州的兰陵酒有八年，苏州陈三白酒有十年之久。

2. 酒以“酒头”为佳。袁枚称：酒“以初开坛者为佳。谚所谓‘酒头茶脚是也’”。

3. 酒以清、冽、鲜、甜、香为美。袁枚认为：“沧酒之清，浔酒之冽，川酒之鲜，岂在绍兴下哉！”溧阳乌饭酒：“其味甘鲜，口不能言其妙……香闻室外。”苏州陈三白酒：“酒味鲜美，上口粘唇。”金华酒，有绍兴酒的清冽而无其涩；有女贞酒的甜，而没有其俗气。

4. 对酒宴的要求：戒落套。袁枚称居家饮酒要文酒开宴，除了新亲上门、上司入境，不需要“十六碟”“八簋”“四点心”“满汉席”等俗套。

5. 酒器以适宜为准。“惟是宜碗者碗……宜大者大，宜小者小。”

6. 戒苟且、戒掺假。袁枚认为：“凡事不宜苟且，而于饮食尤甚。”酿酒者和饮酒者都对酒“审问慎思明辨”，赏罚分明，不随随便便，才能有利于酒业的发展。

7. 吃烧酒以狠者为佳。袁枚巧妙比喻烧酒乃“人中之光棍，县中之酷吏也。打擂台，非光棍不可；除盗贼，非酷吏不可；驱风寒、消积滞，非烧酒不可。汾酒之下，山东膏梁烧次之，能藏至十年，则酒色变绿，上口转甜，亦犹光棍做久，便无火气，殊可交也”。

袁枚认为可饮的酒有：金坛于酒、德州卢酒、四川郫筒酒、绍兴酒（袁枚谓：绍兴酒，如清官廉吏，不参一毫假，而其味方真。又如名士耆英，长留人间，阅尽世故，而其质愈厚。故绍兴酒，不过五年者不可饮，参水者亦不能过五年。余党称绍兴为名士，烧酒为光棍）。又有湖州南浔酒、常州兰陵酒、溧阳乌饭酒、苏州陈三白、金华酒。

此外，袁枚批评的酒则有：如苏州之女贞、福贞、元燥，宣州之豆酒，通州之枣儿红，俱不入流品；最不堪饮用的，就是扬州的木瓜酒，上口便觉俗气。

第二节 《胜饮编》的饮食思想

一、《胜饮编》的作者

《胜饮编》的作者郎廷极（1663—1715），字紫衡，一字紫垣，号北轩，家世显赫，清代隶汉军镶黄旗，奉天广宁（今辽宁北镇）人。湖南布政使、山东巡抚郎永清的儿子。郎姓，是满洲八大姓之一，载在《八旗满洲氏族通谱》，渊源有自。郎廷极 19 岁时即因为是官家子弟蒙受荫惠而授任江宁府同知，后经推荐升云南顺宁知府，并先后为官福建、江苏、山东、浙江等省，康熙四十四年（1705）四月，由浙江布政使升江西巡抚，驻南昌。康熙五十一年（1712 年）三月至十一月期间，江苏巡抚张伯行参总督噶礼贿卖举人得银 50 万两，命噶礼解任，以郎廷极署理奉旨接替噶礼署理担任两江总督。正式官衔为“总督两江等处地方提督军务、粮饷、操江、统辖南河事务”的两江总督，是清朝九位最高级的封疆大臣之一，调驻江宁(南京)。

《清史稿》卷二七三《郎廷佐传》附有郎廷极的小传,很简略:"(郎)永清子廷极、廷栋。""廷极累擢江西巡抚。江西多山,州县运粮盘兑,民间津贴夫船耗米五斗三升,载赋役全书,岁分给如法。户部初议驳减,总督范承勋以请,得如故。至是户部复议停给,并追前已给者,廷极累疏争之。寻兼理两江总督。五十一年,擢漕运总督。卒,谥温勤。廷栋,字朴斋。官湖南按察使。"《清史稿》除了对郎廷极官职升迁的记载之外,主要叙说了他为江西争取保留了民间津贴的事。

其他的文献资料有关郎廷极的记载不多,因此有必要根据周汝昌《红楼梦新证》,再补充郎廷极康熙五十一年的几件事如下。五月,江西巡抚郎廷极来金陵署制府事,写有《舟次集唐诗》廿七首。此时,曹雪芹的父亲曹寅在江宁织造任上,为郎诗作跋。可见郎廷极是一个有雅兴的人,诗歌也写得不错。此处列举其所撰《秀峰寺纪事》二首,以参见其诗歌风格:

> 庐峰天下秀,新号称禅林。宝墨龙章焕,雕文鹤驭临。飞云穿竹出,好鸟和松吟。入夜登台望,祥光满碧岑。
>
> 漱玉亭前立,悬流响若雷。真从银汉落,似转雪车来。激荡侵岩树,澄泓洗石苔。愿将泉作酒,长奉万年杯。

同年八月,郎廷极代江宁士民、机户、车户、匠役、丝商人等向康熙皇帝请求仍以曹颙为织造之职,皇帝批准了。八月二十七日,郎廷极折:"江西巡抚奴才郎廷极谨奏,为奏闻事:窃照江宁织造臣曹寅在扬州府书馆病故,已经具疏题报。今有江宁省会士民周文贞等,并机户经纪王聘等,经纬行车户项子宁等,缎纱等项匠役蒋子宁等,丝竹行王楷如等,机户张恭生等;又浙江杭、嘉、湖丝商邵鸣皋等,纷纷在奴才公馆环绕,具呈称颂曹寅善政多端,吁恳题请以曹寅之子曹颙仍为织造;此诚草野无知之见。天府重务,皇上自有睿裁,岂臣下所敢妄为陈请;奴才亦何敢遽以入告。因身在地方,目睹舆情,亦足征曹寅之生前,实心办事,上为主子,下为小民也。谨据实具折奏闻,奴才曷胜冒昧悚惶之至。"批云:"知道了。"

三年后(五十四年,1715 年)卒于任内。享年五十三岁。

郎廷极对中国文化史上的贡献,还有一件值得提说的,那就是他所督造的瓷器是顶尖级的,被特称之为"郎窑"。郎廷极自康熙四十四年至五十一年任江西巡抚时兼景德镇督陶官 7 年。当时正值清朝康熙皇帝在位,他除了文治武功以外,也十分喜爱古代瓷器,于是责成郎廷极为皇宫仿制古瓷器。郎廷极成功地烧制出另外一种别具一格的红釉瓷器,人们把这种瓷器以他的姓氏命名,叫"郎窑红",或称"郎窑"。

郎窑是怎样的瓷器,有什么价值?刘廷玑于康熙四十年至四十四年间(1701—1705)曾任江西按察使,与郎廷极在南昌共事一年,他在《在园杂记》"卷四"中特别记载到"郎窑"的瓷器:"近复郎窑为贵,紫垣中丞公开府西江时所造也。仿古暗合，与真无二，其摹宣(德)成(化)，釉水颜色，桔皮棕眼，款字酷肖，极难辨别。予初得描金五爪双龙酒杯一只，欣以为旧，后饶州司马许玠以十杯见贻，与前杯同，询之乃郎窑也。又于董妹倩斋头见青花白地盘一面，以为真宣也；次日，董妹倩复惠其八。曹织部子清始买得脱胎极薄白碗三只，甚为赏鉴，费价百二十金，后有人送四只，云是郎窑，与真成毫发不爽，诚可谓巧夺天工矣。"

从这段记载中可知，郎窑产品在当时已经十分昂贵，关键是其高超的仿古技术，尤其是在仿制明代宣德、成化官窑方面，达到了"仿古暗合，与真无二"的程度。刘廷玑所举出的几个例子，如"描金五爪双龙酒杯""青花白地盘""脱胎极薄白碗"等，皆以非常惊讶的语调形象生动地描绘出了康熙当朝人对"郎窑"仿古技术的赞叹。"其摹宣成，釉水颜色，桔皮棕眼，款字酷肖，极难辨别。"此句表明，"郎窑"当中有对明代宣德、成化官窑绝对忠实仿制的作品，胎体、釉色、款识、绘画均达到了"比视成宣欲乱真"的程度。

郎廷极的著作除《胜饮编》外，还有《文庙从祀先贤先儒考》、《北轩集》、《师友诗传录》1卷、《集唐要法》(丛书集成本)。《八旗文经》采录其文。

二、《胜饮编》内容

《胜饮编》著录于《四库提要》，附于存目中。据郎氏的《自叙》称"引申白之嘉宾，尝为置礼，不善饮而爱观人饮""爰录是编"。据此，"胜饮"是"胜于所饮"的意思，意指自已不能饮酒，但是喜欢招待客人，看他们饮酒，并且以此为乐。

纪昀等所编写《四库全书总目提要》卷一百三十三，子部四十三，杂家类存目十著录《胜饮编》一卷(编修程晋芳家藏本)，国朝郎廷极撰。《提要》有简短文字介绍："廷极有《文庙从祀先贤先儒考》，已著录。是书杂采经史中以酒为喻之语，汇辑成编。自序谓不饮而胜于饮，故名之曰胜饮。然所录仅数十条，简略太甚。如引祭酒挈壶氏之类，亦多牵率。"《四库提要》指出《胜饮编》资料的来源，是杂采经史中凡是以酒为比喻的文字，所汇集而成。说明为什么命名为"胜饮编"，是因为自序中说不饮酒要胜于饮酒，于是抽取核心词而成书名。《提要》的批评是，第一，太简略；第二，草率。

这里所提到的"胜饮"二字正是本书所要表达的中心意思，本书并不是引导人们喝酒，而是劝酒，少饮或不饮。

其实，我国古代的知识分子对于"胜饮"二字有明确的认识，如明清之际知名学问家顾炎武《日知录》书中专有"禁酒篇"，回顾了我国自周代以来的禁酒史，明确指出："酒害"或"酒祸"是人自己造成的，不应归因于酒。白居易诗：谕友："我今赠一言，胜饮酒千杯。其言虽甚鄙，可破悒悒怀。"

此书"援引博而选择精，区分类别，体例简严。间采今昔名流及自撰秀句以相证佐。其用意归于导和遏流，不欲人之溺情欢伯，思深哉。"[①]"博征往事，分析门类，都为一书。凡有合于酒与佐于酒者，无不录；而沉湎濡溺之过，亦毕书之以

① 杨颙.胜饮编序.

示戒，名曰《胜饮编》。使天下视古人为监史，奉先生于宾筵，必有得于此中妙理。”①可见，作者编辑此书的目的是通过对与酒有关的内容（酒文化）的叙述，以劝导人们适量饮酒，而不要狂欢乱饮，沉溺其中。

《胜饮编》共18卷。依次为“良时”“胜地”“名人”“韵事”“德量”“功效”“著撰”“政令”“制造”“出产”“名号”“器具”“箴规”“疵累”“雅言”“杂记”“正喻”“借喻”。每卷内各有子目。全书搜罗整理了历代与酒有关的人物、故事、物品、习俗、著作等，虽然仅约5万字，但涉及面非常广泛，可以说几乎涉及了酒文化的各个方面，内容颇为丰富。

卷一《良时》劝诫趁着吉日良辰，有酒的聚会，能够增进饮酒的情趣。元旦、人日、探春之宴、花朝、踏青、社日、修禊、观竞渡、避暑会、喜雨、巧（七）夕、迎秋、中秋、观红叶、登高、好月、雪朝雪夜、守岁之日等，都是饮酒的好时机。如：元旦饮椒伯酒，人日也饮椒伯酒。上灯宴（十三日）和落灯宴（十八日）数日间，家家多有宴会。唐人诗云：“谁家见月能闲坐，何处闻灯不看来。”盖春气方舒，又值岁丰人乐，银花照室，火树联街，固升平第一景象也。中秋：是日即天阴无月，亦宜设酌以待。登高：四时之景，无如此节。寒暖适宜，风光最胜。杜甫诗云：“旧日重阳日，传杯不放杯。”好月：不拘何时，李白诗云：“惟愿当歌对酒时，月光常照金樽里。”又李绅诗云：“醉筵多向月中开。”守岁：杜甫诗云：“谁能更拘束，烂醉是生涯。”

卷二《胜地》一卷，鼓吹风景名胜之处，是人们相聚饮酒的极佳之地。敞厅雅座，水榭亭堂，花前月下，山间林边，可得自然清静之野趣。如：竹林：河南竹林七贤游戏处。兰亭：兰亭禊会，王羲之与谢安、孙绰、许询辈四十一人，各赋诗。滕王阁：王勃作序处。金谷园：石崇别业在河阳。崇与潘岳辈为二十四友，尝饮宴园中赋诗。诗不成，罚酒三斗。杏花村：池州府秀山门外，杜牧诗云：“借问酒家何处有，牧童遥指杏花村。”此外，庐山半道、东篱（陶渊明），燕市（高渐离与荆轲），河南香山（白居易），杭州西湖（白居易、苏东坡等），醉翁亭（安徽滁州，欧阳修），绛雪堂（湖广彝陵，欧阳修），平山堂（扬州，欧阳修），太白酒楼（任城，李白），赤壁（东坡泛舟游此）等，皆因有名人足迹，而成为聚饮之处。

《胜饮编》针对饮酒的环境，专设以上“良时”“胜地”两卷，强调饮酒环境的美，一是着眼于时间，二是着眼于空间。

卷三《名人》说明了名人的标准：“古来酒人多矣，第取其深得杯中趣而无爽德者。”只是选取那些深得杯中趣味而不失酒德的人。第一位当属陶渊明：渊明于酒，无事不韵。即其诗中言酒者甚多，皆为天真流溢。觞酌之外，别有领会。虽属笃嗜，竟若偶尔寄情者。再如李太白：李白斗酒诗百篇，醉后文尤奇，称醉圣。又有白乐天：乐天历仕皆以醉为号。为河南尹为醉尹，谪江州司马曰醉司马，及为太傅曰醉傅，而总曰醉吟先生。较之沉冥醉乡者，清浊固自悬殊矣。又

① 查嗣栗．胜饮编题辞．

如怀素：唐代僧人，善草书者，醉后尤工。东坡诗云："当有好事人，敲门求醉帖。"另如杨子云、郑康成、孔融、嵇康、阮籍、刘伶、贺知章、张旭等也是酒中名人。

卷四《韵事》曰："曲君风致，已是不俗。周旋其间，举动必与相称。不则即以名人所为，亦无取焉。"饮酒必须与酒境相合，才称得上是高雅之事；举动必须与其身份相称，方为韵事。否则即使名人这样做，也毫无所取。如第一则公田种秫："陶潜为彭泽令，公田三百亩。悉令吏种秫。"还是陶渊明，菊边共饮："陶潜重阳日无酒，坐菊花中，见白衣人担酒至，乃王宏送酒也，遂于菊边共饮。"再如孔融故事，与虎贲饮："孔融与蔡邕善。邕卒。有虎贲貌类邕。每引与同饮。"又有阮籍求为步兵校尉："阮籍闻步兵营人善酿，尝贮酒三百斛，乃求为步兵校尉。"唐代诗人贺知章称得上是名流，金龟换酒："贺知章于长安紫极宫，一见李白，呼为谪仙人。因解金龟换酒为乐。"辉煌的装饰，优雅的音乐，周到的服务，艺术化的氛围，构成了怡人的饮酌场面，名姬佐酒："杜鸿渐镇洛，禹锡为苏州刺史，过之。出二妓为宴，酒酣命妓乞诗，禹锡赋诗云：高髻云鬟宫样妆，春风一曲杜十娘。时空见惯浑无事，恼乱苏州刺史肠。"艺术人物，真情流露，任性而发，头濡墨："张旭善草书，称草圣。嗜饮，每大醉呼叫狂走，乃下笔。或以头濡墨而书。既醒，自视以为神。"良辰、美景、怡人、乐事，为花洗妆："洛阳人家梨花开时，多携酒树下，曰为梨花洗妆。"

卷五《德量》告诫饮酒要自我节制，引用《尚书·周书·酒诰》说饮酒必须保持一定的界量。孔子认为饮酒不可使自己形态乱、思维乱。希望我的酒友，以此为鉴。第一则"能饮不饮"举了魏邴原的故事。邴原为了寻师而远游，八九年之间，从不沾酒。临到归回时，才自我揭示秘密，对送别者说："我本来能饮，只是因为那样会荒废学业。今天远别，当尽情欢饮。"乃开了酒戒，饮酒终日也不醉。这里的"能饮不饮"与全书主旨的"胜饮"遥相呼应，加强了本书的主题。陶侃是东晋时期名将、大司马，然而他饮酒有数，本卷列"有定限"一条，说陶侃饮酒有定量，常常欢快有余而酒的定限已经到了。最末一条最令人敬畏，为了保持礼仪"屈指甲掌中"，是说陈祭酒敬宗，要求自己非常严格，酒量很大，但是从来不失仪度。有一日，前往丰城侯李贞的寓所，丰城夫人乃是公主，素听陈公有好酒量，便让丰城公将陈敬宗挽留下来款待他。酒喝得天昏地暗，但是陈公目不对视，仍然恐怕会失去仪度，默默的屈回指甲掐着掌心，用疼痛警戒自己不能失态。第二天早晨一看，掌心的血已经凝结了。

卷六《功效》强调酒能益人娱人，也能伤人害人，关键是要适度。此卷归纳酒的功效有 42 条，比如酒能养真（张耒）、破恨（苏东坡）、消磨万事（欧阳文忠）、宽心陶性（杜甫）、祛愁使者（李白、杜甫、白居易、杨万里、张元干等）、解忧消愁（魏武帝诗云"何以解忧，惟有杜康"）。

卷七《著撰》列举酒文献，只是列举全篇的著作，标其题目，意在使饮酒的人了解酒中之人，没有不能撰文的。所举文献典籍有《酒诰》《宾之初筵》《既醉》《乡饮酒》《酒赋》《酒箴》《酒德颂》《酒尔雅》《四时酒要》《甘露经》《醉乡记》《酒经》《酒谱》《五斗先生传》《酒功赞》《醉吟先生传》《饮中八仙歌》《陆谓传》《独酌谣》《北山酒经》《觞政述》《醉乡日月》《醉乡律令》《酒训》《醉乡图记》《酒录》《酒小史》《酒名记》《醉学士歌》《酒会诗》《贞元饮略》《乞酒诗》《酒史》《酒戒》《曲本草》《酒律》《令圃芝兰》《觥律》《酒孝经》《新丰酒令》《小酒令》《饮戏助劝》《酒乘》《觥记注》《罚爵典故》《酒签诗》《酒中十吟》《断酒诫》等，共 54 种。

卷八《政令》讨论的同样是觞政，指出古人饮酒时，多设监史、觥使、军法行酒，行酒令以助饮。其要害在于巧不伤雅，严不入苛。引用《诗经》说明"监史"的设置，引用《礼·闻胥》说明觥挞的处罚。引用《觞政》"明府""觥录事"等条说明明府、录事的设置。卷中列举了许多酒令，作者指出："古人饮必行令，凡交觞接卮，传杯送斝之句，皆其事也。"又列举用酒筹以行令记数的故事，认为酒令以各言典故为佳。此外，记载掷骰子赌酒，歌舞饮酒，禁言，抛球为令，战酒斗酒，也为酒席所常见。

卷九《制造》载酒的酿造。记载酒的制作者有仪狄、杜康、刘白堕、焦革、裴氏姥、余杭姥、纪叟、仇家、窦家、乌家。记载制酒的原料有六清、五齐、三酒、六物、酒材。记载酒的制作有调曲、缩水、九酝、抱瓮冬醪。记载所酿造的名酒有腊酿、霹雳酎、竹叶、文章酒、丁香酒、羊羔酒、石榴花、桂花、莲花等。

卷十《出产》记产酒的名地，如中山、醽绿、苍梧、荆南等 50 条，既有国内，也有国外，并且以文献为证，或者附录有名人诗词以为佐证。

卷十一《名号》记载酒的别号，计有黄流、从事督邮、欢伯、曲秀才、曲居士、椒花雨、流香、花露、荔枝绿、状元红、碧香、酥酒、般若汤、琼瑶酒等等。这些别号趣名的得来，各有故事，分别一一表述。

卷十二《器具》记载常用的酒器，但也同时提出一个观点，不必太在意酒器：与其玉杯无底，反不如田野人家的老瓦盆显得真率可喜。卷中列举了从古至今的许多酒具，有的质地不同，有的形状各异，有的大小不等，有的功能灵巧。计有流光爵、照世杯、自暖杯、绿玉、红玉、紫霞杯、玻璃七宝杯、熊耳杯、蟹杯、九曲杯、藤杯、连理合欢杯、兰卮、葡萄卮、桃根蕉叶、白金盂、白羽觞、素瓷、双玉瓶、长生木瓢、红螺等。只是看到这些名称，就已经能够嗅到酒的香味，见到酒的形态，看到酒的色彩，从而感其质地，得其神韵，获得美的享受。

卷十三《箴规》说的仍然是酒的戒律，呼吁要牢记"甘酒嗜音的警告"，警惕酒与味色的可怕，略举数条，作为推崇酒的人的警戒。"或有勇于牛饮者，以巨觥沃之，既撼狂花，复凋病叶。饮流谓睚眦者为狂花，目睡者为病叶。"这些都是应该摒绝的。

卷十四《疵累》，指正饮酒中的缺点或过失，强调的仍然是礼仪、礼节和自我节制，和顺而有礼仪才是人们所尊重的。此卷中所列举的醉眠邻妇侧、狗窦中大叫、豕饮、以屋为裈、以酒沐客、昼夜酣饮等则是与悠闲曲静的饮酒环境、和谐温情的饮酒气氛不相称的，是应该反对的。

卷十五《雅言》认为酒中意趣，难以用言语传达。出自于高雅之人，便觉亲切有味。正不必匡衡解说《诗经》，令人开怀大笑。所列举的雅言有“痛饮读《骚》”“引人着胜地”“使人自远”“形神不相亲”“未知酒中趣”等25条。

卷十六《杂记》记载琐事闲谈，可以作为酒席中的谈资。所列基本上都是故事，倒也风趣幽默，有些人物机智隽永，启人心智。计有“投酒器”“呕丞相茵”等36条。其中“唐时酒价”也说不定是对某一时期酒的价格探索的新的途径呢。

卷十七《正喻》，以最直观的比喻激起读者的畅想，引导读者发现酒文化，欣赏酒文化。比如“如淮如渑”是说酒水奔流直如淮河水、渑水；其他的对酒的比喻还有“如泉、如川”“碧如江”“绿如苔”“如霞”“如乳、如饧”“似蜜甜”“滑如油、浓似粥”“肥于羜、腻如织”，想象十分丰富。有的从颜色上作比喻，如“鹅黄、鸭绿”“色如鹅氄”“金屑醅、玉色醪”。还有的比喻十分奇特，如“畏酒如畏虎”“酒犹兵也”就将酒拟人化了，有声有色。中国美学中有“意味”“韵味”“趣味”“品味”“体味”等重要的范畴，其内涵和外延都远远超出了物质文化的具体流域，而上升到了精神文化的理性领域。欧阳修“醉翁之意不在酒”，其意就是要品味韵外之致，由单纯口感的美味升华为精神滋养的境界，是其极好的写照。《胜饮编》对此也有论述。记载：杜甫诗云：“不有小舟能荡桨，百壶那送酒如泉。”北轩主人诗云：“花钿人似月，翠瓮酒如川。”陆放翁诗云：“夜暖酒波摇烛焰，舞回状粉铄花光。”李群玉诗云：“酒花荡漾金樽里，棹影飘摇玉浪中。”

卷十八《借喻》。先说借喻的概念，就是以喻体代替本体，直接把被比喻的事物说成是比喻的事物，不出现本体和喻词。构成借喻的基础是本体和喻体的相似性，它是借中有喻，重点在“喻”。它的公式是：把甲说成乙，但不提到甲。

比如本卷中“如饮醇醪”条：程普曰：“与周公瑾交，如饮醇醪，不觉自醉。”此中所比喻的是二人交情的深厚，但是没有说交情到底如何，而只是一个比喻：如同饮了醇酒，不知不觉就醉了，是一种自然而然的沉醉。这样就将抽象地东西形象地表现出来了。类似的借喻还有“喜气如春酿”“归思如酒”“酿雪天”，而“情似酒杯深”出于薛昭蕴诗：“意满更同春水满，情深还似酒杯深。”正是将情满意足表达得淋漓尽致。这些条目都说明了胜饮者已经以饮酒为媒介，进入了寻求更高的精神领域。

总之，美酒的色、香、味、形、器的完美统一构成了胜饮的小意境之美，而饮酒时的时、空、人、事的协调一致，肉体与精神的完全放松，则构成了胜饮的大意境之美。所以，饮酒环境在酒文化中占有重要地位。这些在《胜饮编》中都有论述。因此，认真对此解读，分析发掘其内容的合理之处，对于丰富和研究酒文化，乃至中国饮食文化都有积极意义。

三、《胜饮编》与酒文化

在中国酒文化史上，《胜饮编》所列举是一条线，将从古至今的有关酒的人物、典故、出产、酒器等等方面分门别类的详细罗列。而对于中国酒文化来说，这部书和《觞政》所描述的仅仅是沧海一粟。

中国的酒文化源远流长，发源早，流传广，影响深，酒已经成为中国传统文化的一个代表性的符号。一方面，酒是物质的饮料；另一方面，酒承载了中国人精神的、心理的需求和诉说，酒文化因而成为中国文化的基本要素。酒与政治、经济、文学艺术、烹饪等等结缘，丰富了中国人的精神生活和物质生活。酒文化具有特殊的意义，它成为学习和掌握中国文化的最好的切入点之一。

酒从一开始就与政治结缘，成为上层建筑，介入到政权的获得的过程。之所以这样说，是因为酒是祭祀祖先、神灵享用的，而在天授人权的时代——几乎从夏商周一直到皇权的灭亡，酒都是见证，是“天子”与上天沟通的神物。天是有灵性的，他享用了酒，就会高兴，“天子”就从“天”那里得到了统治人间的特权。所以酒在中国得到了一个与世界上任何一个国家不同的特殊的地位。也因此，任何一个朝代都会把酿酒作为一件十分神圣的事业，王宫都会有专门的机构，专门的人才，酒因此而取得了至高无上的地位。

主持祭祀的人具有崇高的地位，他是祭祀仪式中第一个饮酒的人。饮酒之后进入一种精神状态，他就可以和上天直接对话，传达神的意志。这种人就是“巫”。“巫”字的写法，上面一横表示天，下面一横表示地，那一竖两边的“人”就是巫，他联通上面一横和下面一横。那竖的一画表示沟通。也因此，“祭酒”一职只能由德高望重者担任。

楚王因酒薄而围邯郸，“杯酒释兵权”都是酒在政治生活中发酵，饮酒亡国的事例不胜枚举也说明了酒怎样深刻地影响着改朝换代。

中国有一句古话说“礼始诸饮食”，就是说，礼仪的建立是从饮食开始的。而饮食的主角是酒。有酒的宴席才是正式的宴席、有气氛的宴席，而正是通过酒的摆放位置、饮酒时的长幼之序，显示礼仪，进行社会等级的确认。“为酒为醴，烝畀祖妣，不洽百礼。”《诗经·载殳》说的就是酒在祭祀祖先、成就礼仪中的作用。

酒渗透到中国人生活的方方面面，以至于有人说，没有了酒，简直不知道怎样叙述中国的历史。这句话一点都不夸张。西汉王莽时的鲁匡有一个十分精彩的论述：“酒者，天之美禄，帝王所以颐养天下，享祀祈福，扶衰养疾。百礼之会，非酒不行。”鲁匡指出酒是天赐给的美食，可以成为帝王的权柄，第一可以用来颐养天下；第二祭祀上苍，祈求降福；第三扶助衰弱，抚养疾病，这一条强调了酒的医药用途，这是中国人对酒的功用的特别看法；第四是礼仪上的需要，百礼的聚会，没有酒是不行的。鲁匡还有接下来的结论是，今天如果断绝了天下的酒，就没有什么东西可以行礼和将养；但是还有另外的一面，如果放开了没有限制，则花费财物伤害民众。这说明了中国人对酒的辨证的看法。宋代朱肱的《北山酒经》则称：“大哉，酒之于世也，礼天地，事鬼神，乡射之饮，鹿鸣之歌，宾主百拜，左右秩秩，上至缙绅，下逮闾里，诗人墨客，樵夫渔父，无一可以缺此。”前后一以贯之，都认识到了酒对中国文化的影响。

酒在汉语言中有充分的反映，汉语中反映、记录酒文化的词语、成语、典故、谚语真是数不胜数，涉及各个方面，真可谓姹紫嫣红的一方文化林苑。仅从酒的名称、别名和代称来看已是满目琳琅。如《胜饮编》提到的南北朝时称酒好者为

“青州从事”，因此本为贵官之职；酒劣者称“平原督邮”，因此本为贱职而用以拟喻。唐代人常用“欢伯”言酒。另外，酒又别称为“黄封”“黄娇”“曲居士”“曲道士”“曲秀才”“曲生”“曲君”“玉友”“郎官清”“索郎”“快活汤”“天禄大夫”“金盘露”“椒花雨”“玉液”“琼浆”等等。穷奢极欲，就用“酒池肉林”来比况；不会做事的人，晋有“酒瓮饭囊”，宋有“酒囊饭袋”之说；“敬酒不吃吃罚酒”，是指不识抬举；“酒香不怕巷子深”，则是对质量好的自负；“酒不醉人，人自醉”，是说饮酒当掌握分寸；“烟酒不分家”，是酒在交际上的观照；等等，不一而足。

酒与中国文学有着不同寻常的亲密关系。从《诗经》到汉魏乐府，再唐诗宋词，进而宋元明清的曲牌、小说，当代的戏剧电影，无不借酒抒情。酒是风，酒是韵，酒既是主人又是客人，从而演化曲曲催人泪下的故事，从而刻画出无数跃然纸上的人物。试设想，如果中国的文学作品中不允许写到酒，不允许有饮酒的场面，不允许以酒来刻画人物性格，那将是多么干涩而煞风景啊！

中国的文人参加到酒文化的总结与推进中来，有关酒的著作于是源源不断的推出。有的是关于酒箴、酒颂、酒德、酒歌的篇章；有的是关于酒史、制酒之法的记述与研讨；还有的则是有关酒仪、酒规、酒法、酒政、酒令的撰作与论列。仅只《胜饮编》卷七“著撰”所列举就有《酒诰》《乡饮酒》《酒箴》《酒德歌》《酒尔雅》《四时酒要》《甘露经》《醉乡记》《酒经》《酒谱》《北山酒经》《续北山酒经》《觞政述》《醉乡日月》《醉乡律令》《酒训》《文字饮》《酒录》《酒小史》《酒名记》《贞元饮略》《熙宁酒课》《酒史》《酒戒》《曲本草》《酒律》《觥律》《酒孝经》《新丰酒令》《小酒令》《饮戏助劝》《酒乘》《觥记注》《罚爵典故》《断酒诫》等30多部有关酒的专门著述。《胜饮编》卷七没有提到的著述，还有苏轼的《酒经》、曹绍的《安雅堂觥律》、屠本畯的《文字饮》、无怀山人的《酒史》、周履靖的《狂夫酒语》、高濂的《酝造品》、夏树芳的《酒颠》、陈继儒的《酒颠补》、张陛的《引胜小约》、清代金昭鉴的《酒箴》、沈中楹的《觞政》、程弘毅的《酒警》、张荩的《仿园酒评》、吴陈琰的《揽胜图》、吴彬的《酒政》、张惣的《南村觞政》、胡光岱的《酒史》、叶奕苞的《醉乡约法》、张潮的《饮中八仙令》、沈德潜的《畅叙谱》、汪兆麒的《集西厢酒筹》、无名氏的《西厢记酒令》《唐诗酒令》、童叶庚的《合欢令》、俞敦培的《酒令丛钞》等等，不敢说汗牛充栋，确已是琳琅满目了。

这样一来我们就明白，《觞政》《胜饮编》只是我国酒文化文献的杰出者，并不是全部。

第三节　李渔《闲情偶寄》的饮食思想

一、李渔与《闲情偶寄》

李渔(1611—1680)，字笠鸿、谪凡，号笠翁，浙江兰溪人，即今浙江兰溪市孟湖乡夏李村。是明清交际时候的人，在明代中过秀才，入清后无意仕进，从事著述和指导戏剧演出。是著名戏曲理论家、作家。著有《凰求凤》《玉搔头》等戏剧，《觉世名言十二楼》《连城璧》（三者合集《无声戏》）等小说，与《闲情偶寄》等书。《闲情偶寄》包括词曲、演习、声容、居室、器玩、饮馔、种植、颐养8部，内容较为驳杂，戏曲理论、养生之道、园林建筑尽收其内。《饮馔》《种植》《颐养》三部分则表达他的饮食思想。

“闲情偶寄”的书名可见他将饮食之道归于闲情雅致，所写均为偶然所得。为什么标出“闲情”，一则在政治的高压下，知识分子保护自己的行为，借闲情以说明自己没有异己的行为，与最高统治者保持一致。对于这一点，他在《凡例》的第一条真诚致意：“一期点缀太平：圣主当阳，力崇文教。庙堂既陈诗赋，草野合奏风谣，所谓上行而下效也。武士之戈矛，文人之笔墨，乃治乱均需之物。乱则以之削平反侧，治则以之点缀太平。方今海甸澄清，太平有象，正文人点缀之秋也，故于暇日抽毫，以代康衢鼓腹。”第二点，将饮食作为正儿八经的学问加以研究，堂而皇之的写入著作，本来已经是进步了，但是比较起安身立命的经学来，诗词歌赋、吃饭穿衣只是“闲情”而已。

从《凡例》可以看出李渔并不是那种人云亦云的人。“不佞半世操觚，不攘他人一字，空疏自愧者有之，诞妄贻讥者有之，至于剽窠袭臼，嚼前人唾余而谬谓舌花新发者，则不特自信其无，而海内名贤亦尽知其不屑有也。”表达的是自信，是对剽窃的不屑，其中透现的则是人格。

中国人从来不忌讳剽窃与抄袭，且不说先秦两汉时常常借助神仙圣人命名自己的书，出让著作权，据说是为了推出自己的著作。还有宋代兴起的笔记小说热，几乎知识分子全都投入，各人皆有，涉及的内容却是抄来抄去，你中有我，我中有你，从来没有人较过真，究竟发明权是谁的。也因此清代的干嘉学派有一个很重要的工作，就是研究哪一部著作的作者到底是谁，据说是成绩很大。但是明代有一个人，他就是李渔，他十分强调著作权，声明本书全是创新，都是自己的思考成果，绝无假货。他说得斩钉截铁：“阅是编者，请由始迄终，验其是新是旧。如觅得一语为他书所现载，人口所既言者，则作者非他，即武库之穿窬，词场之大盗也。”李渔树了新风气，值得点赞。

二、与饮食有关的各部分

《凡例》说自己著本书有“四期三戒”，四个期望实现的，三个号召戒除的。一期“点缀太平”，一期“崇尚俭朴”，一期“规正风俗”，一期“警惕人心”。

“崇尚俭朴”是对当时的社会风气而言的，包括饮食。李渔声明自己创立新制，并非引导社会风气崇尚奢侈，而是“凡予所言，皆贵贱咸宜之事”：“创立新制，最忌导人以奢。奢则贫者难行，而使富贵之家日流于侈，是败坏风俗之书，非扶持名教之书也。是集惟《演习》《声容》二种，为显者陶情之事，欲俭不能，然亦节去靡费之半。其余如《居室》《器玩》《饮馔》《种植》《颐养》诸部，皆寓节俭于制度之中，黜奢靡于绳墨之外，富有天下者可行，贫无卓锥者亦可行。盖缘身处极贫之地，知物力之最艰，谬谓天下之贫皆同于我，我所不欲，勿施于人，故不觉其言之似吝也。然靡荡世风，或反因之有裨。"李渔声明自己只是乡下的村民而已，当然属于一切从俭的人："予生平有三癖，皆世人共好而我独不好者：一为果中之橄榄，一为馔中之海参，一为衣中之茧绸。此三物者，人以食我，我亦食之；人以衣我，我亦衣之；然未尝自沽而食，自购而衣，因不知其精美之所在也。谚云：'村人吃橄榄，不知回味。'予真海内之村人也。"

期望"规正风俗"则明确指出"风俗之靡，日甚一日。究其日甚之故，则以喜新而尚异也。新异不诡于法，但须新之有道，异之有方。有道有方，总期不失情理之正"。说明本书的针对性是十分明确的。

卷三"声容部"之治服第三引用古语说明了解饮食的难处："古云：'三世长者知被服，五世长者知饮食。'俗云：'三代为宦，着衣吃饭。'古语今词，不谋而合，可见衣食二事之难也。"

卷五"器玩部"记有饮食器具，他的认识在"制度第一"中介绍说："人无贵贱，家无贫富，饮食器皿，皆所必需。'一人之身，百工之所为备。'子舆氏尝言之矣。至于玩好之物，惟富贵者需之，贫贱之家，其制可以不问。然而粗用之物，制度果精，入于王侯之家，亦可同乎玩好；宝玉之器，磨砻不善，传于子孙之手，货之不值一钱。知精粗一理，即知富贵贫贱同一致也。"

"器玩部"专列"茶具""酒具"，二者均与饮食相关。"茶具"最欣赏今宜兴紫砂壶，谓"茗注莫妙于砂壶，砂壶之精者，又莫过于阳羡，是人而知之矣"。又介绍制壶的要领："凡制茗壶，其嘴务直，购者亦然，一曲便可忧，再曲则称弃物矣。盖贮茶之物与贮酒不同，酒无渣滓，一斟即出，其嘴之曲直可以不论；茶则有体之物也，星星之叶，入水即成大片，斟泻之时，纤毫入嘴，则塞而不流。啜茗快事，斟之不出，大觉闷人。直则保无是患矣，即有时闭塞，亦可疏通，不似武夷九曲之难力导也。"足见李渔是鉴赏紫砂壶的行家里手，应该是把玩多有时日之后的体会之谈。

书中专门有"酒具"一条，说明应当设置什么样的酒具，不同酒具的用法及价值，又对当时的瓷器予以品评："酒具用金银，犹妆奁之用珠翠，皆不得已而为之，非宴集时所应有也。富贵之家，犀则不妨常设，以其在珍宝之列，而无炫耀之形，犹仕宦之不饰观瞻者。象与犀同类，则有光芒太露之嫌矣。且美酒入犀杯，另是一种香气。唐句云：'玉碗盛来琥珀光。'玉能显色，犀能助香，二物之于酒，皆功臣也。至尚雅素之风，则磁杯当首重已。旧磁可爱，人尽知之，无如价值之昂，日甚一日，尽为大力者所有，吾侪贫士，欲见为难。然即有此物，但可作古董收藏，难充饮器。何也？酒后擎杯，不能保无坠落，十损其一，则如雁行中断，不复成群。备而不用，与不备同。贫家得以自慰者，幸有此耳。然近日冶人，工巧百出，所制新磁，不出成、宣二窑下，至于体式之精异，又复过之。其不得与旧窑争值者，多寡之分耳。吾怪近时陶冶，何不自爱其力，使日作一杯，月制一盏，世人需之不得，必待善价而沽，其利与多制滥售等也，何计不出此？曰：不然。我高其技，人贱其能，徒让垄断于捷足之人耳。”

饮食须得有器具盛放，所以器玩部的“碗碟”也很有用，李渔对当时各色窑的制品都有评价：“碗莫精于建窑，而苦于太厚。江右所制者，虽窃建窑之名，而美观实出其上，可谓青出于蓝者矣。其次则论花纹，然花纹太繁，亦近鄙俗，取其笔法生动，颜色鲜艳而已。”又指出：“碗碟中最忌用者，是有字一种，如写《前赤壁赋》《后赤壁赋》之类。”

三、饮馔部

卷六《饮馔部》与饮食的关系最为直接。饮撰部所述几乎全是他自己的见识，而不同于一般的食谱类烹饪著作。他写的饮馔部分，分为蔬菜、谷食、肉食三节，他把蔬食放在卷前，而将肉食放在卷后，表达了他提倡清淡饮食的主张。他说：“吾为饮食之道，脍不如肉，肉不如蔬，亦以其渐近自然也。”又说：“吾辑《饮馔》一卷，后肉食而首蔬菜，一以崇俭，一以复古；至重宰割而惜生命，又其念兹在兹，而不忍或忘者矣。”

李渔论蔬，将笋列为第一，在肉之上，肉为鱼而笋为熊掌，原因即在于笋之鲜味。他说：“论蔬食之美者，曰清，曰洁，曰芳馥，曰松脆而已矣。不知其至美所在，能居肉食之上者，只在一字之鲜。《记》曰：‘甘受和，白受采。’鲜即甘之所从出也。此种供奉，惟山僧野老躬治园圃者，得以有之，城市之人向卖菜佣求活者，不得与焉。然他种蔬食，不论城市山林，凡宅旁有圃者，旋摘旋烹，亦能时有其乐。至于笋之一物，则断断宜在山林，城市所产者，任尔芳鲜，终是笋之剩义。此蔬食中第一品也，肥羊嫩豕，何足比肩。但将笋肉齐烹，合盛一簋，人止食笋而遗肉，则肉为鱼而笋为熊掌可知矣。”

蔬食中第二个推荐的是菌类植物——蕈（xùn），人通过食用菌类，就可以实现与山川之气的交接：“求至鲜至美之物于笋之外，其惟蕈乎！蕈之为物也，无根无蒂，忽然而生，盖山川草木之气，结而成形者也，然有形而无体。凡物有体者必有渣滓，既无渣滓，是无体也。无体之物，犹未离乎气也。食此物者，犹吸山川草木之气，未有无益于人者也。”

对于蔬食中的萝卜，持辩证观点，虽有微过，亦当恕之：“但恨其食后打嗳，嗳必秽气。予尝受此厄于人，知人之厌我，亦若是也，故亦欲绝而弗食。然见此物大异葱蒜，生则臭，熟则不臭，是与初见似小人，而卒为君子者等也。虽有微过，亦当恕之，仍食勿禁。”

“谷食”排在第二，“食之养人，全赖五谷。使天止生五谷而不产他物，则人身之肥而寿也，较此必有过焉，保无疾病相煎，寿夭不齐之患矣。”

“谷食”中特别对“汤”进行了考证：“汤即羹之别名也。羹之为名，雅而近古；不曰羹而曰汤者，虑人古雅其名，而即郑重其实，似专为宴客而设者。然不知羹之为物，与饭相俱者也。”汤有什么作用呢？李渔的研究是：“有饭即应有羹，无羹则饭不能下，设羹以下饭，乃图省俭之法，非尚奢靡之法也。古人饮酒，即有下酒之物；食饭，即有下饭之物。”李渔还考证了“下饭”一词的含义：“世俗改下饭为

'厦饭',谬矣。前人以读史为下酒物,岂下酒之'下',亦从'厦'乎?'下饭'二字,人谓指肴馔而言,予曰:不然。肴馔乃滞饭之具,非下饭之具也。食饭之人见美馔在前,匕箸迟疑而不下,非滞饭之具而何?饭犹舟也,羹犹水也;舟之在滩,非水不下,与饭之在喉,非汤不下,其势一也。且养生之法,食贵能消;饭得羹而即消,其理易见。故善养生者,吃饭不可无羹;善作家者,吃饭亦不可无羹。宴客而为省馔计者,不可无羹;即宴客而欲其果腹始去,一馔不留者,亦不可无羹。何也?羹能下饭,亦能下馔故也。"

李渔将"肉食"排在第三,首先疏解:"'肉食者鄙',非鄙其食肉,鄙其不善谋也。食肉之人之不善谋者,以肥腻之精液,结而为脂,蔽障胸臆,犹之茅塞其心,使之不复有窍也。此非予之臆说,夫有所验之矣。"

肉食中的羊肉,李渔特别提示:"予谓补人者羊,害人者亦羊。凡食羊肉者,当留腹中余地,以俟其长。倘初食不节而果其腹,饭后必有胀而欲裂之形,伤脾坏腹,皆由于此,葆生者不可不知。"此可谓有一利必有一害者。

对于食鱼,李渔也有说法:"食鱼者首重在鲜,次则及肥,肥而且鲜,鱼之能事毕矣。然二美虽兼,又有所重在一者。如鲟、如鱼季、如鲫、如鲤,皆以鲜胜者也,鲜宜清煮作汤;如鳊、如白、如鲥、如鲢,皆以肥胜者也,肥宜厚烹作脍。"

肉类鲜味则首数虾,"笋为蔬食所必需,虾为荤食所必需,犹甘草之于药也。"虾做汤最好,可佐提味,如社会事物中的"因人成事"。从海鲜制作还可领悟老子所谓"治大国若烹小鲜"的原理。

"饮馔部"有"不载果食茶酒说"一节,指出水果、酒、茶之间的关系:"果者酒之仇,茶者酒之敌,嗜酒之人必不嗜茶与果,此定数也。"如何测定一个人的酒量呢?李渔的办法是:"凡有新客入座,平时未经共饮,不知其酒量浅深者,但以果饼及糖食验之。取到即食,食而似有踊跃之情者,此即茗客,非酒客也;取而不食,及食不数四而即有倦色者,此必巨量之客,以酒为生者也。以此法验嘉宾,百不失一。"那么,李渔自认为是什么样的人呢?"予系茗客而非酒人,性似猿猴,以果代食,天下皆知之矣。"

四、颐养部

卷八为"颐养部",即为养生。分"行乐""止忧"等六个章节。如何养生?他主张养生重在养心,行乐第一,止忧第二,调饮啜第三,节色欲第四,却病第五,疗病第六。看得出这是个顺行自然之道的养生论,李渔明确申明这是儒家养生观,重在明理而非邪术。"养生家授受之方,外藉药石,内凭导引,其借口颐生而流为放辟邪侈者,则曰'比家'。三者无论邪正,皆术士之言也。予系儒生,并非术士。术士所言者术,儒家所凭者理。予虽不敏,窃附于圣人之徒,不敢为诞妄不经之言以误世。……士各明志,人有弗为。"

李渔认为养生的第一点是"行乐",为什么呢?生命有限:"伤哉!造物生人一场,为时不满百岁。彼夭折之辈无论矣,姑就永年者道之,即使三万六千日尽是追欢取乐时,亦非无限光阴,终有报罢之日。况此百年以内,有无数忧愁困苦、疾病颠连、名缰利锁、惊风骇浪，阻人燕游，使徒有百岁之虚名，并无一岁二岁享生人应有之福之实际乎！又况此百年以内，日日死亡相告，谓先我而生者死矣，后我而生者亦死矣，与我同庚比算、互称弟兄者又死矣。”李渔以康海康对山筑屋面对无尽荒冢为例，得出结论：“兹论养生之法，而以行乐先之；劝人行乐，而以死亡怵之，即祖是意。欲体天地至仁之心，不能不蹈造物不仁之迹。”

李渔的养生学以幸福生存为目的。行乐之道——处之得宜，各有其乐，“乐不在外而在内，心以为乐，则是境皆乐，心以为苦，则无境不苦。”知足常乐，“善行乐者必先知足。”“以不如己者视己，则日见可乐；以胜于己者视己，则时觉可忧。”穷苦的人也有自己的快乐：“穷人行乐之方，无他秘巧，亦止有退一步法。我以为贫，更有贫于我者，我以为贱，更有贱于我者；我以妻子为累，尚有鳏寡孤独之民，求为妻子之累而不能者；我以胼胝为劳，尚有身系狱廷，荒芜田地，求安耕凿之生而不可得者。以此居心，则苦海尽成乐地。如或向前一算，以胜己者相衡，则片刻难安，种种桎梏幽囚之境出矣。”

李渔指出饮食也与养生相关：“贫民之饥可耐也，富民之饥不可耐也，疾病之生多由于此。从来善养生者，必不以身为戏。”而且怒时哀时倦时闷时勿食，以免不利消化。他认为食物种类单一，烹饪方式简单对养生有益。“是只食一物乃长生久视之道也。人则不幸而为精腆所误，多食一物多受一物之损伤，少静一时少安一时之淡泊。其疾病之生，死亡之速，皆饮食太繁，嗜欲过度之所致也。”

李渔人生哲理是退一步，正是退这一步海阔天空，开出一片新天地，于是有了好心情，有了闲情逸致，看一切都是美的，便有所得，把它写出来，就是《闲情偶寄》。

第四节　段玉裁《说文解字注》的饮食思想

段玉裁《说文解字注》(以下简称《段注》)是对许慎《说文解字》的注释，注释中表达了自己对词语的理解，也增加新的资料，沁透着新的研究成果。段玉裁是《说文解字》的第一功臣。《段注》对《说文解字》“食”字部首的注释格外用力，资料翔实，新解频出，成为饮食思想研究的重要成果。

中国的饮食文化源远流长，通过图画、碑刻、文字等形式而流布传承，而文字成为最主要的载体。东汉许慎《说文解字》由图画的篆字而转成文字，专门设立“食”字部首，说明他注意到食物、饮食的相关词语的重要性、系统性、相关性，故而将其独立为一个系列。

从文字的角度看中国文化，其特点是什么呢？或者说，如果以文字来说明不同文明的饮食文化有什么区别的话，那么最直接、最生动、最能说明问题的就是词汇。一种语言所具有的有关饮食的词语，其数量、其丰富性、其组词能力、扩展能力等就成为一个很重要的观测点。如果各种语言系统只能举出一组系列词来作为自己的特点时，那么中国就应该举出“食”字，由“食”字组成的系列词最为简洁深刻的概括了中国文化。“食”既是物质的，又是精神的，它被寄予了丰富而深刻的精神与心理的含义。“民以食为天”，食比天大，就已经说明了“食”的重要性。字典中的词，是社会生活的反映，是其结晶。

一、《说文解字》的“食”字部首

许慎，东汉人，他的《说文解字》为了解决经学的词语解释问题，收录东汉及其以前的相关汉字，其体例是列举篆字字形，注解，对其在经学中的词义、读音、例句都予以说明。《说文解字》是中国第一部字典，对于记录中国文化，汉字的正规化，具有开创之功。清代的段玉裁(1735—1815)，字若膺，号别堂，江苏金坛人，年轻时入都会试，屡不中。经人介绍，段玉裁在京就教职，获读顾炎武的《音学五书》，有意于音韵之学，遂边教边做学问，历时约10年。在京时，师事当时学术代表人物戴震，及结识了钱大昕、邵晋涵、姚鼐等学者。返回乡里后，又得与刘台拱、汪中、金榜等学人相交。55岁时，二次入京，得识文献学巨匠王念孙、王引之父子，商讨音韵、训诂，颇为契合。这些都对他后来的《说文解字》研究有直接的推动和指导作用，段玉裁一下子进入到语言文字学研究的前沿阵地。他潜心钻研《说文解字》，将自己的心得体会以注释的方式表现出来。他的成就被当代学者所肯定，干嘉学派领袖人物王念孙说“千七百年来无此作矣”。《段注》的“食”字部首十分出色，体现出段玉裁的饮食思想，也反映着清代的词典对饮食思想的总结。

首先看《说文解字》的“食”字部首。“食”是汉语中最为重要的词汇之一，首先在于它的组词能力最强。《说文解字》共有540个部首，“食”即是其中之一。所谓“部首”，就是分类，将同一类的词汇编辑在一起，便于管理，使阅读者、使用者触一旁通，方便检索。《说文解字》共收汉字9353个，分为540个部首而加以管理，予以分类。什么是部首？就是一类字中间最有代表性的字，组词性最强，又是最基础的。用许慎的话说就是“共建首”，其作用“其建首也，立一为端，方以类聚，物以群分，同牵条属，共理相贯，杂而不越。据形系联，引而伸之，以究万源”。他的意思是，凡是立为部首的字，必须是一类字的代表，可以成为“一端”，可以将其他的字相串联，而且基础的是字形，根据字形将它们分类。因为，许慎认为汉字来源于字形，是字形决定着一个字的含义。《说文解字》“食”字部首的字，都是以食字为取义所从的字，其构词都有同一的部件。“食”字部首共有64个字。重要的与人们生活关系密切的字有：饥，谷不熟为饥；馑，菜不熟为馑；饿，饥也；饪，大熟也；饎，酒食也；馀，饶也；饶，饱也；饯，送去也；馆，客舍也；饴，米孽煎也；饡，以羹浇饭也，等等。这些字都以“食”为偏旁。

字典从社会生活中来，其解释是在总结字义使用中抽取核心的不变的元素加工而成，具有权威性、抽象性、总结性、前瞻性。“食”字最早出现在甲骨文中，意思却不是食物，而是与日食、月食相关的自然现象，比如“癸酉贞，日夕又食，非若?"这是殷商武乙时期的一次占卜,时值公元前1300年,占卜的内容可以翻译为:"癸酉这一天占卜:发生在黄昏的日食,主吉或主凶?"这是世界上最早的关于日食的记录,这也是最早的"食"字。"食"字在甲骨文中为会意字。上部画作食器的盖子,下部为食物的容器。食物千万种,如何造出一个"食"字,的确是十分费脑筋的事。以具体代表抽象,以一代万,总是以偏概全,难免挂一漏万。甲骨文这个"食"字字形的设计,并不是标识具体的食物,而是以一个盛食物的形象,指代所有可能的食物,这的确是一个创意。甲骨文中的"食"字非"食物"之"食",它的意思是《说文解字》"饭"的含义,即是指食用,"吃掉了"的意思。按照文字发展的规律,"日食"之"食"应该在"饭食"之"食"的后面,即先具体而后抽象,甲骨文中"食"字的出现显得突兀,让人觉得缺少了环节。而《说文解字》将这一环节补齐了,但是不足的是,将有关"食"字所应当承担的意义未能交代清楚,《段注》的功绩是,将"食"字所应表示的各层意义结合在一起,勾勒出"食"字的家族。

从《说文解字》所列"食"字部首所收录饥、馑、饪、饿这样的表示丰歉的字可知,农业对于当时的政治是何等重要;燕、馆这些字说明东汉时酒席宴会已经较为普遍,而且乡间饮酒有了专门的词汇——飨;一个"馆"字,说明当时已经有了专门的招待机构,而且具备了饭食的招待能力;馁、馈这些字的收存说明祭祀是当时社会十分重要的事情。从《说文解字》收录的字可以看出当时已经对于不同时刻的饭食的区分已经十分严格,并且有了不同的名称,如飧表达的是"昼食",飧为"餔也",而"餔"是"日加申时(15—17点)食也"。二是已经注意到不同地域在食物上的不同称名,比如饣乍,"楚人相谒麦食曰饣乍",是楚地人的特别称谓;再如馈,"吴人谓祭曰馈"。又如同样是送饭食,《说文解字》所录词语就已经有详细的区别,并且有地域的划分,还有送往地址的区别,比如"饷,馕也","馈,饷也"。同样是饷,"周人谓饷为馕也";"馌,饷田也。《诗》曰'馌彼南亩'",等等。从《说文解字》"食"字部首可知,"食"字已经有借用现象,就是后来所说的假借。比如"饫"的解释是"食马谷也",即给马喂谷米。此处的"食"是"喂养"的"饲"的假借字。

二、《段注》对《说文解字》"食"部的推进

段玉裁为什么要为《说文解字》作注?是因为《说文解字》流传日久,随着社会生活的发展变化,饮食生活的丰富拓展,许多原来的释义已经不符合实际,还有的字词的意义已经转移,有的义项收缩,有的扩大,这些都需要重新审视,予以补充,或者修订。《段注》对《说文解字》的推进可以概括为以下五点。

1. 释义的增加

对《说文解字》的解释进一步加以说明。如"馓,熬稻张馍也。"《段注》对"张馍"做出解释,就是"张皇":"张皇者,肥美之意也。既又干煎之,若今煎粢饭然,是曰馓。"既对东汉时期的词语作了解释,又说明了当代的对应的表达意思,就豁然开朗。再如《说文解字》:"饼:面餈也。从食并声。"《段注》对"面餈"做出解释:"面餈者,饼之本意也。"

2. 扩展内容

又可分为两个层次，第一，引申串接。比如《说文解字》："食，亼米也。"这个解释是"食"字部首的基础。《段注》："亼，集也，集众米而成食也。引申之，人用供口腹亦谓之食，此其相生之意也。下文云，饭，食也，此食字引申之意也。人食之曰饭，因之所食曰饭，犹之亼米曰食，因之用供口腹曰食也。食下不曰饭者何也？食者自物言，饭者自人言，嫌其意不显，故不以饭释食也。"段玉裁对"食"字的许慎注做了一番考释，指出其"食"字含有二意：一指聚集众多的米，这是指人们食用的对象，是从存在的形态上说；另外一个意义指用以果腹的粮食，这是从食的用途上说。《段注》的注释扩展了许慎的解释，将"食"引申到"饭"，又解释许慎为什么不直接在此一条中说明"饭"的含义。从逻辑的角度讲，"食"与"饭"的内涵与外延有重合与交叉，《段注》将这两个字字义的重合与交叉讲清楚了。其二，补充说明。如《说文解字》"饎，酒食也"，《段注》进一步说明其出处："《大雅·泂酌》传曰：'饎，酒食也。'《七月》《大田》笺同。"并且进一步引证大量资料说明词义之得来乃引申之义："按酒食者，可喜之物也，故其字从食喜。《商颂》'大饫是承'，传曰：'饎，黍稷也。'《周礼》饎人，大郑注云：'饎人，主炊官也。'《特牲·馈食礼》注曰：'炊黍稷曰饎。'皆依文为训，由黍稷而炊之，为酒为食，其事相贯。饎本酒食之称，因之名炊为饎，引申之义也。"段玉裁所指出的引申是一种词义的转移，所揭示的词义转移的逻辑是：饎本是酒食的具体称名，转移而把做酒食的加工过程，即"炊"也叫做"饎"了。

3. 考辨

《段注》所做的考辨比较广泛，可以分为以下六层。

其一，考辨《说文解字》与后人解释的不同。《说文解字》的注释往往简单，有时语焉不详，往往与后人的解释相去甚远，需要予以解释，予以链接。比如《说文解字》："馏，饭气流也。"按照这一解释，饭的温度较高，气流升腾即为馏。《段注》则引证诸多说解，说明后人的解释已经丰富得多："然则饭气流者，谓气液盛流也。据孙、郭《尔雅注》及《诗释文》所引字书，似一蒸为饙，再蒸为馏。然许不如此说。"此处《段注》与许慎的不同在于，《段注》所解释"馏"的外延要小得多。

其二，考辨《说文解字》所依据。《说文解字》为读经作说解，其材料有的来自经书，但是，经有古今文之不同，流传师承不同，文献版本有异，许慎究竟何据？如《说文解字》"馔，篆或从巽"，《段注》对其今古文的来源作出判断："是则许于《礼经》从今文不从古文也。"此处第一说明"馔"字的解说出自《礼经》，其二说明许慎遵从今文经说。

其三，考辨读音。比如《说文解字》"养，供养也"，《段注》："今人分别上去，古无是也。"是说清代时"养"字的读音已经区别上声和去声，而古代是不区别的。

其四，指正他人之误。比如指出唐代陆德明注音的错误。《说文解字》"饭食也"条《段注》："(陆德明)《礼记音义》云：'依字书食旁作卞，扶万反。谓所食也。食旁作反。扶晚反。谓食之也。二字不同。今则混之，故随俗而音此字。'陆语殊误。古只有饭字，后乃分别作饼，俗又作饣卞，此正如汳水俗作汴也。唐以前书多作饼字，后来多讹为饼字。”段玉裁将“饭”字书写过程的流变考证清楚了。在这条的注释上，《段注》认为五代时的徐锴注音错了，并且考辨其致误的原因：“按大徐不达许意，故切符万，而不云扶晚也。”认为徐锴的错误是因为不明白许慎的意义所致。

其五，考辨《说文解字》所依据的书为什么错讹。比如，依据的版本错误。比如《说文解字》“飨，乡人饮酒也”，《段注》：“《豳风》‘朋酒斯飨，曰杀羔羊。’传曰：‘飨，乡人饮酒也。其牲，乡人以狗，大夫加以羔羊。’此传各本讹夺，依《正义》考订如是。”段玉裁说明了自己是依据《诗经正义》的版本纠正后人的错误。

其六，考辨名物。比如考辨名物名称的变化，《说文解字》“馆，客舍也”，《段注》：“按馆，古假观为之……前汉作观，后汉、晋作馆……自唐以前六朝时，凡今道观皆谓之某馆，至唐始定谓之观。”这条说明了“馆”到“观”称名的变化过程。

4. 揭示文化意义

礼仪始于饮食，最初的礼仪是在饮食过程中实现的，设计者按照人与人之间关系的疏密，安排其位置之不同，从而体现社会地位与身份的不同。每日饭食，谁也离不了，从与人生活最为密切的饮食活动开始贯彻礼仪，进行礼仪的教育，自可收事半功倍的效果。中国古代礼仪繁多，体现在食品的挑选、摆放、进献的秩序等等，甚至包括在食品的制作过程中。

《说文解字》在许多词义的解释中已经充分体现出礼仪的设计思想及程序，但是还很不够，《段注》得以有空间予以推进。比如《说文解字》“饙，修饭也”，只有简单的几个字，到底饙与其他饭食之间有什么区别则语焉不详。《段注》则旁征博引，说明其特殊含义：“按《大雅》‘泂酌行潦，挹彼注兹可以〈食奔〉饎。’笺：‘流潦，水之薄者也，远酌取之，投大器之中，又挹之注之于此小器，而可以沃酒食之饎者。以有忠信之德，齐戒之诚以荐之故也。’”为了说明“饙”字的含义，《段注》引用《诗经·泂酌》，详尽说明了古代的礼仪制度，又是远酌，又是挹取，又有投注，这一切都是为了贯彻一个思想：训练忠信之德，通过斋戒等程序的设计，使人怀着诚敬的心情。

《段注》将《说文解字》中不同类别的字的释义放在一起，使之相互补充，成为一个整体，含义更为丰富。比如“饴，米蘖煎者也”的《段注》：“米部曰：蘖，芽米也。火部曰：煎，熬也。以芽米熬之为饴。”《段注》就将《说文解字》米部和火部的解释结合在一起，使词义的解释更加圆满。

又如“饼，面餈也”《段注》：“麦部曰：面，麦末也。”《说文解字》将“饼”放在“食”部首，“面”放在“麦”部首，段玉裁将这两个字放在一起，相互补充，使其相互沟通，意义更加丰满。再如《说文解字》对食品的解释往往只注意名称的区别，而对于更加细致的制作加工则常常阙如，《段注》则会详加考辨。比如“餈，稻饼也”，《段注》则引用《方言》《周礼》对其名称、原料、制作过程都做了考证：“《方言》曰：‘饵谓之糕，或谓之粢，或谓之竛，或谓之餣，或谓之䬵，谓米饼也。’《周礼》糗饵，粉餈。注曰：‘饵、餈皆粉稻米、黍米所为也。合蒸曰饵，饼之曰餈，糗者，捣粉熬大豆为饵，餈之黏着以粉之耳。饵言糗，餈言粉，互相足。’”此处的《段注》区分了稻米、黍米所制作的不同食品，说明饵、糗、餈的相通之处。

表达饮食的词语越是丰富，就说明饮食文化的发展越是高级，越是分别细密，就越是说明其形态的致密。再如《说文解字》有时只是说明某某是某种食物，而《段注》则补充说明不同时代的称名的不同。比如“馈，以羹浇饭也”，《段注》进一步说明“膏馈者，汉人所为”，认定这是汉代人所起的名称。再如，同样是吃饭，不同时辰吃的饭在汉语词汇中有不同称名。《段注》考证不同时辰进食时称名的变化。《说文解字》：“饟，昼食也。”《段注》就此展开，叙说得更为详细：“此犹朝曰饔，夕曰飧也。昼食曰饟，俗讹为日西食曰饟，见《广韵》。今俗谓日西为晌午，顷刻为半晌，犹饟之遗语也。”《段注》还详引文献说明饮食礼仪。如《说文解字》“飨。乡人饮酒也”，《段注》考辨其本义道：“《豳风》‘朋酒斯飨，曰杀羔羊。’传曰：‘飨，乡人饮酒也。其牲，乡人以狗，大夫加以羔羊。’……飨字之本义也。”

5. 以清代词语、当时风物和饮食习惯考辨《说文解字》，打通古今，证以今地、今语、今日的风俗习惯

比如“饴，米糵煎者也”的《段注》：“以芽米熬之为饴。今俗用大麦。”说明食料的变化。又如“馓，熬稻粻餭也”，《段注》：“稻，稌也。稌者，今之糯米，米之黏者……若今煎粢饭然。”是证明以当今的粮食名称。《说文解字》“餈，稻饼也”，《段注》：“今江苏之餈饭也……今江苏之米粉饼，米粉团也。”是说明古今称名的不同，今日何地如何称名。又如“饱，饶也”，《段注》考辨其如何由饥饱的样态词引申为状态的形容词：“饶者，甚饱之词也，引以为凡甚之词。汉谣曰‘今年尚可后年饶’，谓后年更甚也。近人索饶、讨饶之语，皆谓已甚而求已也。”就将丰饶到告饶的词语含义变化的轨迹说清楚了。上一例中《段注》“今江苏之餈饭也……今江苏之米粉饼，米粉团也”是分辨不同地域称名的变化，《段注》还引用汉代扬雄《方言》来说明地域的不同如何影响食物的称名，比如“饧，饴和馓者也”《段注》引用“《方言》曰：凡饴谓之饧，自关而东，陈楚宋卫之间通语也。”

字典是对思想成果的一种学术性的记录，关于饮食的词语的收录反映了当时饮食思想的水平。中国饮食思想是一个发展进步的过程，从东汉到清代，从《说文解字》到段玉裁《说文解字注》，是一个不断丰富的历程。《段注》发明了《说文解字》的解释，补充了新的资料、新的说法，并且说明了新的变化，用清代的眼光重新审视东汉时期的思想记录，是语言学的新成果，又将新的思想用字典的形式固定下来，是对后来者的启迪。

第五节　文艺作品中的饮食思想

一、《老残游记》的饮食思想

《老残游记》的作者刘鹗(1857—1909),原名梦鹏,又名孟鹏。出身于封建官僚家庭,从小得名师传授学业,学识博杂,精于考古,并在算学、医道、治河等方面均有出类拔萃的成就。他所著的《老残游记》备受世人赞誉,是十大古典白话长篇小说之一,又与《官场现形记》《二十年目睹之怪现象》《孽海花》并称中国四大讽刺小说,通过游方郎中老残四处行医的所见所闻,以揭露社会阴暗面和种种弊端,涉及当时社会生活的各个层面。晚清山东人的吃,齐鲁饮食文化,其独有的味道,独特的食品结构,从官僚到平民的饮食嗜好,都在本书中得到很好的揭示。

书中记述"黄龙子"的一段话,从吃饭说开去,颇有哲理。他说道:"可知太痛快了不是好事:吃得痛快,伤食;饮得痛快,病酒。今者,不管天理,不畏国法,不近人情,放肆做去,这种痛快,不有人灾,必有鬼祸,能得长久吗?"这段话既是说饮食不可放纵,不能只顾痛快,也是说人生,由饮食而扩展到人生,做人不能只顾自己的痛快而放肆做去,那样的话必然招致灾祸。

中国自古以来号称"食礼之国",强调"礼始诸饮食",礼仪的实质是通过饮食活动来编织社会秩序,来规范人们的行为准则。中国人特别强调人际关系,强调面子,而这些很大程度上是靠饮食的各个环节实现的。小说《老残游记》的记述也反映礼仪,因此成为窥探社会关系、社会交往的途径,它的文学性描写反映了清代齐鲁地区官僚缙绅的食礼。比如"送酒席"的礼仪。小说第四回中记载了一则老残住在客店里,山东抚台特意派遣官员送来一桌酒席的详情。原来,老残去抚院见巡抚张宫保时谈得很投机,张宫保未能留老残吃饭,心存歉意,就打发武巡捕送去一个三屉的长方抬盒。老残揭开盒盖后只见顶屉是碟子小碗,第二屉是燕窝鱼翅等大碗,三屉里有一只小猪、一只鸭子,还有两碟点心。抚台是明清时地方军政大员之一,巡视各地的军政、民政大臣,以"巡行天下,抚军按民"而名。

本书所记"送酒席"的礼仪是当地人与抚台进行人际交往的一项活动,是迎来送往的应酬,这一礼仪是当地官员为了表示对客人的重视和礼貌,但是并不请在官府,也不在私宅,也不设在饭店,而是直接将酒席送到客人下榻的客舍。另外,地方官员并不曾前来,只是遣派个人送到客舍。可见这一礼仪表达的是尊重,但是却是有分寸的,既给了客人面子,又给自己留有余地。

"送酒席"本身就是一种表达敬意的方式,所表达敬意也可以有层次,比如官员亲自前来,比如官员遣派个人来,这里就有层次的区别。至于官员遣派何人前来送酒席,就有了伸缩的余地,这个差遣人的身份地位的不同,就可以于细致之处显示主人的态度。《老残游记》第四回中就提到送酒席来的人的身份很重要，从店主人的眼光看来，就是抚台对老残十分看重。店主人说道:“刚才来的，我听说是武巡捕赫大老爷，他是个参将呢。这二年里，住在俺店里的客，抚台也常有送酒席来的，都不过是寻常酒席，差个戈什来就算了。像这样尊重，俺这里是头一回呢!”参将已经是中高级军官了，况且有武巡捕这个实职，那当然是个重要人物了。通过这个细节描写，说明老残身份还是十分重要的，连店主人都明显的看得出来。以至于老残开玩笑说自己要拿这酒席顶店钱时，店主人忙说:“我很不怕，自有人来替你开发。”岂不是将世事人情、世态炎凉一句话说得清清楚楚了吗?

有人说《老残游记》早已成为济南的精美名片，确为实情，就说这饭店茶楼就描述得不少。上面说的抚台送给老残的酒席就是知名饭店北柱楼里的菜品。老残经过抚台衙门(今珍珠泉)西边的一条小胡同时，被抚院内文案高绍殷请去为他的小妾看扁桃腺炎。经过几天诊治，病人基本康复。高绍殷欢喜得一塌糊涂，就在“北柱楼”饭庄设宴答谢老残。这里引出当时的另一个礼仪，就是“请陪客”，邀请人作陪，“邀请文案上同事作陪”。请陪客者一来为表示对老残的敬重;二来也是巩固与同事的友好关系;三来也是为了多一点话题，不至于冷场。

《老残游记》写山东事，人物风情中自然免不了渗透孔子、孟子的影响。中国文化受孔孟影响最大，甚至延伸到饮食。“孔府家宴”就独自成系列，有自家独创的菜系，有自家独酿的好酒。书中记述老残在齐河县城(当年隶属济南府)南门客店所见识的一次酒席，就将孔子家宴介绍出来。初春时节，老残从曹州经东昌(现聊城)回省城。来到齐河黄河渡口时，正好遇到凌汛，只好住店等候，碰巧和新交不久的朋友、抚院采购委员黄应图相遇。黄应图立刻把老残请到自己的客房，摆上“一品锅”和刚炖好的口蘑肥鸡。何谓“一品锅”? 一品锅源于孔府，是由皇帝赐名的一款孔府名菜。孔子后裔封“衍圣公”，当朝一品的官阶，餐具又是乾隆皇帝亲赐的，所以有“一品锅”的称名。锅里放着鸡鸭鱼肉，与山珍海味共同煮制而成。黄应图问:“这一品锅里的对象都有徽号，你知道不知道?”老残回答不知。黄委员用筷子指着说:“这叫‘怒发冲冠’的鱼翅，这叫‘百折不回’的海参，这叫‘年高有德’的鸡，这叫‘酒色过度’的鸭子，这叫‘恃强拒捕’的肘子，这叫‘臣心如水’的汤。”既然与孔府有关，孔子是大圣人，菜品必然有学问、有名堂，所以就按照各味菜的品相予以命名，就有了生动的比喻。鱼翅有昂扬向上的品相，故而称“怒发冲冠”;海参柔软不会折断，故而称“百折不回”;鸡可能有点老，故而调侃说“年高有德”;鸭子想是用酒腌制的，故而风趣的称“酒色过度”;肘子想必有点生硬，使人想象到恃强好胜，故而称“恃强拒捕”;很明显，汤是清汤，一无所有，故而称“臣心如水”。这也是文人的游戏，借着饮食发散对文化的发掘而已。

二、《红楼梦》的饮食思想

《红楼梦》用三分之一的篇幅描写饮食，饮食是书中人物生活的主要内容，饮食也是场景，也是陪衬，但又是突出人物个性的道具。林语堂在《饮食》一文中写到:“任何人翻开《红楼梦》或者中国的其他小说,将会震惊于书中反复出现、详细描述的那些美味佳肴,比如黛玉的早餐和宝玉的夜点。”《红楼梦》着力铺陈渲染饮食活动,从中表达审美思想、食礼思想以及以食疗疾养生思想,这是贾府的三大重要饮食思想,也是明清时期社会的三大重要饮食思想。

其实《红楼梦》就是一场贾家的宴席,其场面之繁华,其规模之盛大,其食品之精致,其出席人物之层次之高,其与时代变迁关涉之密切,其无与伦比的美丽,都是前无古人的。但是,这是一场即将谢幕的宴会,是最后的晚餐,所以其中蕴含作者无比怅惘、痛心、凄凉,以及无可奈何,是对逝去的无可挽回的挽歌,是深邃观察之后的痛定思痛,是先知先觉者的痛楚。贾府是世代簪缨,贾家是皇亲国戚,与当今的皇帝有着亲缘的联系,贾家的覆灭,预示着清朝的危机,《红楼梦》是一部精细的封建社会历史,是封建社会的百科全书,是一部政治教科书。

书中丫环小红说的“千里搭长棚,没有不散的筵席”,可以看做是对一切繁华过后的透视,对必然颓败的无可挽回所表达的伤感,这是一种冷酷的比喻,全书以宴席作比,描述一场封建社会的盛宴即将落幕,预示着宁荣二府在抄家以后的荒凉。大观园等房已被空置荒废,谁能想起以前这床上放满“笏”。笏版是京城的大官才能用的东西。用玉、象牙或竹片制成,用以记事,上朝议事时的提示板。《红楼梦》第一回里有这样的话:“陋室空堂,当年笏满床。衰草枯杨,曾为歌舞场。蛛丝儿结满雕梁,绿纱今又在蓬窗上。”这本是甄士隐解读《好了歌》的词语,《好了歌》同样的经典:“世人都晓神仙好,惟有功名忘不了!古今将相在何方?荒冢一堆草没了!世人都晓神仙好,只有金银忘不了!终朝只恨聚无多,及到多时眼闭了。世人都晓神仙好,只有娇妻忘不了!君生日日说恩情,君死又随人去了。世人都晓神仙好,只有儿孙忘不了!痴心父母古来多,孝顺儿孙谁见了?”竟将那一般世事的道理说得明明白白、透透彻彻,关节点还是那“功名”“将相”同样的要消失得无影无踪呢!

这场宴会的主角,第四回《葫芦僧乱判葫芦案》在讲说护官符的时候点得清清楚楚,就是那四大家族:“贾不假,白玉为堂金作马;阿房宫,三百里,住不下金陵一个史;东海缺少白玉床,龙王来请金陵王;丰年好大雪(薛),珍珠如土金如铁。”第五回的十二曲好不瘆人:“家富人宁,终有个家亡人散各奔腾。枉费了,意悬悬半世心;好一似,荡悠悠三更梦。忽喇喇似大厦倾,昏惨惨似灯将尽。呀!一场欢喜忽悲辛,叹人世终难定!”其“收尾·飞鸟各投林”的调子低沉,有似丧歌一般了:“为官的,家业凋零。富贵的,金银散尽。有恩的,死里逃生。无情的,分明报应。欠命的,命已还。欠泪的,泪已尽。冤冤相报实非轻。分离聚合皆前定。欲知命短问前生。老来富贵也真侥幸。看破的,遁入空门。痴迷的,枉送了性命。好一似食尽鸟投林,落了片白茫茫大地真干净!”第七十五回,贾府已经渐现末世的光景,连贾母也说“如今比不得在先辐辏的时光了”。

有人统计《红楼梦》中“酒”字用了584次,可《红楼梦》的酒特别,酒也可以帮助谈兴,第二回:“(冷)子兴道:‘正也罢,邪也罢,只顾算别人家的账,你也吃杯酒才好。'雨村道:'只顾说话,就多吃了几杯。'子兴笑道:'说着别人家的闲话,正好下酒,即多吃几杯何妨。'"

红楼梦的饮食文化是一个大课题,研究者众多,发掘甚深,成果丰硕。据江南大学饮食文化专业研究员金兰2009年硕士论文《红楼梦饮食研究》归纳,学术界对《红楼梦》中饮食文化研究主要集中在三个方面,分别是:《红楼梦》饮食文化综合研究、《红楼梦》饮食文化个例研究以及《红楼梦》饮食文化现代开发研究。

(1)《红楼梦》饮食文化综合研究。陶文台1981年在《红楼梦学刊》上发表的《〈红楼梦〉中的肴馔浅识》是较早研究《红楼梦》中饮食的文章。此外,比较有代表性的有刘桓、李夕聪的《论〈红楼梦〉中的饮食文化》,朱希祥的《〈红楼梦〉中的饮食文化》(上、中、下),吴斧平的《精美和谐典雅——论〈红楼梦〉的饮食文化特征》,以及孔润常的《〈红楼梦〉与中国传统饮食文化》等。1989年,蒋荣荣等人编著的《红楼梦美食大观》问世,系统地梳理了《红楼梦》中的食品、饮食活动、餐具、饮食活动中的娱乐项目等。由华岳文艺出版社1988年出版的《红楼梦饮食谱》一书不仅重于考据,而且更重要的是依据清代早中期的食谱结合现代烹饪方法,详细地列出配料以及制作方法。此书在中国大陆一直未受到重视,但在台湾却大受欢迎。进入新世纪以后,苏衍丽的《红楼美食》与陈诏的《红楼梦的饮食文化》是比较具有特色的两本红楼饮食文化专著。苏衍丽的研究视角有别于传统的红学研究视角,她不从作者、版本或食品制作角度切入,而是结合风俗、养生、娱乐,用非学术的眼光评价欣赏红楼美食。陈诏的《红楼梦的饮食文化》由台湾商务印书馆出版,把《红楼梦》各章回点点滴滴的饮食描写相对集中归纳,列出饮料、茶食点心、粥、各色菜肴等20多个专题,从文化的视角,提出自己对红楼饮食文化的一些重要见解。陈诏对饮食文化有独特的研究,出过一系列关于饮食的论著。

(2)《红楼梦》饮食文化个例研究。以《红楼梦》中某一类饮食为研究内容的论文非常多,其中关于茶、酒的论文尤为丰富。虽然20世纪80年代前也有不少涉及《红楼梦》茶酒文化的论文,但是大量出现则是在80年代后。《红楼梦》中的茶文化研究,如王威廉的《〈红楼梦〉茶品疏释》、桂遇秋的《〈红楼梦〉中的茶文化》、胡晓明的《宝鼎茶闲烟尚绿——〈红楼梦〉的茶文化氛围》、周润洁的《〈红楼梦〉中的茶文化》、胡付照的《〈红楼梦〉中的名茶好水及茶具考辨》等等,这类论文主要谈及《红楼梦》中出现的茶品、产地、茶水、茶具以及饮茶氛围等等,展现出《红楼梦》中浓烈的茶文化氛围。《红楼梦》中的酒文化研究,比较有代表性的有:张崇文的《试论〈红楼梦〉中的酒文化》,主要论述了《红楼梦》是如何通过飞盏流觞的描写表现人物性格、社会习俗、人情世态以及封建大家庭内部纠葛、荣枯兴衰的。陈家生的《〈红楼梦〉中饮酒描写的艺术效应》,主要分析了《红楼梦》中饮酒描写对作品故事情节发展、人物形象刻画、人际关系展示的作用。而姜南的《浅析〈红楼梦〉中的酒令》则详细地评述了饮酒活动中的娱乐活动。以《红楼梦》中其他某种具体食品为研究对象的论文也数量众多,但篇幅均不长,多从古今营养学角度切入，涉及其食疗营养价值、出现时间考证、制作方法等。

(3)《红楼梦》饮食的现代开发研究。学术界发表了一系列开发红楼梦中宴席的论文，朱家华《红楼宴浅识》论说红楼宴与淮扬菜系的渊源、扬州对红楼菜的开发及其在国内外的影响。潘宝华《完善红楼宴的思考》对红楼宴的研制开发提出自己的观点。同时，北京等地已经开发具有地方特色的红楼宴。

河北教育出版社 2004 年出版的《红楼风俗谭》考求红楼中饮食，其作者邓云乡生于老北京，一生留意京华故事、风俗旧闻，详征博引，溯本求源。叙岁时，记年事，说礼仪，无不涉猎饮食。

《红楼梦》中的茶文化描写有特殊意义。

在《红楼梦》中，一切交际和应酬场合，茶都是必不可少的款待物。茶又是"雅"和"贵"的表现物。在第四十一回中，贾母带了刘姥姥到栊翠庵来。妙玉相迎进去。妙玉笑往里让，贾母道："我们才都吃了酒肉，你这里头有菩萨，冲了罪过。我们这里坐坐，把你的好茶拿来，我们吃一杯就去了。"宝玉留神看他是怎么行事；只见妙玉亲自捧了一个海棠花式雕漆填金"云龙献寿"的小茶盘，里面放一个成窑五彩小盖盅，捧与贾母。贾母道："我不吃六安茶。"妙玉笑说："知道。这是'老君眉'。"贾母接了，又问："是什么水？"妙玉道："是旧年蠲的雨水。"贾母便吃了半盏，笑着递与刘姥姥，说："你尝尝这个茶。"刘姥姥便一口吃尽，笑道："好是好，就是淡些，再熬浓些更好了。"贾母众人都笑起来。然后众人都是一色的官窑脱胎填白盖碗。

贾母走后，单独招待宝钗、黛玉吃茶，宝玉悄悄的随后跟了来。自向风炉上煽滚了水，另泡了一壶茶。这是三个女子私下自便时吃茶，气氛自然轻松许多。宝玉便轻轻走进来，笑道："你们吃体己茶呢！"二人都笑道："你又赶了来撤茶吃！这里并没你吃的。"借助于茶，说明这三个人平时的关系也很密切。刚要去取杯，只见道婆收了上面茶盏来，忙命："将那成窑的茶杯别收了，搁在外头去罢。"宝玉会意，知为刘姥姥吃了，他嫌脏不要了。又见另拿出两只杯来，一个旁边有一耳，杯上镌着"𤫩瓟斝"三个隶字，后有一行小真字，是"晋王恺珍玩"；又有"宋元丰五年四月眉山苏轼见于秘府"一行小字。斟了一斝递与宝钗。那一只形似钵而小，也有三个垂珠篆字，镌着"点犀䀉"。斟了一盉与黛玉，仍将前番自己常日吃茶的那只绿玉斗来斟与宝玉。宝玉笑道："常言'世法平等'：他两个就用那样古玩奇珍，我就是个俗器了？"妙玉道："这是俗器？不是我说狂话，只怕你家里未必找得出这么一个俗器来呢！"宝玉笑道："俗语说：'随乡入乡'，到了你这里，自然把这金珠玉宝一概贬为俗器了。"听如此说，十分欢喜，遂又寻出一只九曲十环一百二十节蟠虬整雕竹根的一个大盏出来，笑道："就剩了这一个，你可吃的了这一海？"宝玉喜的忙道："吃的了。"妙玉笑道："你虽吃的了，也没这些茶糟蹋。岂不闻一杯为品，二杯即是解渴的蠢物，三杯便是饮驴了。你吃这一海，更成什么？"说的宝钗、黛玉、宝玉都笑了。执壶，只向海内斟了约有一杯。宝玉细细吃了，果觉轻淳无比，赏赞不绝。正色道："你这遭吃茶，是托他两个的福，独你来了，我是不能给你吃的。”宝玉笑道：“我深知道，我也不领你的情，只谢他二人便了。”听了，方说：“这话明白。”

以上说的是茶具，贾母享用的是海棠花式雕漆填金“云龙献寿”的小茶盘，里面放一个成窑五彩小盖钟，喝的是“老君眉”，是用旧年蠲的雨水泡制的。众人用的都是一色官窑脱胎填白盖碗，这些只是妙玉接待进不得庵的外客的用具。

第六节　清代的中外饮食思想交流

清代的中外饮食思想交流提升到一个新的高度，内容之丰富、涉及之广泛都是空前的。挂一漏万，本节仅从《清稗类钞·饮食类》所记内容看中外饮食思想交流的情况，观察清代的思想家如何从政治学的角度研究中国的饮食思想。

一、《清稗类钞》

《清稗类钞》是清末民初徐珂编撰的一部类书。类书者，辑录各种书中材料，按门类、字韵等编排以备查检的资料性书籍。本书参仿《宋稗类钞》的体例，汇辑野史和当时新闻报刊中关于有清一代的朝野遗闻，以及社会经济、学术、文化的事迹，时间上自顺治下至宣统，其间有上溯至清太祖爱新觉罗·努尔哈赤在即汗位后的天命年间、清太宗皇太极期间的事迹。本书分门别类，按事情的性质、年代先后，以事类从，共有 92 类 13000 余条，记载较为完备。

其中，时令类记述节日风俗，许多条目自然涉及节日饮食，比如：除夕元旦之风景、黄陂之岁暮新年、宫廷新年玩具、立春日打春、立春日之春色、庚子西安行宫之立春、元旦立春、元旦上元曲宴宗室、祭堂子、上元廷臣宴、康熙两上元盛典、二月朔之太阳糕等条目即与饮食有关。

可贵的是《清稗类钞》专门设立饮食类，下面分列的条目有：饮料食品、饮食之所、食物之所忌、各处食性之不同（食品之有专嗜者，食性不同，由于习尚也。兹举其尤，则北人嗜葱蒜，滇、黔、湘、蜀人嗜辛辣品，粤人嗜淡食，苏人嗜糖。即以浙江言之，宁波嗜腥味，皆海鲜。绍兴嗜有恶臭之物，必俟其霉烂发酵而后食也）、日食之次数（每日吃饭的顿数，各地、各民族不同），另外还有对名人的饮食、皇帝饮食的记载，等等。

二、我国与欧美日本饮食之比较

本书从国体、政体，如何使国家振兴的高度讨论饮食文化。

《清稗类钞》“饮食类”专门列“我国欧美日本饮食之比较”一节，在比较之后指出欧美的饮食不失原味，而我国的别具一味：“欧美各国及日本各种饮食品，虽经制造，皆不失其本味。我国反是，配合离奇，千变万化，一肴登筵，别具一味，几使食者不能辨其原质之为何品，盖单纯与复杂之别也。博物家言我国各事与欧美各国及日本相较，无突过之者。有之，其肴馔乎？见于食单者八百余种。合欧美各国计之，仅三百余，日本较多，亦仅五百有奇。”

《清稗类钞》十分关切中外饮食的不同，已经完全睁开眼看世界，特别介绍西方人如何看待中国饮食。“西人论我国饮食”谓：“西人尝谓世界之饮食，大别之有三。一我国，二日本，三欧洲。我国食品宜于口，以有味可辨也。日本食品宜于目，以陈设时有色可观也。欧洲食品宜于鼻，以烹饪时有香可闻也。其意殆以吾国羹汤肴馔之精，为世界第一欤？”

编者并没有囿于外国人的评价，并没有自得自满，真的以为我国就是第一，他看到了危机，看到了中国与西方国家实力的明显差距，他承认中国整体的落后，他认为中国与西方的差距与饮食有直接的关系。“饮食”类“饮食之研究”一节，专门讨论中西饮食的区别与国民素质的关系问题。作者的观点分为三层：其一，“饮食一事，实有关于民生国计”；其二，“饮食丰美之国民，可执世界之牛耳”；其三，中国人的饮食不如欧美人，必须有所改变，多吃肉类，而有待改变的有十七点。其具体论述是：“饮食为人生之必要，东方人常食五谷，西方人常食肉类。食五谷者，其身体必逊于食肉类之人。食荤者，必强于茹素之人。美洲某医士云，饮食丰美之国民，可执世界之牛耳。不然，其国衰败，或至灭亡。盖饮食丰美者，体必强壮，精神因之以健，出而任事，无论为国家，为社会，莫不能达完美之目的。饮食一事，实有关于民生国计故也。”

本书对于我国如何强盛问题的思考是：“吾国人苟能与欧美人同一食品，自不患无强盛之一日。”把中国的是否强盛和中国人是否有强健的饮食联系起来，如何达到“同一食品”也就是多吃肉？“至饮食问题之待研究者，凡十七端。一、人体之构造。二、食物之分类。三、食品之功用。四、热力之发展。五、食物之配置。六、婴孩与儿童之饮食。七、成人之饮食。八、老年之饮食。九、食物不足与偏胜之弊。十、饮食品混合与单纯之利弊。十一、素食之利弊。十二、减食主义与废止朝食之得失。十三、洗齿刷牙之法。十四、三膳之多寡。十五、细嚼缓咽之必要。十六、饮食法之改良。十七、牛乳与肉食之检查。”这十七个方面包括许多中国历来的饮食思想家不曾讨论过的问题，比如人体构造，涉及解剖学，中国的医学从来没有解剖的概念；比如食物的分类，是指现代意义上的分类；比如分类研究不同年龄人群的饮食，就是新的课题；比如刷牙，卫生习惯的讨论对于中国人说来也是很新鲜的。

《清稗类钞》“饮食类”专门列“饮食之卫生”，有了现代意义的营养学的概念，提出研究“人身所需之滋养料”，这应当是受西方的影响而有的新的概念：“人情多偏于贪，世之贪口腹而致病，甚有因之致死者，比比皆是，第习而不察耳。当珍馐在前，则努力加餐，不问其肠胃胜任与否，而惟快一时之食欲，此大忌也。人本恃食以生，乃竟以生殉食，可不悲哉！人身所需之滋养料，亦甚有限，如其量以予之，斯为适当。若过多，徒积滞于肠胃之间，必至腐蚀而后已。故食宜有一定限制，适可而止者，天然之限制也。顺乎天，即顺乎道矣。”下文提到的蛋白质、脂肪等等概念也是中国原来所没有的：“鱼鸟兽等肉，中多含滋养料，其成分大都为蛋白质与脂肪，若烹调之法不同，消化亦有难易之别。其中以焙烧为最，蒸煮次之。至牛豚及鱼等肉，每含寄生虫之卵，故最不宜生食。”

三、新的视野

《清稗类钞》提出的许多观念属于饮食心理学、饮食社会学，这些在传统的饮食学中都是很少讨论的。比如：“于饮食而讲卫生，宜研究食时之方法，凡遇愤怒或忧郁时，皆不宜食，食之不能消化，易于成病，此人人所当切戒者也。”是讲心理问题。比如“食时宜与家人或相契之友，同案而食，笑语温和，随意谈话，言者发舒其意旨，听者舒畅其胸襟，中心喜悦，消化力自能增加，最合卫生之旨。试思人当谈论快适时，饮食增加，有出于不自觉者。当愤怒或愁苦时，肴馔当前，不食自饱。其中之理，可以深长思焉。”是讨论饮食的社会学意义。

此书又能从传入的西医的神经系统的角度上讨论饮食的问题，比如：“饮酒能兴奋神经，常饮则受害匪浅，以其能妨害食物之消化与吸收，而渐发胃、肠、心、肾等病，且能使神经迟钝也，故以少饮为宜。茶类为茶、咖啡、可可等。此等饮料，少用之可以兴奋神经，使忘疲劳，多则有害心脏之作用。入夜饮之，易致不眠。”

本书“食物消化时刻之比较”一节指出“食物入腹，消化之时刻各有不同”，对不同食物的消化时间有了科学的时间概念，这是在化学研究的基础上才能提出来的，当然也是中国传统饮食思想家所不曾研究过的。比如：“一、米饭须一小时。二、鱼须一小时三十分。三、苹果须一小时三十分。四、野兽须一小时三十五分。五、生蛋须二小时。六、煮熟大麦及蚕豆须二小时。七、牛乳须二小时十五分。八、火鸡须二小时三十分。九、鸡须二小时三十分。十、牛须三小时。十一、熟蛋须三小时。十二、鸡面须三小时。十三、马铃薯须三小时。十四、胡萝卜须三小时三十分。十五、面包须三小时三十分。十六、蛤须三小时三十分。十七、燕菁须三小时三十分。十八、生玉蜀黍及蚕豆须三小时三十五分。十九、腌鱼须三小时。二十、腌牛须四小时十五分。二十一、甘薯须四小时二十分。二十二、猪须四小时三十分。”

四、西餐

本书编者提倡学习西餐，取其长以补中餐之不足。

对于西方人饮食时的每人一餐具，编者则表现出欣赏的态度，认为这样卫生得多。“每人每”条：“欧美各国及日本之会食也，不论常餐盛宴，一切食品，人各一器。我国则大众杂坐，置食品于案之中央，争以箸就而攫之，夹涎入馔，不洁已甚。惟广州之盛筵，间有客各肴馔一器者，俗呼之曰每人每，价甚昂。然以昭示敬礼之意，非为讲求卫生而设也。”

书中“醵资会饮”一条介绍西方人如何凑钱聚饮：“醵资会饮之法有四”：平均分配者；有一人担负稍重者；何叶之姓名与何叶之银数相合，即依数出银，无违言……俗谓之曰撇兰；即世俗所称车轮会，又曰抬石头者是也。

《清稗类钞》“西餐”一条详细描述传入中国的“西餐，一曰大餐，一曰番菜，一曰大菜”。餐具与中国的不同:“席具刀、叉、瓢三事,不设箸。”传入过程:“光绪朝,都会商埠已有之。至宣统时,尤为盛行。”对于座位设置记载十分详尽:“席之陈设,男女主人必坐于席之两端,客坐两旁,以最近女主人之右手者为最上,最近女主人左手者次之,最近男主人右手者又次之,最近男主人左手者又次之,其在两旁之中间者则更次之。若仅有一主人,则最近主人之右手者为首座,最近主人之左手者为二座,自右而出,为三座、五座、七座、九座,自左而出,为四座、六座、八座、十座,其与主人相对居中者为末座。”

对于上菜的顺序及礼仪,及与中国的不同也有说明:“既入席,先进汤。及进酒,主人执杯起立(西俗先致颂词,而后主客碰杯起饮,我国颇少),客亦起执杯,相让而饮。于是继进肴,三肴、四肴、五肴、六肴均可,终之以点心或米饭,点心与饭亦或同用。”

对吃西餐时刀和叉的使用方法也有记述:“饮食之时,左手按盆,右手取匙。用刀者,须以右手切之,以左手执叉,叉而食之。事毕,匙仰向于盆之右面,刀在右向内放,叉在右,俯向盆右。欲加牛油或糖酱于面包,可以刀取之。一品毕,以瓢或刀或叉置于盘,役人即知其此品食毕,可进他品,即取已用之瓢刀叉而易以洁者。”

记述西餐进餐时的规矩,与中国的不同,尤其是有妇女入席,在中国古代的宴席上,是没有妇女的地位的:“食时,勿使餐具相触作响,勿咀嚼有声,勿剔牙。进点后,可饮咖啡,食果物,吸烟(有妇女在席则不可。我国普通西餐之宴会,女主人之入席者百不一觏),并取席上所设之巾,揩拭手指、唇、面,向主人鞠躬致谢。”

又介绍西餐的食品,比如“面包”,及其制作方法:“面包,欧美人普通之食品也,有白黑两种。白面包以小麦粉为之,黑面包以燕麦粉为之。其制法,入水于麦粉,加酵母,使之发酵,置于炉,热之,待其膨胀,则松如海绵。较之米饭,滋养料为富,黑者尤多。较之面饭,亦易于消化。国人亦能自制之。且有终年餐之而不粒食者,如张菊生、朱志侯是也。”再比如“圣餐”:“基督教徒所行之教礼也。其意谓面包为耶稣基督之肉所化,葡萄酒为其血所化,故谓面包曰圣肉,谓葡萄酒曰圣血。我国之基督教徒皆食之。”再如“布丁”:“布丁为欧美人食品,以面粉和百果、鸡蛋、油糖,蒸而食之,略如吾国之糕。近颇有以之为点心者。”

五、西餐传入后的变化

此书介绍传入中国的西餐已经有所变化,作者的评价并不高:“今繁盛商埠皆有西餐之肆,然其烹饪之法,不中不西,徒为外人扩充食物原料之贩路而已。”又记述最早传入的情况,以及在上海的西餐店情况:“我国之设肆售西餐者,始于上海福州路之一品香,其价每人大餐一元,坐茶七角,小食五角,外加堂彩、烟酒之费。当时人鲜过问,其后渐有趋之者,于是有海天春、一家春、江南春、万长春、吉祥春等继起,且分室设座焉。”

《清稗类钞》记述中国人对西餐的改造,于“改良宴会之食品”一条中介绍无锡朱胡彬夏女士的具体改造工作:“朱胡彬夏女士以尝游学于美,习西餐,知我国宴会之肴馔过多,有妨卫生,且不清洁而糜金钱也,乃自出心裁,别创一例,以与戚友会食,视便餐为丰,而较之普遍宴会则俭。酒为越酿,俗称绍兴酒者是也。入座时,由主人为客各斟一杯,嗜饮者各置一小壶于前。”又详细介绍其所备之菜肴几十种。

“饮食类”又介绍西方传入的汽水,中国人叫“荷兰水”。为什么起这样一个名字?“荷兰水,即汽水,以碳酸气及酒石酸或枸橼酸加糖及他种果汁制成者,如柠檬水之类皆是。吾国初称西洋货品多曰荷兰,故沿称荷兰水,实非荷兰人所创,亦非产于荷兰也。”又介绍说:“今国人能自制之,且有设肆专售以供过客之取饮者,入夏而有,初秋犹然。”

《清稗类钞》介绍蒙古饮食,如“奶子酒”:“奶子酒,以牛马乳所造之酒也,蒙古诸部皆有之。”再如“三投酒”:“三投酒者,即蒙古之波尔打拉酥也。初投者,谓之阿尔占。再投者,谓之廓尔占。三投者,谓之波尔打拉酥。其法以羊胎和高粱造之。”介绍蒙古人吃鱼时不许说话的习惯,“蒙人食鱼不语”:“蒙古人呼熟鱼曰冲里郭卢,其意盖为哑口菜。因其有刺,易伤喉,相戒临食不语,故名。”

“饮食类”介绍蒋竹庄废止朝食(早上一顿饭)的道理时,引进了西医的说法,这说明西医已经广泛地被接受,西医传入之后改变了中国人的饮食习惯。这一条介绍说蒋竹庄素来主张节食,坚持废止朝食主义而实行之者。他所持理由有五点。其中第一点:“经一夜睡眠晨起,即有一种黏液被覆于胃之内面,此时若进食物,则食物之表面必为此黏液所包被。而既经包被之食物,胃液不易浸入,于是阻碍消化,生活力遂至空费。”即此一条便可以知道,他所依据的是西方医学,而不是中国传统医学,中国传统医学没有消化机理的科学研究,而引入的西医理论被作为根据应用于饮食科学。

第七节　古今图书集成

一、古今图书集成

《古今图书集成》原名《古今图书汇编》,是清康熙时期由福建侯官人陈梦雷所编辑的大型类书。《古今图书集成》中的“经济汇编”有《食货典》,是中国古代饮食文化资料的汇总,此典之下分列有户口、田制、赋役、货币、饮食、布帛等,又专门有“食货典(食谓农殖嘉谷可食之物;货谓布帛可衣,及金刀贝所以分财布利通有无者也。二者,生民之本)”。全书分门别类,可以当做索引使用,勾稽资料。

《古今图书集成》共有一万卷,另目录40卷,分历象、方舆、明论、博物、理学、经济等六“汇编”。每编再分若干“典”,共32典,每典又分若干“部”,共6117部,每部酌情收录汇考、总论、图、表、列传、艺文、选句、纪事、杂录、外编等项。初版本分装576函，有5020大册(含目录20册)，50多万页，共1.7亿字，1万余幅图片，引用书目达6000多种，是现存最大部的类书(因《永乐大典》大多已毁)。

陈梦雷在《松鹤山房集》卷二"进汇编启"提到："凡在六合之内，巨细毕举，其在十三经，二十一史者，只字不遗。其在稗史子集者，亦只删一二。"清代重臣张廷玉评价说："自有书契以来，以一书贯串古今，包罗万有，未有如我朝《古今图书集成》者。"

二、经济汇编

本书与饮食关系最为密切的是第6编——经济汇编。

所谓"经济"，此处取法古义，指经世济民，治理国家，涉及经济基础及上层建筑诸方面。其中有食货典，指食物与财货，涉及国家经济命脉以及个人生活用品。

"食货典"包括户口、农桑、赋役、漕运、盐法、平准、饮食、米、酒、茶、油、糖、布、帛、皮革、珠、玉、金、银等部。

"食货典"的"饮食部"，下有汇考一，选有《礼记》，介绍《曲礼》《礼运》《礼器》《郊特牲》《内则》等。又有《仪礼》。再下有汇考二，介绍《周礼》等。所引用的每一句话之下，都有注释。选有《仪礼》，下有《聘礼》《释名》引《释饮食》，有饮食类名词的解释，又引《齐民要术》，有"作酱食"的内容。

三、饮食书目

"饮食部"的汇考三，详细介绍饮食文献，如唐代韦巨源《食谱》，谢枫《食经》《酉阳杂俎》，宋虞悰《湿珍录》，郑望《膳夫录》《司膳内人玉食批》，黄庭坚《食时五观》《吴氏中馈录》，陈叟达《蔬食谱》《山家清供》《市肆记》《云林遗事》《遵生八笺》，共13部饮食著作。

《饮食部》还有"艺文"部分。《汉书》首列"艺文志"，创立目录一部，为后世保留了许多书目。《古今图书集成》特列"艺文"一部，不仅罗列名目，而且留存文章。这些文章都是从文集、史书等摘录出来，节省后人拣选之劳，尤其难得的是那些会被疏忽的文章杂语也尽皆收入，实在有益后人。"艺文一"首列"商铭"，录取《国语》所录的铭文，末一篇为苏轼《节饮食说》。"艺文二"首列宋孝武帝《四时诗》，末录明代沈明臣《武陵庄》。"艺文"之后还有"饮食部选句"，选取有关饮食的诗歌；"饮食部记事"，从史书中选取有关饮食的名人轶事。

《饮食部》还有《杂录》，选取《周易》《诗经》《山海经》等典籍中有关饮食的只言片语，也有不少故事杂谈。《饮食部》还有《外编》，大概是编外的意思，收录《山海经》《酒谱》《神仙传》《幽明录》等典籍中的有关记载。《食货典》中的米、酒、茶、油、糖各部都与饮食紧密相关。比如《米部》，有《米部汇考》《米部艺文》《米部选句》《米部记事》《米部杂录》《米部外编》，其分类列目相同于《饮食部》。其下又有《糠部》，《糠部》之下又有《饭部》。再之下是《粥部》《糕部》《饼部》《粽部》《粉面部》《糗饵部》。《食货典》与《米部》相并列的是《酒部》，直到糖部，其分列项目同于《米部》，同样的有汇考、艺文等内容。

四、其他

此外，与经济汇编同一层次的第四类《博物汇编》，也值得注意。博物，此指各种技艺、方术、宗教、动物、植物。其中的艺术典之艺术，取其广义，指各行技艺。其中农、渔、牧、猎、医、庖宰等部与饮食有关。

综上可知，《古今图书集成》是饮食文化资料的渊薮，它对于饮食思想的研究意义重大，首先是从来还没有人这样详细地收列饮食方面的资料，收集资料之丰富是前无古人的，包括了人们可能疏失的文献，当然还有一些人们不容易找到的文献资料，几乎检索了可能的范围。第二，将资料分门别类，有利于按类索求，是饮食文化研究资料的索引。第三，附列的外编等内容，可以扩展视野，如文学类资料，是饮食的形象化表述，扩展了人们的想象，也丰富了人物形象。

五、清代其他饮食文献

清代乾隆年间，编纂大型丛书《四库全书》时，四库馆臣曾从《永乐大典》中辑佚出大量古籍，其中就有一些饮食典籍及相关典籍，如子部谱录类辑宋熊蕃《宣和北苑贡茶录》一卷附赵汝砺《北苑别录》一卷，“存目”辑无名氏《天厨聚珍妙馔集》一卷；农家类辑元代司农司编写《农桑辑要》七卷、元鲁明善《农桑衣食撮要》二卷、王桢《农书》二十二卷；医家类辑宋王衮《博济方》五卷；史部地理类辑唐刘恂《岭表录异》等。

此外，清代还有两部大型的辑佚丛书：马国翰的《玉函山房辑佚书》、王仁俊的《玉函山房辑佚书续编三种》。在这两部大型的辑佚丛书中也辑佚了部分饮食典籍及相关典籍。例如王仁俊《玉函山房辑佚书续编三种》“续编”子编，“农家类”据《齐民要术》辑后汉崔寔《四民月令》一卷，“医家类”辑魏吴普等述《神农本草》一卷；“经籍佚文”，辑北魏贾思勰《齐民要术》佚文一卷、元鲁明善撰《农桑衣食撮要》佚文一卷、三国沈莹《临海异物志》佚文一卷、晋张华《博物志》佚文一卷、唐刘恂《岭表录异》佚文一卷、《南方草木状》佚文一卷；另外，“续编”子编“五行类”、“经籍佚文”所辑《九州岛记》、晋习凿齿《襄阳记》、刘宋郭仲产《湘州记》、范成大《桂海虞衡志》《南越志》《西吴枝乘》这类风土记的零星佚文中也不乏如饮食习俗、饮食谣谚等饮食内容。

第八章 民国时期

民国时期是中国近代史上的一个重要时期，民国时期的饮食思想在继承了中国传统饮食思想的同时，吸收和融合了西方饮食思想，是中国饮食史上的又一次重大突破。

大陆历史学者所习惯称说的民国时期是从1912年至1949年的前后37年，大致经历了中华民国南京临时政府（1912）、北洋军阀政府（北京政府1912—1928）、南京国民政府（1927—1949）三个阶段。在这一历史阶段中，中国社会处于剧烈的动荡时期，动荡不安的时局，对人们社会生活的方方面面都产生了巨大的影响。

1911年辛亥革命成功，清朝灭亡，国民政府上台，遂进入了军阀割据、连年混战的时期。先是孙中山就任临时大总统，宣布中华民国成立，接着又是袁世凯窃权称帝，北洋军阀段祺瑞组成政府，政局错综。孙中山组织北伐战争，再有直奉战争。战争不断，政治不稳定，这一时期政府的首要任务是应对各种各样的战争。政府无心也无力顾及民食，再加上灾害和土地兼并，民食危机更为严重。

北洋时期是中国历史上最为混乱复杂的历史时期之一。期间，各路军阀“你方唱罢我登场”，风云人物龙争虎斗、层出不穷，演就一幕幕精彩绝伦的征伐攻讦大戏。

民国时期是我国近代史上文化碰撞、社会变迁最为激烈的时期，在文化观念因素、社会政治因素以及饮食行业本身等因素的影响下，中国饮食文化在这一时期发生了多方面的变化。

这一时期中国饮食文化从整体上看，最突出的表现是西方殖民者的大量涌入，带来了西方的饮食原料和饮食理念。中西方饮食文化的交流和融合，推动了中国食品行业的发展，将中国饮食文化推向了前所未有的高度，成为中国饮食文化史上承前继后的重要历史时期。

中国人开始认真反省，传统文化的深刻反思，应当说是资产阶级民主思想发生以后，尤其是近代西风东渐和民族先驱“睁眼看世界”以后。正是这种中西文化交流，确切些说应当是19世纪—20世纪以来的，西方文化对中国传统文化的冲击，不仅给了我们新的方法，也给了我们新的力量、新的生机。很显然，中国饮食思想的研究，一方面要跳出传统的文学之士余暇笔墨的模式，另一方面更要用近代科学来武装研究者的头脑。而这两者在封闭的传统文化空间中是难以办到的。中华民族饮食文化的科学研究，如同历史文化其他专项研究的开展一样，基本上是20世纪以来的事情。

给民族饮食文化以科学认识，并明确指出其为“文化”，当首推伟大的中国革命先行者孙中山先生。这位哲人在他的《建国方略》《三民主义》等文献中，曾对祖国饮食文化做了很精辟的论述。他指出：“是烹调之术本于文明而生，非孕乎文明之种族，则辨味不精；辨味不精，则烹调之术不妙。中国烹调之妙，亦只是表明进化之深也。”孙先生认为，作为饮食文化重要组成部分的烹调技艺的发展与整个饮食文化水平的提高，同整个民族的经济、文化的发展紧密相连，并且是社会进化的结果，是文明程度的重要标志。他从中西文化比较的角度，论述了中国饮食文化的特点和优点。

孙中山之后，诸如蔡元培、林语堂、郭沫若等文化名人，也都一致看重饮食思想。汪德耀在《回忆蔡元培先生关于我国烹饪的评价》中载：“烹饪是属于文化范畴，饮食是一种文明，可以说是‘饮食文化’……烹饪既是一门科学，又是一门艺术……要看一个时代、一个民族的生活文明，从饮食观察，多少总可以看出一些的。”特别值得提出的是林语堂先生。林语堂(1895—1967)，我国现代著名的文学家之一，在中西文化比较研究和沟通中西文化方面，可以说是独树一帜、卓有贡献的。他1936年赴美任教前和长期居留美国期间撰写了许多旨在向欧美介绍中国饮食思想的文章，如《中国养生术》《我们怎样吃》等。

第一节　中外饮食思想的交流

辛亥革命的炮声，敲响了封建王朝的丧钟，中国饮食思想也在炮声中迈进了它的繁富时期。和前几个时期相比，这一时期的时间最短，但饮食思想的发展是最快的。这一方面应归功于世界科学技术的飞速发展；另一方面是中国自觉不自觉的对外开放。在这双重作用下，中国饮食思想的内容发生了天翻地覆的变化。

20世纪初，随着西方教会、使团、银行、商行的涌入，洋蛋糕、洋饮料、奶油、牛排、面包等西菜西点也进入了中国，并对中国饮食文化产生了很大的影响。中国厨师吸收西餐的某些技法，由仿制外国菜进而创制“中式西菜”或“西式中菜”。这一时期中国饮食思想开始在世界范围内产生影响，是传播中国传统文化的先声。

一、民国时期饮食思想的特点

1. 中外饮食思想的融合

在民国时期，由于战乱频繁发生，大量西方殖民者进入中国，中国半殖民地化进一步加深。在各色的西方人涌居中国的同时，也带来了西方的物质文明、精神风尚和风俗礼仪。西式饮食的传入便是其中之一。由于西餐的原料、烹饪方法、调味均与中餐相异甚远，西餐传入中国后，人们吸收西菜烹制的精华而创造出符合中国人口味的西式中菜。不但丰富和发展了中国人的饮食品种，同时也对中国传统饮食文化产生了深远的影响。具体表现有两个方面：一是由西餐引发的中国人饮食结构的变化；二是大量西式餐馆的兴起。

(1) 饮食结构的变化

在饮食结构上，西餐一改中国传统的以粮食为主食，蔬菜、肉类为副食的饮食结构，取而代之的是以肉类为主食的饮食结构。这种与传统不同的饮食方式，引起了人们的猎奇心理和尝鲜心理，因此在民国时期，西餐成为上流社会和青年人追捧的“时尚”。同时，跟随西餐进入中国的还有各式各样的糖果、饼干、罐头、面包、蛋糕等等西式餐点，到20世纪30年代中期，西式点心已出现在大城市街头的柜台里。因其甘香可口，清洁卫生，体积不大，既便收藏又易携带，且极适合于旅行食用或馈赠亲友，因此极受欢迎。西式餐点在中国食品市场的畅销，一方面丰富了中国的饮食市场食品种类；另一方面，刺激了中国传统饮食业的发展。在这一时期，中国传统饮食业受到西方的影响，融合了西餐的特点并进行发展创新，出现了“中式西菜”和“西式中菜”。同时，中国传统的食礼文化也在西餐的影响下逐渐淡化，中国传统的筵席制度一是讲大，二是讲礼，中国人进餐礼多，经常要主人先动筷子，主人经常夹菜给客人吃。西方饮食文化传入后，在席面布置、菜肴品种、数量搭配、上席次序、食用方式上都具有中西结合的特点。整个筵席上，菜肴、点心、水果合起来不过十五六种。

(2) 西式餐馆的兴起

西餐是西方人根据自己传统饮食习俗而形成的与东方饮食习俗风格迥异的饮食方法。随着其渐入东方，其本身蕴含的食品加工技术、科学营养、卫生、膳食合理的饮食方式等对当时开始注重科学的国人来说无疑是简便而科学的。而且西洋饭店一向以洁净著称，且有情调，除悠扬不尽之西乐以助兴外，绝无嚣杂喧哗之声，灯光、炉火皆得适度，西餐厅不仅有优良的进食环境，而且还具有浪漫高雅的就餐氛围。西餐经营的高额回报率也驱使更多的人经营西餐。上海当时的各色菜馆中，西式的饭菜、洋酒、蛋糕等价格都要高于其他中式食品的价格，因而经营西餐较中餐有利可图。

1914年的北京，较出名的西菜馆已经有4家，到1920年发展为12家。在上海，20年代就有几家大型西式饭店，如礼查饭店、汇中饭店、大华饭店都向客人提供各式西式膳食，坐落于外滩的汇中饭店，是当时最早、最豪华的饭店。30年代，国际饭店、都成饭店、上海大厦等大饭店相继开业。到30年代末，上海已有英、美、法、德、日、意、俄等西式菜馆近100家。到40年代末，已经约有1000家西菜馆遍布全市。当时的西式餐厅，一方面是环境布置典雅，富有浓厚的异国情调；另一方面这些西菜馆厨师技艺较高、口味纯正、厨房设备先进，能制作出各式西菜。当时民国政府很多重大活动都安排在上海各大饭店举行，这样，就进一步扩大了西菜在中国的影响。在饮食方面，上层社会饮食豪侈，除传统的山珍海味、满汉全席外，请吃西餐大菜已成为买办、商人与洋人、客商交往应酬的手段。西菜及西式糖、烟、酒都大量充斥民国市场，并为很多人所嗜食。在重庆，"民国光复，罐头之品，番食之味，五方来会，烦费日增"。在上海，"遇有佳客，尤非大菜花酒，不足以示诚敬"，各城市西式饮食店纷纷开设，天津一地就有番菜馆11家。

2. 茶饮文化的繁荣与变革

民国时期的茶饮文化，继承了中国人爱好饮茶和饮酒的传统。但是由于物质条件有限和受政治气候的影响，这一时期的茶馆生意繁荣的程度有限，尤其到了30年代前期，由于上海城市成为东方第一大都市的进程无可阻挡，西洋的咖啡店、西点店越来越普及，加上上海城市生活节奏的加快，终日泡茶馆的闲人越来越少，中国茶馆的生意一落千丈。上海在民国初年还有很有名的广式茶馆，也因生意清淡，经营不下去，不得不自动歇业。只有一些低档次的茶馆还在支撑。这些小茶馆有一定的老茶客，大多属于工友和掮客，他们人数众多，每天定时定点，必去茶馆吃茶，所以叫"吃包茶"。

民国时期，一般百姓饮用的还是本地产的白酒。酒的种类并不比清末更多，可是喝酒时的滋味却多了。周作人说过这样一句话："这个年头儿，喝酒倒是很有意思的。"这代表了一部分人的心声，不让人说话就不说话，大家去酒馆喝酒，可城镇的酒馆和茶馆里，到处张贴着"莫谈国事"字样的标语。在封建专制独裁下生活的知识分子，失去了言论自由和思想自由的权利，苦闷压抑的心情无处倾诉，更多的知识分子就采取了逃离现实、洁身自好的做法，用杯中物来麻醉自己，借酒浇愁。

随着中国社会从封建专制向民主自由转型、人们对西方进步的向往和崇拜，西洋的生活方式也成了人们追逐的一个目标。大家都知道孙中山爱喝白兰地，也喜欢喝咖啡，但他在南京临时政府担任大总统的时间太短，前后只有一两个月，南京酒楼、茶楼的老板们还未抓住这一迎合新派人物胃口的商机，潮流即转向中华民国的另一首都——北京。南京的西洋饮料生意顿时就萧条起来，洋风再次光临北京上空。大街上，身穿制服、穿西装皮鞋的"洋"学生多了起来。吃的是洋面，喝的是洋酒，还有喝咖啡的。于是，西式饮料市场应运而生。西式饮料市场的繁荣，冲击了中国传统的茶饮文化，引起了中国茶饮市场的重要变革。

二、民国时期饮食思想形成的原因

1. 中西饮食思想的碰撞

中国近代文化的演变、更新、形成、发展是一个曲折复杂的过程，并且一直伴随着中国传统文化与西方近代文化的冲撞、冲突、反馈、交融。中国传统的饮食思想也正是在这一背景下，开展了与西方饮食思想的碰撞与融合。民国时期，由于政府实行了更为开放的对外政策，从外国来华的人员日益增多，因而外国人对西式菜肴的需求量也日益增大。随着二三十年代欧风美雨、西学东渐之风日盛，一批思想观念较开放的知识界人士，怀着对西式饮食的极大兴趣，由好奇进而到欣赏接受，纷纷走进西式菜馆。同时，上西餐厅吃西菜也很快被一些政界、商界人士作为炫耀或者摆阔的方式，请客聚会都崇尚吃西菜或按西式筵席的程序、规格来改革中餐，更加扩大了西餐在中国的影响。

2. 科学饮食观念的建立

“五四”运动以后，西方科学观念逐渐深入人心，并直接促成了中国新的科学饮食体系的建立，主要表现在以下几个方面：第一，打破了中国饮食业的旧有格局，确立了新的饮食体系，中西饮食的交相辉映。第二，丰富了中国饮食品种，完善了中国饮食结构。第三，改进了传统的饮食方式和进餐习惯。第四，简化、改良了中国传统的宴客习惯。第五，西菜理念的传入，使国人开始注重营养，认识到了科学饮食的重要性。第六，促进了中国饮食工业的发展，激发了中国资本家投资设厂从事生产的热情。

3. 战争对饮食的影响

在中华民国存在的37年中，战乱几乎从未间断过，中华大地弥漫在战火硝烟之中。北洋军阀统治期间，大小战争不下百次；1929—1930年间，又先后进行了蒋桂战争、蒋冯战争以及蒋阎冯的中原大战，其中仅中原大战就投入110万兵力。在军阀混战以后，抗日战争、人民解放战争在内的各种战争从未停息，战火纷飞，大片土地失耕，人民颠沛流离。

战争需要的是军人，在饮食菜肴方面，随着军队开到哪里，吃惯了家乡口味的菜肴也就被带到了哪里。在北伐战争时期，四川官兵不少，他们习惯于家乡口味。军队开到上海，于是，上海也开始有了麻辣的川菜。1924年9月，第二次直奉战争爆发。东北军杀进关内，从天津、直隶（今河北）、山东、安徽、江苏一直打到上海。那时，大帅府的名厨济济一堂，有东北的、天津的、北京的、直隶的、山东的、安徽的、淮扬的、上海的，阵容强大，能烧出南北美味佳肴400多种。战争，一方面带来了饮食文化的交融，但另一方面也同时带来了灾难。1937年“七七”事变以后，山东省成为日本帝国主义的侵占区。在农村，他们强占土地，征调劳工，对抗日根据地实行惨绝人寰的“三光”政策。据不完全统计，山东地区小麦等11种作物的耕种面积1941年比战前减少16%，小麦、玉米、水稻、棉花、烟草等作物均减产50%以上，农业生产遭到极大破坏。抗日战争期间，中国农业进一步受到日本帝国主义侵略的严重损害，到1949年时，全国粮食的产量比1936年降低24.6%。

4. 人口迁移对饮食的影响

自1840年鸦片战争以后，上海初开埠时，人口不足50万，到上海解放前夕已达500万左右，在这100多年中，人口增长幅度较大的有两次：一是在1927年北伐战争后，上海辖区扩大，人口总数达150余万，到1939年突破200万；二是在抗战胜利后，人口时有波动，1940年仅有147余万人，抗战胜利后，难民回迁，1945年增加到330万，到1948年底已达520余万人。

造成人口迁移的另一原因是民国时期外侨蜂拥而入，造就了西式饮食最直接的消费群体。1917年俄国"十月革命"后，大批俄国贵族、官僚、军官、地主、资本家外逃，流亡各国。俄国与中国接壤，他们取道中亚细亚进入新疆或取道西伯利亚进入黑龙江，除留在迪化(今乌鲁木齐)、哈尔滨等城市外，大量涌入我国的上海、天津等地。30年代希特勒法西斯对犹太民族进行了惨无人道的迫害，使得来自奥地利、捷克、匈牙利、波兰、立陶宛、爱沙尼亚的大批犹太难民也先后从日本辗转来到中国。根据上海公共租界1930年10月的统计，当时公共租界外国侨民就有3.6万人来自世界50个国家。仅在1937年一年间就有6000多名犹太难民陆续到达上海，到1942年外国侨民已多达15万人。

5. 饮食行业的直接影响因素

由于工业技术的进步，以及战争对食品的需求，民国时期的食品工业得到迅速发展，并对饮食文化产生了深远的影响，饮食行业发生剧烈的变化。

民国时期的食品加工业，已慢慢走出了中国式的、传统的、以家庭为单位的、作坊式的手工业生产；代而兴起的是，食品加工业的分工越来越细，加工手段越来越机械化，生产规模越来越集团化，出现了一批具有近代化加工能力的食品加工工厂。这些新兴的食品加工工厂的特点就是引进了西方先进的生产工艺，在各个食品门类中都有。如在粮食加工行业中，就引进了先进的碾米机；在饼干加工工业中，就使用了混合机、碾片机、印饼机等；在成品罐头行业中的罐头机等等。这些机器的出现又促进了食品加工工业的专业化。正是由于食品加工业的迅猛发展，使食品生产迈入了专业化、正规化、规模化的轨道。

民国时期是中国饮食文化史上的一个重要时期，这一时期，无论在饮食结构、饮食特点还是饮食方式都较之前代有着明显的不同。中国几千年的传统饮食文化，在与西方饮食文化的碰撞和融合中，达到一个新的高度。这一点在整个中国饮食史上也具有重要意义。虽然民国时期人们在对待西餐的态度上，是怀着好奇、尝鲜和追逐时尚的心理喜爱西餐，并不是真正的喜爱其口味，但是这已为中西方饮食文化的交流打开了一扇门。一方面，西餐进入到中国，并在随后近百年的发展中，被越来越多的人接受和喜爱。另一方面，民国年间，通过外交、贸易、宗教、军事、文化等渠道，出国的人更多了。这些人中约有1/3的人以经营小型的家庭式中餐为生，使中餐大规模地进入国际市场。孙中山先生曾经说："我中国近代文明进化，事事皆落人之后，惟饮食一道之进步，至今尚为各国所不及。"中华文明到了近代，被西方文明冲击得七零八落，有识之士莫不诊脉问疾；然而中国餐馆则大异其趣，居然能够登陆欧美，遍布全球，所向披靡，至今世界上几乎每一个角落都有中餐馆。中餐走出国门后，一部分保持原有的风貌，主要食客为华侨和留学生；一部分受原料限制和当地食俗影响，利用当地廉价的农产品，用中国独有的烹饪技术和中国的调味品，使菜肴色香味形俱全，令西方人大为惊叹，实际上这里饮食文化的展现，是中国的烹饪技术与国外的饮食原料相互利用的结果，变成"中西合璧"的菜品。

第二节　民食研究①

一、民食研究的意义

"民食"指保障民众维持生命的粮食生产和供给，具体是指粮食的供应是否可以保证民众最低温饱的需求。"民食"是饮食的基础，因此粮食的生产和供应一直是世界，同时也是中国古代饮食思想研究的主要内容和关节点。

民食是社会能否稳定的基石，是中国历代社会所关注的焦点，民食不足也是中国社会长期存在的问题，因而民食不断引起人们的关注和忧虑。统治者不断地在发问：民众的粮食充足吗？《汉书》卷四，汉文帝下诏曰："间者数年比不登又有水旱疾疫之灾，朕甚忧之。愚而不明，未达其咎。意者朕之政有所失而行有过与？乃天道有不顺，地利或不得，人事多失和，鬼神废不享与？何以至此？将百官之奉养或废，无用之事或多与？何其民食之寡乏也！"《后汉书》卷四帝纪四下诏表达了"恐民食不足"的忧虑：二月戊戌，诏有司"省减内外厩及凉州诸苑马""自京师离宫果园上林广成囿悉以假贫民，恣得采捕，不收其税"。丁未，诏曰："去年秋麦入少，恐民食不足。"

粮食作为一种人类生存最基本的必需品，一直具有无可比拟的社会政治意义。一个国家的粮食问题是关系国计民生的头等大事。农业是国民经济发展的基础，粮食是基础的基础，因此粮食生产是关系到一个国家生存与发展的一个永恒的主题。在中国，从"深挖洞、广积粮"的施政纲领到"以粮为纲"的发展战略，无不显示历代政治家对粮食问题的极度重视。古时的中国，粮食税收曾是国家的主要财政来源；即使在现代，粮食依然被看作是积累国家建设资金的重要渠道，甚至诸多国家将粮食的丰歉作为国家治理好坏的重要评判指标。古代的警世训语"民以食为天""仓廪实而知礼节"也折射出中国政治哲学的智慧。粮食问是"天""仓廪"，对于农民来说，其重要性更是不言而喻：中国的绝大部分农民依然处于一种自给自足的小农生产状态，粮食生产是他们的主要生产经营活动，是他们的主要食物来源，也是他们的重要收入来源。对于绝大多数农民来说，尤其是对那些不甚发达的广大内陆地区的农民来说，粮食生产仍然是他们的安身立命之本。

---

① 本节参考了周全霞博士论文《清代康雍乾时期的民食安全研究》，2009 年。

二、民食研究的成果

民国时期的民食研究有了新的出色的成果。

郎擎霄的《中国历代民食政策》(1932)、《中国民食史》(1934),吴敬恒、蔡元培、王云五的《中国民食史》,闻亦博的《中国粮政史》(1936)等,都做了民食研究的可贵的开拓。20世纪30年代末至40年代初,金受申在《立言画刊》"北京通"专栏上发表了大量北京饮食风情的短文,均属北京民食文化掌故之作。后又由北京市政协文史资料研究委员会、东城区政协文史资料征集委员会编辑,于1989年由北京出版社出版。但进入40年代末直至70年代中叶前,在中国大陆上几乎是民食文化研究的一片空白。

关于中国的民食政策史,民国时的研究者尚不多。1934年,商务印书馆出版了冯柳堂的《中国历代民食政策史》,1998年又再版。这是第一部对中国民食政策进行研究的著作,具有发轫开创之功。分为上下两卷,共30章,19万字。上卷为上古迄明,下卷为清朝。本书撰写于1933年。作者对中国古代民食政策进行了系统的研究。本书旨在揭示"重农足食,遂为历代施政之纲要"。作者层层推证,说明民食政策产生之重要。首先从国家的基础分析,指出农业是国家的基础,"国用所资,私人所需,亦莫不取给予农"。同时从中国历来的社会组织分析,农村、农民同样是最主要社会基本构成:"农村组织,农民经济,乃为我国基本之组织,亦为唯一之生命线也。"而这一生命线的根基在于粮食生产的丰歉:"但农村社会之安定,系于农民经济之荣枯,而农民经济之荣枯,则又系于农产物收获之丰歉。"因为农业收成有丰歉之别,常常受到自然界之支配,因而有了民食政策的产生:"均输平准之税,常平仓储之制,所由兴也。"

冯柳堂解释自己为什么会写这样一部书,他说,其一,中国古代一直有着丰富的民食政策,而当时的学者则往往:"言谷物原始,则盛道西方。常平制度,侈陈东瀛。数典忘祖,心窃耻之。"另一方面,作者多年从事社会救济工作,"尝以服务关系,亦曾两置粮荒,身当调节之冲。虽得苟且于一时,终觉处置有所未慊。"因而对中国历代民食政策予以总结,"以求参证"。全书对于民食政策的研讨按照时代的顺序进行,并且贯彻厚今薄古的宗旨,将清代作为全书阐述的重点。本书征引资料十分丰富,以仓储政策为主。本书虽有筚路蓝缕之功,然而究属草创,其不足是,资料性超过理论性,分析不够;各代之政策的连贯与承接发展的脉络揭示不够,对于中国古代民食政策总体的把握不够。

1934年,商务印书馆出版的郎擎霄《中国民食史》是对中国古代民食政策进行研究的又一部力作。本书"首阐民食问题之理论,次述中国历代民食政策及各国民食政策,末复提出今后民食解决方案;盖欲以科学之方法,为有系统之研究也"。此书原为《中国民食政策》一书的第五编,单独抽出印刷,共分五章:第一章,谷物溯源;第二章,历代粮食政策:土地政策、农民保护政策、垦荒政策、水利政策;第三章,历代粮食流通政策:移民就粟,均输,禁止输出,禁止闭籴,历代漕运;第四章,历代粮食调剂政策:仓制之沿革、平籴制度;第五章,历代粮食消费节约政策。郎擎霄曾有《孟子学案》《上海民食问题》《中国荒政史》《中国保甲制度史》几部学术著作出版，在此基础上的中国民食政策的研究，因而有自己的特点。

此前，1931年曾有陆精治《中国民食论》由上海启智书局出版，此书以新的观点陈述粮食增产之政策、粮食之统计、粮食之管理、粮食之营养、新粮食之研究，盖为当时之决策者提供依据。其特点，正如胡汉民序言所概括："民食为近今重要问题之一，世界各国，靡不重视；唯祇有解决一时之政策方案，而未尝以科学之方法，为整个系统之研究，收效甚微，盖无待言。陆君此作，能本民生主义之精义，藉科学之成规，为谨严之论著，愿力之宏，令人警服，而文笔条畅，推论缜密，尤其馀事也。……本书以科学之进步，直予解决此问题之锁钥，此视马尔萨斯派固大进，视克鲁泡特金诸贤仅以社会的理想为答案者，亦切实而又有据也。"又如黄霖生序言所说，本书作者基于推翻马尔萨斯人口论的观点，"出其多年在国外研究所得，及实地之经验，乃成此巨著""主张增加人口以解决民食"，计算出"我国今后五十年内人口与粮食之消长及需给上之详细数字""新粮食之研究与创见"是其独具只眼之处。

上海书店1937年出版的邓云特（拓）《中国救荒史》是一部关于救荒史的力作。本书绪言从"何谓救荒史"开篇："救荒史亦称荒政史，又可名治荒政策史。其意义与范围，从表面观之，似极明白易晓，然考其实际，则殊难确定。盖前此学者，既无一致之用语，亦从未有系统之申述，故其概念至今犹模糊不清。是以吾人于此开宗明义之第一页，仍不得不设问曰：何谓救荒史？欲解答此问题，首当说明'救荒'一语之含义，而于'荒'之一辞，尤须先加以肯定之解释。"接着说明本书内容："救荒史者，乃历代人对自然控制关系发展之具体事实，及防止、挽救因此等关系破裂所生之灾害之一切思想与政策之历史也。故救荒史之范围，非仅限于历代灾荒之实况与救治理论及政策等之叙述，并须及于历代社会经济结构形态与性质之演变及其对于灾荒关系之说明。换言之，救荒史非仅为叙述一般事实之历史，且应为一社会病态史及社会病源学史。其任务即在于揭发历史上各阶段灾荒之一般性及特殊性，分析其具体原因，藉以探求社会学之治疗原则与途径。"关于本书的价值与意义，作者也有揭示："关于救荒史之内容，问题尚多，犹有待乎商榷。然其在史学中之地位与重要性，今日已逐渐为人所认识。盖救荒既为人类控制自然之活动，故救荒事业发展之程度，实足为人类文化进步之指标也。"

《中国救荒史》一书分为三编：第一编历代灾荒史实之分析。第二编历代救荒思想之发展，其中又分为消极之救济论和积极之预防论。第三编历代救荒政策之实施。书后附录《中国历代救荒大事年表》，非常详密地记载了各次灾荒的简要情况。这是作者在20世纪30年代研究中国经济史的副产品，是在收集经济史资料过程中将遍布史书的灾荒与救荒内容分类整理而成，时间跨及数千年，内容涉及救荒思想、制度和措施，为研究中国救济史提供了极为难得的资料。第一次全面准确地探讨了中国历史上自远古以迄于民国历代灾荒的实况及其演变趋势和特征，同时分析了灾荒的自然、社会成因及其相互关系，并从人口流移和死亡、农民起义、民族之间的战争、经济衰落等方面，就灾荒对社会的实际影响做了较具体的论述。对相应历史时期的灾荒救治思想进行科学的归类，系统而清晰地揭示出中国数千年救荒思想的全貌和发展脉络。第一次全面完整地论述了中国救荒史的状况。从社会救济的角度进行研究的论著不少。除历史学者从历史的角度关注弱势群体外，不少社会学者从现实的角度来研究社会弱者，如柯象峰、言心哲、费孝通、林耀华、高迈、乔明顺等。

柯象峰所著《社会救济》一书分为上下两篇。上篇着重考察中国传统社会救济及各国社会救济事业，下篇分门别类地对社会救济做了粗线条的论述。该书引用了国外的许多研究成果，不过，受战争影响，资料不足。柯象峰的另一部书《中国贫穷问题》，正中书局民国二十四年(1935)出版，对民国贫穷人口的数量、规模及致贫原因进行了较深入的研究。内容分3编，共12章。本书介绍中国社会贫穷的实况，分析产生贫穷的原因，并探讨防止贫穷的途径。言心哲作为一名著名社会学者，注重社会调查，他的专著《农村社会学概论》，系统地研究了民国农村的各种问题(特别是对农村生活程度和农村社会病态)，研究颇深，论述相当。乔明顺曾在金陵大学农学院讲授"农村社会经济学"，后将讲义印行出版，名为《中国农村社会经济学》。作者对治理农村衰弱不振，提出了治标、治本之策。费孝通的《江村经济》是社会学的经典之作，他对乡土社会观察细致，分析鞭辟入里。高迈的《户外救济的纵横观》和《我国户内救济之过去与今后》两文对社会救济两种形式做了较为详尽的研究。张金陔《北平粥厂之研究》一文探讨了民国北平粥厂渊源、分布、运作情况。侯厚培的《失业救济问题》一文对民国失业原因、种类、影响、救济方式进行了探讨。

已经有专门论述民国时期社会救济的专著出版。如蔡勤禹博士的专题性论著《国家、社会与弱势群体——民国时期的社会救济(1927—1949)》一书，作为"社会史丛书"之一，由天津人民出版社2003年1月出版。赵泉民在《历史语境中的"社会关怀"——读〈国家、社会与弱势群体——民国时期的社会救济(1927—1949)〉》一文中说，这本著作以丰殷的史料为依托，在客观总结前期研究成果的基础上进一步深化理论，拓展视野，更新方法，分专章论述了传统社会的社会救济思想及措施；现代社会的救济思想、行政体制演变、立法与设施；国民政府的社会救济(包括灾民、难民、城镇失业、不幸妇女、安老恤残与救济特殊儿童等)；民间社会的互助共济；最后在此基础之上对民国社会救济的影响、特点进行了反思，并总结出经验教训，以鉴示未来。通览全书，至少有三大特点令人瞩目：一、思想性分析与实证性研究的有机契合；二、多向度的立体研究；三、历史性与现实性的统一。

龚书铎主编的《中国社会通史》是目前国内第一部社会通史，该书分代撰写，晚清和民国各占一卷。李文海等人合著的《中国近代十大灾荒》，是作者研究灾荒系列成果之一，史料丰富，是研究灾民救济的重要参考资料。

港台地区社会救济研究，梁其姿主要研究明清江南的慈善事业，发表多篇论文，并出版《施善与教化：明清的慈善组织》一书。宋光宇的《民国初年中国宗教团体的社会慈善事业——以世界红十字会为例》，是作者研究民间宗教的成果之一。

国外研究情况：法国人魏丕信著有《中国荒政史》。日本有一些学者研究中国社会救济，如夫马进、小滨正子等，主要研究同善会和慈善事业。他们多从士绅角度来进行探讨。莫里斯·弗里德曼的《中国东南的宗族组织》、杜赞奇的《文化、权力与国家——1900—1942年的华北农村》、费正清和赖肖尔合著的《中国：传统与变革》、黄宗智的《华北小农经济与社会变迁》及《长江三角洲小农家庭与乡村发展》等著作，对社会救济问题略有涉及。

第三节　酒文化交流

一、中国名酒享誉巴拿马国际博览会

在第一届巴拿马博览会上中国名酒获得国际声望。

1914年，巴拿马运河建成并首航成功。为了庆祝这条黄金水道开通，美国议会通过了筹备巴拿马万国博览会的提案，并定于1915年在美国加利福尼亚州旧金山举办。美国政府正式邀请中国参展巴拿马万国博览会。中国工商界在全国范围内组织产品参展。中国工商界赴美参展首开中国主动参加国际商品竞争的先河，其中，酒类是重要的参展品种。

巴拿马万国博览会于1915年2月20日开幕，一天就接待参观者达21.6万人，而到中国馆参观者竟达8万人。酒，是博览会展出的一大品类，各国美酒荟萃，佳酿云集，可谓世界美酒“群英会”，其会刊《万国博览会快讯》以及《旧金山报》都将中国出展情况和中国名酒介绍见诸报端，并评价道：中国名酒装潢典雅，风味独特，又以冰晶而显其长，受到诸国青睐。

根据1916年11月出版的官方杂志《中国实业杂志》中《巴拿马赛会华人作品得奖揭晓》的记载，博览会酒类产品评奖设5个层次，即大奖、荣誉奖、金奖、银奖、铜奖。在博览会上，中国酒类产品获得4个大奖、2个荣誉奖、14个金奖、18个银奖、2个铜奖，总计40项。得奖的省份有直隶省（高粱酒）、河南省（高粱酒）、山西省（高粱汾酒）、山东张裕酿酒公司各种酒、上海、浙江、江苏，而以江苏得奖的数量最多。

大奖4个分别是：直隶省选送的高粱酒即衡水老白干的前身、河南省选送的高粱酒、山西省选送的高粱汾酒山西汾酒（1916年，汾酒在巴拿马万国商品赛会上荣获一等优胜金质奖章）、山东张裕酿酒公司选送的葡萄酒张裕葡萄酒。

1915年，茅台在巴拿马万国商品赛会上荣获金质奖章，五粮液获金奖，景芝

白干以别于“茅台”等名酒的风韵，以“甘洌纯净，绵软醇厚”，尤以独有的芝麻香风味飘香海外，获金奖。

二、绍兴酒开始走向世界

自清末至民初时期，绍兴酒声誉便远播中外，1910 年在南京举办的南洋劝业会上，谦豫萃、沈永和酿制的绍兴酒便获得金牌奖；1915 年在美国旧金山举办的万国博览会上，绍兴云集信记酒坊的绍兴酒荣获金牌奖；1929 年在杭州举办的西湖博览会上，沈永和酒坊的绍兴酒再夺一金；1936 年的浙赣特产展览会上，绍兴酒获金牌奖。

三、酒文化的西风东渐

鸦片战争后，中国开始步入半殖民地半封建社会，中国社会开始了“数千年未有之变局”，中国近代化开始了艰难的历程。同时西方的生产方式、生活方式、价值取向、文化消费等也一并涌入中国，这一时期开始进入中国的西方生活方式的有赛马、西餐、西式点心、西式饮料、音乐会等。特别是西方的饮食习俗开始在一些沿海通商城市出现，尤其是西餐馆的开设，更成为近代中国城市的一道独特的风景线。如 1876 年葛元煦游历上海，就看到在上海虹口一带设有西餐馆，不光西人进入，而且“华人间亦往食焉”。而在北京、天津这些大城市，西餐馆越来越多，而且名声也很大，诸如“品升楼”“德义楼”等，虽然是中国名字，但专门从事“英法大菜”，“请得巧手外国厨房精调西菜”。像北京西餐馆的档次非常高，有“六国饭店、德昌饭店、长安饭店，皆西式大餐矣”。这些西餐馆不全为外国人消费，中国人也有消费者；不仅平时有人去消费，而且在节日期间有不少人光顾。西方节日期间的生活消费品像面包、糖果、饼干、蛋糕、布丁、罐头等食品和洋酒，也在中国上市。

辛亥革命后由于中西交流的不断扩大，西方民俗对近代节日饮食民俗的影响日渐明显。节日期间，亲朋好友的宴会上洋酒已成为款待宾客的饮品；在一些大城市里，节日期间吃西餐也已经非常普遍，有些上层人士和市民在节日期间走出家门到洋人开办的西餐厅吃西餐，领略异国情调。海昌太憨生在《淞滨竹枝词》中写道：“番菜争推一品香，西洋风味睹先尝。刀叉耀眼盆盘洁，我爱香槟酒一觞。”

1. 葡萄酒产业的兴起

我国葡萄酒虽然已有 2000 多年的漫长历史，但葡萄和葡萄酒生产始终为农村副业，产量不大，未受到足够重视，直到 1892 年华侨张弼士在烟台栽培葡萄并建立了张裕葡萄酿酒公司，我国才出现了第一个近代新型葡萄酒生产企业。经历了魏、晋、南北朝时期葡萄酒业的发展与葡萄酒文化的兴起，以及唐太宗和盛唐时期灿烂的葡萄酒文化，元世祖时期至元朝末期葡萄酒业和葡萄酒文化的繁荣，清末民国初期葡萄酒业发展的转折，则是葡萄酒工厂化生产的始端。从此葡萄酒文化进入更加兴盛阶段。

1892 年张裕葡萄酒公司创建，我国开始用“手榴弹式”玻璃瓶装酒，以张裕葡萄酿酒公司为首开始按洋酒式样包装。

1921年10月10日山西酒厂建立，其最初的建厂目的是想振兴民族工业，生产葡萄酒代替舶来品。1921年10月，在持续几千年葡萄与葡萄酒生产的著名产区山西清徐，由山西人张治平建立了新记益华酿酒公司，成为当时全国仅有的几家用机械设备大规模生产葡萄酒的酒厂之一。建厂之初曾购进法国设备并建有地窖，容器均为当地李氏作坊自制的瓷坛。产品有炼白酒、高红酒、白兰地、葡萄纯汁、葡萄烧酒等。

2. 啤酒产业的兴建与啤酒文化的兴起

啤酒产业的兴起与酿酒技术的引进与交流。

3200多年前，我们的祖先已经用麦子发芽酿酒了。古籍上称为"醴"，是一种甜酒，类似于今天的啤酒。真正意义上的啤酒被引进我国是近代的事。外国侵略者喝不惯中国白酒，开始进口啤酒，后来设厂生产。1900年，沙俄在哈尔滨建立我国第一个啤酒厂。1903年，英德合营创办青岛英德啤酒公司（青岛啤酒厂前身）。至1949年，英、德、美、日等国先后在上海、天津、沈阳等地建立了啤酒厂。中国人则在北京、烟台、广州等地建立了自己的啤酒厂。1915年，在北京创办的双合盛五星啤酒汽水厂（现北京五星啤酒厂）为中国人创办的第二家啤酒厂。虽然我国啤酒工业资金、技术设备都不及外商，但敢于竞争。特别是山东烟台啤酒厂（原名醴泉啤酒公司），在上海与外商竞争，打开了市场，成为近代商业史上的佳话。

20世纪30年代，英国人创办"友啤啤酒厂""恰和啤酒厂"，法国人创办"国民啤酒厂"。他们花了大量资金，做广告，搞推销，垄断了上海市场。此时，山东烟台一批民族资本家投资20万元人民币创办了一家啤酒厂，决心打开上海市场。他们在上海各大报纸刊登广告："某月某日烟台啤酒厂免费供应啤酒，可喝一整天，赠毛巾一条，另喝最多者为冠军，奖大银鼎一座，亚季军各获小银鼎一座。"广告刊登后引起强烈反响。预定之日，人山人海。结果，喝15瓶者获冠军，两个喝12瓶者分获亚季军。这一天，用去啤酒2400瓶，从而使烟台啤酒家喻户晓。接着，烟台啤酒厂又在半淞园公园藏下本厂啤酒一瓶，寻到者得啤酒20箱。广告再次收到应有效果，烟台啤酒更加深入人心。

外国啤酒厂也采用了一些竞争手段，增加佣金，收买各推销点，试图挤垮烟台啤酒。烟台啤酒厂采取降低批发价、啤酒盖印字设奖的办法与之竞争，从此在上海打开了市场。

清末的啤酒厂基本上都控制在外国人手中。1949年前，中国只有七八个啤酒厂，绝大多数由外国人所控制，酒花和麦芽主要从国外进口，啤酒的销售对象也主要是在华的外国商人及军队，还有一部分"上层社会"的人士。普通老百姓几乎无法享受。到1949年，全国的啤酒年产量仅达到7000余吨，还不足目前一个小型啤酒厂的年产量。

新中国成立后，青岛啤酒开始出口香港等地。当时垄断香港市场的是菲律宾、英国和德国啤酒。为了打入香港市场，青岛啤酒厂突出青岛啤酒系用崂山矿泉水生产，打出："美不美，家乡水""中国人请饮青岛啤酒"的广告。广告适应了港澳同胞爱国思乡的心理，再加上青岛啤酒的上乘质量，销售量很快名列前茅。

1900 年，俄罗斯技师在哈尔滨建立第一家啤酒作坊——乌卢布列夫斯基啤酒厂；1903 年，青岛啤酒前身——英德啤酒酿造公司创建，酒质精良，在国内外享有盛誉；1904 年，哈尔滨东三省啤酒厂建立，它是我国民族资产阶级自己建立的最早的啤酒生产企业；1914 年，哈尔滨五州啤酒厂建立，是我国自己建立的第二家啤酒厂；1934 年，由宋子文领头集资创建的五羊啤酒厂，采用了当时的新设备捷克式糖化锅。

国内啤酒企业的相继创立，推动了国内近代啤酒文化的兴盛发展。

第九章　当代研究

1949年10月1日，中华人民共和国成立。这65年间，虽有风云变幻，时蒙阴影，但是国家统一，主权完整，拨乱反正之后的发展、安定却成为主调，使中国人享受着生活，品味着美食，向往着未来，中国的饮食思想也充实和发展。从政治上讲，这65年可以分为两个阶段：第一阶段，1949—1978年。新中国成立后随即开展经济恢复与建设，1953年开始三大改造（对农业、手工业和资本主义工商业三个行业的社会主义改造），到1956年确立了社会主义制度，进入社会主义探索阶段。第二阶段，1978年到今天的改革开放，结束了"文化大革命"之后开始改革开放，逐步确立了中国特色社会主义制度。

第一阶段的全面建设社会主义的进程中，取得了巨大的成就，初步奠定了现代化建设的物质文化基础。但也伴随着一些失误，1958年全国各条战线的"大跃进"、人民公社化，正常的经济体系被破坏，1960年开始的三年经济困难更为国民经济雪上加霜。

1966年到1976年，发生了给中国共产党和国家带来严重灾难的"文化大革命"。

1978年底召开中共十一届三中全会，是新中国成立以来的伟大转折。

1982年农村改革开始如火如荼地进行，承包生产责任制在农村得到普遍推广，农业生产大幅提高，农民收入大幅增加，困扰中国多年的粮食问题得到大幅度解决。取消粮票，副食品丰富而新鲜，中国人的吃饭问题解决了！

中国是一个人口大国，世界上第一人口大国。中国以2010年11月1日零时为标准时点进行了第六次全国人口普查。全国总人口为1370536875人。再多的粮食产量，用13亿一除也就所剩无几，再多的进口粮食，人均之后，便少得可怜。

中华人民共和国成立后至1978年的30年，各种政治运动的不断开展，阶级斗争的观点不断被强化。特别是"文革"10年中，中国历史几乎成为一部阶级斗争史，战战兢兢的社会史研究被抛入冷宫，中国饮食思想的研究基本处于停滞状态。吃好的、好吃，总是和资产阶级联系在一起；吃得差、越是恶食越不讲究，却被看成是阶级觉悟高的表现。主流的意识形态鄙弃美食，禁绝饮食的谈论，饮食思想研究同样的被窒息了。中国饮食史上特殊事件就发生在这一时期，其一是“大跃进”时期的公共食堂制度；其二是无产阶级“文化大革命”时期的红卫兵大串联吃饭不要钱。极“左”思潮引导着奇异的饮食思想的实践。

随着改革开放，粮食问题解决，不再凭粮票吃饭，物质的极大丰富，上个世纪80年代开始出现烹饪热，《中国烹饪古籍丛刊》整理出版。进入新世纪，饮食思想的研究呈现繁荣昌盛的局面，产生了一系列重大成果。

改革开放带来了人们思想上的解放，解放思想是推进改革开放的直接动力、原动力。以经济建设为中心，实现了中国经济30多年的高速发展。20世纪80年代，文化热、经济搞活，餐饮行业发展迅速，推动了饮食文化研究的进程。

茶文化成为学术研究对象。中国茶文化酝酿于两晋南北朝时期，形成于唐代。从学术意义上看，中国茶文化研究仅始于20世纪80年代。茶文化研究机构、团体的成立，以及一批茶文化学术论著的出版，在诸多茶学及其相关学科学者的努力下，茶文化学科逐渐壮大力量。在大陆，1984年，茶学宗师庄晚芳最早倡导“中国茶文化”。1991年，余悦提出建立“中国茶文化学”，王玲也提出构建“中国茶文化学”。可以说，从20世纪90年代起，以高校和科研系统为主体的一批茶文化研究者，从不同的角度对茶文化学科体系的建立和完善做出了积极的贡献。进入21世纪之后，高校及科研机构加强了茶文化研究。2003年，安徽农业大学中华茶文化研究所被批准为高校人文社会科学重点研究基地，以茶史、茶道、茶叶经济为主要研究方向。2004年，江西社会科学院把“茶文化学”作为重点学科，陈文华、余悦等相关研究员出版了系列茶文化学术专著。2004年12月，中国国际茶文化研究会成立了学术委员会，有组织、有计划地加强了茶文化学术研究。在高校的学生培养方面，不仅在茶学硕士研究生培养中设有茶文化研究方向，且在茶学博士研究生培养中也有茶文

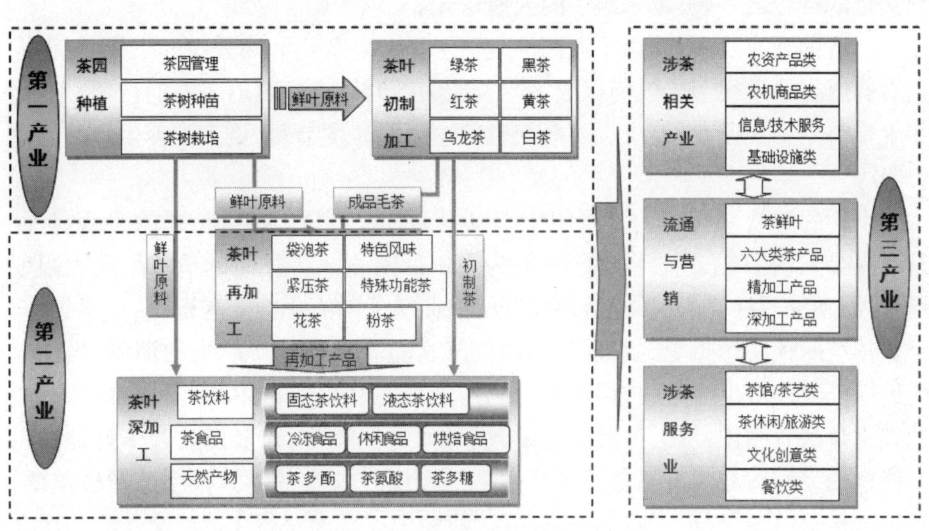

图9-1　中国茶产业链示意图

化研究方向，一些高校还专门招收茶文化专业的本科、专科生。由此说明，全国诸多省市都在致力于茶文化学科的建设。茶文化学科初步确立于2004年，但至今中国没有文化学学科专业。文化学在中国尚处在初创阶段，要形成系统的文化学理论，仍需要一个发展的过程。

发展经济，人们需要沟通交流，需要社交的场所。20世纪80年代以来，中国茶馆业快速兴起，各类茶餐馆、茶艺馆成为人们商务沟通、休闲身心的好去处。尤其是1999年，国家劳动部正式将“茶艺师”确定为正式职业，茶馆业向标准化、规范化方向发展。各种茶文化协会及其学术团体组织纷纷建立，客观上推动了茶文化的研究及其向多个产业的渗透与融合。

随着农业科技的进步，现代茶产业不断发展壮大。现代茶产业，已经初步形成了第一、二、三产协同创新的产业价值链体系。茶叶不仅仅是可以被饮用的叶子，而且还被科学地加工，提取其中有效的物质成分，应用于医疗、食品行业。

而茶产业与旅游业的交融，促进了茶文化旅游的快速发展。游客们走出家门，在产茶区或茶文化遗产丰富的区域，以观光、休闲、度假、购茶等多种旅游目的，体验茶文化旅游项目。主要表现在：茶乡采茶体验游、茶馆休闲、茶园健身运动、茶美食餐饮、寻访茶文化遗产、茶企业参观游、茶博物馆参观游、品尝购买茶叶、观赏茶文化演出等。

在涉及茶文化的产业方面，近年来发展迅速。如，各类茶文化专业图书、茶文化网站论坛的兴起，微博、微信中茶文化主题的内容十分丰富，电视节目上，以央视六集电视系列片《茶，一片树叶的故事》在《舌尖上的中国》热播之后，成为饮食文化方面又一部获得广泛影响力的茶文化作品。

中国名茶被国家领导人携带作为国礼，成为国际交流的使者。茶叶成为中国文化的符号之一，被越来越多的人所认知。

经济的高速发展，改善了人们的生活水平。高节奏和高强度的工作，使得人们对健康更加重视了。如何保健、养生，成为新时期人们普遍关心的话题。现代养生学得到了快速发展。比如，电视台普遍开设养生节目、更多的养生食品的供给等等。

个性的解放，也带来了人们价值观的多元化。比如，娱乐至死的生活观，就是崇尚个人享乐主义，心甘情愿地成为娱乐的附庸。各类酒的消费呈现大幅度增长，酒不仅是社交的润滑剂，也是麻醉信仰缺失的人们的安慰剂。

传统的饮食思想受到了强有力的挑战。随着家庭的影响力的消弱，当代人的饭局已经成为生活中很重要的一部分，饭局在社会生活中的地位在增加。成功人士鲁豫总结说：从某种意义上讲，饭局就是生产力，很多商业合作就是餐桌上谈成的。而智威汤逊总裁杰弗里则进一步说：与客户饭局，餐厅选择极重要，否则会传达错误信息。他进一步说道：“我经常在餐厅获得生意机会。有一次在比弗利山庄(The Beverly Hills Hotel)的伊斯兰堡餐厅(The Polo Lounge)，因为客户非常欣赏餐厅雅致的环境和用餐氛围，很快就与我们签约了。我们商业上的成功当然更多的是依靠高品质的创意以及出色的工作，但是餐桌社交也是私人联系非常重要的一个部分。一同享用午餐是促成生意的一个有效的媒介。"①

方便面改变了我们的生活。1958年，日本日清食品公司的创始人台湾籍客家人安藤百福氏发明了油炸鸡汤方便面，方便面不仅弘扬了祖先留下来的面食文化，还将面文化传播到了以往非食用面文化的地区。安藤百福氏沿着丝绸之路找到了"面之路"。

当代的中外饮食交流更深更广，提升到了一个新的层次。清理一下古往今来传入的饮食，仅食品就有数十种：荷兰水、冰淇淋、咖啡、可可、可口可乐；葡萄、西瓜、榴莲、车厘子、华莱士(瓜)、伊丽莎白(瓜)；土豆、洋葱、西芹、西兰花、西红柿、荷兰豆；烧卖、面包、布丁、比萨、巧克力、咖喱、圣代；粮食品种则有玉米、番薯。这其中大量的是当代传入的。

西式快餐强势登陆中国，中国被迫推出自己的快餐，然而还是势不可挡，青年人趋之若鹜。

随着外国饮食的传入，西方的聚餐方式也随之传入，更加自由开放，自助餐不再拘泥于酒席。西方饮食思想传入，西方人的自由开放影响着青年人。新的人际交往方式改变了饮食习惯，改变了饮食思想，中外饮食文化大面积的交流，在更加广阔的背景下看待中国饮食思想史，人们有了新的思考。

中国的饮食思想说到底是政治思想，家庭是饮食的基本单位，民以食为天的实现通过家庭的路径。中国的大一统思想依靠着家庭强有力的教育而维系。当今，随着西方观念的冲击，随着大量的农村人口涌入城市，脱离了原来的家庭，冲淡了家族的影响，中国人的家庭观念随之改变，饮食的基本单位家庭的基本功能随之消弱。几千年来最集聚人心的饮食的基因被改变，带来的是人们思想观念的改变，政治生态的改变。这几十年来的变化，是中国几千年来最为巨大而彻底的变化，是在和平的环境之中而发生的最为深刻的变化。每一个人都参与其中，或自觉，或被动，这一变动形成巨流裹挟着人们前行。

第一节　建国以后的粮食生产状况

饮食状况取决于粮食生产状况。几千年的历史经验证明，基本民众食不果

① 智威汤逊总裁的饭局社交，作者：CHRISTINA OHLY EVANS 编译：FT 中文网实习生晏子。金融时报 2014 年 9 月 15 日：本文根据 FT 旗下奢侈品杂志《如何消费》(How To Spend It) 2014 年 7 月刊文章"Bob Jeffrey's dining boltholes"编译。

腹的状况下没有饮食文化的发展空间，饮食思想自然萎缩。因此梳理粮食生产情况是十分必要的。

几千年的封建社会没有从根本上解决这一问题，而中华人民共和国成立后，民食安全状况相对于解放前得到了很大的改善。政府通过改革土地制度、调征税收、加大农业技术的研究和推广等措施，在人口大幅增长的情况下，以占世界7%的耕地养活了世界22%的人口，创造了世界奇迹。

中华人民共和国成立以后的民食状况可以分为两个阶段：第一阶段为1950年至1978年，第二阶段为1979年至今。

一、第一阶段

1949年，中国粮食总产量只有1.132亿吨，1978年达到3.048亿吨，29年间年均递增3.5%。这一时期，中国通过改革土地所有制关系，引导农民走互助合作道路，解放了生产力，同时在改善农业基础设施、提高农业物质装备水平、加快农业科技进步等方面取得了显著成效，为粮食生产的持续发展奠定了基础。

"大跃进"是造成三年困难时期的直接原因。所谓"大跃进"，是以中共八大二次会议所通过的"鼓足干劲，力争上游，多快好省地建设社会主义"的口号为标志的，追求高速度经济发展的一场群众性运动，是"左"倾冒进的产物。具体在粮食生产的大跃进上，1958年7月13日的《人民日报》发表社论指出："我们现在已经完全有把握可以说，我国粮食增产多少，是能够由我国人民按照自己的需要来决定了。"8月3日的《人民日报》社论说："人有多大的胆，地有多大的产。"8月23日《人民日报》发表长篇报道，宣传徐水县农民正在沿着人民公社的道路，奔向"共产主义的乐园"。报道说，全县318000多人口，已有312000多人吃食堂。食堂取消了粮食定量，实行敞开口吃饭。截止到1959年底，全国农村公共食堂达3900多万个，参加食堂吃饭的约4亿人，占人民公社总人数的72.6%。给人以粮食已经不是问题的假象，可以放开肚皮吃饭了，那是一幅多么令人向往的生活啊，一夜之间，社会主义已经实现了。公共食堂最先暴露出来的危害就是浪费粮食。食堂初开办的最初两个多月，各地放开肚皮大吃大喝。不管劳动好坏，都一样吃饱喝足。当时人们的担心是"粮食多了怎么办"，人们以为，国家的粮食很多，吃完了政府会供应的。有些地方"吃饭放卫星""甩开膀子干，敞开肚皮吃"，一天三顿干饭。个别地方还开"流水席"，给过往行人大开方便之门。来了就吃，吃了就走。有的公社到1958年底粮食就吃光了，但最终等不来政府的供应。

但是，"人有多大胆，地有多大产"毕竟是乌托邦式的妄想。经过几年折腾，农村建设遭受严重损失，农业生产大幅度下降，全国3年内粮食平均产量比1957年减少26%，致使我国进入了困难时期。办合作社和人民公社通过"一大二公"实行绝对平均主义，极大地挫伤了农民的生产积极性，最终导致绝对"贫均主义"。

与1957年相比，1961年粮食产量下降了24.3%(按中央档案馆保存的粮食部的数字，减少了26.4%)。1961—1962年，全国吃商品粮的人口有1.2亿人，仅供应的口粮就有400亿斤，还有食品业、副食酿造业及工业用粮，总共需要500多亿斤。尽管从农村挤出383亿斤粮食，但不能满足城镇的需要。因此，不得不大力压缩城镇粮食销售量，1961—1962年度，城镇粮食销售量比1959—1960年度减少了122亿斤，但比1957—1958年度还是多48亿斤。为了补上亏空，只好进口粮食。1961—1962年度，进口粮食115.5亿斤（从1961年上半年就开始进口粮食，1960—1961年度进口粮食42.9亿斤）。从1961年开始，津、京、沪主要是靠进口粮食维持。

"民以食为天"的"食"没有了。粮食短缺，全国上下都大搞代食品运动，发动群众寻找代食品。中国科学院研究出的代食品主要是：一、橡子面粉。全国年产橡子粗估约80亿斤以上，如果将其中20%提取淀粉，可得六七亿斤。二、玉米根粉、小麦根粉。用玉米根、小麦根的20%做成根粉，全国可得几十亿斤代食品。三、叶蛋白。四、人造肉精。这是一种用酵母菌做成的食品，所含营养极似肉类。五、小球藻、栅藻、扁藻。与此同时，中国科学院昆虫研究所又提出了一个新建议：采食昆虫。

代食品为缓解饥饿起了一点作用，但不能解决根本问题。农民因吃代食品中毒甚至死亡的不在少数。此外，大规模的代食品运动破坏了生态环境。这时的副食品供应也大幅度减少：食用油减少47.6%，猪肉减少80.6%，有些副食品连定量供应也不能保证。中国农民每天需要的3400—4000千卡的能量是从食物中摄取的，但是口粮平均每天原粮不超过半斤。半斤原粮脱壳后只有0.35斤，折合热量618千卡。有统计说，三年困难时期，中国饿死3755万人。

二、改革开放

第二阶段为1979年至今。这一阶段有两个突破：第一个突破，1984年，中国粮食总产量达到4.073亿吨，6年间年均递增4.9%，是新中国成立以来粮食增长最快的时期。这一时期粮食生产的快速增长，主要得益于中国政府在农村实施的一系列改革措施，特别是通过实行以家庭联产承包为主的责任制和统分结合的双层经营体制，以及较大幅度提高粮食收购价格等重大政策措施，极大地调动了广大农民的生产积极性，使过去在农业基础设施、科技、投入等方面积累的能量得以集中释放，扭转了中国粮食长期严重短缺的局面。第二个突破，2008—2009年的粮食产量持续增长。2008年，全国粮食播种面积16.01亿亩，较上年增加1590万亩，增幅1.0%；粮食总产量10570亿斤，增加538亿斤，增幅5.4%。2008年，国内粮食产量已超越1998年的10246亿斤，创历史新高。从需求看，随着人口增长和居民消费水平的提高，2008年全国粮食需求总量保持增长。根据国家统计局数据，2008年末，全国总人口132802万人，比上年末增加673万人，增幅5.1‰。2009年粮食实现连续6年增产，全年粮食总产量达到53082万吨，也就是10616亿斤，比上年增长0.4%，连续6年增产。

1978年到1979年，安徽省率先突破集体化，搞起了包产到户。20世纪70年代末进一步改革土地政策，实行联产承包责任制，农民的生产积极性又极大地被调动起来。据《中国统计年鉴》(1984 年),1978 年农业生产获得大丰收,粮食、棉花、三种油料作物三种主要农作物分别比上年增长 7.7%、5.8%和 34.8%;农业总产值增长 9%。

"大包干"家庭联产承包责任制带给中国农业新的希望,也取得了让世界瞩目的成就:解决了人口大国的民食问题。党的十一届三中全会,开始提高农副产品收购价格。粮食统购价格从 1979 年夏粮上市起提高 20%,超购部分在这个基础上再加价 50%。棉花、油料、糖料、畜产品、水产品、林产品等的收购价格也相应提高。从 1979 年 3 月起,国务院陆续提高了粮食等 18 种农副产品的收购价格,平均提高幅度为 24.8%,销售价格在一段时间维持不动,由国家给经营部门以财政补贴。从 1979 年 11 月 1 日起,猪肉等副食品价格相应提高,政府发给职工副食品价格补贴。

改革开放以后,我国逐步改革统购统销的体制,提高粮食收购价格,减少定购数量,使粮食生产实现高速增长。我国粮食产量从 30000 万吨开始一路震荡走高。1978—2009 年这 30 多年,我国粮食生产得到快速发展,但波动也更频繁复杂。

1978 年,我国农村实行改革和提高粮食价格,极大地调动了农民的积极性。1978 年,中国粮食产量首次突破 30000 万吨,达到 30477 万吨,增长了 7.8%。1979 年,粮食产量又增长 8.9%,主要是由于国家大幅度提高粮食收购价格,粮食统购价提高 20%,超购部分加价 50%,从而促进粮食产量快速增长。1984 年,中国粮食产量历史性地达到了 40732 万吨。这次粮食增长的主要原因是中国农村推行的家庭联产承包责任制,实现了土地所有权与土地使用权的分离,赋予了农民生产的自主权以及剩余产品的支配权利,充分调动了农民的积极性。突然出现的粮食大幅度增长的情况下,导致粮食供给过剩。而到了 1985 年,国家取消了部分鼓励粮食生产的优惠政策,粮食收购实行"倒三七"比例价,实际降价幅度接近 10%,资金和物质投入也减少,农资价格涨幅为 4.8%,挫伤了农民种粮积极性。1985—1988 年出现了粮食大幅度减产,1989 年开始粮食生产迅速恢复,1996 年总产达 50453 万吨,增长率为 8.13%,首次跨上 50000 万吨的大台阶。从 2000 年到 2003 年粮食出现了改革开放以来最为严重的一次大减产。粮食产量从 1998 年的最高位 51229.5 万吨降到了最低时的 43065 万吨,一下退回到 10 年前的水平。主要原因除了干旱造成减产的因素外,更重要的是粮食种植面积的急速减少。许多地区提高了经济作物和优质农产品的种植,而当时的高层对粮食问题的乐观估计在一定程度上动摇了中国长期坚持的"以粮为纲"的观念。城市发展大量占用耕地,还有一些地区盲目推行"退耕还林、退耕还草"政策,导致全国粮食播种面积锐减。国家迅速调整粮食政策,出台的惠农政策越来越多。2004 年,中国政府首次就农民增收问题发出信号,方向比较明确,就是要保证种粮人的基本回报,稳定种粮队伍。2005 年,中国政府开始采取措施补贴农民、补贴农业、补贴粮食增长。宣布:大范围、大幅度减免农业税,并明确 2006

年在全国免征农业税。在全国全部免征农业税，这标志着在中国延续了两千多年的"皇粮国税"彻底退出了历史舞台。除取消农业税外，国家又通过补贴的办法加大对农业的投入，以调动农民的种粮积极性。2006 年，国家开始将基础设施建设投入重点转入农村，确定"以工业反哺农业，城市支持农村"为基本策略。2007 年，提出发展现代农业是社会主义新农村建设的首要任务，以提高科技含量保证农业效益。2008 年 7 月初，国务院常务会议原则审议通过了《国家粮食安全中长期规划纲要》。《纲要》显示，国家已经将粮食安全问题重新定义为中长期的战略规划，确立了农业和粮食问题的战略意义。其具体的目标是，要使我国粮食自给率稳定在 95％以上，2010 年粮食综合生产能力稳定在 10000 亿斤以上，2020 年达到 10800 亿斤以上。

第二节　饮食思想研究的停滞

一、一篇文章一本小说

1949 年到 1978 年的饮食思想研究几乎是一片空白，那是因为还有林乃燊先生《中国古代的烹调和饮食——从烹调和饮食看中国古代的生产、文化水平的阶级生活》[①]这样寥若晨星的文章问世，这是共和国历史上第一篇饮食文化(以古代烹饪为主)研究的论文。

为了说明这一时期的饮食思想研究情况，我们不妨以一位美食家的经历来说明这一段历史时期的饮食思想研究状况。

陆文夫 1983 年发表的《美食家》虽是一个中篇小说，却浓缩了解放前夕到我国改革开放 80 年的历史，其间如"五七年反右斗争""大跃进""文化大革命"等几次重大的政治风云，都借朱自冶的"吃"来穿针引线。结论是："'文化大革命'可以毁掉许多文化，这吃的文化却是不绝如流。"

《美食家》，是吃的历史与文化。

《美食家》是第三届全国优秀中篇小说的获奖作品(1983—1984)，今天，当我们重读这部作品的时候，仍可领略小说主人公美食家朱自冶一生为"吃"而忙碌的风景。

二、一个美食家的故事

"抗日战争之初，一个炸弹落在他家的屋顶上，全家有一幸免，那就是朱自冶——到苏州的外婆家来吃喜酒的，朱自冶因好吃而幸存一命，所以不好吃便难以生存。"于是陆文夫一个劲地写"美食家"朱自冶的"吃"，写他吃前的张罗，写他吃时的精明，写他吃后的满足，这个吃的精灵，为吃而结婚，为吃而离婚，最后复

---

① 北京大学学报，1957 年 6 月第 8 期.

婚还是为了吃，朱自治和高小庭之间矛盾的发生和发展，是被“吃”这条主线牵引的，朱自冶人生的升沉，也是以“吃”为浮标的，正如高小庭在小说结尾处的内心独白一样：“四十年来，他是一个吃的化身，像妖魔似的缠着我，决定了我一生的道路，还在无意之中决定了我的职业。”

陆文夫写的不是吃饭，而是政治生态，是历次政治运动对人的饮食的基本需求的压抑，揭示其是如何地反人性。在《写在〈美食家〉之后》一文中说：“鲁迅翻开封建社会史之后发现了两个字‘吃人’，我看看人类生活史之后也发现了两个字‘吃饭’，同时发现这‘吃人’与‘吃饭’之间有着不可分割的联系，历代的农民造反，革命爆发，都和‘吃饭’有关系，国际歌的第一句话说‘起来，饥寒交迫的奴隶’，这是一句很完整的话，它概括了‘吃饭’与‘吃人’，提出了生活和政治两个方面的问题。”因此，陆文夫在《美食家》中写的就不是简单的“吃饭”问题，而是借“吃”叙写人物命运，演绎历史变迁。

高小庭进行饭店革命后，朱自冶为了能吃好，“一日三餐都吃在孔碧霞的家里，一个会吃，一个会烧……两人由同吃而同居，由同居而宣布结婚，事情顺理成章，水到渠成”。最后为了吃，夫妻俩吵得不可开交，吵到后来实行分食制，一只煤炉两只锅，各烧各的，在吃上凑合起来的人，终于因吃而分成两边。其间的是非曲直，只有历史能做证。命运常常捉弄人，高小庭是为“反吃”而革命的，而革命又偏偏分配高小庭去为“吃”服务，于是，他在“吃”的辩证法面前晕头转向了，在错误思想的指导下，他要“革吃的命”。作为饭店经理，他所发动的“饭店革命”以轰轰隆隆开场，以无法收拾告终，名为劳动大众服务，并不受劳动大众欢迎，革掉了良好的服务态度，革掉了传统文化，革掉了对人民日益增长的生活需要的满足，革掉了商业利润，革掉了饭店的特色和职工的积极性，可以说是有百弊而无一利。

陆文夫用一把犀利的解剖刀插入这场所谓“革命”，鞭辟入里地对我们几十年经济工作的失误一一清算，可谓深矣。正如作者所说：“吃饭之所以难，还在于它会水涨船高，永无止境地向前发展，温饱仅仅是个开头，人对食物的味觉、视觉、触觉、营养以及心理作用等是个难以对付的魔鬼。……”

小说有两个主人公，一个是嗜吃如命的资本家朱自冶，一个是仇吃成癖的国营饭店经理高小庭。“好吃”与“恨吃”的两人各领一条线索贯穿于作品始终，却又偏偏“不是冤家不聚头”，这两人一生起伏的曲线，循着你起我伏、你伏我起的规律在曲折前行，被“吃”这一字扭结着，将这两根本无交集的曲线扭成了一根绳，一根充满了矛盾纠葛的绳。绳的一股是那朱自冶，另一股便是“我”——高小庭。朱自冶乃一房屋资本家，不懂营造之术，唯独好吃。他的一天从吃开始，由吃结束，甚至形成了一套完整的“美食仪式”，如此日复一日，乐此不疲。此时的高小庭家境贫寒，常被迫替朱自冶跑腿买小吃，对“好吃的”朱自冶十分厌恶，他因“反吃”而革命，毅然投奔了解放区。中华人民共和国成立之初，朱自冶吃得更积极，“居然还有个小肚子挺在前面”。而高小庭却偏偏被“革命”分配去为“吃”

服务，当上了名菜馆经理，在“左”倾思想影响下，高小庭要“革吃的命”，将菜单上的“高贵”菜谱都换以“大众化”的家常菜。这下使得朱自冶无美食可吃，“那个很有气派的小肚子又渐渐瘪了下去”，走投无路间，听闻孔碧霞烹饪手艺了得，便做了上门食客，继而“由同吃而同居，由同居而宣布结婚”，那肚子又“重新凸起来”了。而此时的高小庭，却因为菜式的单调与粗糙，逐渐把自己置于苏州美食文化的对立面，被老百姓要吃“美食”的要求弄得开始困惑、动摇。听了丁大头“教训”他“要对历史负责”，他心惊不已，脑筋开始转弯了。未料困难年的来临，使得高小庭的“转弯”没有完全转成。而朱自冶夫妻却又因了吃，闹得“一只煤炉两只锅，各烧各的”，朱自冶“那个颇有气派的肚子又瘪下去了，红油油的大脸盘也缩起来了”，饿急了的朱自冶不惜低声下气、抖抖索索地向昔日帮他买小吃的高小庭讨半车南瓜。

转眼“文化大革命”来临，朱自冶和高小庭的命运在“万万没有想到”中，头一次到了一个平面上来。高小庭因困难年后的“转弯”成了走资派，朱自冶成了吸血鬼，两人挂着牌子，一起站在居民委员会的门口请罪。十年浩劫，高小庭被下放整整九年，朱自冶则“从未停止在理论上的探讨”，自己写就了一本食谱。

“文革”后，高小庭在原来的饭店“拨乱反正”，却苦于无人会烧昔日名菜，出榜招贤，未料招来了朱自冶。他“挺胸凸肚，红光满面”，却只会讲放盐，让高小庭懊恼不已。最后在那桌颇有鸿门遗风的丰盛酒席里，朱自冶被众星捧月般奉为“美食家”，并被推举为烹饪学会会长，而高小庭却正被吃客们“下套”——把朱自冶塞给他当高级饭店指导，于是他中途“逃席”了。此时的两人，在新时代里似乎又到了一个平面上，而他们之后的命运，却是留待读者们遐想了。

这样两个人物，如此复杂的人生纠葛，但却没有正角、反角之分。作者曾说《美食家》的主角是“我”——高小庭，而对传统意义上的“反角”——饱食终日，好吃懒做的朱自冶，作者在不动声色批判他的同时，行文中于苏州美食的描写，那种对“精致”由衷的赞叹也是明显的。且看小说第十一章“口福不浅”里，高小庭眼中的那桌“如电影开幕般”的丰盛酒席：洁白的抽纱台布上，放着一整套玲珑瓷的餐具，那玲珑瓷玲珑剔透，蓝边淡青中暗藏着半透明的花纹好像是镂空的，又像会漏水，放射着晶莹的光辉。桌子上没有花，十二只冷盆就是十二朵鲜花，红黄蓝白，五彩缤纷。凤尾虾、南腿片、毛豆青椒、白斩鸡，这些菜的本身都是有颜色的。熏青鱼、五香牛肉、灯子鲞鱼等等颜色不太鲜艳，便用各色蔬果镶在周围，有鲜红的山楂，有碧绿的青梅……十二朵鲜花围着一朵大月季，这月季是用钩针编结而成的，很可能是孔碧霞女儿的手艺，等会儿各种热菜便放在花里面。一张大圆桌就像一朵巨大的花，像荷花，像睡莲，也像一盘向日葵。

高小庭虽知这乃是一桌鸿门宴，却还是为之惊叹、赞赏，甚至发出了应由酒席的烹制者孔碧霞“来当烹饪学会的主席或者是副主席”的感叹，由此可见苏州美食的精妙。而小说开头对朱自冶一天的“美食仪式”的描写亦是不厌其烦，尤其是对朱自冶去“朱鸿兴”吃“头汤面”的描写，关于面的各种吃法就记录了十余种，其中更蕴含着众多搭配组合的可能性，而朱自冶对此更是极讲究，他“向朱鸿兴的店堂里一坐，你就会听见那跑堂的喊出一大片：‘来哉，清炒虾仁一碗，要宽汤、重青（多放蒜叶），重交、要过桥（浇头和面分开放），硬点！’”。

作者在描写吃的同时，其实就是在记录朱自冶流连于姑苏街巷，寻觅舌间美味的“吃史”：他由吃馆子，到吃孔碧霞“高雅”的烹饪，再到将口胃的享受转变为一种“艺术”的追求，写食谱，甚至成立学会，他这一生都在追求“吃”，而且这种追求在不断上升，直至完成他人生的自我迷醉，成为名副其实的“美食家”。如此这般，将一个以“吃”为毕生追求的典型刻画得栩栩如生。而另一“反吃”的主人公高小庭，虽然正派、善良，却也绝非什么完美无缺的人物。高小庭毫无疑问是充满革命热情的，同时亦是一个有些浅薄、有些幼稚的人物。在旧社会，美食是奢侈的代名词，它被统治者长期独占享用的同时又给贫穷者带来种种痛苦，久而久之，痛苦变成仇恨，高小庭把苏州的食文化归为一种“朱门酒肉臭，路有冻死骨”的罪恶。于是他将革命的矛头指向“吃”，还自以为肃穆而又悲壮。生活的教训和时代的进步使他意识到自己思想的偏颇，他由幼稚逐步走向成熟。但作者并没有将这一过程理想化，反而对高小庭的饭店改革写了很多冷冷热热的正话反话，如实表现出他“左”的可爱的一面及其所造成的对苏州美食文化的危害。而小说结尾，高小庭望着自己有了巧克力就不吃糖的小外孙，他的“头脑突然发炸，得了吧，长大了又是一个美食家！我一生一世管不了朱自冶，还管不了你这个小东西！伸手抢过巧克力，把一粒糖硬塞在小嘴里。孩子哇的一声哭起来了……”这一细节的描写，更是点明了他到最后心里对“吃”还是有个结，他依旧无法割断感情上的某些联系。

三、小说的思想意义

在20世纪80年代，此一小说刚问世之时，评论家们在对“高小庭们”的“左倾幼稚病”的自我谴责与反省上着墨甚多。的确，陆文夫曾说：“高小庭就是我”，小说通过“我”的眼睛在审视着朱自冶各个时期的行为和心理，而“我”在审视朱自冶的过程中更是照见了自己，其间包含着作者深刻而清醒的自我“审判”。但高小庭这不得志的一生，却非他个人的原因，他思想上的局限及幼稚，俱是当时整个社会“左”的倾向以及历史的横流所造就。而于朱自冶，各人的理解也并不一致。有的认为他乃一社会的寄生虫，最后居然被封为“美食家”，是对改革的讽刺与教训；有的则认为他固然精于吃食，但也可发挥他的所长，为饮食业服务。这些理解都是有道理的，只是人们看问题的角度不同。其实，细看朱自冶40年的“吃史”，我们可从中得窥20世纪中叶中国社会兴衰史的一斑。单只瞧朱自冶那凸了又瘪、瘪了又凸的肚皮，便已是那时“生活的晴雨表”，更是当时社会的一面镜子。他这吃吃喝喝的一生，他那不安分的肚皮，无一不是随着那历史的风云而起伏。《美食家》这部只有6万字的中篇小说写尽了这两人一生的沉浮与曲折，从一个特殊的角度反映出当代中国的历史风云与世事变迁。于当年而言，小说三分之二的篇幅是在写“史”，三分之一在写“时”，作者立足于“时”，审视总结着“史”。

今日重读，小说中的“史”与“时”俱已逝去，但历史在延续，21世纪的中国乃是从朱自冶、高小庭们的年代发展而来的，现今社会何尝没有类似朱自冶与高小庭的人呢？在小说结尾写到的朱自冶家的酒席里，“老领导”“风派人物”包坤年，还有三位“市侩气”的人物，都和朱自冶坐到一块，商谈所谓“烹饪学会”的大事，这个场面颇含深意。可以说，“新社会的吃客”就隐含在这些人中。

看看今日那些耽于酒宴吃喝的朱自冶们，传统的美食文化在他们的口中又有了畸形的发展，公款吃喝、花样翻新的铺张浪费，比起当日孔碧霞那桌“百年难遇”的丰盛酒席有过之而无不及。而社会中穷困的一群如当年的高小庭们，何尝不是对此不满，希望能改变现状呢？虽然社会环境截然不同，但这种现状与小说开篇时却有着些许相似。以史为鉴，须知历史在不断发展的同时，人们往往也在不断重复当日的错误。否则，何以会有智者发出“历史往往有惊人的相似之处”“忘记过去就意味着背叛”之类的警世之言呢？重温《美食家》仍是深刻耐读，发人深省，形式上则更为光鲜亮丽，让人爱不释手，确是一部在今日仍旧充满着生命力的小说，所谓文学经典作品的力量大概就在于此罢！

第三节　公共食堂

一、起因

中国1958年的“公共食堂运动”无疑将成为饮食史上的唯一，它是中国古代最具特色的饮食思想在当代的实践。对于现在的年轻人来说，“公共食堂”是一个陌生的概念，他们会以为是荒诞，是他们所难以想象的。

饥者有其食，耕者有其田，这是中国人自古以来的梦想。“安得广厦千万间，大庇天下寒士俱欢颜，风雨不动安如山”，杜甫的这一梦想激起中国人的万千豪情和无尽遐想，但是，到头来只是空想而已。吃饭的问题要更加现实，更加迫切，饥寒交迫，“饥饿”的感受来得更直接些。

1958年夏秋以来，毛泽东多次赞扬公共食堂。他不仅有恩格斯的根据，还有中国古代的根据。12月10日，在武昌会议上，毛泽东批印《三国志·魏志》中的《张鲁传》，供参加会议的人阅读。毛从《张鲁传》的记载中发现了1700年以前民间早期道教的一整套做法，竟与当时正搞的人民公社“大体相同”或有“某些相似”之处，而且“是有我国的历史来源的”。他对汉末张鲁所行的“五斗米道”中的“置义舍（义，公共的免费的；舍，住所）”“置义米肉（米肉免费供应，吃饭不要钱）”“不置长吏，皆以祭酒为治”“各领部众，多者为治头大祭酒”（近乎政社合一，劳武结合）等等做法十分欣赏。他在批语中写道：“道路上的饭铺吃饭不要钱，最有意思，开了我们人民公社食堂的先河。”“张鲁传值得一看。”于是，伟大领袖的伟大

图 9-2　办好公共食堂宣传画

号召在中国共产党上下都在狂热中风驰电掣般风传开来，免费住宿、吃饭不要钱的实践就开始推向全国。

完整的说，农村公共食堂是农业合作化运动的产物。自 1958 年夏季以来，为了方便农民生活，尽早出工劳动，各地先后办起了各种临时性的公共食堂，这些食堂大都是根据农时季节而办的农忙食堂。人民公社化以后，公共食堂得到了普遍推广，而且成为农村生活集体化中的一种重要形式。各地在农忙食堂的基础上，开始大办农村公共食堂。

二、农村公共食堂

“人民公社兴办公共食堂，社员吃饭不要钱”是农民生活中的一件大事，当时中央的报纸和电台先后介绍了河南遂平县卫星人民公社第一大队第一生产队兴办食堂的经验；公社是桥梁，食堂是天堂，一日三餐有荤素，社员个个喜洋洋。山东范县的目标是：“人人进入新乐园，吃喝穿用不要钱；鸡鸭鱼肉味道鲜，顿顿可吃四大盘；天天可以吃水果，各样衣服穿不完；人人都说天堂好，天堂不如新乐园。”毛泽东阅读范县的报告后，写了一段批语道：“此件很有意思，是一首诗，似乎也是可行的。时间似太促，只三年。也不要紧，三年完不成，顺延也可。”毛泽东是将公共食堂当做一首诗歌看的，他充满了诗人的情怀。

1958 年 11 月，毛泽东批阅了中共湖北省委 11 月做出的《关于做好当前人民生活的几项工作的规定》。这个规定提出，要把劳动和休息时间有节奏地结合起来，并且重点提到办好公共食堂问题，认为公共食堂是集体生活福利事业的中心，直接关系到在公共食堂吃饭的每一个人。办得好，公共食堂就能巩固；办得不好，公共食堂就可能垮台。怎样才算办得好，就是要保证吃饱、吃好，让每一个在食堂吃饭的人感到比在家里吃饭还好。文件还规定了几项具体政策：

第一，要吃饱。不论何种地区，公共食堂一定要管饱，不管谁有多大的饭量也要管饱。

第二，要吃好。饭菜要多样化，要有味道，要有菜有汤，有荤有素，有干有稀有开水，尽量做到人人满意。

第三，要吃得干净。要经常保证食堂和炊具的清洁。

第四，公共食堂要有餐厅，可以附设小卖部，要有菜园，有酱园，有养猪场，有豆腐坊、粉坊，有腌菜、泡菜、腌鱼、腌肉等。

此外，这个文件还规定了食堂管理要民主化，本着“大集体、小自由”的原则，老、病、小、孕产妇可打回去吃，居住遥远的可以打回去吃或在家里做饭。要搞好工地食堂；以生产队为单位建立食堂；要按 20：1 或 25：1 配备食堂工作人员，要办好炊事员训练班，改革炊具，当然还讲到了要清除食堂中的地、富、反、坏、右分子的问题。

看完这份文件，毛泽东认为文件写得很好，要求发给与会人员研究。12 月 19 日，中共中央批发了湖北省委的这份文件。

1958 年 10 月 25 日《人民日报》特地为此发表社论《办好公共食堂》，特别为指导全国各地办好公共食堂发出指示。为办好公共食堂而发社论，这在中华人民共和国的历史上还是第一次，在国际共产主义的运动史上也是第一次。中央十分严厉地指出，这时已经不是办不办的问题，而是一定要办好的问题。

社论分析道：“全国基本实现公社化以后，人民公社当前的关键问题是什么呢？是分配问题；是办好集体福利事业特别是办好公共食堂、托儿所问题；是实现组织军事化、行动战斗化和生活集体化问题。”

办好公共食堂的历史意义是什么呢？主要是“进一步解放劳动力，特别是解放妇女劳动力，提高劳动力的利用率和劳动生产率的最有效的措施，也正是实现生活集体化，培养社员集体生活习惯和集体主义、共产主义思想觉悟，巩固人民公社”。“在这三大问题中，公共食堂和儿童福利事业这两件事情如果办不好，就不可能巩固生活集体化，不可能从家务劳动中把妇女解放出来，而使整个生产受到影响。办好公社的集体福利事业，特别是办好公共食堂，已经成为当前人民公社化运动中的一项十分重要的工作，成为巩固人民公社的一个基本关键。工、农业全面大跃进，要求有更多的劳动力和更高的劳动生产率；要求高度的组织化和集体化；要求广大人民的共产主义觉悟更大地发扬。

社论乐观的预示着：“现在这种公共食堂制度，正随着人民公社化运动向城市发展。时间不会太久，公共食堂定会在我国城市和乡村中普遍地建立起来，成为我国人民的新的生活方式。”

社论批判那种把公共食堂看成是“生活小事”，从而忽视对食堂工作的领导，甚至认为不值得在食堂工作上花费“领导的精力和时间”的观点。指出：“公共食堂不是一般的生活问题，而是五亿农民的生活问题，不久还会变成全国人民的生活问题。这不是小事情，而是很大很大的事情，是全民的大事情。特别是实行了吃饭不要钱的粮食供给制或伙食供给制以后，公共食堂问题，实际上已经成了全体社员劳动果实的分配问题的一个方面，办不好就会影响社员的劳动积极性和公社的整个生产。公共食堂之所以不是'生活小事'，还在于它在解放生产力和建设社会主义、共产主义的伟大事业中起着十分巨大的作用……这样庞大的劳动力被解放出来参加社会主义建设事业，难道还不是最重要的政治问题吗？……办好公共食堂，不仅是一件极其重要的经济工作，也是一项十分重大的政治任务。每个人民公社都应该把公共食堂办好。"

社论对于如何办好公共食堂提出许多具体的建议，非常细致入微："办好公共食堂的主要标准，应该是用同样数量的粮食、油盐和菜蔬等，要使社员比分散做饭时吃得饱、吃得好，节省粮食、柴炭；讲究卫生，使社员感到方便满意。食堂的饭菜要多样化。在可能的条件下，尽量做到：饭要粗细搭配，有干有稀；菜要多种多样，有菜有汤。公共食堂除供应基本菜以外，还应根据当地的生活习惯，尽量免费供给酱油、醋、酱、葱、蒜、辣椒等调味品。食堂内还可以增设小卖部，每天准备几种质量较好的荤菜或素菜，由社员自己出钱购买。公共食堂要注意改善伙食。在目前，一般地说，应当争取每月吃两三次肉；每逢节日举行会餐。公共食堂要经常加强工作人员的业务教育，提倡创造发明，发扬传统的优秀烹调技术，创造新的地方名吃，在饮食领域内做到百花齐放。公共食堂要讲究卫生，餐桌、餐具在饭后都要擦洗、消毒，饭厅、厨房要经常打扫，米要淘净，饭要煮熟，水要煮开，饭菜要注意保温，开水要及时供应，做到不吃生饭、冷饭，不喝生水。患传染病的社员的餐桌、餐具要分开擦洗、消毒和分开使用。公共食堂要有自己的蔬菜基地，要自己养猪、养羊、养鱼、养家禽；要自己磨豆腐、生豆芽、制酱制醋、腌制小菜等；有条件的地方，在国家的统一安排下，也可以自酿食堂用酒，以改善伙食。人民公社的蔬菜、生猪、家禽、蛋品等生产，可以分为两部分：一是公共食堂生产部分，主要是自己食用；一是专业队（场）生产部分，主要是完成国家收购任务，在完成国家收购任务以后，剩余的再用于改善伙食。公共食堂对年老社员、儿童、病员和哺乳期内的母亲，应当在饮食上给予适当照顾，必要时也可以单独建立食堂。在有少数民族的人民公社里，应该尊重少数民族的风俗习惯，特别是汉、回族杂居的地方，应该为回族建立单独的食堂。"

这篇社论所反映的思想是近期的、直接的，那就是办公共食堂直接的出发点是解放妇女劳动力，使更多的人投入到一线的劳动战线去。社论没有提到的，实际还有更深层次的，那就是共产主义的理想，迫切地希望马上实现，这也是中国人饮食思想史中时隐时现的"饥者有其食"思想的实现。其根源是"均贫富"的思想，让贫穷的人都有饭吃。

但是，公共食堂到底办成了什么样？公共食堂怎么吃饭呢？网名"一块煤"的作者有一篇"公共食堂"的文章，回忆了公共食堂里的生活，在此仅截取片段，以使年轻人有一点浅显的了解：

在公共食堂生活的那些年，“饿”字成了我最痛苦、最深刻、最恐惧的记忆。那种饿的感觉是现在的人无法体验到的，现在的人如果饿只是在特殊情况下产生的一种短暂的心理现象，会有得到解脱、消除的信心。我们那时在长期饥饿的煎熬中已形成一种恐惧的心理，即使不饿的时候也被这种恐惧笼罩着。吃的欲望可驱散任何思维活动，我们分分秒秒处在饥饿的折磨中。

公共食堂刚开办时还不至于很饿，虽然总是一个菜，虽然不能吃饱，但一日能吃到三餐。只是都要在食堂餐厅就餐，只是每餐吃饭时要听队长“潲桶矮子”的训话，只是来了客人很尴尬，病人忌口、小孩挑食等有些为难。几个月后我们就饿得发慌了。饿到只要能吃得下的都会拿来填肚子，饿到许多人经受不住而自寻短见，饿到一家家的人死在屋里。口粮按年龄定等，一等全劳每天 12 两(那时 1 斤为 16 两)，我定为四等，每天只有四两粮。食堂每日只开两餐，晚上没事做聚在一起就聊吃，聊吃不饱的牢骚和怨恨。几十岁的老人经历了多少天灾、兵乱，他们说闻所未闻饿到这样普遍、这样严重。过去闹饥荒还有穷有富，有处可逃，如今全国都像用水洗过一样穷。这大好的年景粮食到哪去了？大人们总爱津津乐道的聊他们曾经吃过的美食，不无惋惜地向我们介绍那些我们未尝过的东西是怎样的美味无比，让我们为自己的生不逢时而痛惜不已。我们总是陶醉在这样虚渺的精神会餐中。还有肖家冲陈太元，他嗜酒如命，酒瘾来时就把空酒壶拿到鼻子边闻一闻，那是真的望梅止渴。

锅子砸了，自留地收回了，大家都捆着肚子饿，也不容许谁私自弄到食物凑肚子。干部经常带领民兵三天两头有目标的到户搜查，发现粮食之类的东西无条件没收。就是有吃的东西要煮熟也很麻烦，有的家庭还留有一口烧水锅，有的就只能用瓦罐之类。如果有香味飘出也会暴露目标。

1958 年《人民日报》社论《办好公共食堂》发表后，全国农村各地兴办了 319.9 万个公共食堂，有 42000 万人口在食堂吃饭，占农村总人口的 78.8%。“放开肚皮吃饭，鼓足干劲生产”，一时间成为传遍大江南北的口号。

1959 年开始，粮食形势日趋紧张，公共食堂虽然采用“瓜菜代、二稀一干”等方法来节约用粮，但粮食仍然入不敷出，社员普遍反映吃不饱。

1961 年 3 月至 6 月间，各地开始解散食堂。

三、思考

公共食堂能够在各地轰轰烈烈地开办，有一个很重要的原因，就是“大跃进”。人们平常是平平稳稳地走路，突然要“跃进”，跳跃着前进，而且是“大跃进”，打破一切常规地飞奔。“大跃进”是中国历史上一个十分特殊的时期。为什么会有“大跃进”?

“大跃进”能够发生的一个原因是人们的科学精神丧失殆尽。1958 年,钱学森曾在《大众科学》和《中国青年》杂志上发表了《粮食亩产会有多少?》和《农业中的力学问题》两篇文章,用植物光合作用的原理,解释了亩产万斤粮的可能性,声称:粮食产量可以无限地增加,太阳光能射到地表,只要利用其 30%,亩产就可能达到“两千多斤的 60 多倍!”中央书记处的领导人于是便对下面虚报的粮食产量信以为真,担心起“粮食多了可怎么办呀”的问题,毛泽东也表示中国人吃不了,可以请外国人来吃嘛! 后来毛泽东自己也检讨说,他是上了钱学森的当。毛泽东的秘书田家英曾问毛泽东:“您也不是没当过农民,您应当知道亩产万斤粮是不可能的。”毛泽东说:“我是看了大科学家钱学森的文章,才相信的。”

邓小平的结论则是:发生“大跃进”是因为调查研究不够:(大跃进)教训是深刻的也是沉痛的,实事求是的精神受了损害。为什么不实事求是? 就是方法出了问题。实事求是,就是对实际情况真正了解。真正了解实际情况,就要调查研究。过去几年调查研究很少,搞了许多虚假现象。毛主席自我检讨了,并对省地市及中央各部委将了一大军。毛主席调研最多,他说也不够。这是这几年的根本教训①。

公共食堂之后便是饥荒,死人,一个一个的死,一批一批的死。刘少奇激动地对毛泽东讲:“饿死这么多人,历史要写上你我的,人相食,要上书的!”刘少奇说过“怕什么丑呢? 今天不揭,明天还要揭;你自己不揭,别人要揭;活人不揭,死后下一代要揭”“三面红旗可以让人家怀疑几年”之类的话。刘少奇还对自己的子女说:“我们革命的目的是要解决人民群众的吃饭、穿衣、住房问题,人民受了这么多苦,要为他们分忧啊!”作为中央政治局委员、中央书记处书记、国务院副总理兼国家计委主任的李富春到河南、湖北等地检查工作,看到中原大地赤地千里、灾情严重,群众衣不暖食不足、处境异常艰难时,沉重地说:“浮夸风给人民带来这样大的灾难,我们真是对不起人民啊!”

1958—1962 年,到底饿死多少人?

(1) 国家统计局的数据:1600 万。国家统计局按照每年的出生率、死亡率、总人口,算出非正常死亡多少人,其根据是户口登记。1958 年死亡率高于正常状态,出生率低于正常状态。到了 1962 年,除四川等个别省份以外,全国的死亡率已经恢复到正常状态。国家统计局公布的数字是 1600 多万人非正常死亡。从 1982 年人口图,可以看出,21—23 岁年龄段留下了缺口,就是 1600 多万人。这是中央政府承认的官方数据。中国官方统计数据指出了这几年人口变化的趋势。

(2)《中国人口》的数据:2000 万。20 世纪 80 年代,在教育部、国家计划生

---

① 邓小平:《大跃进以来的教训是调查研究很少》,1961 年 3 月 27 日,在中央书记处会议上的讲话。载《邓小平文集(1949—1974)》,人民出版社,2014 年。

育委员会、国务院人口普查办公室的领导下，组成专门编辑委员会组织编写、出版了《中国人口》，每个省一本分册，总共 32 分册。各省的数据也是经各省官方审定的，非正常死亡数据是 2000 多万。按照国家统计局的数据，是 1619.92 万人非正常死亡，少出生 3150 万，人口总损失 4770 多万。按照各省统计的数据计算，非正常死亡是 2098 万，少出生 3220 万，人口总损失5318万。

(3) 外国学者的计算结果可以作为参考。

美国普查局中国科科长班尼斯特(J. Bannister)修订的数据计算结果：非正常死亡 2987.1 万人，少出生3119.5万人，人口减少总数为 6106.6 万人。

美国人口与人口学委员会主席、普林斯顿大学教授安斯利·科尔(Ansley Coale)修订的数据计算的结果：3 年非正常死亡 2481 万人，少出生 3068.3 万人，人口总损失 5549.3 万人。

法国国立人口研究所所长卡诺(G. Calot)修订的数据计算的结果：5 年非正常死亡人口为 2850.9 万人，4 年少出生人口 3197.85 万人，人口总损失6048.75 万人。

中国社会科学出版社出版的彭尼·凯恩：《1959—1961 中国的大饥荒》一书中介绍了几个数据，艾德尔认为 1960—1961 年非正常死亡 2300 万，莫舍估计 1960 年非正常死亡人数在1100万至 3000 万之间。希尔估计 1958—1962 年非正常死亡人数为 3000 万人，同时有 3300 万婴儿没有出生或延迟出生。

以上前三位外国学者所推算的人数显然偏高。

四、《顾颉刚日记》的侧面印证

1960 年、1961 年，全国普遍处于饥馑状态，著名历史学家顾颉刚一家六口，也只能勒紧腰带过日子，虽然他是全国政协委员、民革中央委员，有古书古董可以变卖，能领到国家的补助，但要吃饱饭并不容易，他此时的日记里留下了大量对付吃饭问题的记录。这些日记从侧面印证了当时的饥荒严重到何等程度，连他这样国家特别保护的人尚且如此，普通人食不果腹的惨状更是可以想象得到。

《顾颉刚日记》卷帙浩繁，无所不记，举凡风物人情、学术研究、钱款账簿、诗词唱和、月旦人物无不涉及。顾颉刚才情之纵横尽在日记里发露，然而这一代学人生不逢时，战乱、迁徙、流离、疾病……在影响学术的长进，按照顾颉刚的说法，自己既不能早生数十年，走清代科学家的道路，又不能迟生数十年，享科学家的生活，恰恰偏逢乱世艰难问学。等到了 20 世纪 60 年代，吃饭问题又空前严重起来，他不得不花费心思去对付吃饭，卖古籍，换鸡蛋。

日记对吃饭的记录集中在 1960 年、1961 年，尤以 1961 年最为突出。顾颉刚在 1960 年 2 月 1 日记载："接高洪池信，悉其父逝世，函中述及宿县生活，一般以白菜籽及胡萝卜为主食，粗细粮俱无。渠一家四口均浮肿，无法医治。迩来流至北京当保姆而无粮食证者亦以安徽人为独多。何以淮河已治好，而彼处农村尚如此，深所不解。"对普通人尤其是农村人而言，若无维持生存的口粮，再加之其他技能全无、人口流动受限制，即便寄居他处也缓不济急。

何况灾荒程度很严重，“昨志成来，为言近两年之灾荒为八十年来所未有，如在解放前，将饿死人民两千万。今日不饿死一人，只是供养紧张，不吃好饭耳。予因念从前城市居民只吃西贡米或仰光米，任何饥荒都感觉不到，此亦罪孽耳。”(1961年1月17日)

周恩来在讲话中说这次灾荒是“特大灾荒”，此时身为全国政协委员、民革中央委员的顾颉刚同样要面对饥馑，何况顾颉刚一家六口，要想吃饱饭是不容易的事，“家中买不到菜，粮票亦不足，本决定到高级饭馆吃一次，以其不用粮票也。然萃华楼五人之菜二十二元，森隆则四十余元，故只得到俱乐部吃晚饭，付粮票一斤，静秋饿了肚皮回家。”(1960年11月27日)市场萧索，所以妻子张静秋为了让孩子和丈夫能多吃点宁愿自己饿肚子。

五、莫言小说的饮食思想

莫言2012年获得了诺贝尔文学奖，获奖主要由于小说《丰乳肥臀》和《酒国》，另外还被提到的是《蛙》。《丰乳肥臀》主要是因为写了吃，《酒国》则是因为写了喝，不管是吃还是喝，都是饮食，都是饮食文化。在饮食描写的背后，莫言寄托了自己的饮食思想，揭露吃人，批判，控诉。

诺贝尔文学奖是世界级的大奖，有着广泛的影响，在外国人对中国了解甚少的情况下，人们往往通过莫言的小说来体味中国，得出结论。这些小说中所描写的饮食生活就会成为世界上其他国家的人了解中国人的生活、饮食习惯、饮食思想的重要窗口。也因此，有必要分析莫言小说所反映的饮食思想。

1.《丰乳肥臀》的时代背景有一段是大饥荒时代，正好与上面所列顾颉刚的饮食生活一样成为那个时代的人们饮食生活的侧面例证

从饮食思想的角度看，本篇小说揭示了食物与生命的关系，描述了食物匮乏到要断送生命的时候人们的反应，血淋淋的直面饥饿的时候生命与尊严、伦理、道德之间的博弈。直白的说明，死亡线上的人，获得食物的需求是第一位的。

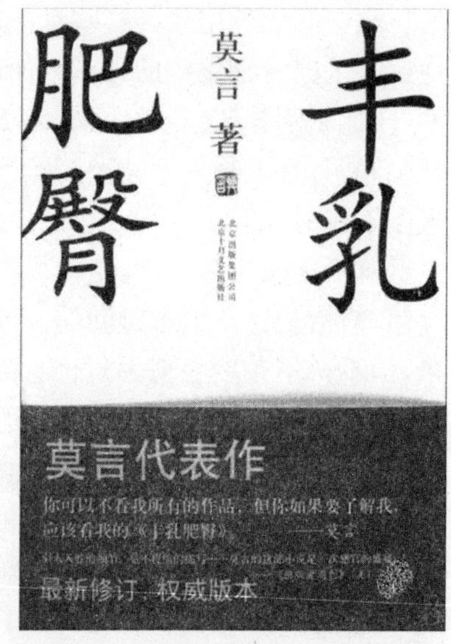

图9-3 《丰乳肥臀》书影

美国作家约翰·厄普代克评价这部小说说：“1955年出生于中国北方一个农民家庭的莫言，借助残忍的时间、魔幻现实主义、女性崇拜、自然描述及意境深远的隐喻，构建了一个令人叹息的平台。”其所说的残忍，如知识分子右派乔其莎所说：“我快要饿疯了。”右派分子政治上臭了，失去了人格，被集中起来劳动改造。“饿殍遍野的1960年春天，蛟龙河农场右派队里的右派们，都变成了具有反刍习性的食草动物。每人每天定量供给一两半粮食，再加上仓库保管员、食堂管理员、场部

要员们的层层克扣，到了右派嘴边的，只是一碗能照清面孔的稀粥。但即便如此，右派们还是重新修建房屋，并在驻军榴弹炮团的帮助下，在去年秋天的淤泥里，播种了数万亩春小麦。”

如果说这不算残忍的话，那就是“吃人肉的故事”了。发生在当代的“吃人肉”的故事，“农场里没得浮肿病的人，只有十个。新来的场长小老杜没有浮肿，仓库保管员国子兰没有浮肿，他们肯定偷食马料。公安特派员魏国英没有浮肿，他的狼狗，国家定量供应给肉食。还有一个名叫周天宝的没有浮肿”，他担任着全场的警戒任务，白天睡觉，晚上背着一支捷克步枪，像游魂一样在场内的每个角落里转悠。他栖身的那间铁皮小屋，在废旧武器场的边角上。常常在深更半夜里，从他的小屋里散出煮肉的香气。这香气把人们勾引得辗转反侧难以入睡。郭文豪乘着夜色潜行到他的小屋旁边，刚要往里观望，就挨了重重的一枪托。黑暗中周天宝的独眼像灯泡一样闪着光。“妈的，反革命，偷看什么？”他粗蛮地骂着，用枪筒子戳着郭文豪的脊梁。郭文豪嬉皮笑脸地说：“天宝，煮的什么肉？分点给咱尝尝。”周天宝瓮声瓮气地说：“你敢吃吗？”郭文豪道：“四条腿的，我不敢吃板凳，两条腿的，我不敢吃人。”周天宝笑道：“我煮的就是人肉！”郭文豪转身便跑了。

周天宝吃人肉的消息，迅速地流传开来。一时间人心惶惶，人们睡觉都睁着眼睛，生怕被周天宝拉出去吃掉。

如果这还不算残忍，那下面的故事就是残酷了。女人们为了吃上一口，出卖着肉体，“张麻子在饥饿的1960年里，以食物为钓饵，几乎把全场的女右派诱奸了一遍，乔其莎是他最后进攻的堡垒”。张麻子是个什么人？居然这般有本事？他是一个炊事员，炊事员居然这般有手段？或者说女人们就这样傻？女人们不是主动出卖肉体，是被诱骗着，赤裸裸的牵引着，还不就是为了吃上一口，为了保命。命都没了，尊严值几个钱，羞辱算什么？

最恶心的强奸就发生在乔其莎身上，诱奸的就是张麻子，那个炊事员。一个是知识分子，校花，最漂亮的，最自负的，一个是龌龊的，没有什么资本的，但是却有着馒头，可以叫你生，可以叫你死，这样一来一个愿打一个愿挨，然而无法掩盖世界上最为肮脏的交易，竟是为了吃食：

> 炊事员张麻子，用一根细铁丝挑着一个白生生的馒头，在柳林中绕来绕去。张麻子倒退着行走，并且把那馒头摇晃着，像诱饵一样。其实就是诱饵。在他的前边三五步外，跟随着医学院校花乔其莎。她的双眼，贪婪地盯着那个馒头。夕阳照着她水肿的脸，像抹了一层狗血。她步履艰难，喘气粗重。好几次她的手指就要够着那馒头了，但张麻子一缩胳膊就让她扑了空。张麻子油滑地笑着。她像被骗的小狗一样委屈地哼哼着。有几次她甚至做出要转身离去的样子，但终究抵挡不住馒头的诱惑又转回身来如醉如痴地追随。在每天六两粮食的时代还能拒

绝把绵羊的精液注入母兔体内的乔其莎在每天一两粮食的时代里既不相信政治也不相信科学，她凭着动物的本能追逐着馒头，至于举着馒头的人是谁已经毫无意义。就这样她跟着馒头进入了柳林深处。上官金童上午休息时主动帮助陈三铡草得到了三两豆饼的奖赏，所以他还有克制自己的能力，否则很难说他不参与追逐馒头的行列。女人们例假消失、乳房贴肋的时代，农场里的男人们的睾丸都像两粒硬邦邦的鹅卵石，悬挂在透明的皮囊里，丧失了收缩的功能。但炊事员张麻子保持着这功能。

人们会问，不吃嗟来之食，这是知识分子人格和尊严之所在，为什么右派分子中最为高傲的乔其莎会是这样？那还可以再问一句，谁将她置于此地？谁使她失去了一切？作家莫言在小说中回答了这些问题，不过是掩藏在对于女人乳房的描写之中，丰满的乳房、肥大的臀部之下深藏着的是批判精神。这不就是典型环境中的典型性格。

小说不仅仅如此，它还要人们明白，那个年代里，人们逃离了家园，总想着会有个吃饭的地方，但是“逃难的人有半数饿昏在大堤上。没昏的人蹲在水边，像马一样吃着被雨水浸泡得发黄发臭的水草。”

小说中最崇高的形象是母亲，“伟大”的形容词是配给她的，只有她配得上。可是在送别儿子的时候，她所嘱托的只是活着，希望儿子活着，逃到别的不管什么地方，只要能够活着。害怕儿子舍不得走，甚至引用了《圣经》：

> 母亲抱着鸟儿韩和上官来弟遗下的孩子送我到村头。她说：“金童，还是那句老话，越是苦，越要咬着牙活下去，马洛亚牧师说，厚厚一本《圣经》，翻来覆去说的就是这个。你不要挂念我，娘是蛐蟮命，有土就能活。”我说：“娘，我要省下口粮，送回来给您吃。”娘说：“千万别，你们只要能填饱肚子，娘自然就饱了。”

母亲是怎样的活着，这个伟大的母亲在人民公社的磨房帮工，母亲把偷来的豆子吃下去，回家再吐出来。她用手捂着嘴巴，跑到杏树下那个盛满清水的大木盆边，扑地跪下，双手扶住盆沿，脖子抻直，嘴巴张开，哇哇地呕吐着，一股很干燥的豌豆，哗啦啦地倾泻到木盆里，砸出了一盆扑扑簌簌的水声。吐出的豌豆与黏稠的胃液混在一起一团一团地往木盆里跌落。终于吐完了，她把手伸进盆里，从水中抄起那些豌豆看了一下，脸上显出满意的神情。

但是母亲也有着愧疚，受着良心的谴责，向儿子诉说：“娘这辈子，犯了千错万错，还是第一次偷人家的东西……‘第一次往外吐，要用筷子搅喉咙，那滋味……现在成习惯了，一低头就倒出来了，娘的胃，现在就是个装粮食的口袋……’”

食物是充饥的，一旦食物的供应不能满足生命保存的最低量的时候，人就会想尽办法去获得食物，这似乎是天经地义的，是不需要证明的道理。生命的价值高于尊严、人格，这就是本小说所要说明的。知识分子本是社会的良心，他们有着高傲的头颅，有着宁死不屈的倔强等等的优秀品质，可是在小说里，他们苟延残喘，为了一口馒头出卖肉体，出卖灵魂。再看看伟大的母亲，竟然为着一口吃食，落为小偷。小说并不是仅仅为了描写这些，而是要刺激读者找寻背后的原因，是谁主宰着食物的分配，为什么只给每天一两多、六两多？是谁在对社会负责，是什么原因使得社会扭曲、人格扭曲？作者启示着读者的回答。

2.《酒国》

《酒国》以酒为线索，更多地写到了吃，然而吃得太残酷，真的是血淋淋的吃人。汉语中有食其肉、寝其皮，置之死地而后快这样的成语典故，对外国人无法解释得通，词语所表达的极度愤怒吃人肉也是历来不被允许的。

如果说《丰乳肥臀》还没有很明显地托出应该诅咒的对象，那《酒国》就要直截了当得多，批判的对象是官僚体制、腐败体系。对20世纪90年代的公款吃喝等不正之风进行了深刻的批判，对禁绝这种歪风同时也感到无奈无助。明代小说《水浒传》《西游记》中大肆渲染人吃人的情节，反映了中国历史上经常出现的吃人肉的风俗。而继《丰乳肥臀》之后，在《酒国》一书中再次揭示了这一现实。但有吃人，吃人肉，而且是堂而皇之的，所描绘的情节更强烈，更夸张，更刺激，更令人窒息。

《酒国》中，最美味的佳肴是烤三岁童子肉。男童成为很难享受到的食品。而女童，因无人问津反而得以生存，女婴被流产，女孩子不够好，都没人愿意吃她们。莫言将此一主题更加充分的展示在另一部小说《蛙》中。在莫言的笔下，吃人肉象征着毫无节制的消费、铺张、垃圾、肉欲和无法描述的欲望，只有他能够跨越种种禁忌界限试图加以阐释。

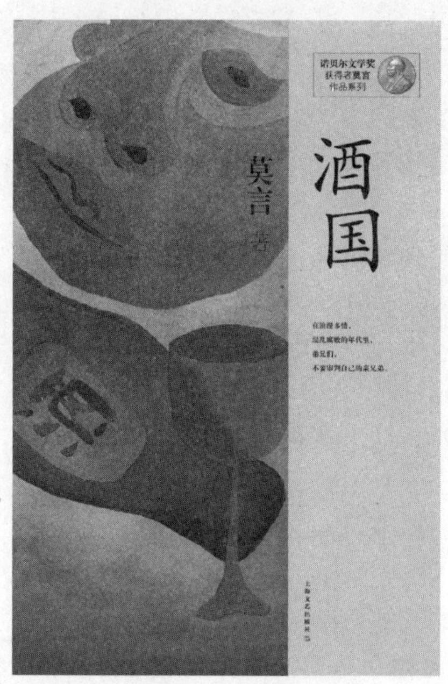

图9-4 《酒国》书影

《酒国》更加直接地表达了饮食思想。“酒国”被说成是一个城市，显然不通，中国历程历代都没有把一个城市叫做“国”的，中国的政治对城市有着严格的规定，除了国都可以称“国”，其余一概不允许，如果这样命名城市，那就是造反。“酒国市”显然就是中国。

“酒国”俨然是酒的国家，中国历史上有许多文人想象的酒国，如晋代陶渊明有《桃花源记》，唐代的王绩就有《醉乡记》，那里没有政治，只有酒和安乐享受。莫言的

"酒国"除了酒和安乐之外,充斥着政治,斗争,血淋淋,赤裸裸。这里每一个人都是酒鬼,每一个人的酒量都大得吓人,这里的人从不喝茶只饮酒,这里的一切事情都解决在酒席上。这里有专门的研究酒的大学,大学的教授专门研究如何将三岁的男婴烹制成美味。酒国的人十分自豪,"咱酒国有千杯不醉、慷慨悲歌的英雄豪杰,也有偷老婆私房钱换酒喝的酒鬼"。"放眼酒国,真正是美吃如云,目不暇接:驴街杀驴,鹿街杀鹿,牛街宰牛,羊巷宰羊,猪厂杀猪,马胡同杀马,狗集猫市杀狗宰猫……数不胜数……总之,举凡山珍海味飞禽走兽鱼鳞虫介地球上能吃的东西在咱酒国都能吃到。外地有的咱有,外地没有的咱还有。不但有而且最关键的、最重要的、最了不起的是有特色有风格有历史有传统有思想有文化有道德。听起来好像吹牛皮实际不是吹牛皮。在举国上下轰轰烈烈的致富高潮中,咱酒国市领导人独具慧眼、独辟蹊径,走出了一条独具特色的致富道路。"酒国的口号是:"要让来到咱酒国的人吃好喝好。让他们吃出名堂吃出乐趣吃出瘾。让他们喝出名堂喝出乐趣喝上瘾。让他们明白吃喝并不仅仅是为了维持生命,而是要通过吃喝体验人生真味,感悟生命哲学。让他们知道吃和喝不仅是生理活动过程还是精神陶冶过程、美的欣赏过程。""酒国"高举酒的旗帜,将它视为神圣的信仰:"酒味里有一种超物质在运行,它是一种精神,一种信仰,神圣的信仰,只可意会不可言传——语言是笨拙的——比喻是蹩脚的。"

《酒国》中主要人物都是为着便于饮食思想的展开而设计的,李一斗,酒量一斗,豪爽型的,他是酒国酿造学院勾兑专业的博士研究生;李一斗的岳母、岳父,都是酿造学院的教授。李一斗有一部酒史,有如何评价美酒的独到理论:

老师,偌大个世界,芸芸众生,酒如海,醪如江,但真正会喝酒者,真正达到"饮美酒如悦美人"程度的,则寥若晨星,凤其毛,麟其角,老虎鸡巴恐龙蛋。老师您算一个,学生我算一个,我岳父袁双鱼算一个,金刚钻副部长算半个。李白也算一个……"举杯邀明月,对影成三人",何谓三人?李一人,月一人,酒一人。月即嫦娥,天上美人;酒即青莲,人间美人。李白与酒合二为一,所谓李青莲是也。李白所以生出那么多天上人间来去自由的奇思妙想,概源于此。杜甫算半个,他喝的多是村醪酸醴,穷愁潦倒,粗皮糙肉,都是枯瘦如柴的老寡妇一个样,所以他难写出神采飞扬的好诗。曹孟德算一个,对酒当歌就是对着美人唱歌,人生短暂,美人如朝露。美是流动的、易逝的,及时行乐可也。从古到今,上下五千年,数来数去,达到了饮美酒如悦美人的至高艺术境界的,不过数十人耳。余下的都是些装酒的臭皮囊。灌这种臭皮囊,随便搅和一桶辣水即可,何必"绿蚁重叠"?何必"十八里红"?

作家莫言也是小说的主要人物,莫言生在酒乡,志在酒文化,小说中他的自我介绍说:

> 我的故乡,也是酿酒业发达的地方,当然与你们酒国比较起来相差甚远。据我父亲说,解放前,我们那只有百十口人的小村里就有两家烧

高粱酒的作坊，都有字号，一为“总记”，一为“聚元”，都雇了几十个工人，大骡子大马大呼隆。至于用黍子米酿黄酒的人家，几乎遍布全村，真有点家家酒香、户户醴泉的意思。我父亲的一个表叔曾对我详细地介绍过当时烧酒作坊的工艺流程及管理状况，他在我们村的“总记”酒坊里干过十几年。他的介绍，为我创作《高粱酒》提供了许多宝贵素材，那在故乡的历史里缭绕的酒气激发了我的灵感。

我对酒很感兴趣，也认真思考过酒与文化的关系。我的中篇小说《高粱酒》就或多或少地表达了我的思考成果。我一直想写一篇关于酒的长篇小说。

莫言还有名言：“酒就是文学”“不懂酒的人不能谈文学”。

莫言崇拜酒，他对李一斗博士想改行写小说大为不解：“莫言：你是研究酒的博士，这的确让我羡慕得要命，如果我是酒博士，我想我不会改行写什么狗屁小说。在酒气熏天的中国，难道还有什么别的比研究酒更有出息、更有前途、更实惠的专业吗？过去说‘书中自有黄金屋，书中自有千种粟，书中自有颜如玉’，过去的黄历不灵了，应该把‘书’改成‘酒’。你看人家金刚钻金副部长，不就是仗着大海一样的酒量，成了酒国市人人敬仰的大明星吗？你说，什么样的作家能比得上你们的金副部长呢？”

莫言口中的金副部长就是这个国中巧舌如簧的金部长金刚钻，这个人物形象极具象征意义，他犹如戈培尔，同样的担任宣传部长，同样的掌握着金刚钻，翻手为云覆手为雨，颠倒黑白。他的酒量酒国第一，他所吃的肉孩不计其数，就连省里来的特级侦察员也都被蒙蔽了。省人民检察院的特级侦察员丁钩儿奉命到酒国侦察金刚钻部长吃婴儿的案件，他已经查清了事实，但是在酒席之中醉了，他也吃了肉孩，而且是和金部长一起吃的。“丁钩儿同志与我们同流合污了，你吃了男孩的胳膊”，这时金刚钻又做丁钩儿的思想工作，说：“哎哟我的同志哟，你可真叫迂。开玩笑逗逗你吗！你想，我们酒国市是文明城市，又不是野人国，谁忍心吃孩子？你们检察院的人竟然相信这样的天方夜谭，一本正经地派人调查，简直是胡编乱造的小说家的水平嘛！”

小说最为震撼人心的是宴席，人肉宴席。然而餐具和先上的凉菜很一般，丁钩儿继续观察：圆形大餐桌分成三层，第一层摆着矮墩墩的玻璃啤酒杯、高脚玻璃葡萄酒杯、更高脚白酒杯、青瓷有盖茶杯、装在套里的仿象牙筷子、形形色色的碟子、大大小小的碗、不锈钢刀叉、中华牌香烟、极品云烟、美国产万宝路、英国产555、菲律宾大雪茄、特制彩盒大红头火柴、镀金气体打火机、孔雀开屏形状假水晶烟灰缸。第二层已摆上八个冷盘：一个粉丝蛋丝拌海米、一个麻辣牛肉片、一个咖喱菜花、一个黄瓜条、一个鸭掌冻、一个白糖拌藕、一个芹菜心、一个油炸蝎子。丁钩儿是见过世面的人，觉得这八个冷盘平平常常，并无什么惊人之处。

在中国，在当代，你吃过人肉吗？你吃过三岁男孩的肉么？为什么吃人？他们为什么要吃小孩呢？小说通过男婴的口中说道："道理很简单，因为他们吃腻了牛、羊、猪、狗、骡子、兔子、鸡、鸭、鸽子、驴、骆驼、马驹、刺猬、麻雀、燕子、雁、鹅、猫、老鼠、黄鼬、猞猁，所以他们要吃小孩，因为我们的肉比牛肉嫩，比羊肉鲜，比猪肉香，比狗肉肥，比骡子肉软，比兔子肉硬，比鸡肉滑，比鸭肉滋，比鸽子肉正派，比驴肉生动，比骆驼肉娇贵，比马驹肉有弹性，比刺猬肉善良，比麻雀肉端庄，比燕子肉白净，比雁肉少青苗气，比鹅肉少糟糠味，比猫肉严肃，比老鼠肉有营养，比黄鼬肉少鬼气，比猞猁肉通俗。我们的肉是人间第一美味。"

"他们吃我们（小孩）方法很多，譬如油炸、清蒸、红烧、白斩、醋熘、干腊，方法很多哟，但一般不生吃。但也不绝对，据说有个姓沈的长官就生吃过一个男孩，他搞了一种日本进口的醋，蘸着吃。"

为什么会发生吃人的事情呢？在酒国的一把手胡书记、蒋书记（"我们酒国市委蒋书记用童便熬莲子粥吃，治愈了多年的失眠症。尿神着哩，尿是世界上最美好的液体，更是最深奥的哲学。"李一斗语）和金部长等等党政领导人只是穷奢极欲地讲究感官享受，而且花样翻新，求新求怪求刺激地十分变态地竟然到了吃红烧婴儿的地步，酒国自认为"酒国市领导人独具慧眼、独辟蹊径，走出了一条独具特色的致富道路"，并且将国营企业、大学都推入酒的泥潭。小说的取景来自中国酒风流行，奢华风靡，竞相比吃、比豪华、比奢侈的现实。小说批判的对象十分清楚。这就是《酒国》的主题思想，就是莫言的饮食思想：酒毁灭着这个国家，吃蚕食着这个国家；吃遍了天上的，吃遍了地上的，就会吃人；某些行为致使社会风气重男轻女，就是吃人；腐败使得国将不国。而责任者，就是领导者。

人为地、强力地、长期地干预生育，不仅会导致严重的经济问题，也会导致严重的社会问题。加剧的第二胎的生男现象强化了性别比失调，导致下一代中更加缺少女性，有学者指出到 2020—2030 年将有五分之一的中国男人终身不可能结婚。而这又将是暴力犯罪的温床。

《酒国》所提出的问题是借着酒劲、耍着酒疯提出来的，实际却是十分认真的。

第四节　华东三市民众饮食思想的调查

饮食文化思想的调查应该是饮食思想研究的十分重要的基础性工作，然而大陆很少进行，不能说不是一件憾事。江南大学文学院组织学生对江苏扬州、无锡、苏州三地的饮食思想进行了社会调查，取得了一些数据，可供研究者使用。扬州、无锡、苏州地处华东，属于经济发达地区，又是我国传统饮食文化的重要传承地，是淮扬菜系的覆盖区，但又同时受海派菜系的辐射，所以具有特殊性。

一、调查提纲

江南大学饮食思想研究所所长徐兴海教授拟定调查提纲并担任指导，其所拟定的《饮食文化资源调查提纲》如下：

（一）本调查的目的、意义、方法

本次调查的目的在于从华东三地（扬州、无锡、苏州）饮食现象看中华饮食民俗文化、察改革发展国情民生，为祖国60华诞贡献大学生们自己的力量。本团队在调查研究的基础上形成各地区饮食思想调研报告，着重从三个城市的菜系归属创新、美食街区分布、中华老字号发展传承等特色调查入手。

本调查为研究性的调查，为饮食思想的研究而进行。本调查应用科学方法，对特定地区的饮食文化现象进行实地考察，了解其存在的现状、发生的原因和相关联系，从而提出解决问题的对策。

“民以食为天”，饮食文化是中华文化的核心，体现于日常生活之中，是外在表象化而又极富深刻的内涵，百姓日用而不知，所以需要调查并予整理。

本次列入调查范围的无锡、苏州、扬州地处华东，从整体而言，其饮食民俗文化同属江南，但又有重大的区别。无锡、苏州靠近上海，受海派菜系的影响较大，而扬州则是淮扬菜系的代表地区，在原料制作、烹饪方式等方面有很大不同。同时，城市与农村又有较大区别。细微之处有待调查时的仔细认真。普查时需要注重理解郊区农村与城市之间的互动关系，把握宏观背景。农村饮食民俗文化普查强调以村落调查为单元，在调查个案的基础上，来认知某一地区的饮食民俗文化。

（二）本调查应有的态度

（1）求益的态度：力求促进社会进步，解决社会问题，增进人民幸福。

（2）求实的态度：尊重客观事实，真实地记录。

（3）求教的态度：眼睛向下，虚心向群众学习与求教，使自己在实际工作中得到锻炼。

（三）本普查纲目共分为六个部分

1. 地域概况

（1）方位边界

（2）行政区划的历史沿革

（3）街区布局

（4）河湖体系

（5）交通要道

（6）人口职业构成

（7）商业场所的分布

（8）社交娱乐场所的分布

2. 商业民俗

（1）基本情况

① 本区商业民俗有什么典型的特征？

② 本区有没有食品街？

③ 近百年来受社会变革、外来工商业的冲击，商业传统发生了怎样的变化？

④ 本区是否举行过饮食思想节（食品、餐具等）？效果如何？有什么特点？

(2) 商业种类

① 本区“坐商”有哪些（如茶叶店、干果店、饽饽店、酱园儿、小吃店等）？分布在哪里？经营者来自什么地方？经营哪些种类？

② 本区有哪些饮食老字号？经营历史怎样？在其他地方是否还有分号？信誉如何？有什么相关的故事与传说？有什么特色？服务上有什么特点（穿着打扮、言谈举止等）？幌子是怎样的？建筑、门匾和室内布局有怎样的特征？

③ 本区还有哪些主要的饮食店铺？与老字号相比，这些店铺内门面和布局有什么不同？商品货色如何？销售和服务上有什么特点？

④ 菜摊、鱼肉摊等摊贩一般集中在哪里？出售哪些食品？

⑤ 本区有哪些流动商贩（如卖菜的、卖鲜果的、卖豆汁的、卖馄饨的等）？主要来自什么地方？经营什么商品？是否受到坐商或当地街坊的限制、歧视？

⑥ 本地区有无酒厂？做什么酒？怎样经销？

(3) 交易习惯

① 本区有饮食集市吗？按食品分有哪些（休闲食品、小吃、大排档、饭店等）？按开市时间分有哪些（早市、夜市等）？各在什么地方？有什么特点？

② 饮食店铺每天营业的时间怎样？开门打烊的时间随着季节的变化有什么不同？年关歇业、新年开业有什么特别的讲究？

③ 不同种类的食品来源、进货渠道怎样？货物各有什么特色？这些货物需要进行怎样的再加工？

④ 饮食店铺是怎样推销自己的？相邻店铺和同类商品店铺之间的关系怎样？新店铺开张时有什么仪式？一般都用什么方法吸引顾客？

⑤ 饮食老字号平常是怎样经营的？是否提供上门服务？有什么招揽顾客的特殊方法？

⑥ 小贩走街串巷叫卖时，其外表有什么特征？最吸引人的是什么？有什么特别的声音标志他的到来吗？他们出现的时间早晚怎样，有什么规律？每天有固定的行走路线吗？他们对街坊的生活产生了怎样的影响？街坊对他们有何看法？

(4) 商业组织

① 饮食店铺在什么地方？有多少店员？这些人从哪里来？性别构成情况怎样？

② 饮食店铺是什么时候创办的？创办人是谁？独资还是合资？股东有什么样的组织形式？招聘、辞退的规矩有哪些？资金收入、支出的管理如何？

③ 饮食店铺里有哪几种人（掌柜、账房、雇员、学徒等）？分工、职责怎样？

工钱多少？相互之间如何称呼？

④ 在店里学徒，有什么条件？多长时间出徒？学徒一般在店里做些什么？学徒之间有差别吗？

⑤ 从事饮食行业的店铺之间联系多吗？有饮食行业的商会或行会吗？叫什么名字？

⑥ 商会或行会主要做哪些事？怎样议事？如何解决行内纠纷？会长如何产生？

⑦ 小贩是否有自己的组织？

⑧ 本行业有祖师爷吗？在哪里供奉？一般在什么时候烧香？祭拜过程怎样？祖师爷的来历有什么说法？

(5) 从业人员生活

① 掌柜、账房、雇员、学徒等人的收入怎样？生活水平与社会地位如何？与哪些人通婚？社会交往情况怎样？有没有特殊规定？

② 从业人员有血缘、亲缘或地缘关系吗？有无拜师仪式？师徒之间、学徒之间的关系如何？

③ 店铺内特殊技艺如何习得和传授？有什么口诀吗？

④ 雇员或学徒每天的作息时间怎样？一日三餐吃什么？饮食店员工的饮食是另外单独制作的吗？一年中哪些时候放假？学徒从什么时候有收入？在特殊场合或节日有无特别的待遇？

⑤ 雇员或学徒一般住在哪里？没有顾客的时候都做些什么？

⑥ 本行业有什么节日？如何过？

⑦ 本行业有哪些行规、禁忌、行话？

3. 交往民俗

(1) 亲戚之间如何称呼、走动？回娘家有哪些规矩？是否将食品作为礼品？

(2) 平常探亲访友是否将食品作为礼物？为什么？如何回礼？

(3) 主客之间如何寒暄？如何奉茶、敬烟？

(4) 通常主人请客人吃什么？是在家里做还是到饭庄去，或在饭庄叫菜？陪客吗？餐桌的座次如何？上菜的顺序怎样？怎样敬酒？饭后是否用茶或点心？

(5) 什么节日必须要拜访亲友？拜访哪些人？携带礼物中有无食品？如何回礼？

(6) 通常主人请客人吃什么？谁做饭？请陪客吗？餐桌的座次怎样？上菜的次序如何？怎样敬酒？划拳吗？行酒令吗？

(7) 留宿客人的饮食有什么特别的讲究吗？

(8) 通常有流动的戏班、艺人、电影队来村里或社区表演吗？怎么出资、接待、酬劳他们？他们在哪里食宿？是吃派饭，还是在饭馆里吃？

4. 岁时节日

(1) 春节的庆祝活动什么时候开始？节期多长？

(2) 腊八粥如何制作？相互馈赠吗？喝腊八粥有什么讲究？

(3) 什么时候过小年？祭灶的仪式怎样？

(4) 除夕有哪些活动(接灶神、供佛龛神像、吃团圆饭、吃饺子、守岁、压岁)？还有其他活动吗？有什么禁忌吗？

(5) 拜年有什么饮食上的讲究(包括拜村神、访亲朋好友)？

(6) 初八到元宵节之前还有什么饮食上的特殊安排？

(7) 元宵节有什么特别的饮食？如何制作？

(8) 二月二有无春饼等特殊饮食？

(9) 清明节怎样祭祖扫墓？祭献时有特殊的饮食吗？

(10) 端午节怎么过？有戴香包、插艾蒿、喝雄黄酒、吃粽子等习俗吗？

(11) 中秋节的饮食怎样？有什么讲究？

(12) 其他节日如填仓、中和节、五月十三、六月六、七夕、中元、重阳、寒衣、冬至等节日，在饮食上有哪些习俗？有哪些传说、故事？

5. 人生礼仪

(1) 生育

① 在妇女怀孕期间，有催生的习俗吗？孕妇的饮食有什么讲究？

② 如何帮助产妇"下奶"？产妇"下炕"饮食有什么讲究？小孩姥姥家来人"伺候月子"吗？

③ 怎么过满月？有什么特殊的饮食习惯？

④ 小孩过百日举行什么礼仪？有什么特殊的饮食？

⑤ 小孩周岁有哪些习俗礼仪(亲友送礼、吃"百家饭"、穿"百家衣"、小儿取名等)？

⑥ 为小孩消灾祛病有哪些饮食习俗？

(2) 婚姻

① 婚俗中对饮食有特殊要求吗？

② 有订婚的习俗吗？饮食有特殊的要求吗？和结婚的饮食有区别吗？

(3) 寿诞

① 老人有没有什么专门的食品？饮食上有没有特别的讲究？

② 一般在什么年龄上开始举办寿筵？如何拜寿？

③ 儿女一般给父母送什么礼物？有什么讲究？是否有饮食一类的礼物？

④ 还有其他尊老、敬老的饮食习俗吗？

(4) 丧葬

丧葬时对饮食有没有特殊的要求？

(5) 饮食习俗

① 当地水资源丰富吗？水井分布情况怎样？有哪些用水的习俗？村落怎

样保护水源的清洁?

② 当地平常是三餐制吗?有什么特殊情况?有季节性两餐的习俗吗?

③ 早、午、晚三餐常吃什么、喝什么?主食、副食,米食、面食以何为主,干稀又是如何搭配的?

④ 不同季节和农忙农闲的饮食有明显的区别吗?都吃什么饭菜?

⑤ 一年四季都有哪些不同的小吃?这些食品有何工艺特点及相关风俗?是购买还是自制?如何制作?

⑥ 有哪几种宴席的席面?有什么区别?有何讲究?婚丧嫁娶时宴席大小?有哪些特殊菜肴?

⑦ 日常和宴饮时餐桌上的座次分别有什么讲究?吃饭时有哪些禁忌?

⑧ 家中一般使用什么餐具、炊具?

⑨ 当地的消费情况?标准?

本调查作为江南大学文学院2009年的学生暑期社会实践活动,结合自身的学科设置和依托学校的强势专业,组建了一支饮食思想本硕博调研团。参加的本科生有张斌等8人,还有饮食思想专业硕士研究生程程、史修竹2人,总计10人。

二、调查结果

由于时间安排等原因,本调查没有全部完成,只是得出了部分结果。

所形成的实践报告如下:

此次调研的项目名称为:从华东三地(扬州、无锡、苏州)饮食现象看中华饮食民俗文化、察改革发展国情民生。

团队成员分为三组,分别由博士生、硕士生作为小组领队前往三地进行调研。团队共制定了两张调查问卷,分别为:美食街特色传承和大众接受度的调查(根据地域不同设计了不同的问题)和饮食习惯调查。在当地,小组主要以街头问卷、随机采访、定点访谈等形式进行调研活动。

此次饮食思想的调查报告,主要就"美食街与老字号""饮食文化习俗""饮食习惯"和"饮食的大众接受度"四大方面进行总结归纳,对三地区的情况做一个详细的对比研究。

1. "美食街与老字号"方面

(1) 传统小吃的尴尬地位

本次三地的饮食思想调查在老字号的调查研究上主要分为"被调查者对饮食的偏好、见解""饮食文化街发展的区位、宣传、受欢迎因素""饮食老字号"和"古代名食名点的开发"四个方面。此次三地的调查受众主要集中在18—30岁的人群,占总调查人数的73.5%,这类人群主要是80后的年轻人居多。

随着现代西式快餐和各国料理的餐饮市场的悄然升温,调查中大多数人对各地的民俗小吃甚至是老字号的光顾越来越少。在"对被访者对于饮食偏好"等方面的调查走访中,问卷中主要涉及消费者对饮食一条街特别是小吃街的光顾频率、光顾类型、平均消费水平以及对价格价位的评价态度这四个方面。在光顾频率上，调查发现，约有50%的人群选择了不怎么去小吃街，排除每周或者每月去一次的人群，真正青睐小吃美食并一直保持着较高光顾率的人群不到总调查人数的5%。小吃街对于大众吸引力的逐步减少令人担忧。而在对喜欢的餐饮店的类型调查中，除去约有12%的人选择了西式快餐店或西餐厅，大多数人选择了喜欢在中式餐厅或者在家里吃饭。可见，现今人们对于中餐的偏爱还是占主体地位。就消费者在美食街的消费水平方面，绝大多数(80%)的被调查者选择了"每次在饮食街的消费水平为500元以下"，这也体现了小吃街不同于普通餐馆的价格低廉、经济实惠的显著优势。另外，在对"价格价位"的评价的调查中，46%的人群选择了"没有在意过价位"，而其他约有43%的人则认为"价格较贵，难以接受"或者"价格偏高，但可以接受"。可见被调查人群中有近一半的人认为小吃的价格是偏高的，而真正选择"价格比较合理，可以接受"的人只有11%。

调查者在走访中总结后认为这并不是小吃行业的自身的价位问题，而可以说是现在许多人对小吃的心理定位与现实的偏离，将小吃定位在一个作为低价消遣的位置，而小吃作为中华民族文化的一部分——饮食思想的重要组成，实际上已经成为一种文化、一种传统被保持、发展着，品味小吃也应该是变为一种较高品位的休闲行为。这样看，人群的反应就变得可以解释了。

(2) 区位因素和服务意识影响传统美食发展

饮食小吃街发展的区位、宣传、受欢迎程度等也是影响传统美食发展的重要因素。在调查过程中，绝大多数被调查者认为现在饮食行业的服务水平较好("服务周到，服务人员很有服务意识"选项占33%，"服务水平一般"选项占63%)，餐饮店经营者重视服务水平("经营者重视服务水平"选项占66%)，体现了当下饮食行业注重服务的总体的良好趋势。对于"饮食街发展的主要区位条件"，问卷中"交通""商业繁华""人流众多"三个选项占了绝大部分。

这里值得注意的是"商业繁华"这一选项，以苏州的调研为例，此次苏州实践选择的地点是作为苏州美食老字号聚集地的同时也是苏州商业中心的观前街，所以商业繁华的特点较其他城市地区而言更为显著。在宣传方式的调查中，人们反映所接触的宣传方式五花八门，除去主要的"电视广告""店铺海报"，还有门前招揽、发放宣传单、赠送消费券，甚至某一时段的免费品尝等等。而在宣传的成效调查中，受调查者认为店家的宣传成定期宣传模式，节假日的宣传人气较旺。在对受调查者的走访中我们还发现，人们对于餐厅店家的要求，除去以产品质量与服务为绝对主导(占90%)以外，人们对于餐厅的装修环境、交通等方面的要求也有增多的表现，体现了现今人们对于食品除去"吃"本身外，还对于"享受"的逐步重视。

但是在对无锡、扬州的调查结果来看，被调查人群中无锡有64%的人认为老字号所在店的服务态度一般，仅有25%的人认为服务态度较好；扬州的调查中只有19%的受众认为"店家服务周到，服务人员很有服务意识"，绝大多数

(73%)只是觉得一般。在无锡,对于企业的服务理念大家纷纷表示没什么感受。对美食街的宣传,大家也不是十分满意。

在关于开发当地特色的古代美食的态度上,无锡有57%的人认为需要发展古代的名食名点,但仍有14%和29%的人抱有或者反对或者无所谓的态度。无锡将近85%的人不知道惠泉酒(宋代享誉全国的无锡酒)和倪瓒(云林)(元代无锡的美食家)。当问及哪一家的文化氛围最好,大家的答案丰富多彩,集中在穆桂英、皇亭、熙盛源、王兴记、拱北楼、三凤桥。而在扬州有高达70%的人认为有必要开发古代名点小吃,72%的受访者认为古代美食很有价值。对于扬州红楼梦饮食的开发也有30%的知晓率。

在"对本地饮食老字号的熟悉程度"的调查中,我们惊讶地发现,超过半数(58%)的人表示并不知道具体哪些是当地的饮食老字号或对饮食老字号的概念不清晰。在之后对饮食老字号的印象和评价中,甚至列举了许多并不是老字号的店家。在对苏州饮食老字号的列举调查中,只有以拍摄了《满意不满意》《小小得月楼》《美食家》三部电影而闻名的得月楼菜馆和以苏州名菜松鼠鳜鱼闻名的松鹤楼菜馆被大多数年轻人所提及,而更多的老字号只是更老一辈人所熟知。但必须说明的一点是:由于我们的调查时间适逢双休日,地点为市中心,所以接触到的受访者多数是中年人或青年人,各年龄段的调查并不均衡。

"美食街与老字号"的调查综合显示,人们对于饮食老字号和何为古代的名食名点的概念其实并不清晰,中华传统美食在当今的商业化社会冲击下确实前途堪忧。

2."饮食文化习俗"方面

(1) 进餐礼仪的考究

在调查中,苏州市民对饮食文化的了解程度并不是太高,大部分是只了解一点点(三地平均70%是这一状况);当问及中国有几大菜系及其名称时,只有20%的人能够答出,有部分市民对当地菜属于哪个菜系也不甚清楚。无锡和扬州的调查结果分别为56%和89%。

在三地调查中发现,有关进餐的基本仪式讲究与否同市民的职业、年龄和受教育程度密切相关。职业上,"只在重要场合才讲究"(43%)的一般是政府工作人员、公司职员或者是个体经营者等有稳定的工作和固定收入的人群,"不怎么讲究"(50%)的人则集中在自由职业者或是无业者。在年龄上,中老年人在饮食礼仪上较为讲究,年轻人则不甚在意。

(2) 特色美食与当地文化经济的联系

在苏州的调查中,我们特地在陆文夫及其小说中挖掘出了一些东西。陆文夫的小说《美食家》是一部有着大量苏州饮食文化与风俗描写的文学作品。作品中精致地描摹了古城苏州的风土人情、园林风景、吴越遗迹、风味小吃、吴侬软语、石板小巷、小桥流水等等,具有独特的文化地域魅力,赢得了"小巷文学"和"苏州文学"的美称。受调查者中对陆文夫有所了解的占23%,其中大多数是通过《美食家》知晓他的。对于怎样的食品才能够得上"美食"这一问题的调查，大部分人群都趋向于美食的色香味。在其他答案中，安全卫生也是一个关注颇多的方面。其他的答案还有营养健康、大众化口味、物美价廉、具有地方特色等。其中值得一提的是要求食物的营养健康。

在调查中，我们也搜集了苏州人在一些传统节日的饮食习俗，见表9-1。

表9-1　苏州传统节日饮食习俗

传统节日	饮食习俗
大年初一	年糕、小圆子、元宝茶(青橄榄)、春饼
元宵节	元宵、汤圆
二月初二	撑腰糕
清明节	青团子、酱汁肉、长江刀鱼、螺蛳、豆新茶
立夏	咸鸭蛋、酒酿饼、松花团、酒酿、蚕豆、面筋、芹菜
端午节	粽子、雄黄酒
小暑	黄鳝
七月初七	巧果、瓜果、莲藕
中秋	月饼、南芡、红菱、莲藕、芋艿、糖炒栗子、白果、石榴
重阳节	重阳糕
十月底	"九雄十雌"大闸蟹
冬至夜	冬酿酒、羊糕、冬至团子、熟荸荠
冬至日	早晨吃圆子和南瓜团子
腊月初八	腊八粥
大年夜	年年有鱼、蛋饺、青菜、如意菜、笋干

就"你对我国哪一个传统节日的饮食了解"这一问题的问卷，三地调查的结果比较集中在"春节"。

在回答"现在人们吃饭追求的境界是什么?"这个问题时，其中超过一半的人选择了养生这一项，尤其是中老年朋友。他们特别注重养生之道，同时相信食物对于人的身体健康有着重要的作用。选择解馋的也将近30%。如今，广大消费者还是比较注意饮食健康，在健康的基础上去追求味道鲜美的菜肴已成为一种趋势，而不再是以往的对大鱼大肉这样的荤食一味的追求。

由此可见现代人的饮食观念已经发生了一定的转变，吃饱已经不再是他们饮食的最根本目的了，吃好成为人们另一种追求时尚。

在调查中，仅有33%的人不怎么去小吃街，大多数人都会定期去小吃街。

外出吃饭的理由也很多，居多的是朋友聚会，占了43%，其次是招待客人和兴趣爱好，分别占了22%和21%。

这足以说明人们对饮食的要求越来越高，人们的饮食观念也逐步增强。

无锡人爱吃，吃的方法和层次也各有不同，但对于一道菜式的最主要部分，66%的人认可的还是味道，36%的人认为营养重要，仅有4%的人认为外形是最主要的。扬州的调查结果也类似，有55.6%的人选择味道更重要些。由此我们可以清楚地看到，人们的饮食观念还是以务实为主，人们普遍追求更好的营养与更鲜美的味道，只要外形不令人作呕，一般人没有多大意见。而且，不同的人对此有不同的认识，中年以上的人群一般会优先考虑营养而非味道，而青年一边偏重于对味道的选择。总体上，味道似乎是决定一道菜成功与否的关键。而我们知道，中国人一向是以味道为重的，不然也就不会有如此之多的菜系分类了。人们在日常生活中，吃吃喝喝多不注重进餐的基本仪式，很多人认为进餐仪式只有在重要场合才讲究。无锡人是比较求实的，不喜欢太多太麻烦的做作，而且无锡是靠先进的快速机械化发展起来的，所以在用餐的讲究上没有那么细致。而扬州人对于美食的要求还是比较讲究，淮扬菜的特点就是选料严谨、因材施艺；制作精细、风格雅丽；追求本味、清鲜平和。

3. “饮食习惯”方面

中餐和西餐比较起来，中餐更受欢迎；在饮料和茶饮之间，茶饮仍占主流。

扬州、无锡、苏州都是我国传统饮食文化的重要传承地，因而三地人的饮食习惯也大多偏向传统中餐。问卷调查中分别有61%和35%的受调查者喜欢在中餐厅和家中就餐，而在常用的餐具中比例较高的也是碗(90%)、筷(99%)、碟子(49%)等中式餐具，在饭前和饭后喜喝的饮品也以白开水(36%)、茶类饮品(32%)为主，而不是咖啡、汽水等新型饮品，尤其是咖啡这样的西式饮品在受调查者中的选择度仅为1%。

城市化进程对传统烹饪的影响：

以苏州为代表的苏帮菜是以“南甜”风味见长，传统的苏州人也尤其偏爱甜食，这从苏州的特产——蜜饯、糖果、糕点可见一斑。扬州的淮扬菜系在烹饪上则善用火候，讲究火功，擅长炖、焖、煨、焐、蒸、烧、炒。此次问卷中三地平均有31%的人选择喜欢甜味的食物，然而值得注意的是选择辣味和咸味的受调查者却以36%和34%的比例超过选择甜味的受调查者。同时值得注意的还有当地人烹调方式的改变。苏州人原来传统的苏式菜肴以炖、焖、煨、焐为主，兼融炸、爆、熘、炒、煸、煎、烤、蒸等烹调手段，“精工细作”是苏式食品的风味特色。在调查中，虽然煮(36%)、煲(34%)、蒸(38%)等传统烹调手段仍占有较大比重，但却被炒(59%)这一快速的烹调手段远远超过。扬州、无锡两地也同样呈现出一“炒”统天下的局面。由此可见两方面：第一，随着城市的发展和开放，城市人口的构成发生了变化，部分外来人口改变了苏州的人口比例，人们的饮食习惯和口味也随之发生变化。第二，随着经济的发展和现代食物的涌入，人们的饮食选择变得更为丰富，人们的饮食心理和习惯受到潜移默化的影响并逐渐发生改变。

然而苏州、无锡人的饮食习惯也存在一些隐患和缺陷。首先，总体上苏州和无锡两地的人还是嗜甜，但长期大量摄入的糖分如果超出人体的需要和肝脏的处理能力，就可能对健康产生一定的危害。苏州立维健康管理高级营养师徐进认为，每人每天吃精制糖60克，即全年22公斤左右比较科学。而居住在高原地区的人及运动员等消耗能量大者，食糖量还可适当增加，但也不宜超过太多。如今生活条件好了，就更需要控制糖的摄入量。

4. "饮食的大众接受度"方面

近年来，随着生活水平的提高，人们对于餐饮的要求也发生了很大的变化，不仅要求果腹，而且在营养、外观等各方面都有了新的追求。调查数据显示，三地受访者普遍认为一道菜的美味度是最重要的(61%)。在调查中，受调查者认为现在餐饮业需要改进和提高的诸多方面中，美味度要求仅排在第四位(17%)，说明现在的餐饮业在口味上的大众接受度较高，或者，大众已经不仅仅满足于口味好的食物了。顾客对于食品营养的要求已经越来越高，对营养均衡的要求排在了第二位(20%)，已不仅仅是停留在温饱的水平了。在调查中，58.4%的人认为现在人们吃饭追求的境界是养生，这直观地体现出了随着经济的发展，人们的生活质量不断提高，对饮食的要求也越来越科学。值得注意的是，顾客对于餐饮业安全卫生的要求也很迫切(37%)，这可能和近年来屡屡发生的食品中毒事件有关，所以餐饮业应该多注意食品的安全问题。

在调查中我们发现，绝大多数人愿意选择在普通餐馆就餐(65%)。普通餐馆在价格上比高级饭店要便宜不少，而人们每周在食品上的消费集中在50—500元之间(88%)，这就使得普通餐馆比高级饭店更容易被接受。而大排档和街边小吃在卫生方面显然比不上餐馆，由于人们对安全卫生的高要求，大排档(12.7%)和街边小吃(13.7%)的接受度明显比餐馆低很多。饮食街的大众接受度并不是特别高。在被调查的人中，有45%的人是不怎么去饮食街的，每周一次和每月一次的顾客在比例上差不多，都在23%左右，从这个数据上来看，饮食街应该多采取一些方式吸引更多的顾客，市场的发展空间是很大的。

如无锡的中华老字号王兴记，在坚持自身品牌特色餐饮发展的同时，对店面的管理、装修都改变以往单调的模式，而是采用中西结合的装潢风格，明亮简洁。在菜肴选择中也增加了中式简餐。而且王兴记还走出了国门，率先在日本开设新店。这一系列与时俱进的做法都使老字号在今天的餐饮业中占有一席之地，那么消费者对老字号的信赖与青睐也会与日俱增。

第五节　中外饮食思想的交流与碰撞

一、外国人眼中的中国饮食

中国人被视为有着食物中心倾向的民族。

外国人是如何看待中国饮食思想的呢？(美)尤金·N. 安德森《中国食物》一书所附弗里德里克·J. 西蒙《中国思想与中国文化中的食物》的观点很有代表性，他在文中这样描述他们眼中的中国饮食思想："正如林语堂所观察到的，中国人把进食作为难得的生活乐趣之一，他们对此事的专注超过了对宗教和知识的追求。……食物在中国人的生活中扮演一个如此重要的角色，致使许多人把中国人视为有着食物中心倾向的民族。他们不仅有着宽泛的食物选择范围，而且在所有的社会层面发现对于美食的关注，而这一点也反映在通常的问候语'你吃了没有？'当中。的确有人注意到，食物不仅是平常的交谈话题，而且经常是支配性话题。……对中国人而言，烹调已超出了需求的范围，它是一门要被精通的艺术，人们不懈地试验以求做出更好的菜肴，这包括：菜要有视觉的吸引力，有时要做出不寻常的形状，如飞禽走兽的样子。中国的文学作品中大量的提到食物，这是因为对学者们来说，做一个美食家是可以骄于人前的事情，菜肴可以因他们而得名，而在英国，'华兹华斯牛排'或'高尔斯华绥炸肉片'则是不可思议的。"

二、西餐挺进中国

改革开放30年，西餐大踏步挺进中国，影响着中国人的饮食习惯，也改变着中国人的思想观念，包括饮食思想。

1. 以肯德基为案例研究

美国的快餐业肯德基1987年攻占中国，攻城略地不费吹灰之力。肯德基改变了中国人的思想观念。文化的交流往往是从饮食的交流开始的。从饮食交流开始是最容易的，双方在毫无戒备之中彼此影响，彼此接受，思想和习惯的改变也就从此开始了。

当肯德基1990年进入莫斯科，出于对意识形态保护的旧观念，保守派走上街头演讲，号召人们抵制西方的东西，结果适得其反引起一阵风潮，人们争先恐后抢着去吃，排成长龙，不把资本主义的侵入当一回事。

而当1987年，肯德基落户中国市场，把第一家店开在北京前门，从此开始了

图9-5 肯德基店

“立足中国、融入生活”“为中国而改变，全力打造‘新快餐’”的发展征程。截至2014年12月的数字，肯德基中国门店数突破4800家，遍布中国大陆除西藏以外的所有省、市、自治区。

随着人们生活水平的提高和生活节奏的加快，快餐店借此东风迅速打开局面，快餐文化迅速发展，快餐文化背后的西方文化风靡中国。而在这一过程中，肯德基一直保持着在快餐行业的领军地位。

肯德基带来新风气、新观念、新生活，受到中国人民的喜爱，尤其是年轻人的追捧。肯德基从2002年起出现了一个跳跃式的发展，平均每年开店200家，这个数字远远超过了进入中国的其他西方的快餐店，比如麦当劳；同时，不仅仅是开店数量，肯德基的覆盖范围也相当广泛，遍及全国31个省。2013年，肯德基中国市场的贡献率就占到全球的42%，肯德基成为中国人最喜爱的国际“第一品牌”以及“顾客最常惠顾”的国际品牌。

以上这些数据都表明，肯德基在中国市场上取得了巨大的成功，那么是什么原因使得肯德基能够在短短几年之间迅速在中华大地上硕果累累呢？

肯德基是美国文化的一个代表者，他所提供的饮食是西方式的。对于刚刚改革开放打开国门窥探世界的中国人来说，这是最简洁、最直捷的一扇窗子，感受西方，亲近美国，体味一下洋气。这种消费心理吸引着中国人，尤其是年轻人。

一进入肯德基餐厅，就能够感受到良好的就餐环境，清新、敞亮、舒适，还放着轻轻的音乐。从颜色到布置，一下子便能使人身心愉悦，紧绷的刚刚从职场下来的神经顿时松弛。不再是黑乎乎的店堂，不再是踩不下去的地面，不再是脏兮兮的饭桌，面对的不再是心不在焉的跑堂的，端上桌的不再是随意调制的餐饮，而是标准制作的餐饮。排上队，站在柜台前，看着餐饮的制作，挑选中意的品种，这一切都颠倒了中国人几千年的饮食习惯，感受到的是科学的管理，人文关怀，彼此近距离的接触。这一切都十分新鲜，非常刺激，使人乐于接受。

不要说什么营销的大道理，只说一个现实的问题：内急了怎么办？餐厅里就有厕所，外国人称之为“卫生间”，名称不同，便是不同的文明，不同的思想观念。千百年来，中国人办餐厅，哪里有带厕所的？那会受到嘲笑的，你是吃饭来的还是上厕所来的？上边的嘴巴和下边的屁股怎么能够放在一起？中国人压根就不曾想过把厕所建在餐厅里（当然国际酒店是怎么设置的，是另一回事，那不是普通老百姓所能享受得到的）。这下不是颠倒了吗，在肯德基这里，两者合二为一了。其实，人的一根管子是上下相通的，吃了就会拉，天经地义。只是以前的人不曾这样想，也不曾这样做。

大城市，特别是繁华市区，要上个厕所真不容易，着急了真是火急火燎，有的人为此拉到裤裆，有的女士当街出丑。因为实在太不方便了，所以人们才把上厕所叫“方便”。如果一眼看见了肯德基，那就是救星，大大方方地进去就行，他们看见你急急火火，知道你是怎么回事，也不会拦你，也不会要求你先消费了再说。随你方便，就是方便。这是一种给人方便，自己方便，体现的是一种宽容和大度。

这时你会心存感谢，而不是对立。人家的生意就是这样做的，这是一种文化，透现的是一种思想。

晚上，下了火车，下了飞机，肚子饿了怎么办？先前的中国饭馆都有营业的时间，下午到时间了就下班了。你没地方吃饭怎么办，那是你自己的事情，和饭馆有什么关系？肯德基就不一样，24 小时营业。半夜三更，饿了，他还开着门，灯火通明的等着你，岂不是温馨，岂不是方便。晚上吃饭的人少了，值班的还得那么多的人，岂不是赔本、浪费，可肯德基不这样想，这就是一种文化，一种观念。当然了，肯德基大多占领的是繁华地段，比如火车站、广场、飞机场。

飞机场的餐饮是最贵的了，贵得离谱，饥肠辘辘的乘客，为了赶飞机，不得不挨宰，挨一刀就挨一刀吧，反正我又不是天天来机场。可是，肯德基把餐厅开在了机场，还是那个价格，还是那个餐饮，还是那个标准，你是吃肯德基还是去挨宰，答案是显而易见的，你对肯德基拉低了机场的高消费还会有什么意见？

洋快餐刚刚进入中国的时候，牢牢地掌握着定价权，而国内餐饮业简直就是土八路，无法招架，无法竞争。在同等价格下消费者从洋快餐那里得到了更为安全卫生的选择。

肯德基受欢迎，还在于他针对中国消费者的饮食习惯，以“本土化”的经营理念，开发了一系列有中国饮食特征的快餐系列，而且每年都不断地推出创新的餐品。如，根据中国人注重早餐这一需求，量身订制了海鲜蛋花粥、香菇鸡肉粥两款花式早餐粥。

肯德基这样的快餐连锁店，所带来的宝贵的技术，其中最重要的就是食品安全。像肯德基和麦当劳这样的公司的分店是按照美国的规范建造的。需要冷藏的食品决不允许升温，肉类在适宜的温度烹饪，制冰机里放的是过滤后的清水，遵循严格的时间限制以保证销售的食物是新鲜的。当然，近年来，肯德基食品安全事件时有发生，但危机过后，消费者并未见减少，人们似乎更容易信任长期曝光在媒体焦点上的食品企业，而对路边餐饮小店食品安全的信任则信心明显不足。肯德基成功塑造了其在中国极具亲和力、温馨、美味的品牌形象。肯德基带来了美国的饮食思想，他也同时接受了中国的饮食思想，这种交融使其如鱼得水，越做越好，事业发展得越来越快。

然而，饮食专家说快餐是会上瘾的。

2. 来北京创业的外国大厨[①]

布赖恩·马克南(Brian McKenna)原在阿姆斯特丹(Amsterdam)当厨师以及夜总会老板，有人请他到北京工作后，他舒适安逸的生活被打破了。不到六周时间，他就登上了去中国的飞机。“我卖掉自己的房子与车子，结束了在阿姆斯特丹八年的生活。”36 岁的马克南回忆道。“我打点行装，毅然离开了荷兰，就这

---

① 克拉丽莎·塞巴格—蒙蒂菲奥里. 在北京的外国厨艺家(餐饮经营者)[N].(英国)金融时报，2013.11.06.

么简单。”

今年，马克南充分利用美籍华人李景汉（Handel Lee）的名声，在可俯瞰故宫、昔日清朝的一座四合院内与他合开了一家时尚餐厅——马克南四合轩（Brian McKenna @ The Courtyard）。餐厅融合中西餐饮精华，以分子美食系统方式呈现给中国的各路新贵，菜价高得令人咋舌。

马克南抵达中国时，国际高端餐饮仍属大型连锁酒店的“势力范围”。7年后，无数餐饮从业者（无论是本地还是外国侨民）争相满足中国的客户群，这些中国人越来越具有全球视野，很多人在国外生活。马克南很享受这种挑战，他说：“我愿意承担巨大风险，万一不成功，我也认了，并不介意。”

为了战胜各路同行，马克南在菜单中融入了欢快的中国元素——本地客人趋之若鹜。食客可以把巧克力做的兵马俑和酪饼（专向中国国旗表示敬意）敲碎后吃，这两道都是餐厅的招牌甜点。

中国的“好东西数不胜数，但也有少许不尽如人意之处，”马克南说。他的抱怨颇具普遍性——空气污染严重、异常拥堵的交通以及仍显稚嫩的餐饮文化（尽管北京餐饮文化发展势头迅猛，但与纽约、伦敦相比，立马显得黯然失色）。外国人眼中的中国餐饮，和中国人自我感觉实在是大相径庭啊！

现在中国不仅有外国人经营的外国餐馆，还出现了中国人经营的外国风味餐馆。比如刘高辰，30出头，出生于中国西北省份，父母1985年在当地开设了第一家酒楼。他在法国博古斯酒店与厨艺学院学习了厨艺与餐饮管理，2013年在上海新贵地段——临近北京路外滩的“高冷”的圆明园路开出了“Paris Rouge”，亲任主厨。

再如沈旸，重庆人，现任酩悦轩尼诗夏桐（宁夏）酒庄总经理。夏桐是酩悦轩尼诗集团旗下的起泡葡萄酒品牌，分别在阿根廷门多萨、加利福尼亚、巴西、印度、澳大利亚等地设有酒庄，用不同的葡萄品种生产统一的“夏桐”品牌的酒。宁夏夏桐是夏桐家族的第六个酒庄。这种跨国界、跨大洲经营统一品牌酒的方式，在葡萄酒业界并不多见。沈旸在法国从农业技校学起，从修拖拉机一直研修到包括酿酒、葡萄酒管理的硕士课程。2011年加入夏桐（宁夏），如今，夏桐（宁夏）出品的第一批起泡葡萄酒已经上市①。

3. 西方人喜欢中国美食

(1) 英国人喜欢中餐

据英国广播公司5月18日报道，以中国纪录片《舌尖上的中国》为灵感，两名英国男子自拍两分钟短片《舌尖上的英国》，迅速走红网络。……短短几天点击率就超百万。

BBC调查发现，越来越多的英国人在家里自己烹饪中国菜。很多英国人认

---

① 薛莉. 出品法国美食美酒的中国人. 2014. 12. 17. 作者系英国《金融时报》中文网专栏作家.

为中式饮食在英国之所以非常受欢迎，原因在于中国菜比较健康。中国菜在英国有着很长的历史，早在19世纪早期就漂洋过海来到英国，第一个有记载的中式餐厅是1908年在伦敦开的“中国餐馆”①。

(2) 在香港品美食②

尼古拉斯·兰德：“似乎为了考验我的能力，刘让我自己点菜，他却不提供任何建议，但所点的菜让粤菜精华一览无遗，显得赏心悦目。

我俩先品尝了点心拼盘(由招牌的块状松菇与香炸饭团拼成)，随后又享用了鳗鱼片、皮脆肉嫩的半只美味烤鸡、小白菜烧石斑鱼以及砂锅(茄子青椒炖豆腐)。

正当我与刘吃着第三份茄子青椒炖豆腐时，他笑着说未曾想到我如此喜欢吃这道菜，因为这是正宗粤菜。我则回应说正是这种做法让我欲罢不能地一次次回到香港。”

尼古拉斯·兰德，在英国《金融时报》2013年1月16日《香港美食行》的报道的题目是《菜单不见了》。“香港有很特别的一点：这是世界上唯一一个我最难看到菜单的地方，因此，也是我最难点菜的地方。我试过很多次，结果都是一样。”

“几个小时过去了，他终于开始介绍当晚的菜色：一对饱满的油煎大虾，采用的方子可以追溯到上世纪50年代；一只鸽子，文火慢炖两个小时之后油炸，需要戴着塑料手套来吃；最后还有一条石首鱼，是他当天早上亲自到市场买回来的，整条清蒸。

最难忘的当属第二道菜——用猪肉、生姜还有陈皮熬成的老汤。当我们都眼巴巴地看着这道菜端上桌时，刘建伟却钻进了厨房，然后带着一个装满陈皮的塑料盒回来。他说这些陈皮都放置了55年以上，具有药用功能。我可不管之后会有怎样的功效，只顾当下，这可是我喝到过的最美味的汤了！

在离开香港前的几个小时，我终于摸到了菜单。当时我和一对爱好美食的博士，还有我的同行，《南华早报》的Susan Jung(苏珊)，一起坐在铜锣湾Manor(富瑶)餐厅里转角的一张餐桌旁。”

(3) 这位英国美食家记叙了上海餐馆的体验

动身前往上海某大型购物中心(这样的大商场在上海数量众多)时，一下子就勾起了我的兴趣。鼎泰丰集团的口碑好，本人一直有所耳闻。鼎泰丰集团创办于台湾，如今它的分店已遍布太平洋地区(Pacific Basin)的许多城市，它的小吃无与伦比、员工培训一丝不苟以及卫生状况严格认真，因此声名日隆。

周日晚上7∶30，我排队订餐桌时，亲眼目睹了鼎泰丰精致服务的两个方面。就在我的左边，玻璃橱窗后面的10位厨师正专心致志地包特色小吃小笼

---

① 袁金会.《舌尖上的英国》走红模仿中国纪录片风格.北京晚报，2014.05.21.

② 尼古拉斯·兰德.在香港品美食.2014.04.25.作者系英国《金融时报》专栏作家.

包。小笼包里塞满了剁碎的各种肉馅及鱼肉馅，而后再加一点汤汁；正宗的包子面皮需要捏出18道褶皱，它们是真心实意与心灵手巧的结晶。

我站在那儿看得如痴如醉，直到端着几杯茉莉花茶的托盘服务员轻碰我的胳膊肘才猛然回过神来。制作包子的过程，我们用完餐后画征询意见卡等等内容，以及服务员宾至如归式的笑容，都是全心全意为客人服务的活生生例子。

鼎泰丰的美食美轮美奂，包子味道鲜美（凉热适中，刚好不烫嘴）；风味馄饨同样味道超赞，最好吃的当数蟹黄豆腐煲——这是上海人喜欢吃的一道美味佳肴。但是，现场的其中一个场景，不由得让我想起了伦敦：好多食客说的是法语。

在毗邻洲际酒店（InterContinental Ruijin）的瑞福园餐馆（Rui Fu Yuan）吃午饭时，我发现自己除了比多数中国客人年纪轻很多之外，还是唯一的外国客人。

40多年前刚开办时，瑞福园餐馆是人民食堂（People's Dining Hall），它最后在上世纪90年代末改成了餐馆。如今瑞福园仍是国营性质，我的上海本地朋友不由得开玩笑说："这儿不收小费，因为这儿没啥服务。"

事后证明，说得有些轻率了，因为我们翻阅厚厚的菜单时，服务员依然笑容可掬。让我们高兴的是：菜单上的菜品照片制作精美，我们最后从中点了自己心仪的菜肴。

我们先要了鲜肉大包（包子底面香脆，上面撒有芝麻），而后是一盘油爆小河虾，接着是一大砂锅大黄鱼（淡水鱼）棒打小馄饨以及红烧鳝丝（烧成上海人最喜欢的甜味）。服务员先是把放在红色塑料桶里的活蹦乱跳的螃蟹拿过来给我们看，而后再把它送回厨房油炸烹制。我用筷子夹起带肉的蟹壳，试图想把里面的蟹肉吸出，实在让我力有不逮。

我的最后一站名气最大。尽管新开的高档餐馆多如牛毛，但至少得提前一个月预订的餐馆却是寥寥可数（即便午餐也是如此），其中之一就是位于昔日法租界（French Concession）的吉士酒家（Jesse Restaurant）。酒家门面小巧，显得名不见经传，一楼只有4张餐桌，二楼则摆了8张餐桌。

但风味各异的招牌菜着实让人垂涎欲滴。上海口味的肥美蒜泥肚丝、野山菌清汤、豌豆火腿丁以及吉士酒家的招牌菜葱烤鱼头。这是让人神魂颠倒的上海本帮菜——尽管就餐环境实属一般。

（4）凤爪鸭嘴"头"菜：外国网友哭诉"可怕"的中国美食

一国有一国的风情，一地有一地的习惯，表现在饮食上尤其明显。比如凤爪、猪蹄、内脏是中国吃货的偏好，而外国人却不爱吃这些，甚而会闹出许多矛盾来。

有一个被称为"北美崔哥"的老美在微博上"哭诉"自己娶了中国太太的下场，他说："中国人爱吃肉我能理解，但是鸡爪子、鸭嘴、猪耳朵上有肉吗？我太太全家顿顿吃，看得我都惊呆了！我很喜欢吃鱼，可不能忍受吃鱼头，因为怕无意中和死鱼对上眼，这么说吧，所有带眼睛并且能用眼睛看我的动物，我都不吃。”

对一个外国人来说，第一次看中国人吃鸡爪，可能会是一个令他们作呕的经历，在他们看来鸡爪像人手一样，老外看了很害怕。在英国，每年有数百万只鸡爪被扔进垃圾处理场。

网友“@梦游游乐场”说：“去机场路上碰到一位德国姑娘，三十分钟的路程一直聊着。突然她问道：‘中国人真的吃鸡爪吗？’估计这问题已在她脑海里盘算了很久，今天终于逮到一个中国人可以当面问。我说是啊，特别是年轻姑娘，看电视看杂志的时候，会吃鸡爪当零食。她脸上写满了不可思议，难以置信。”

所谓“头”菜，即鸡头、鸭头、鱼头、兔头等一些让中国人欲罢不能的重口味，但这些是大多外国人绝对不敢吃的，他们不喜欢带头的东西，一方面觉得脏，另一方面会觉得怕。

以卤煮为代表的动物内脏，如猪肝、鸭血、牛肚、大肠、血之类的食物，也是一些外国人欣赏不了的。他们认为这些都太脏，不能吃。

和网友“@珵 cici”一起上班的一个奥地利博士后酷爱中餐，但特别讨厌血。“有一次我和他说‘其实鸭血比猪血好吃’，结果他回答说，‘我活了三十多年，这是第一次有人告诉我一种血比另一种血好吃’……”

北京的王府井小吃一条街，是老外们既好奇、新鲜又有些害怕的地方。在那里，从烤麻雀串、炸蝉蛹、炒蚕蛹、全蛇各种吃法、炸蝗虫、烤海星到各类动物的“鞭”，你叫得上叫不上名字的食物，几乎是无奇不有。

不过，中国人认为这类小吃街并不代表中国的主流饮食文化，因为“没多少中国人会吃这些东西”，建议外国游客在中国最好避开小吃一条街，“不管从菜式，还是从口味，小吃街食物都不正宗不地道”。如果饮食算是国家软实力，中国在推广美食方面，显然做得远远不够。

对那些中国人有口皆碑的传统美食，抛开北京烤鸭、宫保鸡丁等耳熟能详的，一些老外抱怨：很多中国餐馆的服务和菜单都只提供中文，他们要么瞎点，要么对着菜单的图片认真揣摩、跟服务员比划，就算有英文版菜单也存在词不达意或骇人听闻的情况，比如“红烧狮子头”被直接译成“Red Burned Lion Head”（烧红了的狮子头），谁敢吃？

(5) 走出去的中国人因为饮食习惯而带来麻烦

现在很多走出去的中国公民，缺乏对其他族群的宗教信仰、风俗习惯了解、欣赏、尊重的意识。中国人在饮食等方面的禁忌本来就较少，多年来政治运动对传统的破坏，又造成礼仪上的粗俗化，在一些大多数人信奉宗教的国家，难免会与当地人爆发一些文化冲突。

据美国《世界日报》报道，中西饮食习惯不同，小差异也可能惹出大问题，托伦斯日前传出一名华裔房客，因为炒菜太“香”，被老美房东要求搬家。

托伦斯林女士称，她向一位白人老太太租屋，和房东同住一个屋檐下，平日相安无事，没想到不久前房东把她赶出去，理由竟是她炒菜太香。

林女士愤愤不平地表示，她只是炒些家常菜，也没有大煎大炸，认为房东不近人情。

林女士前房东 Margaret（玛格丽特）是一名退休教师，她否认将林女士“赶出去”，表示只是因为生活习惯不合，希望林女士另赁屋而居；并给林女士足够时间另找房子，没有赶人举动。

玛格丽特称，她了解很多华人喜欢煎煮炒炸，很多华人家庭厨房都安装强力抽油烟机，但她自己用不着强力油烟机，不想安装；但林女士每次炒菜必先爆香葱姜蒜，久而久之屋里一股葱蒜油烟气，令她难以忍受。

“我是个老人了，就算我太顽固，但人老了很多习惯改不掉，只好请她搬家。”玛格丽特说，还有一次林女士在房里吃榴莲，她闻到气味以为是瓦斯漏气，还打911 报警，才发现是乌龙一场；凡此种种让她觉得不适合再和林女士同住。

中西饮食习惯不同惹祸的例子还不少，钻石吧陈小姐也有类似经验，她学生时代在马萨诸塞州一华人较少的城市 Amherst（阿默斯特）求学，和三名白人同学分租一屋，平日喜欢下厨做炸鸡排等家乡菜，有一天房东却要求她不要再炸鸡排，原来是三名白人室友受不了那油烟，一起向房东抗议。

陈小姐说，虽然房东没有要她搬家，但此事过后她和白人室友们相处尴尬，不久就自动搬出。她表示，“经过这件事，我才知道不是只有臭豆腐那种气味强烈的食物会讨人厌，我也有反省，以后跟白人同学合租房子，就算再怎么想吃炸鸡排，我也忍着，放假回加州家里的时候再吃。”

在圣塔蒙尼卡某出租公寓租房的白人 Alex（亚历克斯）说，出租公寓的格局是厨房靠近门口，且都没有安装强力抽油烟机，他对门有一对华人夫妇，每天晚上煮饭，夫妻俩一人炒菜、一人就把门打开，把油烟往外搧，搞得整条走道油烟缭绕，他很生气，还曾报警，警察却说油烟不是噪音，无法可管。

Alex 说，后来他会同其他几个邻居向出租公寓管理委员会抗议，管委会说要有证据，他就偷拍邻居炒菜的样子拿给管委会看，可是却石沉大海，他实在气不过，考虑搬家。

该出租公寓管理员 Kim（吉姆）说，油烟是否达到扰人程度，很难认定，这是房客的公德心问题，管委会不便干涉。但她也说，曾经有过华人房客退租后，整个厨房都是油垢难以清理，管委会只好扣下该房客的租屋押金，以便重新粉刷厨房。

一个人的饮食习惯是非常顽固的，会如影随形的跟你一辈子。但是在异国他乡，国人应增强入乡随俗意识，考虑别国饮食习惯和禁忌，有时是对别人宗教信仰的尊重，对自身行为有更多的约束。

入乡随俗，首先是吃当地的饭食，接受当地人的饮食习惯，这是交流的第一步，然后才可能是心的交流。这应该是经验之谈。中外交流也是这样的。企业家王石《我从哈佛剑桥学到了什么？》一文中有一个很典型的例子，讲解自己怎样融入对方文化，那就是吃，和对方吃一样的，一样地吃，“吃饭就是思想和情感交流最好的时候。我每到一个新国家新地方，都坚持吃当地的食物。”文中还有一个不成功的例子，就是到了外国，还坚守中国的饮食习惯，结果难以与周围融为一体[①]：

> 我去(剑桥大学)学习三个月，就与英国老师们很熟了，进入了他们的圈子，见面都会熟悉地打招呼。这位华人院士很奇怪，问我怎么会与大家这么熟悉，说他自己这么多年在剑桥，与这些英国老师没有多少交往。这位院士为什么难以进入英国老师们的圈子？
>
> 我想，是因为华人院士的中国胃。华人院士不吃西餐，每顿饭都要回家吃中餐。
>
> 英国老师们多在俱乐部吃饭，吃饭时就是交流聊天的时候，有时一顿晚饭会吃到晚上10点。吃饭就是思想和情感交流最好的时候。
>
> 我每到一个新国家新地方，都坚持吃当地的食物。想拥抱世界，要有一个拥抱世界的胃。拥抱世界的胃，帮我很快融入了剑桥大学的教师圈子。
>
> 坚守一个习惯，就等于向世界关上了一扇门。开放自己，接纳新事物，就是融入新世界。
>
> 对外部世界保持好奇，乐于交流、分享、连接，力求去理解、接纳对自己来说是新鲜的事物，海纳百川，纳入外部的新知识、新感受、新资源和新力量。
>
> 华人院士的一个中国胃，就使他错过了诸多与同事朋友交流、分享、连接的机会。

在全球密切交融的时代，中国要改革公民教育方式，让人们养成面对与不同族群、文化的民众交流时的正确习惯。在全球化如何应对海外投资经商的种种挑战，无论对中国政府还是公民来说，在经济上、文化上和心理上都是要补的一门课。

中国公民出国体现的是国民素质，而2014年5月，联合国最新公布的全球国民素质排行，中国排名167，恰好与此呼应，中国与阿富汗、刚果、泰国、乌克兰、朝鲜、墨西哥、斯里兰卡、东帝汶为伍，是垫底的国家，让人甚觉羞愧，也实在有点意外，有点心痛。所谓国民素质，包括精神面貌、文化素质、道德修养、礼仪素养、全民教育、经济条件、身体素质、民族的向心力凝聚力等等共计118项指标。国民素质是综合概念，包括思想、修养、礼仪、文化、政治、体能、道德、教育等等。中国国民素质让人非常担忧，中国连续几十年排名世界160位以后或者倒数第二，而日本国民素质连续30多年排名世界第一。

---

① Hello海归网，2014.02.10.

(6) 国外对中国人对食物追求的评价

美国某一知名战略咨询公司对中国人饮食思想的评价比较贬低，结论则集中在中国餐饮的负面影响上，因此充满批评与教训，很有以偏概全的味道。该公司的一份咨询报告说："中国人的生活思想还停留在专注于动物本能对性和食物那点贪婪可怜的欲望上。中国人对于生活的平衡性和意义性并不感兴趣，相反他们更执迷于对物质的索取，这点上要远远胜于西方人。大多数中国人发现他们不懂得'精神灵性''自由信仰'以及'心智健康'这样的概念，因为他们的思想尚不能达到一个生命(补：即肉体和灵性的并存)存在的更高层次。"

"中国人追求腐化堕落的生活，满足于自我生理感官需求，他们的文化建立在声色犬马之中：麻将、赌博、色情、吃欲、贪欲、性欲无不渗透在他们生活和文化中。"

4. 主从客便，礼仪国宴

国宴，即国家元首或政府首脑为国家庆典等重要节日，或为外国元首、政府首脑来访而举行的最高规格的正式宴会。法国美食家布里耶·沙瓦朗说："餐桌上，看得到政治的精髓。"以此反观各国国宴，正是一语中的。国宴上，固然酬酢以为宾荣，然而，哪位政要首脑将成为座上宾、奉以何种菜式酒水、东道主国何种级别之领导人主持和列席、待之国宴后有否便宴家宴等，无一不是透露重要信息的特殊外交活动。

中国人常说礼多人不怪，但李肇星积半生从事外交工作的经验，认为这句话说得不对，正确的待客之道是恰到好处。礼数不够不行，也不是越多越好，多得不是地方更不行。他在《说不尽的外交》中举了三个例子。其中一个例子是，2004 年法国总统希拉克访华，当时的国宴标准是四菜一汤，吃完第二道菜，总统夫人跟李肇星说，她已经吃饱了。李肇星劝她不用客气，不想吃可以不吃。总统夫人说，她很为难，不吃的话，对主人不尊重；吃的话，自己难受。到上第四道菜时，她说："感谢上帝!"意思是终于"解放"了。宴会后，李肇星就找礼宾司商量，将国宴改成了三菜一汤。还有一个例子。克林顿总统访问上海后，私下告诉李肇星，上海的礼宾接待水平，比中国其他几个城市大概先进一二十年。李肇星问，其他城市包括北京吗？克林顿笑而不答。李肇星自己琢磨，他可能是指上海的陪同人员少、劝酒少、菜剩得少，让客人有宾至如归之感。[①]

5. 女体宴不被中国人接受

近几年，所谓的"女体宴"，或者说是人体宴在国内一些较大城市也出现过，有人认为"这是一种人和自然、艺术和菜的结合"。有人愿意尝试，但有人认为这是日本式变态的商业炒作模式，尽管能吸引公众眼球，但毫无疑问这种类似于打着行为艺术旗号式的招徕客户模式，不仅仅只是令人不齿的变态，是对女人、对人类本身的不尊重，更是对女性的一种侮辱，要求将其废除。

---

① 李肇星谈待客之道，南方周末，2014.03.06.

如果说放置在乳房上的饮食尚且可食，那阴晦之处亲近过的饭菜还可口吗？中国人恐怕不能适应这样的西餐。

6. 中国与西方饮食思想的差别

简单地说，西方饮食多肉食，中国多素食；西方饮食倾向于科学、理性，而中国饮食倾向于艺术、感性。

毛泽东推崇中餐不拒西餐。毛泽东对中菜、西菜有着十分独特而精辟的认识。有一次，他在与保健医生徐涛谈起中西菜肴的比较时说了这样一段意味深长的话："我看中国有两样东西对世界是有贡献的，一个是中医中药，一个是中国菜饭。饮食也是文化。全国有多少省和地方，菜饭有多少种？中国地大物博、宝藏很多，可开采及生产的有限；土地多但可耕地少，大家只好暂时少吃一点；中国是东方国家，习惯上吃得素一些。本来在中国古代，佛教僧侣终年吃素食。据说南朝梁武帝终生都吃素，影响较大。后来素食由寺庙传到宫廷又传到民间，不过我们并不是全素，吃得素一些对健康有好处。西方人食物里脂肪多，越往西越多，他们得的心脏病也比中国多。"毛泽东还常说："中国饭菜合理，在对人的健康方面比西餐要好很多。"

西方人于饮食重科学，讲求营养，以营养为最高准则，特别讲求食物的营养成分，蛋白质、脂肪、碳水化合物、维生素及各类无机元素的含量是否搭配合宜，卡路里的供给是否恰到好处，以及这些营养成分是否能为进食者充分吸收，有无其他副作用。这些问题都是烹调中的大学问。而菜肴的色、香、味如何，则是次一等的要求。即便口味千篇一律，甚至单调得如同嚼蜡，但理智告诉他一定要吃下去，因为有营养，就像给机器加油一样。

中国人则持一种美性饮食观念。人们在品尝菜肴时，往往会说这盘菜"好吃"，那道菜"不好吃"；然而还要进一步问为什么"好吃"，"好吃"在哪里，就会在烹饪上下工夫。中国厨师的烹调依靠的是经验，是模糊的数量的掌握。在中国，烹调是一种艺术。既是一门艺术，它便与其他艺术一样，体现着严密性与即兴性的统一，所以在中国，烹调一直以极强烈的趣味性甚至还带有一定的游戏性，吸引着以饮食为人生之至乐的中国人。中国人对饮食追求的是一种难以言传的"意境"，即使用人们通常所说的"色、香、味、形、器"来把这种"境界"具体化，恐怕仍然是很难涵盖得了的。

中国饮食讲求"色、香、味、形"等诸多要素，"色"是菜肴本身美观的外在体现，菜肴的"形"也是很重要的方面，在现在的饮食内容中观赏性菜肴的出现就是对美性饮食追求的极致体现。从客观角度来讲，"器皿"也是美性饮食观的客观外在体现。古语说得好，"美食不如美器"，美食佳肴只有用精致的餐具烘托，才能达到完美的效果。彩陶的粗犷之美、瓷器的清雅之美、铜器的庄重之美、漆器的秀逸之美、金银器的辉煌之美、玻璃器的亮丽之美，是配合美食的另类美的享受。美器与美食的和谐，是饮食美的较高境界。中国人在追求色、香、味、形、器统一的同时，又讲求美食与良辰美景的结合、宴饮与赏心乐事的结合，并把饮食与美术、音乐、舞蹈、戏曲、杂技等艺术欣赏相结合，既增加了饮食的美感，也在一定程度上促进了文化艺术的发展。

西方人由于饮食强调科学与营养，故烹调的全过程都严格按照科学规范行事，规范化的烹调要求调料的添加量精确到克，烹调时间精确到秒。另外，在西方，流水线上的重复作业，实行计件工资制，生活节奏急促，人们有意无意地受到机械的两分法影响，形成"工作时工作，游戏时游戏"的原则。因此西方菜肴制作的规范化使得烹调成为一种机械性的工作。肯德基炸鸡既要按方配料，油的温度、炸鸡的时间也都要严格依规范行事，因而厨师的工作就成为一种极其单调的机械性工作，生活的机械性导致了饮食的单一性或对饮食的单一熟视无睹，顿顿牛排土豆，土豆牛排，单调重复的饮食与其工作一样，只为达到预定目的完成任务，无兴趣、滋味可言。

中国饮食之所以有其独特的魅力，根本还是在于它的味美。而美味的产生，在于调和，要使食物的本味、加热以后的熟味、加上配料和辅料的味以及调料的调和之味，交织融合协调在一起，使之互相补充，互助渗透，水乳交融，你中有我，我中有你。这正如张起钧先生在《烹调原理》中对上海菜"咸笃鲜"描述的那样："虽是火腿、冬笋、鲜肉三味并陈，可是在煮好之后，鲜肉中早有火腿与笋的味道，火腿与笋也都各已含有其他两种因素，而整个说起来，又共同形成一种含有三种而又超乎三种以上的鲜汤。"[①]中国烹饪讲究的调和之美，是中国烹饪艺术的精要之处。它包含了中国哲学丰富的辩证法思想，中国人一向以"和"与"合"为最美妙的境界，音乐上讲究"和乐""唱和"，医学上主张"身和""气和"。中国烹调的核心是"五味调和"，即《文子・上德篇》所称之"水火相憎，鼎鬲其间，五味以和"。《吕氏春秋・本味篇》称赞"五味以和"是"鼎中之变，精妙微纤，口弗能言，志弗能喻"。中国的"五味调和论"是由"本味论""气味阴阳论""时序论""适口论"所组成。就是说，要在重视烹调原料自然之味的基础上进行"五味调和"，要用阴阳五行的基本规律指导这一调和，调和要合乎时序，又要注意时令，调和的最终结果要味美适口。在饮食上，不但菜的制作讲究调和，而且菜肴和餐具是相辅相成的，宴席整套菜点的成龙配套、互相呼应，构成一个完美的整体，以及筵宴与周围环境的和谐统一等等，无一不体现出中和、和合、均衡的风格。

西方哲学与中国哲学有很大的不同。西方哲学重自然，中国哲学重精神；西方哲学重理论，中国哲学重实践；西方哲学重科学，中国哲学重伦理；西方哲学讲"天人两分"，中国哲学讲"天人合一"。

西方自古希腊起就发展出了鲜明的纯粹理性精神，它是西方哲学的起点。西方主客对立的理性思维方式，以理性的力量维系着人的价值与尊严，因此形成了西方积极进取的实践理性，一种以工具理性为主导的实践方式。理性的挺立，使个人主义成为其发展的必然结果。这是西方饮食方式中分餐制形成的深层原

---

① 张起钧. 烹调原理[M]. 北京：中国商业出版社，1985.

因，他们各点各的菜，想吃什么点什么，这也表现了西方对个性的尊重。及至上菜后，人各一盘，各吃各的，各自随意添加调料，一道菜吃完后再吃第二道菜，前后两道菜绝不混吃。

主、客对立的思维方式中，主体要认识客体，就必须对客体进行客观地分析。分析精神是一种知性的方法，这种分析精神，追求以纯“客观”的态度去分解一切事物，所以这种实证主义在饮食中的表现就是西方人对待饮食以机械和精确的科学理性来对待，西方饮食严格以营养为最高准则，蛋白质、脂肪、碳水化合物、维生素及各类无机元素的含量搭配是否合宜，卡路里的供给是否恰到好处，以及这些营养成分是否能为进食者充分吸收，有无其他副作用等等，都是西方饮食中必须考虑的因素。

在中国的哲学中，中国传统的理性精神是一种“内求于心”的理性认识方法。这种精神传统，很少去追寻对外在的世界本原的认识，而是重视“本心仁体”的自我觉知、自我体认。主宰我们民族理性精神的是和谐，而不是西方的那种两极对立。我们的理性传统追求的是人与自然、与社会、与国家的内在的统一，即“天人合一”。儒家主张内圣外王，向内部求价值之源，求安身立命之地。于是“善”成为中国哲学至高无上的法则，它既是道德的、政治人伦的，也是天道天命的体现，而且这种天道天命只能靠直觉、神秘的顿悟和当下的感受来把握，无法证实，无法进行客观地分析。在道家、佛教中，“天人合一”仍是主流概念，直觉呈现是主要认识方法。在缺少理性分析基础情况下的和谐追求，使得中国传统哲学思维呈现出一种直觉的整体性思维的特点，这种思维具有整体、圆融、系统的特征，但也同时造成了模糊、混沌、不精确的弱点①。这种整体、圆融体现在中国饮食思想中主要就是“和合”思想。②

第六节　我国古代的食品安全问题

一、食品安全问题的严重性

当代的人，突然发现，没有东西可吃了！饮食危机，信念危机！

钟南山 2014 年 3 月“两会”发飙：“管你什么和谐社会，管你什么纲领的，人最关键的一个是呼吸的空气，一个是吃的食物，一个是喝的水。这些都不安全，什么幸福感都没有！所以现在食品安全是当前非常重要的一个环节。不管你搞

① 黄津成. 中西方哲学理性精神比较[D]. 参考自 www. blog. edu. cn/more. asp? name=wuli&id=17148.

② 本节引用自丁晶所撰写《中西方饮食文化的区别》，见徐兴海主编. 食品文化概论[M]. 南京：东南大学出版社，2008：207-219.

三鹿奶粉、搞苏丹红孔雀绿的，这个那个搞了很多，现在问题还是在陆续地出现，管理上最大的问题就是不配套，是分段管理而不是一个有机整体，不是一个部门从头管到尾。像国外的食品药品监督管理局，都是从生产一直管到最后的销售。现在中国各管一段，就会造成很多环节上的缺失或薄弱，这样就会出很多问题，结果出了问题以后，谁都不管，我最关心的是这个问题。

现在吃的菜，看着特别好，又青又绿没有虫，但是又怕它用太多农药，所以情愿吃点有虫的菜；现在吃的鱼很大，鸡很大，肉也很丰富，但是这个鸡太大了又担心它有激素，吃了以后对人体有害。有时候我跟广州质监局的领导一块吃饭，听他们一讲，你什么都不能吃了，所以我就跟他学，他吃什么，我就吃什么。食品安全问题造成了极大的社会不稳定，所以我们成立了国务院食品安全管理委员会，但是由于没有立法，而且没有一个很严格的系统工程，监管中各管一段，一定有某个环节给别人钻空子，所以现在食品安全问题屡禁不止。"

记者文龙韩国首尔2012年曾报道，为期4天的第28届"首尔国际食品产业大展"，占据60多个展位的中国展区连日来几乎无人问津，与周围中国台湾地区、日本及美国等展区形成了鲜明的对比。主要是起因于对中国食品安全的担心。

本届食品展共有700多家韩国国内厂商和来自32个国家的400多家海外厂商参展。除东道主韩国外，在所有的外国展区中，占据60多个席位的中国展区规模最大。记者发现，该展区尽管展示了各式各样的中国食品，可是连日来几乎无人问津。众多排列整齐的展牌"CHINA"下面，是一片空旷的"无人区"。

中国展区的周围，中国台湾地区、日本、美国等展区，前来参观、洽谈的客商络绎不绝，台湾鲷、鲈鱼、蚬等各类海鲜冷冻食品，鱼丸、鱿鱼丝等加工食品，以及酱油、芝麻酱、雪花冰等冷冻调理食品引起了客商们的注意。率团参展的外贸协会副董事长吴文雅指出，韩国对台湾来说，将是一个值得开发的大市场。

据几位参展的韩国客商讲，之所以台湾食品越来越受到消费者青睐，是因为那里的食品会更安全。目前在韩国各大商场，各类食品标注着"韩国产""美国产""澳洲产"……极少有来自中国的食品，以往人们常说"吃在中国，穿在法国，玩在美国，住在英国"，而今天，"吃在中国"早已经成为过去。

国际食品展从一个侧面反映了各个国家和地区的饮食文化，而中国展区如今已经退至被各国客商遗忘的角落。究其原因，在各国消费者眼中，自从三聚氰胺、苏丹红、吊白块、福尔马林、孔雀石绿、瘦肉精、地沟油……这些添加在各类中国食品中的毒素渗透到国内外的今天，一提起"中国食品"马上让人联想到"有毒食品"。

当今严重的食品安全问题迫使人们回眸过去，我国古代的食品安全思想是如何建立起来的，是如何解决食品安全问题的？有什么样的经验可以借鉴？我国古代自有食品安全之道，有独特的食品安全理论，有严酷的法律、严格的监管、行业的自律，还有道德的自我约束。反观当今，我们面临的最大问题是道德重建的问题。

猪肉注水，奶粉有毒，“一滴香”害人，小龙虾致病，金浩茶油富含致癌物质“苯并(a)芘”，当今的人几乎已经无食可餐，无液可饮，还有什么食品是安全的？食品安全困扰着人们，如何解决食品安全问题，已经非常急切。这时人们不禁会问，古代的食品安全问题怎样呢？有没有什么可以借鉴的呢？

食品安全是一个全人类关注的重大问题，始终伴随着人类社会的发展与进步。中国古代的食品安全问题虽然不如现在这样严重，但是同样受到重视。以下从三个方面加以说明。第一，我国古代食品安全思想的形成过程；第二，食品安全的实践，包括监管、法律层面、社会团体的监管；第三，可资借鉴的地方。

二、古代的食品安全问题也很严重

与古希腊神话不同，中国古代远古神话基本都与食品安全相关，这与先民的生存状态相关。

中国人关于食品安全的认识之路是漫长的。首先是食品安全的严重性。秦代的思想家《韩非子·五蠹》说，上古之时“食果蓏蚌蛤，腥臊恶臭而伤害腹胃，民多疾病”。人们吃的是野生的瓜果和水中捡拾来的蚌蛤，腥臊腐臭，伤害肠胃，许多人得了疾病。说明呕吐、腹泻等胃肠道疾病是为原始先民所常患，原始社会生活条件艰苦，食物低劣粗糙，更重要的是无法解决食品安全的问题，于是疾病时时困扰，生命受到威胁，死亡率高得惊人。

因为食品安全得不到保证，所以死亡率很高，平均寿命很低。据考古发现，北京周口店猿人时期，平均寿命仅为 17.7 岁。过了几十万年，生活在同地的山顶洞人，平均寿命也才 26.4 岁。几十万年之间，人寿提高不到 9 岁。这其中主要的原因是民食安全得不到保障，食品中毒十分厉害。推测夏商两代成人的寿命大致在 30 岁上下。

中国古代虽然没有大型的群体性中毒事件的记载，但是食品安全方面的问题依然是十分严重的。下面从几个名人死于非命为例来进行分析。

唐代杜绝有毒有害食品的流通，但是食品安全的问题依然十分严重。中国深受道教的影响，秦汉魏晋时期服用丹药成风，唐代皇帝死于丹药中毒以及明代红丸案也当属于中毒事件。中毒报告如下：

晋泰始七年(271)，地图学家裴秀因病服用寒食散时，误饮冷酒而中毒身亡。

南北朝著名的书法家王羲之晚年与道士许迈过从甚密，经常炼丹采药，共修服食。丹药的中毒很可能损害了王羲之的健康，晋穆帝升平五年(361)病死时，年仅五十八岁。

唐代 21 位皇帝，5 位因饮食不当而死，比例近四分之一。

著名诗人杜甫于 770 年，与苏涣一同避乱于衡州。坐船行至耒阳遇到大水，县令馈赠酒肉，因天热牛肉变质，杜甫食用后中毒谢世。杜甫原有消渴症(糖尿病)。

另外还存在其他问题，比如文人们的过量饮酒也造成了对生命的伤害，最典型的要数竹林七贤，每日所为就是吟诗饮酒服药和女人，因此短寿而不能处理政务。

再如酒中掺水的例证：中唐诗人韦应物在《酒肆行》诗中对此作过反映："主人无厌且专利，百斛须臾一壶费。初醲后薄为大偷，饮者知名不知味。深门潜酝客来稀，终岁醇醲味不移。长安酒徒空扰扰，路傍过去哪得知。"诗末云"长安酒徒空扰扰，路傍过去哪得知"，说明上述某些堂皇表象背后的弊端与不良情况并非人人皆知，而韦应物既写得如此凿凿，显然是对此深有了解的。任何社会都是复杂的，不可能是清水一盆，商界尤其如此。

三、神话传说与食品安全

食品安全问题困扰着先民们，威胁着他们的生命安全，这从中国古代远古神话的基本内容可以看出。

对于我们的祖先而言，食品安全的首要问题是：第一了解什么食品有毒，第二怎样解毒。经历了几十万年的漫长的探索，有了惊人的进步，对于这两个问题有了较为可行的解决办法，人们把这一切归结于两个人：一个是神农氏，一个是伏羲氏。这是一个需要圣人并且创造了圣人的时代，他们带领我们的祖先走出了食品安全的困境。

神农氏是农业的始祖，更为重要的是，他是食品安全的保护神、探索者，富于崇高的牺牲精神的伟人。《淮南子·修务训》说："神农尝百草之滋味，水泉之甘苦，一日而遇七十毒。"由此而发现茶叶可以解毒。神农所做的工作可看作是用自己的身体做毒理学试验，以避免更多的人受到生命的威胁，所以被称为圣人。

神农的第一步工作，是辨别有毒与无毒，从千万种植物中选择出哪些是可以食用的。第二步，从各种可以作为食物的植物中，取出谷类，作为主食品。第三步，则从谷类之中，再淘汰其粗的，而存留其精的。所以《墨子·辞过篇》说："圣人作，诲男耕稼树艺，以为民食。其为食也，足以增气充虚，强体适腹而已矣。"《吕氏春秋·审时篇》说："得时之稼，其臭香，其味甘，其气章。百日食之，耳目聪明，心意睿智，四卫变强。"

燧人氏的传说具有十分重要的意义，虽然它的记载稍后一些，但是它仍然是先民思想的折射。燧是火，燧人氏发明钻木取火的方法烧烤食物，除掉食物的腥臊臭味，人们因而很爱戴他，推举他治理天下，称他为燧人氏。燧人氏发明的炮烙之法，首先杀死病菌，其次使其味道更美，第三，使食物易于消化。火的使用在饮食思想史上具有划时代的意义。与饮食安全密切相关的另外一个神话传说人物是伏羲。又称包牺氏，又作庖羲氏、庖牺氏。庖，是庖厨；牺是牺牲，古时宗庙祭祀用的毛色纯一的牲畜。这样称呼他，是因为他在把生食变成熟食的过程中的特殊贡献。

这里经历了一个依靠圣人的阶段，食品安全的初始阶段。

与夏商周时期对应的甲骨文所记载的疾患种类39类，其中就有腹疾、腹不安、疾其惟蛊(肠道寄生虫病)等与饮食不当有关。

到了夏商周时期，相传为夏代禹、益所作的《山海经》，大抵成书于战国时代，保存了许多反映远古以及夏商以来的社会生活素材，记有大量疾病名，有不少病因是食品的不安全引起的。

四、中国古代食品安全的思想体系发轫于先秦时期

中国传统的食品安全的思想体系完成于春秋战国到秦汉时期，这一时期的思想家提出了食品安全的有关理论，中医学形成，养生的理论完成了。

以被称为中国文化源头的《周易》为例，已经探讨了食品对于民众的重要性、人体内的阴阳平衡与饮食、饮食有节、应时顺气、鼎中之变、五味调和、饮食礼仪等等。集中谈到饮食的有《困卦》《颐卦》《井卦》《鼎卦》。

《困卦》谈到了水与人类食品安全的重要关系。《困卦》的“困”，是困窘的意思。什么是困窘呢？那就是“泽无水”。《困卦》的卦象是下坎上兑，兑为泽，坎为水，卦象所表示的是“水在泽下，即水渗入泽底之地下，泽中无水。泽中无水，则泽中之水草枯，鱼类死，水草鱼类处于困境，是以卦名曰‘困’”。这是先民们从生活中得出的教训，即水是人类生存的第一要件，没有水源是第一等危险的事情。对于临水而居的先民来说，水草尚且无法生存，鱼类都死光了，必然危及到人的生存了，这就是困窘。用现在的话来说，饮用水的安全是食品安全的第一要点。《困卦》九二爻辞特别提到了酒食过量对人身体的损伤：“困于酒食，朱绂方来，利用享祀；征凶，无咎。”“困于酒食”是什么呢，是指“饮酒过量，食过饱，以致病困”。

《井卦》同样表达了对井水安全的关切。《井卦》的“井”是水井，井水供人饮用。卦辞说：“往来井，井汔至，亦未繘(jú，淘挖)井，羸(打破)其瓶，凶。”卦辞的意思是“若众人往来井上以汲水，井水已竭，为泥所塞，不穿其井，而毁其瓶，则无汲水之处，又无汲水之器，是凶矣”。饮用水的安全被提到了十分重要的地位，指出浑浊的泥水不可饮用，提醒不注意维护就会招来凶祸。初六爻爻辞“井泥不食”，是说带有泥滓的井水不可食用，说明人们已经有了讲究饮水清洁的习惯。《鼎卦》九三爻爻辞十分有趣：“雉膏不食，方雨，亏。悔，终吉。”“爻辞所言似为古代故事……雉肉尚未食，天正下雨，雨水入鼎中，美味亏毁，可谓悔矣，然雉肉可以改烹，终为吉。”这可以看作是一个食品安全的案例，那个时候的肉虽然十分珍贵，但是被雨水淋过的肉绝对不可食用。《颐卦》之“颐”是“面颊”的意思，指口中正含着食物而鼓起的腮帮子。《颐卦》提出“节饮食”的观点，《象辞》说：“山下有雷，颐，君子以慎语言，节饮食。”意思是君子观此卦象及卦名，应该谨慎言语，节制饮食。说明暴饮暴食已经十分普遍，而且严重地影响到人们的健康。

孔子关于食品安全的论述对后世的影响十分深远。《论语》一书是孔子言行的记载，包括不少饮食文化的内容，尤其以《乡党》一篇最为精辟，提出了许多防止“病从口入”的饮食安全的原则，即人们常说的“十不食”。如“食不厌精，脍不厌细”“斋必变食，居必迁坐”“食饐(经久而腐臭)而餲(ai，腐败而有味)，鱼馁(腐败)而败，不食”“色恶，不食；臭恶，不食”“失饪(失生熟之节)，不食”“不时，不食(吃东西要应时令、按季节，到什么时候吃什么东西)”“割不正，不食”“不得其酱，不食(先秦的时候做生鱼脍要加葱、芥的酱来调味。不同季节要配不同的酱，配伍不当也不可以食用)”“肉虽多，不使胜食气(“胜”就是胜过、超过的意思，“气”就是主食的意思。这句话的意思是说，尽管各种美味的肉类非常之多，但是吃的时候不能让肉食总量超过主食的总量)”“唯酒无量，不及乱(自我遏止、适量而饮以醉为节而不及乱也)”“沽酒市脯，不食”“不撤姜食(姜，通神明，去秽恶，所以不撤去)”“不多食(适可而止，不可贪吃)”“祭于公，不宿肉(不用过夜的肉)。祭肉不出三日，出三日不食之(过三日，则肉必败)”“食不语，寝不言(吃饭的时候不要讲话，睡觉了也不要讲话)”。

先秦时期已经注意从烹饪技术上对食品安全加以甄别。如《周礼·天官·内饔》有如何鉴别劣质食物原料之说：“牛夜鸣则庮，羊冷毛而毳羴膻，狗赤股而躁臊，鸟皫色而沙鸣郁，豕望视而交睫腥，马黑脊而般臂漏，雏尾不盈握弗食。”这里所表达的是经验总结，认为夜里好吽叫的牛则肉臭，毛稀而打结的羊则肉有膻气，爱躁动而股毛脱落的狗则肉臊恶，毛色枯而鸣声嘶哑的鸟则肉老，好仰首望而睫毛相交的猪则有息肉，脊黑而前胫毛斑的马则肉有蝼蛄般的臭味，鸡太小则不可食。还说到原料应去粗存精：“肉曰脱之，鱼曰作之，枣曰新之，栗曰撰之，桃曰胆之，柤梨曰攒之。”即肉应脱骨去筋以利切配烹调，鱼应去鳞和内脏洗净，枣要除秽，栗要选不虫蛀者，桃要刷去其绒毛，梨应察看其表皮有无虫孔。

《周礼》是周朝官职设置的设想状态，其中许多官职的设置与食品安全有关。比如“萍氏”便是中国第一个酒政机构，“苛察治买过多及非时者”，其职责是严厉查处酿酒过多买酒过量，以及不按照时节治酒的人。周朝禁酒并不一概而论，凡是符合礼的饮酒如国祀、神事、乡射宴宾客房老养亲等，都不在禁止之列，而那些“非时”饮者、沉湎饮者、聚众饮者，则是禁止的主要对象。为了防止酒徒们在市上聚饮，还特设禁酒专职人员在市内酒肆巡查，一旦发现结群饮酒者，即加禁止或当场斩杀。饮酒本来是一种饮食行为，对饮酒者处以极刑，是因为在周统治者眼中，这种饮食行为不仅伤害个人，而且将引起社会乱动，是一种严重的政治犯罪。《周礼》中记载特别负责食品安全之策的官吏，例如“冥人”的职责就是将做好的食品盖上巾，防止落上灰尘；例如“凌人”的职责是冬月采冰贮藏供夏日冰镇食物以防腐败。还有很特殊的“食医”一职，“掌和王之六食”，专门负责和调周王的食品，比如根据季节的不同，安排不同的食味，春天多食酸味，夏天多食苦味，秋天多食辛味，冬天多食咸味，“调以滑甘”，就已经有养生保健的知识在里面。特别指出食医要注意食物的相生相克，“凡会膳食之宜，牛宜稌，羊宜黍，豕宜稷，犬宜粱，雁宜麦，鱼宜众”，应该就是从食物中毒中所得到的教训总结。

五、食品安全思想的不断发展

秦汉之后的各个时代在食品安全上也都有新的发现和创新。

关于有毒的概念，已在不断地总结与应用。《礼记·内则》总结道：不食用幼年的鳖，狼要去掉肠，狗去肾，狸去正脊(脊骨)，兔去尻(脊骨尾端)，狐去首，豚去脑，鱼去乙(腮)，鳖去丑(颈下有软骨如龟形的部分，古人认为食后令人患水病)。

秦穆公丢了一匹马，被陕西岐山一带的农民得到了，他们把马杀了，肉吃了。秦穆公听到这个消息以后首先关心的是吃马肉的这些人是否安全。秦穆公说，好马的马肉如果就上酒一起吃的话会中毒的，这些人吃我的千里马的时候肯定会饮酒，这些人要死的。他赶紧派人给他们送去解毒的药。《晋书·佛图澄传》载，十六国时，石勒部将石葱欲叛，佛图澄知道了，便告诫石勒说："今年葱中有虫，食必害人，可令百姓无食葱也。"于是石勒班告境内，慎无食葱。葛洪《肘后方》载录了食物和药物中毒疗法，简便有效，至今仍是在医院里特别是在民间常用的独特的治疗技术和急救方法。

河豚美味，宋代文人流行吃河豚，到明代时食用河豚在宫廷内普遍成风，而河豚的毒性甚大又为人所知，于是就有了服用芦芽汤解毒的对策。

南宋的宋慈在《洗冤集录》中提到了服毒、中毒的病证及其解毒方法。毒物方面，提到了巴豆、砒霜、水银、河豚、煤炭毒等，还有虺蝮蛇毒病状及急救法等，都比较突出，为前人所不及。

元代陈仁玉的《菌谱》是中国最早的菌类专著。书中记有误食毒菌的中毒症状及治疗方法。如说"鹅膏蕈生高山中，状类鹅子，久而散开。味殊甘滑，不减稠膏。然与杜蕈相混。杜蕈者生土中，俗言毒气所成，食之杀人""凡中其毒者必笑，解之宜以苦茗杂白矾，勺新水并咽之，无不立愈"。

忽思慧的《饮膳正要》是一部珍贵的蒙元宫廷饮食谱，也是现存最早的古代营养保健学专著，与食品安全有关的是专章论述养生避忌，妊娠、乳母食忌，饮酒避忌，四时所宜，五味偏走及食物利害、相反、中毒等食疗基础理论。如卷一"养生避忌"节中收集了前代养生箴言近60则，其中即有与饮食有关的如"凡热食有汗，勿当风""夜不可多食"等。对饮食卫生，他也很重视，反复予以论述。如主张不食不洁或变质之物，防止病从口入；又如"烂煮面，软煮肉，少饮酒，独自宿"的主张，对于当时的饮食习惯来说，是很有现实意义的饮食卫生措施。忽思慧还在医学中首先使用了"食物中毒"这一术语，并列举了许多有效的解救食物中毒的方法，有的沿用至今。书中专列"饮酒避忌"一节，收集饮酒卫生经验33条，并且有解酒毒法。

明代李时珍《本草纲目》中，在医学方面，有不少新的创造和发明。如：首次记载的一些病症，有铅中毒、汞中毒、一氧化碳中毒、肝吸虫病等。倡用点燃香料烟熏以达到消毒空气的目的。在有机化学方面，李时珍记录了以五倍子制取"百药煎"治痰嗽的方法，实际上是毒理研究的记录。五倍子含有大量的鞣质，遇到蛋白质及胶质时即生成沉淀，经过发酵可使毒性降低，而溶解性提高，如再经曲菌的水解作用，就得出白色丝状的没食子酸结晶。

六、中医学和养生理论，构建了中国独特的食品安全思想

中国古代形成了一套中医学和养生理论，其中有许多可资借鉴的食品安全经验。为什么会形成独特的中医学和养生理论，这与中国天人合一的哲学思想和独特的抽象思维的方式都有关系。时序、阴阳、脉络、经络等等概念都是只可意会不可言传的。再如中国人独特的药食同源思想。这些都促使我国形成了独树一帜的食品安全体系。

《黄帝内经》第一篇，先告诉人们如何不得病，而不是怎么治病。应该首先注意的是在发生问题之前就解决。就是食品安全的预防的问题。

古人提倡"恬淡虚无"，认为饮食的定时和适量，对人体保健十分要紧。《吕氏春秋·尽数》云："食能以时，身必无灾。"《黄帝内经素问》云："饮食自倍，肠胃乃伤。"

抓一把草来就可以防止或解决食品安全的问题，这也是中国古代人的智慧。古代药书记载，桃仁是活血化淤的代表性药物，有止咳逆上气、杀小虫、下淤血、通经、治腹中结块、通润大便、瘕邪气等作用，但多食会致腹泻。郁李仁历来专供药用，可通便、泻腹水、治浮肿，能破血润燥。李实可除痼热，其核仁可治面黑子。枣能健脾益血，枣核入药，有酸收益肝胆之效。草木樨能清热解毒。大麻籽为润肠通便药，有祛风、活血通经功能，大麻仁酒可治骨髓风毒和大风癞疾等，但有缓泻作用，不能随便食用。

中国饮食文化具有"医食同源""医食同用"甚至医食不分的特点，认为人的生命体内充满着阴阳对立统一的辩证关系，"人生有形，不离阴阳"，而"阴阳乖戾，则疾病生"(《素问·宝命全角论》)。因此，日常饮食活动首先要做到阴阳相调相配，饮食时应注意不同季节不同食物的不同性味变化，饮食不要偏嗜而要适宜，五味适宜，才能五脏平衡。

中医非常重视"治未病"，即防病于未然，并把它提高到战略高度来认识。《黄帝内经》说："夫圣人之治病也，不治已病，治未病；不治已乱，治未乱。夫病已成而后药之，乱已成而后治之，譬犹渴而穿井、斗而铸锥，不亦晚乎！""治未病"重要的一条，就是加强饮食的滋养作用，因为饮食对人体的滋养作用本身就是对人体的一种重要的保健预防。对于这一点，《黄帝内经》又指出："正气存内，邪不可干。"即当人体正气充盛，邪气就不能侵袭使人致病。正气怎样才能充盛呢？这就要合理安排饮食，只有这样做，机体所需营养才能保证，五脏功能才可旺盛。

饮食卫生被提到了十分重要的地位。提倡养成卫生习惯，注意社会风俗的重大影响。古人好用手抓取食物进食，这是饭前洗手习惯养成的一大原因。至于食毕罢彻，古有漱口清洁俗尚。《弟子职》称"先生已食，弟子乃彻，趋走进漱"。漱口又称"虚口"，一般须待主人食毕，客人才可漱口，如《曲礼上》云："主人未辩，客不虚口。"漱有两式，一是用酒漱口，称为"酳(yìn)"；二是用浆漱口，称为"漱"。古时的习俗用酒或浆汤过口，大概是漱后而下吞，认为吐出是很不礼貌的行为，和今人漱口后便吐出不同。当然这种习惯也不见得就卫生。

七、法律的制裁

法律是社会现实的滞后反应，法律的规定在中国古代对食品的流通和管理究竟采取了怎样的相应措施呢？随着古代商品经济的不断发展，周代时对食品安全已有一定规定，比如未成熟的果实不得进入市场销售。"五谷不时，果实未熟，不鬻（yù，出售）于市。”（《礼记》）“不时”即未成熟，是为了保证食品安全，周代严禁未成熟果实进入流通市场，以防止引起食物中毒事件的发生。周代还有其他规定，比如为了杜绝商贩们为牟利而滥杀禽兽鱼鳖，国家还规定，不在狩猎季节和狩猎范围的禽兽鱼鳖也不得在市场上出售。

根据长孙无忌《唐律疏议》可知，唐代对于违反食品安全的惩罚是十分严厉的。为什么会如此严厉呢？答案就是社会现实的需要。《唐律疏议》是中国现存第一部内容完整的法典，也是中国古代法典的楷模和中华法系的代表作，在世界法制史上具有很高的声誉和地位，可以说是世界中世纪法典的杰作。

卷第九职制中规定“诸合和御药，误不如本方及封题误者，医绞。”是说和制药物须先处方，依方合和，并且说明文字也不得差误，否则医生要被处以绞刑。如果秽恶之物在食饮中，徒刑两年，不品尝者，杖一百。如果监当主食有犯，百官外膳犯食禁，诸监当官司及主食之人，处以绞刑。对于食品仓库管理者也有严格的要求。卷十五谓厩库诸仓库及积聚财物，贮粟、麦之属，安置不如法，若暴叙不以时，致有损败者，计所损败坐赃论。卷十八，诸以毒药如鸩毒、冶葛、乌头、附子之类可以杀人者药人及出售者，处以绞刑。卖者知其本意，而食用者没有使用者，流放两千里。

特别规定食物有毒，已经让人受害，那么剩余的必须立刻焚烧，违者受杖打九十下。如果故意送人食用甚至出售，致人生病者，判处一年徒刑；致人死亡者，处以绞刑。在不知情的情况下吃了有害食品造成死亡者，食品的所有者也要按过失杀人来论罪。

八、食品安全的把关者

1. 官职的设置

除《周礼》所设计的涉及食品安全的官职外，《史记》记载的有太宰，掌膳食之官。还有尚食监。《隋书志》：光禄寺，掌诸膳食，帐幕器物，宫殿门户等事。又有太官，掌食膳事。肴藏、掌器物鲑味等事。清漳、主酒。

唐代设置太官署：令二人，从七品下。监膳十人，主膳十五人，供膳二千四百人，掌固四人。掌醢署：令一人，掌供酰醢之属，而辨其名物，宴宾客，会百官，醢酱以和羹。

清代的食品安全管理机构更为齐备。建立了膳底档，是清宫记载皇帝和皇太后每日用膳情况的档案。它主要由膳单和用膳记录两部分组成。膳单即每日早膳和晚膳的食谱和厨师名单，由供膳机构拟写。皇帝的供膳机构为御膳房；太后的供膳则由寿膳房负责。用膳记录由侍食太监记写。所记内容包括用膳地点，膳桌的摆设，餐具的形状与花纹，妃嫔、大臣所献菜肴及膳毕有否赏赐等。膳底档不仅记载宫中的用膳情况，而且也记载皇帝、太后在宫外的用膳情况。如乾隆帝出巡江南时，有《江南节次照常膳底档》；驻跸热河行宫时，有《驾次热河哨鹿节次照常膳底档》等。清宫设制膳底档，一方面是为了研究皇帝、太后的饮食习惯，以便改进膳食制作；另一方面，也是为在万一皇帝、太后饮食有误时，便于检查与追究司其事者的责任。因此，膳底档所录情况力求全面、真实和细致。目前故宫博物院收藏着为数众多的清宫膳底档。

2. 市场管理

以唐代为例，唐代都城长安东西两个大市场，是由国家进行管理的，其机构就是属于太府寺的两京诸市署和平准署。市署（亦称市局）“掌百族交易之事”，平准署（局）“掌供官市易之事”，掌财货交易，度量器物，辨其真伪轻重。市肆皆建标筑土为候，禁榷固及参市自殖者。

《唐六典》反映的是开元年间的现行法令，从它为诸市署规定的职权及公务范围来看，唐代的商业活动中已出现种种不良倾向，因此唐政府需要采用政府法令干预的办法来加以抑制。如市署执法“以二物平市，以三贾均市”，“二物”指秤与斗，“三贾”指以物之精粗，定出三等价格。看来准斤足量以及合理地按质定价，已是当时的一个普遍性问题。“凡卖买不和而榷固，及更出开闭共限一价，若参市而规自入者，并禁之。”这里提到三种加以禁止的不良现象。“榷固”谓“专略其利，障固其市”，大约相当于今日之欺行霸市，这当然会引起“卖买不和”。

惩罚：唐代职官考核有“二十七最”的说法，针对各个部门的具体工作而规定的不同要求，这主要是对各类官吏才能方面的考察。比如仓库管理者，谨于盖藏，明于出纳，为仓库之最；市场不受骚扰，奸滥不行，为市司之最。凡在考课时，列于中等以上的官吏，在政治上可以升官，在经济上可以加禄；反之，若列于中等以下的官吏，就要降级罚禄，情节严重的，甚至要受到罢官的处分。

3. 行会

除了官府要对市场进行管理外，还有许多问题需要民间自行解决，于是便出现了一种人，专门调解、处理市场种种纠纷。白行简《三梦记》末附一故事，云：“长安西市帛肆，有贩鬻求利而为之平者，姓张，不得名。家富于财，居光德里。”这位张氏富人，所从事的便是此类事务。这种人的出现，说明商业纠纷的存在和民间解决此类问题的办法，是都市民俗的一个方面。

在宋代，食品安全是各个行会在把关。宋代的食品市场相当繁荣，专门的酒楼、食店（风味饭店）、肉行、饼店、鱼行等，应有尽有，商贩们所卖的商品不比现代少多少，点心、干果、下酒菜、新鲜水果、肉脯等等不下百种。宋代食品市场的繁荣，宋代孟元老的《东京梦华录》和南宋周密的《武林旧事》里有很多的笔墨描绘。《梦粱录》卷十三记载有“团行”的组织，如酒行、食饭行，是以行业分，而又有以所经营者划分的，如城北鱼行、城东蟹行、姜行、菱行、北猪行、侯潮门外南猪行、南土北土门菜行、坝子桥鲜鱼行、鸡鹅行。更有名为“市”者，如炭桥药市、修义坊肉市、城北米市。

随着城市工商业的发展，从业人员日益增多，社会分工更加细密，行业组织愈趋发达。宋代城市工商及服务业，无论经营内容大小，“皆置为行”（耐得翁《都城纪胜·诸行》），几乎每个行业都建立了自己的行会组织，行会首领称行头、行首，行老，铺户又称为行户。

这些行会组织的建立虽然表层的原因是为了应付官府的科索，为官府提供产品或力役服务，但真正内在的原因是为了适应工商业、服务业发展、竞争的需要而建立的，它是工商诸业自我保护、自我约束的民间自治组织。虽然宋代行会还不具备后代行会的严密制度和组织，但已初步显现出以下三种功能。第一，行会的规范功能。宋代的行业有一定的"规格"，这种"规格"是规范性的行规的体现。据《东京梦华录》记载：东京饮食服务业人员，一律将新鲜的食品装在洁净雅致的盘合器皿之中，以车推担挑的形式发卖，"食味和羹，不敢草略"。从业人员有一定的"规格"，"稍似懈怠，众所不容"。行会的规范性还体现在力役工钱和产品、货物价格的统一上。第二，行会的服务功能。规范与服务是相互关联的，规范有较强的约束性，服务主要是为了适应行业发展的需要。宋代行会服务的功能有两种：一是对内的经营协调；二是对外代表本行利益与官府进行交涉。第三，行会的独占功能。不仅行与行之间有专营范围，就是在行业内部也有"地分"的划分，以防止同业人员的竞争。从以上具体事例看，宋代的团行、行户已初步具备了行会的基本特征，它在城市经济生活中起着较为重要的组织作用。

宋京师人重信用，度量宽，正酒店户，见脚店三两次打酒，便敢借他三五百两银器，以至贫下人家，"就店呼酒，亦用银器供送"。[①]

应该看到，还有反面的例子，就是故意制造食品的不安全，以达到政治目的。以宴杀人的事件，在古代的上层社会也是不绝于闻。《史记》记载晋国骊姬欲加害公子申生，乃预先"置鸩于酒，置堇（乌头）于肉"。晋灵公欲杀赵盂，乃设宴相召，伏甲士于房中以待，致酒时被赵孟发觉其谋，"中饮而出"，好不容易才逃脱。公子光刺吴王僚，也是具酒设宴相请，"酒酣，公子光佯为足疾，入窋室裹足，使专诸置鱼肠剑炙鱼中进之，既至王僚前，专诸乃擘炙鱼，因推匕首"，以刺王僚，贯甲达背而死。赵襄子杀代王，也是在宴席酒酣乐之际，让厨人进热歠和斟羹，反铜斗猛击代王头，致使脑浆涂地而亡。只此数例，已足见在乱世大潮中，佳饮美宴有时似乎能起到"合好"的作用，但凶机同样也隐现其中，一正一反，总随时被贵族的政治生活和社会生活所利用。再如宋代宋金交战，宋军早已在颍河上流和城外草丛撒下毒药，金人马食用水草后中毒。这些就是食品安全的反用，制造中毒，当然这与本文讨论的食品安全问题无关。

九、道德重建

我们现在所遇到的食品安全的问题已与古代完全不同，环境变化了，所面对的问题也不同了。当今的食品供应的压力增大，人口的压力空前加大，供养的压力增大；手工操作已经转变为大工业生产，而食品的工业化生产过程的复杂性，操作规程难以透明，流通的加剧加强，这些都使得监管的难度增加；现代化的餐饮业，其规模已远非古代可比，等等。尽管如此，以中国古代的食品安全思想为导引，以其实践为参照，我们仍然可以得到很多借鉴。比如可以加强法制，"乱世

① 《东京梦华录·民俗》卷五.

用重典”；比如可以强化行业组织，使其实现内部监管；比如可以加强预防工作，预防为主；等等。但是，特别值得指出的是古人格外注重个人道德的修养，强调对社会的责任，对民族的承担，这实在是当前首先应该解决的问题。

我们面临的最大问题是道德重建的问题。相对于道德层次的问题，技术层面的问题、制度设计的问题都是浅层次的问题。当今的问题不是简单的加强法制就可以解决，而是急需唤起良心的自觉，唤起对社会的责任感，重新恢复“修己慎独”的道德自我修养。

道德自律是中国传统文化的基石，而它又完全根基于以义制利的价值观。当今的食品安全问题说到底是一个损人利己的行为方式，是以急于获得利润为目的而置他人于死地的价值追求。所谓道义，所谓责任，所谓义利之辨，统统被抛在了脑后。而这样的急功近利，又被市场经济的求利所加强，因而食品安全被丢弃了，公众的生命安全变得无足轻重。

解决当前的食品安全的问题有千万条措施，但是，最可靠、最直捷的还是道德层面的问题。只有道德重建的问题解决了，其他问题才能迎刃而解。

第七节　酒文化与酒文化交流

洋酒，通常是指从外国输入的酒。外国的酒多为蒸馏酒，主要有白兰地、威士忌、俄得克等。这些酒主要源于法国、英国、俄罗斯等国。洋酒在近代进入中国，开始消费洋酒的只是少部分人，主要是上层贵族、在中国的外国人等。后来洋酒的消费逐渐增多，中国开始生产洋酒，以张裕葡萄酒公司生产的金奖白兰地为代表。

一、新中国成立后的酒文化交流

1. 洋酒在中国的发展

葡萄酒、啤酒都是国外传进来的，后来被中国人的喜爱，以致一般的人以为葡萄酒一直以来就是中国产的。洋酒丰富了中国人的生活，充当了中外交流的友好使者。洋酒在中国更新，升级换代之后又出口到国外去，打上了中国的烙印。

(1) 啤酒

1954 年，青岛啤酒作为中国的啤酒品牌第一个进入了国际市场。同年，青岛啤酒正式开始出口；1959 年，中国啤酒产量达到 10.77 万吨，这是我国啤酒工业第一次产量超过 10 万吨；1984 年 3 月 6 日，我国第一次从联邦德国引进啤酒瓶装设备制造技术，该技术由中国轻工机械总公司广东轻工机械厂使用；1984 年 3 月 6 日，辽宁省啤酒专业协会在沈阳成立，是全国各省市区啤酒行业最早成立的专业啤酒协会；1987 年，中国第一家啤酒行业的专业集团公司——海花啤酒集团公司在江苏南通宣告成立，年产量 30000 吨；1989 年，拉萨啤酒厂成立，至此，我国 31 个省、市、自治区都有了本地的啤酒生产企业。

中国已经成为世界第二啤酒大国。价格高昂的马爹利、人头马等成为中国人收藏的珍品。至于鸡尾酒等各种洋酒的饮用习俗也受到很多年轻人的青睐，这在客观上促进了中西酒文化的交融，说明中西酒文化交融已进入一个新的历史时期。

(2) 葡萄酒

新中国成立后，从 20 世纪 50 年代末到 60 年代初，我国又从保加利亚、匈牙利、前苏联引入了酿酒葡萄品种。我国自己也开展了葡萄品种的选育工作。目前，我国在新疆、甘肃的干旱地区，在渤海沿岸平原、黄河故道、黄土高原干旱地区及淮河流域、东北长白山地区建立了葡萄园和葡萄酒生产基地。新建的葡萄酒厂在这些地区也得到了长足的发展。

1978 年，河北的长城葡萄酒公司开始生产国际流行的非氧化型的干白葡萄酒并投入市场，并于 1979 年开始出口；1980 年，我国第一个中外合资的王朝葡萄酒公司成立，使我国市场上有了较大批量的不含糖或略含糖的干型、半干型、半甜型的白葡萄酒；1984 年 4 月，山东烟台市举办"全国果酒生产工艺学术讨论会"，这是新中国成立以来第一次由学会主办的葡萄酿酒学术交流会；1988 年，中国第一家生产干红葡萄酒的专业公司——华夏葡萄酿酒公司成立；1994 年，我国啤酒产量跃居世界第二位；1995 年 6 月，珠江啤酒有限公司在布鲁塞尔隆重开业，开创了中国啤酒在国外生产的先例。

(3) 中国酒的进一步国际化

1959 年，景芝白干荣幸入选印度国际博览会；1994 年 8 月，我国最大的黄酒生产和出口基地——绍兴黄酒集团成立；1995 年，五粮液再获巴拿马第十三届国际贸易博览会金奖；2002 年，在巴拿马"第 20 届国际商展"上又一次荣获白酒类唯一金奖，续写了五粮液百年荣誉，五粮液巴拿马"三连冠"，为中国民族品牌跻身世界舞台做出了巨大贡献。

2. 洋酒文化在中国

由古代至近代，由现代到当代，中国的酒文化受到外国酒文化的影响是由小到大，由弱到强，由接纳而到借鉴，由推动而到挑战应战，真是值得认真地去梳理总结一番的。这种洋酒文化从酒的制造、酒的味道、饮用的酒具、酒的历史与民俗等诸多方面极大地丰富了中国传统的酒文化。今日饮酒者口味的审美、精神的享受，又如造酒者包装上的中西文化碰撞与互动、酿酒技术工艺的交流，甚至酒具的设计等等，人们都会发现外来酒文化的影响是既深且广的。

二、中日酒文化交流

中日两国是一衣带水的邻国，交往的历史悠久。酒文化是两国交流的重要通道。中日两国的酒文化有同有异，彼此取长补短，从其渊源、交流、变化之中可以发现酒成为中日两国人民友谊的见证。

日本人同样重视酒，将酒作为生活中不可缺少的伴侣。日本人将酒看作是繁荣之水，是因为“酒”字的读音与日语中“荣”字近似。

1. 中国酒传入日本

日本的酿酒法可以说是在继承中国酿酒法的流派上发展起来的。在古代，博大精深的中国文化，以居高临下之势倾注到日本，公元5世纪前后，日本自奈良、平安朝起，开始大量造酒。日本的造酒文化源于中国，日本的风土将其精练，并发展成现在的清酒。现存关于日本历史的最早记载，是《三国志·魏书》“东夷传”中的“倭人”部分——日本人叫《魏志·倭人传》的那本书。那里面对上古时代的日本人并没有特别翔实的第一手资料，但却已经有了关于日本人“父子男女无别，人性嗜酒”的记载，并且两度出现了日本人饮酒的记述。

日本酒的种类远不及中国的多，清酒是日本的主酒，甚至日本人一提到酒，便想到清酒。日本也有白酒，日语中沿用中国古代的名称写作“烧酒”。白酒是从中国传入的。据日本学者寺尾善雄所著《中国文化传来事典》介绍，日本的白酒是在14世纪初，即镰仓时代，由中国传入日本。首先在鹿儿岛、八丈岛、冲绳等地酿造。18世纪中叶后才广泛酿造白酒。日本有名的白酒有鹿儿岛的“朝日薯”白酒、冲绳的“花酒泡盛”等，一般多为低度白酒，34度左右。

日本的有些酒器是从中国传入的，如樽和瓶子。在日本还是石器时代的时候，中国大陆的青铜器通过朝鲜半岛传入日本，其中就有酒器。日本的陶瓷酒杯在江户时代的正德期间问世，其釉药也是从中国传入的。有些器具的用途有所变化。比如，日本人称作“急需”的器具，中国叫做小茶壶。日本人用它温酒，而中国人用它沏茶。

2. 中国酒文化的影响

中国酒文化的饮酒习俗，也进入日本人的日常生活当中。例如，日本在奈良、平安时代皇宫中都仿效晋人先例，于3月3日举行“曲水宴”。九九重阳，日本人也有这个风俗。公元5世纪初期，菊花作为一种药用植物传入日本，平安时代就有了饮菊花酒的习惯，《类聚国史》就在“岁时部五”里提到大量当时宫中君臣聚饮、咏菊唱和的事情。而重阳节作为“节句”，一直到明治维新时才被废止。日本人在酒家门口悬挂的酒旗，根据《和汉三才图会》解释，和中国的“酒望子”“酒帘”一模一样。日本人下酒的莼菜也传自中国江南，张翰“见秋风乃思莼鲈”算是表率，在日本诗文里屡见不鲜。

再如，新年伊始，千家万户入屠苏，日本人会在元旦的早晨饮“屠苏酒”。大约在唐宪宗的时候，中国的屠苏酒传入日本。屠苏酒从唐代开始在中国流行，是一种药酒，加入白术、肉桂、大黄、桔梗、防风等，正月一日饮用。

日本于平安朝初期，即嵯峨天皇时弘仁二年(811)，首先在宫中饮用屠苏酒，后传入民间。直至今日，仍有这一习惯。处方及饮用方法与中国相同。不过近现代以来，为方便顾客，使不会饮酒的妇女、儿童也能饮用屠苏酒，已不太顾及药效，而追求口感、易饮。近来日本又依屠苏酒处方加工成粉末，只要将其浸泡于酒中10个小时左右，就可饮用。新年之前，日本酒店甚至无偿提供配好的屠苏酒药，当然这是招来顾客的一种手段。在平安时代这个风俗传入日本，并流行开来，而中国本土自宋元以降，却渐渐失传。

日本清酒研究专家稻保幸撰文介绍，中国的药酒传入日本后，日本将其与药同等对待，只能在药店出售。中国药酒不能通过普通贸易途径销售，这对嗜酒者是一大遗憾。

中国人新婚的时候喝交杯酒的风俗也传到了日本，不过有所改革。在中国先秦的时候就已经有"合卺仪式"，即婚礼的司仪将瓠瓜一分为二，再用线相连，新郎和新娘各执一头，表示夫妻心心相连，百年和好。这种风俗在《礼记·昏义》中有记载。到了宋代，演化为交杯酒。

日本人的婚礼上也喝交杯酒，只是有所变化。新郎新娘在亲朋好友的祝福声中举行"三三九度"交杯换盏。用三只浅的漆制酒杯，每杯喝三次，共九次。日本的数字信仰为奇数，源于中国的阴阳学说，奇数为阳，偶数为阴，而三和九均是《易经》中有缘的阳数。喝的三杯酒分别代表天、地、人。三与三乘为阳数中最高的九，表示没有比它更庆幸的喜事。日本婚俗中的"三三九度"交杯换盏，斟酒用的酒壶盖上，一定要有一对图案。中国古时用以比喻兄弟和睦，不知何时传入日本成为兄妹亲睦了。

中国的"曲水流觞"的饮酒形式也传入日本。所谓"曲水流觞"，就是农历三月上巳日这一天，在弯曲流动的水面上放置轻巧的酒杯(觞)，饮酒聚会的人顺流而坐，当酒杯到了谁的面前，必须取杯饮酒，并且即兴赋诗，如果做不出来罚酒三杯。这种习俗起于周代，是为了去水边，祓除不祥，形成了"修禊"(xì)的风俗。中国的这种风俗曾经流布于朝鲜半岛和日本列岛。最初，日本的曲水流觞由在日本的华人指导，首先在宫中兴起，从内容到形式完全按照中国的修禊习俗进行。最早由《日本书纪》所记载，该书记录了显宗天皇元年(485)所举办的曲水酒宴。中国历史上最有名的曲水流觞酒宴是东晋"永和九年(353)，岁在癸丑，暮春之初，会于会稽山阴之兰亭，修禊事也。群贤毕至，少长咸集"的盛事，参加的有王羲之及当时名士谢安、孙绰、孙统等文人墨客41人。王羲之为此事撰就名传千古的《兰亭集序》。值得纪念的是，1987年4月9日《人民日报》社与日本《读卖新闻》社共同举行过一次中日兰亭书会，两国著名书法家41人(同样是41人)欢聚于绍兴兰亭，再现1554年前的盛况，实为中日酒文化交流的快事。

日本的"干杯"也源于中国。据日本学者神崎宣武所撰的《酒之日本文化》所记载，日本的"干杯"一词源于中国，大约是明治时期传入日本。但是，传入日本以后有很大的变化，总体而言是文明多了。日本人所说的"干杯"不像中国人那样真的干杯，一定要喝得酒杯底朝天，还要倒转过来让人检验。日本人的干杯，不一定非得干了不可，也就是中国人说的"随意"。日本人在宴会上可以只为别人斟酒而自己不喝。不过，日本在江户时代(1603—1867)末期，相当于中国的清代，形成了反酒的习俗。自己干杯后，把酒杯在清水中清洗一下，斟满酒再敬给对方或者侍女一杯。接酒的人在不吃任何饭菜的情况下将酒饮干，再将酒杯返还给敬酒的主人。这一风俗可以看作是对中国干杯习俗的改造和变通。这是日本的一种独特的干杯习俗。

3. 日本人的改造

中国的酒及酒俗传入日本之后，为了适应日本人的风俗习惯，大都有或多或少的变化。比如，中日两国的饮酒习俗有所不同。日本人不像中国人那样有很多劝酒方式，也没有那样多的劝酒歌。一般情况下，日本人不强求对方饮酒，喜欢饮者可以自斟自酌。加之日本酒的度数不高，也不易饮醉。

再如，日本人饮用中国的绍兴酒时，要在酒中放一些冰糖，以增加酒的甜度和价值。因为糖传入日本时，是一种高档食品，日本人认为加上糖可以使酒的品位带起来。即使是饮用甜度足够的加饭酒，日本人仍然保留这一种加冰糖的做法。

日本清酒是借鉴中国黄酒的酿造法而发展起来的日本国酒。

日本人常说，清酒是上帝的恩赐。1000多年来，清酒一直是日本人最常喝的饮料。在大型宴会上，结婚典礼中，在酒吧间或寻常百姓的餐桌上，人们都可以看到清酒。清酒已成为日本的国粹。

据中国史书记载，古时候日本只有"浊酒"，没有清酒。后来有人在浊酒中加入石炭，使其沉淀，取其清沏的酒液饮用，于是便有了"清酒"之名。公元7世纪中叶之后，朝鲜古国百济与中国常有来往，并成为中国文化传入日本的桥梁。因此，中国用"曲种"酿酒的技术就由百济人传播到日本，使日本的酿酒业得到了很大的进步和发展。到了公元14世纪，日本的酿酒技术已日臻成熟，人们用传统的清酒酿造法生产出质量上乘的产品，尤其在奈良地区所产的清酒最负盛名。

中国黄酒的生产与日本清酒极为相似。两者所用原料和生产工艺基本相同，香气都是复合型，主要由脂类、醇类、酸类、酚类物质等构成。所不同的是中国的黄酒使用一些中草药，给黄酒带来特殊药香，这是日本清酒所不具备的。还有，中国黄酒中有老酒、陈酒，可储藏多年，而日本清酒则喝新酒最好，一般在半年之内，陈了反而不香。主要因为用曲不同。日本的一些酒具是从中国传过去的，比如樽和瓶子。

在日本还是石器时代的时候，中国大陆的青铜酒具通过朝鲜半岛传入日本。日本于镰仓时代开始制作木酒具，同时也有漆和金银酒具面市。陶瓷酒杯在江户时代的正德期间问世，其釉药也是从中国传入的。

三、酒文化与旅游

中国旅游的兴起还是近一二十年的事情。几千万上亿人同时出行，游山玩水，纵情于海天之间，骋意于风月之中，堪称世界奇观。富起来的中国人懂得了享受，知道了安排休息，于精神的、身体的放松之中感知人生，领略自然奇观。

"食、住、行、游、购、娱"是旅游业的六大基本要素。饮食获得了新的诠释，吃不仅仅是补充能量，而且是一种享受，是人生价值的体现。为了吃而旅游成为动力，奔袭几千里就为了那一口朝思夜想的美味。

旅游热催生酒文化的巨变，酒又激发旅游的兴盛与成熟。

“无酒不成宴”，酒文化与旅游联姻的历史由来已久。早在西周时期，曾西征犬戎、东伐徐戎的“酒天子”周穆王姬满就曾经周游天下，而且还畅饮于西王母的瑶池。《列子·周穆王》载：“穆王肆意远游，命驾八骏之乘……遂宾于西王母，觞于瑶池之上。”《拾遗记》载：昆仑山有九层，望之如城阙之象，旁有瑶台十二，各广千步，皆五色玉为台基。西王母见到穆王后，“玉帐高会，进冰桃碧藕”，又进“一房百子”“经冬而藏”的“素莲”佐酒。

酒文化与旅游文化的互融关系，纯粹的饮酒构不成文化意蕴，纯粹的旅游也难免索然无味。宋代欧阳修在《醉翁亭记》中体味到酒文化与山水旅游文化之关系：“醉翁之意不在酒，在乎山水之间也。山水之乐，得之心而寓之酒也。”只有将饮酒之乐与游赏山水之乐融为一体，才是高层次的旅游文化，才是物质需求与精神享受的高度统一，才是修身养性和陶冶情操为目的的文化旅游。

从酒吧、酒楼到现在城市的大量涌现，到与酒人酒事有关的历史陈迹的大量修复，从现代旅游餐饮中人们对各种酒的情有独钟，到有关部门或厂家举办的各类酒文化节，处处都留下了酒文化与旅游联姻的印迹。

从酒文化旅游产业发展来看，酒文化旅游不是一个简单的工业旅游产品的形式，而是现代旅游业与酒工业体系相互融合的产业孵化系统，包括中国酒文化遗产、酒企业品牌文化、酒工艺产品展示与体验、酒企业园区生态景观和旅游服务要素等六大支持系统。通过构建与酒产地文化、消费者认知、行业平台三大支撑平台，可促进旅游产业与酒产业系统的开放、生长和交换。

1. 以酒俗为主题，丰富民俗旅游的产品内涵

酒企业往往在风景如画、山水资源丰富的区域。悠久的生产酒和饮酒风俗具有鲜明的地方特色。如贵州酒风酒俗绚烂多彩，具有酒文化与民俗民风的双重性。苗族的“牛角酒”“打印酒”，布依族的“包谷酒”“鸡头酒”，彝族、侗族、水族等少数民族中盛行的“咂酒”“交杯酒”“转转酒”“拦路酒”“送客酒”等均负盛名。

2. 以观光为基础，体验为主的酒企业工业旅游

工业旅游是旅游和工业结合的产物，是指以一定历史发展阶段的工业设施、生产场景或遗址、劳动对象、劳动产品、企业文化等作为主要旅游吸引物，引导旅游者参观、参与，为其休闲、求知、娱乐、购物等提供多方面服务，以实现工业旅游经营主体经济效益、社会效益和形象效益的旅游形式。

工业旅游集品牌宣传、酒文化培育和利润创造为一身，也可以作为企业文化营销的一个新途径。酒工业旅游可以为企业带来利润，但从目前来看其所肩负的主要功能还是品牌形象塑造和消费文化普及。

白酒、葡萄酒、黄酒等部分企业积极开展了工业旅游活动，如山西杏花村汾酒企业、山东烟台张裕和秦皇岛华夏长城企业等等。

葡萄酒工业旅游是伴随着中国葡萄酒市场的逐步成熟而出现的一种新型的

企业品牌营销渠道，同时也能为企业带来新的利润来源。但是，并不是每个企业都拥有可利用的工业旅游资源。目前较为成功、现实的项目当数烟台张裕和秦皇岛华夏长城。工业旅游可以说集品牌宣传、葡萄酒文化培育和利润创造为一身，也可以作为企业文化营销的一个新途径。葡萄酒工业旅游可以为企业带来利润，但从目前来看，其所肩负的主要功能还是品牌形象塑造和消费文化普及。但是，在旅游者访问的过程中，如何让他们将短时间的旅游体验带走进而实现扩大口碑传播效果，是营销者应该考虑的话题。例如，可以设计旅游者在购买门票的同时，免费获得企业的广告礼品、葡萄酒文化手册、葡萄酒饮用辅助工具等。另外，对于一些消费者在购买后不方便携带的商品，如个性化定制酒，企业还可以为其提供免费寄送服务，等等。

3. 以酒文化内涵为核心，打造酒乡生态旅游产品

凡产美酒的地方，其山水必美。这种自然美是开展旅游的必备条件，也是开辟旅游新领域的重要基础。如我国广大西南地区，气候温和，物产丰饶，山奇水异，毓秀钟灵。在四川、贵州相接的地带，形成一条沿岷江、赤水河伸展的“川黔名酒带”。“川酒”中的五粮液、泸州老窖、剑南春、郎酒、沱牌曲酒和“黔酒”中的国酒茅台、董酒等都曾获得国家名酒金质奖，由此就可以设想组成一个名酒产地旅游带。

4. 充分利用酒的药用健身功能，打造养生旅游产品

酒与医药相结合是中华酒文化的一大特征，也使中华酒文化闪烁出科技的光芒。《汉书·食货志》中称酒为“百药之长”。《本草纲目》也认为酒“少饮则和血，壮神御风，消愁遣兴”。当我们浏览中华医药宝库的时候，便会发现几乎无药不可以入酒，而凡有疾又皆能以药酒疗之。药酒治病当然也是一种保健，然而药酒疗疾，有病而饮，无病则不可乱饮；保健酒旨在强身，当然也能疗疾，不过，却并非定要有疾才饮，无疾也可饮用，以其健身。

5. 发挥酒吧休闲功能，打造酒吧文化休闲旅游产品

酒吧最初源于欧洲大陆，后经美洲进一步的变异、拓展，才进入我国。酒吧的出现，使得更多的人开始关注和了解酒以致关注中国的酒文化。我们知道了酒的作用：医疗保健、情感宣泄、人际交往、去腥调味等。我们也从酒吧中认识了世界不同的酒，如：啤酒（喜力产自荷兰、百威产自美国、嘉士伯产自丹麦）、白兰地、伏特加的喝法和酒文化，鸡尾酒的调制及各种酒的养生之道等。多年前，在茶馆和酒楼听传统戏曲是当时大众最为重要的文化生活，随着时代的变迁，相当一部分富有开拓精神的人对酒店内的酒吧发生了兴趣，追求发展和变化的心态促使一部分原来开餐厅和酒馆的人做起了酒吧生意，将酒吧这一形式从酒店复制到城市的繁华街区和外国人聚集的使馆、文化商业区，使得中国现代酒文化与世界接轨。

6. 展示古今酒具的艺术魅力，做好旅游地博物馆文化旅游产品

我国酒具的制作历史源远流长，出土文物中不同材质的酒具占有相当大的

比例。其造型奇特别致，雅俗共赏，是一笔宝贵的旅游资源。近年来，国外来华旅游者，对中国历史文化古迹具有强烈的探知欲望。现在各地博物馆逐渐免费开放，博物馆中的文物展品值得欣赏、品味，旅游地在丰富馆藏作品、开发多种形式的基础上，以酒文化专题设计酒具展示、体验型旅游产品，一定会受到游客的欢迎。

7. 以多种艺术表现形式，使酒文化元素有效融入旅游文化内涵之中

酒文化是包括酒艺、酒德、酒俗、酒文艺、酒建筑在内的与酒有关的文化体系，是融诗文、书画、音乐、歌舞、辞令等艺术为一体，融合了历史、经济、思想、医学、旅游、食品、风情民俗、神话传说、陶瓷工艺等内容，这本身就是一种瑰丽独特的旅游资源。以多种艺术表现形式，使游客能参与、体验、欣赏酒文化的丰富内涵，一定会使游客在旅游地获得更充分的酒文化之旅的体验。

旅游的生命在于特色。有特色的旅游才有强大的吸引力，才能在旅游竞争中立于不败之地。而旅游特色又在于文化，在于深刻的文化意蕴。对旅游来说，文化是特色的核心。努力追求更高的文化品位、文化含量，是旅游业的生命力和高附加值的重要体现。努力挖掘和体现酒文化旅游资源的科学历史文化积淀和时代价值，就能大幅度提升酒文化旅游产品的品位，增强对游客的吸引力和感染力，增加旅游业的社会效益和经济效益。

四、酒文化的记录者

遍布全国的酒文化博物馆

(1) 张裕酒文化博物馆。张裕葡萄酒公司是由南洋富商张弼时先生于1892年在烟台投资创办，1912年孙中山先生为张裕公司亲笔题赠了“品重醴泉”，以资鼓励。公司于1992年建成酒文化博物馆，分为百年地下大酒窖和酒文化展厅。地下酒窖内数千只橡木桶排列有序。酒文化展厅则向客人展示了百年来的张裕历史。有传统酿酒工具，有各种张裕名牌酒品，有接待品酒室、视听室等。馆内珍藏着康有为、孙中山、张学良等历史名人为张裕所题的墨宝，1992年江泽民总书记为张裕百年庆典题词“沧浪欲有诗味，酝酿才能芬芳”。

(2) 贵州酒文化博物馆。建在遵义的酒文化博物馆，在展示贵州酒史、贵州名酒的同时，刻意展示多姿多彩的酒礼酒俗。

(3) 内蒙古酒文化博物馆。位于内蒙古杭锦后旗陕坝镇建设街39号，即内蒙古河套酒业集团所在地。这是内蒙古第一家企业博物馆，展示了内蒙古酒文化的源远流长及远古酒韵。内蒙古酒文化博物馆保存着内蒙古各地与酒密切相关的文物和见证河套酒业50多年发展的珍贵文物。

(4) 中国酒文化博物馆。位于古镇西塘，2006年8月28日的中国酒文化博物馆在礼花声中隆重开馆。西塘在历史上就是酒镇，酒文化与古镇同步发展，与古镇齐名，该博物馆在原有黄酒陈列馆的基础上，大量充实了由酿酒世家刘西明30多年来收藏的中国酒器数百件实物，在追本溯源中，揭示了中国酒文化的发展背景及其深刻内涵，涉及民俗学、史学、文学等方面知识。

(5) 古井酒文化博物馆。于1994年9月开始筹建,从筹建到完工历时2年又3个月。经安徽省建委验收,评为优质工程。地址在安徽亳州市古井镇。

(6) 大宋酒文化博物馆。位于河南开封风景优美的万岁山景区。博物馆包括大宋酒文化展厅、产品展示中心、白酒生产作坊、黄酒生产作坊四个部分,所有建筑均为宋代风格。

第八节　聚餐方式的改变

一、闲聚

改革开放30年来,人们聚会、聚餐的方式发生了极大的改变。聚餐方式的改变,第一是参加者发生了变化,不仅仅是和自己熟悉的人聚餐,而且是和自己根本不认识的人聚餐;第二,聚餐的地点发生了变化,不仅是在本地,而是可能在千里之外;第三,召集人发生了变化,不固定为年纪最长者,也可能是随便某一个人;第四,召集的形式发生了变化,网络介入到人们的聚会之中来。这一系列的改变,不仅是聚餐形式的改变而且是社会的深刻改变,是人们交往形式的改变。

新的交往方式被称之为"闲聚"。"闲聚"一词的出现反映了社会的现实的变化。

闲聚的条件第一是闲,悠闲的首先是心态;第二是能够聚,有聚的条件与可能。

中国的改革开放从1978年算起,前10年是一个铺垫,是对以前政策与路线的修正,主要是结束"文化大革命",使社会恢复正常的生活秩序。

后20年来的变化是最为突出、最为剧烈、最为重大、最为深刻的,这一变动也是中国历史上不经暴力的革命而实现的最为伟大的巨变。从社会的层面上来说,也是如此。可以将这些变动归纳为一个基点,带来许多变化。一个基点根基于两个方面:第一个方面是聚会参加者社会身份的变化。由制度中的受限制的人,变化为具有出行自由、结社自由、言论自由的人(虽然还有很长的路要走,但是已经是翻天覆地的了)。

从国家行政管理的层面上说,出行管理的放松。对聚会的审查的放松——人们基本上感觉不到聚会的审查。当政者掌握聚会者的生杀大权时,聚会者就会小心翼翼起来,不聚会、少聚会或者按照安排而聚会,闲聚只是空谈。

在中国,禁绝聚会的事情历朝历代都有,以秦代最甚,"偶语者弃市"。在大街上两个人碰到了,说上几句话就要被执行"弃市"的刑罚。弃市,在大众集聚的闹市,对犯人执行死刑,尸体暴露在街头,以示为大众所弃的刑罚。可见那个时候对人们的聚会和言论控制是多么严厉。

为什么禁止聚会?聚会有利于信息交流,而信息交流往往是农民起义的基本条件。有了信息的交流，流动中、迁徙中的人们知道了国内形势的全貌，了解了更多人的想法，也便于同时采取行动——而这往往决定了起义的成败。历代的起义都和社会的人际交流有关。禁止聚会、禁止信息的流通，是统治者对付反对派的最有力的武器。

在人格独立、旅行与言论自由的条件下，人们可以通过说说真话、发发牢骚，把日常生活中遇到的种种不公正现象及由此产生的不满情绪及时排解，这远优于一次集中爆发。关键的是人的生存状态的变化，自由度的增加，对社交的渴望。

社会变化一个基点的第二个方面是改革开放，外部世界的清风吹拂，人们意识到休息权利是一种人生的基本权利，开始追求生活的质量。中国人一贯的观念只有劳动的权利，不知道休息的权利，不会理直气壮的主张休息。也因此，许多人以工作为荣，以劳动为荣，以加班为荣，以不休息为荣，所以很多劳动模范如蒋筑英就累死在工作岗位上。有许多模范人物，生了病也不去医院，认为为了自己的身体而不工作是羞耻的。

有了以上两个方面的支持，闲聚得以实现。闲聚的实现及其变化表现在：

(1) 闲暇的时间。有了"休息权"的概念，也有了休息的保障。

(2) 物质的保障。饮食的保障，食物的空前的丰富。

(3) 实现闲聚的外部条件具备了。技术手段(电话、手机、互联网等)的出现直接影响到闲聚的实现。通过新的联系方式电话、电视、网络，尤其是网上的召集，最直接的沟通，召集到尽可能多的人，联系方式最方便，号召力最强。

电话在20世纪70年代还是奢侈品，是身份地位的标志，近20年电话早已普及到普通人家。

近10年手机的普及，人手一机，中国成为全世界手机用户最多的国家。

近10年互联网的普及，消除了人与人之间往来的屏障，进一步解脱了人，使人成为进一步自由的人。年轻人代表着饮食的新潮流。"一个客人他可以在家里或者路上就把菜点好了，最后结账的时候，他又只需要手机支付，非常方便。"这便是饮食新潮流。

网络消除了人们交往的政治壁垒、地理隔绝。一秒钟之内信息传遍全世界，快速、便捷，并且降低了交往成本。

(4) 闲聚是一种新的社会交往方式，标志着一种新生事物的出现：①陌生人的聚会是新生事物；②网上召集、网上聚会是新生事物。

闲聚形成新的社会风尚，成为社会的追求：求新求异，对自由的追求。

人们，尤其是年轻人，认识到闲聚是个人社会资源建立、消费与使用的有效途径；是否参加闲聚，以何种方式参加，取决于一个人的需求、能力、努力、经历、资源、修养、兴趣、生存状态等。而闲聚是一种培养感情的方式方法与渠道。

闲聚数量最多的最主要的还是同学聚会，曾经共同学习的、一个班上的、一个学校的，甚而一个地区的，等等，有共同的经历，有共同的话题，经常聚集在一起。

二、动力

改革开放以来社会进步的速度加快，工作节奏加快，另一方面人们更加注重休闲，希望有一个缓释的机会，有一个解除紧张的环境，于是产生了闲聚，这便是动力。

闲聚是农村与城市的激烈碰撞与融合。城市早已不是改革开放以前的概念，首先是人员的改变，成百万上千万的人流涌入城市，由小城市流入大城市，由大城市流入特大城市。人们面对的是陌生的人，上班时紧张的工作几乎不允许闲谈，下班便需要闲适、放松，进一步刺激了闲聚的需求。

当代的闲聚是真正意义上的闲聚，随着社会的巨大变迁，人们的需求多元化、物质化、非道德化。

闲聚的社会功能一旦被发现，就成为动力。

(1) 闲聚可以锻炼组织能力，发现人才，了解社会

从聚会中认识自己，发现自己。聚会是观察社会人员交流的最好角度，闲聚则是了解社会发展程度的最好窗口，闲聚的实现是社会文明的尺度，人们对闲聚的倚重程度是对其社会交往能力的衡量。

(2) 交友：人以群分，从而产生归属感、安全感

平日的严肃矜持与闲聚尤其是借助于酒而形成的松弛洒脱形成强烈的对比，通过这样极度的释放方式所带来的快感能够缓解压力，增进友谊。

年轻人更注重形式新颖灵活，而老年人更在乎本质，对聚会环境的要求更高，比如对酒店要求的提高，装修、布置、标语、绘画、广告语、对联、酒器等。

以前瞻的眼光看待未来闲聚形式的变化，就会发现“远交近冷”的加强：对邻居的冷淡在加强，对闲聚中不曾交接的人的热情，二者形成鲜明的对比。闲聚仅仅是一种释怀、释放；对周围虚于应付的厌倦，单位同事的应酬和对闲聚的期待的增加二者相辅相成。

(3) 闲聚的形式有可能超出内容，尤其年轻人之中

对闲聚的观察，一则以喜，一则以忧：社会的聚合与分裂的反方向作用；家庭的地位、家族的作用在迅速消减；农村是传统家庭存在的标本；家族的力量还显示着，同一个村子同一个姓，人们的辈分鲜明，并且被不断地强调着。这 30 年来，几亿农民进城，他们脱离了农村，解脱了家族的羁绊，获得更多的自由。另一方面，城市的新人，希望着新的交往、新的结合，以获得更多的社会资源，新的交际空间打开，所带来的非道德化的趋势，世俗化、自私化，以自我为中心的加强是不可忽视的。

三、酒的地位及其变化

在当代的社会交往中不变的是酒，仍然是黏合剂、润滑剂。

对酒的品评往往代表品位，经多见广，中外的酒都品尝过，知酒，知品位。而酒量常常决定一个人在闲聚中的地位。谈吐是决定酒场是否具有引领才能的关

键。最合适的两三个人的谈话，人再多一点，就不容易形成中心，议论就会分散。只有最健谈的人能够吸引众人，集聚主题。

变化的是：

第一，消费者对酒的品质的要求提高了，人们对酒的消费心态发生变化，喝知名的、贵的、包装上档次的。排场要大的，人数要多的，酒店要名气大的。

第二，酒的广告形式的突破。不再是旗帜布条，居高临下的中央电视台，无论怎样的广告的强势都挽救不了秦池酒厂的崛起与覆没。1995 年 11 月 8 日，秦池以 6666 万元的最高价击败众多对手，勇夺 CCTV 标王。1996 年 11 月 8 日，秦池集团以 3.2 亿元的天价卫冕标王。要消化掉 3.2 亿元的广告成本，秦池必须在 1997 年完成 15 亿元的销售额，产、销量必须在 6.5 万吨以上。1997 年，尽管秦池的广告仍旧铺天盖地，但销售收入比上年锐减 3 亿元，实现利税下降了 6000 万元。1998 年 1—4 月，秦池酒厂的销售额比 1997 年同期下降了5000万元。1996 年底和 1997 年初加大马力生产的白酒积压了 200 车皮，1997 年全年只卖出一半，全厂十多条生产线也只开了四五条，全年亏损已成定局，曾经辉煌一时的秦池模式成为转瞬即逝的泡沫。

第三，酒令的变化。出现了“段子”，嘲弄当官的人、有钱的人、张狂的人。私人场所，朋友聚会，逗乐朋友，卖弄才华，加之社会风气之放松，闲暇饭桌上的“段子”多了起来，有时会超出界限，涉及政治。总体上说，传统文化的内容少了，作诗弄赋的少了，粗俗的多了。流行的是带色情意味的小笑话，亦称“黄段子”。

“黄段子”乃是民间化的色情与语言智慧的混合物，一度成为中国成年人饭局上必备的佐餐，反映了中国市井文化空虚无聊的状况。后又在手机短信上大肆传播，以致国家法律部门声称手机短信传播“黄段子”者将获罪。

第四，特别应该指出的是，座位位次的重要性在退化，随意性在增加。人们不再严格地按照出席人的尊长安排座位的方向、位置，有了很大的松动。

酒习酒风中不变化的是：南方与北方酒风仍然不同，在聚会中的地位有所不同；城市与农村不同；不同人群的差异在加大。

药酒是中国的特色，养生的作用被强调，尤其是针对老年人的攻势极为强烈。

图 9 - 6　青年茶友聚会

西洋酒的引进与狂热追求：轩尼诗理查德 43 度、金王马爹利、极品马爹利、人头马 XO、金牌威士忌、皇家史道林、日本盛清酒等纷纷登场，白兰地、伏特加、鸡尾酒也成为酒席上的最爱。

葡萄酒的崛起，与白酒分庭抗礼。中国人和俄罗斯人享用烈性酒，白酒的浓烈刺激人很快进入炽热状态，葡萄酒则更为温和、舒展，一个是热情奏鸣曲，一个是浪漫曲。

其他饮料也往往唱主角。茶叶的消费热潮对酒的消费形成挑战。

四、茶会成为年轻人聚会的时尚方式

近年来，随着茶叶消费的兴起，茶艺成为一种时尚，尤其是1999年国家劳动部正式将“茶艺师”列入《中华人民共和国职业分类大典》1800种职业之中，并制定《茶艺师国家职业标准》以后，无论是从业者还是热爱茶艺者，考茶艺师证书成为一种生活的时尚。而以分享茶叶的味道、切磋泡茶技艺、分享具有古典情怀的茶会活动，常常在年轻人之中流行开来。这些爱茶的年轻人，多以QQ爱好群或网络生活论坛等平台寻找到同好，在一定的场所以茶聚会。

一般场所选择城市中的茶馆，具有文化遗产性质的古宅、公园，或古树下、果木花草间等，因茶相聚，谈艺论道，分享人生感悟。

2013年以来，还有一些茶艺工作者组织了“申时茶会”活动，因对茶的喜爱，全国各地的爱茶者响应者众，虽有批评的声音，比如，从中医保健的角度上看，此时大量饮茶并不适宜，但若控制得当，无论一天之中的哪一时刻，均无不可。作为一种聚会的形式，茶会这一组织形式，在客观上也起到了弘扬茶文化的作用。

喝茶本是中老年人最喜爱的晚年生活活动之一，如今城市中的老年人喝茶，除了居家日常小饮之外，城市公园中的大众茶馆以消费低（多以5～10元一杯）、同龄人多而成为老年人心灵慰藉的理想场所。另外，以戏曲民俗为特色的茶馆，也成为老年人喜爱的去处。而大部分城市茶馆，则以最低消费过高（一般以40～50元为底线）而成为商务休闲人士的首选。茶馆形式以茶餐馆居多，点了茶之后，可以在茶馆中休闲娱乐，并有各种小吃、餐饮美食提供。

五、年轻人代表着饮食的新潮流

“一个客人他可以在家里或者路上就把菜点好了，最后结账的时候，他又只需要手机支付，非常方便。”这便是饮食新潮流。

天山网2014年3月19日报道“手机餐厅”讨好“吃货”，所提供的消息使人耳目一新。网络无处不在，手机的功能在无限扩充，深刻地改变着人们的饮食习惯。

中午，在杭州莫干山路一大厦上班的李小姐熟练地打开手机APP，麻利地点了10份快餐，“一般半小时内都会送到，基本上我们中午的工作餐都是这样解决的”，有时候办公室里还会集体拼单点上好多杯奶茶。

图9－7　城市公园中的老年人饮茶

在餐饮战火越烧越旺的当下，手机下单的移动点餐“吃货神器”自然受到青睐。“吃货”们在改变自己的消费习惯，而传统商家们也受到冲击，开始调整业态。在杭州一些酒店等开设“手机餐厅”后，传统餐厅也“触网”并准备开通“手机餐厅”服务模式。

那么为什么这么多的传统餐馆对“手机餐厅”表现出如此浓厚的兴趣？答案很简单：移动互联网的快速发展，让所有的餐厅商家又重新回到同一起跑线上。即使那些日子还好过的餐馆也不得不未雨绸缪，唯恐在这场争夺客人的“新战场”上落人之后。

移动互联网消费将大大节省人力。而对客人来说，他们也省下了一两个小时的排队时间，甚至“手机餐厅”还成了老外点菜法宝。以前外国客人点菜时，服务员和他们沟通有问题，现在直接让客人手机下载个 APP，在网上看菜的图片、看价格，就方便多了。

年轻人对新生事物较敏感，追求新潮，代表着饮食生活的方向。新的饮食生活方式反过来又促使人们思想观念的变化，一切不是不变的，新的交流方式塑造了新的世界。

第九节　奢靡的生活，极大的浪费：中国人的面子

公众场合中国人的行为方式受着传统观念的深刻影响，那就是“面子”往往比“里子”更为重要。饮宴作为一种公众场合的时候，更受到人们的重视，面子更显得特别重要，更需要别人的尊重、理解、遵从。甚至为了面子而孤注一掷，倾家荡产而不惜。

一、蒋公的面子

2012 年，南京大学的学生为了纪念南京大学校庆，编了一部话剧《蒋公的面子》，集中写三位教授接到蒋介石校长请客吃饭后的纠结，说到底就是去不去，给不给蒋介石面子。

编剧是一位戏剧影视专业的大三女生，描写的却是 70 年前中央大学教授中的复杂人性。该剧创作灵感来自流传于南京大学中文系的一则轶事。1943 年，蒋介石初任中央大学校长，为笼络人心，准备邀请中文系三位知名教授共进年夜饭。蒋介石另一更为显赫的身份是中华民国大总统，他所准备的年夜饭肯定十分丰盛，出席的各方面的人肯定地位显贵，宴会厅肯定豪华典雅而隆重。能够被他邀请，在一般人看来确实是给了很大的面子。难道这三位教授肯驳蒋公的面子？三人中，有人痛恨蒋之独裁，却又因为战乱之时藏书难保需要蒋的帮助；有人潜心学问不谈国事，却好美食，听说席上会有难得的好菜便难抑激动；有人支持政府愿意赴宴，却放不下架子，要拉另外两人下水。20 多年后，三人再次见面，谈论当年到底去没去赴宴，各执一词，谁也说服不了谁。

去不去吃饭，确实是个问题。

无论这三位教授对于去不去有着怎样的不同纠结，由于政治的原因无论是拥蒋还是反蒋，归结到一点，那就是作为知识分子，他们看重的是人格的独立。他们并不把蒋介石请吃饭当做是荣誉或奖赏，即使是官方化的教授卞从周也没有这种倾向。作品尤其是对夏小山教授的塑造，写他既想吃火腿烧豆腐这道菜，因而准备去赴宴，又不赞成蒋当校长，因此要求蒋改掉请帖中的身份，心理就非常纠结。

这部话剧说的是被请赴宴的人碍于面子而难于抉择，然而对于请客的人来说，请谁吃饭，何尝不是一个大问题，尤其是当了官的人，而且是当了很大的官的人。因为同样的也关乎面子。请了谁，也就是不请谁，为什么冷遇了这些人而亲热了那一部分人，这对于中国人来讲都是考验。客人来了，怎么个坐法，也是大问题，也关乎面子。选择什么样的菜，菜名怎么样，也是关乎面子的大问题——任何一个细节没有注意到，没有照顾到，都可能闹翻，几十年的亲情、朋友就此翻脸！

二、中国人的面子

新浪财经专栏作家金兰都著文《从小众到主流》指出："讨论中国人的时候如果遗漏了面子问题，那么就不能全面地理解消费基础的文化习性。对于传统历史思想根深蒂固的民族来说，面子是观念内在化的民族特性。中国消费者要面子的类型可以划分为四类：道德的面子、尊重的面子、世俗的面子以及实惠的面子。没有比中国更重视面子的国家了，面子是他们生活的开始和结束。

……而对中国人而言，面子来自圣洁的礼与义，还有恪守道德的行为，或者来自支撑自己生活的自尊心。面子有单纯地做给别人看、显摆的成分，而规定着自我存在的个人信念才是最重要的。正因为如此，对于传统的中国消费者而言，面子既是内在化的生活习惯，偶尔也具有可以舍命相换的重要价值。"

"世俗的面子（树立面子）：中国人在外面餐厅就餐时，很少会把吃剩的食物打包带走。他们大都觉得，把吃剩的食物打包带走，这本身就是丢自己面子的行为。这种现象绝对不是出于道德的面子、关怀对方的尊重的面子，而是因为在意他人的眼光而维护自己面子的行为。所谓世俗的面子即羞于自己展现给别人的模样，为了逃避从中发生的内在冲突，而试图通过自我演绎来使之升华的面子形式。因此，为了显摆自身能力或成就的面子形式就可以理解为是世俗体面的形式。"

对中国人而言，作为主人，请人吃饭，是显示风度、实力、气魄的时候，千万不能在这时候被认为是不豪放、抠门、小气，这样只会有损主人的面子。对于被邀请的人来说，更重要的是不折损对方的面子。收到结婚请柬之后却不去参加婚宴的话，就会被看做是失礼而不知基本礼仪的人，所以哪怕一个月参加两三次酒席，钱包都瘪了，对中国人来说面子也是他们的自尊心。

因为面子，造成了餐桌上极大的浪费。以"餐桌上的浪费"为搜索词，就会得到以下数字。中国人每年在餐桌上的浪费是2000亿元，被倒掉的食物相当于2

亿多人一年的口粮。与此形成鲜明对照的是，我国还有一亿多农村扶贫对象、几千万城市贫困人口以及其他为数众多的困难群众。这种“餐桌上的浪费”引起人们的关注。没有吃过的馒头、整条的鱼、密封完好的酱牛肉，还有成袋的大米……这不是超市里摆放的商品，而是被人们扔到垃圾堆里的食物。中央电视台《新闻1+1》栏目曾以“奢侈的垃圾”为题，对这一现象发出引人深思的警醒，更有学者做出振聋发聩的警告：仅我国大学食堂中，每年就倒掉了可养活大约1000万人一年的食物！城市食物浪费严重，农村同样不可忽视。2011年，曾有四川农民致信《人民日报》，指出农村过年宴请规模少则四五十桌，多则上百桌，每次宴后都剩有半数食物，除极少数客人打包外，多数都被倒掉了。

一些公职人员认为公款吃喝反正不用自己掏腰包，浪费起来不心疼；而一些普通百姓则认为，大操大办才有面子，菜点得多、酒上得足才有身份；不少大学生花着父母的血汗钱，糟蹋粮食不以为意，因为他们不事稼穑不知辛苦。

这些年来送礼成风，王岐山从中间看出来腐败，他说：“月饼是个小事儿，但困扰我们大家很久的一个问题是，我在北京当市长的时候就发现，月饼已经和交通有联系了，从东城送西城，西城送北城，转圈儿送。而且，送来送去，发现篮子里变得无奇不有。月饼篮子里有手机、有钱、有金银首饰。我还专门去天津走访了月饼厂，他们反映，月饼越做越贵，鎏金的、包金的，里面放这放那的，越来越不像话。”①

古训谓“一粥一饭，当思来之不易；半丝半缕，恒念物力维艰”，我们虽然逐渐富起来了，但没有理由浪费，更何况不少人经历过饥馑年代，对饥饿有过刻骨铭心的痛苦记忆，更应该敬畏粮食，杜绝浪费。

大操大办，随份子钱已经成为负担。农村更甚。有的农民一年办三次事，结婚办一次喜事，是人生的大事，亲朋好友聚一聚，用各种方式庆祝一下，本无可厚非，但是，有的人渣打着各种理由办事敛财，这就让人愤怒了！建房办、装修办、生孩子办、开业办、串门办、白事办、结婚办、考高中办、考大学办、过生日办、母猪下崽办，城里人去农村随完份子钱出来，一般都是祖宗八代都会骂出了！穷人办，村搂子也办，更有甚者是农村村搂子大操大办，为自己捞足了礼金、打通了关系，却也带坏了官风，破坏了世风，助长了腐败，极大地损害了党群干群关系。

一个人生活上追求奢侈，必然会有过多的个人欲望。有学问的人个人欲望过多，就贪图荣华富贵，走上邪路，很快招来灾祸；一般的人如果有过多的个人欲望，就会贪得无厌，任意挥霍，以致家破人亡、身败名裂。这些人一旦当了官，肯定会大收贿赂；要是平民的话，也必定会沦为盗贼。因此说，奢侈是最大的恶德。

令人欣慰的是，这股风气已经被刹住了势头。

2013年十大流行语的第二条就是“光盘”，光盘就是吃光盘中饭菜的意思。2013年1月，北京一家民间公益组织发起“光盘行动”。随后，中央电视台新闻

① 凤凰资讯，2014.09.04.

联播，号召大家节约粮食。“光盘”被捧为时尚新词，“今天你光盘了吗”成为流行语。

2013 年 12 月 4 日，中共中央政治局《关于改进工作作风、密切联系群众的八项规定》，其中第八条“要厉行勤俭节约，严格遵守廉洁从政有关规定，严格执行住房、车辆配备等有关工作和生活待遇的规定”使整个社会风气随之改变。

据《南方周末》2014 年 3 月 6 日《洗盘》一文报道：“不容乐观，自 2013 年以来中高档酒店营业额平均下降了 40%左右。”2014 年 3 月 3 日，合肥市餐饮协会会长程明福不无忧虑地说，中国烹饪协会近日发布的报告显示，2013 年全国餐饮收入 25392 亿元，同比增长 9%，增速创 21 年来的最低值，其中高端餐饮严重受挫，全国餐饮企业月倒闭率高达 15%。这一切，都加剧了洗盘的速度。

有人将中国酒的消费分为两个市场：一个是平民的；一个是官家的。而官家的酒消费形成了独特的文化现象，官家管着钱，当然想怎么花就怎么花了，在没有监督的情况下只会是这样子了，谁肯自己把自己关进笼子里？《南方周末》发文指出，中国官场的“酒文化”正在遭遇一场最激烈的变革。自 2012 年 12 月中央八项规定实施以来，中国高档白酒业遭遇“史上最强”打击，包括茅台、五粮液在内的常见高档酒，已经不再是公务消费的主力军。一位贵州茅台酒股份有限公司的内部人士向南方周末记者透露，今年整个政府采购“减少得很厉害”。据《时代周报》最近报道披露，茅台损失了大量政府采购订单，其中包括贵州省各级政府等茅台忠实的客户。更富戏剧性的变化在于，原本在公务消费领域大行其道的高档酒类，如今在官场已经成了敏感词。“茅台五粮液是没人敢喝了，这个东西太敏感，人家一听就奢侈。”东部某经济发达省份的处级干部张强（化名）说①：“酒从来没有如此强度的和官场纠结在一起，和政治纠结在一起，甚而决定着一个党的决心、声望，及其前途。”

徐贲著文认为②：“慷人民财产之慨的公款吃喝，即便没有暴饮暴食，也可视为一种饕餮之罪。”徐文从海南省常务副省长谭力被立案调查谈起，指出：“饕餮的定义是过度饮食，‘过度’不应该只是理解为过量，而是应该理解为过分。那就是，这种行为逾越了人们在群体生活中共同认可的某种道德分寸和底线。”徐文援引《圣经》的内容，说明西方文化对待酒的态度原来是如此的警惕：“《圣经》箴言警告人们：‘好饮酒的，好吃肉的，不要与他们来往。因为好酒贪食的，必致贫穷。’箴言又说：‘谨守律法的是智慧之子。与贪食人作伴的，却羞辱其父。’还说：‘你若是贪食的，就当拿刀放在喉咙上。’”徐文分析腐败的人性根源谓：“对权力、金钱、物质享受有无度的欲望，并不择手段地放纵和满足这些欲望，这是腐败的人性根源。”然而还应该指出的是，人们必须限制这种欲望的放纵，使饕餮之罪没有发生的机会。

---

① 刘斌. 官场“酒文化”变形记[N]. 南方周末，2014. 08. 04 第 9 版.

② 徐贲. 公共生活中的饕餮之罪[N]. 南方周末，2014. 08. 04 第 30 版.

第十节 领袖与饮食文化

一、皇帝下馆子的历史传说

食物的传布是一个过程,此一地的食物被彼一地的人接受往往需要一个过程。这一过程有时很快,倏忽之间;有时一个世纪也实现不了。这背后有着文化的因素、民情的影响、心理的原因,也许会因为宗教信仰的不同。食物的传布有时依靠人群的流动、大规模的迁徙,或者战争驱使,或者战士流动,带着自己喜爱的食物到另外一个地方。此一地人喜爱的食物不一定被彼一地的人所喜爱。比方说西安人喜欢吃羊肉泡馍,也总是问外地人喜欢不喜欢,如果你和他们一起吃羊肉泡馍,一起掰馍、一起在等候炮制的时候聊天,他们会认你为“乡党”,那就会无话不谈。如果你回答了不喜欢吃羊肉泡馍,他们会有遗憾的表示。吃不吃某一味食物常常会成为辨认是否同党的线索。

增强传布过程有一个例外,那就是领袖的影响。领袖人物具有极大的影响,尤其是经历了数千年领袖文化影响的中国人对于领袖有着莫名的感佩,有着特殊的感情。《荀子·劝学》:“登高而呼,臂非加长也,而见者远。顺风而呼,声非加疾也,而闻者彰。假舆马者,非利足也,而致千里。假舟楫者,非能水也,而绝江河。君子生非异也,善假于物也。”用这段话来说明领袖对饮食习惯的影响也是十分切当的。

遍查二十四史,没有皇帝在闹市上吃饭的,他们没有下过馆子。为什么?一则他们有御厨,最好的饭伺候着,最多的人簇拥着,最大的排场摆设着,没有必要和平民百姓去掺和。何况还有安全的考虑,卫生条件的担忧。皇上微服私访大多是作家想出来的,一则满足平民百姓的好奇心,破除神秘感,深宫宅院里皇上吃的可还和我一样?一则表现皇上的亲民,在饭馆稠民广众之中自然会得到许多实情,或许正好有申冤的呢。

皇上出外吃饭馆的事情大多是传说。

南京名吃“一条龙包子”的传说演义的成分多,相传系因南北朝时陈朝后主(陈叔宝)吃过而得名。已经是太子的他10岁时偷偷溜出宫门,在秦淮河边游逛到肚子饿了,走进一包子铺,抓起新出笼的包子连吃数枚,越吃越香,可不知道吃包子要给钱的道理,吃完就走了。隔日又来白吃,店家看他不似寻常人家子弟,请其留个姓名日后记账,小叔宝歪歪扭扭地写下“一条龙”仨字。说演义的成分重,是身为太子的陈叔宝随随便便就能出得了宫门?再者就没个跟班的,还有头一天丢了太子,这岂不是天大的事,第二天太子又没了,竟然会没有人察觉,岂不是怪事。另外,这样大的事,史书上没有记载,笔记中也无从查询,岂不是虚的多。

无独有偶,北京也有个清真老字号“壹条龙”,开设于清乾隆五十年(1785),原名“南恒顺”,主营涮羊肉和清真炒菜,堪称京师涮肉店的老祖宗。相传清光绪二十三年(1897),有主仆二人来吃涮羊肉,餐罢对老掌柜说“没带钱”。掌柜看二人不像吃白食的,放他们走了。次日一早宫中有太监送钱来,掌柜方知是光绪爷光顾,忙将皇上用过的“龙凳”包裹黄绸、“宝锅”系上红缎,一并供奉。消息传开,食客趋之若鹜。久而久之,原店名反而不彰,变成“壹条龙”羊肉馆。

二、领袖人物下馆子的解读

领袖人物很少有在大街上吃饭的,因此他们吃的什么、喝的什么,人们无从知晓。但是一旦在稠人广众之间,在庶众簇拥之下吃什么喝什么就有了特殊的意义。对于政治家来说,一切皆是政治,他们的吃喝也都有政治的意义,所传达的自有深意,需要解读。

1. 毛泽东

北京新街口南大街有个西安饭庄,1956 年 10 月 2 日,毛泽东主席在彭德怀元帅的陪同下,一行八人专程来到西安饭庄吃泡馍,饭庄的厨师精心为中央领导烹制了温拌腰丝、瓦块鱼、西安烩菜、锅烧牛肉和牛羊肉泡馍等。饭后,毛泽东主席亲自来到厨房,鼓励店里员工们要“好好为人民服务”。毛泽东主席居京期间少有到餐馆就餐的机会,据当时工作人员介绍,到西安饭庄吃泡馍是毛泽东主席在京几十年间唯一的一次,西安饭庄独享殊荣。

羊肉泡馍,亦称牛羊肉泡馍,古称“羊羹”,西北回族风味美馔,尤以陕西西安的牛羊肉泡馍最享盛名,北宋著名诗人苏轼留有“陇馔有熊腊,秦烹唯羊羹”的诗句。它烹制精细,料重味醇,肉烂汤浓,肥而不腻,营养丰富,香气四溢,诱人食欲,食后回味无穷。因它暖胃耐饥,素为西安和西北地区各族人民所喜爱,外宾来陕也争先品尝,以饱口福。牛羊肉泡馍已成为陕西名食的“总代表”。

位于北京新街口南大街的老西安饭庄是由西安市老字号“老孙家”和“同盛祥”泡馍馆及厚德福饭馆中选调有经验的厨工于 1954 年创办起来的。

解放前,在北京做饭馆生意的以山东人居多,所以北京四九城到处有山东商人开的鲁菜饭庄和餐馆。1949 年新中国成立后,北京成为全国政治、经济、文化中心,以西北人较多。因为中国共产党领导的人民革命自 1936 年从南方长征到达陕北后,在延安建立了巩固的革命根据地,西北人民积极地参加革命,在各级政权和军队中都有许多西北人。就是原不是西北籍的人,因为长期生活和战斗在西北土地上,也习惯了西北地区风味的饮食。进入北京后,吃不到常吃的牛羊肉泡馍,还真想吃这一口。经国家领导人习仲勋、汪锋等老同志倡议、支持下,由西安市爱国人士、大企业家王铭轩亲自筹划、组织,取得西安市有关方面的赞同协助,从“老孙家”“同盛祥”“厚德福”等著名老字号中选调来 20 多位职工,其中有“老孙家”店里煮馍掌灶好手马世友师傅、同盛祥店中的“吊汤”看锅煮肉老把式马子龙师傅、厚德福铺子里的烹饪能手薛应发师傅。

西安饭庄开业后生意十分兴隆,天天顾客满门,有男有女,有老有少,有政府干部，有普通百姓，有西北人，也有其他地方人。毛泽东、彭德怀来吃过后，又有董必武、廖承志、习仲勋、薄一波、班禅额尔德尼·确吉坚赞和杨静仁等党和国家领导人也曾来该店用过餐。这家店的生意更红火了。

2. 习近平

习仲勋爱吃羊肉泡馍，习近平也爱吃羊肉泡馍，招待客人吃的也是羊肉泡馍。

2014年2月18日下午"习连会"后，习近平特别设家宴款待台湾客人连战伉俪，习近平的夫人彭丽媛作陪，参加者包括国民党副主席林丰正、蒋孝严以及中共中央办公厅主任栗战书、国台办主任张志军等人。吃的就是羊肉泡馍。

据转述，习近平与连战是陕西同乡，习近平特别为连战准备"家乡菜"陕西泡馍、肉夹馍以及"biang biang 面"[①]，由于字难写，习近平还特别用小纸条写下来给连战。

老西安饭庄等在北京的陕西风味餐厅，虽然商家并没有推出相关套餐的准备，但是领导人家宴菜单上的一些菜则火了起来。老西安饭庄的羊肉泡馍一天卖出了千余碗。

不少因为看了新闻报道，也想品尝羊肉泡馍的市民不到11点就坐到餐厅里等着。除了一些上了年纪的顾客，还有不少青年人。

"我是看领导人家宴菜单才来吃的，我之前确实没有吃过这种羊肉泡馍，还挺新鲜的。"沈先生说，之前在一些小店吃的都是做好的，没想到这正宗的西安吃法还得先自己动手。

"刚过完春节，现在顾客还比不上年前，但是也多了不少。"高经理告诉记者，如今这家400多平方米的店面，一天就能卖出1000多碗。每天光是用来泡馍的羊肉汤就能做出1.2吨的量。

饮食文化学者王喜庆在接受《华商报》采访时说："陕西小吃走向全国不缺实力，缺的只是机遇，习近平用家乡的特色美食把连战当做家人来宴请，充分体现了他的平民情怀和家乡情结，也是对陕西小吃走向全国最好的宣传。"

王喜庆认为，陕西小吃也是陕菜重要的组成部分，利用这次契机，陕菜也可以聚集力量，厚积薄发，走向全国。习总书记的家宴"陕西套餐"，绝对有可能成为第二个"庆丰包子"。

庆丰包子由于习近平吃了一回，一下子有了全国影响，耐人寻味。

2013年12月28日，习近平总书记一行中午12点20分左右到北京市西城区庆丰包子铺，他自己直接排队，他自己付了钱后，又自己去取包子。

习近平一行到庆丰包子铺用便餐，一下子成了国内头条新闻。新闻背后，透

---

① 一点飞上天，黄河两道弯；八字大张口，言字往里走，左一扭，右一扭；西一长，东一长，中间加个马大王；心字底，月字旁，留个钩担挂麻糖；坐个车车逛咸阳，合字，有多种写法，均无法输入电脑。

露的信息却意味深长。习近平的"主席套餐"不过是二两猪肉大葱包子，一碟炒肝，一份芥菜，总共 21 元钱，差不多就是打工仔平时在外用餐的标准。习近平到庆丰包子铺用便餐，也是提醒广大干部，外出公务用餐，事关党和政府官员的形象，用餐标准要尽可能地贴近人民群众的日常生活。在外用餐，也是干部作风的重要方面。

有人评价说：去年庆丰包子，今年羊肉泡馍，这才是舌尖上的中国。

3. 李克强

2014 年 4 月 11 日上午，国务院总理李克强在海南省海口市调研时，走进位于海口市坡博路的"宜之佳"便利店，掏钱购买了春光牌的一盒椰子脆片和一盒椰奶酥卷，共计 19 元，随后该店的"总理套餐"被抢购一空。

5 月 10 日，海南春光食品有限公司岛内销售部大区经理吴思斯在接受记者采访时表示，从 4 月 11 日截止到 5 月 10 日，"总理套餐"的销量在 100 万套左右，销售额达到 1900 万元。目前春光牌椰子脆片和椰奶酥卷的产量超出以前 3 倍多，但是只能满足订单的七成到八成左右。这一年"总理套餐"销售额有望突破 1 亿元。

这就是领袖人物对饮食潮流的影响。这种影响有时会大一些，有时会长一些，到底如何要看舆论的引导，与民众的饮食习惯合拍的程度，还有社会习惯、社会心理的变化，政治风潮，等等。

第十一节　舌尖上的中国

一、《舌尖上的中国》

《舌尖上的中国》(以下简称《舌尖》)第一季的纪录片 2012 年在中国中央电视台播出后，一下子就火了！《舌尖 2》2014 年 4 月 18 日在中央电视台播出，立即跃居微博话题榜首位。它将中国放在舌尖上，将中国人的舌尖的特殊味觉发掘出来，将中国人的美食呈现出来，将美食背后的艰辛说给人们听。本来注定不会轰动的纪录片轰动了，它的影响超出了人们的预料。它以特殊的艺术的形式解说中国饮食思想，它以无与伦比的传播力度广布中国的饮食思想，其影响是世界性的，其贡献是杰出的。

1.《舌尖》受到空前的追捧仿佛是一个意外

街谈巷议，人人都在谈说饮食，人人都在讨论中国的饮食思想。对中国饮食与饮食思想的讨论从来没有这样热烈过。用郑静的话说："互联网让大家有太多的选择，韩剧、日剧、美剧、真人秀，只要愿意，各种语言可以同时充实在同一空间里。这种情况下，再想让大家坐在一起看同一个电视，太难。但这几乎不可能完成的任务，《舌尖上的中国》做到了。除了春晚，它让中国人再次坐在一起，如同一场行为艺术。”[①]

2.《舌尖》是中央电视台纪录频道推出的第一部高端美食类系列纪录片

这部纪录片从2011年3月开始大规模拍摄，是国内第一次使用高清设备拍摄的大型美食类纪录片。共在国内拍摄60个地点，涵盖了包括港澳台在内的中国各个地域，它全方位展示博大精深的中华美食文化。向观众尤其是海外观众展示中国的日常饮食流变、千差万别的饮食习惯和独特的味觉审美，以及上升到生存智慧层面的东方生活价值观，让观众从饮食文化的侧面认识和理解传统和变化着的中国。

3.《舌尖》的成功是中国饮食思想的成功推广与普及

总导演陈晓卿有一个很好的概括：本片“以美食引出传统文化，再延伸到中国人的生活价值观，这是节目的精髓”。陈晓卿还深情地说：通过本片“要让国外观众了解今天的中国，这是我们最关心的”。

二、关注家庭

《舌尖》的成功与关注中国人的家庭有关。

家庭对于中国人有着特殊的意义，日常饮食是由家庭实现的，人生的第一课堂是家庭；由家庭而家族，由家族而国家，中国人的家庭观念、家族观念、国家观念就是依靠着家庭，凭借着饮食活动建立起来，传递下来。

《舌尖》理解并强调这一点，它通过动听的故事，优美的语言，勾起人们的乡愁。它抓到了中国人饮食的情感内核，就是土地和人智慧的勾连，以及千年朴素的农耕文明现在所面临的衰落。比如说到饺子：

> 饺子是中国民间最重要的主食，尤其年三十晚上，吃饺子取更岁交子之意，在中国人的习惯里，无论一年过得怎样，春节除夕夜合家团圆吃“饺子”，是任何山珍海味所无法替代的重头大宴。如今，在几乎所有的传统手工食品都已经被放到了工业化流水线上被复制的今天，中国人，这个全世界最重视家庭观念的群体，依然在一年又一年地重复着同样的故事。在这个时候，中国人心里，没有什么比跟家人在一起吃饭更重要的事情，这就是中国人的传统，这就是中国人，这就是中国人关于主食的故事。
>
> 在中国人的心中，每一味食物都有含义，都有象征，饺子不只是一味食物，它的起名就已经蕴含了年末岁初时节交替的意义，“时交子时”，它是团圆的象征物，它是家庭的黏合剂。
>
> 纪录片中温馨的家被反复提起：无论靠山还是靠水，劳动者都有专属于自己家人的美味。
>
> 《舌尖》将温馨的家作为主题：千百年来，食物就这样随着人们的脚

---

① 《舌尖2》传递的价值观[N].(英国)金融时报，2014.05.15.

步，不停迁徙，不停流变。无论脚步走多远，在人的脑海中，只有故乡的味道，熟悉而顽固，它就像一个味觉定位系统，一头锁定了千里之外的异地，另一头则永远牵绊着记忆深处的故乡。

家！亲情！被《舌尖》不断地提起：

食物像忠实的信使传递着家和亲情的讯息。不是所有的秘境都隐藏在崇山峻岭的处女地，繁华都市也有不为人知的秘境。

家，生命开始的地方，人的一生走在回家的路上。在同一屋檐下，他们生火、做饭，用食物凝聚家庭，慰藉家人。平淡无奇的锅碗瓢盆里，盛满了中国式的人生，更折射出中国式伦理。人们成长、相爱、别离、团聚。家常美味，也是人生百味。

春节前，数以亿计的中国人，从工作地踏上回家的旅程。他们带上简单的家当，借助一切交通工具，横跨千里，归心似箭，为的是一顿象征着团圆的年夜饭。这是农业文明留给现代中国的印记，也是我们关于时节故事的尾声。

《舌尖》就是这样的不仅仅拍摄了美食，更讲述了做美食的人和人的故事。今天当我们有权远离自然、享受美食的时候，最应该感谢的是那些通过劳动和智慧成就餐桌美味的人们。而其中浓浓的乡情更是让不少背井离乡打拼的人们流下了眼泪。《舌尖 2》增加了这一方面的镜头。有观众说："《舌尖 2》让我很感动，白马、麦客、讨海人让我在体味美食的同时，学会感恩。他们为我们提供食材的背后，都是为生计奔波的艰辛。"不少人也为片中人物真挚的情感所感动。《舌尖 2》融入了更多的人文关怀。《舌尖 2》再次勾起了身处异国他乡的观众对家的思念，有观众说："以食物为主线讲述了中国文化的变更。作为一个身在异国的学生，看到这些我只能说我真的是想家了。"

《舌尖》将对祖国的爱寄托在特殊的家的味道之中，特别强调在全世界的融合中，只要保守中国味，保守家的味道，中华部落就不会被打散："地球村形成的速度不断加快，没有人能够阻挡，然而，只要保持对某种味道的迷恋和期待，那么这种味道以及与之密不可分的生活信念就一定会守护一个个不可复制的部落，一处处令人神往的秘境。"

或许《舌尖》是因为看到了今天中国的家庭受到了分裂的挑战，感觉到亲情被割裂的苦痛，因而才这样的呼唤亲情，歌颂家庭。亿万人离开了家去寻找财富，忍受着家庭的割裂而去探求发家，温暖的家乡被抛在脑后而混迹于生疏的环境。留守儿童、孤独的老人、空寂的媳妇，都使得今日的家庭不再，尤其是那些离开家、离开家乡的人更有切肤之感，因而才只会在纪录片浓烈的乡愁中获得片刻的安慰。当然，万里之外去求学，那种思念却与外出打工者有着不同，但是相同的是，最好吃的食物是妈妈做的那一口，最相忆的还是儿时的家乡，那山那水。

三、《舌尖》是颂歌

歌颂劳动、赞美劳动人民是本片的主题。“中国人的烹调手艺与众不同，从最平凡的一锅米饭、一个馒头，到变化万千的精致主食，都是中国人辛勤劳动、经验积累的结晶。”歌颂探索、认定探索是灵魂，是中国的食物不断创新的动力：“在吃的法则里，风味重于一切。中国人从来没有把自己束缚在一张乏味的食品清单上。人们怀着对食物的理解，在不断的尝试中寻求着转化的灵感。”

中国饮食思想的创造者中有着厨师的身影，他们是实践者，他们最苦最累，然而在中国饮食思想史中，给予厨师最多篇幅的是《舌尖上的中国》，最为着笔赞颂厨师的是《舌尖上的中国》，给予最高地位的是《舌尖上的中国》，他从行业、伦理、技艺传承等诸多方面记述厨师，说明其伟大之处。最为普通的劳动者第一次有了如此崇高的地位，有了如此灿烂的花环。来源于对劳动的歌颂，劳动最伟大，劳动最光荣：

> 厨师，作为传统行当，一直以师徒的形式在中国延续。今天，年轻人通过学校教育，掌握烹饪基本技能。但要成为真正的厨师，仍需要一位师傅点化。师徒，中国传统伦常中，最重要的非血缘关系之一。
>
> 一门手艺的生命力，正是对传统的继承和升华。随着时代而流变的美味，与舌尖相遇，触动心灵。

《舌尖》中的厨师是文化的传承者，也是文明的伟大书写者。

《舌尖1》第六集是一首哲学的美味赞美诗，它又是生活的，政治学的，其含义只有中国人才体味得出。比如“第六集”《五味的调和》中的解说词：

> 不管在中餐还是在汉字里，神奇的“味”字，似乎永远都充满了无限的可能性。除了舌之所尝、鼻之所闻，在中国文化里，对于“味道”的感知和定义，既起自于饮食，又超越了饮食。也就是说，能够真真切切地感觉到“味”的，不仅是我们的舌头和鼻子，还包括中国人的心。和全世界一样，汉字也用“甜”来表达喜悦和幸福的感觉。这是因为人类的舌尖能够最先感受到的味道，就是甜，而这种味道则往往来源于同一种物质——糖。
>
> “鲜”是只有中国人才懂得并孜孜以求的特殊的味觉体验。全世界只有中文才能阐释“鲜味”的全部涵义。然而所谓阐释，并不重在定义，更多的还是感受。“鲜”既在“五味”之内，又超越了“五味”，成为中国饮食最平常但又最玄妙的一种境界。
>
> 五味使中国菜的味道千变万化，也为中国人在况味和回味他们各自不同的人生境遇时，提供了一种特殊的表达方式。在厨房里，五味的最佳存在方式，并不是让其中有某一味显得格外突出，而是五味的调和

以及平衡，不仅是中国历代厨师和中医不断寻求的完美状态，也是中国在为人处世甚至在治国经世上所追求的理想境界。

中国人总是把吃饭和哲学联系起来，从生活中体味哲理，《舌尖》准确地把握到了这一点，通过直观的食物的制作过程而巧妙地将中国饮食思想最根基的东西贯穿进去。这是纪录片的优点，也是它的长处。

四、艺术地展现中国饮食思想

《舌尖》是中国饮食思想史的艺术展现。比如它讲到："8000多年前，中国黄河流域开始栽培黍。在中国，五谷始终是一个变化中的概念。大约2000年前，五谷的排序为稻、黍、稷、麦、菽。而今天，中国粮食产量的前三名已经变成稻谷、小麦和玉米。中国，从南到北，广袤的国土、自然地理的多样变化，让生活在不同地域的中国人，享受到截然不同的丰富主食。"

再比如解说词来自于研究："几乎所有的中国人都知道一个概念：北方人喜欢吃面食，而南方人则离不开米饭，这是因为1000年前形成的两大农业布局，一个是黄河流域以黍和麦为主的旱作农业，而另一个则是长江流域的稻作农业。因此出现了中国独特的'南米北面'主食格局。"

纪录片介绍中国人吃早饭的习惯，始于2000多年前的汉代。此后，华夏大部分地区，大都实行早午晚三餐制，利于生活，也利于生产。尽管一日三餐，几乎成为人类共同的饮食制度，同样的饭食在中国，却变幻出不同的生活节奏，塑造出各异的人生感受。

《舌尖》是饮食史，比如介绍腌制鸭蛋是这样说的："1400多年前，中国农书中记述了这种美食的制作方法。"

介绍饮食思想史研究的学术成果："曾有学者推论，人类的历史都是在嗅着盐的味道前行。"

再如说明24节气的重要性，特别指出这是中国的独有，我们祖先的发明，人们靠着它指导农业："成形于2000多年前的中国历书，依据时间更替与气象变化的规律，一年里安排了24个节气来指导农事。3月回暖，播种南瓜、丝瓜，等待萌发成芽；4月蝴蝶化茧，砍取枝条，给山药搭好支架；5月燕子筑巢，准备秧苗，菜园等待施肥；夏种之后，玉米成熟，丝瓜、南瓜可以收获；待到9、10月，播种藠头，静待来年开春生长。四季轮回，应季而作，应季而收。"

《舌尖》对学术研究的介绍很广泛，比如还介绍到考古成果，中国人的主食："中国出土过4000年前的面条，这种曾叫'汤饼'的主食，广泛存在于中国人的生活中。"还涉及历史知识的普及，对这种食品名称的解读解除了从字面解读所可能产生的误会："饼"并不是今天的"饼"，而是面条。

纪录片还解读欧洲的考古成果：欧洲考古发现表明，最古老的面包，是用蕨类植物根中提取的淀粉制作而成。莽山瑶族的先辈，也发现了这个秘密，从蕨根中获得原料，制成一种原始的中式糕点、糍粑。

汉语是一种丰富的语言，他的生动、细腻、幽默和极强的比附能力使人惊叹，中国人用他来表达丰富的对饮食和饮食文化的感受。本纪录片还把语言学研究成果介绍给受众，而这一类的研究往常不被人所了解，显然这种工作带有普及饮食文化研究成果的意义，比如介绍道"火候"这个词从烹饪用火的程度跃升到形容一个人的处世能力：从词语研究的渠道，将饮食与人生相通，如：在中文里，"火候"一词的使用并不局限在厨房，更能用来评价一个人处世的修养以及为人的境界。杭州有一种食物叫"片儿川"，《舌尖》从汉语史的角度分析说，杭州是浙江方言区，是没有儿化音的，为什么会有这种儿化音食物名呢？这就是杭州独特的历史，南宋时大量的北方人南迁到了杭州，语言也带到杭州，于是杭州就成了中原在江南的语言正地，所依据的就是"片儿川"的读音。

有些研究与调查之后方能得出的结论，《舌尖》敢于高声宣称说这是世界上的唯一：中国，世界上唯一将香椿嫩芽当作美食的国家。裹上鸡蛋面粉糊，油炸，叫香椿鱼。也可以切碎，摊鸡蛋，或与豆腐凉拌，都是独特的春季美食。一个星期，两茬香椿，叶子还在生长，却不再适合食用。

《舌尖》讲述着普遍的道理，隐藏着的真理被发掘，食物背后的故事："食材的获得需要超常的辛苦和耐心的等待，这样的法则同样适用于大山。"

随着食物资源被破坏，人类的生存空间大大缩小，本片常常发出哲人的深深的忧虑："眼前的食物，可能来自遥远的大海和高山。很久以前，人的生存习惯已经从狩猎改为采集，但只有一个例外，海洋，人类最后的狩猎场。有科学家预言，50年内海里的鱼会被全部吃光。而浙江渔民杨世橹认为，靠海吃海的日子，只能再维持10年。"

再如对沙漠化的担忧，"第二季"第六集《秘境》：中国大部分地区都有烹饪羊肉的传统，各方水土也造就了羊肉风味上的差异。而北方的烹饪最为简单，这种对羊肉之鲜的恰到好处的呈现也暗含了他们对食材的自信。美食依赖于环境的支持，人的需求曾让宁夏山地间羊的数量远超植被的再生能力，快速沙化的地表变得无比脆弱。迫近的荒漠，让人在美食之间寻找新的平衡。

这部纪录片往往跳出中国，站在当今世界的高度对中国的未来做出思考：高速发展的中国，人们对新事物的追逐更加急迫，是坚守传统，还是做出改变，这是一个问题。

本片的编导发出呼吁：中国人生存在中国这片土地上，这是一片值得珍爱的土地，中国人一直在这里繁衍生息，这片土地对得起我们，我们对他只有深深的爱。他保护生养了我们，现在到了我们保护他的时候了："中国拥有世界上最富戏剧性的自然景观，高原、山林、湖泊、海岸线。这种地理跨度有助于物种的形成和保存，任何一个国家都没有这样多潜在的食物原材料。"为了得到这份自然的馈赠，人们采集，捡拾，挖掘，捕捞。穿越四季，本集将展现美味背后人和自然的故事。

《舌尖》有许多可贵的探索。比如，如何定义中国美食？如何区别中国美食与西方美食的不同？那就是风味重于一切："在吃的法则里，风味重于一切。中国人从来没有把自己束缚在一张乏味的食品清单上。人们怀着对食物的理解，在不断的尝试中寻求着转化的灵感。"

本片揭示味道和世道人心一样是中华民族的特殊的感触："时间是食物的挚友，时间也是食物的死敌。为了保存食物，我们虽然已经拥有了多种多样的科技化方式，然而腌腊、风干、糟醉和烟熏等等古老的方法，在保鲜之余，也曾意外地让我们获得了与鲜食截然不同、有时甚至更加醇厚鲜美的味道。时至今日，这些被时间二次制造出来的食物，依然影响着中国人的日常饮食，并且蕴藏着中华民族对于滋味和世道人心的某种特殊的感触。"味道和世道人心捆绑在一起，味道便有了社会的属性。

《舌尖1》第七集"我们的田野"，热情赞美美好河山，揭示中国人对"天"的敬仰，与"天"的和谐："中国人说：靠山吃山，靠海吃海。这不仅是一种因地制宜的变通，更是顺应自然的中国式生存之道。从古到今，这个农耕民族精心使用着脚下的每一寸土地，获取食物的活动和非凡智慧，无处不在。"

"不同地域的中国人，运用各自智慧，适度、巧妙地利用自然，获得质朴美味的食物。能把对土地的眷恋和对上天的景仰，如此密切系于一心的唯有农耕民族。一位作家这样描述中国人淳朴的生命观：他们在埋头种地和低头吃饭时，总不会忘记抬头看一看天。"

纪录片揭示中国人对祖宗的特殊的眷恋与依赖，指出：那是血统，血缘，亲情，中国人相信，万事顺遂，是因为祖先的庇佑。

于是中国人延续着祖先的智慧：中国多样的地理环境和气候，日出而作，日落而息。人们春种，秋收，夏耘，冬藏。四季轮回中，隐藏着一套严密的历法，历经千年而不衰。相比农耕时代，今天的人们与自然日渐疏远。然而，沿袭祖先的生活智慧，并以此安排自己的饮食，已内化为中国人特有的基因。这是关于时间的故事，是中国人与自然相处的秘密。

本片揭示，美食的传承，离不开挑剔的美食家。

纪录片总是怀着眷恋之情警示人们：清新的环境、低廉的物价、平淡缓慢的日子以及在简单中寻找到的乐趣，让小城镇充满生活气息。这曾经是我们的传统，但是在今天，它开始变得稀有和珍贵。也因此，久居紧张喧闹的都市，另一些人选择逃离，找寻心目中的简单快乐。

美食是什么？每个人有着不同的定义，寻求心灵的安静才是归宿：对美味的渴望，源自人类的本能。然而关于美食，每个人又有着不同甚至相反的选择，嗜荤茹素，快食慢餐，都有各自的理由。

影片郑重地告诉人们，醒悟啊，不可多求，否则永远不能满足：今天，空前丰盛的食物，和前所未有的资源困境并存。如果到先辈的智慧中寻找答案，他们或许会告诫我们短暂的一生：广厦千间，夜眠仅需六尺；家财万贯，日食不过三餐！

五、成功的背后

《舌尖上的中国》的轰动与成功，第一是因为受到启发，从国外取得灵感。陈晓卿坦承，《舌尖》和韩国纪录片《面条之路》有相通之处。

2011 年 6 月，韩国 KBS 电视台的 6 集大型纪录片《面条之路——传承三千年的奇妙饮食》在央视纪录片频道播出过。

韩国的纪录片制作人李旭正在英国伦敦的面吧里想要解决辘辘饥肠的问题时突发奇想：地球上最古老的面条是什么时候出现的？有谁最先做出了面条？为什么会做出面条这样神奇的食物呢？面条是如何传遍世界的呢？于是他开始了探寻面条起源之路，他从中国开始："每年 6 月，中国山西的麦地都会变成一片火海，这是春季收割后当地农民在点火烧荒。中国人大约两千年前就开始大面积种植小麦，时至今日，小麦和大米并列已成为 13 亿中国人的主食。一种食物应运而生并发展出独特的烹调文化——这就是面条。"从中国而泰国、不丹、韩国、日本，探索之路不断延伸，"为什么欧洲人中，只有意大利人吃面条呢？意大利人又是从什么时候开始吃面条的呢？意大利面条有没有受到中国面条文化的影响呢？"其实这些问题也是中国饮食文化研究者需要解决的问题。他们对意大利面条与中国面条关系研究的结论是，丝绸之路也是面条之路，意大利面有可能来自中国。

《面条之路》满足的不是口腹之欲，而是人类追根溯源的好奇心，面条只是个由头。《面条之路》的巨大成功使韩国纪录片人深受鼓舞，它把严谨枯燥的内容以活泼诱人的方式淋漓尽致地表达出来。人们惊异地发现，美食竟然能够使人们重新认识世界，他很轻松的就能够表达重大的意识形态的观点，而且容易被人们所接受。

《舌尖》成功的第二个原因是中国人现实生活的需要。对美食的追求已经成为富裕起来的中国人的生活的一部分。美食是怎样出炉的？美食的背后有着哪些不为人知的故事？美食和人生、家庭和社会有着怎样的关涉？而这些都是每一个人急切了解的。

第三，本纪录片中的人物都是普普通通的人，如果不是这一部影片记录下他们的身影，也许就永远不会为人所知。但是，本片恰恰攫取了他们最光彩最动人的一面，他们阳光灿烂，他们孜孜追求，他们勤劳朴实，他们为了我们的美食贡献了智慧、能力、劳动，他们是你我中间的一个，因而我们将他们视为自己，同命运，共呼吸。

第四，对中国文化总结的需要，寻找中国人自信心的需要。在世界大融合的背景下，每年有一亿人走出国门，感受新鲜的外部世界，也往往迷失自己，中国传统文化还优秀吗？还有多少需要坚守，能剩下多少？于是，人们从最具特色的饮食开始发掘，从学术界到影视界，齐心合力，找到了富矿——中国美食。从美食进而文化，进而中国，顺理成章地歌颂美食与歌颂人民，歌颂千百万的劳动者成为一体。关于吃、吃和人民、吃和这个国家的关系随之确定。

第十二节　美食的记录者

美食是烹饪大家创造出来的，但是没有美食的记录者美食则不能传远，不能流传于后代。当代的美食记录者众多，颇有奇作。

一、名家无不记美食

1. 文人爱美食

当代文人差不多都爱美食，都记录美食，美食既是享受也是人生，其中蕴含着对美好的向往，有对社会的深入思考。他们有的是学术名家如俞平伯，有的是散文家如梁实秋，有的是历史学家如王世襄，有的是翻译家如戈宝权，有的是表演艺术家如新凤霞，等等，他们术业专攻不同，但是都有品味饮食之作。饮食在他们笔下含情蕴意，或寄托理想，或叙写知遇，都深刻地反映了不同历史时期的社会风貌、人情世故，使人知其境遇，同其命运，读来令人感叹，使人唏嘘，催人倾倒，不由馋涎欲滴，称羡不已。文如其人，其人如美食般流芳余韵。

这些名人和他们记载美食的部分作品是：林语堂《中国人的饮食》，夏丏尊《谈吃》，朱自清《吃的》，文载道《食味小记》，鲁彦《食味杂记》，季镇淮《诗味与口味》，周汝昌《红楼饮馔谈》，吴百匋《谈鲜》，吴祖光《无知者谈吃》，陆文夫《吃喝之外》，新凤霞《节日的吃》，郁达夫《饮食男女在福州》，梁实秋《莲子》《溜黄菜》《酱菜》《豆腐》《饺子》《薄饼》《烙饼》《满汉细点》《煎馄饨》《北平的零食小贩》《酸梅汤与糖葫芦》《核桃酥》《锅巴》《粥》《八宝饭》《栗子》，廖仲安《野蔬充膳甘藜藿》，蔡义江《江南嘉蔬话莼羹》，王世襄《春菰秋蕈总关情》，艾煊《野蔬之癖》，洪丕谟《难忘扬州煮干丝》，张友鸾《北京菜》，俞平伯《略谈杭州北京的饮食》《夏令冬瓜第一蔬》，黄苗子《豆腐》，汪曾祺《豆腐》《干丝》《萝卜》《五味》《葵・薤》《食豆饮水斋闲笔》《黄油烙饼》《晚饭花》《故乡的食物》，郭风《关于豆腐》《稀饭和西瓜》，叶灵凤《家乡食品》，孙伏园《绍兴东西》，俞明《苏帮菜》，曹聚仁《扬州庖厨》，端木蕻良《东北风味》，戈宝权《回忆家乡味》，蔡澜《花生颂》，丰子恺《吃瓜子》，王稼句《蜜饯》，邓友梅《喝碗豆汁儿》。

当代的文化名人亦无不参与了饮食文化的创造活动。孙中山、林语堂的大论人人耳熟能详，陆文夫有专写美食家的小说《美食家》。此外，总论吃的，钱钟书有《吃饭》、沈宏非有《写食主义》、符士中有《吃的自由》；谈天下四方的，汪曾祺有《四方食事》；谈文人与饮食的，汪朗有《胡嚼文人》；谈一地之食品的，朱自清有《话说扬州的吃》；谈一味食品的，林斤澜有《家常豆腐》、张爱玲有《草炉饼》、叶圣陶有《白果歌》、姚雪垠有《一鱼两吃》、冰心有《腊八粥》、王蒙有《我的喝酒》；等等。

周芬娜的《品味传奇——名人与美食的前世今生》将古今名人与美食连接起

来，使我们知晓，原来，那些社会名流无一不有美好的饮食故事。

又如章诒和所讲的两个名人的饮食生活故事。

故事一：药学权威挨批斗回家首先想到的是咖啡

中国有个非常有名的药学权威，他是一所医学院院长，又是另一所医学院顾问，早年从德国回来报效祖国，“文化大革命”时两所医学院轮流批斗，他被红卫兵斗得一塌糊涂。一次批斗回家，很累，问儿子：“咱家还有咖啡吗？”儿子回答，还有一点儿。他说：“你能给煮一点吗？”家里咖啡壶早就被视作“资产阶级生活方式的用品”被抄走了，于是，儿子就用炒菜的锅煮咖啡。小孙子在边上说：“爷爷，爷爷，你喝什么呀？我也要喝一点。”爷爷用小杯子，给他喝了两口。小孙子说：“怎么这么好喝呀，这是什么东西呀？”他妈妈在一边说，这是刷锅水。

从那以后，小孙子就天天在家门口等爷爷挨斗回家，一见爷爷就嚷嚷，要喝刷锅水。生活方式就这么顽强，挨批斗回家，第一件事想到的是咖啡。西方教育给他们的一点东西难以磨灭。章诒和说，人类生活的这种感官享受，这种情感欲求和实惠的物质生活，绝对不是生物性的，而是内含很多文化的、很社会化的东西。

故事二：史良[①]挑鞋和喝红茶

史良的生活比较洋派，她爱喝红茶，一定要切柠檬，要知道那是在20世纪50年代初，北京没有几家人是这样吃的。她非常独特，总要将柠檬片的肉和皮撕开，把柠檬肉放进茶里，把片皮放在盘子里，其实这皮是很有味的。我们总说，她怎么这样吃的？当我母亲把盘子要收走时，她就说，别收走，别收走，这是我的。我们全家就看着她，她把柠檬皮贴满脸，说美容。她不管，一脸的柠檬片就出门去了。这则故事说明一个人的饮食习惯是怎样的顽固。

改革开放以后，编撰名人饮食的书有好几本，如汪曾祺编《知味集》，中外文化出版公司1990年出版；同年同一出版社还出版袁鹰编的《清风集》，吴祖光编的《解忧集》；范用编《文人饮食谭》，三联出版社2007年出版，是将以上三集选编为一集而出版，谓“俗话说‘民以食为天’，吃饱肚子，免于饥饿。到了文人笔下，饮食成了雅事，进而上升到饮食文化层次”。另外还有韦君编《学人谈吃》，中国商业出版社1991年出版；唐大斌编《名家论饮》，湖北人民出版社，2004年出版；等。

2. 名人与酒（有《酒人酒事》，周作人等著，夏晓红、杨早编。三联书店，2007年）

---

① 史良（字存初）（1900—1985），女，出生于江苏常州的一个清贫知识分子家庭，1919年参加五四运动，曾任常州市学生会副会长。1936年任全国各界救国联合会常务委员。因参加与领导抗日救亡运动被国民党政府逮捕入狱，为历史上著名的“七君子”之一。中华人民共和国首任司法部部长；生前曾担任全国政协副主席、全国人大常委会副委员长、民盟中央主席。

本书辑录了包括老舍、周作人、梁实秋、张中行、唐鲁孙、金受申、王蒙、金克木、黄苗子、陆文夫等现当代58位学者、作家的散文、随笔共69篇。他们中有的是品酒名家，上海的柜台酒、京味十足的大酒缸，酒香四溢，令人神往；有的是自得其乐，或月下独酌，或与酒友浅斟，无鲸吸百川之量，但求悠然舒雅之味；有的则不会喝，或干脆不喜欢酒，却倒也乐谈酒事。“何以解忧”谈及陶潜之贪杯，刘伶之沉湎，李白之豪饮，异趣横生；“壶边天下”畅谈各地酒品，酒意正醇；“酒话连篇”泛谈酒史酒文化，从酿造之法到酒令之趣；“酒界往事”忆旧念故，感慨人生，人事倥偬，几多况味都在酒香中弥漫。

有三个人的三段话作为代表。范曾《干一杯，再干一杯》是说酒的功力，酒如哲学：“酒可以点染情绪、焚烧回忆、引发诗思、激励画兴，酒使你的思维删繁就简，使你的语言单刀直入，你会从种种繁文缛节的思虑中脱颖而出，宛若裸露的胴体，真实不虚。善也真，恶也真，酒使善者更善，恶者更恶；使智者更清醒，愚者更痴昧；酒使勇者拔刀而起，怯者引颈受戮。酒把你灵魂深处的妖精释放，使你酒醒之后大吃一惊——我会做这样的事吗？酒使我们想起某些人讳莫如深的哲学命题：复归。”

肖复兴《北京人喝酒》则揭示劝酒的秘密：“北京人喝酒，豪爽之中也透着狡猾。劝酒时懂得甜言蜜语诱惑，花言巧语刺激，也懂得用豪言壮语自我抒情。最后灌得大家都朦朦胧胧地醉成一片，他自言自语，一直到醉醺醺倒头一睡大家不言不语为止。北京人将这甜言蜜语—花言巧语—豪言壮语—自言自语—不言不语，称之为酒桌上的五种境界。”

丰子恺《湖畔夜饮》直叙酒后的朦胧：“我肚里的一斤酒，在这位青年时代共我在上海豪饮的老朋友面前，立刻消解得干干净净，清清醒醒。我说：‘我们再吃酒！’他说：‘好，不要什么菜蔬。’窗外有些微雨，月色朦胧。西湖不像昨夜的开颜发艳，却有另一种轻颦浅笑，温润静穆的姿态。昨夜宜于到湖边步月，今夜宜于在灯前和老友共饮。‘夜雨剪春韭’，多么动人的诗句！”

二、几本谈吃的书

1. 唐鲁孙的记载：《饮馔杂谭中国吃》，广西师范大学出版社，2008年

唐鲁孙(1908—1985)，满族，他塔拉氏，本名葆森，字鲁孙。镶红旗人，珍妃、瑾妃的堂侄孙。1908年9月10日生于北京，1946年到台湾，处于新旧两代转变之际，国家激变的政治背景之下，故而其文中多有深厚的时代感。出身贵胄，家境殷实，自幼出入宫廷，自属簪缨世家，对老北京传统、风俗、掌故及宫廷秘闻了如指掌。喜欢品味美食，年轻时只身出外谋职，游遍全国各地，见多识广，又熟谙各地民俗风情。作者不但嗜吃会吃，也能吃，无论是大餐厅的华筵残炙，或是夜市路旁摊的小吃，他都能品其精华食其精髓。本书所撰除了内地各省佳肴，更有台湾本土的风味。作者又有极好的文笔，著有《中国吃》系列丛书，这套丛书是作者晚年的忆旧之作，信手拈来，妙趣横生，既可以使人增广见闻，又可以补正史与民俗学之阙。本书“是清末、民国初年的‘文化百宝箱’”。

梁实秋书评："一似过屠门而大嚼，使得馋人垂涎欲滴。"又正如其友人高阳所言："鲁孙赋性开朗，虚衷服善，平生足迹遍海内，交游极广，且经历过多种事业；以他的博闻强记，善体物情，晚年追叙其一生多彩多姿的阅历及生活趣味，言人所未曾言，道人所不能道，十年之间，成就非凡；尤其是这份成就，出于退休的余年，文名成于古稀以后，可谓异数，鲁孙亦足以自豪了。"

逯耀东是美食评论家，又是历史学家，故而从史学资料的角度对唐鲁孙予以评论："唐鲁孙将自己的饮食经验真实扼要写出来，正好填补他所经历的那个时代某些饮食资料的真空，成为研究这个时期饮食流变的第一手资料。"

《饮馔杂谭中国吃》第一部分重在谈年俗，兼谈美食。以生肖为题，讲述与之对应的掌故传说。腊八、春节、元宵、清明、端午、中元、中秋等重要节令一一列举，春卷、煎饼、饺子、元宵、粽子、月饼等看似平常的吃食介绍其背后如此多的讲究。第二部分《吃在北平》与第三部分《食话杂谭》自然以讲吃为重点，第二部分写老北京的吃食，上至各大饭店、菜馆，下至街头巷尾的小贩，以及西餐馆、素菜馆、点心铺（北京人称饽饽铺）无一不包。第三部分兼谈各地美食，既有价格惊人的谭家菜，也有普普通通的饺子、猪油。书中标题中所涉及的地名及美食有：湖南菜与谭厨，闲话岭南粥品，谈谈老山人参，津沽小吃，天津独特的小吃，吃在察哈尔，吃在热河，陕西珍味夸三原，清醺肥羜忆兰州，山西面食花样多，山东的肉火烧，德州扒鸡枕头瓜，吃在上海，吃在江西，武汉三镇的吃食，洪山菜薹，宜兴的腻痴孵，四川泡菜坛子，一桌标准江苏菜，南京马祥兴的三道名菜，江南珍味苏州无锡船菜，扬州名点蜂糖糕，常州菜饼，湖州的板羊肉和粽子，马肉米粉忆桂林，上海的柜台酒，白酒之王属茅台，陕西凤翔的柳手酒，漫谈绍兴老酒，北平四川茶馆的形形色色，北平、上海、台湾的包子，台湾没见着的北平小吃，天府上食珍味不如台北华筵，青海美馔烤牦牛肉，山东半岛、台湾的海鲜，台东名产旭虾。

2. 赵珩品味美食：《老饕漫笔：近五十年饮馔摭忆》，三联书店，2001年

三联书店所出版的美食品鉴类图书甚多，均为名家所写，除本书外尚有逯耀东《肚大能容》（见下文）、殳俏《吃，吃的笑》（见下文）、王敦煌《吃主儿》、欧阳应霁《香港味道》、叶怡兰《玩味》。

饕餮（tāo tiè）本为馋嘴的神秘怪兽，但苏轼却曾以之自居，并作《老饕赋》："盖聚物之夭美，以养吾之老饕。"从此"老饕"遂成追逐饮食而又不失其雅的文士的代称。这些文士不但善于品味饮食，甚至不乏擅长烹饪者。本书作者赵珩，北京人，张学良、张学铭的妹妹是作者的叔祖母，作者自述说："我的曾祖、伯曾祖一辈人虽然是中国近代史上煊赫一时的人物，但我的祖父自中年以后就远离了政治的漩涡，沉浸于琴棋书画，过着寓公生活。""佣人的人数最多时仍有三四位，最少时也有二人，其中总有位掌灶的师傅。"作者本人是文坛宿将，结交广泛，层次颇高，经常出入高级酒店，与历史学家王世襄、罗哲文、邓云乡、刘叶秋，建筑学家陈从周，画家爱新觉罗・溥佐，演员华慧麟，文化学者吴泽炎均有交好，一起吃饭，互相讨论。

对于饮食生活记述的重要性及基本要求，作者有很好的观点："重要事件，有史记载；生活末节，却少有著作，因此更显得这些社会生活史料弥足珍贵。这些社会生活史料的基础，大多源于最广泛的市民生活，虽是零金碎玉，拼拼凑凑，也能形成某一特定历史时期生活与社会的写照。……我主张说古记旧应以亲历、亲见为宜，起码也应是亲闻，价值的所在也就得以体现。"①

书中多有考据，如《闲话伊府面》，伊府面到底是粤菜还是淮扬菜？又如"漫话食鸭"，追溯中国人食鸭历史；"堂倌儿的学问"——从唐宋博士谈起；《从法国面包房到春明食品店》则揭示饭店名称改变背后的时代变迁；"西瓜的退化与变种"自张骞出使西域，叙到清代，又及全国各地的西瓜品种、味道，简直就是西瓜流传史。

"台北饮馔一瞥"一节细述台北市的饮食，十几天的行程使得作者得以亲尝亲历，并有许多评价。作者所到之处从南及北，由镜泊湖到闽北、金华、镇江，处处有心，餐餐有得。虽不是西安人，但聊起"西安稠酒泡馍"却十分入味知底。文笔清淡含蓄，文品平实端庄，颇有"粤菜"之风。书中记录的，或人或事或风物或名胜或花絮或掌故，一概与吃相关。它用平实的语调钩沉与饮食相关的方方面面，却并不拔高，非将口腹之欲升华为文化精粹。

3. 逯耀东——从历史学家到美食家

逯耀东《肚大能容——中国饮食文化散记》（生活·读书·新知三联书店，2002）《寒夜客来：中国饮食文化散记之二——闲趣访》（生活·读书·新知三联书店，2005）

逯耀东，台湾大学历史系教授，但他作为美食家的名气更大，除了欣赏美食外，还用心探寻背后的历史和文化意涵，是当代中国饮食文化的拓垦者。晚年致力推广美食文化，撰写有《肚大能容》《寒夜客来》等书，影响深远。历史学家逯耀东研究方向是魏晋南北朝史，然而更多的是以饮食美文名扬天下。

编辑了《肚大能容》和《寒夜客来》两本书的孙晓林指出逯耀东有着人文成长的学术背景，从小生长环境所表现出的文化烙印非常深地体现在了文字上。

孙晓林认为，和晚辈人文、文史类学者不同的是，逯耀东文章的文史水乳交融的融合度很好，历史知识和文字表达结合很高明，同时也做到了知行合一。孙晓林说："他不仅仅是一个从文献到文献的史学家，更是对中国饮食文化本身就十分爱好，喜欢去吃，有实践性和内在动力。和一般美食家不同的是，他的知识是用舌头品尝出来的，竭力用知识去挖掘饮食文化脉络。我曾经听逯耀东说过，他先后返乡 30 多次，到内地省亲以及参加文化交流，其中相当多的时间是在外面跑，喜欢坊间平民化的东西，对街头摊头的小吃都很有兴趣，用自己的独到眼光把理念诉诸于文字。此外，他对钱穆怀着特别深的情感，每次去苏州都会凭吊追怀钱穆，他自己身上也承继了很多钱穆的东西。"

① 本书《从法国面包房到春明食品店》.

孙晓林说，现在的很多美食家追求的是精致生活，品味、玩味生活，而逯耀东身上文化情结及使命感很强烈。

北京燕山出版社总编辑、《老饕漫笔》的作者赵珩和逯耀东已有6年的交情，两人经常书信来往。赵珩说逯耀东的专业研究是魏晋南北朝史，接近晚年后开始研究饮食文化，本人也很好吃，吃遍海峡两岸。在饮食上，逯耀东都是亲闻亲历亲见并且亲尝，所以写出来的东西都不是空论，有深厚文化底蕴，很多文章都有所考证。对于当代饮食不好的印象，敢提批评意见，很尊重传统，对于台湾和内地胡来的东西很厌恶。赵珩认为，就饮食谈饮食不是什么了不起的事，而像逯耀东这样把饮食与文化结合，的确很了不起。而见闻广泛也成为其在饮食上的一个专长。

4. 食记者汪雪英的《食一碗乡味儿》，现代出版社，2013年7月

本书介绍了全国各地的美食佳肴、风味小吃，还有与之有关的饮食文化、历史人文掌故，这是作者在全国各地行走8年中撰写的一部有关美食、有关历史人文、有关情感的"江湖食语"。

书中没有严肃的词语，不做作，只是将最淳朴的声音表达出来，并配以数百张各地家乡的美食图片，用美食勾起人们的思乡之情和儿时的味道。

走得太远，心会累，回首却因相隔太远而望不到家乡。若在途中遇见那些早已在很久以前就融入骨子的乡味儿，又何尝不是一种安慰和感动。

5. 蔡澜《谈美食》，广东旅游出版社，2008年

有"香港四大才子"之称的蔡澜，文笔游走于美食之间，本书内容分"中国美食"和"世界美食"两部分。"中国美食"部分从台湾、澳门直到北京、西安、上海、青岛，均为自己所品尝过的美食。

6. 殳俏《吃，吃的笑》，三联书店，2009年

本书为作者饮食随感文字的结集。作者所叙写乃是自己寻觅发现的、吃过觉得美味的，或者差劲儿的食物、菜肴、饭馆。分为四部分：想吃么、我吃了、吃饱了、明天吃什么。书中评论都从自己的品尝中得出，作者吃遍了中外美食，经常参加美食比赛的评判，因之视野开阔，本书可以看作中外美食及评论的纵览。

在对饭店、美食的品评中常常带着女性的细腻与独特，比如餐馆里为什么出现了男的侍应生，《美男出没的食肆》回答说："餐馆里的美男往往要比餐馆里的美女博得更多的喝彩声，那是因为女人在吃这个问题上往往比男人更好色的缘故。男人是将食欲和色欲分开的，如果真有视觉需要，他情愿在满足了肠胃需要之后再直奔另种场所，而女人则很难把自己的注意力完全集中起来，即使有美食当前，面目可憎的侍者站在一边还是会令她胃口难开。所以现在的高级餐馆纷纷聘请眉清目秀的年轻男孩做服务生，赚的都是女客的喜欢以及带女客来的男人的小费。"这反映的是社会风气的变化，餐馆对女子地位提高的回应。

书中对于食物的评判常常引进西方观点的陪衬。比如对美国学者尤金·安德森(E. N. Anderson)《中国食物》一书的批评:"在中国,它恰好是本小规模发行给专业学者们参考的书,也恰好现如今的很多专业学者并不太注重研究学问中的私人亲身体验,所以才让这本书逃过了被众人投掷臭鸡蛋的一劫。是的,作为一个老外,怎能随随便便就下笔写一本关于吃的学术著作,并且又是本完全与其本乡本土无关的吃的学术著作呢。要知道,中国人是在很多问题上都喜欢多发表一点自己看法的民族,更何况是那些他们与之朝夕相处并无限看重的食物呢!"作者的建议是:"当你想要介入专业系统之时,最好还是把那些可能遇到的困难列举得细些,再细些。"(《谁动了我的中国食物》)

书中多有对于中西餐馆的比较,中西饮食的比较。《嗜血成性吗》一文指出,西方的饮食界对中国饮食的了解一直停留在旅游指南所介绍的水平上。《请勿吃狗》一文,谈及中西方对于狗的态度、吃与不吃的差别,当然作者是反对吃狗肉的。书中评论了意大利面、日本餐饮、法国大餐,以及香港的饮食等等。

书中有对烹饪大师的颂歌,《餐桌英雄主义》谓:"烹饪的社会分化直接导致了高级烹饪职业、烹饪技术以及厨房实践规范的兴起。亚利克西斯说:'正是从那个时候起,厨师第一次获得了地位和声望,他们原来是地位最低等的奴隶,而烹饪术也从一门下等的技艺,变成了上等的艺术。'"

7. 崔岱远《京味儿》,2009 年由生活·读书·新知三联书店出版

《京味儿食足》由生活·读书·新知三联书店于 2012 年出版。这是继《京味儿》之后,崔岱远又一部介绍北京饮食文化、风土人情的作品。说北京,自然让人首先联想到四合院。《京味儿食足》自然少不了四合院里的吃食、风情,四合院里的香椿芽、槐花、石榴、瓠子,配上天棚、青瓦大鱼缸,中秋节要拜的"月光码儿",那些个今天住楼房的人再也享受不到的京味儿,真叫人留恋;说京城的吃食,就不能不提到京城的"馆子",去饭馆餐厅用餐,北京老话儿叫"下馆子"。北京的"八大楼"是鲁菜的馆子;"长安十二春"则是江南风韵;峨眉酒家、四川饭店虽立足京城较晚,经作者的描绘,仍让人垂涎。当作者把饮食文化与百姓生活有机地融为一体,构成京城百姓的生活图景,不禁令读者食指大动之余,另有一番感慨。

崔岱远《吃货辞典》由商务印书馆 2014 年 8 月出版,是一本戏仿辞典的美食书。每篇文章都设有词头,行文之中对美食也做了大略的解释,特别聊到了吃法,还说了些掌故,甚至为"吃货"们便于寻味而在书后配上了索引。崔岱远认为饮食是一切文明的基础,最牢固,也最顽强;而当人们回味着那些酸甜苦辣时,往往更为留恋吃东西时的某种意境和心绪。所以新书《吃货辞典》关注的,不仅仅是怎么吃,也关注和美食缠绵一处的地点和氛围。

该书以 80 多篇散文介绍了中国天南地北的几百道大菜小吃,依照品尝美食的地点将全书分为"家里吃着舒坦""街边吃得随意""饭店吃个名气"三大部分。在家吃,讲究的是踏实、舒坦;在街边小摊吃,为的是随性、惬意;而特意到馆子里吃,往往图的是个名气和精细。崔岱远认为,吃食的况味与场合密不可分,比如

同是一碗面条，炸酱面唯有在家里吃才透着地道，而兰州的牛大碗吃的就是早点铺子的热闹气氛，个中滋味不尽相同。

第十三节　饮食思想研究专家及其研究

以下介绍饮食研究专家主要是通过他们的著作来说明他们在中国饮食思想史的研究中所持的观点、贡献，这些研究或侧重于某一时代、某一时期，或者上下贯通，纵横几千年，自成体系，各有千秋。这些研究成果的发表主要集中在中国改革开放的30年。这30年对于中国的历史进程来说是史无前例的，富裕了的中国人的饮食发生了革命性的变化，这些变化推动当代的饮食思想研究跃上新的台阶，开放的思想研究氛围使得研究的深度广度呈现出空前的灵动。当代的饮食思想研究活跃、生动、客观，深刻地回顾过去，认真地面对当今，充满信心的展望未来。当代的饮食思想研究有更多的国外研究被吸引过来，中外饮食思想史的交叉、碰撞，激起灿烂的火花。

一、国外对中国饮食思想研究的专家

（一）美国

1. 张光直

张光直（1931—2001）：国外研究中国饮食思想最有影响的专家，美国哈佛大学人类学教授。

1988年发表《中国饮食文化面面观》[①]，这本来是他为《中国饮食文化》一书所撰写的序言，从专业考古学和人类学学者的态度来审视中国饮食文化。他提出："了解食物在人类文化中的重要性也正在于它那多样的无穷变化……我深信'食'的研究有其合理的范围，主要涉及有关生死的问题，并可以运用逻辑推理和一般实用的方法来处理。"2000年，张光直还在《民俗研究》第2期上发表《中国饮食史上的几次突破》，尤其提到中国的"面食"及其文化特点和意义。

张光直著、郭于华译《中国文化中的饮食——人类学与历史学的透视》指出饮食文化的重要：

> 食物的消耗是生命的化学过程中至关重要的一部分，这是陈述了一件显而易见的事，但有时候我们却认识不到，饮食还不止是性命攸关。我们所从事的，对我们的生命和我们种的生存具有同等价值的另一特有活动，就是性活动。正如孟子（原文为告子，似乎有误）这位战国时代的哲学家、对人性的敏锐观察者所说："食色，性也。"但是，这两项

---

① 张光直．中国饮食文化面面观[J]．旅游科学，1988(1)．

活动颇不相同。我相信，我们在性的努力中，比在吃喝的习性中，更接近于我们的动物基础。而且，饮食的变化范围，比起性活动的变化范围，不知宽泛了多少。事实上，饮食在理解人类文化方面的价值，正是在于它的无限可变性——对于种的存续来说并非必需的可变性。就生存下去的需要而言，任何地方的所有的人，都可以吃同样的食物，仅仅按其热量、脂肪、糖分、蛋白质和维生素等来加以估量(Pyke，1970：7-12)。但事情并非如此，背景不同的人们，吃喝十分不同。用来制作食物的基本原料，保存、切割和烹调(如果有烹调的话)食物的方式方法，每一餐饭的量和种类，受人喜欢或被人厌恶的味道，食物摆上桌的习惯，器皿，有关食物性质的信念——这一切都是变化不定的。这样的"饮食变量"的数目是巨大的。

研究饮食的人类学方法就是要分离和辨识出这些食物变量，有系统地安排这些变量，并解释为什么其中有些变量结合在一起或不结合在一起。

也许是中国饮食文化中最重要的一方面，就是食物本身在中国文化中所具有的重要性。说中式烹调法是世界上最伟大的烹调法，这当然是很有争议的，并且基本上也不相干。但是，几乎没有人能发现以上陈述的例外：很少有别的文化像中国文化那样，以食物为取向。而且这种取向似乎与中国文化本身一样古老。根据《论语》(《卫灵公》章)所记载，当卫灵公向孔子(前551—479)咨询军事战术时，孔子答曰："俎豆之事，则尝闻之矣；军旅之事，未之学也。"(参见勒奇[legge]的英译本，1893)的确，作为一个中国绅士的最重要资格之一，也许就是他对于饮食的知识和技能。根据《史记》和《墨子》记载，商朝奠基者商王汤的宰相伊尹，原来就是一位厨师。事实上，有些材料说，正是伊尹的烹饪术，首先使他赢得了商汤的好感。

张光直曾断言："达到一个文化核心的最佳途径之一就是通过它的肚子。""吃"这一最为生物化、物质化的层面，可能是理解一个民族精神气质和精神内核最重要的切入点。

2. 尤金·安德森

美国学者尤金·安德森(E. N. Anderson)，在其《中国食物》[1]的专著中，以食物为线索建立了中国历史的系统，由"自然环境"开始，进而"史前史与历史的发端"，再"至关重要的一千年：周朝到汉朝"，再将魏晋南北朝概括为"来自西方的食物：中世纪的中国"，再"食物体系的确立：宋朝以及诸征服王朝"，最后的食物传布时期是"内卷化：中华帝国的晚期"，再到"今日中国食品"。

---

① 尤金·安德森著；马孆，刘东译；刘东审校. 中国食物[M]. 南京：江苏人民出版社，2002.

其所以将周朝到汉朝定义为“至关重要的一千年”，是因为这一章在深入研究了《诗经》《论语》《孟子》《礼记》《周易》中有关饮食的记载，然后总结说：“……其中难能可贵的思想，在于对农业和资源自然的保护。比如：‘国君春天不围猎，大夫不掩群……’‘田不以礼曰暴殄天物。’……不遵守这些禁忌以及别的时令性劝诫，不仅会危害猎物，而且还破坏了宇宙的和谐与秩序。”这是一种深刻的“生态情感”的内涵，是“民以食为天”的原型思想，以及与此有关的生态无意识。

3. 马文·哈里斯

(美)马文·哈里斯著，叶舒宪等译：《好吃：食物与文化之谜》，山东画报出版社 2001 年。本书是最早的将文化人类学研究方法介绍到中国的著作。

本书作者从肉食主义与素食主义的争执入手，把人类社会中由吃所引发的种种奇特现象和习俗作为解析的对象，以饮食人类学的方法，研究吃的文化差异和民族个性。

本书介绍了人类口味上的差异是如何形成的？为什么印度人不吃牛肉，以色列人不吃猪肉，欧美人不吃昆虫，亚洲人难消化牛奶、黄油和奶油？当代人类学家，诸多文化之谜的破解者向世界人首次讲述“吃”与“思”的故事。本书主要涉及的是人类的动物性蛋白质饮食习惯。对吃牛肉、吃猪肉、吃马肉、吃人肉、吃猫、吃狗、吃虫子，还有为什么不吃肉等问题都有很有趣的展开。

(二) 日本①

1. 田中静一

田中静一(1913—2003)是最早开展中日食物学史专项研究的著名学者。1970 年，田中静一在书籍文物流通会正式出版了《中国食品事典》。这是中国食物史研究上一部很有影响的大书。1972 年，田中静一又与筱田统合作出版了《中国食经丛书》上下册。1976 年至 1977 年期间，监修了《世界的食物》(中国篇·朝鲜篇)一集 15 卷，由日本著名的朝日新闻社出版，向全世界发行。该书内容广泛，图文并茂，印刷极其精美，对读者很具吸引力。1987 年，其大作《一衣带水——中国食物传入日本史》由柴田书店出版。该书史料翔实可靠，论述极其严谨，是一部具有很高学术价值的著作。此后，田中先生又于 1991 年编著出版了《中国食物事典》一书。该书内容极其丰富，对食品的名称、产地、发展过程等做了比较详细、认真的考证与叙述，在海内外影响颇大，现已译成中文，由中国商业出版社出版，在大陆发行。

2. 筱田统

筱田统教授是日本京都大学人文科学研究所中国科学史研究班的成员。他对中国饮食史的研究，始于 20 世纪 40—50 年代。1948 年，他在《学芸》杂志第 39 期上发表了《白干酒——关于高粱的传入》一文，引起了学术界的注意。次年，他又在《东光》杂志第 9 期上发表《小麦传入中国》一文。此后，他相继发表了

---

① 徐吉军，姚伟钧. 二十世纪中国饮食史研究概述[J]. 中国史研究动态，2000，(8)1-4.

《明代的饮食生活》(1955 年);《鲔年表(中国部)》(《生活文化研究》第 6 集,1957 年版);《中国古代的烹饪》(《东方学报》第 30 集,1959 年);《中世食经考》(收于薮内清编《中国中世科学技术史研究》,1963 年,对魏晋—隋唐之间的饮食著作各类《食经》进行了较为详细的考证);《宋元造酒史》(收于薮内清编《宋元时代的科学技术史》,1967 年);《豆腐考》(《风俗》第 8 集,1968 年版)等。这些文章后来结集成《中国食物史研究》一书(八坂书房 1978 年版)。此外,筱田统教授还著有《中国食物》。

二、国内专家

1. 林乃燊(1923—)

林乃燊,暨南大学教授,是比较早对中国饮食史开展研究,并且此后持续不断的有成果出版的研究者。

20 世纪 50 年代发表了《中国古代的烹调和饮食——从烹调和饮食看中国古代的生产、文化水平和阶级生活》,北大学报,1957 年第 2 期。后来又出版著作:《中国饮食文化》,上海人民出版社 1979 年出版;《佛山史话》(主编),中山大学出版社 1990 年出版;《中国饮食文化志》,上海人民出版社 1998 年出版。待出版著作:《三代史论》《甲骨文研究》《中国饮食文化史论集》。

《中国饮食文化》被称作我国第一本系统研究饮食文化的著作,它为这一领域的研究提供了新材料、新方法、新理论。该书从中华民族的经济地理、食料生产史、国土开发史、民族交流史的角度,探索中国饮食文化的源流和现状,并展望未来;运用营养学、食疗学、烹调学、发酵学、保鲜学等学科的知识去剖析中国的饮食,揭示中国文化的奥秘。作者认为:一个国家和民族的食物构成和饮食风尚,反映了该民族的经济状况、文化素养和创造才能,体现了鲜明的民族特质。作者立足于历史的高度,考察了中国饮食传统的形成过程,发掘饮食烹调、技术的素材,展示中华民族的饮食风尚和饮食艺术,阐释中国饮食文化的发展规律。

又有《中国古代饮食文化》,由商务印书馆 2007 年出版。探讨饮食文化的内涵与外延、中国饮食文化的渊源与发展、中国七大菜系的形成和发展等。

又有与冼剑民合作(林乃燊为第一作者)《岭南饮食文化》,广东高等教育出版社,2010 年。

2. 季鸿崑(1932—)

季鸿崑,原江苏商业专科学校(现扬州大学烹饪学院)烹饪系主任,江苏省烹饪研究所所长。主张以近代营养科学作为烹饪学科的理论基础,用近代科学技术手段重新认识中国烹饪,力争让中国烹饪以科学的形式走向世界。

季鸿崑的观点是:饮食的本质是人们利用天然食物资源加工成的各种待食和即食食品的生产技术,是人类以衣、食、住、行为主要内容的基本生活形态之一,更是人类为个体生存和种族繁衍所必须获取的最基本的生活和生存条件。并且指出:饮食文化的时代变化是迟缓的,因为它还受到物质条件的限制。所有这些都注定了饮食只能是社会的低级文化形态,这也是人们对于饮食常常抱有复古心理的基本原因，故此饮食文化具有特别强烈的民族特色和地域特征，其所蕴含的民族精神就是民族文化的灵魂，是民族文化精华的反映。民族精神是一种社会意识，是一个民族对其社会存在、社会生活的反映，是民族文化最本质最集中的体现。他反对把“吃”当作中国文化的基础，它不是中国传统文化的全部甚至主要部分，更不是当代中国文化的主要部分。

对于这几年的饮食思想研究，季鸿崑认为：从 2011 年起，中国饮食文化研究有三个较大的阶段性的成果：一是早在 2006 年就策划组织编写的《中国烹饪文化大典》在陈学智先生的辛劳运作之下，于 2011 年底由浙江大学出版社出版了，此书总结了从上世纪 80 年代以来有关烹饪的研究成果；二是 2011 年 8 月，由浙江工商大学和泰国朱拉隆功大学联合举办的“2011 杭州亚洲食学论坛”取得了圆满的成功，并于 2012 年 8 月又在泰国朱拉隆功大学举办了第二届；三是 2012 年 6 月中央电视台连续播放了大型文化纪录片《舌尖上的中国》，接着光明日报出版社又出版了纸读本《舌尖上的中国》。这三件事堪比上世纪 80 年代兴起的“烹饪热”，如果说“烹饪热”唤醒了沉寂几十年的中华饮食文化的研究之风，那么这三件事就是中华饮食文化研究已从碎片化的以“吃”为主要对象的狭隘内涵上升为一种事关人类生存和地球环境的显学……虽然它的体系尚不完备，与多门传统的成熟的学科之间的关系尚未厘清，研究方法的创新尚不明显，但学术的框架已经成型。[①]

季鸿崑对近代饮食思想史的思考是：指出在中外文化交流史上，“西学东渐”是个重要概念，“西学”特指西方之学，即欧洲基督教传统的学术。他认为，对中国的饮食文化而言，除送来了“法国大菜”、《造洋饭书》、刀叉进食等等之外，影响最深远的是近代营养学，它的食品成分分析理论和方法，对中国传统饮食养生理论基础的阴阳五行学说进行了颠覆性的批判，使其在宏观上失去了国家食物和营养政策方面的话语权。如英国约翰·斯顿著，傅兰雅、乐学谦译《化学卫生论》(1881 年，上海广学会)。中国人自著的近代营养学的开山之作是吴宪《营养概论》，又有上海商务印书馆 1939 年出版龚兰真、周璇合著《实用饮食学》；台湾台北世界书局 1966 年萧瑜著《食学发凡》，提出了“食学”的概念，本书讲述了饮食的各种功能，饮与食的关系，味的生理、心理、物理和哲理，宴会、食品的组合和组合原则。

他对于解放后的饮食思想史的评论是：我们中国在 20 世纪前半期，战争频仍，民不聊生，绝大多数人挣扎在饥饿线上，新中国成立以后，虽然在土地改革以后农业生产力有所发展，但因政治运动不断，加之西方对华封锁，中苏论战、台海对立等因素的影响，人民的饮食生活水平还是非常低的。有人说这一时期的中国人，有饮食无文化。毛泽东的“均贫富”思想使中国的餐饮行业显著萎缩，大众食堂遍地，豪华饭店寥寥无几，而空前绝后的“文化大革命”，使中国经济走向崩

---

① 《食学刍议》，自《书生本色：赵荣光先生治学授业纪事》，云南人民出版社，2013.

溃边缘，也使得传统的烹饪技艺有失传之虞。80年代烹饪热出现，《中国烹饪古籍丛刊》整理出版，1993年“中国食文化研究会”成立，2001年《饮食文化研究》杂志创刊。①

其著作有《食在中国：中国人饮食生活大视野》，季鸿崑，山东画报出版社，2008年。

全书分5辑，第一辑饮食文化，第二辑中国烹饪，第三辑食品科学与食品安全，第四辑营养，第五辑烟、酒、茶。

第一辑讨论饮食思想，《中国人的饮食之道》指出：“‘人莫不饮食也，鲜能知其味也。’(礼记·中庸)‘知味’成为一门重大的学问，味道具有了哲学意味，从味觉感受发展到体会义理。我们中国人，几乎在所有的场合，都可以用上一个‘味’字，不仅有‘意味’‘趣味’，而且有‘文味’‘人味’等等。‘味道’成了传统哲学的重要范畴。”《中国饮食文化文献中具有科学性质的原典著作》一文指出：“中国传统饮食文献的离散性很大，不仅仅见诸于经史子集，也见诸于道藏、佛藏，可惜涉及要言妙道的见解和事迹，往往只是只言片语。”本文所列举的元典著作有：《礼记·内则》《论语·乡党》《吕氏春秋·本味》《齐民要术》《千金食治》《饮膳正要》《天工开物》《随园食单》八种，侧重于科学技术方面。

还有《清嘉录与苏州地区岁时食俗》，解读《清嘉录》与苏州地区岁时食俗的关系。

3. 赵荣光

赵荣光(1948—)，浙江工商大学中国饮食文化研究所所长、教授。兼任中国食文化研究会副会长、亚洲食学论坛主席，经常组织与参与国际间的中国饮食文化推介活动。所从事的饮食思想研究是多方面的：

(1) 饮食史的研究：两个专题研究——孔府食事、满汉全席

出版《天下第一家衍圣公府饮食生活》(黑龙江科技出版社，1989)、《天下第一家衍圣公府食单》(黑龙江科技出版社，1992)。《食单》一书阐释衍圣公府饮食生活制度及其文化形态的变化，还原了近百个筵式及近千个膳品品种。

《满族食文化变迁和满汉全席问题研究》(黑龙江人民出版社，1996)，《满汉全席源流考述》(昆仑出版社，2003年)，揭示满汉全席的源流、演变的历程，纠正了许多错误认识。指出：“无论是最初分立的‘满席’—‘汉席’、初合的‘满汉席’，还是后来清季民国的‘满汉大席’‘满汉全席’，都是汉族官僚和汉人饭店首先搞起来的。”认为：满汉全席问题的严肃深入研究，是清代政治史、社会史、文化史的题目。不仅如此，它还折射了自17世纪中叶始直至当代的三个半世纪漫长时间里，中国社会的政治、经济、文化、风俗的历史变化。

(2) 饮食文化研究：揭示隐藏在食物背后的真相

---

① 《赵荣光教授食学思想发展探析》，自《书生本色：赵荣光先生治学授业纪事》，云南人民出版社，2013.

《"饮食文化说"试论》提出中国饮食文化的基本特征：四大原则：本味主张、孔子食道、食疗合一、饮食养生；十美风格：质、香、色、形、器、味、适、序、境、趣（追求十美合一）；圈层结构：果腹层、小康层、富家层、贵族层、宫廷层。按：又有《中国古代庶民饮食生活》专门注意平民的饮食文化结构、食物结构、传统食品与制作、饮食习俗、面向庶民社会的食肆、各兄弟民族下层社会的食品与世俗。五大特征：食物原料选取的广泛性、肴馔制作的灵活性、进食心理选择的丰富性、区域风格的历史延续性和各区域间交流的通融性。

(3) "饮食文化圈"概念的提出："饮食文化圈是由于地域（这是最主要的）、民族、习俗、信仰等原因，历史的形成的具有独特风格的饮食文化区域。"文化区又称作"文化地理区"，每一个饮食文化区可以理解为具有相同饮食文化属性的人群所共同生息依存的自然和文化生态地理单元。当然，这是对"菜系"说的间接否定，认为其是更为狭隘的以餐饮市场为导向的餐饮文化的产物。（赵一直主张中国存在着两部为代表的上层社会的饮食史的观点，"一部是以贵族代表的上层社会的；另一部是以广大贫民为中心的下层社会的。"）

(4) 提出"食学"的理念

关切"五千年历史，十三亿人口"，认为中国食学研究不能没有民族感情，中国饮食的辉煌历史、十三亿人的嘴巴和头脑需要决定了我们必须怀着沉厚纯正的民族感情从事这一研究。（赵访谈：食学是研究不同时期、各种文化背景人群食事事项、行为、思想及其规律的一门综合性学问。）①

主要著述还有：

《中国饮食史论》，黑龙江科学技术出版社，1990年，收录其1985—1989年间对饮食文化的研究成果。

《赵荣光食文化论集》，黑龙江人民出版社，1995。

《中国古代庶民饮食生活》，台湾商务印书馆，1998。

《饮食文化概论》，中国轻工业出版社，2000。

《中国饮食文化概论》，中国高等教育出版社，2003。

《中国饮食文化研究》，东方美食出版社（香港），2003。

《中国饮食文化史》，上海人民出版社，2006。

《中国箸文化史》（共著），中华书局，2006。

《"韩流"冲击波现象考察与文化研究》（共著），国际文化出版公司，2008。

《餐桌的记忆：赵荣光食学论文集》，云南人民出版社，2011。

《中国饮食文化史》，赵荣光主编，中国轻工业出版社，2013。

本书将中国划分为十个地区，分别论述其饮食文化史，是中国第一部按地区对饮食文化史上下打通研究的专著。

---

① 何宏.赵荣光教授食学思想发展探析.自《书生本色：赵荣光先生治学授业纪事》，昆明：云南人民出版社，2013.

十个地区和作者分别是：东南卷，冼剑民，周智武；长江中游卷，谢定源；长江下游卷，季鸿崑，李维冰，马健鹰；黄河中游地区卷，姚伟钧、刘朴兵；黄河下游卷，姚伟钧，李汉昌，吴昊；西北卷，徐日辉；东北卷，吕丽辉；中北卷，张景明；京津卷，万建中，李明晨；西南卷，方铁，冯敏。

本书的特点如下：

① 主要由中国饮食文化研究领域的专家学者担纲，而且分别撰写自己非常熟悉的有研究成果的地区，这样就保证了质量。

② 每个分卷都是一部区域饮食文化通史，脉络清晰，内容厚重。

③ 分卷的地域特色，改变了其他类似出版物以汉族为中心的一般做法，对各具特色的少数民族饮食文化都有比较完整的反映。

④ 本书约 400 万字，大开本，有精美的插图，是迄今为止字数最多、分量最重的中国饮食文化史著述，它吸收总结改革开放以来 30 年中国饮食文化研究的最新成果，在该研究领域中具有重要意义。

本书的书名如果叫"中国分地域饮食文化史"可能更贴切一些，本书不是将"中国"作为研究对象，而是将"中国"分割成"区域"之后分析其"饮食文化史"。本书分地区描述的总体设计突出了饮食文化的地域性，但是其减弱了其左右联通的全局性，各卷虽努力顾及周边，甚至辐射全局，但往往难以说明本地区在全局中的地位。分地区的研究招致缺乏从"中国"的全局的视野，统领各地区的研究，未能够从全国的视角和高度俯瞰各地区，使之统摄为一个整体，因而影响揭示各地区的互相影响。

译著目录：

[日]石毛直道《饮食文明论》，黑龙江科学技术出版社，1992。

[英]《美国高层建筑》，黑龙江科学技术出版社，1993。

4. 姚伟钧

(1) 姚伟钧(1953—)，华中师范大学历史文化学院教授。主要研究中国社会生活史。其研究始终透现着对文献的娴熟和开发，沿着饮食礼俗的路径展拓中国饮食史。近 30 年来，出版有关研究中国饮食文化史专著 5 部，并发表有关中国饮食文化方面论文百余篇。与徐吉军合作于 2000 年发表的《二十世纪中国的饮食文化史研究》第一次对 20 世纪的中国饮食文化研究的历史做了很好的总结，举证细密，搜罗无遗。可以当做索引使用。

姚伟钧对中国饮食文化史的研究发端于对饮食礼俗的研究，《中国饮食礼俗与文化史论》(华中师范大学出版社，2008 年)一书的切入点正是揭示中国饮食思想特点的要害，正如本书黎虎《序》所言："礼俗是一个民族文化本质特征的一种体现，是考察民族的历史、文化和心理素质的'社会化石'。饮食礼俗则是传统礼俗中的瑰宝奇葩，是传统礼俗文化中最具普遍性的事项。"本书"史"的特征明显，将礼俗的发端到商周、汉唐，直至明清做贯通式的研究，"此书是第一部全面、系统阐述中国古代饮食礼俗的著作，书中揭示了从远古讫明清时期中国饮食礼俗在不同历史阶段的发展嬗变，涉及民间饮食、宫廷饮食、佛道饮食等，展现了社会各阶层和群体的饮食方式、饮食风尚、饮食礼仪，系统地勾勒出了中国古代饮食礼俗的面貌和演变轨迹。”本书提炼出中国古代社会的饮食观念有三条：饮食男女，人之大欲；和谐的饮食调配规则；倡导节俭的饮食观。对社会转型与中国饮食礼俗演变的规律、饮食与中国文化的关系予以探讨。

其对长江流域的饮食文化研究有《长江流域的饮食文化》（湖北教育出版社2004年），本书主要对长江流域的饮食文化、主食、蔬菜瓜果业、节日饮食习俗予以介绍，并且从长江源头的藏族饮食直到长江入海口上海饮食文化，分列各个地域、民族的不同饮食文化。本书期望通过“对长江流域饮食文化进行历史的、具体的考察与研究，从地域饮食文化的特殊性，找出中华饮食文化的同一性”。

对宗教饮食的研究是其研究的又一重点，其主要观点是：中国宗教饮食文化传统主要包括佛教、道教和伊斯兰教，它是民间信仰和宗教仪式在中国人民社会生活中形成的惯制。通过对中国宗教饮食文化的形成过程及其文化价值进行研究，从而得出饮食不仅促使了宗教信仰的发展，反过来，宗教的发展也为人们信仰习俗的形成产生过重大影响。

又据中国新闻网2013年12月2日报道，姚伟钧对中国烹饪技法发展趋势有自己的判断：应与世界融合。他认为，所谓中国烹饪文化的世界化，一方面是中国烹饪文化走向世界；另一方面是世界烹饪文化走进中国。这是中国烹饪文化自身发展的需要，也是世界烹饪文化和人类文明不断发展的需要，是一种必然的历史发展趋势。他说，历史上，胡汉民族长期的杂相错居，在饮食生活中互相学习，互相吸收，并最终趋于融合，其最明显的意义便是形成了中国饮食文化丰富多彩的特点。这种吸收与改造极大地影响到唐代及其后世的饮食生活，使之在继承发展的基础上最终形成了包罗众多民族特点的中华烹饪文化体系与技法。可以说，没有汉唐时期的胡汉饮食文化交流，中国后世的烹饪文化技法将会苍白得多，胡汉各族的饮食生活也将会单调得多。这说明一个民族或国家烹饪文化的发展与进步，离不开兼收并蓄的原则，离不开烹饪文化交流的健康进行，而没有交流的文化系统是难以延续的。

其著作还有：

《饮食风俗——中华民俗风情丛书》，姚伟钧、方爱平等，湖北教育出版社，2001年。

《国食——中华故事全书之一》，长江文艺出版社，2002年。

《清宫饮食养生秘籍》，姚伟钧、刘朴兵，中国书店，2007年。

《中国饮食典籍史》，上海古籍出版社，2011年。

《楚国饮食与服饰研究》，姚伟钧、张志云，湖北教育出版社，2012年。

（2）徐吉军、姚伟钧：二十世纪中国饮食史研究概述[①]

① 徐吉军，姚伟钧.二十世纪中国饮食史研究概述[J].中国史研究动态，2000，(8)：1-4.

这篇研究综述将1949—1979年认定为缓慢发展阶段。指出中华人民共和国成立后至1979年的30年时间里，大陆由于各种政治运动的不断开展，中国饮食史的研究也受到了严重的影响，基本上处于停滞状态，发表的论著屈指可数。从该文所引看，主要是有关烹饪方面的文章。

本文指出20世纪70年代台湾、香港地区的中国饮食史研究也处于缓慢发展阶段，张起钧《烹调原理》一书，从哲学理论的角度对我国的烹调艺术做融会贯通的阐释，使传统的烹调理论变得更有系统性。

本综述将1980年至今界定为繁荣阶段，其具体表现：一是对有关中国饮食史的文献典籍进行注释、重印。如中国商业出版社自1984年以来推出了《中国烹饪古籍丛刊》，相继重印出版了《先秦烹饪史料选注》《吕氏春秋·本味篇》《齐民要术》(饮食部分)《千金食治》《能改斋漫录》《山家清供》《中馈录》《云林堂饮食制度集》《易牙遗意》《醒园录》《随园食单》《素食说略》《养小录》《清异录》(饮食部分)《闲情偶寄》(饮食部分)《食宪鸿秘》《随息居饮食谱》《饮馔阴食笺》《饮食须知》《吴氏中馈录》《本心斋疏食谱》《居家必用事类全集》《调鼎集》《菽园杂记》《升庵外集》《饮食绅言》《粥谱》《造洋饭书》等书籍。二是编辑出版了一些具有一定学术价值的中国饮食史著作。如：林乃燊《中国饮食文化》(上海人民出版社1989年版)，林永匡、王熹《食道·官道·医道——中国古代饮食文化透视》(陕西人民教育出版社，1989年版)，姚伟钧《中国饮食文化探源》(广西人民出版社1989年版)，王明德、王子辉《中国古代饮食》(陕西人民出版社1988年版)。

并且指出这一时期，有大量论文发表，所列举与饮食思想研究有关的主要有：赵峰元《从〈浮生六记〉看清中叶的饮食生活》(《商业研究》1985年第12期)，童恩正《酗酒与亡国》(《历史知识》1986年第5期)，王慎行《试论周代的饮食观》(《人文杂志》1986年第5期)，赵荣光《试论中国饮食史上的层次结构》(《商业研究》1987年第5期)，史谭《中国饮食史阶段性问题刍议》(《商业研究》1987年第2期)，李存山《饮食—血气—道德——春秋时期关于道德起源的讨论》(《文史哲》1987年第2期)，林永匡、王熹《中国古代饮食文化初探》(《中州学刊》1989年第2期)，赵锡元、杨建华《论先秦的饮食与传统文化》(《社会科学战线》1989年第4期)，王岩《中国食文化的发生机制》(《中国农史》1989年第4期)，王守国《中国的酒文化》(《学术百家》1989年第5期)，龚友德《云南古代民族的饮食文化》(《云南社会科学》1989年第2期)。

对于20世纪90年代的中国饮食史研究，该文认为无论是研究的角度还是研究的深度，都远远超过80年代，这具体体现在以下几个方面：

一是有关中国饮食史研究的著作纷纷涌现。其中，代表性的有：李士靖主编《中华食苑》(第1—10集)，林永匡、王熹《清代饮食文化研究》(黑龙江教育出版社1990年版)，林永匡《饮德·食艺·宴道——中国古代饮食智道透析》(广西教育出版社1995年版)，王子辉《隋唐五代烹饪史纲》(陕西科技出版社1991年版)，陈伟明《唐宋饮食文化初探》(中国商业出版社1993年版)，王学泰《华夏饮食文化》(王学泰《华夏饮食文华版),万建中《饮食与中国文化》(江西高校出版社1995年版),王仁湘《饮食考古初集》(中国商业出版社1994年版),姚伟钧《宫廷饮食》(华中理工大学出版社1994年版),谭天星《御厨天香——宫廷饮食》(云南人民出版社1992年版),赵荣光《中国饮食史论》(黑龙江科学技术出版社1990年版),赵荣光《满族食文化变迁与满汉全席问题研究》(黑龙江人民出版社1996年版),赵荣光《中国古代庶民饮食生活》(商务印书馆国际有限公司1997年版),苑洪琪《中国的宫廷饮食》(商务印书馆国际有限公司2005年版),王仁兴《中国饮食结构史概论》(北京市食品研究所1990年印行),鲁克才《中华民族饮食风俗大观》(世界知识出版社1992年版),李东印《民族食俗》(四川民族出版社1990年版),傅允生、徐吉军、卢敦基《中国酒文化》(中国广播电视出版社1992年版),季羡林《文化交流的轨迹——中华蔗糖史》(经济日报出版社1997年版),胡德荣、张仁庆等《金瓶梅饮食谱——中国食文化丛书》(经济日报出版社1995年版),黎虎主编《汉唐饮食文化》(北京师范大学出版社1998年版),等等。

二是在研究力度和研究深度上都有了进一步的拓展。在宏观研究方面,有姚伟钧《论中国饮食文化植根的经济基础》(《争鸣》1992年第1期)、《饮食生活的演变与社会转型》(《探索与争鸣》1996年第4期)等文。

本综述所举在少数民族饮食史研究方面的论文有:陈伟明《唐宋华南少数民族饮食文化初探》(《东南文化》1992年第2期)、辛智《从民俗学看回回民族的饮食习俗》(《民族团结》1992年第7期)、黄任远《赫哲族食鱼习俗及其烹调工艺》(《黑龙江民族丛刊》1992年第1期)、贾忠文《水族"忌肉食鱼"风俗浅析》(《民俗研究》1991年第3期)、蔡志纯《漫谈蒙古族的饮食文化》(《北方文物》1994年第1期)、姚伟钧《满汉融合的清代宫廷饮食》(《中南民族学院学报》1997年第1期)。

在食疗方面所举的,有任飞《医食同源与我国饮食文化》(《上海师范大学学报》1992年第1期)等文。

在饮食礼俗方面有:姚伟钧《中国古代饮食礼俗与习俗论略》(《江汉论坛》1990年第8期)、《乡饮酒礼探微》(《中国史研究》1999年第1期)、林沄《周代用鼎制度商榷》(《史学集刊》1990年第3期)、裘锡圭《寒食与改火》(《中国文化》1990年第2期)、万建中《中国节日食俗的形成、内涵的流变》(《东南文化》1993年第4期)、杨学军《先秦两汉食俗四题》(《首都师大学报》1994年第3期)、张宇恕《从宴会赋诗看春秋齐鲁文化不同质》(《管子学刊》1994年第2期)。

在饮食思想观念方面有:姚伟钧《中国古代饮食观念探微》(《争鸣》1990年第5期)、王晓毅《游宴与魏晋清谈》(《文史哲》1993年第6期)。

本综述指出海外的中国饮食史研究,当首推日本。日本在世界各国中对中国饮食史的研究时间较早,也最为重视,成就最为突出。

早在上世纪40—50年代,日本学者就掀起了中国饮食史研究的热潮。其时,相继发表有:青木正儿《用匙吃饭考》(《学海》,1994年),《中国的面食历史》

(《东亚的衣和食》,京都,1946 年),《用匙吃饭的中国古风俗》(《学海》第 1 集,1949 年),筱田统《白干酒——关于高粱的传入》(《学芸》第 39 集,1948 年),《向中国传入的小麦》(《东光》第 9 集,1950 年),《明代的饮食生活》(收于薮内清编《天工开物之研究》,1955 年),《鲔年表(中国部)》(《生活文化研究》第 6 集,1957 年),《古代中国的烹饪》(《东方学报》第 30 集,1995 年),同人《华国风味》(东京,1949 年),《五谷的起源》(《自然与文化》第 2 集,1951 年),《欧亚大陆东西栽植物之交流》(《东方学报》第 29 卷,1959 年),天野元之助《中国臼的历史》(《自然与文化》第 3 集,1953 年),冈崎敬《关于中国古代的炉灶》(《东洋史研究》第 14 卷,1955 年),北村四郎《中国栽培植物的起源》(《东方学报》第 19 卷,1950 年),由崎百治《东亚发酵化学论考》(1945 年),等等。

60 年代,日本中国饮食史研究的文章有:筱田统《中世食经考》(收于薮内清《中国中世科学技术史研究》,1963 年),《宋元造酒史》(收于薮内清编《宋元时代的科学技术史》,1967 年),《豆腐考》(《风俗》第 8 卷,1968 年);同人《关于〈饮膳正要〉》(收于薮内清编《宋元时代的科学技术史》,1967 年);天野元之助《明代救荒作物著述考》(《东洋学报》第 47 卷,1964 年);桑山龙平《金瓶梅饮食考》(《中文研究》,1961 年)。

到 70 年代,日本的中国饮食史研究更掀起了新的高潮。1972 年,日本书籍文物流通会就出版了筱田统、田中静一编纂的《中国食经丛书》。此丛书是从中国自古迄清 150 余部与饮食史有关书籍中精心挑选出来的,分成上下两卷,共 40 种。它是研究中国饮食史不可缺少的重要资料。其他著作还有:1973 年,天理大学鸟居久靖教授的系列专论《〈金瓶梅〉饮食考》公开出版;1974 年,柴田书店推出了筱田统所著的《中国食物史》和大谷彰所著的《中国的酒》两书;1976 年,平凡社出版了布目潮沨、中村乔编译的《中国的茶书》;1978 年,八坂书房出版了筱田统《中国食物史之研究》;1983 年,角川书店出版中山时子主编的《中国食文化事典》;1985 年,平凡社出版石毛直道编的《东亚饮食文化论集》;1986 年,河原书店出版松下智著的《中国的茶》;1987 年,柴田书店出版田中静一著的《一衣带水——中国食物传入日本》;1988 年,同朋舍出版田中静一主编的《中国料理百科事典》;1991 年,柴田书店出版田中静一主编的《中国食物事典》。

近年来,日本已相继出版了林巳奈夫教授的《汉代饮食》等书。在日本研究中国饮食史的学者中,最著名的当推田中静一、筱田统、石毛直道、中山时子等。

5. 徐海荣

《中国饮食史》,华夏出版社,1999 年出版。主编徐海荣(1956—),杭州出版集团董事长、总编辑。本书被称为"中国饮食史研究的里程碑",是因为第一次全面系统地阐述了中国饮食的历史。

本书作者以历史研究者为主,其中不少此前已有饮食史研究成果发表,如:黎虎以魏晋南北朝史研究为方向,出版《中国饮食史 · 魏晋南北朝隋唐五代卷》(第一作者);主编《汉唐饮食文化史》(北京师范大学出版社 1997 年 12 月)。又如姚伟钧也有多部著作与论文发表(见本书上文专家介绍部分);林永匡出版《中国饮食史》《清代饮食文化研究》;彭卫出版《中国饮食史·秦汉饮食篇》;等。同时体现出"史料翔实。首先就文献资料的使用来说,作者在书中不仅充分利用廿五史等官修史书,而且还广泛搜集野史、诗文集、笔记小说及地方志、档案等。在古有大量文献资料的基础上,利用传统的考据方法,进行归纳整理,反复辨析,仔细推敲,去伪存真,去粗取精。同时,作者还及时融汇最新的考古成果和民俗学、民族学等方面的调查研究资料,互相印证,最后才得出结论,从而使其论点信实有力"①。

本书给饮食文化的定义是:系指这个国家与民族的饮食、饮食的加工技艺和以饮食为基础的思想及哲学、饮食科学、饮食艺术与饮食文化科技的相互交流。

本书所研究的饮食史的结构为:一、饮食资源;二、饮食制作;三、饮食消费;四、饮食器具;五、饮食礼俗;六、饮食方式;七、饮食卫生;八、饮食文艺;九、饮食思想;十、饮食文献;十一、饮食文化交流。由此结构可以发现,本书对于饮食的物质层面的研究占有主要的成分。

全书共分 6 卷,约 300 万字,设绪论、原始社会的饮食、夏商时期的饮食、西周时期的饮食、宋代的饮食、辽金西夏饮食、元代饮食、明代饮食、清代饮食、民国时期的饮食、少数民族饮食 15 篇。按照历史时期划分的话,即是分为从原始社会到民国时期的九个时期。每篇又设数章,对食品原料与加工、饮食生活与时尚、茶酒文化以及饮食的烹饪方法、饮食器具、饮食礼俗和制度、饮食风尚、饮食业、饮食思想和食疗养生以及中外饮食文化交流等进行多方位的阐述。

本书将中国饮食史作为动态的展开过程,将原始社会概括为中国饮食体系的孕育期,夏商为中国饮食体系的雏形期,西周及春秋战国时期为定型期,秦汉为发展期,魏晋南北朝为交融期,隋唐五代为持续发展期,宋元为繁荣期,明清为鼎盛期,近代鸦片战争至中华民国时期为转型期。

本书所概括的中国饮食史的基本特征有四点:一、多样性与统一性;二、创造性与融汇性;三、等级性与伦理性;四、传承性与变异性。

6. 王学泰

王学泰(1942—),中国社会科学院文学所研究员,中国社会科学院研究生院教授。著有《中国人的饮食世界》《华夏饮食文化》《发现另一个中国》《中国饮食文化史》(在《中国人的饮食世界》的基础上扩充为本书,广西师范大学出版社,2006 年)。

《中国饮食文化史·自序》自谓:"我本人并非专门研究饮食文化的,因为对传统文化研究有兴趣,才阑入饮食文化领域。"此书指出周秦到南北朝是中国饮食思想形成的时期:"本书把周秦到南北朝列为'饮食文化的昌明时代'有以下几个原因。一、食物内容。……二、食物构成……三、烹饪方式……四、两汉时期,

① 傅璇琮. 中国饮食史研究的里程碑[N]. 中华读书报,2000.04.12.

从外部首度涌入大量食品。……五、饮食思想。特别强调的是儒家饮食观念产生了，这些构成了传统文化中对饮食作用的基本认知，如‘民以食为天’，强调粮食为立国之本；承认人们对美食追求的合理性，但谴责统治者为了一己的口腹之欲而不顾人民死活；还有许多关于饮食卫生的思想均成为传统，影响至今。这是华夏饮食文化特征基本形成的时期。”

此书第四章专列一节“趋吉避祸心理与饮食习俗”，分析“在蒙昧心理很重的时代，人们对超自然的力量和万事万物之间的联系感到十分神秘，唯恐自己的言行触犯它们，而要受到祸害灾难，因此在自己的言行中自我约束，有所禁忌，不敢肆无忌惮，以趋吉避害。进餐是人最重要的事情，于是在人们的饮食习俗中出现了许多语言禁忌。特别是节日或有祭祀活动的日子里，这些日子往往被认为是诸神下界，所以言行更要谨慎”。并且举例，如“饭”改为“膳”、“筯”“箸”改为“筷子”，还有“粘糕”谐音“年高”、“鱼”谐音“余”，还有节日的饮食名称也有寓意，五月端午节吃五毒饼，意在以毒攻毒，等等。

在接受《新京报》的采访时，王学泰从烹饪发端，系统地归纳了中国的饮食文化思想。认为：我们饮食文化中的烹饪文化已经消失，它在联系的过程中被中断了。之所以这么说，最重要的原因在于，我们没有吃的人了。我们现在所有的餐馆味道都像是一个烹饪学校出来的，就像有人嘲笑说唱戏的都是“录音师傅”教出来的一样。过去的师傅都有几十年的经历，说烹饪是门“勤行”，是因为过去的师傅不仅勤快，而且勤于思考，因此才能进步，在竞争环境下，他们一旦厨艺没有长进，只能从大餐馆降为小餐馆，再不行就跑去大棚子（红白喜事）。

王学泰认为“会吃的人是一支食客队伍，现在还没有形成，我指的这些人不只是剥削阶级，而是会吃的人，我们得有这些人存在，才能追逐好的师傅走。这些人的会吃需要时间的积累，就像俗语说‘三辈子做官，才懂得吃穿’。曹雪芹为什么能写出《红楼梦》，因为曹家经历过四五代的官辈。”

认为在怎么评判饮食的好坏上，中国饮食没有标准。中国文化的最大特点就是不能量化，很难有个硬性的标准，这跟科学不一样。庄子说“口不能言”，很多东西不能说清楚。这点也是中国文化在世界上很难获奖的原因，因为它是不准确的。烹饪也是这样。传统烹饪的加量是不科学的，但更多是在不同条件下，由操作者本人自己悟性确认，这需要一定的经验和阅历。

他指出西方文化偏重于始自亚当夏娃的男女文化，这种文化的特点就是其变异性，常有见异思迁的现象。生殖本身就是对自己的否定，因此西方人不容易得到满足，这种文化具有很强的悲剧性。但中国文化不同。李泽厚曾说中国文化是“乐感文化”，这种乐感文化在饮食中是最容易满足的，中国人能在饮食中感受到人生的快感和安详。中国文化没有悲剧性，一般人饮食饱腹之后就不会再多想，吃也一般习惯于平常吃的东西，是一种恒定性的追求。

7. 王仁湘

王仁湘（1942—），中国社会科学院研究员，长期从事野外考古挖掘工作。

王国维在历史学研究中主张二重证据法，即认为考古资料与文献相较而得出结论才是最为可靠的。这一做法应用到了饮食思想史的研究上将会有极大的推动。王仁湘具有考古研究方面的专业背景，他将此优势转化为饮食文化研究的努力，因之颇有斩获。

王仁湘在《中国历史文物》(2004 年第 2 期)上所发表的题为“史前饮食考古四题”的研究论文，开篇指出，“饮食植于人类是具有第一要义的事情。饮食及与之相关的活动，不仅是人类生存的前提，也是人类进化的必要条件，同时是人类社会和文化发展进步的重要动力”。并且以此为基本认识，分别论述了“饮食与早期人类的进化”“远古猎人与肉食”“原始农人生计”“火食的发端”以及与此有关的饮食与文化的密切关系。其结论是：“(烹饪与饮食)不仅体现了人类在科学认识上的一次次飞跃，也体现了人类文化一次次的积累与进步。越来越完善的饮食活动使人类的体魄得到了不断的进化，也越来越丰富了人类文化的内涵。”

王仁湘对中国人的饮食思想有独到的说解，主要有以下几点：

(1) 中国人总是通过食物来打通关节，疏通关系

中国传统文化从饮食角度来看待社会和人生，老百姓日常生活第一件事就是吃喝，所以说“开了大门七件事，柴米油盐酱醋茶”。你看《红楼梦》里头那种吃饭戏，他们把这看成是享受乐趣。清人郑板桥在家书中描写了一种极为简朴的饮食生活。解放前，烤白薯、豆汁都是穷人的饮食，但都能给人们带来无穷的乐趣。

中国人总是通过食物来打通关节，疏通关系。西方人悼念献一束花就行了，中国人人死如生，活人吃什么，祭祀死人至少要同等待遇，另外，古人还认为不同季节，要吃不同的食物。《礼记月令》中就写要“行夏令”“行秋令”等，春天不能按照秋天、冬天那样吃东西，否则必有天殃。比如我们现在冬天吃西瓜，夏天吃白菜，这在古人是反对的。

(2) 中国文化的传承在于个人性和不确定性

现在北京有 10 万多家餐馆，但吃起来都好像是烹饪学校出来的。西方饮食文化在于科学的技巧，中国文化的传承在于个人性和不确定性。现在的饮食传承方式都变成工业式的了。另外一点，我们经历了大锅饭时期，口味都变迟钝了。现在的饮食，对精细感觉的追求，就很难寻找到了。像解放前的烹饪，那是生死竞争啊，而且还有很多有闲阶级，但现在的馆子更多是商业操作了。

王仁湘对中国饮食文化思想史中的传统哲学提出了自己的看法：

(1) 最先要把烹调列入美术范畴的是孙中山先生

饮食文化兼居物质文化和精神文化双重特征。最先要把烹调列入美术范畴的是孙中山先生，他说：“夫悦目之画，皆为美术，而悦口之味，何独不然？是烹调者，亦美术之一道也。”他这就是把饮食烹调看作文化发展的表现了。而中国古代也说“国以民为天，民以食为天”，这个“天”，就是至高之尊称，也就是说的“悠

悠万事，惟此为大”。我们的儒家认为民食问题关系着国家的稳定，孟子的“仁政”理想在于让人们吃饱穿暖，即使人们梦想的“大同”社会的标志也不过是使普天下之人“皆有所养”。

(2) 中国古人将味道分为“五味”

因为“阴阳五行”这种传统固定思维模式，中国古人将味道分为“五味”，把谷物、畜类、蔬菜、水果分别纳入“五谷”“五肉”“五菜”“五果”的固定模式，而饮食与天地阴阳互相谐调，这样才能达到“天人合一”的效果，《礼记》中就提到“凡饮，养阳气也；凡食，养阴气也”，说老吃谷物的寿命就短。这种说法后来被道教继承，发展成很荒谬的地步，说吃食物是增加人体阴气，要修炼、获得阳气要尽量少吃，最佳境界是不吃。

王仁湘在饮食文化考古研究方面出版的著作有：

《饮食考古初集》，中国商业出版社，1994。

《中国史前饮食史》(主编)，青岛出版社，1997。

《饮食与中国文化》，人民出版社，1993。

《民以食为天——中国饮食文化》，香港中华书局，台湾中华书局，1991—1992。

《中国箸文化大观》(合著，副主编)，科学出版社，1997。

《饮茶史话》(合著)，中国大百科出版社，1999。

《中国烹饪大百科全书》(合著)，中国大百科出版社，1990。

《太平御览・饮食部》注释，中国商业出版社，1988。

《菽园杂记・饮食》注释，中国商业出版社，1987。

《能改斋漫录・饮食》注释，中国商业出版社，1987。

《图说中国古代社会生活史——饮食篇》，江苏扬州广陵书社，2002。

另外还有《味无味》《味中味》等，并主编有《中国史前饮食史》，并在中央电视台“百家讲坛”栏目主讲《从考古看中国古代的饮食文化》。

8. 王子辉

王子辉(1934—)，西安烹饪专修学校教授、院长。20 世纪 70 年代后期从事饮食文化和烹饪理论研究与教学，主持研制出仿唐菜点、秦汉菜、食疗菜、曲江菜、鸽子宴和唐诗全鸭席等多达 200 多款。撰写的学术论文 80 多篇，编撰的饮食烹调专著 20 多部，如《素食养生》(山东画报出版社，2007 年)，《仿唐菜点》(陕西科学技术出版社，1987)，王明德、王子辉《中国古代饮食》(陕西人民出版社，2002 年)，《周易与饮食文化》(陕西人民出版社，2003 年)。王子辉反对“素食起源于佛教”的说法，提出了素食“源于物质原料比较充裕和具有一定饮食文化观念之后”的新见解；指出“和”是中国饮食文化的“根本之道”。

《周易与饮食文化》一书认为：“《周易》以‘东方生命哲学’而著称，以关注人的生活和生存为主题，把天、地、人一体的宇宙观视为一个大生命系统，其内容不能不涉及与人们生活紧密相连的饮食烹饪。”因此，本书除提出易学的辩证思维特点(变易思维、相成思维、整体思维)之外,主要研究《周易》与烹饪的关系,比如其所反映中国古代饮食烹饪名物制度,所提示古代中国饮食烹饪基本义理,旁及酒道酒德,陆羽《茶经》,以及阴阳平衡、饮食有节、应时顺气、鼎中之变、五味调和、饮食礼仪、饮食美学、餐饮经营管理等。

9. 王赛时

王赛时(1955—),山东社会科学院历史所研究员、《食学研究》主编。著有《唐代饮食》,齐鲁书社,2003年出版。本书对唐代的饮食文化做了总体的勾画,从唐太宗认识到民生饮食对国家存亡的重要性为出发点,指出"贞观之治"到盛唐,人们的饮食生活达到了空前丰足的程度。"虽然朱门豪室酒肉如海,而平民百姓也能鸡黍自乐,从都城长安的火爆酒肆到偏僻山乡的简易酒垆,均挤满了从事饮食消费的人群。国势达到鼎盛,人们的饮食能力也就随之而高涨。中唐以后,就算出现了藩镇割据、西陲吃紧的局面,大唐帝国还是维持了一定程度的繁荣,尤其是江淮地区的飞速发展,更使得这片区域成为'衣食半天下'的世外沃壤……僖宗之后,国力衰竭,社会上便逐渐出现'冻无衣,饥无食'的普遍现象,甚至一遇灾荒,便会产生'秋稼几无,冬菜至少。贫者硙篷食为面,蓄槐叶为齑'的场面,这个时期,人们的饮食自然处于下降状态。尽管强盛的唐朝也有低落的时候,但从总的趋势来看,上升的国势终究给饮食界提供了良性发展的机会。"[①]

本书对唐代的多民族饮食文化交流给予了很多的注意,指出"唐代饮食所体现的还不仅仅是简单的承袭前代的遗传,它本身仍在不断吸收外来饮食的精华,借以扩充自己的饮食园地。……唐代饮食界对域外敞开大门,导致了周边各民族及各国的饮食风传而入,甚至外来人士开办的'胡姬酒店'坐落于大都市的繁华街区,吸引着无数汉家子弟前去解囊消费。唐代饮食界的海涵博纳,使得这个时代的饮食阵容兼括中外,表现得是那样气度非凡。"

本书主要按照饮食结构的框架进行分类考论,介绍了主食和副食的品类以及食用范围,论述了与饮食生活有关的果品、调味品、酒品和饮料等内容,而后对饮食市场和饮食行业进行重点透视。

另著有《中国酒史》,山东大学出版社,2010年出版。这是开辟贯通式"酒"史研究的一部专著。全书沿着历史发展规律来解读中国酒的起因与变化过程,上起史前遗迹,下及晚清,采用了大量的第一手历史资料来考证中国古代酒产品和酒生活,分时段、分朝代解读了中国酒历史的发展走向和文化要素。同时,对历史上出现的各种名酒进行了起源考证和定位、定质分析,比较完整地展示了中国酒的制作、流传等物质层面世代相沿的历史风貌。

本书将"中国酒史"停留于清朝晚期,未能涉及近代、当代,而这正是更为波澜壮阔的时期,作者自己在《后记》中似也有意"续写篇章",向下延伸,"尽可能地把中国的酒历史论述到更近的时代"。

---

① 王赛时.唐代饮食[N].齐鲁书社,2003:2-3.

10. 高启安

高启安(1957—),兰州商学院教授,兰州商学院"敦煌文化研究所"副所长。长期从事敦煌学以及丝绸之路饮食文化研究,著有《唐五代敦煌饮食文化研究》(民族出版社,2004),《旨酒羔羊——敦煌的饮食文化》(甘肃教育出版社,2007),《〈肃镇华夷志〉校注》及相关论文多篇。

高为甘肃人,在当地求学、工作,经常考察戈壁绿洲,往来于乡间民俗,因此其研究成果集中了甘肃、河西走廊和丝绸之路的饮食思想研究。其风格细密、慎思,考察与文献相结合。在《敦煌壁画所见饮食文化》一文中,高启安以与记者谈话的方式将自己对敦煌壁画所见饮食文化的研究成果揭示出来,指出唐五代时,餐制仍处在两餐向三餐的过渡阶段。从文献记载看,有时是一日三餐,有时是一日两餐,有时是在两餐外再用点点心,从事重体力劳动时,也记载有"夜饭",但定量比另外两餐要少一些。关于进餐时是分食抑或合食,以及坐具,他的解读是:从壁画上看,唐五代时的敦煌,食桌已完全代替了案,人们围坐而食。从进餐图中,可以明显看出敦煌人已围坐在餐桌(一种低矮的长方形桌,像现在的茶几)周围进餐,但与今天的合食制有着本质的区别。这就是每个人的食品仍然分开,每人面前放盘碟,由厨师或专人将食品分给每位进餐者。在一些饮食活动的记载中,常常按人头分碗、碟、酒杯等餐具。在敦煌及嘉峪关魏晋墓中,可以看见敦煌人跪坐而食,继承着古老的传统。到了唐五代时,大部分已盘腿席地而坐,从壁画中可以看到人们或盘腿围坐在炕上,或在一种和食床一样高的宽长条凳上盘腿或跪坐。这种坐法的优点是避免了因久跪大腿血液不容易流通而发麻的弊端,有可能受了少数民族的影响。敦煌当时已出现了高凳,虽然没有在高凳上进食的画面,但不排除坐在上面用餐的可能。

高启安进一步分析道,在基本满足生理需求后,人们的饮食活动逐渐增加了社会意义。比如一些固定形式的饮食活动随之出现,这就是我们今天称作的"宴会"。

11. 陈学智

陈学智(1958—),曾任黑龙江餐饮旅游学院院长、教授。主要研究方向为餐饮社会学,对酒文化、茶文化、餐饮文化、调味品文化、酒店管理文化、烹饪文化都有研究。《中国烹饪文化大典》主编,国际学术期刊《饮食文化研究》出版人。该期刊已累计发表中国大陆和港、澳、台地区,以及日本、韩国、美国、新加坡等国专家学者资讯丰富、观点独到的学术论文多篇。

12. 瞿明安

瞿明安(1960—),云南大学民族研究院教授,云南大学西南边疆少数民族研究中心研究员。著作有《中国饮食娱乐史》(合著),上海古籍出版社 2011 年出版;《云南汉族饮食风俗》,载于《中华民族饮食风俗大观》,世界知识出版社 1992 年出版。

瞿明安对中国饮食的象征文化意义做了深入的研究。所发表的论文有:

《中国饮食文化的象征符号——饮食象征文化的表层结构研究》,《史学理论研究》,1995年第4期。

《中国饮食象征文化的多义性》,《民间文学论坛》1996年第3期。

《中国饮食象征文化的深层结构》,《史学理论研究》1997年第2期。

《中国饮食象征文化的思维方式》,《中华文化论坛》1999年第1期。

《中国饮食象征文化的现代走向》,载于《东亚民族造型文化——中韩民族造型文化国际研讨会论文集》,云南科技出版社2002年版。

13. 许倬云

许倬云《中国中古时期饮食文化的转变》一文,从"面食之普遍""烹饪方法与炊具的变化"和"南方的饮食"三个方面,高屋建瓴地概括了中古(指魏晋南北朝时期)饮食文化的若干变化,并将其视作中古时期中华文化调整改变的一个"面相"。[①]

14. 高成鸢

高成鸢《饮食之道:中国饮食文化的理路思考》,山东画报出版社2008年出版。本书是论文集,由烹饪引申讨论哲学,又有随笔文章。其中《中国的饮食伦理》一文指出饮食伦理包括非常丰富的内涵,重心在于饮食行为受"礼教"制约。中国从远古就用"粒食"取代了"肉食",商汤王时代就把"德"推及禽兽。《史记·殷本纪》载:"汤德至矣,及禽兽。"《孟子·梁惠王》就谈到"闻其声而不忍食其肉"。原则上,历代法律都禁止屠牛。明代有学者谈到吃动物肉时指出:"天生万物,大概以有益于人者为贵。"这种价值观可以作为饮食伦理的一条原则,但只涉及社会功利方面,另一方面,内心的善也很有意义。从庄子区分牺牛、耕牛,可以推演出第一条原则:凡人类自己专为屠宰而饲养的动物,可以食用。清代李渔在其《闲情偶寄·饮馔部》提出了另一原则,鱼的供人杀食,"似较它物为宜",如不捕食,会塞满江河,影响航行。高级动物,例如属于灵长类动物的猴子,与人同类,所以尽管谈不上对人类有益,也是绝对吃不得的。这是第三条原则,此外还有更严格的宗教原则。

15. 刘广伟、张振楣

《食学概论》华夏出版社,2014年出版。作者之一的刘广伟是北京东方美食研究院院长。本书意图建立新的学科体系,即食学。作者认为食学建立的必要性是:人类发展至今,任何年代、任何个人,都离不开食事,但从来没有食学,从来没有人从科学的角度,系统地研究和总结人类饮食这件大事。本书所要建立的食学是研究人与食物关系的学科,研究的目的总体上是两个:一是维护人和人类的健康;二是维护地球的健康。过度的食资源开发、严重的食环境污染,破坏了地球的环境,威胁了人类健康。威胁人类健康的是"四大食病",威胁地球健康的是"两大食灾"。作者指出食学主张食权力,提高食效率,健全食法律,加强食教

---

① 王利华.中古华北饮食文化的变迁[N].北京:中国社会科学出版社,2000:14.

育，认为这一观点的提出和创建，将推动人类食秩序的建设进程。

胡振民在《食学概念》的《序》中指出："该书作者尝试建立一个以食为内容的大系统，并探讨这个食系统与其他系统之间的关系，特别是与人体系统、生态系统的关系。"认为《食学概论》的出版有四大贡献：一是填补了学科的空白，确立了食学学科的基本概念和理论体系；二是发现了自工业文明以来，人类食事逆原生化、割裂化、碎片化的危害性，找到了解决当今许多世界问题的新路径；三是提出了一系列新概念，如食权、食业、食病、食灾、食秩序、食效率、食审美等，丰富了人类的知识体系；四是提出了科学摄食的指导原则，既通俗易懂，又利于操作，很有实用价值。

本书主要章节是介绍食物之源、食物的获取、食品加工、如何科学摄食、消化、由饮食而引起的疾病、自然灾害等，以关于食物的物质层面的内容为主。

涉及饮食思想的章节是第八章"食相"，其定义是："是指围绕人类食事所形成的社会文化现象。狭义的食相，是指人进食时的形态相貌。"讲述内容有进食观、食俗、食丑相(陋俗与弊端，如猎奇、不洁、浪费、奢侈、迷信)、食文录(有关饮食的诗文)。还有第九章"食审美"，讲述人类摄食中的审美行为，其过程、特点，以及中国古代的食审美。并有专节讨论"美食家"，认为："美食家是指精通美食制作和美食鉴赏的人。美食家包括美食创造和美食鉴赏两个方面，并遵循食审美的双元性的特点。美食家主要有四种类型，我们把他概括为：烹饪艺术家、传统美食家、现代美食家、美食大家。"再有第十一章"食秩序"，讨论食权、食法律、食德、食育的问题，提出建立全人类在食事行为中的基本原则。

本书所提出的"食学"概念，赵荣光 2012 年接受《中国食品报》记者蒋梅书面采访时也曾经提出过，与本书所论证的内涵等有所不同。

赵注意到"食学"与学者们一直以来所使用的"饮食文化""食品文化"的概念不同，认为"食学"是在"饮食文化"与"食品文化"之上的更高层次的概念。"食学"是近年来国际食学者交流时的习惯用语。赵所建立的食学的概念与研究范畴，是研究不同时期、各种文化背景人群食事事象、行为、思想及其规律的一门综合性学问。人类的食事活动指的是食生产、食生活行为，文化则是泛指其各种具象及其根据，在结构和逻辑上也就包括了家庭厨房、社会餐桌(餐饮业与食品产业)、进食过程等的全部社会关联要素。

赵并指出，提出这一新的概念，"食学"思维有益于通开业界壁垒、学科界限。事实上，正是由于社会食生产的不断发展、大众食生活的日益增长需求以及两者面对的越来越积重的题目，食学思维早已经在实践了：食生产环境与生态、食品安全保障、食料与食品营销、健康饮食与进食文明、饮食文化交流等，均是理工与人文学科交叉关系的研究领域。比如，长寿食品与饮食长寿、食品安全与饮食安全的课题就必须依靠理、文多学科的合作才能更好解决。假如说长寿食品主要是医学、解剖学、营养学、食品原料学、食品等学科完成的任务的话，那么饮食长寿就要侧重对进食者的口味爱好、行为习惯研究予以揭示与解决。食品安全依靠原料生产、食品加工、检验保管等环节保障，是生产者与治理者的责任；消费者选购和食用才属于饮食范畴，饮食安全程序才开始。因此，对大众来说，他们无法干预食品生产过程，难以预知食品生产过程中的细节详情。区别“食品安全”与“饮食安全”，才能界限清楚、责有所回、各司其职。

16. 杜莉等

《筷子与刀叉·中西饮食文化比较》（四川科技出版社，2007年出版）是“中西宴饮艺术比较”研究课题的结题，所以侧重于烹饪文化的比较，探讨中西烹饪典籍、文献、饮馔语言的区别，进行中西饮食民俗与礼仪比较、中西饮食科学与历史比较、中西馔肴文化比较、中西饮品文化比较。具有教科书的特点，注重厘清概念，层次清晰。

本书对中国饮食思想的概括是：中国的饮食科学内容比较丰富，其核心是独特的饮食思想以及受其影响而形成的食物结构。在饮食思想上，由于中国哲学讲究气与有无相生，在文化精神和思维模式上形成了天人合一、强调整体功能、注重模糊等特色，使得中国人在饮食科学上产生了独特的观念，即天人相应的生态观念、食治养生的营养观念与五味调和的美食观念，强调饮食与自然的和谐统一，讲究饮食品的色、香、味、形、器与养协调之美，既满足人的生理需求，也满足人的心理需求。从这些饮食思想出发，中国人选择了“五谷为养，五果为助，五畜为益，五菜为充”的食物结构，即以素食为主，肉食为辅。

17. 姚淦铭

姚淦铭（1948—），江南大学教授，食品文化专业博士生导师。《先秦饮食文化研究》（上下）（贵州人民出版社，2005年出版）以66万字的篇幅对先秦时期的饮食文化做出自己独特的解读。作者凭借对汉字的熟稔与对哲学理念的纯熟发挥，从解读创世纪中的神话、黄帝文明，以及圣贤英雄时代开始，尝试从中国饮食文化神话的过程中去认识真相，去解读先秦饮食文化史与神话因素的互渗互透。

本书从汉字符号探索先秦饮食文化，揭示汉字特别是古文字怎样成为先秦饮食文化的“活化石”，从中进行知识考古。所列举的汉字有：炙、庶、鼎、鬲、釜、禾、米、缶，有的涉及火烹，有的是灶具，每字的解释背后都蕴含丰富的中国人的文化理念和哲学含义。

书中第三单元是“理念篇”，研讨先秦饮食文化与政治学、礼学、美学、文化哲学的关系，涉及先秦诸子的饮食观，诸多食礼，《易》学，阴阳五行与饮食文化的关系。

姚淦铭著有《老子与百姓生活》一书，中国民主法治出版社2006年出版。老子是大智慧之人，他对饮食之道的许多见解非常富于哲理性，但是也往往难以理解。本书中专有一节谈老子的饮食之道，深入浅出，娓娓道来，颇能发人深省。

老子是哲学家，通过命题来浓缩自己的思想。本书首先解读的老子的命题是“为腹不为目”。解读指出老子的“腹”代表的是人的生存的基本条件，当事人千万不能成为外物的奴隶，不能被外物奴役，不能被外物物化了，这就叫“不为目”。“目”代表了耳、口、心、行等，千万不要让五色把人的眼睛搞盲了，让五味把口的味觉搞错乱了。解读的老子的第二个命题是“五味令人口爽”，五味就是五种味道，也指五种调味品，这里泛指美味食品。“爽”，差错，“口爽”就是口感、口味出问题了。一个人天天有宴会，日日有饭局，到头来还是那碗普通的炸酱面带劲，这就叫“五味令人口爽”。第三个命题是“味无味”，解读分两层说：一是老子启发人们要从无味中间体味出有味道、大味道、美味道来；二是已经体味出味来，又不露声色，就像无所玩味。所解读的第四个命题是“甘其食”，意思是要对自己的普通饮食说“甘美”，这也就是咬得菜根的意思。

18. 赵建军

赵建军(1958—)，江南大学教授。《中国饮食美学史》(齐鲁书社，2014年出版)是第一部从美学史角度研究饮食文化史的专著，从“味”出发而研究中国饮食史发展的特殊轨迹，指出：“中国饮食美学，从‘味’‘滋味’‘味道’‘口味’‘品味’进而到‘韵味’‘意味’，是一种讲究‘食味’的特定美学形态。”对饮食美学的特点做了概括：“食品和人最基本的饮食需求相联系，是人类基本生存欲望的投射对象，因而饮食美学是一种最能与人类的生存活动和基本需求乃至由此规定的经济、生活和娱乐方式相连接的美学。同时，饮食美学也是所有美学种类、形态中最为独特、抽象和内感化的一种美学，因为饮食美学的接受(消费或享用)体现为味觉与触觉的美感，这使饮食的感受带有身体内部空前的舒畅和精神深处难以言状的愉悦。”对中国饮食美学的特点予以总结，认为“中国饮食美学的民生基础使其对现实的生命趣味和人生趣味更为关注”“中国人从不把食品看成纯然为身体的需求而食，而是把它看成生命的趣味和价值的一种实现途径。”(正是在这一点上使得中国人区别于西方人)

本书对中国饮食美学史的勾勒是，自新石器文化晚期起，中国初民对自然界的饮食依赖，由被动地接受自然界的食物赐予，转向主动的通过文化方式来调整和生产食物。夏商周时期是中国饮食烹饪的发展期；汉以降饮食美学基于“味本论”；魏晋南北朝在“意”和“象”的反面有实质性的超越和突破；隋唐的标志，是在“情”与“韵”的美学表现方面达到新的发展高峰；宋辽金元，又在“趣”与“味”的表现方面有新的超越；明清时期则突破古代人格品质的对象化以及以食益身、益心方面有了改变；中西饮食美学的碰撞、对抗和互渗、融合是近现代中国饮食美学的核心主题。其对中国饮食美学发展的预测是，不可能走“全盘西化”道路，也不可能完全绵延古代饮食美学的概念和体系。

接受西方的饮食美学思想是否就是接受了他的意识形态？是否就是接受了他的殖民化？本书在第八章“非主流的意识形态化饮食美学”一节对此提出看法，在讨论近30年的饮食美学的“国际化”时指出：“近30年来，饮食美学的国际化成为一种趋势。这种趋势最大的影响是带动了商业化的饮食经营模式，使大众饮食美学理念趋同。从社会意识系统方面来讲，所谓国际化，实质上是经济发达国家对落后国家的一种经济、政治、文化的新殖民化策略。”饮食美学“国际化”

的过程便被说成是殖民化的手段。饮食之美,各有其美,彼此影响,落后国家接受欧美的饮食美学思想就是接受其殖民化,这一观点是否过于意识形态化显然会引起不同看法。

19. 食学学者王斯

食学学者王斯尤其是对中国饮食思想史近现代的饮食思想提出了看法,他认为①:中国承载的五千年文明,"吃"的文化相当发达,然而在封建专制政治文化的影响下,社会主流对于饮食文化的心态是回避和压抑的,所谓"君子远庖厨,凡有血气之类,弗身践也""饮食之人,则人贱之矣"。

真正意义上的第一本食学专著应当要算清代诗人袁枚的《随园食单》,饮食研究者更多关注的是第一部分"须知单"和第二部分"戒单"。

从民国初年一直到中华人民共和国成立后的近 30 年,中国的食学研究仍旧是发展迟滞并伴随因战争、政治、经济等原因造成的中断。这一时期出现的食学书籍和文章主要分布在四个领域:一是饮食札记类的文人随笔;二是盐业、民食政策方面的资料汇编;三是建国之初的卫生、营养类科普书籍;四是作为考古附属成果,关于食俗、食礼的散论。

值得注意的是,在 20 世纪 40 年代至 70 年代的 30 余年时间里,日本国内一度掀起研究中国饮食的热潮,涌现出相当一部分食文化学者以及一些颇有影响力的食学著述。最具代表性的有青木正儿、筱田统、田中静一、中山时子、石毛直道、熊仓功夫等。以李盛雨、尹端时为代表的韩国学者也做出了先导性的贡献。

在这之后,中国人的饮食文化研究兴起于 20 世纪 80 年代"烹饪热":

首先,在其驱动下,烹饪研究成为发端。创办《中国烹饪》杂志,筹建中国烹饪协会,整理出版一批烹饪古籍。

其次,90 年代,国内的许多学科对饮食文化都存在兴趣,但关注各有不同,难以形成学科间的交叉和对话。

其三,20 世纪末以来,国内对外国饮食文化以及相关研究成果表现出极大热情,翻译出版了一大批国外的食学研究著作。此外,开始有意识地进行跨文化的比较研究。

第四,进入 21 世纪,中国人类学界对饮食文化学的热情高涨。如中山大学陈运飘的《中国饮食人类学初论》(论文);吴燕和、叶舒宪介绍西方饮食人类学的研究及其进展;李亦园、瞿明安、吴燕和、谭少薇等通过分析具体饮食行为来研究符号象征、族群认同、文化变迁、全球化等问题。

第五,近 10 年关于饮食文化研究的综述类文章,如赵荣光《关于中国饮食文化的传统与创新:中国饮食文化研究 20 年的省悟》(2000),徐吉军、姚伟钧《二十

---

① 《比较视野下的赵荣光食学研究述评》,选自《书生本色:赵荣光先生治学授业纪事》,云南人民出版社,2013 年。

世纪中国的饮食文化史研究》(2000),谭志国《从文化人类学的角度看中国饮食文化研究》(2004),贾岷江、王鑫《近三十年国内饮食文化研究述评》(2009),吴先辉、叶丽珠《中国饮食文化研究现状及其研究方法初探》(2009),季鸿崑《建国60年来我国饮食文化的历史回顾和反思》(2010)。[①]

① 《比较视野下的赵荣光食学研究述评》,自《书生本色:赵荣光先生治学授业纪事》,云南人民出版社,2013年。

参考文献

[1] 班固.汉书.中华书局,1962.
[2] 范晔.后汉书.中华书局,1965.
[3] (唐)房玄龄(褚遂良、许敬宗 21 人)等撰.晋书.中华书局,1974.
[4] (梁)沈约撰.宋书.中华书局,1974.
[5] (梁)萧子显撰.南齐书.中华书局,1974.
[6] (唐)姚思廉撰.梁书[M].1973.
[7] (唐)姚思廉撰.齐书[M].1973.
[8] (后晋)刘眗撰.旧唐书.中华书局,1975.
[9] (宋)欧阳修,宋祁撰.新唐书.中华书局,1975.
[10] 元脱脱(阿鲁图,铁木儿塔识,贺惟一,张起岩,欧阳玄)等撰.宋史[M].中华书局,1977.
[11] (清)张廷玉等撰.明史[M].中华书局,1974.
[12] (清)俞敦培撰.酒令丛抄[M].扬州:江苏广陵古籍刻印社,1984.
[13] (战国)左丘明.春秋左氏传集解[M].上海:上海古籍出版社,1997.
[14] 爱伦·戴维森.牛津食物指南[M].英国:牛津大学出版社,1994.
[15] 巴兆祥.中国民俗旅游[M].福州:福建人民出版社,2006.
[16] Carlos Rangel. The Latin Americans: their Love-Hate Relationship with the United States[M]. New York and London, Harcourt Brace Jovanovich, 1977.
[17] 曹雪芹.红楼梦[M].沈阳:春风文艺出版社,1994.
[18] 蔡澜.蔡澜谈美食[M].广州:广东旅游出版社,2008.
[19] 陈文华.中华茶文化基础知识[M].北京:中国农业出版社,1999.
[20] 陈文华,余悦.茶艺师[M].北京:中国劳动社会保障出版社,2004.
[21] 陈苏华.人类饮食文化学[M].上海:上海文化出版社,2008.
[22] 陈伟明.唐宋饮食文化发展史[M].(台湾)学生书局,1995.
[23] 陈诏.饮食趣谈[M].上海:上海古籍出版社,2003.
[24] 董尚胜,王建荣.茶史[M].杭州:浙江大学出版社,2003.

[25] 丁以寿.中华茶艺[M].合肥:安徽教育出版社,2011.
[26] 杜金鹏,岳洪彬,张帆.醉乡酒海——古代文物与酒文化[M].成都:四川教育出版社,1998.
[27] 郭孟良.中国茶史[M].太原:山西古籍出版社,2003.
[28] 胡付照.茶叶商品与文化[M].西安:陕西人民出版社,2004.
[29] 胡付照.紫砂茗壶文化价值研究[M].北京:中国物资出版社,2009.
[30] 胡付照.壶里乾坤——紫砂壶艺术探赜[M].桂林:广西师范大学出版社,2012.
[31] 胡自山等.中国饮食文化[M].北京:时事出版社,2005.
[32] 何宏.中外饮食文化[M].北京:北京大学出版社,2006.
[33] 黄永锋.道教饮食养生指要[M].北京:宗教文化出版社,2007.
[34] 季鸿崑.食在中国:中国人饮食生活大视野[M].济南:山东画报出版社,2008.
[35] 姜若愚,张国杰.中外民族民俗[M].北京:旅游教育出版社,1991.
[36] 蒋雁峰.中国酒文化研究[M].长沙:湖南师范大学出版社,2004.
[37] 金小曼.中国酒令[M].天津:天津科技出版社,1990.
[38] Kittler, Pamela Goyan. Food and Culture[M]. Australia: Wadsworth Publishing, 2001.
[39] 孔子等著.四书五经·礼记[M].兴华等,译.北京:昆仑出版社,2001.
[40] 李维冰.国外饮食文化[M].沈阳:辽宁教育出版社,2005.
[41] 李雪梅.日本·日本人·日本文化[M].杭州:浙江大学出版社,2005.
[42] 李宗桂.中国文化概论[M].广州:中山大学出版社,1998.
[43] 梁石,梁栋.中国古今巧对妙联大观[M].北京:中国文联出版社,1990.
[44] 梁章钜撰.楹联丛话[M].北京:商务印书馆发行,1935.
[45] 刘初棠.中国古代酒令[M].上海:上海人民出版社,1993.
[46] 刘勤晋.茶文化学[M].北京:中国农业出版社,2000.
[47] 陆松侯,施兆鹏.茶叶审评与检验[M].北京:中国农业出版社,2001.
[48] 陆家骥.对联新语[M].桂林:广西师范大学出版社,2005.
[49] (美)马文·哈里斯.好吃:食物与文化之谜[M].济南:山东画报出版社,2001.
[50] 钱钟书.管锥编[M].北京:中华书局,1991.
[51] 邱庞同.中国烹饪古籍概述[M].北京:中国商业出版社,1989.
[52] 任百尊.中国食经[M].上海:上海文化出版社,1997.
[53] 司马迁.史记[M].北京:中华书局,1959.
[54] 十三经注疏[M].北京:中华书局,1980.
[55] 石应平.中外民俗概论[M].成都:四川大学出版社,2002.
[56] 苏志平,王利琴.烹饪美学[M].北京:中国劳动社会保障出版社,2001.

[57] 唐鲁孙. 中国吃的故事[M]. 天津:百花文艺出版社,2003.
[58] 唐鲁孙. 饮馔杂谈中国吃[M]. 桂林:广西师范大学出版社,2008.
[59] 陶文台. 中国烹饪史略[M]. 南京:江苏科学技术出版社,1983.
[60] 唐大斌. 名家论饮[M]. 武汉:湖北人民出版社,2004.
[61] 天龙. 民间酒俗[M]. 北京:中国社会出版社,2006.
[62] 汤一介. 中华文化通志[M]. 上海:上海人民出版社,1998.
[63] 陶振纲,张廉明. 中国烹饪文献提要[M]. 北京:中国商业出版社,1986.
[64] (唐)李肇. 唐国史补[M]. 上海:上海古籍出版社,1957.
[65] 万国鼎. 茶书总目提要[M]. 南京农业遗产研究室,1958 年编印《农业遗产研究丛刊》第二册,陈彬藩主编《中国茶文化经典》(光明日报出版社,1999 年)收入附录。
[66] 王学泰. 中国饮食文化史[M]. 桂林:广西师范大学出版社,2006.
[67] 王树英. 印度文化与民俗[M]. 成都:四川民族出版社,1989.
[68] 王世舜. 尚书注译[M]. 成都:四川人民出版社,1982.
[69] 王昕,李建桥,吕子珍. 饮食健康与食品文化[M]. 北京:化学工业出版社,2003.
[70] 王延海译注. 诗经今注今译[M]. 石家庄:河北人民出版社,2000.
[71] 汪曾祺. 岁朝清供[M]. 北京:三联书店,2010.
[72] 小仓久米雄. 四季日本料理[M]. 香港:万里机构出版有限公司,2005.
[73] 熊四智. 中国饮食诗文大典[M]. 青岛:青岛出版社,1995.
[74] 徐文苑. 中国饮食文化概论[M]. 北京:清华大学出版社,北京交通大学出版社,2005.
[75] 徐少华. 中国酒与传统文化[M]. 北京:中国轻工业出版社,2003.
[76] 徐熊. 美国饮食文化趣谈[M]. 北京:人民军医出版社,2001.
[77] 徐兴海. 中国食品文化论稿[M]. 贵阳:贵州人民出版社,2005.
[78] 徐兴海,袁亚莉. 中国食品文化文献举要[M]. 贵阳:贵州人民出版社,2005.
[79] 徐兴海. 食品文化概论[M]. 南京:东南大学出版社,2008.
[80] 徐兴海. 中国酒文化概论[M]. 北京:中国轻工业出版社,2010.
[81] 杨东甫,杨骥. 中国古代茶学全书[M]. 桂林:广西师范大学出版社,2011.
[82] 闫开旺. 中国全史(简读本)20 茶史[M]. 北京:经济日报出版社,1999.
[83] 易丹. 触摸欧洲[M]. 成都:四川人民出版社,2000.
[84] 阴法鲁等. 中国古代文化[M]. 北京:北京大学出版社,1991.
[85] 于省吾. 甲骨文字释林[M]. 北京:中华书局,1979.
[86] 余悦主编,连振娟. 中国茶馆[M]. 北京:中央民族大学出版社,2002.
[87] 张岱年,方克立. 中国文化概论[M]. 北京:北京师范大学出版社,2002.
[88] 张国杰,姜若愚. 中外民族民俗[M]. 北京:旅游教育出版社,2004.

[89] 周谷城.中国通史[M].上海:上海人民出版社,2005.
[90] 中国美术全集编辑委员会.中国美术全集[M].北京:人民美术出版社,1989.
[91] 朱宝镛,章克昌.中国酒经[M].上海:上海文化出版社,2000.
[92] 周海燕.记忆的政治[M].北京:中国发展出版社,2013.
[93] 赵红群.世界饮食文化[M].北京:时事出版社,2006.
[94] 赵荣光,谢定源.饮食文化概论[M].北京:中国轻工业出版社,1999.